南水北调中线渠道工程膨胀土综合处理技术

Comprehensive Treatment Technology
for Expansive Soil in Channel Project of the
South-to-North Water Diversion Project's central route

李斌 等 著

图书在版编目（CIP）数据

南水北调中线渠道工程膨胀土综合处理技术 / 李斌等著. -- 武汉：长江出版社，2023.12
ISBN 978-7-5492-9285-1

Ⅰ.①南… Ⅱ.①李… Ⅲ.①南水北调-水利工程-渠道-膨胀土-处理-研究 Ⅳ.①TV698

中国国家版本馆CIP数据核字(2024)第021810号

南水北调中线渠道工程膨胀土综合处理技术
NANSHUIBEIDIAOZHONGXIANQUDAOGONGCHENGPENGZHANGTUZONGHECHULIJISHU

李斌等 著

责任编辑：	李春雷
装帧设计：	王聪
出版发行：	长江出版社
地　　址：	武汉市江岸区解放大道1863号
邮　　编：	430010
网　　址：	https://www.cjpress.cn
电　　话：	027-82926557（总编室）
	027-82926806（市场营销部）
经　　销：	各地新华书店
印　　刷：	武汉市卓源印务有限公司
规　　格：	787mm×1092mm
开　　本：	16
印　　张：	28.5
字　　数：	650千字
版　　次：	2023年12月第1版
印　　次：	2023年12月第1次
书　　号：	ISBN 978-7-5492-9285-1
定　　价：	288.00元

（版权所有　翻版必究　印装有误　负责调换）

编委会

李　斌　王　军　周学友　冯　党　王西苑

马鹏杰　吴　庚　魏　凯　张智敏　田振宇

熊　勇　刘雄峰　钱　萍

前言
PREFACE

南水北调工程是横跨江、淮、黄、海四大水系的特大型跨流域调水工程，是优化我国水资源配置的战略性工程，分为东线、中线、西线三条调水线路，中线工程自丹江口水库取水，终点为北京、天津。总干渠是南水北调中线工程的输水建筑物，是调水工程的主体建筑物。总干渠全线长约1432km，穿越膨胀土地区渠道长387km，其中有180余千米涉及膨胀土问题的渠段集中在陶岔至沙河南段约230km的渠段范围内。

与国内外遇到的膨胀土相比，南水北调中线工程沿线膨胀土的处理更加复杂。一是其类型多，既有膨胀土，又有膨胀岩，同类膨胀土在不同地段表现出来的膨胀特性不一样，差异极大，变形破坏形式多样，同类型膨胀土可借鉴的经验很少。二是国外在膨胀土地区已建成的渠道边坡高度多为3～6m，南水北调中线工程膨胀土地段最大挖深达47m，最大填方高度达到20m。随着渠道边坡高度增大，超固结性引起的卸荷作用与膨胀性及其他作用叠加，使深挖方膨胀土渠道边坡稳定问题和渠基变形问题变得更为复杂。三是国外膨胀土渠道所在地区气候变化相对较小，气候干旱且降雨季节差别小。南水北调中线工程膨胀土分布地域广，旱季和雨季特征鲜明，大气及土体干湿变化大，容易发生膨胀土胀缩作用，膨胀土稳定性控制更加困难。与铁路和公路等工程相比，水利工程渠道长年涉水，边坡稳定问题更加棘手。

南水北调中线渠道工程自2014年12月12日运行至今，部分渠道边坡出现局部变形迹象，成为渠道安全输水和高效运行的潜在隐患，而目前针对膨胀土高边坡变形病害快速有效的治理技术极为缺乏。近年来，伞形锚边坡加固新技术、微型桩支护技术、土工袋支护技术、新型排水材料的出现，弥补了以往快速加固措施的不足，在边坡应急加固方面能充分发挥良好的作用，其成果和技术值得进一步研究和推广应用。同时，结合南水北调中线边坡情况及运行管理需求，研发或升级改造针对边坡快速处理的设备迫在眉睫。

因此，结合南水北调中线干线工程边坡运行期间变形病害的特点，有针对性地开展系统性研究，提出成套实用技术、研发相应的快速处理设备是非常必要的。

膨胀土和地下水是南水北调中线工程渠道边坡稳定的两大不利因素，膨胀土地区水文地质条件复杂，渠道坡体水文地质结构类型和地下水类型多，不同介质地下水对渠道边坡稳定的影响不同，特别是在一些地段，膨胀土与含水层相伴出现在渠道边坡或渠底，加上渠道本身存在一定的渗漏水，使渠道边坡稳定问题更加复杂。水对膨胀土渠道边坡的不利影响是多方面的：一是雨水或地表水入渗引起土体含水量升高、土体强度下降；二是入渗水进入土体裂隙，导致裂隙面软化和扩展，反复作用可使裂隙面逐步贯通；三是地下水在坡体内形成静水压力的同时对衬砌结构或换填层形成扬压力，引发土体滑动或衬砌隆起开裂。如何针对不同的渠道水文地质结构合理布置防渗排水系统，使坡体含水量不发生大的变化，减少不利影响，是实现渠道安全运行必须考虑的问题。面对南水北调中线工程膨胀土渠段复杂的水文地质条件，本书初步提出了可供工程防渗排水设计指导的渠道边坡结构水文地质分类、防渗排水原则、防渗排水设计技术。

膨胀土边坡因开挖而产生的施工效应特别明显，挖方使原来处于稳定的膨胀土裸露，极大地降低了浅层土体的上覆压力，坡面土体的风化和胀缩变形易引起边坡的灾变，加之膨胀土内软弱结构面的存在，使得膨胀土边坡比其他土质边坡都更易产生滑坡。因此，对膨胀土坡面进行抗滑支挡显得特别重要。支挡结构主要应用于两个方面：一是对膨胀土的开挖边坡进行预防，以便防止滑坡的发生；二是对已发生滑动的边坡进行治理，使工程运行正常。支挡结构类型的选择要根据剩余下滑力的计算结果和滑动面或软弱结构层的位置而定。或者说，按照地形地貌、土层结构与性质、边坡高度、滑体的大小与厚度以及受力条件和危害程度而采取相应的结构形式进行治理。支挡方法主要包括挡土墙、加筋挡土墙、土钉墙、抗滑桩、锚杆、钢筋网、喷射混凝护坡、框锚结构等方式。但膨胀土渠道边坡变形有其特有的特征，加上运行期渠道边坡的处理有诸多限制条件，本书特别介绍了有关伞形锚边坡加固、微型桩支护和土工袋支护技术的设计方法和施工标准。

结合现有的膨胀土边坡工程实践经验，膨胀土渠道边坡变形处理宜采取包括坡面防护、工程抗滑、坡体防渗等综合措施,本书在渠道边坡变形综合处置典型案例部分提出了相应的处理措施。

本书共分为7章。第1章为绪论,主要阐述了南水北调中线渠道工程膨胀土的背景和意义、特性与技术难点研究现状等,介绍了主要问题及创新点;第2章介绍了南水北调中线工程膨胀土渠道的膨胀土特性及设计;第1章、第2章由李斌编写。第3章通过大量的运行监测数据和试验数据对运行期膨胀土渠道边坡长期变形及渗透破坏机理进行了研究,主要对膨胀土边坡长期变形规律、地下水运动规律、渗透特性、渗透破坏机理、长期变形病害分类与识别特征、长期稳定性状态综合评价方法等进行了深入研究,由王军、冯党、王西苑、熊勇、马鹏杰编写。第4章为膨胀土渠段变形加固技术,主要介绍了桩基、伞形锚和土工袋加固技术,由周学友、吴庚编写。第5章为膨胀土渠道坡面渗漏控制技术,主要阐述了高地下水位膨胀土渠道运行期主要渗控问题、快速排水方案和案例分析、快速排水施工工艺及质量控制方法,由张智敏、刘雄峰、吴庚编写。第6章为膨胀土填方渠堤裂缝成因机理及处理技术,主要对渠堤裂缝分类、裂缝成因机理、裂缝危害等级评定、裂缝处理技术进行了阐述,由田振宇编写。第7章为膨胀土渠道边坡变形综合处置典型案例,本章及参考文献主要由魏凯、钱萍编写。

本书在编写过程中得到了长江水利委员会长江科学院程永辉教授团队、中国矿业大学鞠远江教授团队、中国科学院武汉岩土力学研究所胡明鉴教授团队的大力支持和指导,在此表示感谢!

作　者

2023年12月

目录 CONTENTS

第1章 绪 论 ··· 1

  1.1 背景和意义 ··· 1

  1.2 膨胀土特性与技术难点 ··· 4

  1.3 膨胀土机理及处理技术研究现状 ·································· 6

    1.3.1 膨胀土边坡破坏机理研究 ···································· 6

    1.3.2 膨胀土边坡稳定性分析方法研究 ························· 10

    1.3.3 膨胀土边坡破坏防治技术及其作用机理 ················ 11

  1.4 主要问题及创新点 ·· 15

第2章 南水北调中线工程膨胀土渠道 ································· 16

  2.1 南水北调中线膨胀土特性及研究 ······························ 16

    2.1.1 中线膨胀土地质结构的分带特征研究 ··················· 16

    2.1.2 膨胀土的裂隙分布研究 ····································· 18

    2.1.3 膨胀土地下水分布及影响研究 ··························· 19

    2.1.4 岩土膨胀等级划分标准研究 ······························ 19

    2.1.5 膨胀土渠道边坡主要破坏机理和特征研究 ············ 21

  2.2 膨胀土渠道设计 ··· 26

    2.2.1 设计原则 ·· 26

    2.2.2 坡比拟定 ·· 27

    2.2.3 膨胀土渠道边坡处理措施设计 ··························· 28

2.2.4　膨胀土渠道边坡防护设计 ………………………………………………… 30

第3章　运行期膨胀土渠道边坡长期变形及渗透破坏机理 ……………… 37

3.1　膨胀土边坡长期变形规律 ……………………………………………………… 37
　　3.1.1　膨胀土渠道边坡水平位移长期变化规律 …………………………………… 37
　　3.1.2　膨胀土渠道边坡垂直位移长期变化规律 …………………………………… 46
　　3.1.3　膨胀土渠道边坡地下水变化分析 …………………………………………… 49
　　3.1.4　小结 ………………………………………………………………………… 51

3.2　膨胀土渠道边坡地下水运动规律 ……………………………………………… 53
　　3.2.1　地下水的补给、径流和排泄 ………………………………………………… 53
　　3.2.2　膨胀土渠段含水层分布 ……………………………………………………… 57
　　3.2.3　膨胀土渗透性规律 …………………………………………………………… 58
　　3.2.4　地下水变幅规律分析 ………………………………………………………… 60
　　3.2.5　高地下水位膨胀土渠段分布 ………………………………………………… 90

3.3　膨胀土边坡渗透特性 …………………………………………………………… 91
　　3.3.1　膨胀土渠道边坡渗透性影响因素 …………………………………………… 91
　　3.3.2　裂隙性膨胀土渗透性及演变过程 …………………………………………… 100
　　3.3.3　渠道边坡非饱和土体渗透特性研究 ………………………………………… 113

3.4　膨胀土渠道边坡长期变形机理 ………………………………………………… 129
　　3.4.1　膨胀土渠道边坡浅层局部长期变形机理 …………………………………… 129
　　3.4.2　膨胀岩裸坡试验区破坏分析 ………………………………………………… 129

3.5　膨胀土渠道边坡渗透破坏机理 ………………………………………………… 140
　　3.5.1　膨胀土裂隙发育过程 ………………………………………………………… 140
　　3.5.2　膨胀土裂隙发育规律 ………………………………………………………… 152
　　3.5.3　不同条件下膨胀土裂隙发育特征 …………………………………………… 180

3.6　膨胀土渠道边坡长期变形病害分类与识别特征 ……………………………… 185

3.7　膨胀土边坡长期稳定性状态综合评价方法 …………………………………… 192

3.7.1 重点渠段及变形病害类型判别 ………………………………………… 192
3.7.2 南水北调膨胀土渠道边坡稳定性现状评价 …………………………… 193
3.7.3 南水北调膨胀土渠道边坡长期变形状态评价 ………………………… 197
3.7.4 南水北调膨胀土渠道边坡整体失稳规模评价 ………………………… 204

第4章 膨胀土渠段变形加固技术 ………………………………………… 206

4.1 膨胀土桩基加固技术 …………………………………………………… 206
4.1.1 桩型 ………………………………………………………………… 206
4.1.2 膨胀土桩基施工设备 ……………………………………………… 210
4.1.3 膨胀土桩基施工工艺 ……………………………………………… 215

4.2 伞形锚加固技术 ………………………………………………………… 216
4.2.1 伞形锚锚头标准结构 ……………………………………………… 217
4.2.2 伞形锚承载特性研究 ……………………………………………… 219
4.2.3 伞形锚锚固机理 …………………………………………………… 220
4.2.4 伞形锚加固边坡的稳定分析方法 ………………………………… 228
4.2.5 伞形锚浆锚协同控制方法 ………………………………………… 229
4.2.6 伞形锚抢险施工装备及施工工艺 ………………………………… 233
4.2.7 伞形锚快速施工工艺 ……………………………………………… 235
4.2.8 伞形锚施工质量控制方法 ………………………………………… 239

4.3 土工袋加固技术 ………………………………………………………… 240
4.3.1 土工袋加固技术 …………………………………………………… 240
4.3.2 土工袋处理措施施工工艺 ………………………………………… 242
4.3.3 膨胀土渠道边坡土工袋处理质量控制与检测方法 ……………… 247

第5章 膨胀土渠道边坡渗漏控制技术 …………………………………… 249

5.1 高地下水位膨胀土渠道运行期主要渗控问题 ………………………… 249
5.1.1 渠道边坡水病害问题 ……………………………………………… 249
5.1.2 渠道衬砌及换填层抗浮稳定问题 ………………………………… 257

5.2 高地下水位渠段快速排水方案 …… 271
5.2.1 排水及反滤层材料 …… 271
5.2.2 快速排水形式分类 …… 274
5.2.3 快速排水形式选择 …… 287

5.3 快速排水措施案例分析 …… 289
5.3.1 排水井和排水盲沟组合排水方案 …… 289
5.3.2 渠道边坡排水措施 …… 299
5.3.3 盲沟和竖向排水减压管组合排水措施 …… 302
5.3.4 盲沟自排和降水井强排组合排水措施 …… 303
5.3.5 水下逆止阀排水措施 …… 305

5.4 快速排水施工工艺及质量控制方法 …… 307
5.4.1 施工工艺 …… 307
5.4.2 质量控制 …… 323

第6章 膨胀土填方渠堤裂缝成因机理及处理技术 …… 332

6.1 膨胀土填方渠堤裂缝分类 …… 332
6.1.1 土体裂隙的内涵 …… 333
6.1.2 土体裂隙的种类 …… 333

6.2 膨胀土填方渠堤裂缝成因机理 …… 335
6.2.1 填方渠道边坡裂缝变形力学机制概述 …… 335
6.2.2 现场典型裂缝断面监测 …… 335
6.2.3 填方渠道边坡变形及裂缝演化的模型试验 …… 337
6.2.4 填方渠道边坡变形及裂缝演化的数值模拟 …… 347
6.2.5 小结 …… 355

6.3 填方渠道及边坡裂缝危害等级评定 …… 356
6.3.1 土体裂隙的量测及评价 …… 356
6.3.2 填方渠道边坡裂缝等级评定方案 …… 358

6.4 填方渠堤裂缝处理技术 ········· 359
6.4.1 浅层裂缝处理 ········· 362
6.4.2 深层裂缝处理 ········· 362
6.4.3 裂缝灌浆处理质量验收 ········· 365

第7章 膨胀土渠道边坡变形综合处置典型案例 ········· 370
7.1 淅川段桩号8+216至8+377右岸变形体处理 ········· 370
7.1.1 渠道边坡变形情况 ········· 370
7.1.2 渠道设计概况 ········· 375
7.1.3 工程地质条件 ········· 375
7.1.4 处理措施 ········· 376
7.1.5 处理效果 ········· 377
7.2 淅川段桩号8+740至8+860左岸变形体处理 ········· 378
7.2.1 渠道边坡变形情况 ········· 378
7.2.2 渠道设计概况 ········· 390
7.2.3 工程地质条件 ········· 390
7.2.4 处理措施 ········· 391
7.2.5 处理效果 ········· 393
7.3 淅川段桩号11+700至11+800右岸变形体处理 ········· 394
7.3.1 渠道边坡变形及渗水情况 ········· 394
7.3.2 渠道设计概况 ········· 403
7.3.3 工程地质条件 ········· 403
7.3.4 处理措施 ········· 405
7.3.5 处理效果 ········· 408
7.4 淅川段桩号9+070至9+575左岸变形体处理 ········· 410
7.4.1 渠道边坡变形及渗水情况 ········· 410
7.4.2 渠道设计概况 ········· 420

  7.4.3　工程地质条件 ………………………………………………………… 420

  7.4.4　处理措施 ……………………………………………………………… 421

  7.4.5　处理效果 ……………………………………………………………… 424

 7.5　桩号 K37+650、K49+536 渠堤裂缝处理 ………………………………… 426

  7.5.1　渠堤裂缝分布情况 …………………………………………………… 426

  7.5.2　渠道设计概况 ………………………………………………………… 428

  7.5.3　工程地质条件 ………………………………………………………… 428

  7.5.4　渠堤裂缝处理设计 …………………………………………………… 428

  7.5.5　渠堤裂缝处理效果 …………………………………………………… 431

主要参考文献 …………………………………………………………………………… 437

第1章 绪 论

1.1 背景和意义

南水北调工程是横跨江、淮、黄、海四大水系的特大型跨流域调水工程,是优化我国水资源配置的战略性工程,分为东线、中线、西线三条调水线路,中线工程自丹江口水库取水,终点为北京、天津。主要的供水城市为北京、天津;河北省的邯郸、邢台、石家庄、保定、衡水、廊坊等6个省辖市,79个县级市及县城;河南省的南阳、平顶山、漯河、周口、许昌、郑州、焦作、新乡、鹤壁、安阳、濮阳等11个省辖市和32个县级市及县城。

总干渠是南水北调中线工程的输水建筑物,是调水工程的主体建筑物。总干渠全线长约1423km,穿越膨胀土地区渠道长387km,其中有180余千米涉及膨胀土问题的渠段集中在陶岔至沙河南段约230km的渠段范围内。

与国内外遇到的膨胀土相比,南水北调中线工程沿线膨胀土的处理更加复杂。一是其类型多,既有膨胀土,又有膨胀岩,同类膨胀土在不同地段表现出来的膨胀特性差异极大,变形破坏形式多样,同类型膨胀土可借鉴的经验很少。二是国外在膨胀土地区已建成的渠道边坡高度多为3~6m,南水北调中线工程膨胀土地段最大挖深达47m,最大填方高度达到20m。随着渠道边坡高度增大,超固结性引起的卸荷作用与膨胀性及其他作用叠加,使深挖方膨胀土渠道边坡稳定问题和渠基变形问题变得更为复杂。三是国外膨胀土渠道所在地区气候变化相对较小,气候干旱且降雨季节差别小。南水北调中线工程膨胀土分布地域广,旱季和雨季特征鲜明,大气及土体干湿变化大,容易发生膨胀土胀缩作用,膨胀土稳定性控制更加困难。与铁路和公路等工程相比,水利工程渠道长年涉水,边坡稳定问题更加棘手。

膨胀土和地下水是南水北调中线工程渠道边坡稳定的两大不利因素,膨胀土地区水文地质条件、渠道坡体水文地质结构和地下水类型多样,不同介质地下水对渠道边坡稳定的影响不同,特别是有的地段,膨胀土与含水层相伴出现在渠道边坡或渠底,加上渠道本身存在一定的渗漏水,使渠道边坡稳定问题的处理更加艰难。水对膨胀土渠道边坡的不利影响是多方面的:一是雨水或地表水入渗引起土体含水量升高、土体强度下降;二是入渗水进入土体裂隙,导致裂隙面软化和扩展,反复作用可使裂隙面逐步贯通;三是地下水在坡体内形成静水压力的同时对衬砌结构或换填层形成扬压力,引发土体滑动或衬砌隆起开裂。如何针对不同的渠道水文地质结构合理布置防渗排水系统,使坡体含水量不发生大的变化,减少不利影响,是实现渠道安全运行必须考虑的问题。面对南水北调中线工程膨胀土渠段复杂的水文地质条件,本书提供可供工程防渗排水设计指导的渠道边坡结构水文地质分类、防渗排水原则、防渗排水设计技术。

与其他工程相比,水利工程尤其是渠道工程中遇到的膨胀土(岩)问题更多,更难应付。就渠道工程而言,为适应地形条件变化,渠道工程有填方、挖方、半挖半填等不同类型,与道路工程、工业与民用建筑物运行条件相比,膨胀土渠道运行的地质环境、土体状态及其与水相互作用的条件等对于边坡稳定是最不利的。输水渠道有稳定的水头作用,这导致无论采用何种防渗措施,从长期角度看,渠道渗漏都不可避免,这一点是膨胀土地段渠道工作状态的重要特点。膨胀土对于渠道工程的影响主要体现在两个方面:一是裂隙的存在直接影响渠道边坡的稳定状态;二是胀缩变形对渠道边坡、衬砌结构及其他结构会产生破坏。膨胀性岩土是在漫长的地质年代中生成的产物,在膨胀土中普遍存在非胀缩变形产生的非胀缩裂隙,当裂隙面倾角、倾向为顺坡向时,将产生顺坡向的渠道边坡失稳。此外,膨胀土在降雨或蒸发过程中的胀缩变形将在一定深度影响范围内产生沿降雨湿润峰面的剪应力,在边坡土体受干湿循环影响强度衰减的情况下,极易产生坡面隆起、溜滑和局部滑塌等破坏。而且,干湿循环产生的胀缩裂隙将引起渠道边坡和渠底渗漏,导致膨胀变形向渠道更深的部位发展,引起渠道边坡稳定状态的进一步恶化,同时,这种危害具有反复性。

南水北调中线干线工程沿线深挖方、高填方渠道众多,边坡土体地质条件复杂,尤其是膨胀土渠道边坡稳定问题更为突出。渠道自 2014 年 12 月 12 日运行至今,部分渠道边坡出现局部变形迹象,成为渠道安全输水和高效运行的潜在隐患,而目前针对膨胀土高边坡变形病害快速有效的治理技术极为缺乏。近年来,伞形锚边坡加固新技术、微型桩支护技术、土工袋支护技术、新型排水材料的出现,弥补了以往快速加固措施的不足,在边坡应急加固方面能充分发挥良好的作用,其成果和技术值得进一步研究和推广应用。同时,结合南水北调中线工程边坡情况及运行管理需求,研发或升级改造针对边坡快速处理的设备迫在眉睫。

因此,结合南水北调中线干线工程边坡运行期间变形病害的特点,有针对性地开展系统性研究,提出成套实用技术、研发相应的快速处理设备是非常必要的。

南水北调中线干线工程膨胀土问题曾在国家"十一五""十二五"期间开展过联合攻关,并取得了突破性的认识,也为工程建设发挥了重要支撑作用。以往的研究和工程实践表明,膨胀土渠道边坡既有膨胀作用下的浅层失稳,也有裂隙强度控制下的深层失稳,须同时予以针对性处理,方可保证渠道边坡稳定。

目前,常规的渠道边坡加固措施为抗滑桩、注浆锚杆等。抗滑桩施工存在施工机械设备庞大、施工工艺复杂、成本投入大、施工工期长等不足,尤其是需要修建施工平台,对渠道边坡扰动较大,很难保证施工期间的稳定性,难以在渠道运行期间确保工程安全;而注浆锚杆存在锚固力小、龄期长、施工质量不易控制等不足;常规加固措施不满足边坡抢险加固和运行维护的要求。

近年来,伞形锚边坡加固、微型桩支护、土工袋支护等技术以及边坡外水防护和土体排水技术因施工简便、工期较短、时效性高等优点,在边坡加固中得到了一定的推广应用,为实现边坡快速抢险加固和运行期工程维护提供了有力的技术支撑。

伞形锚边坡加固是新型边坡加固技术,借助深层锚固端土体自身抗力来提供锚固力,不仅锚固力大,而且实现了实时锚固,立即见效,可对边坡施加一定的预应力,可有效抑制边坡失稳和控制边坡的变形,在抢险加固中具有较大的优势。

微型桩支护主要利用稳定地层的锚固作用和被动抗力来平衡滑坡推力,是防治滑坡的一种十分有效的工程措施,与刷坡减载、挡土墙支护等传统滑坡防治措施相比,微型桩加固措施具有抗滑能力强、工程造价低、桩位布置灵活等特点。微型桩支护技术属于小型抗滑桩,可通过小型机械设备实施,但限于混凝土的龄期,可采用预制桩或其他新型材料;预制桩一般需钻孔后实施,而膨胀土为超固结土,若预钻孔径太小,微型桩不易压入;若孔径太大,则桩与土体之间存在一定间隙,需采取灌浆等其他措施。另外,微型桩桩径较小,单桩的抗弯、抗剪能力不足,一般需采取较小的桩间距和多排桩,但多排桩的抗滑机理、桩身受力、桩与桩间土的相互作用等问题均无统一的认识。因此需结合施工设备研究多排微型桩的抗滑机理、设计方法、施工工艺与质量控制,形成设计和施工成套技术,并编制技术应用指南,以便有效指导实践和渠道边坡失稳抢险。

土工袋支护主要针对发生浅表层滑动的边坡,采用环保无污染、耐久性好且适用于边坡的土工袋,在不采用大型设备的情况下,可以快速处理、恢复边坡,同时可以在表层铺设可降解格栅或专用土工袋植草,防止边坡冲刷,以保持边坡的长期稳定。

工程自建成运行至今,部分渠堤堤顶运行管理道路和渠道边坡也不同程度地出现了一些影响渠堤安全运行的纵向裂缝。系统分析裂缝产生的原因,快速探明裂缝长度和深度,研究提出适合工程现场简便可行的充填灌浆等措施及施工工艺标准,对及时有效排除工程隐患、确保工程运行安全是非常必要的。

地下水位的季节变化也是引起膨胀土边坡失稳的重要原因,因此,防止外水进入失稳边坡且快速排出地下水也是保证渠道边坡稳定的重要安全措施。在总结已有工程实践经验的基础上,进一步研究防止外水进入失稳边坡的措施及快速排出地下水的结构形式、排水效果及耐久性等,也是膨胀土高边坡稳定研究的一个重要方面。

针对南水北调中线工程膨胀土边坡,无论是挖方还是填方,其加固处理效果还有待于进一步研究,包括加固设计方法、加固处理效果及计算分析方法、施工工艺与施工质量控制、伞形锚锚固后的长期性能及对策等,同时,还需要形成技术应用指南及指导施工相关的标准或细则,以便有效指导实践。

南水北调中线工程膨胀土边坡破坏模式复杂,且对边坡变形病害治理技术的时效性和易操作性要求较高,常规处理技术难以在低扰动的情况下对渠道边坡进行快速处理。伞形锚边坡加固、微型桩支护、土工袋支护、边坡排水及充填灌浆等技术具有施工简便、工期较短、适宜坡面快速作业的特点,为南水北调中线工程变形病害的快速处理提供了解决途径。

1.2 膨胀土特性与技术难点

我国是世界上膨胀土(岩)分布范围最广、面积最大的国家之一。自20世纪50年代以来,我国陆续发现的膨胀土危害地区已达20余个省、自治区、直辖市,几乎涵盖了除南海以外的所有陆地,各地的膨胀土(岩)虽在物质成分和成因等方面不完全一样,但其共有的膨胀和收缩特性是一致的。高国瑞等在研究了中国区域性土的产生和分布规律以后,认为中国的黄土、胀缩土、红黏土和软土等特殊土具有明显的区域特征,这些区域性土的分布特征明显受到气候和地理位置(纬度)的影响。黄土主要分布在黄河以北,红土主要分布在长江以南,而处于长江与黄河之间的黏性土,如中西部的胀缩性黏土和中东部的下蜀黏土等,主要分布于云贵高原和华北平原之间各流域形成的平原、盆地、河谷阶地,以及河间地块和丘陵等地。其中,胀缩性土以珠江流域、长江流域、黄河流域、淮河流域等各干支流水系地区和广西、云南、湖北、河南等省(自治区)分布最为广泛。此外,陈生水等还论述了毗邻地区区域性土的双重性质。如贵州的红黏土既具有红土的高强度特性,又具有黏土的胀缩特性;而河南南部的黄土则既有轻微的湿陷性,又有一定的胀缩性。

长江设计集团在南水北调中线工程南阳段选址时进行了膨胀土分带特性的地质勘察。勘察结果认为,南阳段膨胀土为第四系中更新统冲湖积(Q_2^{al-pl})粉质黏土、黏土,膨胀性多以弱—中膨胀为主。在地表以下,膨胀土的分布具有较为明显的分带特征,地层在垂向上大致可分为三个带,即大气影响带、过渡带、非影响带。其中,大气影响带一般在地表3m范围以内。大气影响带的土体长期经受干湿循环,胀缩裂隙发育,土体的整体性遭到破坏,表层土被裂隙分割成散粒状。土体颜色多呈灰褐色、黄褐色或灰色,微裂隙发育,土体的含水量随大气环境变化极大,孔洞(植物孔洞)及虫孔发育,孔隙比较大。土体在非雨季时力学强度较高,雨季饱水后力学强度迅速降低。过渡带为地面以下3~7m。过渡带土体在一般情况下饱和度相对较高,土体的含水量年变幅相对较小,土体的温度年变幅也较小,土体的颜色一般呈黄褐色、浅棕黄色等,非胀缩裂隙发育,裂隙多充填灰白色黏土,土体孔隙比较大,土体含水量一般为24%左右,静力触探显示本带为相对软弱层。过渡带以下称之为非影响带,膨胀土体受大气影响极少,土体一般呈非饱和状态。非影响带中土体的裂隙为非胀缩裂隙,裂隙多呈闭合状,呈镜面光滑。非影响带中一般有黑色铁锰质结核,土体渗透性微弱,为不透水层,孔隙比常小于0.7,孔洞及虫孔不发育,结构紧密。南阳段膨胀土地质结构分带见表1-1。

表1-1　　　　　　　　　　南阳段膨胀土地质结构分带

	指标	大气影响带	过渡带	非影响带
野外宏观指标	颜色	灰褐色、黑褐色	褐黄色	褐、棕黄色
	地下水	无,雨季有	有	无,局部裂隙水
	长大裂隙发育程度及充填物情况	不发育,基本无充填,微裂隙极发育	发育,多充填灰绿色黏土及钙质充填	微发育,大部分裂隙无充填,裂隙多闭合状
	根孔发育程度	较发育	发育	不发育,小于1mm
	土体结构	散体状结构	次块状结构	块状结构
试验指标	含水量	多为17%~24%	24%~26%	多为20%~21%
	孔隙比	平均值>0.7	平均值>0.7	平均值<0.7

注:数据引自长江设计集团南水北调中线工程地质勘察报告。

相关研究表明,膨胀土边坡失稳主要包括膨胀作用下的边坡失稳和裂隙强度控制下的边坡失稳两类。由于各类边坡的工程条件不同,所表现出来的外在破坏现象不同,但所有膨胀土边坡的失稳均可归结为以上两种情况,或是两种情况综合作用的结果。因此,要保证膨胀土边坡的稳定,其处理措施应针对其失稳的内在机理进行选择。

膨胀作用下边坡失稳的主要原因是膨胀土边坡土体吸水膨胀受到约束,产生顺坡向的剪应力,当剪应力超过抗剪强度后产生塑性变形,并逐渐向上发展,最终导致滑坡。因此,防止此类边坡失稳的措施应该是抑制膨胀变形的产生。含水量控制和压重的措施均可起到抑制膨胀变形的作用,但在工程建设和运行中控制土体含水量的变化十分困难,因此,压重是最切实可行的处理措施。

裂隙强度控制下边坡失稳的主要原因是边坡土体内存在长大裂隙,裂隙面强度很低,当裂隙呈顺坡向发育时成为潜在滑动面,在边坡开挖、降雨和地下水位变化、工程荷载的作用下,因抗滑能力不足而产生滑坡。防止此类边坡失稳的措施应该是通过锚固支挡提高边坡的整体抗滑稳定性。

1.3 膨胀土机理及处理技术研究现状

膨胀土分布广，对工程建设危害大，七十多年来，膨胀土及其工程问题一直是国内外研究的热点和难点问题。在我国，伴随着高速公路、铁路和南水北调工程大规模建设，膨胀土边坡地质灾害问题日益突出，国内外学者针对膨胀土边坡的破坏机理、稳定性分析方法和膨胀土边坡破坏防治技术及其作用机理方面进行了以下研究：

1.3.1 膨胀土边坡破坏机理研究

袁俊平等指出膨胀土边坡在裂隙开展后抗剪强度显著降低，裂隙将本来均一的土层划分为强度差异显著的不同土层，雨水进入裂隙中形成渗流增加了滑动力矩，且裂隙随时间而发展，这些都会显著影响膨胀土边坡的稳定性。他们提出了一种以条分法为基础的近似反映裂隙影响的膨胀土边坡稳定性分析方法。同时，他们将膨胀土坡划分成裂隙充分发展层、裂隙发育不充分层和无裂隙层，分别取用不同的强度指标，给出了裂隙深度、各亚层界面、各层强度指标以及裂隙渗流浸润线的近似确定方法。该方法反映了膨胀土边坡失稳机理的平缓性、浅层性、牵引性、长期性、季节性、方向性等特点。

程展林等研究了南水北调中线工程膨胀土的裂隙形态及其分布规律，指出膨胀土裂隙的形态在"大气影响深度"范围以内与以外区域上存在明显差异。在"大气影响深度"范围以内，裂隙的确是杂乱分布的；而在非大气影响区（"大气影响深度"范围以外）其裂隙往往具有光滑裂隙面，且具有定向性，裂隙多被充填、呈闭合状；研究表明，膨胀土在一定的起始含水率，且相同吸湿条件下的膨胀应变可用式（1-1）计算。

$$\varepsilon_v = a + b\ln(1+\sigma_m) \tag{1-1}$$

式中：ε_v——充分吸湿引起的体积膨胀应变，%；

σ_m——平均应力，kPa；

a,b——与土性及起始含水率有关的试验拟合参数。

同时，程展林等提出了膨胀土强度试验新方法；研究分析了膨胀土边坡失稳机理，提出了膨胀土边坡的破坏模式及相应的稳定分析方法。研究表明，膨胀土边坡不只在重力作用下整体稳定，还受裂隙面强度控制，而且在吸湿条件下会产生浅层失稳，浅层失稳的主要影响因素为土的膨胀变形；在膨胀土边坡的稳定分析中，膨胀土的强度不需进行任何折减，直接采用强度试验值，稳定分析成果能正确地反映边坡的稳定状态。陈生水等利用离心模型试验研究了许多经计算分析认为稳定的新开挖膨胀土边坡随着时间的推移发生失稳的案例。

干湿循环使膨胀土边坡产生裂缝，随着干湿循环次数的增加，裂缝逐渐变宽变深；裂缝的存在不仅削弱了膨胀土边坡土体的结构，而且为水的入渗提供了通道，从而使土体软化，强度衰减。每次干湿循环，膨胀土边坡均累积了向坡下的沉降和水平位移，随着干湿循环次数的增加，不论边坡土体密度大小，最终都将导致膨胀土边坡的渐进破坏。室内三轴试验无法模拟干湿循环作用下膨胀土边坡裂缝的产生和发展过程以及水的入渗对其强度和变形特性的影响，其得出的强度和变形指标直接应用于膨胀土边坡的变形和稳定分析是不合适的。防止膨胀土边坡发生破坏最关键的措施是尽可能隔断其与外界的水分交换，如不能隔断其与外界的水分交换，也应采取合适的排水措施，以尽可能防止膨胀土边坡充分湿化。

陈建斌等利用广西南宁地区的典型膨胀土，建立缓坡、陡坡与坡面种草3种类型膨胀土边坡的原位监测系统，跟踪测试了边坡变形随气候变化的演化规律，揭示在降雨蒸发情况下膨胀土边坡的变形特征；认为降雨是导致膨胀土边坡变形最直接的气候因素，蒸发效应是边坡变形破坏的重要前提之一；蒸发效应所产生的土体裂隙使得吸湿条件下原位双环渗透试验获得的膨胀土水力特性具有与传统的非饱和土力学中的定义相反的趋势，这也是膨胀土边坡在降雨入渗时发生变形乃至破坏的内在机制之一；通过对现场试验数据进行拟合，建立了符合膨胀土边坡变形的经验性预测模型，其中边坡变形与土表净入渗量呈二次函数关系。

袁俊平等采用常规试验测定非饱和膨胀土膨胀时程曲线，定量描述了膨胀土中裂隙在入渗过程中逐渐愈合的特征，建立了考虑裂隙的非饱和膨胀土边坡入渗的数学模型；用有限元数值模拟方法分析了边坡地形、裂隙位置、裂隙开展深度及裂隙渗透特性等对边坡降雨入渗的影响。坡上裂隙的位置对边坡入渗影响较大；裂隙对边坡入渗的影响随裂隙深度的增大而增大，且存在一个最大的影响程度；裂隙的存在加快了膨胀土的入渗速率。刘华强等基于Bishop法，完善了其计算条件，考虑裂缝开展导致的土体强度降低、裂缝开展的深度、降雨时裂缝群中形成的渗流，以及可能的裂缝侧壁静水压力作用等影响因素，完成了对膨胀土边坡稳定分析方法的改进。

程永辉等指出，降雨是引起膨胀土边坡失稳的主要诱发因素之一。他们研制了一套可以在离心机中进行降雨模拟的装置，并通过离心模型试验，模拟了降雨条件下典型膨胀土边坡失稳破坏的全过程。研究表明，在一次降雨后，膨胀土边坡即出现了滑坡，第二次降雨后，边坡滑动范围和深度均有明显增加，反映了膨胀土边坡失稳的渐进性和逐级牵引性。最后，在总结分析试验成果的基础上，获得了降雨条件下膨胀土边坡失稳的机理，并提出"膨胀作用下边坡滑动"的膨胀土边坡破坏模式。

詹良通等在湖北枣阳选取了一个11m高的典型的非饱和膨胀土挖方边坡进行人工降雨模拟试验和原位综合监测，研究表明，降雨入渗使2m深度以内土层中孔隙水压力和含水量大幅度增加，膨胀土体的抗剪强度由于有效应力的减少及土体吸水膨胀软化而降低；同时，降雨入渗造成土体中水平应力与竖向应力的比值显著增加，并接近理论的极限状态应力比,以致软化的土体有可能沿着裂隙面发生局部被动破坏,此破裂面在一定条件下(如持续降雨的条件下)可能会逐渐扩展,最后发展成为膨胀土中常见的渐进式滑坡。

黄润秋等指出,Bishop 和 Fredlund 的非饱和土强度公式参数不易应用于工程,基于双曲线的非饱和土强度公式,采用简化 Bishop 法建立非饱和土边坡的稳定方程,分析膨胀土边坡的稳定性,讨论了吸力、分层及其边坡表层裂隙对非饱和膨胀土边坡稳定性的影响;揭示了膨胀土边坡浅层滑坡的原因。卫军等根据膨胀土边坡的失稳破坏现象,将其破坏类型归结为表层溜塌、浅层破坏和深层破坏,同时对其破坏发生机理进行了探讨,然后在考虑膨胀土工程特性和环境因素影响的情况下,对南阳段膨胀土边坡进行稳定性分析。

尹宏磊等的研究表明,由于膨胀土遇水后会发生显著的变形,在饱和区与非饱和区交界面附近会出现很大的剪应力。因此,在膨胀土边坡的稳定分析中,需要考虑这种因素的影响。根据塑性力学的上限定理,严格地导出了考虑膨胀应力做功的功能平衡方程。根据强度储备定义的安全系数即隐含在这一方程中,它可以通过迭代方法求解。边坡稳定的上限分析在数值上利用了单元集成法,不仅能方便地利用应力分析的成果,而且能优化滑裂面,从而找到最小安全系数。对一个坡度比为 1∶4 的膨胀土边坡的稳定计算结果表明,膨胀变形会使边坡的安全系数显著减小。当考虑膨胀时,优化得到的破坏模式是在浅层出现一个局部的滑动,它会牵动其上部的土体也相继出现局部滑动,这正好符合膨胀土滑坡时牵引性的特征。

郑澄锋等利用非饱和土简化固结理论,通过调整土体的排气率和渗透系数的方式数值模拟干湿循环导致的非饱和膨胀土边坡裂缝的张开、闭合以及变形发展过程。结果表明,每次干湿循环后膨胀土边坡均积累了竖直向的沉降和水平向的位移,揭示了干湿循环下膨胀土边坡破坏的浅层性和渐进性。对比离心模型试验结果表明,其数值模拟方法是可行的。

平扬等考虑膨胀土的开裂性,研究了雨水入渗条件下膨胀土边坡的渗流规律,进行了相对应的稳定性分析。通过比较考虑和不考虑裂隙时的膨胀土边坡稳定性,发现两者具有很大的差异性。通过与现场实际情况相比较,说明在研究降雨入渗条件下的膨胀土边坡稳定性时,考虑土体的开裂性是十分必要的。

姚海林等对非饱和膨胀土边坡在考虑暂态饱和—非饱和渗流的情况下进行了参数研究,研究的结果表明:裂隙的存在对边坡中孔隙水压力和体积含水量分布有较大影响,膨胀土渗透性越低越应注意裂隙的作用。

谢云等指出,膨胀土的工程性质受周围环境及气候的影响比较大,很多膨胀土边坡的失稳破坏是在降雨时或者降雨后发生的;对膨胀土边坡失稳而言,胀缩性和裂隙性是内在因素,降雨入渗是外部诱发条件。用 SEEP/W 和 SLOPE/W 软件对膨胀土渠道边坡工作期间水位快速升降、降雨入渗以及自然蒸发等可能工况进行了系统分析，并考虑了裂隙的影响。分析结果表明，由于非饱和土的渗透系数很小，渠道边坡内部各种物理场要经过较长的时间才能达到稳定；水位快速升降对临水面含水量和压力水头的影响较快，需要经过一定时间才能影响渠道边坡内部的含水量和压力水头；膨胀土张裂缝对降雨入渗有显著的影响，含水量和总水头影响范围达到张裂缝底部；水位快速下降会导致边坡安全系数降低。研究结果对边坡稳定性分析很有意义。

卫军等应用非饱和土土力学的基本原理，在将膨胀土边坡抗剪强度考虑为分布变化场的情况下，对一实际膨胀土边坡进行了稳定性分析。从中找出滑面圆心位置与安全系数 k 的分布规律，验证了膨胀土边坡破坏的浅层性，进而总结出破坏规律，给出所分析边坡的合理坡率。韦杰等针对非饱和膨胀土边坡问题，考虑降雨、地表水入渗、地下水径流、地表蒸发、植被蒸腾等因素的作用，运用二维非饱和渗流模型求解不同气候条件下膨胀土边坡孔压、体积含水量的变化情况，通过分析得到如下结论：

①持续降雨后，坡体内吸力减小，其中坡脚处的孔压最先达到正值，其次是坡中，最后是坡顶，因此持续降雨可扩大饱和区的范围，使边坡安全度降低。

②坡脚、坡中及坡顶处体积含水量的差异除与土体孔压相关外，还与土体的水分特征曲线参数相关。

③降雨—蒸发的干湿循环促使膨胀土滑坡内部土体的孔压、含水量发生变化，从而形成裂隙，减小强度，降低边坡的安全度。

汪明元等的研究表明，膨胀土具有胀缩性、裂隙性、超固结性，其工程性质特殊，即使很缓的边坡也可能失稳，南水北调中线工程膨胀岩土渠段长达 340km，渠道边坡的处理技术、分析方法与长期稳定性是关键问题。他们分析了非饱和膨胀土边坡的破坏特点、破坏机理与影响因素，并对处理措施的作用机理与模拟方法进行了分析，在此基础上探讨了非饱和膨胀土边坡稳定性的分析方法，并对南水北调中线工程新乡段膨胀岩土渠道边坡进行了分析，得到了初步成果。

姚海林等对膨胀土边坡进行了考虑裂隙和降雨入渗影响的稳定性分析，通过工程实例比较了考虑裂隙和不考虑裂隙的差别。研究结果表明，考虑裂隙影响的边坡降雨入渗和稳定性分析较为合理和实用。郑少河等指出，降雨入渗条件下的裂隙性膨胀土边坡稳定性与其渗流场分布密切相关，对渗流分析中的积水深度进行了数值模拟，结果显示，不同的积水深度对渗流场的影响很小，因此，在进行裂隙性膨胀土渗流分析时，积水深度为 0m 的假定是可以接受的。基于膨胀土开裂裂隙的规模及渗透性的不同，提出了考虑裂隙系统的膨胀土边坡渗流分析方法，计算结果表明，土体开裂显著改变了膨胀土内部的渗流场分布。该方法可以更好地模拟坡渗流场随时间的变化规律，以及更合理地解释降雨入渗引起的膨胀土边坡浅层滑动机制。

李雄威等在广西南宁地区建立了不同开挖坡度的膨胀土边坡，通过现场试验论证了堑坡变形与降雨历时的关系，并分析其湿热耦合效应。历时两个雨季和一个旱季的试验结果表明，坡面水平变形与降雨持续时间具有较好的相关性，只有在一定雨强下持续的降雨过程才能使边坡产生较大的变形；土体含水量变化是影响边坡变形的主要因素，而温度变化是促进因素，二者的耦合作用使得膨胀土边坡趋向不稳定；在考虑膨胀土边坡的渗透特性后，建立了堑坡变形与降雨历时的关系，表达式可用于预测边坡总变形量，也可换算成变形速率对陡坡的变形突变进行预警，具有较强的工程适用性。同时，监测结果也表明，在采用植被防护后膨胀土边坡的变形迅速减小，说明植被护坡是一种有效的堑坡防护方式。

1.3.2 膨胀土边坡稳定性分析方法研究

针对膨胀土的特性及边坡稳定分析等问题，国内外学者已进行了一定的探索。下面是对于膨胀土渠道边坡稳定分析的一些方法的分类和成果：

1.3.2.1 极限平衡法

极限平衡法假设土体沿着滑动面整体转动，将破坏土体视为一个整体，破坏面上的每一个土条的安全系数都一样。虽然极限平衡法仍然是边坡工程设计中最实用的方法，但是该方法没有反映土体内部的应力应变的实际情况，而且不能考虑土体的渐进破坏过程。龚壁卫分析了非饱和土边坡稳定的新途径，并且利用极限平衡法分析了一个算例。张士林结合土坡含水量分布探讨了含水量对稳定系数的影响。刘华强等以Bishop法为基础，对膨胀土边坡稳定分析方法进行改进。改进后的方法反映了裂缝对膨胀土边坡稳定性的影响，计算结果体现了浅层性、牵引性、长期性、平缓性和季节性等膨胀土边坡的滑坡特点。

1.3.2.2 有限元极限平衡法

有限元极限平衡法概念清晰，是可以考虑土的应力—应变关系、分析整个土体中各点的应力和变形情况及其变化过程的一种分析方法。相对刚体极限平衡法，有限元极限平衡法可以在计算土体应力变形时采用不同的土体本构模型，以反映土体的非线性、非弹性、剪胀（剪缩）、各向异性等土体基本力学特性，同时也可反映土体的开挖、填埋、降雨入渗等多种复杂的因素对边坡稳定的影响，是比较适合分析边坡稳定的方法。近年来，有限元方法在分析膨胀土边坡稳定中得到了广泛的应用，该方法最初主要应用于膨胀土开挖变形等方面，而目前的研究趋势主要是通过非饱和土渗流场的分析来定性地解释降雨期间膨胀土边坡失稳的机理，但其侧重于定性分析，并且在土体本构模型方面做了很多简化，而膨胀土的本构关系十分复杂，如果本构关系不准确，计算出来的结果也不准确。尽管如此，随着非饱和土力学不断发展和完善，有限元极限平衡法将成为膨胀土边坡分析的有力工具。秦禄生等基于有限元法，引入膨胀力对雨季膨胀土路基边坡容易失稳的现象进行了分析，通过对比降雨前后的应力应变分布，发现降雨后出现了较大应力集中的现象，甚至还产生拉应力区域，从而使边坡的安全系数降低。肖世国应用有限元极限平衡法分析膨胀土堑坡稳定性时考虑自然营力、膨胀力、孔隙水压力等因素的综合作用，并详细讨论了这些因素对堑坡稳定性的影响，提出了膨胀力的作用规律。将这种综合分析方法应用于成都市三环路工程时，得出了较合理的结果。

1.3.2.3 有限元强度折减法

由 Zienkiewicz 等提出的有限元强度折减法完全抛弃了前两种方法要不断搜索可能破坏面的基本假定，对土体抗剪强度指标折减后直接进行有限元弹塑性计算，最终能够得到一个土体恰好"破坏"时的折减系数。该折减系数具有明确的安全系数物理意义。目前判断边坡失稳的主要依据有塑性区是否贯通、迭代计算是否收敛及特征部位变形是否发生突变等。

刘明维等应用强度折减法对一般斜坡地基的路堤和易于产生软弱夹层的膨胀土斜坡地基的路堤进行稳定性分析，结果表明，采用有限元强度折减法，不需任何假设，即能得出路堤的稳定安全系数和滑动面，是进行膨胀土斜坡地基的路堤稳定性评价的有效方法。

李荣建等将有限元强度折减法推广到非饱和土边坡稳定分析中，开发了可以考虑基质吸力的强度折减有限元计算程序，给出了一个非饱和土边坡稳定分析的对比。

1.3.3 膨胀土边坡破坏防治技术及其作用机理

孔令伟等在广西南宁地区建立了缓坡、陡坡与坡面种草 3 种类型膨胀土边坡的原位监测系统。采用小型气象站、土壤含水率 TDR 系统、烘干法、温度传感器、测斜管和沉降板跟踪测试了边坡含水率、温度、变形等随气候变化的演化规律。认为降雨是膨胀土边坡发生灾变最直接的外在因素，蒸发效应是边坡灾变的重要前提条件，而风速、净辐射量、气温和相对湿度是间接影响因素；土温变化可间接反映边坡不同位置的含水率变化；边坡变形主要集中在表层土体，坡中变形最大，其次是坡顶，坡脚处变形最小，陡坡在大气作用下发生了渐进性破坏；草皮覆盖有利于保持边坡表层土体水分、降低坡面冲刷和径流量、抑制边坡变形，且对土温有很好的削峰填谷作用。

殷宗泽等指出，由于天气的影响，随着土体干湿的交替变化，裂缝深度随时间不断发展，进入坡体裂缝中的雨水还会形成渗流，这些均会使边坡稳定性降低。表明膨胀土边坡中裂缝的开展易导致失稳。从失稳机理出发，提出了采用土工膜覆盖避免裂缝开展的膨胀土边坡加固方法。两年现场试验及一年的工程实际应用表明这种加固方法简便和有效。蔡剑韬等针对正在设计中的中国南水北调中线工程约 340km 的渠段膨胀土

（岩），拟采用土工格栅加筋膨胀土开挖料处理膨胀土（岩）渠道边坡。为研究吸湿条件下土工格栅加筋的效果，基于土工格栅与压实膨胀土间相互作用的试验结果，以及提出的膨胀土吸湿变形的模拟方法，对土工格栅加筋膨胀土边坡的应力与变形进行了数值分析。采用 Mohr-Coulomb 模型模拟膨胀土，线弹性模型模拟土工格栅；并采用理想弹塑性模型模拟土工格栅与压实膨胀土间的界面。研究了土工格栅与膨胀土的界面和压实膨胀土的强度参数，以及土工格栅的弹性模量等因素对加筋效果的影响。研究结果表明，土工格栅与压实膨胀土间界面的强度参数对加筋效果的影响较大；而采用相同的加筋参数，填土的强度参数对坡体的水平变形影响不大；土工格栅的弹性模量越大，对边坡变形的约束作用越明显。

江学辉等为提高膨胀土边坡的稳定性，采用了土袋技术加固方法；利用 FLAC3D 软件，基于有限元强度折减法，对边坡稳定性进行了分析，结果表明，未经处理的膨胀土边坡安全系数很低，滑移量大，边坡处于失稳状态，若采用土袋技术加固膨胀土边坡，边坡整体稳定性得到较大提高，滑移量大大减小，滑弧形态由浅层滑动过渡到深层滑动，边坡处于稳定状态，相比不考虑土袋与土袋之间接触的方案，考虑土袋与土袋之间接触的方案，最大水平位移明显减小，安全系数增大，处理前与处理后膨胀土边坡滑动破坏位置没有发生变化，都在坡脚附近，说明土袋技术可用于加固膨胀土边坡。

阳云华等指出膨胀土、膨胀岩问题是南水北调中线工程的主要工程地质问题之一，由膨胀土、膨胀岩组成的渠道边坡容易出现渠道衬砌破坏和滑坡。从分析膨胀土滑坡产生的实质入手，提出浅层滑坡是膨胀土滑坡的主要形式，也是处理重点。本书介绍了国内外膨胀土边坡工程处理方法，提出了针对膨胀土渠道不同部位的工程处理技术，以期对中线工程膨胀土渠道边坡设计有所帮助。

吴顺川等针对膨胀土吸水膨胀的特点，提出膨胀土边坡自平衡预应力锚杆加固方法；该方法结合黏结型锚杆和预应力锚杆的优点，使用预应力锚杆结构，但在锚杆施工时仅施加少量或不加预应力，利用膨胀土吸水膨胀特性在边坡中形成自平衡的预应力锚杆加固体系。根据锚杆与土体变形协调关系，推导自平衡预应力锚杆初始应力计算公式，并探讨该方法的有限元计算过程。理论分析、数值计算和工程应用结果表明，自平衡预应力锚固结构在保证边坡稳定和锚固结构安全的前提下，边坡变形较小，同时经济上较为合理，对于类似工程具有广泛的推广应用价值。

包承纲重点分析了非饱和膨胀土边坡失稳的原因，在降雨入渗的条件下，膨胀土常发生浅层滑动，这种滑动与通常饱和土的边坡失稳的原因不同。同时在南水北调中线工程渠道附近进行了大型人工降雨试验，采用饱和土边坡稳定分析方法来校核非饱和膨胀土边坡的稳定，根据非饱和膨胀土边坡失稳的机理提出了防止边坡浅层滑动的对策措施。

龚壁卫对南水北调中线工程膨胀土渠道边坡的稳定分析方法、膨胀土强度取值、渠道边坡坡比和支护的合理设计以及滑坡预报问题进行了分析。膨胀土渠道边坡滑动破坏模式与一般土质边坡有很大差别。膨胀土渠道边坡的滑动通常沿结构面发生，并且大多为浅层滑动。冷星火对膨胀土边坡的滑动破坏模式、影响边坡稳定性的主要因素进行了分析。根据膨胀土的工程地质、水文地质特点，对常规的边坡稳定分析方法进行了改进，提出了适合膨胀土边坡稳定分析的方法。土体内裂隙是影响膨胀土边坡稳定的主要因素之一，最危险滑动面破坏模式表现为折线滑动形态，坡顶拉裂缝对边坡的稳定性有较大影响。

膨胀土渠道边坡失稳破坏频率高，是渠道运行的最大安全隐患。通过对膨胀土渠道边坡破坏机理深入分析，土体膨胀性及结构面发育程度是控制渠道边坡稳定的内因，雨水、地表水、渠水入渗是引起渠道边坡失稳的主要外因。蔡耀军结合国内外大量工程实例分析，特别是南水北调中线工程南阳段膨胀土试验成果，提出了针对膨胀土渠道边坡不同的破坏机理与地质环境条件所采取的坡面防护、工程抗滑、坡顶防渗等综合措施，以及加强观测与反馈分析，深入进行工程研究的建议。

针对膨胀土工程性状和气候环境的影响，结合膨胀土边坡各部位可能产生的应力种类和大小，采取相应的处理预防措施，从防水、防风化、防反复胀缩循环和防强度衰减等角度出发采取综合治理膨胀土渠道边坡防护与加固措施，可以分为支挡工程防护、土工合成材料加固和土质改良三类，工程中大多是三种方法结合使用。李青云结合南水北调中线工程的实际，重点研究了膨胀土(岩)渠道边坡破坏模式和破坏机理，研究提出了适合膨胀土岩渠道边坡的稳定分析方法；研究了不同膨胀性等级渠道边坡的处理措施，并通过现场试验进行了措施效果评价，提出了各种措施的施工工艺和质量控制标准。

支挡工程防护的主要手段包括表水防护、坡面加固防护和支挡结构防护等。表水防护主要是设置各种排水沟，建立地表排水网系，截排坡面水流，使表水不致渗入土体和冲蚀坡面。膨胀土滑坡整治中采用的各种设施包括防渗和截水的天沟、吊沟、侧沟、排水沟，也有疏导相结合的支撑渗沟、渗水井、渗水暗沟、挡墙后盲沟和排水隧洞等。桂树强结合南水北调中线工程输水干渠膨胀土的工程特性深入论证了进行渠道边坡柔性衬砌的必要性，并提出了系统的设计思路，重点论证膨润土防水毯作为防渗垫层的技术可行性和优越性，对于衬砌面层，重点探讨了混凝土模袋，特别是新型带种植孔混凝土模袋的技术可行性以及使用方法。

杨国录提出了膨胀土地区渠系"防渗截流、分箱减荷"的综合治防设计方略，该方略解决问题的方法主体是采取物理处理，通过合理有效的结构设计来解决"水"与"土"这对对立统一矛盾，解决好"水"诱导"荷"的根本问题，并通过结构设计与材料技术的综合应用来实现膨胀土地区渠系治防并举的综合设计理念。张家发基于饱和非饱和渗流理论，提出了兼有排水功能的双层结构防护方案，并充分利用非饱和粗、细粒土之间渗透性对比关系随着吸力的变化可以转变的规律，从多种途径实现控制膨胀土边坡含水量变化的目标，从而保证防护方案的长期有效性。

膨胀土边坡因开挖而产生的施工效应特别明显，挖方使原来处于稳定的膨胀土裸露，大大降低了浅层土体的上覆压力，坡面土体的风化和胀缩变形易引起边坡的灾变，这比其他土质边坡都表现得更加普遍和严重。因此，对膨胀土坡面进行防护加固显得特别重要。坡面防护的类型很多，主要应根据边坡膨胀土类别及风化程度合理选择，坡面防护的方式主要包括骨架护坡、片石护坡、植被护坡、水泥土护坡。支挡结构主要应用于两个方面，一是对强—中膨胀土的开挖边坡进行预防，以便防止滑坡的发生；二是对已发生滑动的边坡进行治理，使工程运行正常。支挡结构类型的选择要根据边坡滑动推力的计算结果和滑动面或软弱结构层的位置而定。或者说，按照地形地貌、土层结构与性质、边坡高度、滑体的大小与厚度，以及受力条件和危害程度而采取相应的结构形式进行治理。支挡方法主要包括挡土墙、加筋挡土墙、土钉墙、抗滑桩、锚杆、钢筋网、喷射混凝护坡、框锚结构等方式。王钊采用玻璃钢螺旋锚锚固河南省邓州市引丹灌区北干渠膨胀土渠道水上渠道边坡的混凝土框架梁节点和水下渠道边坡的混凝土板，联合土工格栅、土工泡沫（EPS）进行渠道滑坡试验段（长50m）的锚杆现场拉拔试验，分析了锚固参数如上覆土层厚度、锚杆钻进长度以及锚固后至拉拔前的时间间隔、灌浆锚杆拉拔时锚具附近锚筋的劈裂破坏等对玻璃钢螺旋锚抗拔力和拉拔位移的影响，以及锚固的土类对玻璃钢螺旋锚最大拉拔力的影响，总结了玻璃钢锚筋的常见破坏形式。

加固膨胀土渠道边坡常用的土工合成材料包括土工格栅、两布一膜和土工网垫等。土工合成材料的使用可以取代原来换填非膨胀性黏土的处理方法，避免膨胀土与外界的水分交换，抑制膨胀土膨胀变形和裂隙开展。刘斯宏提出了一种土工袋，能有效抑制膨胀土的浸水膨胀变形，土工袋组合体处理膨胀土边坡不仅具有压坡、提高边坡整体稳定性的作用，而且对下层膨胀土起到有效的保护作用，阻隔了大气降水和蒸发对下层膨胀土的影响。郑健龙等针对公路膨胀土路堑边坡浅层性破坏的特点，提出了土工格栅加筋的柔性支护处置新技术。

土质改良法即用化学改性的方法处理膨胀土，常用的化学材料有石灰、水泥、粉煤灰、氧化钠、氯化钙和磷酸等。通过添加这些材料可以达到降低膨胀土膨胀潜势、增加强度和提高水稳定性的目的。陈尚法结合南阳膨胀土试验段的成果，对膨胀土渠道边坡的运行环境、处理措施、处理厚度及应注意的问题进行了研究。综合考虑处理效果、施工便捷性、环境影响性、经济性等，推荐采用换填非膨胀土或水泥改性土进行处理，并针对不同部位提出了具体的处理厚度。

膨胀土渠道处理形式多样，设计与施工难度大，造价高。蔡耀军在对膨胀土渠道衬砌的稳定性与变形机理进行研究的基础上，分析含水量控制、缓冲层设置、护坡处理效果、设计方法等,认为在膨胀土渠道衬砌设计中不能单纯采用防渗封闭措施,在采取缓冲保护措施后,不需要另外设置防渗和排水措施,从而可以大大简化衬砌结构,降低工程造价。

1.4 主要问题及创新点

南水北调中线工程规模巨大,技术复杂,面临诸多重大技术难点:

①南水北调中线工程总干渠线路长,跨越地貌单元多,工程地质条件复杂,存在的工程地质问题包括膨胀岩土问题、黄土湿陷性问题、饱和沙土震动液化问题、渠道边坡稳定问题、渠道渗漏问题、基坑涌沙涌水问题。总干渠沿线分布约380km的膨胀土地段,涉水膨胀土渠道边坡稳定控制难。

②南水北调中线工程总干渠沿线涉及膨胀土问题的渠段较长,涉及范围广、条件复杂,任何局部的边坡失稳、衬砌结构的破坏都将可能影响渠道正常输水。

③膨胀土的渠道施工是一项复杂的系统工程,从渠道开挖到衬砌施工的完成,涉及土方开挖、坡面防护、填筑碾压、质量检测等一系列施工工序和施工技术问题,如何在满足设计要求的前提下,提高施工效率、保证工程质量是南水北调中线工程建管、设计、科研和施工单位共同面临的一个重要的课题。

本书回顾了南水北调中线工程膨胀土问题的研究进展,详细介绍了渠道膨胀土(岩)处理设计和施工方法,分析了渠道施工期和运行期的安全监测成果,对膨胀土渠段的稳定性做出了评价。采用适宜的防治措施对工程的安全性、经济性、合理性具有重要的意义。

围绕上述技术难点,南水北调中线工程通过国家科技支撑计划项目及重大工程专项科研,取得多项理论与技术创新,本书创新点如下:

①基于膨胀土边坡稳定分析,提出对于膨胀土不同的破坏机理应采用不同的分析理论和分析方法,并运用力学和数学方法,归纳数学模型,建立了膨胀土边坡稳定的有限元分析方法。同时提出了反映裂隙空间分布的稳定分析方法,提出膨胀土渠道边坡的处理原则和思路,从而从理论和实践上系统、完整地梳理膨胀土边坡的稳定分析理论和方法,为有效解决南水北调中线工程膨胀土边坡稳定问题奠定了基础。

②对膨胀土湿陷等级做出准确评价,结合工程对湿陷的敏感度,对需进行处理的渠道边坡或地基,选用适宜的防治方法;对饱和砂土液化渠段,建议结合饱和砂土层的厚度、基础埋深及建筑物形式;总干渠建议采用压实方法,结合降排水处理;交叉建筑物建议结合工程特点,采用土层置换、桩基挤密等方法处理。

③为确保膨胀土渠段的施工安全、施工质量及施工进度,南水北调中线建管局依托有关单位对中线膨胀土(岩)问题的研究进展,组织编制了渠道膨胀土(岩)处理施工技术要求,对膨胀土(岩)现场鉴别方法、施工技术、施工控制指标、质量检测方法、安全监测等提出了较为具体的要求,为渠道膨胀土(岩)处理设计和施工提供了有效参考。

第 2 章　南水北调中线工程膨胀土渠道

2.1　南水北调中线膨胀土特性及研究

膨胀土是一种富含极细颗粒的黏土片状矿物蒙脱石、绿泥石和碎屑粒状矿物石英、长石的混合体。其固有特征为多裂隙性、膨胀性和超固结性，并具有显著的遇水膨胀软化、失水收缩开裂的工程特性，给水利、公路、铁路、房屋等建筑物的边坡及工程结构造成严重破坏，且破坏常常具有多次反复性和长期潜伏性。

南水北调中线工程总干渠长 1432km，其中，总干渠明渠段渠道边坡或渠底涉及膨胀土(岩)累计长度约 380km。膨胀土(岩)特殊的工程特性易导致渠道边坡失稳，对工程的安全运行影响很大，而且其处理难度、处理的工程量和投资也较大。南水北调中线工程勘测设计施工和科研等单位依托"南水北调中线一期工程总干渠膨胀土试验段(河南南阳段)现场试验研究"项目、"南水北调中线一期工程总干渠膨胀土试验段(河南潞王坟段)现场试验研究"项目和国家"十二五"科技支撑计划"南水北调中线工程膨胀土和高填方渠道建设关键技术研究与示范"项目，开展了大量现场和室内试验研究工作，对膨胀土的地质结构分带特征、裂隙发育分布特性、地下水的分布及影响、基本理化特性及胀缩性、强度和变形特性、非饱和渗透特性、膨胀岩水文地质和工程地质特征、膨胀岩基本特性、气候及地下水对膨胀岩工程特性的影响等方面进行了全面深入研究，为膨胀土(岩)地段渠道变形破坏机理研究及处理技术研究提供了基础资料。

2.1.1　中线膨胀土地质结构的分带特征研究

膨胀土的岩性、膨胀性、裂隙分布、重度、含水率等在空间上变化很大，它们直接影响或决定了膨胀土工程特性的变化，而掌握这些指标的空间变化规律，对于正确评价膨胀土的物理特性、力学特性、水理特性，提出相应的设计指标，分析预测渠道开挖施工和运行期可能存在的边坡稳定和变形问题，都是必不可少的。

通过对南阳盆地膨胀土的大量勘察研究，结合南阳段膨胀土试验段渠道开挖期间的连续跟踪观测、系统取样、详细测量，以及试验渠道模拟运行期的监测分析，并通过对河北邯郸、邢台等地典型膨胀土的现场调查和室内分析试验,对膨胀土的颜色、裂隙、孔洞、地下水、含水率、孔隙比的分带性进行了深入研究。

颜色的变化一般意味着岩性发生变化,不同颜色膨胀土的颗粒组成、矿物成分、孔隙裂隙发育特征、渗透性、膨胀性等均存在明显差异。

裂隙的规模、密度、产状、性状控制了边坡的稳定性,对裂隙发育密度的空间变化及其影响因素进行分析后,揭示土体膨胀性和地形地貌是决定平面裂隙发育程度差异的主因,大气环境作用及地貌因素则是裂隙发育密度垂向变化的主因,根据开挖揭露的裂隙发育特征,可以进一步完善供设计使用的土体的力学参数,开展边坡稳定性分析预测。

孔洞、地下水和土体含水率的分布与变化特征具有很好的一致性,且与裂隙的垂向分布规律吻合。

上述各项指标均清晰地揭示,膨胀土在垂向上具有分带性,一般挖方渠段从土体自身的特性及工程意义上可以划分大气影响带、过渡带、非影响带三个带。其中,过渡带土体大裂隙和长大裂隙发育,分布孔洞—裂隙型上层滞水,是土体最薄弱的部位,渠道边坡滑坡一般受过渡带中长大裂隙控制。深挖方渠段由于挖深大,开挖揭露的地层多,受沉积间断及环境的影响,其地层岩性的膨胀性、力学及工程特性沿垂直方向上各有差异,水文地质条件也不尽相同。

膨胀土作为一种特殊土,其膨胀性、胀缩性和多裂隙性广受关注。然而,膨胀土物理力学性能在空间上又极不均一,无论是平面还是垂直方向,膨胀土的各项指标变化极大。在有关膨胀土性质的空间变化方面,一直以来人们侧重于研究大气影响深度,而对膨胀土地质结构的空间规律性、变化原因及其对膨胀土工程性质的影响基本没有开展过系统研究。通过南阳膨胀土试验段渠道开挖以及南水北调中线工程膨胀土的详细研究,发现膨胀土的物理性质无论在水平方向还是垂直方向上都是不均一的,它表现为在颜色、物质成分、颗粒组成、赋水特征、膨胀性、渗透性等方面均存在较大的差异性。认识膨胀土的地质结构特征是开展膨胀土微观特征、水理特征、工程特性、渠道处理措施等研究的基础。通过膨胀土地质结构研究,揭示膨胀土自身的空间变化规律,将膨胀土垂直分带,提出大气影响带、过渡带、非影响带的物理特征指标,分析膨胀土边坡稳定控制因素,为开展膨胀土渠道边坡处理设计提供依据。

结合南阳膨胀土试验段渠道的开挖施工和系统的取样分析、中线工程沿线各种原位测试、竖井勘探、干钻取芯勘探、水理性质监测,深入研究了土体物理及力学特征的横向和垂向变化与分带规律。横向变化受沉积环境控制,垂向变化还与大气环境、工程活动密切相关。膨胀土垂向变化直接与渠道边坡稳定性相关,关系到渠道边坡稳定性分析判断、处理措施选择等,因此地质结构研究的重点是土体垂直方向上的岩性、颜色、裂隙发育程度及裂隙特征、土体含水量、地下水分布、土体宏观特征(可塑性)等方面。

国内外以往对膨胀土的地质结构分带特征研究较少,过去主要分为大气影响带和非影响带两个带,通过对南阳段膨胀土的研究,认为以 Q_2 地层为代表的膨胀土地区存在三个带,即大气影响带、过渡带和非影响带三个带。三个带在颜色、裂隙发育特征、水理特性及地下水分布等方面存在明显差异和鲜明特征,其中过渡带具有以下宏观特征:

①分布上层滞水,土体含水量高,力学强度较低,大裂隙和长大裂隙发育,是膨胀土边坡产生滑坡的主要滑带部位。静力触探显示该带呈低值。

②该带为当地居民生活用水和少量灌溉用水的主要水源,常在岗坡的陡坎部位产生湿地或泉水,常与地表水体(塘、水沟)的水位连成一致。

③该带水量有限,在旱季或特干旱年,该层地下水常消失,导致当地居民饮水困难,说明上层滞水量有限。

通过对南阳膨胀土试验段的研究,首次系统揭示了膨胀土岩性、裂隙、孔洞、含水量、孔隙比、地下水等的垂直变化规律,揭示膨胀土在垂直方向上存在具有鲜明特征的三个带,首次发现孔洞在上层滞水带的意义,为研究膨胀土工程特性及渠道处理设计提供了可靠的理论依据。

2.1.2 膨胀土的裂隙分布研究

膨胀土具有多裂隙性,这使得膨胀土边坡容易产生滑坡。膨胀土内部天然分布着较多的裂隙,使其天生具有"内伤"。当膨胀土含水量发生改变时,胀缩作用将使膨胀土产生新的裂隙或原有裂隙产生扩展。裂隙的存在使土体强度不均匀和复杂化,裂隙的分布、规模和产状控制了膨胀土边坡滑坡的发生。膨胀土体中的裂隙不仅影响渠道开挖施工期的边坡稳定性,还对建筑物的长期稳定起着决定性作用。南水北调中线工程穿越膨胀土渠段长度约为 380km,已建的引丹干渠和南阳膨胀土试验段施工及运行期间发生的多处边坡变形失稳现象均受裂隙或软弱夹层控制。膨胀土的裂隙特性是膨胀土不同于一般黏性土的根本所在。

结合南阳膨胀土试验段施工期间的地质观测和勘察资料,对裂隙的分布、规模、产状、形态、充填情况等进行了系统研究,首次从工程应用角度提出了膨胀土裂隙分类标准,揭示膨胀土裂隙在一定范围内具有优势方向并对渠道边坡稳定起着主要控制作用,发现膨胀土长大裂隙以中缓倾角为主,裂隙产状与地貌关系密切,发现膨胀土长大裂隙发育密度平面上与膨胀性和地貌有关,垂向上具有明显的分带规律,裂隙面是膨胀土内部最薄弱的部位,南阳膨胀土试验段以及中线工程沿线调查发现的滑坡,其滑带要么追踪原有裂隙面,要么在原裂隙的基础上发展而成,没有发现一处不受裂隙控制的、在非膨胀土中常见的圆弧状滑动面,因此大裂隙与长大裂隙的发育规律对预测渠道开挖后的危险地段具有标志性意义。

2.1.3 膨胀土地下水分布及影响研究

膨胀土强度对含水量十分敏感,同时地下水又是边坡设计中不可缺的一项重要考虑因素。但长期以来,对于膨胀土中地下水的认识一直存在很大分歧,且许多理论或观点相互矛盾。如膨胀土中的地下水是结合水还是重力水?膨胀土的黏粒含量一般超过30%,按一般认识应属于不透水层,但膨胀土地区又常见民用井在膨胀土中取水,膨胀土中地下水位的真实意义是什么?地下水位以下的膨胀土是饱和土还是非饱和土?膨胀土中的地下水对渠道开挖施工会产生何种影响?会不会对渠道衬砌产生扬压力?对于这些问题,国内外均未见到系统的研究。长期以来,膨胀土地区工程设计时,通常将勘探钻孔揭示的水位作为计算分析的稳定地下水位,该水位以下的土体按饱和状况考虑,稳定性计算时自动按存在孔隙水压力考虑。同时,按现有的渠道设计规范,渠道过水断面都要进行防渗或排水处理。这样的考虑和设计是否符合膨胀土的实际,工程界和理论界都没有给出明确的结论。

通过南阳试验段及南阳盆地膨胀土地下水的系统研究,揭示膨胀土地区渠道开挖时可能遇见三种地下水类型;首次发现膨胀土浅层地下水具有上层滞水特点的规律;首次发现膨胀土中孔洞水的存在;通过现场试验发现了膨胀土渗透性各向异性的特点;揭示了不同类型地下水的动态特征及其对工程施工的影响。膨胀土深挖方渠道开挖后,土体密度下降将导致含水量升高和膨胀变形。对膨胀土地下水赋存形式和分布特点的认识将对膨胀土边坡稳定计算和渠道设计带来大的变革。

2.1.4 岩土膨胀等级划分标准研究

从工程角度,需要确定两个膨胀等级指标,一是岩土膨胀性,二是渠段岩土膨胀等级。

2.1.4.1 岩土膨胀性确定

国内外判别岩土膨胀性的指标和方法较多,总体分为单指标、多指标、综合指标三大类。常用的单指标有膨胀率、膨胀力、自由膨胀率、液限、塑限、缩限、蒙脱石等矿物含量、黏粒含量等直接指标和吸水指标、活动指数和胀缩系数等间接指标等;多指标则是其中几个指标的组合,如张金富提出的膨胀岩多指标判别法,建议采用蒙脱石+伊利石矿物含量(>20%)、自由膨胀率(>35%)、液限(>35%)、膨胀力(>100kPa)、小于$2\mu m$的黏粒含量(>20%)、风化岩试块吸水率(≥20%)作为判别膨胀岩的标准;综合指标方法更为广泛,如西方国家采用较多的塑性图法、BP网络神经法、灰色聚类法、最大胀缩性指标分类法、模糊数学法、等效数值法等。

《膨胀土地区建筑技术规范》(GBJ 50112—2013)提出膨胀土一般具有下列特征:

①裂隙发育,常有光滑面与擦痕,有的裂隙中充填灰白、灰绿色黏土,在自然条件下呈硬塑状态。

②多出露于二级或二级以上的阶地、山前丘陵和盆地边缘,地形平缓,无明显陡坎。

③常见浅层滑坡、地裂,新开挖的坑槽壁易发生坍塌。

④房屋裂缝随气候变化张开和闭合。具备以上条件可以判定为膨胀土。根据室内试验,自由膨胀率(δ_{ef})≥40%时定为膨胀土,40%<δ_{ef}≤65%时定为弱膨胀土,65%<δ_{ef}>90%时定为中膨胀土,δ_{ef}≥90%定为强膨胀土。在特殊情况下,尚可以根据蒙脱石含量确定,当蒙脱石含量≥7%时可以判定为膨胀土。

界限含水量可以反映土粒与水相互作用的灵敏度,在一定程度上反映了土的亲水性能。它与土的颗粒组成、黏土矿物成分、阳离子交换性能、土的分散度和比表面积,以及水溶液的性质等有着十分密切的关系。通常有液限、塑限、缩限3个定量指标。

胀缩总率反映膨胀土黏土矿物成分和结构特征。粒度组成反映膨胀土物质组成特性,土中小于 0.005μm 的黏粒与小于 0.002μm 胶粒成分的含量越高,表明蒙脱石成分较多,分散性越好,比表面积大,亲水性强,膨胀性越大。

自由膨胀率反映土的吸水膨胀能力,与黏粒含量、矿物成分、表面电荷等有关。

比表面积和阳离子交换量与膨胀土中蒙脱石黏土矿物成分的含量、颗粒组成有着密切的关系。矿物成分不同,必然在其物理化学、力学和水理性质方面反映出明显的差异。当膨胀土蒙脱石的含量达到 5%时,即可对土的胀缩性和抗剪强度产生明显的影响,蒙脱石含量超过 30%时,则土的胀缩性和抗剪强度基本由蒙脱石控制。

上述众多指标都从某个角度反映了土体的膨胀性能,但在工程应用时同时测试所有指标不仅耗时耗力,也将对材料造成巨大浪费。2005—2009 年,有学者曾对南水北调中线历年完成的上万组试验数据进行了统计分析,发现大部分不同试验指标之间都有很好的相关性,如自由膨胀率与黏粒含量、塑限、液限、蒙脱石含量、缩限、胀缩总率等的相关性都在 0.9 以上,因此,采用自由膨胀率单指标基本可以反映土体的膨胀性。2008 年 10 月 22—24 日,南水北调中线干线建设管理局在北京召开中线膨胀土分类方法和标准专家咨询会,根据长江设计集团对膨胀性确定方法的研究成果,会议纪要认为将自由膨胀率①作为划分膨胀土(岩)膨胀等级的主要指标是合适的,同时可以兼顾其宏观物理特征和其他指标。

2.1.4.2 渠段岩土膨胀等级

自 20 世纪 80 年代以来,南水北调中线沿线膨胀土等级判别曾采用自由膨胀率平均值法和 1/3 两种划分标准。

---

①注:出自中华人民共和国国家标准《膨胀土地区建筑技术标准》(GBJ 112—1987)。

平均值法是指将某层岩土的自由膨胀率试验值取平均,根据平均值按国标膨胀土划分等级确定其膨胀等级。经过南阳膨胀土试验段的实际验证,显示1/3划分标准与膨胀土典型宏观特征、开挖后的渠道边坡稳定性较吻合。

所谓的1/3划分标准是指当渠段某层土体自由膨胀率大于90%的试样数大于该层试样总量的1/3时,则该层定为强膨胀土(岩),该渠段定为强膨胀土(岩)渠段;当渠段某层土体自由膨胀率大于65%的试样数大于该层试样总量的1/3时,则该层定为中等膨胀土(岩),该渠段定为中等膨胀土(岩)渠段;当渠段某层土体自由膨胀率大于40%的试样数大于该层试样总量的1/3时,则该层定为弱膨胀土(岩),该渠段定为弱膨胀土(岩)渠段。2009年4月24—25日,国务院南水北调办公室在北京开会讨论膨胀土膨胀等级的划分标准,认为上述1/3划分方案是比较合理的,同意将其作为膨胀土渠道边坡膨胀等级划分方案,并作为膨胀土处理措施方案选择的基础依据。

中线膨胀土渠段膨胀土等级的判定,关系到膨胀土渠道边坡坡比、处理厚度及处理措施方案。当渠道边坡较高且膨胀等级类别不同时,可以视不同膨胀性土体的分布情况区别对待。

1/3划分标准在工程前期勘察研究时,对确定渠段岩土膨胀等级、工程地质分段是一个简明、实用的方法。它与平均值法的根本区别在于,其认为开挖边坡岩土的膨胀性不是取决于平均水平,而是受少数膨胀性相对较强的岩土控制。由于对膨胀土问题,工程意义上关心的是边坡和地基稳定问题,1/3划分标准的出发点正是基于这一目标。中线工程渠道开挖揭露显示,膨胀土在水平和垂直方向上相变频繁、膨胀性不均一,岩土膨胀性不仅与层位有关,同一层土体膨胀性呈现由上至下逐步增强的趋势,其中还可能分布膨胀性相差迥异的夹层,而渠道边坡的稳定性主要受中、强膨胀土(岩)控制。自由膨胀率平均值往往会掩盖渠段中存在的中、强膨胀土(岩)的存在,降低渠段的膨胀等级,导致局部分布中、强膨胀性土(岩)体的渠道边坡按弱膨胀土处理,安全性不够,甚至导致局部渠道边坡的破坏。按某一膨胀等级内的试样数是否超过试样总数1/3的判定方法则更加符合膨胀土(岩)的特性。

2.1.5 膨胀土渠道边坡主要破坏机理和特征研究

膨胀土渠道边坡在施工甚至运行初期往往是稳定的,这段稳定时间可以是几年,甚至十几年,此后逐渐发生滑动。目前人们认为,膨胀土渠道边坡失稳的主要原因是土层的抗剪强度随时间而衰减,而这种抗剪强度的衰减主要是膨胀土的内在因素和某些外部诱发条件共同促成的。所谓内部因素主要指膨胀土的胀缩性。膨胀土的这种胀缩特性受其内在的水分状态控制,而渠道边坡膨胀土的水分状态主要受气候条件、渠水水位及渗漏情况控制。这些控制因素的交替变化使膨胀土反复膨胀和收缩,最终导致膨胀土土体松散,在其中形成许多不规则的次生裂隙,并使其中的原生裂隙进一步扩张,形成错综复杂的裂隙网络,破坏了膨胀土土体的完整性,为雨水入渗和水分蒸发提供了条件,进而为渠道边坡表面膨胀土的进一步风化创造了条件,促进了土体内水分的波动和胀缩现象的发生,裂隙面进一步扩张,并向深部发展,使该部分土体强度大为降低,形成风化层。此层厚度与气候条件有关,一般为4~6m。在某些位置,顺坡向或近于水平向的裂隙在剪应力作用下发生贯通,形成近坡向或水平向的破裂带,这种破裂带在长期的风化、淋滤等作用下,与其垂直向的张裂隙底部形成顺坡向的软弱夹层,这种软弱夹层具有较好的积水条件,其强度很低,成为潜在的滑动面。

2.1.5.1 深挖方膨胀土渠道边坡变形破坏机理

由于土体具有膨胀性、裂隙性、挖深大等特点,渠道边坡稳定性研究变得复杂,但其稳定性评价标准与一般土体边坡一致,其安全系数都为抗滑力与下滑力之比,即

$$K_s = F_R / F_S \tag{2-1}$$

式中:K_s——边坡安全系数;

F_R——边坡抗滑力;

F_S——边坡滑动力。

相比于一般土质边坡,深挖方膨胀土渠道边道边坡特有的膨胀性与裂隙性决定了其边坡的特殊性:

①由于裂隙面强度参数远小于土体强度参数,裂隙性决定了膨胀土边坡的滑动模式,降低了边坡的抗滑力;而深挖方增加了土层界面、岩性界面、长大裂隙面出现的概率,增大了边坡滑动的可能性,裂隙性是深挖方膨胀土渠道边坡稳定性的内在决定因素。

②膨胀土边坡膨胀性使得边坡更易受土体开挖、降雨等大气影响,产生裂缝的可能性比一般土体边坡高,所以土体开挖卸荷和降雨是影响深挖方膨胀土渠道边坡稳定性的主要外在因素。

深挖方膨胀土渠道边坡的裂隙性、土体开挖卸荷、降雨等因素相互联系、相互影响,共同作用于深挖方膨胀土渠道边坡。

(1)开挖卸荷

渠道开挖改变了原来深埋地下的岩土体平衡,围压条件改变,岩土物理性质、水理性质随之发生变化。由于膨胀土具有超固结性,在天然条件下,岩土体内部储存有较高的应变能,一旦渠道开挖,就会产生比一般黏性土更明显的卸荷,对岩土性质、结构面产生不可逆转的影响。卸荷回弹的结果将导致结构面拉张、剪切,以及岩土密度下降,这将进一步导致岩土渗透性及渗流条件的改变,打破岩土"土—水"平衡关系,引发膨胀土吸水膨胀。

首先,深挖方膨胀土渠道在开挖过程中,由于渠道挖深大,土体岩性及膨胀性不均一,产生的卸荷作用强度不均一,土体中的应力重新分布,在土体的局部会产生应力集中,由于土体的抗拉强度极低,当应力集中部位的拉张应力大于土体的抗拉强度时,土体会沿着原来的垂直裂隙产生拉裂(图 2-1),因此,卸荷作用使土体沿渠线方向易产生平行于渠线的垂直拉张裂隙,使膨胀土本身的陡倾角裂隙贯通,进而导致裂隙的规模增大,原来的闭合裂隙产生拉张。渠道开挖使膨胀土边坡土体失水干裂,干裂效应与拉张应力结合,使土体边坡产生的裂隙具有上宽下窄的性质。

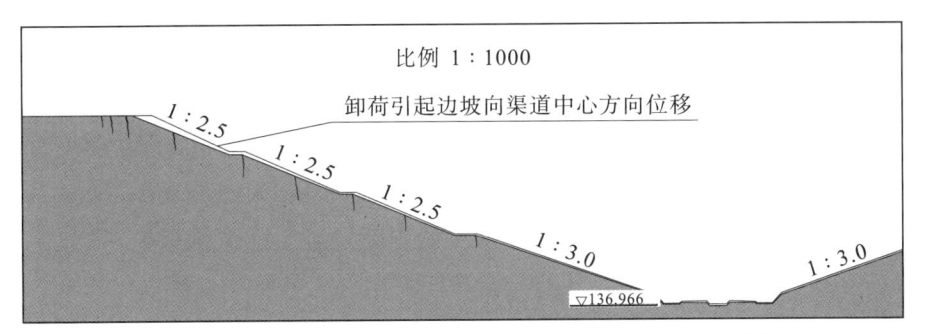

图 2-1 深挖方渠段由于渠道开挖卸荷作用产生垂直张拉裂隙

(2) 降雨

深挖方渠段由于施工期长,开挖面积大,接受降雨汇集面积大,雨水汇流沿边坡产生冲刷作用,边坡土体风化呈散粒结构的土体顺水流而下,形成冲沟,由于深挖方渠段汇流面积大,比一般挖方渠段的冲沟更发育,且冲刷深度更大。

当深挖方渠段膨胀土的裂隙风化带发展到一定厚度时,降雨后表层风化带膨胀土含水量迅速饱和,土体比重加大,土体的力学强度降低至接近于零,表层土体在重力作用下产生溜滑,局部土体则沿膨胀土缓倾角裂隙面滑动,形成表层蠕滑。

土体由于卸荷产生新的拉张裂隙,降雨及地下水的外部环境产生了变化,膨胀土裂隙的渗透性远大于土体的渗透性,因此,地下水会在拉张裂隙中赋存积累而形成可自由流动的水体,并能产生静水压力(图 2-2)。地下水沿裂隙下渗,一方面使裂隙面的膨胀土吸水产生侧向膨胀力;另一方面由于膨胀土在沉积过程中,物质来源不同、沉积环境各异,在垂直方向会形成各种岩性的相变,产生大量的缓倾角结构面,垂直裂隙下切与缓倾角结构面相交,地下水沿垂直裂隙下渗,使原来无水的缓倾角结构面充水(裂隙的渗透系数一般为 $i\times10^{-4}$cm/s,具中等透水性;土体的渗透系数为 $i\times10^{-6}$cm/s~$i\times10^{-8}$cm/s,具微到极微透水性),使结构面土体迅速软化,力学强度快速降低,卸荷作用还会使缓倾角结构面上下两层土体沿结构面产生相对位移,这样,渠道边坡在拉张裂隙的静水压力和侧向膨胀应力的双重作用下,沿缓倾角结构面(包括长大缓倾角裂隙面、岩性界面)产生位移而形成滑坡。

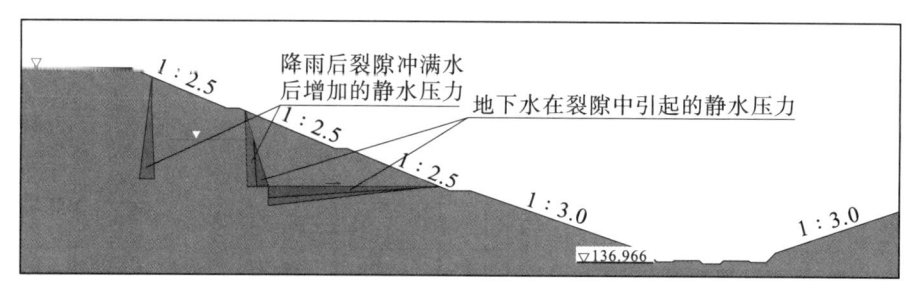

图 2-2　地下水及降雨后垂直拉张裂隙产生的静水推力

(3)裂隙

当滑坡产生后,由于滑坡后缘沿垂直裂隙产生滑移,在滑坡后缘未滑动土体的前缘产生临空面,土体在重力作用下产生崩塌,崩塌的楔形体落入垂直裂隙中又产生侧向推力使滑坡滑动获得推动力(图 2-3),致使滑坡进一步发展,由于深挖方膨胀土渠道挖深大,施工周期长,产生卸荷裂隙多,有利于滑坡的发生发展。这也是深挖方渠道产生滑坡多的原因之一。

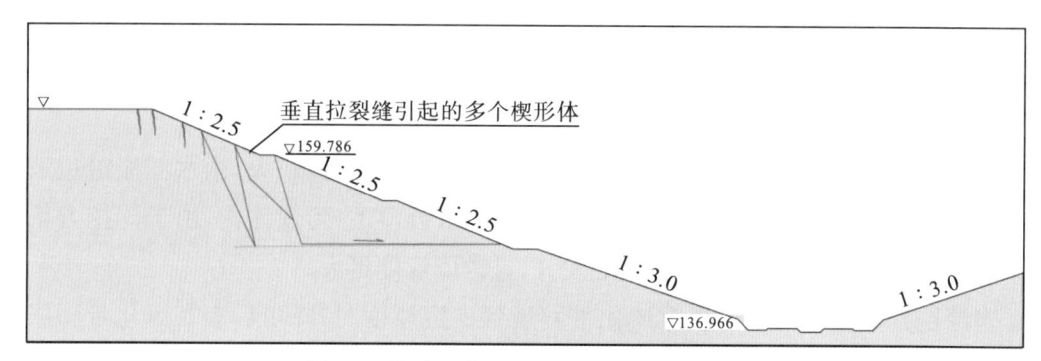

图 2-3　滑坡后产生的楔形体产生连续推力

当深挖方膨胀土渠段存在中、强膨胀土夹层时(图 2-4),由于土体的不均一,在渠道开挖过程中,土体产生不均一的卸荷变形和膨胀变形(土体含水量增加),由于中、强膨胀土的卸荷变形量和膨胀变形量大于上部弱、弱偏中膨胀土体,上部土体破坏变形量小于下部土体的破坏变形量,使上部土体产生拉裂,且上部土体与下部中、强膨胀土存在渗透性上的差异(上部土体的垂直渗透性大于下部土体的垂直渗透性),地下水一般沿膨胀土上部土体的底部渗出,这也是为什么有中、强膨胀土夹层时,滑坡体一般沿中、强膨胀土层顶面滑动,而不沿中、强膨胀土下部界面滑动的原因。

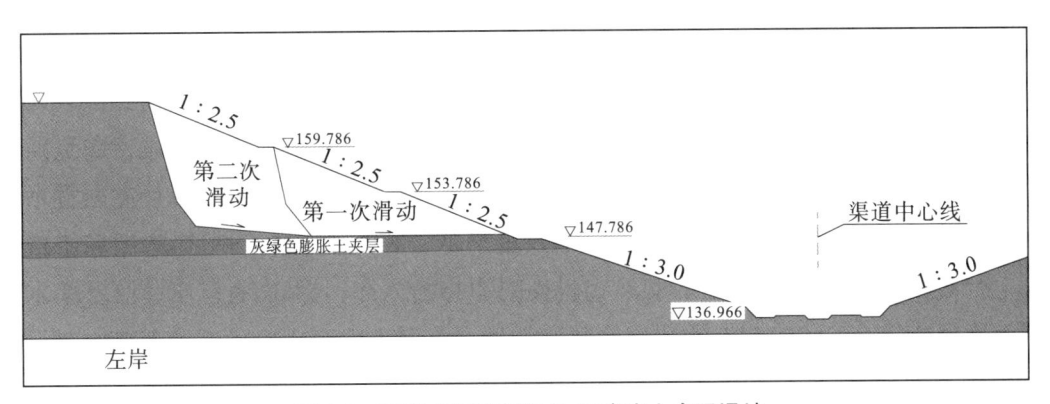

图 2-4 深挖方渠段存在中、强膨胀土夹层滑坡

2.1.5.2 挖方膨胀土渠道边坡滑动类型分析

(1)大气影响产生的浅层滑坡

膨胀土的边坡破坏源于膨胀土的"三性",即胀缩性、裂隙性和超固结性,"三性"相互联系、互相促进。其中胀缩性是根本的内在因素,裂隙性是关键的控制因素,超固结性是促进因素。而卸荷、降雨和地下水位的变化只是影响边坡失稳的外因。开挖卸荷和由于气候变化引起的含水量变化是外部诱发条件和主导因素。另外,含水量的增加会急剧降低土的吸力,也会使土软化,同时削弱超固结作用。

大气影响深度是自然气候作用下,由降水、蒸发、地温等因素引起的膨胀土土体升降变形的有效深度。大气影响急剧层深度是指大气影响特别显著的深度。由这两个深度确定的界面就是气候作用界面,大气影响急剧层深度通常为2~3m,大气影响深度通常为5~6m。大气影响急剧层界面和大气影响深度界面都属于具有变动性和迁移性的地质界面,在深挖方渠道边坡的表层,未及时封闭的开挖膨胀土坡面在降水、蒸发、地温等气候因素作用下,2~3个月即可产生一个深1~2m的气候作用层。气候作用层的范围是膨胀土渠道边坡表层坡发生滑坡最多的范围。

膨胀土体的裂隙效应常使土体产生应力集中,沿裂隙面形成的裂隙组合界面发生土体溜塌或滑坡,所以现场调查中,不少滑坡的滑动面与裂隙界面一致;膨胀土边坡土体由于天然状态下膨胀土的含水量较高,基本上属于富水的活性黏土,一经施工开挖,尤其是在干旱季节条件下,土体中的水分被强烈蒸发风干脱水,导致膨胀土体急剧收缩并产生大量收缩裂隙,土体随之碎解成块状、片状或粒状。这是由气候作用引起的土的胀缩活动,其作用的强度从地表向地下逐渐减弱,因而形成膨胀土大气作用影响层,产生气候作用界面效应,常常导致边坡土体沿气候作用界面滑动。如廖世文等对汉水流域安康膨胀土边坡的统计,在21处滑坡中,活动面深度在1~3m者占62%,3.6~7.0m者占38%,但后者在第一次滑动时,其滑面深度也多数在3m以下,这与安康地区膨胀土的大气风化影响深度 2.5~3.0m 完全一致。

（2）界面效应控制的深层滑动

南水北调中线工程膨胀土段渠道规模及开挖边坡的高度都超出了以往国内外已建工程，这使得膨胀土开挖边坡稳定问题成为南水北调中线工程膨胀土渠段面临的最大工程问题。通过对南阳膨胀土试验段渠道边坡、南水北调中线工程施工期膨胀土渠道边坡一百多处滑坡，以及国内近二十条建于膨胀土地区的输水渠道边坡破坏实例的机理研究，本书作者及团队认为深挖方膨胀土渠道边坡中的地层界面、长大裂隙等结构界面对挖方膨胀土渠道边坡的稳定性有着十分重要的控制作用。

结构界面即包括地层界面、岩性界面、软弱夹层、长大裂隙或者裂隙密集带等。

1）地层界面

地层指顶面和底面由两个沉积不连续面所限定的沉积物层，或由连续沉积作用形成的层理面所限定的沉积物层，或由一个沉积不连续面与一个沉积连续面所限定的沉积物层。因此岩（土）层面为岩（土）层的顶界面和底界面，层面可能是由程度不等的长期的沉积作用中断所引起，也可能由沉积物岩（土）性及岩（土）特征的相继迅速递变所引起。

2）岩性界面

底滑面由同一地层不同的岩性界面构成，如粉质黏土与黏土界面、中膨胀土与强膨胀土界面。不同的土层物理性质不一致，尤其是渗透性、膨胀性。

3）软弱夹层

原生软弱夹层是岩体中最薄弱的部位，也是后期改造中性能最易恶化的部位，对岩（土）体稳定性起着极为重要的控制作用。

4）长大裂隙或者裂隙密集带

主要由单条缓倾角长大裂隙面或由裂隙密集带中多条大裂隙或一定厚度的软弱夹层贯穿形成的面构成。

2.2 膨胀土渠道设计

2.2.1 设计原则

①膨胀土渠道边坡处理设计应综合考虑膨胀土级别、土体结构与工程特性、环境地质条件、大气影响深度等影响因素。

②含水量变化使膨胀土体产生湿胀干缩变形，并使土的工程性质恶化。因此，膨胀土渠道边坡设计的关键是如何防水保湿，保持土体含水量相对稳定。

③膨胀土渠道边坡设计应充分考虑土体强度的变化特性。在不同分带应考虑采用不同的土体力学参数进行边坡稳定计算。稳定分析时应根据膨胀土边坡的特点，综合考虑多裂隙性、上层滞水、坡顶拉裂缝（可考虑是否充水）、后缘膨胀力等影响因素。

④膨胀土属于超固结土，具有较大的初始水平应力。边坡开挖后，超固结应力释放产生卸荷松弛，可能引发边坡破坏。土体卸荷松弛引起吸水膨胀，强度下降，并产生膨胀变形。

⑤膨胀土渠道边坡施工，应采取"先做排水，后开挖边坡，及时防护，必要时及时支挡"的原则，以防边坡土体暴露时间较长产生湿胀干缩效应及风化破坏。

⑥所有防水、排水设施均应精心设计，以使影响膨胀土渠道边坡稳定的地面水、地下水能顺畅排走，防止积水浸泡坡脚；所有截水沟、排水沟均应铺砌并采取防渗措施，以防冲、防渗。

⑦弱膨胀土可作为填方渠道填料，临水侧可采用水泥改性土或非膨胀土进行处理，中强膨胀土不宜作为填料。

2.2.2 坡比拟定

①膨胀土渠道边坡坡比拟定以工程地质类比法为主，并辅以力学分析验算边坡稳定性。

南水北调中线工程膨胀土渠道边坡坡比设计建议值见表 2-1。

表 2-1　　南水北调中线工程膨胀土渠道边坡坡比设计建议值

膨胀性	边坡高度/m	建议坡比
强	<5	1:2.0
	5~10	1:2.25~1:2.5
	10~20	1:2.5~1:2.75
	≥20	1:2.5~1:3.5
中	<5	1:2.0
	5~10	1:2.0~1:2.25
	10~20	1:2.25~1:2.5
	≥20	1:2.5~1:3.0
弱	<5	1:1.5~1:2.0
	5~10	1:2.0
	10~20	1:2.0~1:2.25
	≥20	1:2.25~1:2.5

注：范围取值包括下限不包括上限。

②进行膨胀土渠道边坡稳定分析时,潜在滑动面的位置与土体裂隙面、软弱结构带等密切相关,不同部位的力学参数应根据潜在滑动面所处土体的性状选取合适的力学参数。

③采用力学分析验算法拟定膨胀土渠道边坡坡比时,先根据土体力学参数,采用常规方法分析渠道边坡的整体稳定性;在整体稳定性满足要求的条件下,再根据渠道边坡膨胀土的特性、渠道边坡特点、处理措施等,分析膨胀土浅层破坏模式的稳定性,最终确定综合坡比。

南阳膨胀土试验段试验坡比为 1∶2,渠道建成后发生多处穿过马道的滑坡,表明 5m 宽的马道尚不能阻止上部滑坡向下部发展,因此当渠道边坡高度超过 30m 时,宜在中部布置一个超宽马道(10～15m),以防止上部滑坡向下一级边坡发展。

2.2.3 膨胀土渠道边坡处理措施设计

①在膨胀土渠道开挖过程中,应注重防雨保湿工作,预留保护层,并做好防水、排水及保湿措施。其中存在两个最薄弱的部位需要进行重点保护,一是坡顶,渠道开挖时坡体一定范围产生卸荷,容易产生拉裂,且膨胀土垂直渗透性较强,雨水容易通过坡顶渗入坡体内,进而引发边坡变形破坏;二是开挖坡面,晴朗干旱天气开挖时坡面容易失水干裂,雨天则因雨水渗入裂隙而产生滑坡。所以,旱季施工要预留保护层,并采取保湿措施;雨季施工要采取防水覆盖措施。

②根据膨胀土级别、土体结构与工程特性、环境地质条件、大气影响深度、渠道边坡特征等影响因素,以及膨胀土边坡破坏机理和保护思路,从处理效果、施工便捷、环境友好性、经济性等综合考虑,推荐中、强膨胀土渠道及弱膨胀土一级马道以下渠道边坡采用水泥改性土换填处理方案。在非膨胀土料源较近,且征地不存在困难的情况下,可采用非膨胀土进行换填处理。采取换填方案不仅可以减少膨胀土与外部大气环境和渠水之间的水分交换,还可以吸收下部膨胀土的部分膨胀变形,同时还可以维持毛管水的正常运移,防止毛管水在渠底膨胀土体内积聚。

③膨胀土地区非膨胀土料源较少,已选的部分料场土或多或少地具有一定的膨胀性。作为换填料应严格按照膨胀等级划分标准选用非膨胀土。若渠段缺少合格的非膨胀土料源,建议将换填非膨胀土措施调整为水泥改性处理方案。南阳盆地内备用的非膨胀土料场均属于良好的耕地,自由膨胀率一般为 35%～45%,具有微弱的膨胀性。根据南阳膨胀土试验段弱Ⅰ区和中Ⅰ区的变形观测以及与其他试验区的变形对比,结合膨胀率试验,估算在最优含水量条件下填筑后,换填土料的膨胀率在 2% 左右,即渠道封闭后 0.6m 换填层可能产生 10～15mm 的膨胀变形,1m 换填层可能产生 20mm 的膨胀变形。而经水泥改性处理后的膨胀土,不仅自由膨胀率降至 40% 以下,而且强度相对较

高,可以有效削减渠基土体吸湿过程产生的膨胀变形。

④膨胀土渠道边坡的处理厚度应综合考虑膨胀土级别、裂隙发育程度、大气影响深度、渠道边坡高度、渠道边坡特征等。弱膨胀土一级马道以上可采用护坡处理,一级马道以下换填或改性处理厚度为0.6~1.0m;中膨胀土一级马道以上处理厚度为1.0~1.5m,一级马道以下处理厚度推荐采用1.5m;强膨胀土一级马道以上处理厚度为1.5~2.0m,一级马道以下推荐采用2.0m。当渠道开挖深度超过20m时,处理厚度适当加大,最大厚度不宜超过3m。有荷膨胀试验显示,无论土体的膨胀性如何,当上覆荷载超过50kPa时,土体的膨胀率都会趋向一个很小的值。因此,即便深挖方渠道的过水断面渠基为强膨胀土,当采用3m厚的改性土处理后,渠基膨胀土的吸水膨胀变形可以被削减80%左右。

一般Q^{dl}、Q_3(第四系上更新统)土体裂隙不发育,换填厚度取低值。Q_2(第四系中更新统)、Q_1(第四系下更新统)及N(新近系)土(岩)体裂隙较发育或发育,处理厚度根据膨胀性和渠道边坡高度适度掌握,一级马道以下渠道边坡建议改性处理厚度见表2-2。

表2-2　　　　　一级马道以下渠道边坡建议改性处理厚度

渠道挖深/m	弱膨胀土	中膨胀土	强膨胀土
<10	0.6	1.0	1.5
10~20	1.0	1.5	2.0
20~30	1.3	2.0	2.5
30~40	1.6	2.2	2.7
40~50	2.0	2.5	3.0

注:范围取值包括下限不包括上限。

⑤室内试验揭示弱膨胀土水泥掺量3%、中膨胀土掺量约为6%时具有较好的改性效果,而且通过掺入水泥会产生较大的胶结力,具有较大的抗剪强度,可以有效地阻止土的膨胀。南阳膨胀土试验段也证明这一掺和比例可以达到预期目的。采用水泥改性土进行渠道边坡处理时,需根据不同的膨胀土通过试验确定合适的水泥掺量。

⑥对各种填土料,应加强土体含水量控制,含水量应控制在最优含水量±2%的范围内;同时加强土体的破碎,土块大于5cm的颗粒含量应低于5%,大于2cm的颗粒含量应低于20%。

⑦为保证挖方渠道处理层及填方渠道土体强度,以及处理层与原状土更好地紧密结合,减少固结沉降量,处理层或筑堤填土压实度以不低于98%进行控制,最小不低于96%,但也要防止出现大量超压;处理层与原状土之间采取台阶法填筑。

⑧当顺坡向或近水平向的裂隙在剪应力作用下发生贯通,形成近坡向或水平向的

破裂带，破裂带在长期的风化、淋滤等作用下，与其垂直向的张裂隙底部形成顺坡向的软弱夹层，这种软弱夹层具有较好的积水条件，其强度很低，成为潜在的滑动面。

⑨在膨胀土渠道开挖过程中，应注重防雨保湿工作，预留保护层，并做好防水、排水及保湿措施。

⑩膨胀土渠道边坡的处理厚度应综合考虑膨胀土级别、裂隙发育程度、大气影响深度、渠道边坡高度和特征等。

2.2.4　膨胀土渠道边坡防护设计

2.2.4.1　防护原则

①膨胀土渠道边坡坡面防护应根据工程地质条件、环境地质条件、地区气候条件、边坡高度和特征等通过技术经济比较确定。

②为保证边坡土体天然含水量的相对稳定，应防止地面水与地下水渗入渠道边坡，同时防止土中水分被蒸发，以免边坡土体产生湿胀干缩变形。

③为保持边坡土体结构的相对完整，应控制土体的风化作用，减少大气物理风化营力对土体的影响。

④边坡土体有长大结构面或软弱夹层时，应适当采取加固措施，以防产生滑坡。

⑤防护结构应能适应边坡土体可能产生的胀缩变形与膨胀力而不产生破坏。因此，防护工程以柔性结构为宜，不可盲目采用刚性结构。

2.2.4.2　排水设计与地下水处理

膨胀土渠道边坡地表排水以防渗和拦截并及时输排为原则；地下水以尽快汇集、及时疏导引出为原则。

（1）坡顶防护及截水沟

根据膨胀土试验段的现场情况，无论是膨胀土还是非膨胀土或水泥改性土，在不受保护的情况下均易产生干缩裂隙。雨水在坡顶的入渗条件好，若不做好防水、排水处理，雨水渗入渠道边坡，渠道边坡含水量增大，容易产生滑坡。为防止渠道坡顶雨水入渗导致边坡土体含水量发生变化，坡顶应铺设 400g/m² 复合土工膜进行防渗，土工膜延伸至坡顶截流沟。土工膜上覆盖一定厚度的膨胀土，且坡顶截水沟设置 2% 的顺坡，以使坡顶雨水顺畅地排向截流沟。为防止坡顶膨胀土开裂，有条件时可在地表铺设 5cm 的砂砾石。

为防止渠道坡顶两侧截流沟风化剥离，并防止截流沟积水渗入渠道对边坡产生破坏，渠道两侧截流沟内铺设 400g/m² 复合土工膜＋5cm 厚的 C15 细实混凝土进行防渗处理。同时应保证截流沟两侧排水通畅。坡顶截水沟结构见图 2-5。

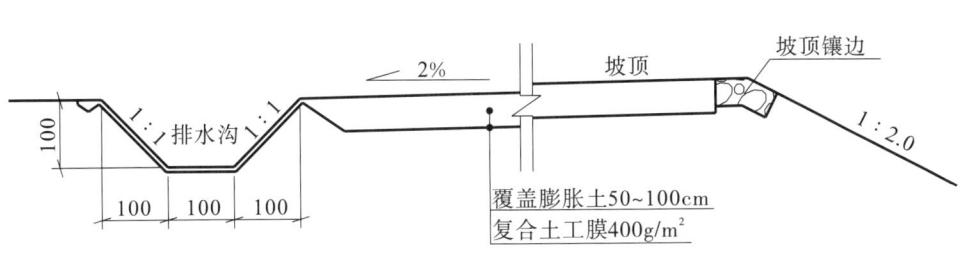

图 2-5　坡顶截水沟结构

(2) 马道排水沟设计

马道排水沟位于坡脚部位,排水沟的结构形式与施工程序对渠道边坡稳定有较大的影响。研究揭示,若排水沟尺寸较大,开挖后砌筑不及时,后部边坡土体极易卸荷松动,甚至引发牵引式滑动。对大雨暴雨时期试验段的排水沟运行情况观测发现,排水沟内水深一般不超过 10cm。因此,在满足排水能力的条件下应尽可能减小排水沟尺寸,同时沟底及沟壁铺设土工膜进行防渗。有条件时可采用预制"U"形槽排水沟,以减少开挖后的砌筑时间和坡脚土体临空时间。排水沟边墙靠近边坡一侧应适当加厚。二级及以上排水沟尺寸可进一步减小,以减少对边坡的扰动。

为此,将排水沟结构形式进行优化,初步拟定 3 种结构形式:①尺寸为 0.3m×0.4m,在砌石联拱主骨架坡脚部位适当加厚,以起到骨架支撑的作用,其他部位尽可能减少开挖,见图 2-6;②采用预制混凝土结构,尺寸为 0.25m×0.3m,见图 2-7;③直接在坡面上采用预制混凝土砌筑,见图 2-8,这种形式的开挖量最小,对边坡的稳定性影响最小。

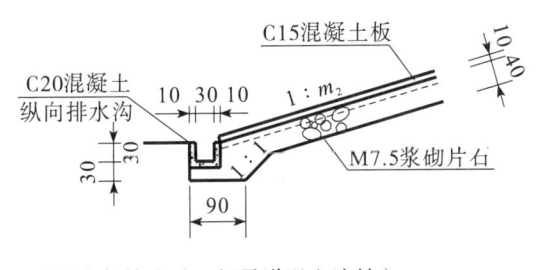

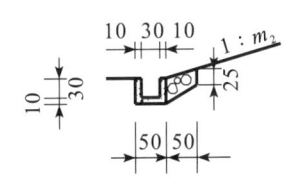

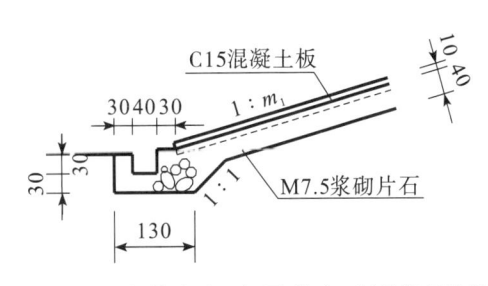

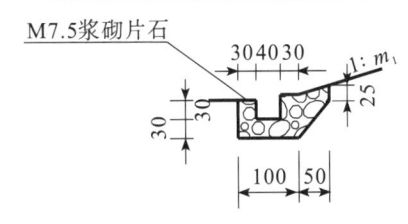

图 2-6　①型排水沟结构图

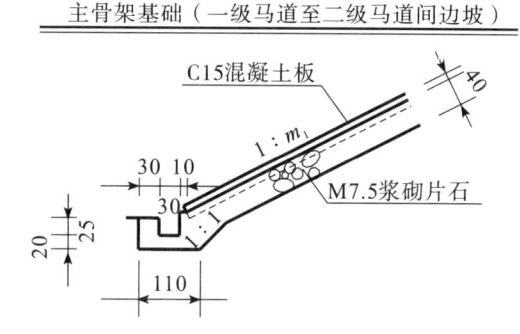

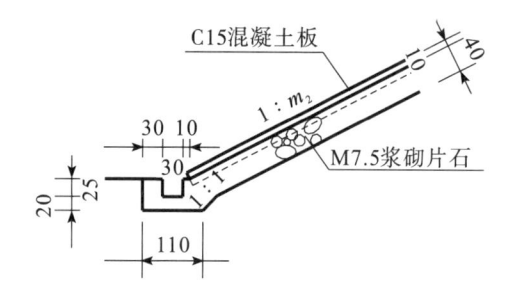

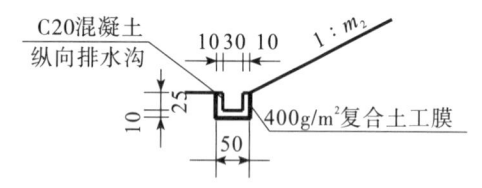

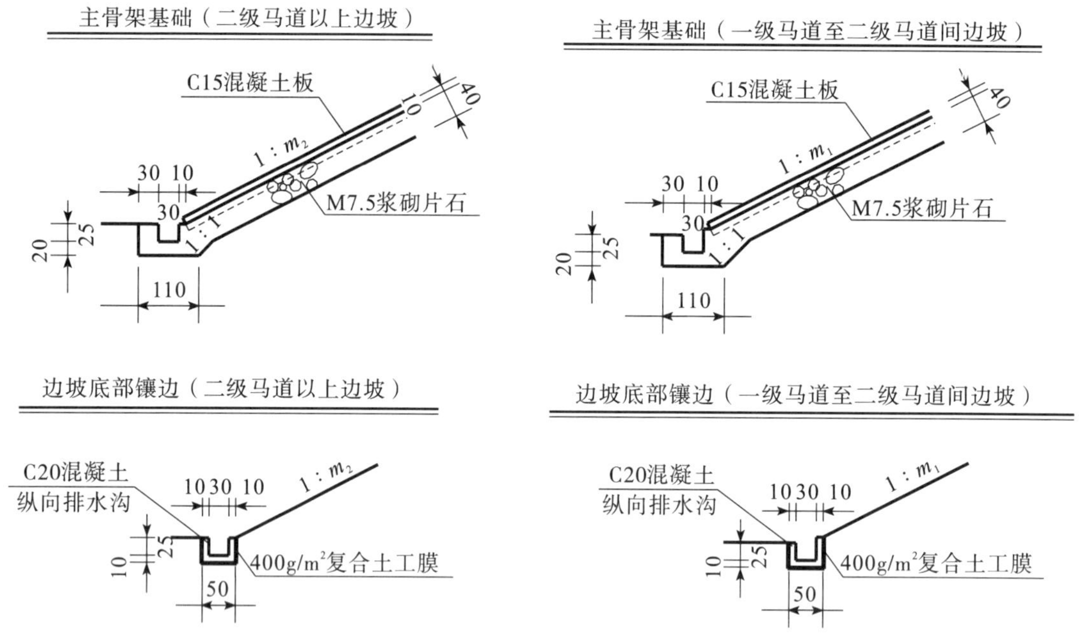

图 2-7 ②型排水沟结构图

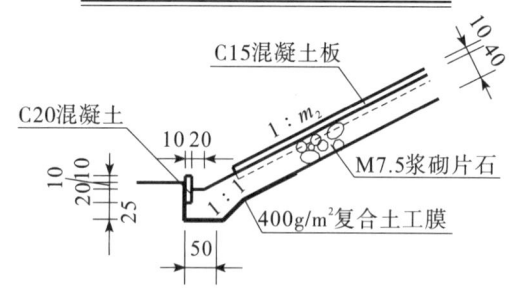

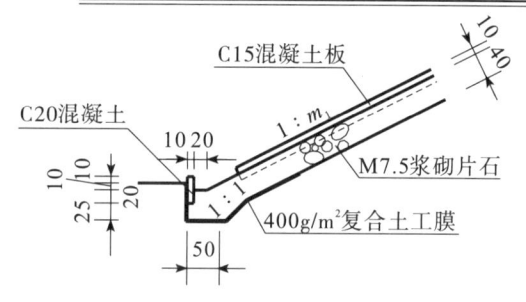

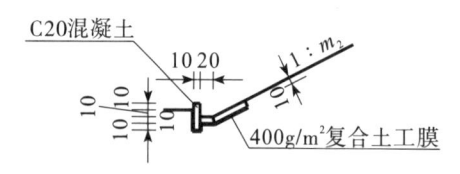

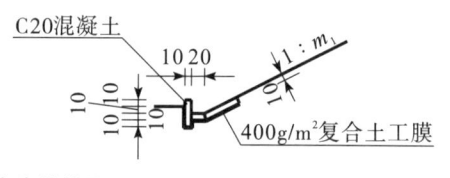

图 2-8 ③型排水沟结构图

(3) 膨胀土内部地下水处理设计

膨胀土中分布着上层滞水及透镜状地下水两种形式。

膨胀土中的上层滞水是一种普遍现象,埋深多为 1～3m,分布于土体中的孔洞及部分裂隙中,没有统一的地下水位,断续分布于地下一定深度范围内,水量不丰。在施工开挖期对上层滞水需进行适当引排,避免在坡脚部位积水而软化土体,引起或诱发边坡失稳;运行期对上层滞水一般不需专门处理。

若膨胀土地层内局部含有透镜状富水层,渠道边坡开挖后,地下水渗流持续不断,对边坡稳定、处理层施工均有一定影响,需专门引排处理。

对局部富含水层采取如下处理措施:在渠道边坡布置排水盲沟,将渠道边坡地下水排至马道排水沟中;将一级马道以下地下水排至渠道边坡砂垫层或土工滤水板中,见图2-9。盲沟尺寸为20cm×20cm,沟内填土工滤水板,外包土工布;ϕ100PVC管管口包裹工业滤布。

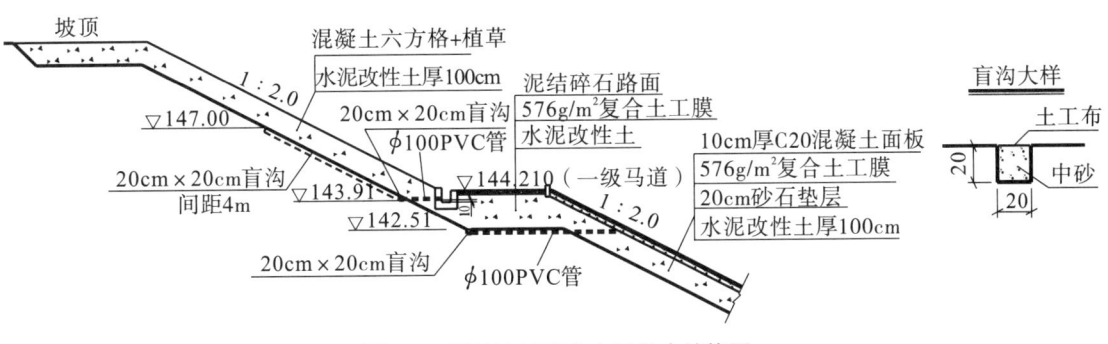

图2-9 渠道边坡富含水层排水结构图

(4)承压水处理

部分膨胀土渠段渠底板下分布富水的古近系(E)和新近系(N)砂岩、砂砾岩或砂层。若承压含水层顶板与渠底板之间土层较薄,承压水可能通过土体中的孔洞进入基坑,对施工造成不利影响。为此需采取降水井或集水井进行降水处理。若渗水量较少,但又持续不断时,可在渠底铺设20cm厚1~2cm粒径的碎石垫层,外铺400g/m² 土工布,并在碎石垫层内设置排水管,将渗水排至集水井进行抽排,见图2-10。

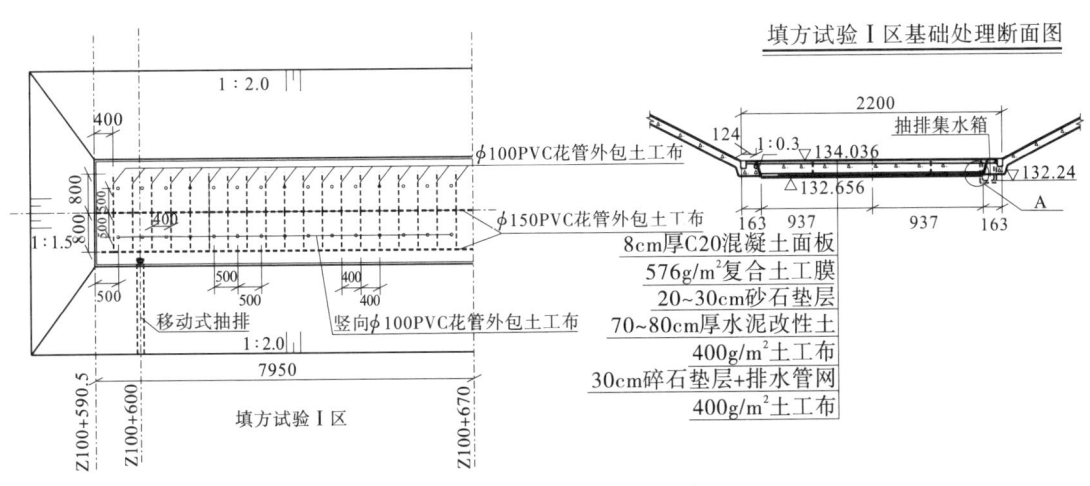

图2-10 承压水处理结构示意

(5)一级马道以下排水结构

由于砂砾石垫层在坡面上铺设较困难,可采取土工滤水网取代砂砾石垫层。滤水网布置及结构见图2-11,顺水流方向滤水网厚1cm,宽20cm,间距2m;垂直水流方向滤水网厚2cm,宽20cm,间距4m。滤水网技术要求:孔隙率大于90%,压缩十分之三时抗压强度为80kPa,外裹150g/m² 短丝土工布。

滤水网铺设前需在渠内相应部位开挖出20cm×2cm和20cm×1cm的沟槽。

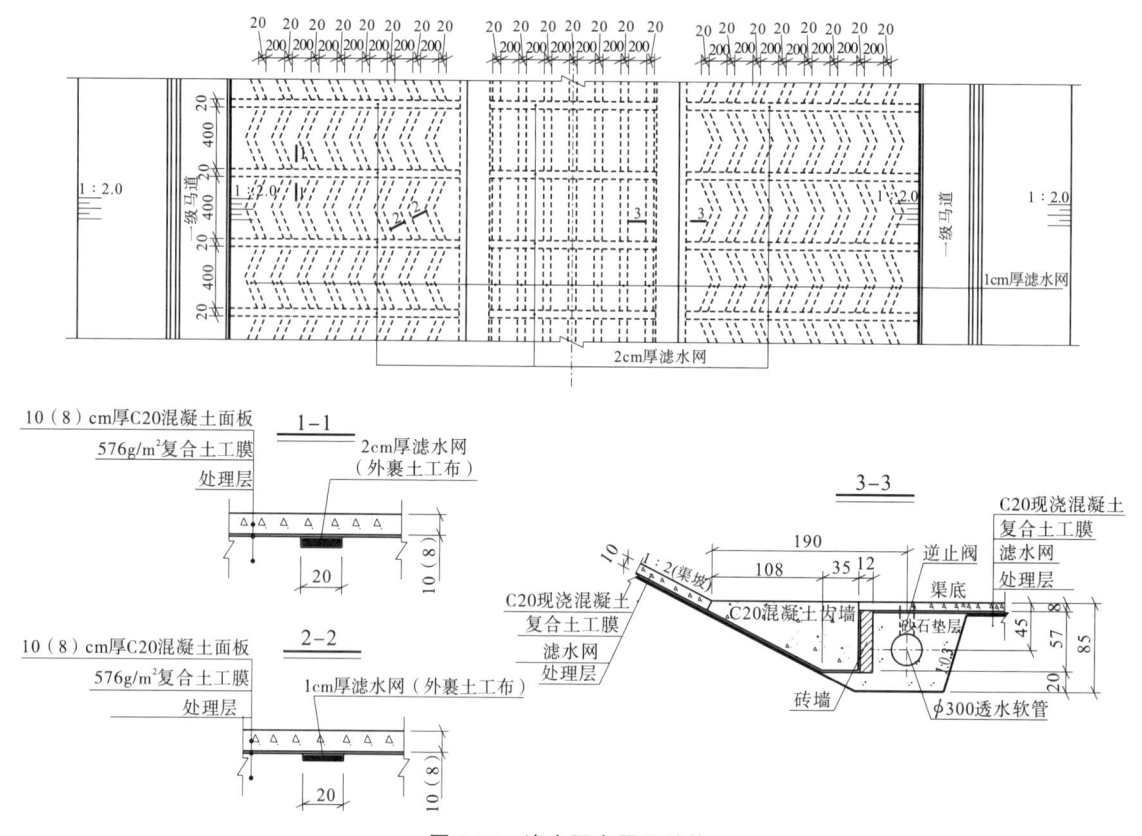

图 2-11 滤水网布置及结构

2.2.4.3 坡面防护设计

一级马道以上膨胀土渠道边坡的坡面防护主要是防止降雨和地表水对坡面的冲刷,避免坡面产生雨淋沟破坏。

由于膨胀土具有湿胀干缩的特性,膨胀土渠道边坡宜采取结构防护与植草相结合的方式,不宜采用浆砌片石这种单一的防护措施,否则当含水量发生变化时,坡面上的保护层会发生鼓肚、开裂、变形、外挤等现象,从而导致渠道边坡发生破坏。

一级马道以上渠道边坡坡面防护措施可采用闭合混凝土六方格、砌石联拱或菱形格构,并辅以植草。植草可调节渠道边坡土体的湿度,减少和降低干湿循环作用效应,增加坡面的防冲刷、防变形能力,同时可以净化空气,美化环境,且造价低廉。一级马道以上渠道边坡坡面防护措施选择可遵循以下原则:

①若渠道边坡低矮,可以采用闭合混凝土六方格+植草进行护坡。

②若渠道边坡较高,可采取砌石联拱或菱形格构,并辅以植草护坡。砌石联拱或菱形格构对表层土体起支撑稳固作用,将长大坡面分割为若干由骨架支撑的小块土坡,以利分而治之,而且可以起到较好的排水作用。

③砌石联拱或菱形格构尺寸不宜过大,一般宜选用 2m×2m、2.5m×2.0m 这两种规格,根据边坡具体情况选用。砌石联拱对边坡坡面的支撑稳固作用明显优于菱形格构,但施工较菱形格构略微困难。

④膨胀土渠道边坡应根据不同地区的气候条件选择合适的草种。种植工艺可根据情况选择铺设草皮、播种草籽或三维植被网垫方法,植草要求要符合南水北调中线一期工程总干渠建筑环境有关的技术规定。

⑤植草防护宜早不宜迟,植被覆盖坡面越早,越能及时起到防护作用。因此,最好在坡面形成并实施工程措施后立刻进行植草护坡。植草季节应根据工程的实际情况及草种本身的特点,选择最佳的种植季节。

⑥草籽种植后,应及时进行养护管理,若存在漏种或成活率较低的部位,需及时补种。

2.2.4.4 支挡加固设计

当膨胀土渠道边坡存在较大的裂隙面或软弱夹层可能导致规模较大的滑坡时,可采取支挡措施进行边坡加固。支挡结构要根据地形地貌、土层结构与性质、边坡高度、滑坡范围的大小与厚度以及受力条件和危害程度选择相应的结构形式。

(1)挡土墙防护

鉴于膨胀土的特殊工程性质,挡土墙设计时应考虑以下几点:

①挡土墙设计应考虑土体长大裂隙面或软弱夹层的性状及位置。

②基础埋深一般距地面不小于 1.5m,或根据发现的滑移面确定。

③墙高不宜超过 3m,墙后宜设置平台,宽 1.5~2.0m,以改善墙后土体的受力状况。

④墙体宽度应根据墙后填土的性质以及膨胀土体的膨胀力和主动土压力叠加计算确定;一般墙顶宽度不宜小于 1m。

⑤墙背应回填砂砾料,厚度大于 50cm,以吸收部分膨胀变形。

⑥墙身不同高度处应设置泄水孔,以排除墙后土体地下水。

(2)抗滑桩防护

若膨胀土渠道边坡采用多级抗滑挡土墙无法减缓滑动趋势,或因施工困难,如边挖边塌，可能产生更大滑动趋势时，可考虑采用抗滑桩进行处理。

抗滑桩一般采用钢筋混凝土桩，可根据现场施工条件和滑坡规模选择桩径。对于规模较大的滑坡，可选用断面直径50～100cm的挖孔桩，间距一般为桩径的3～5倍，桩端深入滑动面以下，深度为桩长的1/3。必要时，桩间可设置横向连接，以提高整体稳定性。当滑坡规模不大，或作为预防滑坡时，可选用钢筋混凝土树根桩，其直径一般为10～15cm，长5m左右，间距1.0m。树根桩的布置根据（潜在）滑带位置确定：

①当（潜在）滑坡剪出口位于边坡中部时，树根桩宜布置在比剪出口高1.5m左右的坡面处。

②当（潜在）滑坡剪出口位于坡脚时，宜在坡脚以上1.5m处布置一排树根桩，间距1.0m；在坡顶下方2.5m处布置第二排树根桩，间距1.5～2.0m。

③当滑面位置尚不明确时，为防止滑坡发生，宜在边坡中下部、坡脚以上2.3m处布置树根桩，间距1.0～1.5m。

树根桩可采用反铲挖掘机压入坡体内，南阳膨胀土试验段现场试验表明，采用反铲挖掘机可将10cm树干轻松压入地下4.0m。

第 3 章　运行期膨胀土渠道边坡长期变形及渗透破坏机理

3.1　膨胀土边坡长期变形规律

　　南水北调中线膨胀土深挖方边坡存在两种破坏模式，一种是由边坡浅层胀缩变形导致的浅层破坏，一种是深层裂隙面导致的深层整体失稳。建设期间，采用水泥土换填及框格梁压重等措施，解决了南水北调膨胀土渠道边坡的浅层稳定问题，针对深层失稳，采用抗滑桩对一级边坡进行加固处理，同时对开挖期间揭露有深层裂隙的渠段同样采用了抗滑桩加固。南水北调中线 2014 年 12 月 12 日通水运行，长期监测数据显示，采用抗滑桩加固过的膨胀土渠段长期变形持续收敛，边坡一直处于稳定状态，而开挖期间未能揭露深层裂隙，并未采用抗滑桩加固的渠段，长期变形持续发展，累积效应明显，甚至是出现加速现象。

　　本节对渠道运行后出现变形异常的 K9+070～K9+575、K10+955～K11+000、K11+400～K11+450 渠段监测成果进行了综合统计分析，探究各测点变形的关联性和发展规律，结合膨胀土深层失稳的特征，初步推测渠道边坡整体变形类型和潜在滑动面的形成部位，分析运行期膨胀土典型渠段的长期变形特征。

3.1.1　膨胀土渠道边坡水平位移长期变化规律

　　在长期运行过程中，南水北调中线膨胀土深挖方边坡监测数据显示，多处未采用抗滑桩加固渠段出现长期变形问题，其根本原因是边坡深层裂隙在建设期间未能揭露处理，裂隙面在不平衡力作用下持续扩展蠕变导致边坡深层变形持续发展，从而表现出各种变形病害及长期稳定问题。

　　渠段 K9+070～K9+575 为膨胀土深挖方渠道边坡，左右岸均设置了六级马道、七级边坡，最大挖深约 45m；渠道边坡表面均采用了水泥改性土进行换填，其中一级马道以下过水断面换填厚度为 1.5m，一级马道以上边坡换填厚度为 1.0m；坡面采用混凝土拱圈，拱内植草的方式护坡。图 3-1 为该渠段各项监测断面布置情况照片。2017 年以来，该渠段边坡存在变形错动，截至 2021 年 3 月份，变形趋势仍未收敛。

图 3-1　渠段现状及各类测点布置图

图 3-2 为 K9+070～K9+575 渠段深层测斜监测成果曲线,可知该段渠段边坡多处测斜管存在较大变形,其中:K9+300 断面左岸一级马道测斜管 IN05－9300 的最大累计位移达 60mm,超过设计参考值(30mm);除 9+575 断面以外,其他断面的较大变形发生在一级马道测斜管孔口以下 8～12m 深度内,二级马道测斜管孔口以下 12～16m 深度内,三级马道测斜管孔口以下 14～18m 深度内,四级马道测斜管孔口以下 16～22m 深度内,属于边坡深层变形,以 K9+070 左岸一级马道累计位移—深度曲线为例。

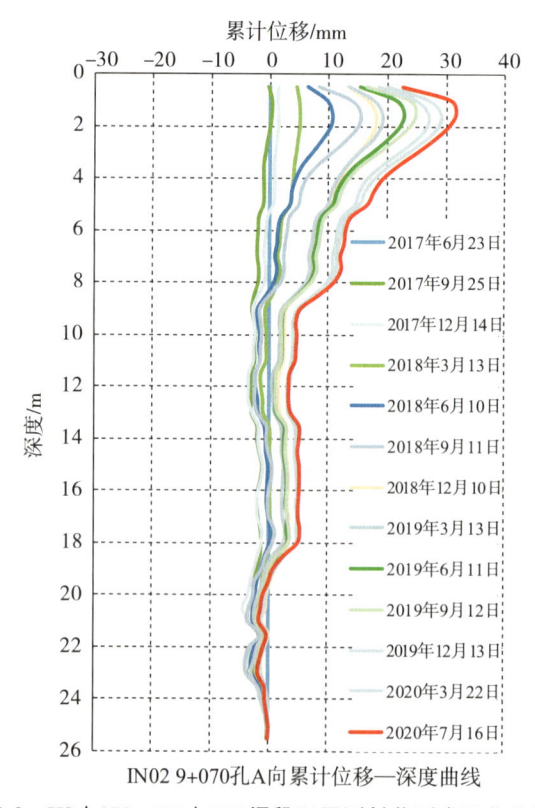

IN02 9+070孔A向累计位移—深度曲线

图 3-2　K9+070～K9+575 渠段深层测斜监测成果曲线整理

本渠段在地表各级马道处布置监测点得到的累计水平位移随时间变化曲线见图 3-3;同时按沿桩号方向,绘制 4 级马道水平变形曲线见图 3-4。

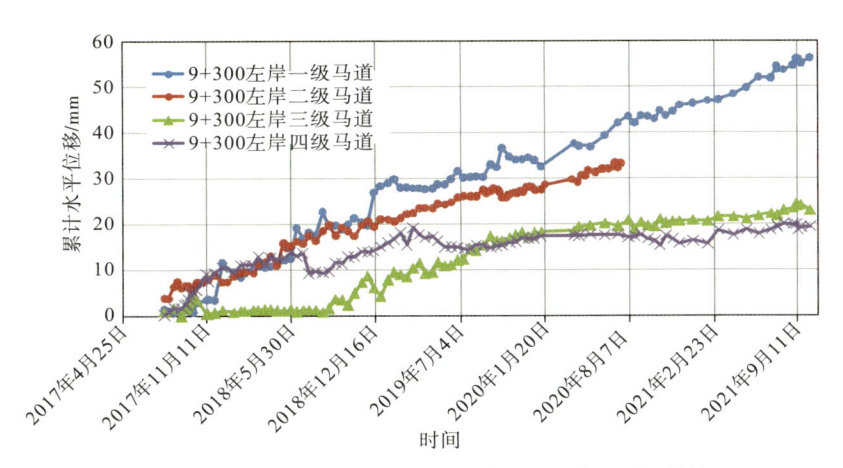

图 3-3　K9+300 断面各级马道累计水平位移—时间曲线

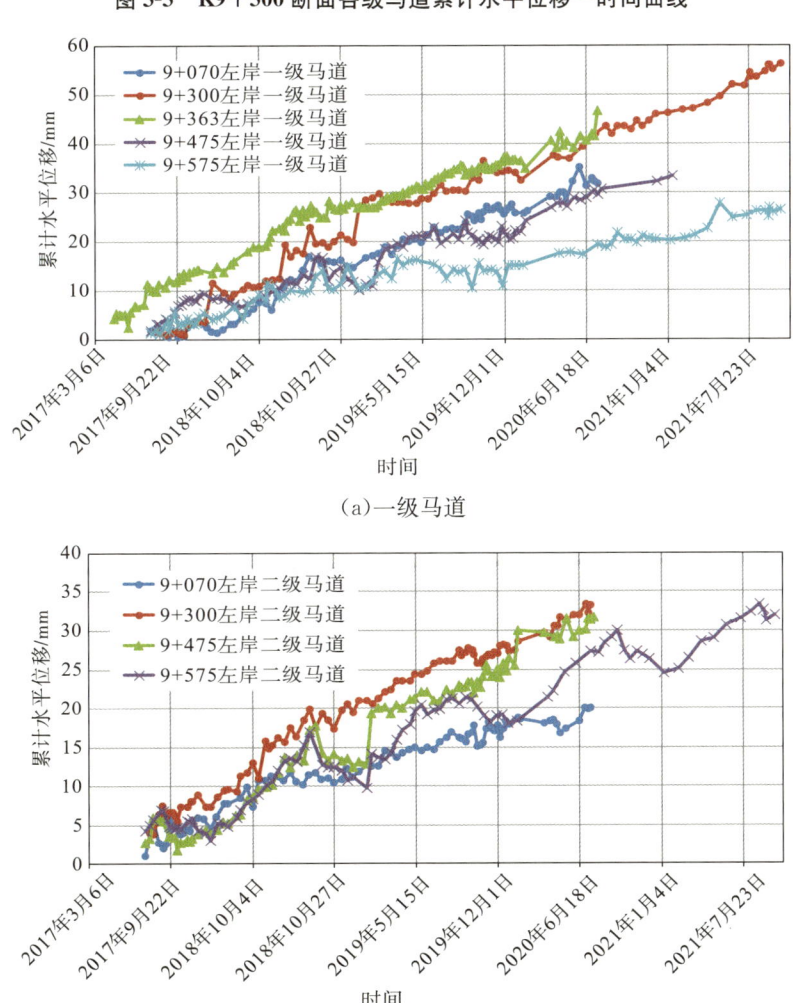

(a) 一级马道

(b) 二级马道

(c)三级马道

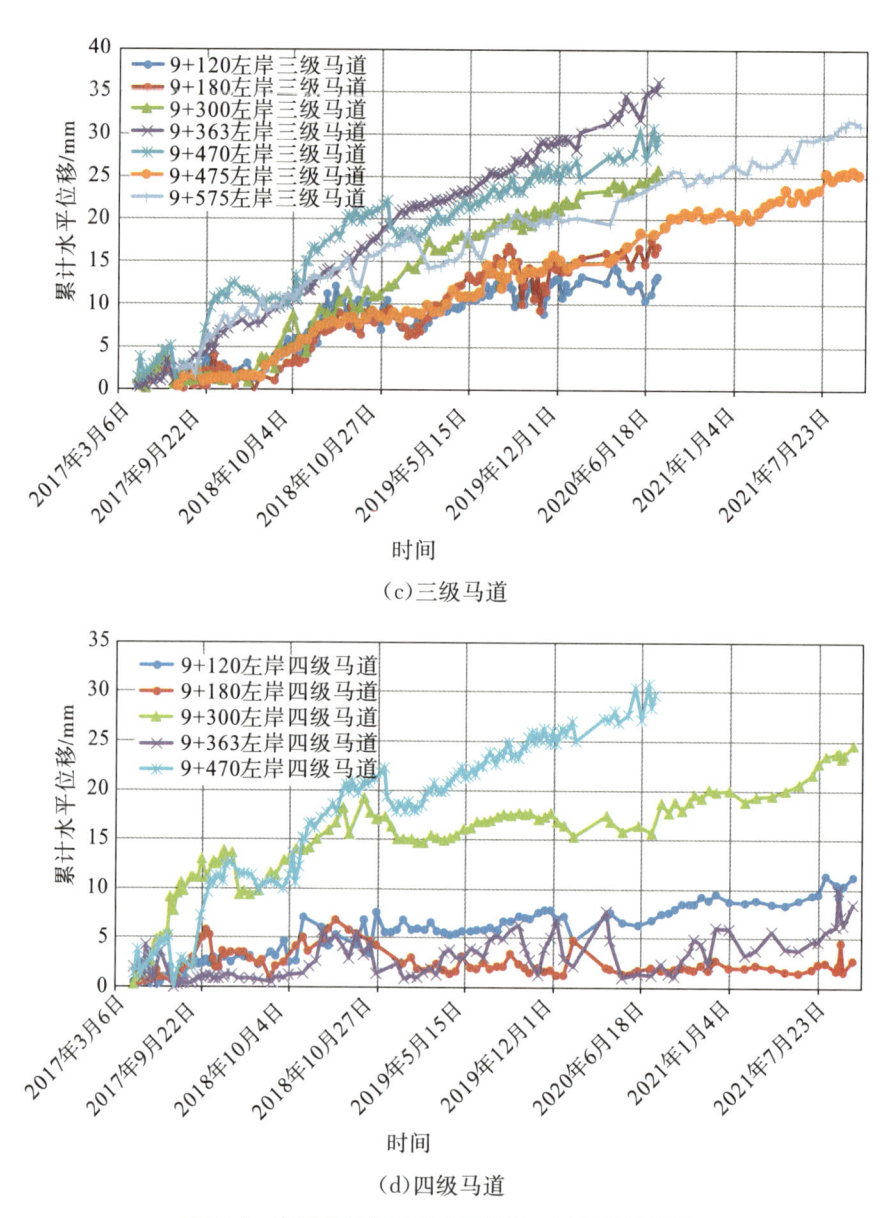

(d)四级马道

图 3-4　本渠段各级马道水平位移—时间关系曲线

根据各断面累计水平位移的数据呈现一级马道变形最大(最大可达 60mm),二~四级马道逐级减小的规律,渠道边坡坡脚处已经出现较明显水平位移。

结合测斜管数据规律,各级马道土体的水平变形具有较为明显的相关性,该段渠道边坡主要表现为深层牵引式滑坡变形。

桩号 K10+955~K11+000 为膨胀土深挖方渠段,左右岸均设置了六级马道七级边坡,最大挖深约 43m;渠道边坡表面均采用了水泥改性土进行换填,其中一级马道以下过水断面换填厚度为 1.5m,一级马道以上边坡换填厚度为 1.0m;坡面采用混凝土拱圈,拱内植草的方式护坡;三级边坡上部布设有抗滑桩,桩长 10m,直径 130cm,间距 4m。

渠段现状及测点布置见图 3-5。

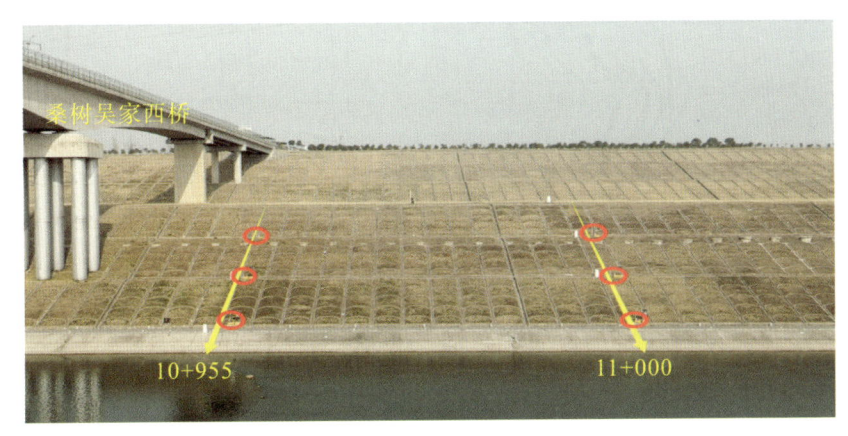

图 3-5 渠段现状及测点布置图

2018 年以来，该渠段边坡存在剪切变形，截至 2021 年 3 月，仍未完全收敛，其中，11+000 断面左岸一级马道测斜管 IN01－11000 的最大累计位移达 37.52mm，超过设计参考值(30mm)。

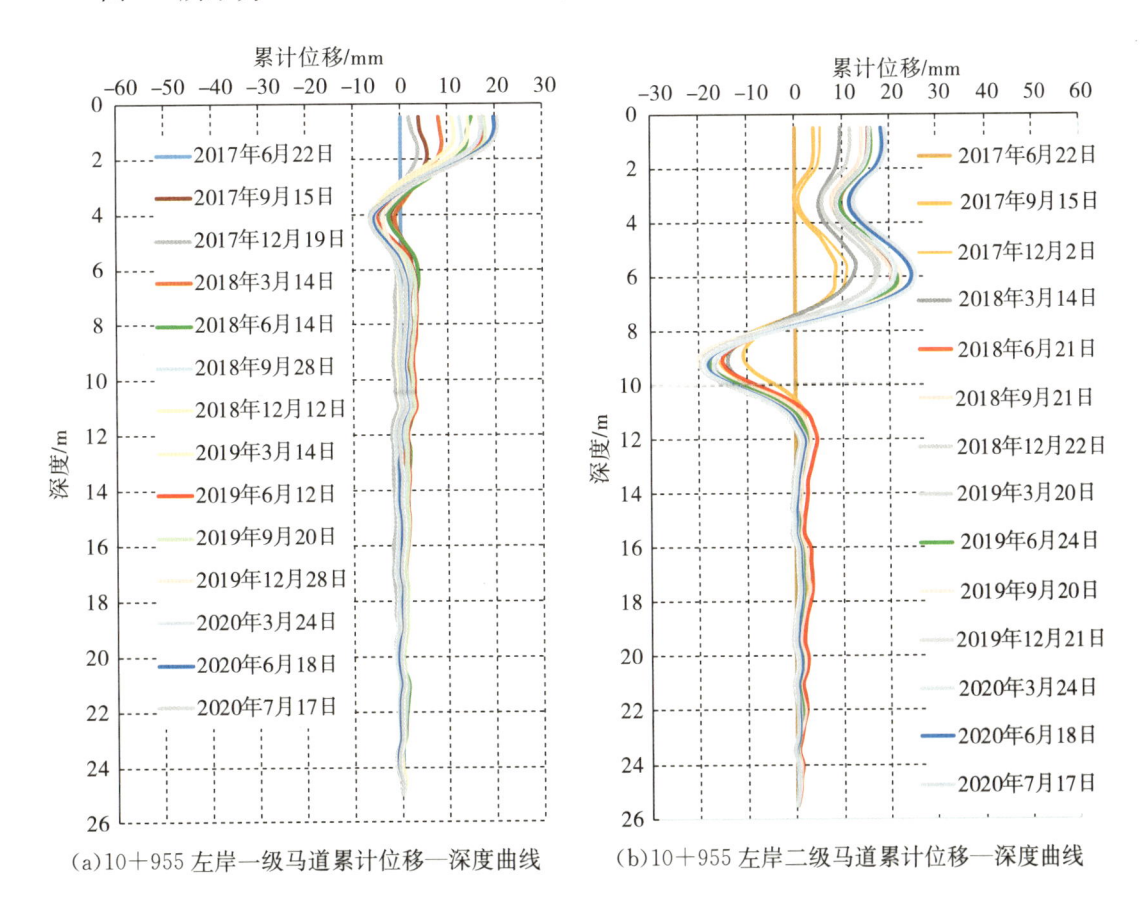

图 3-6 所示为 K10+955～K11+000 渠段深层测斜监测成果曲线。

(a) 10+955 左岸一级马道累计位移—深度曲线　　(b) 10+955 左岸二级马道累计位移—深度曲线

(c) 10+955 左岸三级马道累计位移—深度曲线

(d) 11+000 左岸一级马道累计位移—深度曲线

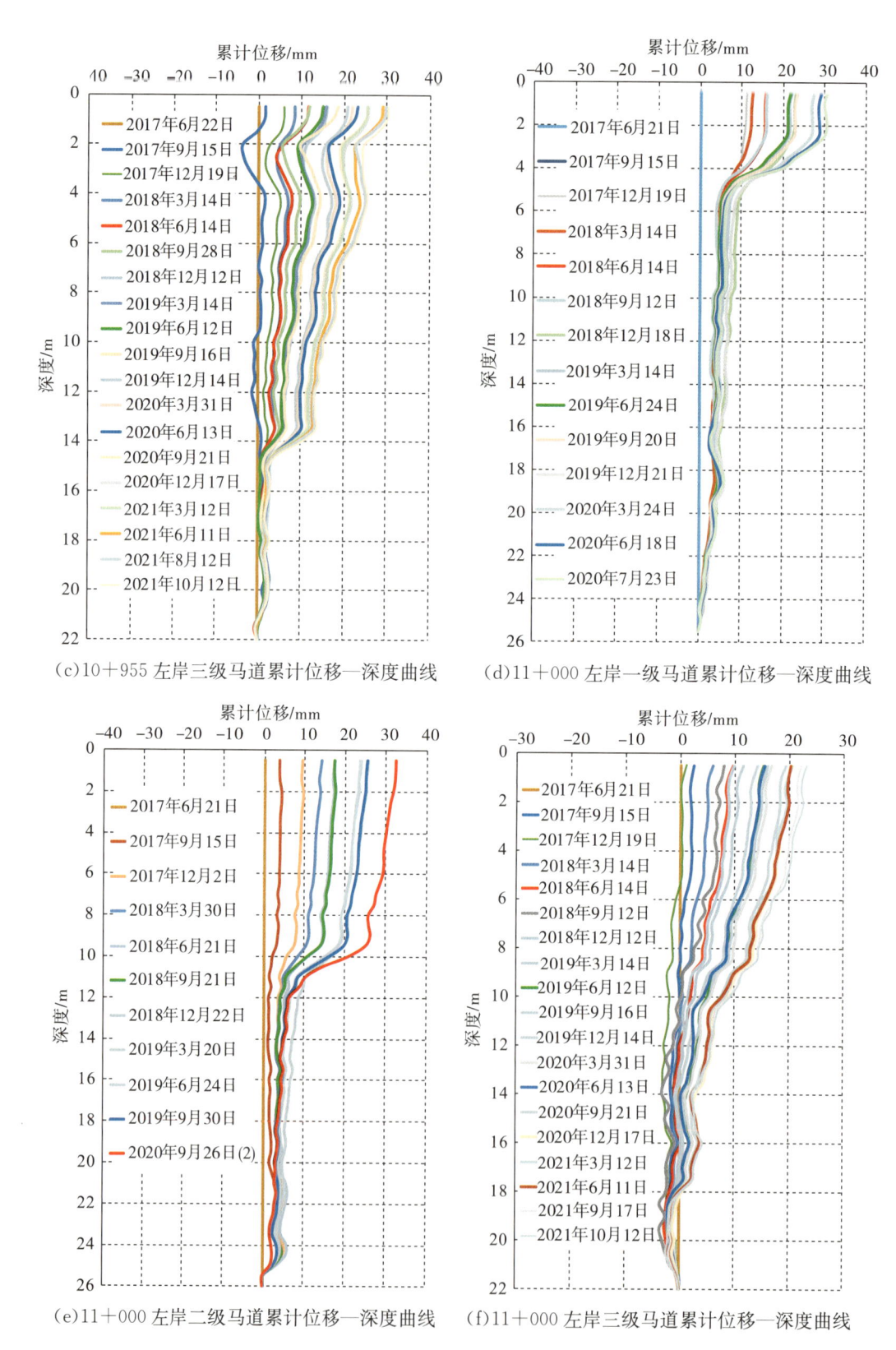

(e) 11+000 左岸二级马道累计位移—深度曲线

(f) 11+000 左岸三级马道累计位移—深度曲线

图 3-6　K10+955～K11+000 渠段深层测斜监测成果曲线

K10+955 断面的左岸一级、二级马道存在变形波动,较大变形发生部位位于一级马道测斜管孔口以下 2～4m 深度内,二级马道测斜管孔口以下 6～10m 深度内,三级马道测斜管孔口以下 10～15m 深度处。

K11+000 断面的较大变形出现在一级马道测斜管孔口以下 4～6m 深度内,最大累计位移达 37.52mm,二级马道较大变形出现在测斜管孔口以下 10～12m 深度,一级马道与二级马道变形速度基本相同,预计受控于同一条裂隙,三级马道变形整体小于一级、二级马道变形,且无局部变形特征,同时呈现间歇式变形减速。

从地表水平累计变形(图 3-7)看,K10+955 的一级、二级、三级马道的累计水平位移均较为接近,而 K11+000 一级马道、二级马道的累计水平位移接近,三级马道的变形发展趋势与一、二级接近,累计水平位移较一、二级马道小,推测为受前部牵引式滑坡牵连而产生的适应性变形。

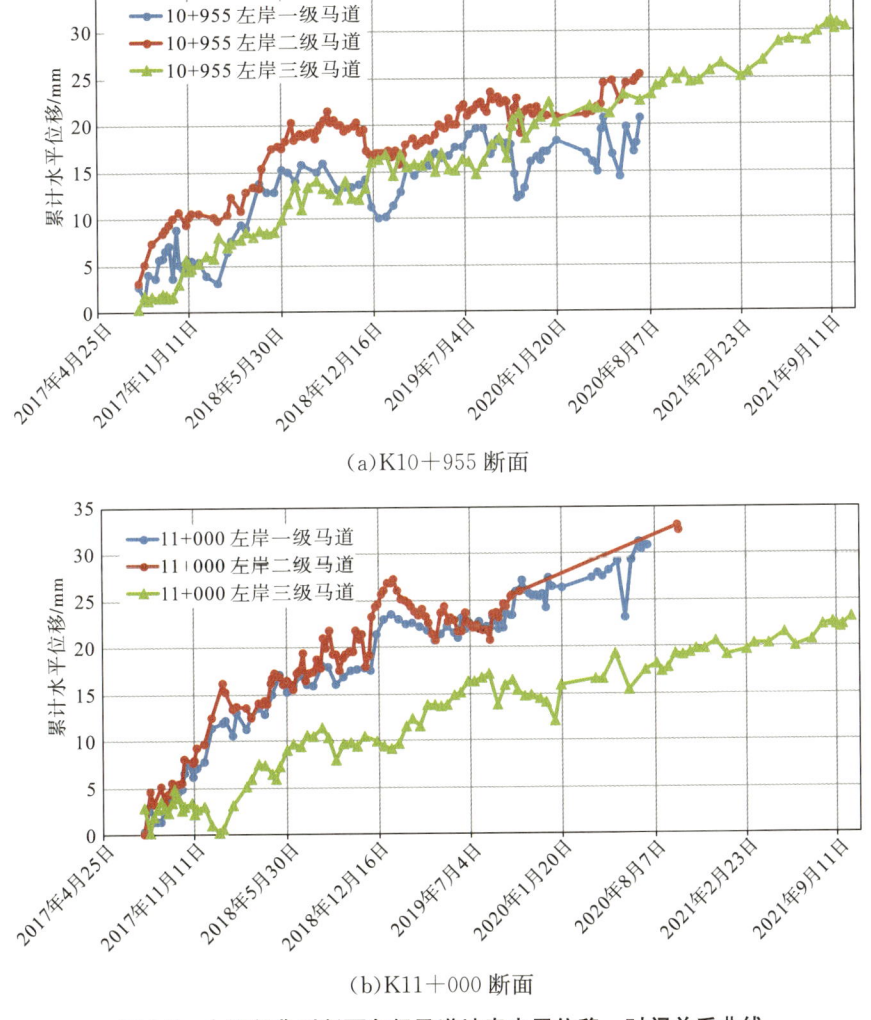

(a) K10+955 断面

(b) K11+000 断面

图 3-7 本渠段典型断面各级马道地表水平位移—时间关系曲线

结合测斜管数据趋势看,各级马道土体的水平变形具有较为明显的相关性,该段渠道边坡主要表现为小范围前部牵引引起的深层变形。

桩号 K11+400~K11+450 为膨胀土深挖方渠段,左右岸均设置了五级马道六级边坡,最大挖深约 39m;渠道边坡表面均采用了水泥改性土进行换填,其中一级马道以下过水断面换填厚度为 1.5m,一级马道以上边坡换填厚度为 1.0m;坡面采用混凝土拱圈,拱内植草的方式护坡;三级边坡上部布设有抗滑桩,桩长 10m,直径 130cm,间距 4m。

2018 年以来,K11+450 断面左岸五级马道测斜管 IN02-11450 的最大累计位移达 36.84mm,有缓慢增加趋势。本渠段现状及测点布置见图 3-8。

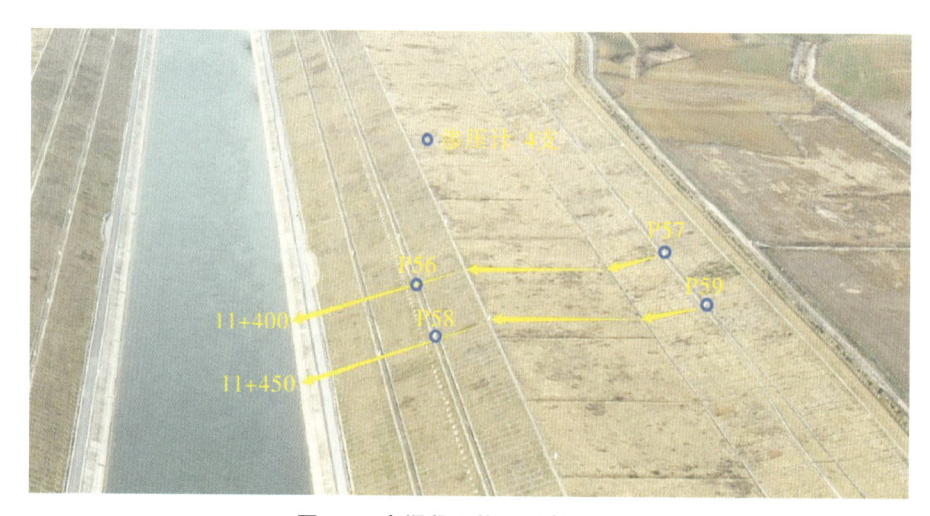

图 3-8 本渠段现状及测点布置图

图 3-9 为该渠段监测断面深层测斜管累计位移随深度变化曲线。

K11+400 左岸三级马道变形发生测斜管孔口以下 10~12m,五级马道测斜管孔口以下水平变形较小,不超过 15mm,最大变形发生在 9~11m。

K11+450 左岸三级马道变形增速较慢,最大变形发生在测斜管孔口以下 11~13m,左岸五级马道最大变形发生在测斜管孔口以下 5~7m,最大变形达到 40mm(超过设计值 30mm)。

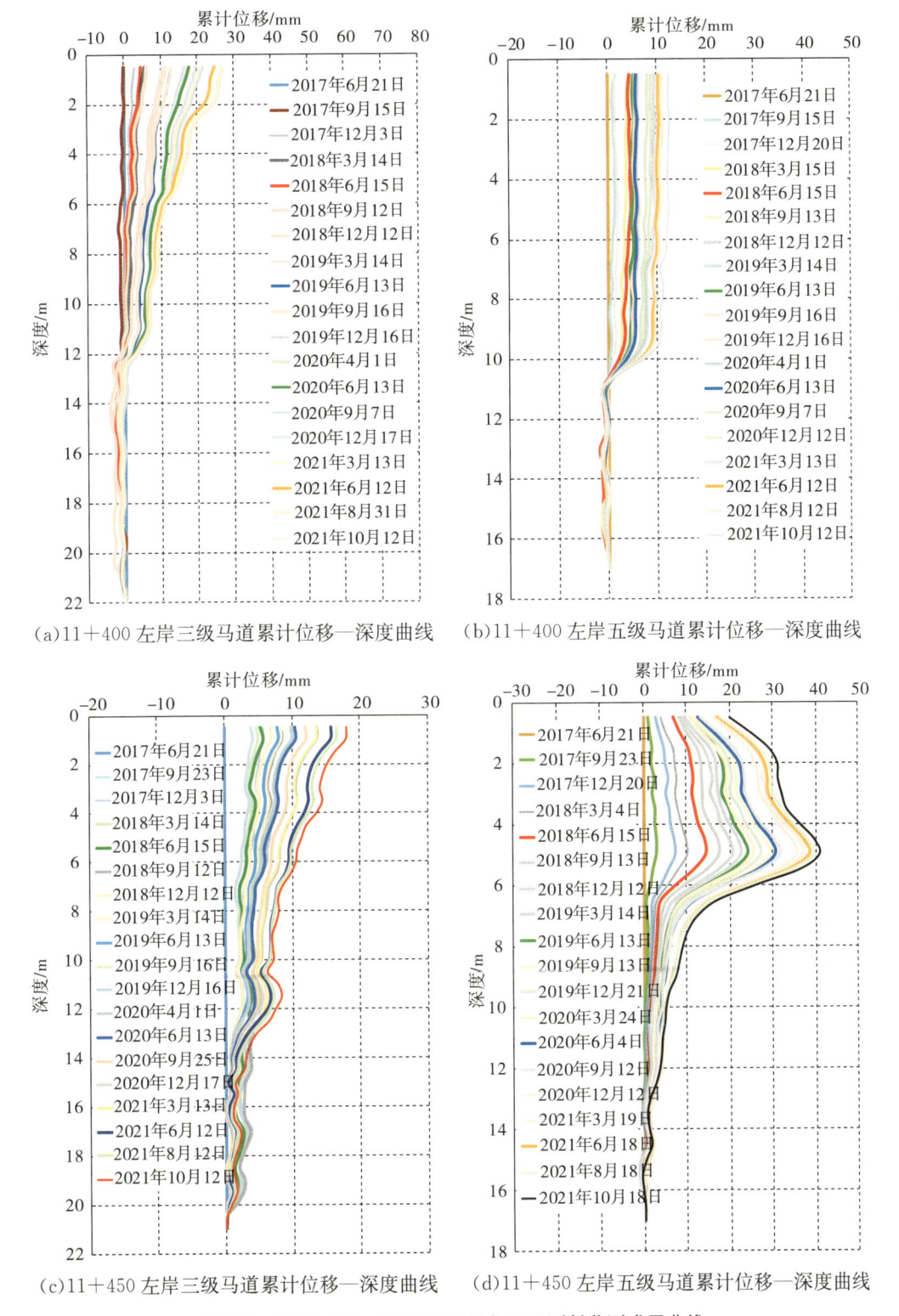

(a) 11+400 左岸三级马道累计位移—深度曲线

(b) 11+400 左岸五级马道累计位移—深度曲线

(c) 11+450 左岸三级马道累计位移—深度曲线

(d) 11+450 左岸五级马道累计位移—深度曲线

图 3-9　K11+400～K11+450 渠段深层测斜监测成果曲线

从地表水平累计变形(图 3-10)看,二级、三级马道位移相对较大,五级马道基本未产生水平测点位移,各级马道呈现较为相同的变化规律,结合测斜管数据规律,各级马道土体的水平变形具有较为明显的相关性,该段渠道边坡主要表现为深层牵引式滑坡变形。

(a) K11+400 断面

(b) K11+450 断面

图 3-10 本渠段典型断面各级马道地表水平位移—时间关系曲线

3.1.2 膨胀土渠道边坡垂直位移长期变化规律

各断面各级马道地表垂直变形监测曲线图以 K9+112 断面为例,可以看出左岸边坡垂直位移均呈上抬变形,一级马道的上抬变形最大,二~四级马道逐级减小,上抬变形趋势较为平稳。

结合测斜管监测结果和水平位移测点数据对比分析,二、三级马道发生了较大的水平位移,而在竖向位移方面的抬升并不明显,一级马道发生了较大上抬变形,水平位移相对不明显,可判断该处渠道边坡发生的是滑动面近似水平的牵引式滑动,且在渠道边坡下部一二级马道呈向上翻动特征,符合深层变形的特性。

在卸荷和大气影响下,一级马道处发生了水平和竖向位移,直观表现为土体的抬升、隆起变形，土体隆起后对上部土体产生了一定的挤压，二、三、四级马道表面土体随之隆起，随挤压作用的减小，竖向变形亦逐级减小，同时，由于一级马道处土体向坡外变形，土体内部牵引力的作用导致二、三级马道下的土体深层产生了近似水平的裂隙面，裂隙面的延伸、扩展加速了整个渠道边坡的变形。

图 3-11 K9＋112 断面各级马道累计水平位移—时间曲线

以 K10＋955 断面和 K11＋000 断面为例，可以看出，从地表水平累计变形（图 3-12）看：

K10＋955 断面处，左岸边坡垂直位移均表现为上抬变形，三级马道位移相对较大，一、二级位移量小且沉降值接近，总体变形量较小，在 15mm 以内。

K11＋000 断面处，左岸边坡垂直位移测点均体现为上抬变形，其中一级马道测点的上抬变形最大且未收敛，二、三级逐级减小。

综合水平位移数据分析，和水平位移量相比，垂直位移相对较小，本区段内部变形主要表现为近水平方向的深层滑动。

(a)K10＋955 断面

(b) K11+000 断面

图 3-12 本渠段典型断面各级马道地表竖向位移—时间关系曲线

以 K11+400 和 K11+450 断面为例,可以看出,从地表水平累计变形(图 3.3-20)看:

K11+400 断面左岸边坡二、三级马道的上抬变形相对明显,左岸五级马道发生少量沉降,总体垂直位移不超过 15mm。

K11+450 断面左岸二级、三级马道表面垂直位移均比较小,五级马道的累计沉降量较大,最大值达 50mm,沉降变形存在逐渐收敛的趋势。结合左岸五级马道的测斜管及垂直位移监测结果来看,四级马道平台以上边坡内部存在土体变形。

(a) 11+400 断面累计沉降—时间曲线

(b) K11+450 断面

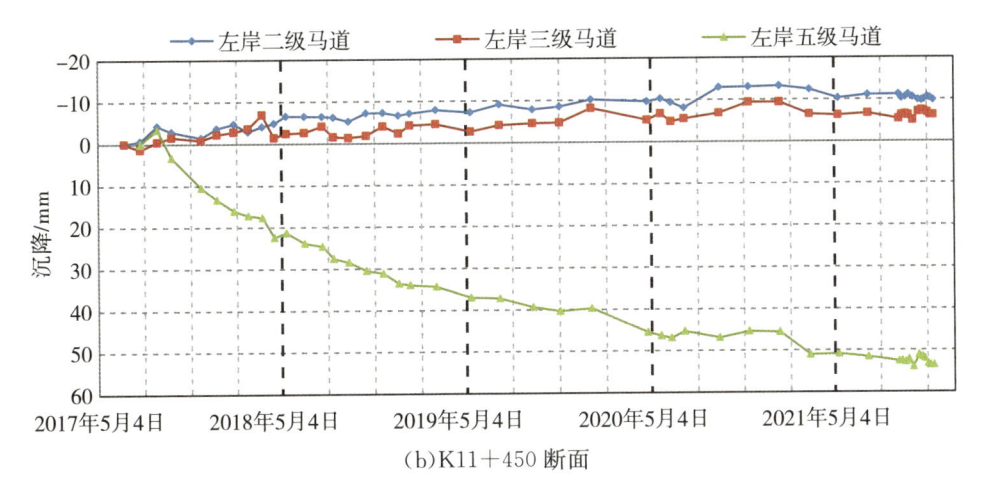

图 3-13　本渠段典型断面各级马道地表垂直变形—时间关系曲线

3.1.3　膨胀土渠道边坡地下水变化分析

K9+300 断面测压管水位过程线如图 3.6 所示,将测压管水位与降雨量进行对比可知,该渠段地下水位受汛期降雨的影响较大,尤其 2020 年第 2~3 季度,降雨频次较密且降雨量较大,地下水位出现了明显的升高,9 月~10 月降雨相对较少,边坡地下水位变化较小。

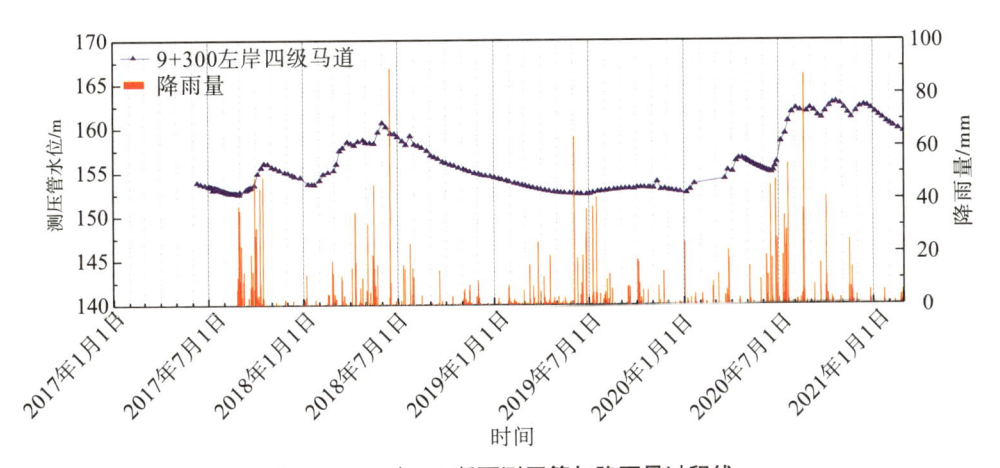

图 3-14　K9+300 断面测压管与降雨量过程线

K10+955 断面左岸三级马道渗压计测值受降雨影响较大(水位上升、下降幅度较大)外,一级、二级马道测斜管底渗压水位较低,与渠道水位接近,见图 3-15(a)。K11+000 断面左岸二级马道测斜管底渗压计测值受降雨影响较大,三级马道测斜管底渗压水位与渠道水位较为接近,见图 3-15(b)。

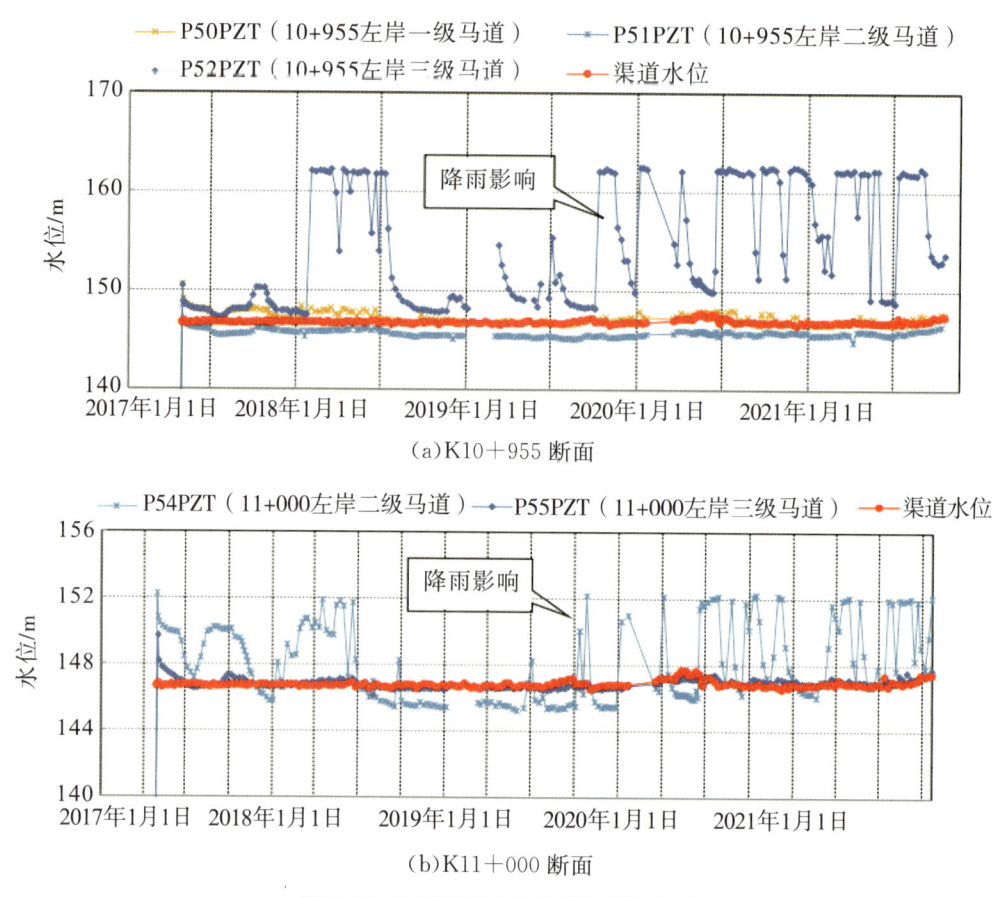

图 3-15 渠段渗压水位与降雨量过程线

K11＋400 和 K11＋450 断面,将降雨量与该段渠道边坡的地下水位(图 3-16)进行对比可知,2020 年 2~3 季度汛期降雨期间,五级马道的地下水位出现了明显的上升,并且升高后不易消散。对比地下水位与水平位移过程线可知,在 2020 年地下水位上升后,渠道边坡表面水平位移也出现了明显的增大。继 7、8 月连续降雨后,9、10 月的降雨量相对较少,边坡地下水位与 8 月底相比略有下降,地下水位与降雨频次和降雨量存在关联,且直接影响该段渠道边坡五级马道处的变形。

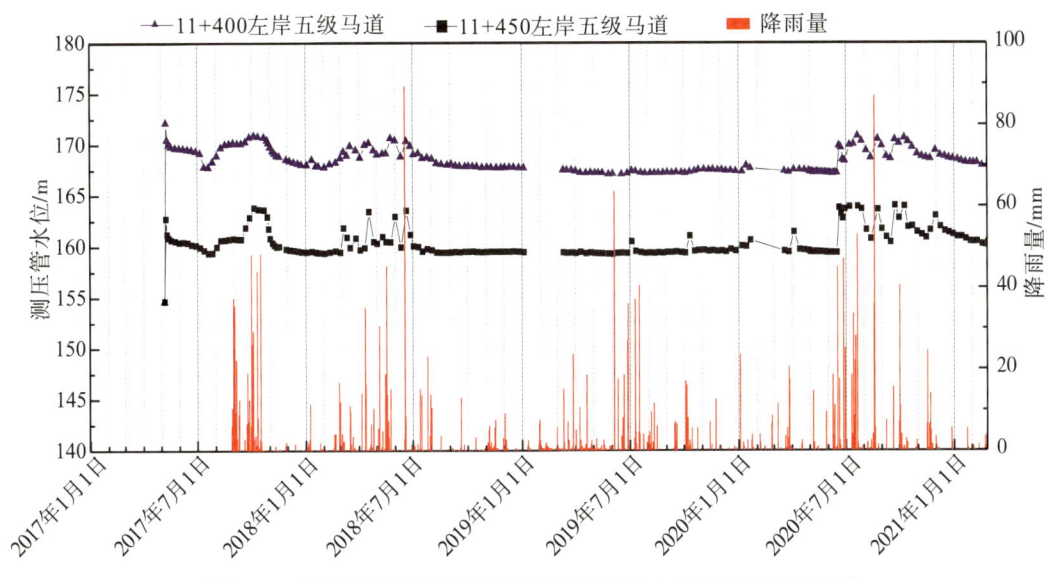

图 3-16 该渠段左岸五级马道测斜管底渗压水位与降雨量过程线

3.1.4 小结

(1) K9+070～K9+575 渠段监测成果分析

① 结合该区间渠道边坡的测斜、水平位移、垂直位移及测压管数据分析,该段主要为渠道边坡一级马道至四级马道的深层缓慢变形,具体表现为渠道边坡表面整体抬升,坡脚到一级马道以表现为土体表面隆起的抬升变形为主,二、三级马道下部土体产生近似水平位移的深层裂隙,牵引式裂缝由坡脚向上折线延伸至四级马道及其上部土体,使渠道边坡土体内部发生较大水平位移。

② 各监测断面的累计位移随深度变化曲线可知,潜在滑动面的剪出口位于坡脚至一级马道处,潜在滑动面自一级马道底部向上折线延伸,在二、三、四级马道下较大深度处扩展,并继续向上延伸至四级马道内部。

③ 连续降雨可能导致孔隙水压力不易消散,降低了裂隙面的抗剪强度;另一方面地下水位升高后,土体吸水膨胀也可诱发边坡变形;同时开挖后产生的牵引变形裂缝为地下水下渗提供了通道,缓倾的膨胀土裂隙和近水平的土层薄弱界面导致土体内部产生了深层牵引式变形。

④ 该段渠道边坡主要是由于降雨入渗、地下水位上升导致的膨胀土裂隙发展,采用排水措施是有效的工程处理措施。

(2) K10+955～K11+000 渠段监测成果分析

①结合该区间渠道边坡的测斜、水平位移、垂直位移及测压管数据分析,该段主要为渠道边坡一级马道至三级马道的深层缓慢变形,具体表现为渠道边坡表面整体抬升,

坡脚到一级马道以表现为土体表面隆起的抬升变形为主,二、三级马道下部水平位移量大于垂直位移,土体产生近似水平位移的深层裂隙,牵引式裂缝由坡脚向上折线延伸至三级马道及其上部土体,使渠道边坡土体内部发生较大水平位移。

②各监测断面的累计位移随深度变化曲线可知,断面的较大变形发生在一级马道测斜管孔口以下2~6m深度内,二级马道测斜管孔口以下6~12m深度内,三级马道测斜管孔口以下10~15m深度内,属于边坡深层变形。将几处变形结合分析,可推出潜在滑动面的剪出口位于坡脚至一级马道处,潜在滑动面自一级马道底部向上折线延伸,在二、三级马道下较大深度处扩展。分析同时证明,三级边坡上部的抗滑桩对于变形有一定的控制作用。

③分析该段边坡变形原因为:一方面连续降雨可能导致孔隙水压力不易消散,降低了裂隙面的抗剪强度;另一方面地下水位升高后,土体吸水膨胀也可诱发边坡变形;同时开挖后产生的牵引变形裂缝为地下水下渗提供了通道,加剧边坡变形,最终在显著卸荷和大气影响下,缓倾的膨胀土裂隙和近水平的土层薄弱界面导致土体内部产生了深层牵引式变形。

④由于该段渠道边坡主要是由于降雨入渗、地下水位上升导致的膨胀土裂隙发展,采用排水措施是有效的工程处理措施。三级边坡以上的变形相对较小,体现了抗滑桩具有一定的变形约束作用,表明抗滑桩工作性能良好。

(3)K11+700~K11+800区段渠段监测成果分析

①结合该区间渠道边坡的测斜、水平位移、垂直位移及测压管数据分析,该段主要为渠道边坡二、三级马道至五级马道的深层缓慢变形,具体表现为渠道边坡表面整体抬升,二、三级马道处以表现为土体表面隆起的抬升变形为主,五级马道下部发生了较大沉降变形。

②各监测断面的累计位移随深度变化曲线可知,11+400左岸三级马道变形发生在测斜管孔口以下10~12m,五级马道最大变形发生在测斜管孔口以下9~11m,土体内部产生了与坡面倾向近乎平行的滑动面,属于边坡深层变形。将几处变形结合分析,可推出潜在滑动面的剪出口位于二级马道以上,潜在滑动面自二级马道向上折线延伸,在三、四级马道下较大深度处扩展,并继续向上延伸至五级马道处。土体产生近似平行于坡面的深层裂隙,牵引式裂缝由二级马道及其上部土体向上延伸至五级马道,使边坡后缘土体发生较大沉降变形。数据同时证明,三级边坡上部的抗滑桩对于变形未起到明显控制作用。

③分析该段边坡变形原因为:一方面连续降雨可能导致孔隙水压力不易消散,降低了裂隙面的抗剪强度;另一方面地下水位升高后,土体吸水膨胀也可诱发边坡变形;同时开挖后产生的牵引变形裂缝为地下水下渗提供了通道,加剧边坡变形,最终在显著卸

荷和大气影响下,缓倾的膨胀土裂隙和平行于坡面的土层薄弱界面导致土体内部产生了深层牵引式变形。

④由于该段渠道边坡主要是由于降雨入渗、地下水位上升导致的膨胀土裂隙发展,采用排水措施是有效的工程处理措施。三级边坡上部的抗滑桩对于变形未起到明显控制作用。

3.2 膨胀土渠道边坡地下水运动规律

3.2.1 地下水的补给、径流和排泄

3.2.1.1 地下水的补给

渠段经过的地段地形虽有起伏,但大多数地段地形平坦,表层分布的膨胀土具有多裂隙性和多孔隙性,土体呈弱透水性,为大气降水提供了良好的入渗条件,在长时间降雨或暴雨期,膨胀土大气影响带土体含水量饱和,河水上涨,雨水和河水补给地下水。

膨胀土地区的上层滞水主要由大气降水补给。根据南阳膨胀土试验段及沿线水文地质观测孔的地下水位分析,其具有陡升缓降的特点,雨季地下水位迅速上升后缓慢下降。

南阳膨胀土试验段位于南阳市西北郊岗地,地势较高,其两侧河流水位较低,不具有区外地表水和地下水的补给条件。试验段周缘在渠道开挖前布置了5个水文地质观测孔,观测孔到渠道开挖边界的距离最近为9m,最远的超过200m。一个水文年的观测显示,5个孔的地下水位具有基本一致的动态,2008年12月至2009年4月中上旬属于全年的干旱期,降雨稀少,仅有几场小雨,其中两孔SS05、CG31观测到的地下水位埋深由2.25m、1.10m持续降低至3.05m、2.06m,130余天的水位降幅为0.80m和0.96m;2009年4月18—19日,连续两天大雨后,水位陡升至埋深2.02m、1.22m,水位分别上升了1.03m、0.84m,并滞后1~2d。5月以后降雨增多,水位持续在高位徘徊,水位的变化与降雨量具有很好的相关性,见图3-17。水位观测结果说明上层滞水与大气降水关系密切,反映了上层滞水的补给来源为大气降水。

Q_3下部砂性土含水层一般接受大气降水补给,同时接受地表水或河水的补给。

N层砂岩、砂砾岩,碳酸盐岩由于成岩性差,物质组成复杂,岩性极不均一,局部含泥量大,渗透性、含水性也极不均一,岩性岩相变化大,N黏土岩及上覆黏性土为相对隔水层,与河水或Q_3、Q_2地层中一定的砂层及部分上层滞水有一定的连通性,因此,N层砂岩、砂砾岩含水层除了受大气降水的补给外,深层含水层还接受其他上部含水层的越流补给及河水或深层地下水的越流补给,但相对于Q_3和Q_2膨胀土层的上层滞水,其受

大气降水的影响明显减弱。

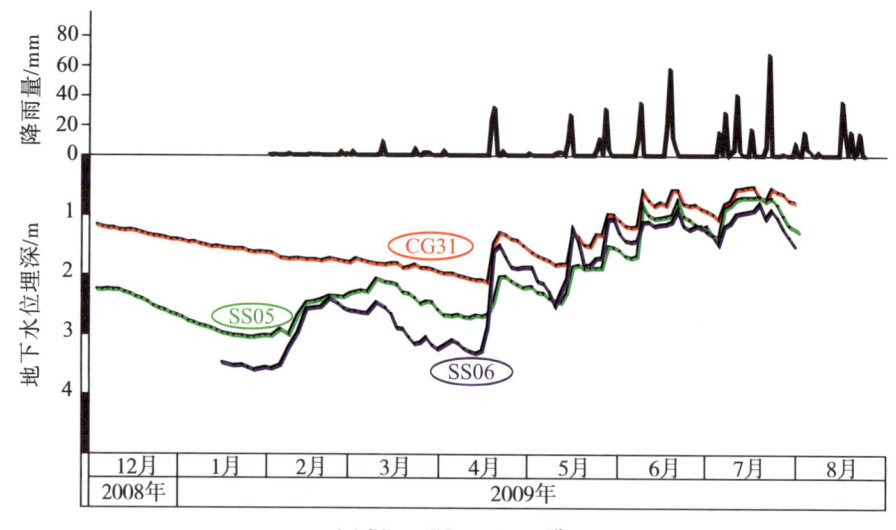

(a) SS05、CG31、SS06 孔

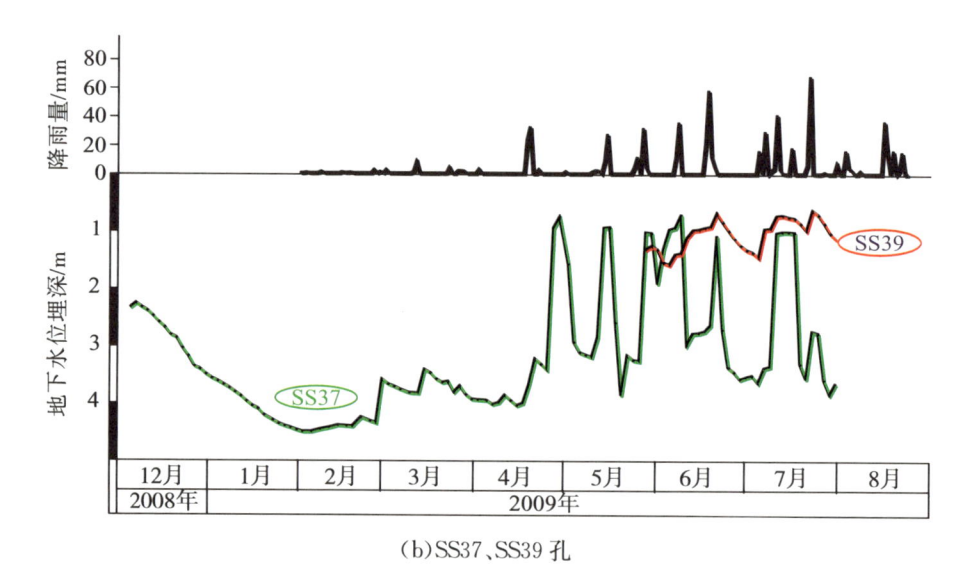

(b) SS37、SS39 孔

图3-17　南阳膨胀土试验段两侧地下水观测情况与降雨量关系

其他基岩的含水层主要受岩性控制，风化岩体含水层主要受大气降水的补给，岩溶水及泉水等补给源较复杂，除接受地表水的补给外，还可能接受深层地下水的补给。

3.2.1.2　地下水的径流和排泄

渠道经过的地段以岗状平原、岗地夹基岩残丘为特点，决定了本渠段地下水的排泄方式：在岗状平原、岗地分布有厚层膨胀土体的地段，地下水以蒸发为主，居民生活及农业用水也是其排泄方式之一，局部低凹地段以湿地或泉水排泄。干旱时，由于蒸发和农业生活用水，上层滞水带（含水层）含水层变薄，有时甚至干枯，导致当地居民饮水困难。

Q_3 下部砂性土层含水层及 N 层砂岩、砂砾岩含水层的地下水，当地下水位高于河水位时，主要向河流及小水沟排泄，当地下水低于河水位时，则得到河水的补给，因此其水位变幅较小。

膨胀土作为一种特殊黏性土，尽管分布有较多的垂向孔洞，但横向联系差，其透水性总体较弱，地下水径流微弱、排泄不畅。

受土体孔洞、裂隙发育向下减弱的影响，土体渗透系数由浅到深逐渐变小，地下水向深部的径流能力逐渐减弱。

特别是中膨胀土区，埋深 5m 上、下土体渗透系数分别为 $4.77\times10^{-4}\sim5.21\times10^{-5}$ cm/s 和 $3.47\times10^{-5}\sim2.17\times10^{-6}$ cm/s，垂直渗透性由弱透水变为微透水。另外，过渡带土体中发育较多的长大缓倾角裂隙多充填灰绿色黏土，充填宽度 2~10mm，对上层滞水的下渗具有阻碍作用。施工中多处见到地下水沿裂隙面渗出现象，如南阳膨胀土试验段中膨胀土中Ⅱ区左坡高程 146.7m 发育一裂隙，长约 5m，微倾坡外，倾角约 6°，裂隙上部土体处于饱水状态，含水量为 30.8%~31.5%，裂隙下部土体含水量为 24.1%~26.4%，见图 3-18。

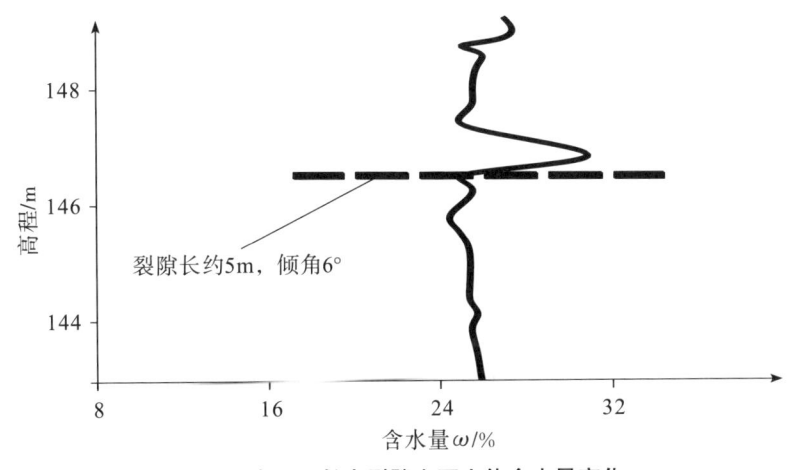

图 3-18　中Ⅱ区长大裂隙上下土体含水量变化

膨胀土地下水位变化具有陡升缓降的特点。在 2008 年冬至 2009 年春的持续干旱期间，水位持续缓慢下降。进入雨季，每次降雨时水位均急剧升高，雨后缓慢下降，总体水位呈台阶状上升。说明上层滞水补给快，径流及排泄较弱。

渠道开挖后，揭穿上层滞水带，而渠道两侧土体中的地下水依然存在。南阳膨胀土试验段中Ⅶ区右侧水位观测孔距坡肩 9m，水位始终高于渠底板 3m。说明膨胀土上层滞水带地下水的侧向水力联系微弱。

膨胀土体的渗透性和地下水位的变化规律均反映上层滞水的径流微弱，地下水向下部土体和侧向的补排水条件差。

膨胀土区上层滞水的排泄方式主要为蒸发排泄。据现场测试,土体毛细水上升高度大于4m,区内上层滞水埋深多小于4m,地下水在土体毛细管道中上升,并蒸发(试验段年蒸发量约1000mm)。根据地下水观测孔旁干旱季节土体含水量测试,上层滞水带土体含水量为26%~28%;毛细水上升高度范围内土体含水量为22%~26%;地表深0.31~0.57m的土体受蒸发影响,含水量剧降至14%~22%,见图3-19。说明地下水通过毛细水作用向地表运移并蒸发也是其重要的排泄方式。

在极端干旱条件下,地下水位持续下降,地表农作物(主要为冬小麦)的生长并未受到影响。说明地下水通过毛细水作用供给植物生长所需水分也是上层滞水的排泄方式,另外当地居民的生产生活用水也部分通过浅井抽取上层滞水。

本渠段地下水除分布于岗垄间的上层滞水水位高于渠底高程外,渠段内基岩裂隙孔隙水或第四系孔隙裂隙水多低于渠水位,开挖形成渠道后低于渠底高程的层间地下水对渠道基本上无影响,而地下水高于渠底板时对渠道衬砌有影响。

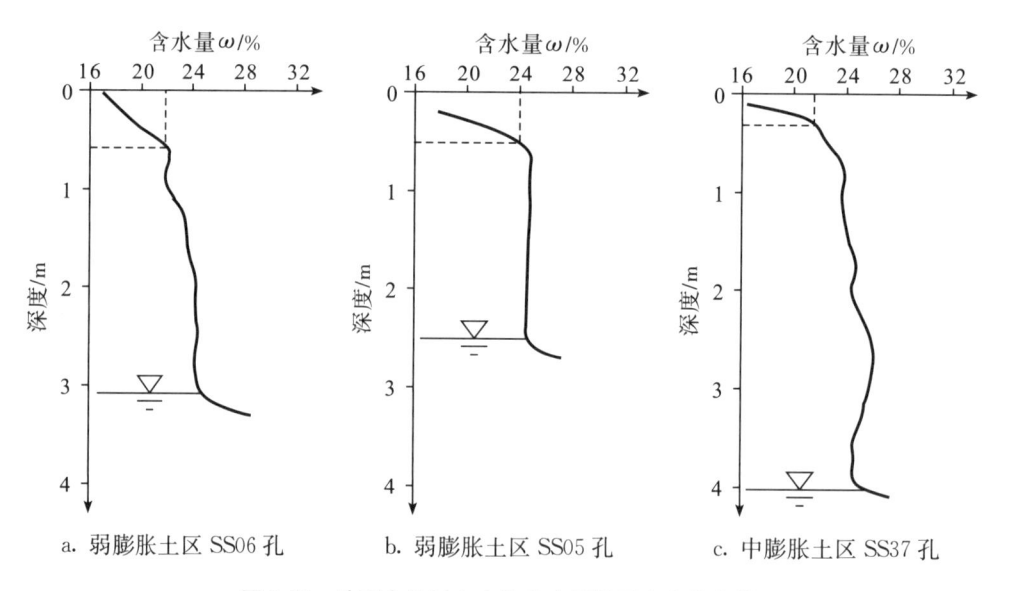

a. 弱膨胀土区SS06孔　　b. 弱膨胀土区SS05孔　　c. 中膨胀土区SS37孔

图3-19　地下水位以上土体含水量随深度变化曲线

根据本地区降雨和地形岩性特征,在长时间高强度的持续降雨过程中,本地区除大河流外,小的河流洪水会产生串流,平缓的岗地与河间平原由于排水不畅,易出现地面积水、地下水位不断抬升的情况,且多为上层滞水,此时的地下水位与地面高程基本一致或略低于地面高程。

在特大暴雨洪水期,大型河流的Ⅰ、Ⅱ级阶地,由于河水位的升高,河床沙砾卵石层与Ⅰ、Ⅱ级阶地下部沙砾卵石层互通作用,Ⅰ、Ⅱ级阶地沙砾卵石含水层水位不断升高,形成承压含水层,其水头水位一般略高于河流的洪水位。较小河流则易与其他河流形成串流,河流间平原地带地下水位一般与地面高程相同。

3.2.2 膨胀土渠段含水层分布

根据渠段涉及膨胀土(岩)渠段地下水的丰富程度,以及渠底板高程以下一定范围内的土(岩)体的含水层特性,将渠段地下水含水层组进行划分。

(1)元古界(Pt)

片岩、变质石英砂岩裂隙含水层组:主要分布在方城垭口附近,地下水为潜水,地下水主要赋存于片岩的裂隙片理中,水量一般,在与第四系接触处有局部泉水出露,受上部地层或降水补给。

(2)奥陶系中奥陶统(O_2)

岩溶裂隙含水层组:以灰岩、白云质灰岩为主,地下水为潜水,分布于渠首桩号1+000至4+250渠段硬岩丘陵区及其丘前坡洪积裙的下部,埋深3~11m,以岩溶水的形式出现。

(3)古近系(E)

岩溶裂隙含水层组:以砂岩、砂砾岩、砾岩为主,地下水为潜水,分布于桩号156+000至161+000渠段硬岩丘陵区及其丘前坡洪积裙的下部,主要以岩溶水或断层水的形式出现,局部为裂隙水。

(4)新近系(N)

孔隙裂隙含水层组:岩性为碎屑岩、碳酸岩、砂岩、砂砾岩、砾岩,含水层一般埋深为1.1~15.0m,多呈透镜体。分为潜水和承压水两种类型,水量丰富,补给范围大。

(5)第四系中更新统(Q_2)

孔隙裂隙含水层组:含水层为粉质黏土、粉质壤土、钙质结核层、铁锰质结核层、含钙质结核粉质黏土层、砾石层、含砾粉土、粉土质砾、含水层厚度一般为2~5m,局部可达10m,埋深一般为1~3m,分布于岗垄,形成上层滞水层带,水量少,没有统一的水位线,地下水水位随地形地貌变化大,以潜水为主,有时呈窝状分布于局部区域。含水层以大气降水补给为主,排泄以蒸发、居民用水及农用为主。

(6)第四系上更新统(Q_3)

孔隙含水层组:含水层为中细砂、粗砂、砾砂、砾卵石、粉土质砾,局部为粉质壤土层,一般埋深和厚度均小于20m,分布于较大河流二级阶地及平原下部,以潜水为主,局部为微承压水,水量一般丰富。

(7)第四系全新统(Q_4)

孔隙含水层组:含水层由砂及砾卵石组成,厚度一般小于15m。分布于陶岔—沙河南渠段的河流河床、漫滩及一级阶地下部,地下水为潜水,水位受河水位影响大,水量丰富。

3.2.3 膨胀土渗透性规律

3.2.3.1 膨胀土体的渗透性

根据现场试坑渗水试验、室内渗透试验和钻孔注水试验成果。大气影响带的膨胀土透水性明显好于非影响带;在大气影响带地下水及水蒸气从孔隙裂隙中运移,非影响带一般只有连通的裂隙才是地下水的运移通道。在大气影响带及过渡带中,垂直渗透系数比水平渗透系数大一个数量级;土壤渗透系数变化规律一般为随埋置深度增加减少。不同地质年代的土(岩)渗流系数如下:

(1)下更新统洪积层(Q_1^{pl})

粉质黏土渗透系数 $k=i\times 10^{-8}\sim i\times 10^{-5}$ cm/s,具弱—微透水性;黏土渗透系数 $k=i\times 10^{-9}\sim i\times 10^{-6}$ cm/s,具微透水性;粉质壤土渗透系数 $k=i\times 10^{-6}\sim i\times 10^{-5}$ cm/s,具弱透水性;含钙质结核粉质黏土渗透系数 $k=i\times 10^{-5}$ cm/s,具弱—透水性;钙质结核层渗透系数 $k=i\times 10^{-5}\sim i\times 10^{-4}$ cm/s,具弱—中等透水性。地表黏性土渗透系数 $k=i\times 10^{-6}\sim i\times 10^{-5}$ cm/s,具弱透水性。

(2)中更新统冲洪积层(Q_2^{al-pl})、坡洪积层(Q_2^{dl-pl})

粉质黏土渗透系数 $k=i\times 10^{-7}\sim i\times 10^{-5}$ cm/s,具弱微透水性;黏土渗透系数 $k=i\times 10^{-8}\sim i\times 10^{-6}$ cm/s,具微透水性;粉质壤土渗透系数 $k=i\times 10^{-6}\sim i\times 10^{-5}$ cm/s,具弱微透水性;含钙质结核粉质黏土渗透系数 $k=i\times 10^{-5}\sim i\times 10^{-4}$ cm/s,具弱—中等透水性;钙质结核层渗透系数 $k=i\times 10^{-4}$ cm/s,具中等透水性。地表黏性土渗透系数 $k=i\times 10^{-5}\sim i\times 10^{-3}$ cm/s,具弱—中等透水性。砾质土渗透系数 $k=i\times 10^{-5}\sim i\times 10^{-3}$ cm/s,具弱—中等透水性。

(3)上更新统冲湖积层(Q_3^{al-l})、上更新统冲积层(Q_3^{al})

上部粉质黏土渗透系数 $k=i\times 10^{-7}\sim i\times 10^{-5}$ cm/s,具弱—微透水性;黏土渗透系数 $k=i\times 10^{-7}\sim i\times 10^{-6}$ cm/s,具微透水性;粉质壤土渗透系数 $k=i\times 10^{-5}$ cm/s,具弱透水性。地表黏性土渗透系数 $k=i\times 10^{-5}\sim i\times 10^{-3}$ cm/s,具弱—中等透水性。砾质土渗透系数 $k=i\times 10^{-5}\sim i\times 10^{-3}$ cm/s,具弱—中等透水性。含砾粗砂、砾质中砂渗透系数 $k=i\times 10^{-3}\sim i\times 10^{-1}$ cm/s,具中—强透水性;粗砂

(4)残坡积层($Q^{el\sim dl}$)、时代不明坡积层(Q^{dl})

粉质黏土渗透系数 $k=i\times 10^{-5}\sim i\times 10^{-4}$ cm/s,具弱—中等透水性,下部铁锰质结核层渗透系数 $k=i\times 10^{-4}\sim i\times 10^{-3}$ cm/s,具中等透水性。

3.2.3.2 土体渗透性

土体的透水性主要取决于岩性、胶结程度、裂隙发育状况,总体上土体颗粒越粗,胶结程度越差,含泥量越少,则其透水性相对越强,反之则透水性越弱。

(1) 新近系(N)

黏土岩和砂质黏土岩一般为不透水层;砂岩及砂砾岩胶结程度差,且多为泥钙质胶结,砂岩渗透系数 $k=i\times 10^{-4}\sim i\times 10^{-1}\,\mathrm{cm/s}$,具中—强透水性;砂砾岩、砾岩渗透系数 $k=i\times 10^{-4}\sim i\times 10^{-2}\,\mathrm{cm/s}$,具中等透水性。含泥量较高时或泥质胶结较好时砂岩渗透系数 $k=i\times 10^{-5}\sim i\times 10^{-4}\,\mathrm{cm/s}$,具弱—中等透水性;砂砾岩、砾岩渗透系数 $k=i\times 10^{-5}\,\mathrm{cm/s}$,具弱透水性。泥灰岩、泥灰质黏土岩渗透系数 $k=i\times 10^{-7}\sim i\times 10^{-4}\,\mathrm{cm/s}$,具微弱—中等透水性。

(2) 古近系(E)

页岩、泥岩为不透水层,砂砾岩、砾岩一般泥钙质胶结,不具透水性,部分表层风化后呈弱透水性,但局部风化溶蚀或断层破碎溶蚀带有泉水出露,水量不大,为 $0.5\sim 10\,\mathrm{L/min}$。

3.2.3.3 垂直和水平透水性变化特征

根据南阳膨胀土试验段的成果,中膨胀土深度 6.0m 以上垂直渗透系数为 $9.10\times 10^{-6}\sim 4.77\times 10^{-4}\,\mathrm{cm/s}$,多为弱透水,局部中等透水;水平渗透系数为 $1.30\times 10^{-6}\sim 7.06\times 10^{-6}\,\mathrm{cm/s}$,多为弱—微透水,垂直和水平透水性相差一个数量级。局部由于土体针孔状孔隙发育,渗透性有所增强,但垂直和水平透水性仍有显著差异。大部分中膨胀土 6m 以下土体垂直和水平透水性无明显差异,多为微透水,局部弱透水。弱膨胀土深度 10m 以上垂直渗透系数为 $1.61\times 10^{-5}\sim 1.26\times 10^{-3}\,\mathrm{cm/s}$,具有中等—弱透水性,水平渗透系数为 $2.81\times 10^{-8}\sim 2.94\times 10^{-5}\,\mathrm{cm/s}$,多为弱—微透水,少量极微透水性,垂直和水平透水性相差 $1\sim 2$ 个数量级。10m 以下土体垂直和水平透水性多无差异,渗透系数为 $2.36\times 10^{-7}\sim 2.65\times 10^{-4}\,\mathrm{cm/s}$,多为微透水,局部弱透水。

3.2.3.4 土体渗透性随深度变化特征

南阳膨胀土试验段中膨胀土区土体水平方向渗透系数为 $1.36\times 10^{-6}\sim 7.59\times 10^{-5}\,\mathrm{cm/s}$,属于弱—微透水性,透水性在深度方向无明显变化。土体垂直渗透性在不同深度有显著变化,具有随深度增加透水性减弱的特点,深度 2m 以上的土体渗透系数为 $1.39\times 10^{-4}\sim 2.43\times 10^{-4}\,\mathrm{cm/s}$,属于中等偏弱透水性;深度 $2\sim 6\mathrm{m}$ 的土体渗透系数为 $9.10\times 10^{-6}\sim 4.56\times 10^{-3}\,\mathrm{cm/s}$,属于中—弱透水性;深度 6m 以下的土体渗透系数为 $1.19\times 10^{-6}\sim 2.26\times 10^{-5}\,\mathrm{cm/s}$,属于弱—微透水性。

弱膨胀土区土体深度 6m 以上水平方向渗透系数为 $5.37\times 10^{-6}\sim 2.94\times 10^{-5}\,\mathrm{cm/s}$,属

于弱—微透水性;深度 6m 以下水平方向渗透系数为 $2.81×10^{-8}$ ~ $3.33×10^{-5}$ cm/s,属于弱—极微透水性,上部土体水平透水性略大于下部土体。土体垂直渗透性在不同深度有显著变化,具有随深度增加透水性减弱的特点,深度 4m 以上的土体渗透系数为 $2.12×10^{-4}$ ~ $1.26×10^{-3}$ cm/s,属于中—弱透水性;深度 4~10m 的土体渗透系数为 $1.61×10^{-5}$ ~ $1.74×10^{-4}$ cm/s,属于中—弱透水性;深度 10m 以下的土体渗透系数为 $2.36×10^{-7}$ ~ $2.65×10^{-4}$ cm/s,属于弱—微透水性。

3.2.4 地下水变幅规律分析

地下水主要受大气降水补给,每年的降雨量主要集中在 6—9 月,其余时间降雨量较少,地下水最低水位出现在 4—5 月,最高水位出现在 7—11 月,因此水位变化主要受大气降水控制。

由于土体的不同,地下水赋存、径流排泄和埋深各异,各地的地下水位变幅也不同。第四系分布区,主要赋存河流高低漫滩及一、二级阶地下部松散砂性土及砾卵石层中,一般接受降水及河水的补给,富水性好,向下游及下部砂砾岩排泄,工农业用水也是其主要排泄方式之一,年变幅较大,一般为 3~6m。局部地区分布的上层滞水,水量分布不均,且各微地貌区无统一地下水位,水位、水量随季节变化大,直接受大气降水补给,以蒸发排泄为主。

总干渠开挖前后,以及通水运行前后,地下水的排泄通道有所改变,对地下水位的变幅有一定的影响。渠道开挖形成临空面,挖深较大的渠段更是截断了含水层,导致渠道周边地下水位下降。通水运行后,渠道内水外渗,又成为地下水的补给源。

综上,本节针对施工前、施工期和通水后的地下水位变幅规律进行详细对比分析。

3.2.4.1 施工前地下水位变幅规律

陶岔—沙河南渠段初步设计阶段工程地质勘察工作始于 2005 年 10 月,基本完成于 2006 年底。2007—2009 年,又对部分建筑物进行了补充勘察,时间跨度达 4 年。钻孔中观测的水位基本能反映 4 个水文年的地下水埋深情况。根据初步设计阶段 2450 个钻孔的水位观测资料统计,本渠段地下水平均最小埋深为 1.70m,平均最大埋深为 5.86m,平均水位变幅为 4.16m。本地区地下水最小埋深为 0m,最大埋深为 17.23m。

地下水位变幅与大气降水及河水位有直接的关系。岗地膨胀土地区,由于土体的垂直渗透系数远大于水平渗透系数,且表层孔隙裂隙发育,具弱透水性,局部具中透水性,降雨时地下水位迅速抬升,甚至在地面形成面流;旱季少雨时,大气蒸发及农业用水使地下水缓慢下降。河流两岸暴雨期河水补给地下水,旱季地下水补给河水。

(1)地质勘探钻孔地下水位及变幅

根据初步设计阶段2450个钻孔的水位观测资料统计,沿线地下水位及变幅见表3-1,统计除去个别异常值,桩号一般以1km为单位,个别填方段的地貌单元未进行统计,最小埋深和最大埋深分别为各区段钻孔终孔水位的最小埋深和最大埋深,水位变幅为最大埋深减最小埋深,本渠段地下水除分布于岗垄间的上层滞水水位高于渠底高程外,渠段内基岩裂隙孔隙水或第四系孔隙裂隙水多低于渠水位,对渠道基本无影响,因而对膨胀土上层滞水区段进行统计列表。

表 3-1　　　　　陶岔—沙河南渠段沿线地下水埋深及变幅

桩号/km	最小埋深/m	最大埋深/m	水位变幅/m	备注
1	1.80	10.80	9.00	
2	3.20	10.80	7.60	
3	2.40	10.80	8.40	
4	4.70	5.65	0.95	
5	1.30	4.40	3.10	
6	0.55	2.80	2.25	膨胀土上层滞水
7	1.20	7.44	6.24	
8	0.97	11.70	10.73	
9	0.90	4.20	3.30	
10	0.25	4.60	4.35	
11	1.42	13.20	11.78	
12	2.60	11.60	9.00	
13	0.70	6.00	5.30	
14	0.30	3.10	2.80	
15	0.95	2.40	1.45	
16	1.10	2.80	1.70	
17	1.00	3.50	2.50	
18	1.00	4.30	3.30	
19	2.40	7.60	5.20	
20	0.28	2.80	2.52	
21	1.15	2.50	1.35	
22	1.05	4.40	3.35	
23	0.50	4.90	4.40	
24	0.60	5.65	5.05	
25	0.70	7.80	7.10	

续表

桩号/km	最小埋深/m	最大埋深/m	水位变幅/m	备注
26	4.05	7.40	3.35	
27	3.50	11.50	8.00	
28	0.00	11.20	11.20	
29	1.40	9.60	8.20	
30	9.10	9.30	0.20	
31	0.50	4.43	3.93	
32	0.30	4.40	4.10	
33	0.40	2.10	1.70	
34	0.90	3.70	2.80	
35	0.90	6.10	5.20	
36	0.34	3.20	2.86	
37	0.72	1.40	0.68	膨胀土上层滞水
38	1.50	2.60	1.10	
39	2.40	3.10	0.70	
40	0.92	3.43	2.51	
41	0.87	2.40	1.53	
42	0.82	3.50	2.68	
43	0.30	3.90	3.60	
44	1.19	1.92	0.73	
45	1.26	4.20	2.94	
46	1.35	6.20	4.85	
47	1.08	2.80	1.72	
48	1.16	8.41	7.25	
49	1.10	4.60	3.50	
50	1.28	4.94	3.66	
51	2.06	3.63	1.57	
52	3.17	5.00	1.83	
53	2.10	6.18	4.08	
54	2.40	5.80	3.40	
55	1.20	5.26	4.06	
56	1.00	2.77	1.77	
57	1.20	5.07	3.87	
58	0.90	3.61	2.71	
59	1.08	5.80	4.72	

续表

桩号/km	最小埋深/m	最大埋深/m	水位变幅/m	备注
60	0.00	10.60	10.60	
61	1.20	11.20	10.00	
62	0.40	7.25	6.85	
63	0.61	4.20	3.59	
64	1.24	4.12	2.88	
65	3.56	4.20	0.64	
66	1.10	1.90	0.80	
67	1.60	4.00	2.40	
68	0.00	1.63	1.63	
69	0.54	2.60	2.06	
70	0.90	3.10	2.20	
71	1.25	4.80	3.55	
72	1.30	4.70	3.40	
最小值	0.00	1.40	0.07	
最大值	10.40	17.23	15.03	
平均值	1.71	5.87	4.15	

注:"桩号"栏中的数字代表该数字前1km的渠段。如"1"代表0～1km。

本渠段地下水平均最小埋深为1.71m,平均最大埋深为5.87m,平均水位变幅为4.16m。本地区地下水最小埋深为0m,最大埋深为17.23m。陶岔—沙河南渠段地下水埋深及变幅分类统计见表3-2。

表3-2　　　　陶岔—沙河南渠段地下水埋深及变幅分类统计表

地下水类型	统计项	最小埋深/m	最大埋深/m	水位变幅/m
N砂岩、砂砾岩潜水、承压水	最小值	0.30	1.70	0.19
	最大值	6.01	17.23	15.03
	平均值	1.55	6.57	5.01
N砂岩、砂砾岩承压水,基岩裂隙水	最小值	0.02	2.70	1.64
	最大值	3.56	8.21	5.21
	平均值	1.66	4.98	3.28
Q_3砂、砂砾岩,N砂岩、砂砾岩承压水	最小值	0.93	2.32	1.15
	最大值	3.79	12.80	9.62
	平均值	2.21	6.33	4.15

续表

地下水类型	统计项	最小埋深/m	最大埋深/m	水位变幅/m
Q_3 砂、砂砾岩承压水	最小值	0.00	2.10	0.23
	最大值	5.40	7.10	5.95
	平均值	1.95	4.57	2.72
Q_3 砂、砂砾岩微承压水	最小值	1.00	3.60	1.50
	最大值	3.20	9.30	8.12
	平均值	2.16	6.17	4.00
Q_4 砂、砂砾岩，N 砂岩、砂砾岩承压水	最小值	0.20	3.45	1.90
	最大值	2.40	4.68	3.25
	平均值	1.48	4.23	2.76
Q_4 砂、砂砾岩潜水	最小值	0.01	6.40	4.60
	最大值	2.10	9.70	8.70
	平均值	0.99	7.72	6.73
膨胀土中的上层滞水	最小值	0.00	1.63	1.10
	最大值	4.90	7.86	5.45
	平均值	1.61	4.29	2.81

3.2.4.2 施工期地下水位变幅规律

为了查明地下水的水位变幅情况，根据不同的地貌单元、地层岩性，分别沿渠道开挖线两侧 100～200m 范围（以渠道左岸为主）在岗地及河间平原布置了 62 个水文地质观测钻孔，以挖方渠段、对工程边坡影响较大的渠段和地下水赋存丰富的渠段为主要布置渠段，填方渠段则少量布置，27 孔用于观测 Q_2、Q_3 粉质黏土、黏土上层滞水，13 个孔用于观测 N 砂岩、砂砾岩潜水承压水，23 个孔用于观测 Q_3 砂层、沙砾卵石层潜水、承压水，1 个孔用于观测太古界变质岩裂隙水。5 年的长期观测表明，水位变幅与降雨及地形地貌密切相关。陶岔—沙河南段观测孔所在地貌单元及水位变幅见表 3-3。

陶岔—沙河南段渠段设置了 50 个水文地质观测孔，根据观测数据资料分析，多数监测孔年内最高水位出现在 7—9 月，最低水位出现在 4—6 月或者 11 月。地下水位年内变化规律明显，每年 11 月左右水位开始下降，到 4—5 月降至最低，之后水位开始回升，在 7—9 月升至最高水位，沿线浅层地下水位变幅比较明显，平均变幅水位为 4.06m。

根据 2006 年 8 月至 2010 年 12 月调查的陶岔—沙河南段沿线地下水现状埋深情况，对沿线地下水变幅情况进行了统计分析，得到了沿线浅层地下水位变幅，见图 3-20，该曲线图反映了该渠段沿线浅层地下水位的多年水位波动情况。由图可以看出，除 OCG03、OCG04、OCG15、OCG31 孔地下水位平均变幅很小，其他观测孔水位平均变幅均达到 2m。

表 3-3　陶岔—沙河南段观测孔所在地貌单元及水位变幅

孔号	桩号	孔口高程/m	最小埋深/m	最大埋深/m	水位变幅/m	地貌单元		地下水类型	孔深/m	备注
OCG01	5+650	155.0	0.63	4.01	3.38	南阳盆地	九重岗地	上层滞水	15	
OCG02	9+600	182.0	0.10	2.79	2.69				15	
OCG03		182.0	0.10	1.92	1.82				8	15m 以上封死
OCG04	10+730	180.6	0.80	2.54	1.74				20	
OCG05		177.3	0.70	4.02	3.32			N 砂岩水	20	
OCG06	14+300	150.0	8.30	11.00	2.70		九龙岗地	第四系上层滞水	15	
OCG07	25+600	144.4	1.03	4.88	3.85				15	
OCG08	27+800	158.3	0.50	3.07	2.57				20	
OCG09	29+200	147.0	2.75	12.40	7.26		湍河右岸二级阶地后缘	Q₃下部砂层潜水、微承压水	20	
OCG10	33+000	137.4	5.70	8.54	2.84		湍河左岸二级阶地		20	
OCG11	35+820	135.8	4.80	8.39	3.59				15	
OCG12	38+090	135.7	6.20	8.73	2.53				15	
OCG13	41+100	147.0	0.47	3.49	3.02		朱岗岗地	第四系上层滞水	15	
OCG14	44+000	153.0	0.45	2.90	2.45				20	15m 以上封死
OCG15		153.0	1.49	2.80	1.31				12	
OCG16	49+500	136.7	2.97	7.72	4.50		严陵河左岸平原	Q₃下部砂层潜水、微承压水	15	
OCG17	53+030	143.8	0.64	3.07	2.43		朱岗岗地	第四系上层滞水	15	
OCG18	58+500	144.1	1.01	6.50	5.49		河间冲积平原	Q₃下部砂层潜水、微承压水	15	
OCG19		143.6	1.11	7.76	6.65				15	

续表

孔号	桩号	孔口高程/m	最小埋深/m	最大埋深/m	水位变幅/m	地貌单元	地下水类型	孔深/m	备注
OCG20	61+200	143.7	0.77	7.14	6.37			15	
OCG21		142.6	0.78	5.78	5.00			8	
OCG22	63+000	144.2	1.11	6.03	4.92			15	
OCG23	68+260	148.1	3.01	9.38	6.37			15	
OCG24	75+000	141.0	1.36	5.37	4.01			10	
OCG25	82+300	142.0	0.00	2.32	2.32	岗地	第四系上层滞水	10	
OCG26	89+200	135.5	2.19	7.37	5.18	潦河左岸平原	Q₃下部砂层潜水	15	15m以上封死
OCG27	91+500	142.0	1.16	7.86	6.70	潦河左岸平原后缘		15	
OCG28	92+250	160.0	4.09	7.12	3.03	十八里岗	第四系上层滞水	20	15m以上封死
OCG29		160.0	1.39	5.25	3.86			12	
OCG30	101+750	145.3	1.13	4.15	3.02	靳岗岗地	第四系孔隙潜水	20	15m以上封死
OCG31		145.3	0.37	2.17	1.80			12	
OCG32	108+500	140.0	1.02	7.45	6.43	白河右岸二级阶地后缘	Q₃下部砂层潜水	12	15m以上封死
OCG33	117+800	139.0	6.16	9.61	3.45	白河左岸二级阶地		15	
OCG34	119+500	139.0	5.56	9.20	3.64			15	
OCG35	127+600	145.0	0.55	3.13	2.58	双庙岗地	第四系孔隙潜水	20	15m以上封死
OCG36		145.0	0.42	2.65	2.23			12	
OCG37	134+200	140.9	1.03	7.94	6.91	东赵河冲积平原	N潜水、承压水	10	双层水
OCG38		140.1	0.97	5.75	4.78			16	

续表

孔号	桩号	孔口高程/m	最小埋深/m	最大埋深/m	水位变幅/m	地貌单元	地下水类型	孔深/m	备注
OCG39	142+700	142.0	0.88	4.07	3.19	岗地平原	第四系上层潜水	10	
OCG40	146+680	136.3	0.34	5.10	4.76	清河冲积平原	Q_3下部砂层潜水	15	
OCG41	152+200	138.4	1.70	7.32	5.62	岗地	基岩裂隙水	15	
OCG42	155+200	142.7	0.80	3.78	2.98	方城垭口	N潜水、承压水	15	
OCG43	161+460	143.2	1.16	6.30	5.14	岗状平原		15	
OCG44	163+950	150.5	4.77	11.90	7.13	脱脚河冲积平原	Q_3下部砂层承压水	12	承压水
OCG45	165+400	135.6	0.80	5.20	4.40	岗状平原	N潜水、承压水	15	
OCG46	169+960	137.4	0.20	3.80	3.60	黄淮平原	第四系孔隙潜水	18	
OCG47	173+250	140.7	0.44	3.03	2.59	岗状平原	N潜水、承压水	8	
OCG48		140.7	0.40	3.70	3.30	后缘		15	
OCG49	174+400	145.0	1.40	11.32	9.92	岗地	Q_3下部砂层承压水	10	
OCG50	176+000	134.0	0.45	4.30	3.85	贾河冲积平原			
最小值			0.00	1.92	1.31				
最大值			8.30	12.40	9.92				

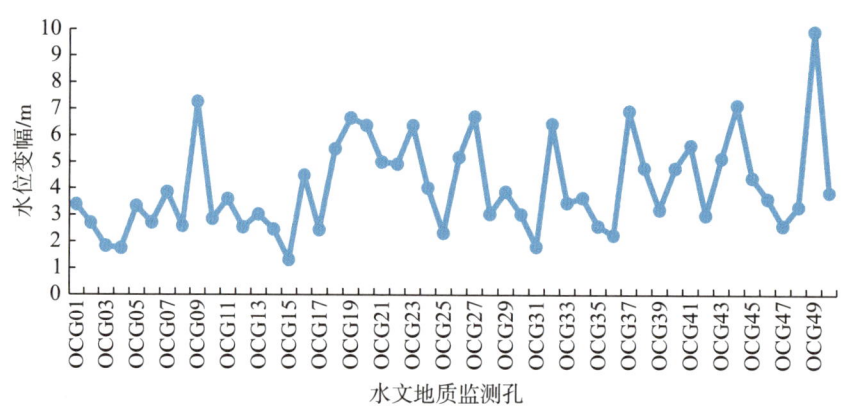

图 3-20　陶岔—沙河南段沿线地下水位变幅曲线

综合各监测孔的多年地下水位变幅曲线分析，桩号 14+300 至 25+600 及 33+000 至 41+100 范围内渠段，地下水多为基岩孔、裂隙水及承压水，该类地下水埋藏较深，受大气降水及河流影响较小，地下水位变幅较稳定，局部区域地下水为潜水，上部地层透水性较弱，受大气降水影响也较小，地下水位变化比较稳定。而其他渠段沿线地下水多为上层滞水及潜水，该类地下水埋藏较浅，且地下水位存在周期性波动，每年高水位出现在 7—9 月，低水位出现在 4—6 月，与降水的分布有较好的相关性，表明地下水补排条件较好，地下水位受大气降水变化明显。上层滞水一般接受大气降水的补给，上层滞水地下水位年变幅多为 1~4m，局部地段达 4m 以上。

南阳盆地岗地及岗地平原第四系上层滞水水位变化较大，主要受大气降水补给影响，地下水埋深为 1~11m，受年内降雨分布情况影响，水位变幅为 3~9m；南阳盆地河流一、二级阶地和河间地块 Q_3 砂层地下水位变化较大，主要受河水、大气降水补给影响，地下水位埋深为 1~14.6m，受农业用水等影响，水位变幅为 4~7m；南阳盆地平原及冲积平原 Q_3、N 砂层地下水位变化较大，主要受大气降水补给影响，地下水位埋深为 0.3~8.0m，水位变幅为 3~7m。

方城垭口岗状平原 Q_3、N 砂层地下水位变化较大，主要受大气降水和农业生产用水影响，地下水位埋深为 0.8~11.0m，水位变幅为 3~7m。黄淮平原后缘岗地 N 层潜水承压水变幅较大，水位变幅为 3~9m；平原 Q_3 砂层地下水位变化较大，水位变幅为 3~5m。

南阳盆地 N 层砂岩、砂砾岩承压水及潜水埋深为 0.8~12.0m，水位变幅为 3~7m。方城垭口段基岩裂隙水的地下水埋深为 0.8~12.0m，水位变幅为 4.40~7.13m。

3.2.4.3　通水后地下水位变幅规律

中线渠道 2013 年 12 月底一级马道以下渠道衬砌施工基本完成，建成后，至 2014 年 8 月中旬共 8 个月基本无有效降水，属特干旱年，9 月中旬汉水流域才有有效降水，并持续近 20d，产生了秋汛。同时，为了缓解平顶山市的干旱压力，实施了南水北调的首次应急调水。9月底至10月初进行了总干渠的充水试验,各渠段基本达到设计水位。

为了研究渠道充水及连续降水后渠道两岸地下水位的变化情况,对陶岔—沙河南渠段总干渠渠道两岸地下水位类型为上层滞水区段进行复测,地下水位埋深采用观测时间段内地下水位的平均埋深,其地下水位复测成果见表3-4。

通过上述观测成果分析,2014年9月中、下旬的一次长时间的有效降水,使陶岔—沙河南渠段的地下水水位在以上层滞水为主的膨胀土挖方渠段产生了抬升,而湍河两岸二级阶地、镇平段、白河二级阶地等地段,虽然经历了长时间的有效降水,但由于农业用水量较大,深层地下水恢复较慢,地下水位与2013年相比还有一定程度的下降。

陶岔渠道(桩号0+000)至刁河(桩号14+650)渠段为九重岗深挖方渠段。充水及连续降水后地下水位比2013年抬升了0.2~11.4m,其中地下水位下降的两个井正在抽水,两岸地下水一般高于渠道设计水位,由于渠道为深挖方渠段,渠道边坡土体为膨胀土,膨胀土渗透性微弱,地下水普遍高于渠道设计水位,渠道水位对地下水影响小,两岸地下水位主要受大气降水量控制,两岸地下水向渠内排泄,渗出量小。因此,该渠段渠道开挖形成后地下水向渠内渗出,由于膨胀土渗透性微弱,其影响范围一般为10~50m,渠道通水后对两岸地下水基本无影响。

刁河出口(桩号15+125)至堰子河(桩号29+763)段一般为挖方渠段,少数为半填半挖渠段,局部为填方渠段,该渠段挖方渠段及半填半挖渠段的渠道边坡及渠底以下5m主要由Q_2膨胀土组成,下部为N层黏土岩或砂岩砂砾岩。渠道充水及连续下雨后,两岸地下水位由于测量井揭露的含水层不同,两岸地下水变化情况也不一样,最高上升10.9m,最低下降7.6m(受抽水影响),水位下降的井多为揭露N层地下水,说明N层地下水在干旱时抽出后,受上部膨胀土微弱透水性的影响,地下水补给缓慢,而上层滞水一般补给较快。因此可以说明,上层滞水主要受大气降水的影响,地下水受农业及生活用水影响较大。深层地下水主要受农业用水的影响,由于埋藏深,渠道充水及降水对其影响有限。

堰子河(桩号29+763)至宋岗(桩号39+800)为湍河两岸二级阶地,属填方渠段,充水及连续降水后,观测井与2013年底相比,地下水多呈下降趋势,降幅为0.1~4.0m,地下水多为Q_3下部砂性土微承压水。说明上部Q_3弱膨胀土渗透性微弱,降水对Q_3下部砂性土层地下水影响较小,长期干旱Q_3下部砂性土层在农业用水增加后导致地下水缓慢下降,主要靠河水回灌沿Q_3砂性土层补给,补给缓慢。因此,湍河两岸二级阶地地下水中,由于上部Q_3黏性土较厚,局部可能存在上层滞水,这些临时性的上层滞水主要受大气降水影响,水位及水量受大气影响大,一般水量较小。在长久干旱时上层滞水逐渐消失,从通水前后的观测数据来看,下部Q_3砂性土及N层砂岩砂砾岩含水层一般相对稳定,一般受河水补给,大气降水渗入量较小,当农业及居民用水量大于大气降水渗入量时,地下水水位呈下降趋势,渠道通水对其影响较小。

表 3-4 陶岔—沙河南渠段地下水复测成果表

桩号	距渠边距离/m	地面高程/m	井深/m	充水前 地下水埋深/m	充水前 地下水位/m	充水后 地下水埋深/m	充水后 地下水位/m	地下水抬升情况/m	地下水类型	渠底高程/m
950	253	167.50	22	2.7	164.80	2.4	165.1	0.3	上层滞水	139.35
960	248	167.80	27	6.0	161.80	2.7	165.1	3.3	上层滞水	139.35
2300	380	174.30	27	4.0	170.30	2.3	172.0	1.7	上层滞水	139.28
3300	192	164.70	28	9.5	155.20	15.5	149.2	−6.0	上层滞水	139.24
3320	119	164.60	25	11.0	153.60	16.7	147.9	−5.7	上层滞水	139.24
4400	404	156.30	25	13.0	143.30	10.8	145.5	2.2	上层滞水	139.20
4440	419	156.80	30	20.0	136.80	11.7	145.1	8.3	上层滞水	139.20
7470	193	161.60	27	6.0	155.60	4.6	157.0	1.4	上层滞水	139.08
7900	150	162.20	13	4.0	158.20	3.1	159.1	0.9	上层滞水	139.06
7940	122	162.00	20	3.0	159.00	2.8	159.2	0.2	上层滞水	139.06
9600	54	177.60	30	11.0	166.60	2.9	174.7	8.1	上层滞水	138.99
9650	15	178.40	30	9.0	169.40	3.0	175.4	6.0	上层滞水	138.98
9880	20	182.30	33	12.0	170.30	3.9	178.4	8.1	上层滞水	138.96
10300	47	174.80	17	7.0	167.80	6.0	168.8	1.0	上层滞水	138.95
10940	137	182.50	29	8.0	174.50	2.0	180.5	6.0	上层滞水	138.94
11430	15	182.20	22	13.0	169.20	1.6	180.6	11.4	上层滞水层间水	138.92
11450	25	182.20	31	6.0	174.20	1.5	180.7	4.5	上层滞水	138.92
15315	−291	134.03	50	6.1	127.93	2.6	145.3	3.5	上层滞水	138.49
17667	52	146.96	50	16.9	130.06	6.0	139.6	10.9	上层滞水层间水	138.39
18063	−141	148.53	50	17.9	130.63	>31.5			上层滞水层间水	138.37
18621	−155	147.26	50	18.9	128.36	>31.5			上层滞水层间水	138.35

续表

桩号	距渠边距离/m	地面高程/m	井深/m	充水前 地下水埋深/m	充水前 地下水位/m	充水后 地下水埋深/m	充水后 地下水位/m	地下水抬升情况/m	地下水类型	渠底高程/m
18877	64	146.29	50	19.9	126.39	27.8	116.459	−7.9	上层滞水 N 层水	138.34
20317	258	147.92	50	20.9	127.02	>31.5			上层滞水层间水	138.28
21403	311	140.81	3.3	2.8	138.01	3	138.526	−0.2	上层滞水	138.25
23721	−461	141.53	50	5.0	136.53	5.9	140.873	−0.9	上层滞水	138.15
23723	−313	141.18	50	5.5	135.68	6.5	142.379	−1.0	上层滞水	138.15
39850	400	140.20		12.3	127.90	4.3	135.90	8.0	上层滞水层间水	137.59
44900	300	157.70		5.7	152.00	干			上层滞水	137.39
51100	80	144.60		15.70	128.90	16.1	128.50	−0.4	上层滞水层间水	136.91
51200	250	142.80		12.1	130.70	抽水灌溉			上层滞水层间水	136.91
52060	140	143.21		13.1	130.11	16.1	127.11	−3.0	上层滞水层间水	136.87
52624	−403	141.94		10.7	131.24	14.7	127.24	−4.0	上层滞水层间水	136.85
52858	212	142.81		11.6	131.21	14.2	128.61	−2.6	上层滞水层间水	136.84
71742	−198	143.39		6.5	136.89	9.3	134.09	−2.8	上层滞水	135.89
72862	−74	142.32		7.2	135.12	4.4	137.92	2.8	上层滞水	135.85
73320	571	140.10		8.3	131.80	8.8	131.30	−0.5	上层滞水	135.83
74147	322	141.05		7.1	133.95	9.0	132.05	−1.9	上层滞水	135.79
74956	159	140.66		5.6	135.06	8.8	131.86	−3.2	上层滞水	135.56
75036	−150	140.91		4.9	136.01	2.9	138.01	2.0	上层滞水	135.56
75425	89	140.36		5.5	134.86	7.5	132.86	−2	上层滞水	135.54
75548	−293	141.36		5.3	136.06	3.6	137.76	1.7	上层滞水	135.54
75901	67	140.45		5.4	135.05	7.5	132.95	−2.1	上层滞水	135.52

续表

桩号	距渠边距离/m	地面高程/m	井深/m	充水前 地下水埋深/m	充水前 地下水位/m	充水后 地下水埋深/m	充水后 地下水位/m	地下水抬升情况/m	地下水类型	渠底高程/m
76497	−251	140.39		4.8	135.59	4.3	136.09	0.5	上层滞水	135.50
76593	181	140.00		5.1	134.90	4.9	135.10	0.2	上层滞水	135.19
77197	265	141.34		9.6	131.74	12.5	128.84	−2.9	上层滞水	135.15
78210	120	143.00		4.7	138.30	3.6	139.40	1.1	上层滞水	135.43
78471	−325	145.10		4.9	140.20	3.3	141.80	1.6	上层滞水	135.42
78930	−482	145.92		5.1	140.82	2.9	143.02	2.2	上层滞水	135.40
79224	162	142.72		5.3	137.42	2.0	140.72	3.3	上层滞水	135.39
79517	144	142.66		5.5	137.16	3.4	139.26	2.1	上层滞水	135.38
81631	−360	144.99		2.8	142.19	3.8	141.19	−1.0	上层滞水	135.29
81963	−186	143.03		2.5	140.53	2.3	140.73	0.2	上层滞水	135.28
86925	−259	156.38		2.1	154.28	5.8	150.58	−3.7	上层滞水	135.07
87441	277	144.79		4.3	140.49		144.79	4.3	上层滞水	135.06
127940	240	144.60	35	1.1	143.50	9.7	134.90	−8.6	上层滞水	131.81
128300	160	144.40	7	2.3	142.10	10.4	134.00	−8.1	上层滞水	131.8
129000	160	143.30	35	17.1	126.20	16.5	126.80	0.6	上层滞水层间水	131.77
130080	30	141.80	30	8.8	133.00	5.1	136.70	3.7	上层滞水	131.73
171800	150	134.00	30	4.0	130.00	3.0	131.00	1.0	上层滞水	129.13
173240	20	140.50	30	6.7	133.80	2.9	137.60	3.8	上层滞水	129.06
173240	200	140.50	20	2.8	137.70	2.9	137.60	−0.1	上层滞水	129.06

宋岗段（桩号39+800至47+050）属于以挖方为主的渠段，局部半填半挖，渠道边坡及渠底以下5m主要Q_2粉质黏土组成，具中等膨胀性，渗透性微弱，桩号39+850处上层滞水经长时间降水上升8m，说明降水对上层滞水影响较大，其他桩号两岸井揭露N层地下水，由于长期干旱，地下水埋藏深，地下水位恢复缓慢，说明该渠段渠道边坡N层上部的膨胀土渗透性微弱。此外，由于膨胀土横向渗透性极差，上层滞水流动性差，渠道充水后对地下水无影响。

严陵河段（桩号47+050至50+050）属于填方渠段，地下水分布于Q_3下部砂性土层中，地下水主要受河水位影响，当河水位高于Q_3砂性土层地下水位时，河水补给地下水，当Q_3砂性土水位高于河水位时，则地下水补充河水，由于长期干旱，农业用水量大，虽然经历长时降水，但2014年10月严陵河两岸地下水位相比2013年12月有所降低，说明该河两岸地下水位主要受大气降水、河水位及农业用水影响，与渠水位无关。

赵岗段（桩号50+050至57+000）属于以挖方为主的渠段，局部半填半挖，渠道边坡及渠底板以下5m主要为Q_2粉质黏土，2014年10月地下水位与2013年12月相比，所测井水位一般下降0.1~4.0m，局部略有上升（0.2m），埋深9~16m，地下水位一般较稳定，说明该渠段所测地下水为N层砂岩砂砾岩孔隙水。地下水位低于渠底板，说明渠道充水对渠道两岸地下水无实质性影响，地下水主要受大气降水及N层地下水的影响。

桩号57+000至70+000段属于以挖方为主的渠段，局部半填半挖，渠道边坡及渠底板以下5m主要为Q_3粉质黏土、砂性土，含多层含水层，渠道阻断部分含水层。2014年10月地下水位与2013年12月相比，所测井水位一般下降1~7m，局部略有上升（7m），埋深9~17m，一般在10~13m，由于有多层含水层且不连续，局部地下水位上升，主要是因为10月降雨较多，部分埋藏较浅的含水层接受大气降水补给，水位抬升。一般比较稳定的含水层地下水位在长期干旱条件下下降，虽说10月有较多降雨，但上部一般有较厚的Q_3粉质黏土层，其入渗强度较弱，入渗补给量不足以弥补先前农业用量。

桩号70+000至88+100段一般为挖方渠段，少量为半填半挖渠段，局部为全填方渠段，渠道边坡及渠底5m以下为Q_2粉质黏土，局部为N层黏土岩夹砂岩薄层。地下水一般有上层滞水，N层砂岩砂砾岩微承压水两类。2014年10月地下水位与2013年12月相比，一般Q_2黏性土较厚的地段上层滞水含水量受大气降水补给，地下水位抬升，但N层地下水的水井水位普遍下降，说明N层地下水由于上部黏性土较厚，且黏性土渗透性微弱，地下水受大气降水补给缓慢，也说明渠道充水对该段地下水影响不大。

十八里岗渠段（桩号88+100至109+200）一般为挖方渠段，少量为半填半挖渠段，局部为全填方渠段，渠道边坡及渠底5m以下以Q_2粉质黏土为主，局部为Q_3或Q粉质黏土，局部渠道边坡为N层黏土岩夹砂岩薄层。地下水一般有上层滞水、N层砂岩砂砾岩微承压水两类。2014年10月地下水位与2013年12月相比，一般Q_2黏性土较厚的地段,上层滞水含水量受大气降水补给,地下水位均有抬升。由于地处南阳市郊区,地下水开采量不大,N层地下水位随上层滞水一样受大气降水补给有所抬升。

白河两岸二级阶地地段(桩号109+200至121+100)多为半填半挖渠段,少数为填方渠段,含水层为二级阶地Q_3下部砂性土及N层砂岩砂砾岩含水层。渠底位于含水层上部。渠段地下水水位主要受白河河水影响,当河水较高时,河水补给地下水,当地下水位较高时地下水补给河水,地下水受大气降水影响较少,局部地段可能存在临时上层滞水,但一般消散较快。2014年10月地下水位与2013年12月相比略有上升,渠道运行及充水期对地下水无影响。

桩号121+100至132+000渠段以挖方渠段为主,部分为半填半挖渠段,渠道边坡及渠底5m以下以Q_2粉质黏土为主,局部渠道边坡上部为Q_3粉质黏土。该段地下上部分布有上层滞水,下部分布为N层砂岩砂砾岩含水层,上部含水层受大气降水影响较大,N层地下水受大气降水入渗影响,2014年10月地下水位与2013年12月相比,部分井由于抽水原因下降,其余地段地下水位上升0~4.7m,但N层地下水变幅较小,一般上升1m左右,说明该段地下水N层地下水相对稳定,上层滞水则上升幅度较大。

桩号132+000至153+200渠段多属半填半挖渠段,局部为挖方渠段,但深度不大,渠道边坡地层主要为Q_2粉质黏土,Q_3粉质黏土、砂性土层,局部段分布含有机质黏性土,部分渠段渠底为N层黏土岩或砂岩砂砾岩地层。一般分布有多层含水构造层,一般渠道不完全阻断含水层。该渠段由于上部黏性土层较薄,地下水受大气影响较大,与2013年12月相比,2014年10月部分井的地下水位由于抽水原因略有下降,其余地段地下水位上升0.5~5.5m,主要是桩号132+000至东赵右岸桩号136+800段地下水位上升较为显著,高于渠底板3~5m,地下水位上升较大的主要原因为该段含水层上覆黏性土层较薄,且N层含水地层在左岸分布广泛,地势较高,接受大气降水补给较快,2014年10月的降水对地下水的补充起了很大的作用。桩号137+200至153+200段地下水位上升幅较小,一般小于1.5m,地下水位在渠底板高程上下1m左右,该段上覆地层黏性土较上段较厚,黏性土渗透性较小,长期大气降水对含水层有一定量的补给。

桩号153+200至165+000渠段处于方城垭口,属挖方渠段,渠道边坡及渠底主要由Q_3粉质黏土、砂性土,Q^{el-dl}层粉质黏土,砾质土,N层黏土岩、砂岩、砂砾岩,E层泥岩、砂砾岩、砾岩,Pt_1k片岩等。主要含水层为N层砂岩砂砾岩,该层部分段含水层厚度大于20m,部分风化砂砾岩、砾岩,Pt_1k风化片岩也含水,该段地下水位多在渠底板高程附近,局部高于渠底达7m左右,且渠道边坡及渠底切穿含水层,该含水层补给较稳定,2014年10月地下水位与2013年12月相比,水位变化不大。渠道在该段切穿含水层,局部渠段阻断地下水左右岸流动,存在局部地下水位在长期降水的条件下,地下水陡升的可能。

桩号 165+000 至 172+200 渠段属半填半挖渠段，局部为挖方渠段，渠道边坡及渠底主要由 Q_3 粉质黏土组成，渠底以下 2～5m 为 Q_3 砾质土含水层或 N 层砂岩砂砾岩含水层，含水层地下水具承压性。局部 Q_3 粉质黏土较厚段存在上层滞水。与 2013 年 12 月相比，2014 年 10 月两岸地下水位均有抬升，抬升幅度为 0.5～6.8m，变幅较大，且地下水位一般高于渠底板高程，个别井受抽水影响有所下降，说明该段地下水受大气降水影响大，含水层厚度较薄，容易受大气降水补充。

桩号 172+200 至 175+100 渠段属挖方渠段，渠道边坡主要由 Q_2 粉质黏土、黏土组成，渠底一般揭露 N 层砂岩、砂砾岩含水层。与 2013 年 12 月相比，2014 年 10 月两岸地下水位稳定在 137m 左右，埋深 3m 左右，高于渠底板近 8m，属 Q 层上层滞水与 N 层砂岩、砂砾岩混合水位。说明砂岩、砂砾岩渗透性较差，渠道开挖对地下水影响不大。

中线渠道于 2014 年 12 月正式通水运行，至今已运行多年，两岸地下水分布情况可能会发生变化，为了研究渠道运行多年后渠道两岸地下水位的变化情况，对陶岔—沙河南渠段总干渠渠道两岸地下水位进行了复测，选取陶岔管理处管理渠道桩号 0+000 至 12+150 渠段进行分析，该段均为高地下水位渠段，且全部为全挖方渠段，具有典型性，陶岔—沙河南渠段运行多年地下水观测成果见表 3-5。

表 3-5　　　　　陶岔—沙河南渠段运行多年地下水观测成果

孔号	桩号	最小埋深/m	最大埋深/m	水位变幅/m	当前埋深/m
BV01QD	0+500	3.926	12.576	8.650	5.845
BV02QD	0+800	1.030	5.796	4.766	1.143
BV03QD	5+400	4.274	8.706	4.432	5.922
BV04QD	6+120	0.435	6.900	6.465	5.260
BV05QD	6+120	2.859	7.706	4.846	6.868
BV06QD	7+700	2.452	7.236	4.784	6.536
BV07QD	7+700	0.998	6.036	5.039	4.178
BV08QD	8+550	4.149	9.279	5.131	8.712
BV09QD	8+550	2.485	7.850	5.365	6.243
BV10QD	8+550	1.941	3.524	1.583	3.031
BV11QD	8+550	0.768	2.611	1.843	1.501
BV12QD	10+300	6.995	7.775	0.780	7.024
BV13QD	10+300	0.084	5.575	5.491	1.592
BV14QD	10+300	0.807	3.435	2.629	1.778
BV15QD	10+300	0.321	5.706	5.385	1.539
BV16QD	11+700	0.362	4.755	4.393	1.729

续表

孔号	桩号	最小埋深/m	最大埋深/m	水位变幅/m	当前埋深/m
BV17QD	11+700	0.080	5.342	5.261	2.751
BV18QD	12+150	3.278	9.307	6.029	8.131
BV19QD	8+748	6.618	17.240	10.623	7.903
BV20QD	8+818	4.173	9.603	5.430	6.709
BV21QD	8+770	0.871	4.433	3.562	2.732
BV22QD	8+770	1.721	16.081	14.360	6.023
BV23QD	8+805	2.482	4.412	1.930	2.909
BV24QD	8+805	3.134	17.431	14.297	7.149
BV25QD	8+835	2.279	4.028	1.749	2.652
BV26QD	8+835	1.030	17.613	16.582	7.976
BV27QD	9+120	5.519	10.793	5.273	7.444
BV28QD	9+120	4.446	12.586	8.140	5.205
BV29QD	9+180	0.489	9.019	8.530	2.018
BV30QD	9+180	4.255	15.553	11.299	6.588
BV31QD	9+180	6.849	38.812	31.964	10.356
BV32QD	9+300	3.206	9.155	5.950	8.812
BV33QD	9+300	4.119	15.287	11.168	5.983
BV34QD	9+300	0.766	2.607	1.842	1.545
BV35QD	9+300	5.199	8.359	3.161	7.674
BV36QD	9+363	1.191	4.216	3.025	2.092
BV37QD	9+363	15.437	19.500	4.064	17.446
BV38QD	9+363	0.000	26.860	26.860	19.230
BV39QD	9+470	19.045	19.231	0.186	158.007
BV40QD	9+112	0.732	3.352	2.621	1.516
BV41QD	9+112	1.491	4.522	3.031	3.080
BV42QD	9+112	5.154	6.963	1.809	6.116
BV43QD	9+204	0.952	2.372	1.419	1.691
BV44QD	9+204	5.095	9.176	4.080	5.962
BV45QD	9+204	4.446	6.464	2.018	5.683
BV46QD	2+870	1.688	6.976	5.289	3.361
BV47QD	8+348	0.377	8.741	8.364	7.638
BV48QD	9+475	20.884	24.748	3.864	22.444

BV01QD 测压管、BV02QD 测压管分别位于 0+500 右岸二级马道和 0+800 左岸一级马道，BV01QD 管口高程 155.10m，BV02QD 管口高程 149.10m。BV01QD 管地下水位埋深最小值 3.926m，出现时间为 2014 年 8 月 24 日，最大值 12.576m，出现时间为 2019 年 10 月 25 日，观测时段内地下水位变幅为 8.650m，地下水埋深多年平均值为 7.769m；BV02QD 管地下水位埋深最小值 1.030m，出现时间为 2014 年 11 月 2 日，最大值 5.796m，出现时间为 2019 年 9 月 26 日，观测时段内地下水位变幅为 8.650m，地下水埋深多年平均值为 2.346m。根据 2016 年 1 月至 2022 年 1 月的监测资料，得到孔内多年地下水动态变化曲线，见图 3-21 和图 3-22。

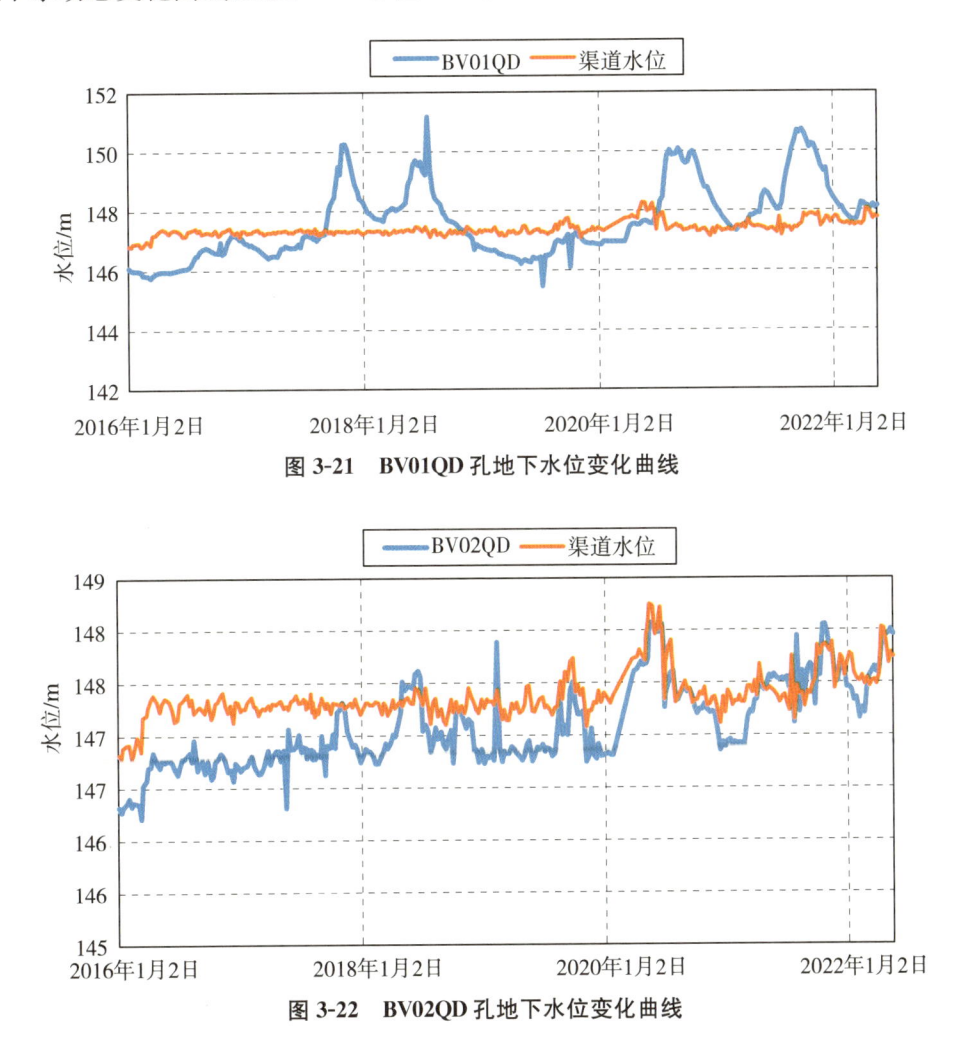

图 3-21　BV01QD 孔地下水位变化曲线

图 3-22　BV02QD 孔地下水位变化曲线

BV03QD 测压管位于 5+400 左岸二级马道，管口高程 154.90m。管地下水位埋深最小值 4.274m，出现时间为 2017 年 10 月 19 日，最大值 8.706m，出现时间为 2014 年 8 月 24 日，观测时段内地下水位变幅为 4.432m，地下水埋深多年平均值为 6.459m。根据 2016 年 1 月至 2022 年 1 月的监测资料，得到孔内多年地下水动态变化曲线，见图 3-23。

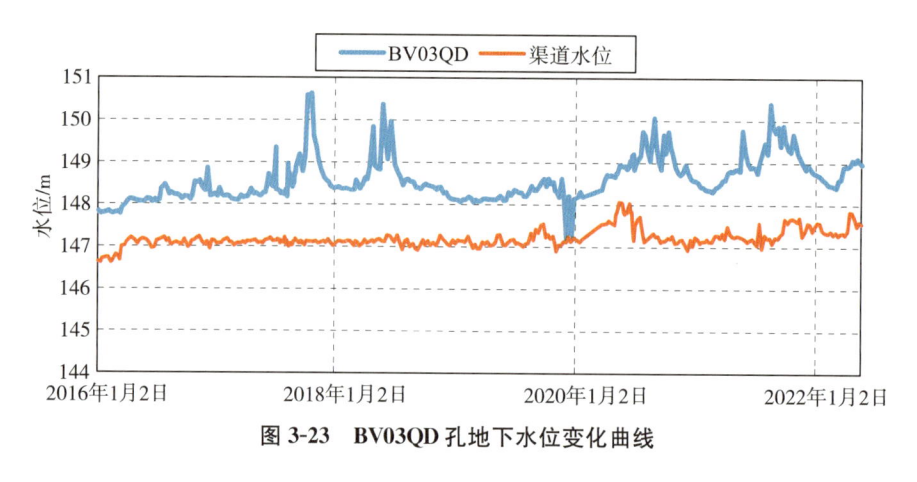

图 3-23　BV03QD 孔地下水位变化曲线

BV04QD 测压管、BV05QD 测压管分别位于 6+120 左岸二级马道和 6+120 右岸二级马道，BV04QD 管口高程 154.90m，管地下水位埋深最小值 0.435m，出现时间为 2014 年 3 月 6 日，最大值 6.900m，出现时间为 2019 年 2 月 1 日，观测时段内地下水位变幅为 6.465m，地下水埋深多年平均值为 5.439m；BV05QD 管口高程 154.9m 地下水位埋深最小值 2.859m，出现时间为 2021 年 8 月 14 日，最大值 7.706m，出现时间为 2018 年 7 月 2 日，观测时段内地下水位变幅为 4.846m，地下水埋深多年平均值为 6.654m。根据 2016 年 1 月至 2022 年 1 月的监测资料，得到孔内多年地下水动态变化曲线，见图 3-24。

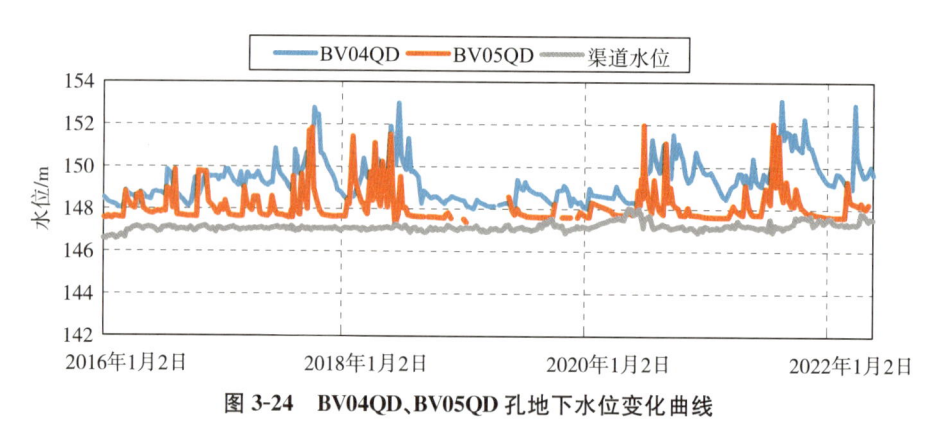

图 3-24　BV04QD、BV05QD 孔地下水位变化曲线

BV06QD 测压管、BV07QD 测压管分别位于 7+700 右岸三级马道和 7+700 右岸二级马道，BV06QD 管口高程 160.80m，地下水位埋深最小值 2.452m，出现时间为 2017 年 10 月 6 日，最大值 7.236m，出现时间为 2019 年 11 月 4 日，观测时段内地下水位变幅为 4.784m，地下水埋深多年平均值为 5.766m；BV07QD 管口高程 154.80m，地下水位埋深最小值 0.998m，出现时间为 2017 年 10 月 13 日，最大值 6.036m，出现时间为 2017 年 4 月 8 日，观测时段内地下水位变幅为 5.039m，地下水埋深多年平均值为 4.093m。根据 2016 年 1 月至 2022 年 1 月的监测资料，得到了孔内多年地下水动态变化曲线，见图 3-25。

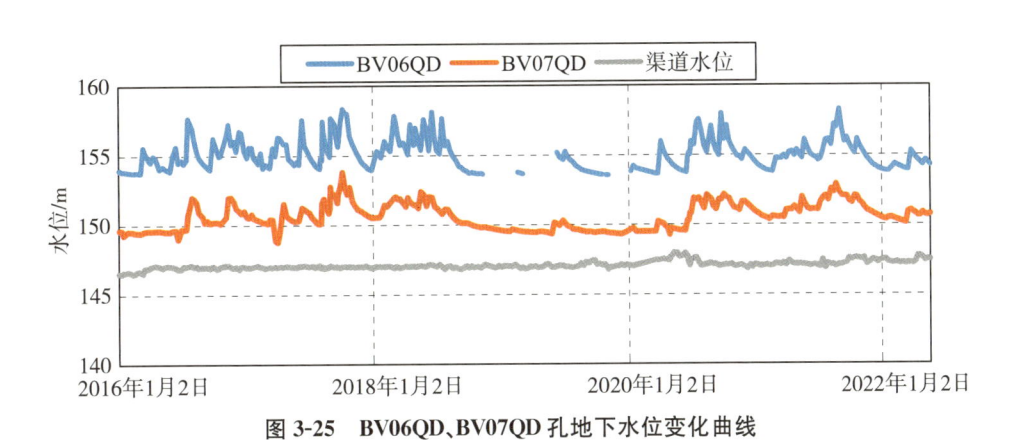

图 3-25　BV06QD、BV07QD 孔地下水位变化曲线

BV08QD 测压管、BV09QD 测压管、BV10QD 测压管、BV11QD 测压管分别位于 8+550 左岸四级马道、8+550 右岸四级马道、8+550 左岸二级马道和 8+550 右岸二级马道，BV08QD、BV09QD 管口高程均为 166.80m，BV10QD、BV11QD 管口高程均为 154.80m。BV08QD 管地下水位埋深最小值 4.149m，出现时间为 2021 年 8 月 30 日，最大值 9.279m，出现时间为 2019 年 3 月 11 日，观测时段内地下水位变幅为 5.131m，地下水埋深多年平均值为 8.142m；BV09QD 管地下水位埋深最小值 2.485m，出现时间为 2014 年 10 月 18 日，最大值 7.850m，出现时间为 2016 年 7 月 3 日，观测时段内地下水位变幅为 5.365m，地下水埋深多年平均值为 5.303m；BV10QD 管地下水位埋深最小值 1.941m，出现时间为 2017 年 10 月 19 日，最大值 3.524m，出现时间为 2020 年 5 月 15 日，观测时段内地下水位变幅为 1.583m，地下水埋深多年平均值为 2.880m；BV11QD 管地下水位埋深最小值 0.768m，出现时间为 2021 年 8 月 30 日，最大值 2.611m，出现时间为 2019 年 3 月 26 日，观测时段内地下水位变幅为 1.843m，地下水埋深多年平均值为 1.429m。根据 2016 年 1 月至 2022 年 1 月的监测资料，得到孔内多年地下水动态变化曲线，见图 3-26。

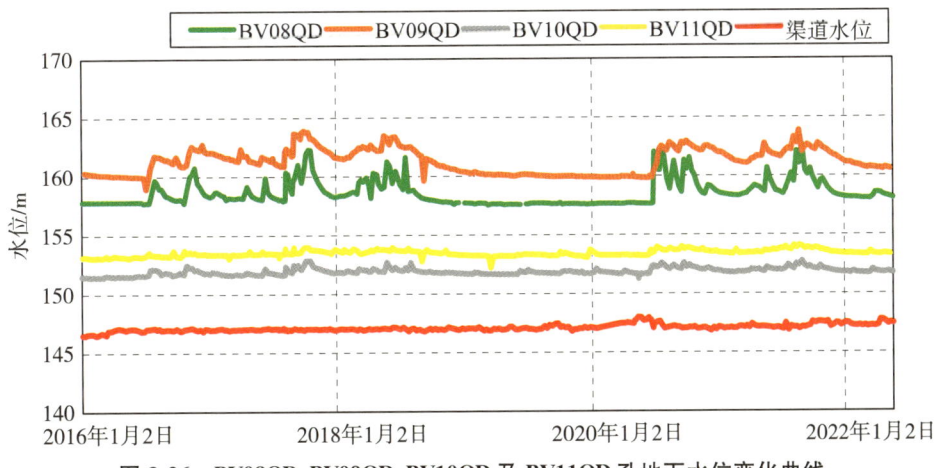

图 3-26　BV08QD、BV09QD、BV10QD 及 BV11QD 孔地下水位变化曲线

BV12QD 测压管、BV13QD 测压管、BV14QD 测压管、BV15QD 测压管分别位于 10＋300 左岸三级马道、10＋300 右岸三级马道、10＋300 左岸一级马道和 10＋300 右岸一级马道,BV12QD、BV13QD 管口高程均为 160.70m,BV14QD、BV15QD 管口高程均为 148.70m。BV12QD 管地下水位埋深最小值 6.995m,出现时间为 2015 年 4 月 29 日,最大值 7.775m,出现时间为 2020 年 1 月 22 日,观测时段内地下水位变幅为 0.780m,地下水埋深多年平均值为 7.120m;BV13QD 管地下水位埋深最小值 0.084m,出现时间为 2018 年 4 月 17 日,最大值 5.575m,出现时间为 2016 年 3 月 3 日,观测时段内地下水位变幅为 5.491m,地下水埋深多年平均值为 1.760m;BV14QD 管地下水位埋深最小值 0.807m,出现时间为 2017 年 10 月 26 日,最大值 3.435m,出现时间为 2015 年 3 月 2 日,观测时段内地下水位变幅为 2.629m,地下水埋深多年平均值为 2.319m;BV15QD 管地下水位埋深最小值 0.321m,出现时间为 2014 年 8 月 24 日,最大值 5.706m,出现时间为 2014 年 8 月 21 日,观测时段内地下水位变幅为 5.385m,地下水埋深多年平均值为 2.392m。根据 2016 年 1 月至 2022 年 1 月的监测资料,得到孔内多年地下水动态变化曲线,见图 3-27。

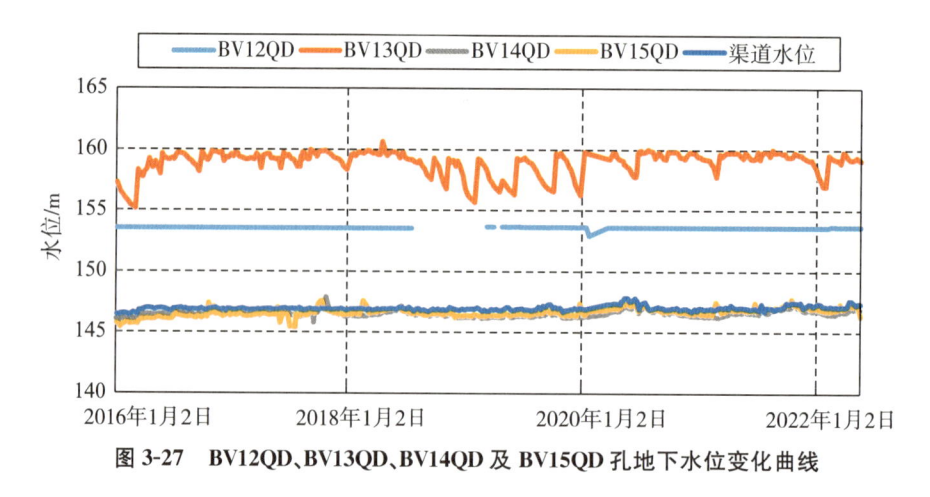

图 3-27　BV12QD、BV13QD、BV14QD 及 BV15QD 孔地下水位变化曲线

BV16QD 测压管、BV17QD 测压管分别位于 11＋700 右岸五级马道和 11＋700 右岸三级马道,BV16QD 管口高程为 178.60m,地下水位埋深最小值 0.362m,出现时间为 2021 年 8 月 30 日,最大值 4.755m,出现时间为 2016 年 3 月 3 日,观测时段内地下水位变幅为 4.393m,地下水埋深多年平均值为 1.856m;BV17QD 管口高程为 160.60m,地下水位埋深最小值 0.080m,出现时间为 2017 年 1 月 9 日,最大值 5.342m,出现时间为 2014 年 8 月 21 日,观测时段内地下水位变幅为 5.261m,地下水埋深多年平均值为 1.493m。根据 2016 年 1 月至 2022 年 1 月的监测资料,得到孔内多年地下水动态变化曲线,见图 3-28。

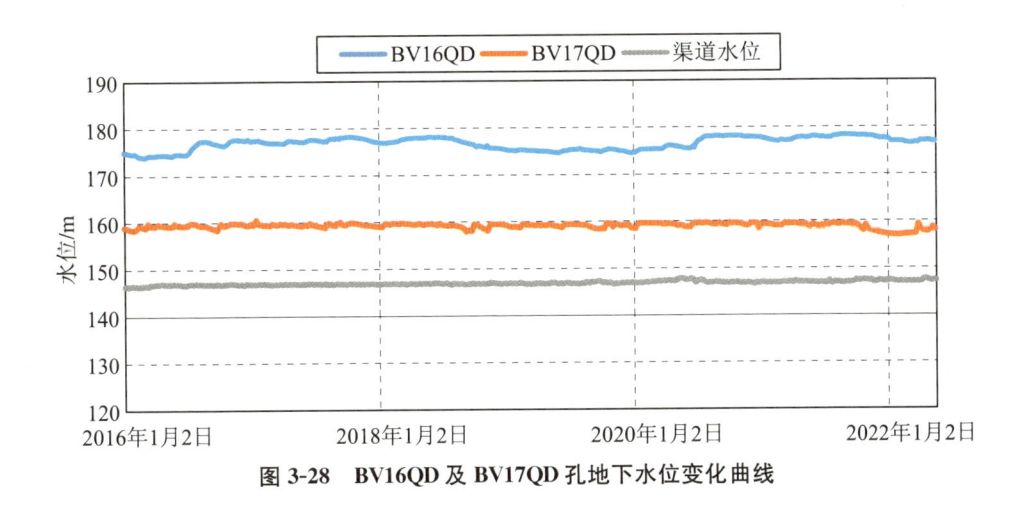

图 3-28 BV16QD 及 BV17QD 孔地下水位变化曲线

BV18QD 测压管位于 12+150 右岸二级马道，BV18QD 管口高程为 154.60m。BV18QD 管地下水位埋深最小值 3.278m，出现时间为 2020 年 9 月 23 日，最大值 9.307m，出现时间为 2016 年 8 月 15 日，观测时段内地下水位变幅为 6.029m，地下水埋深多年平均值为 8.591m。根据 2016 年 1 月至 2022 年 1 月的监测资料，得到孔内多年地下水动态变化曲线，见图 3-29。

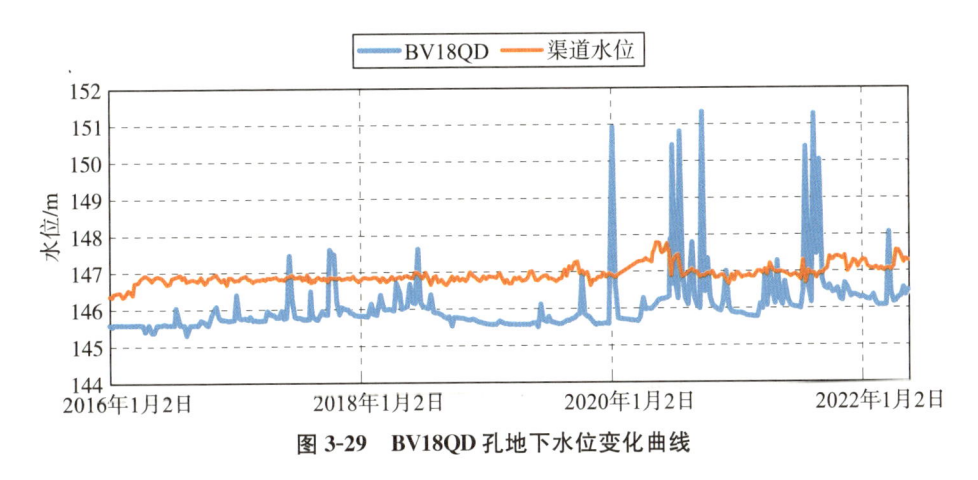

图 3-29 BV18QD 孔地下水位变化曲线

BV19QD 测压管、BV20QD 测压管分别位于 8+748 左岸三级马道和 8+818 左岸三级马道，BV19QD 管口高程为 161.31m，地下水位埋深最小值 6.618m，出现时间为 2018 年 7 月 18 日，最大值 17.240m，出现时间为 2017 年 1 月 9 日，观测时段内地下水位变幅为 10.623m，地下水埋深多年平均值为 10.208m；BV20QD 管口高程为 161.25m，地下水位埋深最小值 4.173m，出现时间为 2017 年 6 月 2 日，最大值 9.603m，出现时间为 2017 年 1 月 9 日，观测时段内地下水位变幅为 5.430m，地下水埋深多年平均值为 6.773m。根据 2016 年 1 月至 2022 年 1 月的监测资料，得到孔内多年地下水动态变化曲线，见图 3-30。

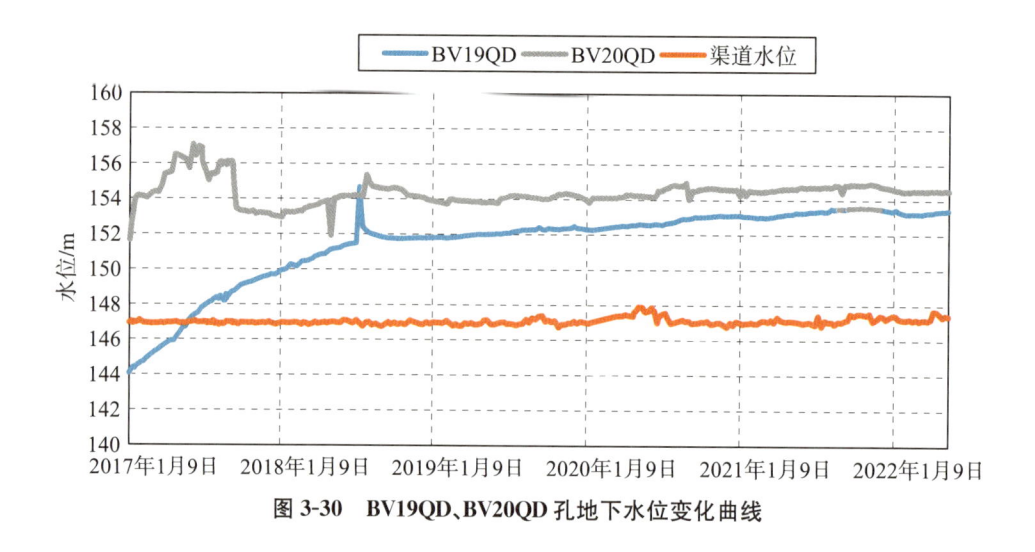

图 3-30　BV19QD、BV20QD 孔地下水位变化曲线

BV21QD 测压管、BV22QD 测压管分别位于 8+770 左岸二级边坡和 8+770 左岸三级马道，BV21QD 管口高程为 152.42m，地下水位埋深最小值 0.871m，出现时间为 2018 年 7 月 26 日，最大值 4.433m，出现时间为 2017 年 6 月 18 日，观测时段内地下水位变幅为 3.562m，地下水埋深多年平均值为 2.927m；BV22QD 管口高程为 161.32m，地下水位埋深最小值 1.721m，出现时间为 2018 年 7 月 18 日，最大值 16.081m，出现时间为 2017 年 10 月 6 日，观测时段内地下水位变幅为 14.360m，地下水埋深多年平均值为 6.492m。根据 2016 年 1 月至 2022 年 6 月的监测资料，得到孔内多年地下水动态变化曲线，见图 3-31。

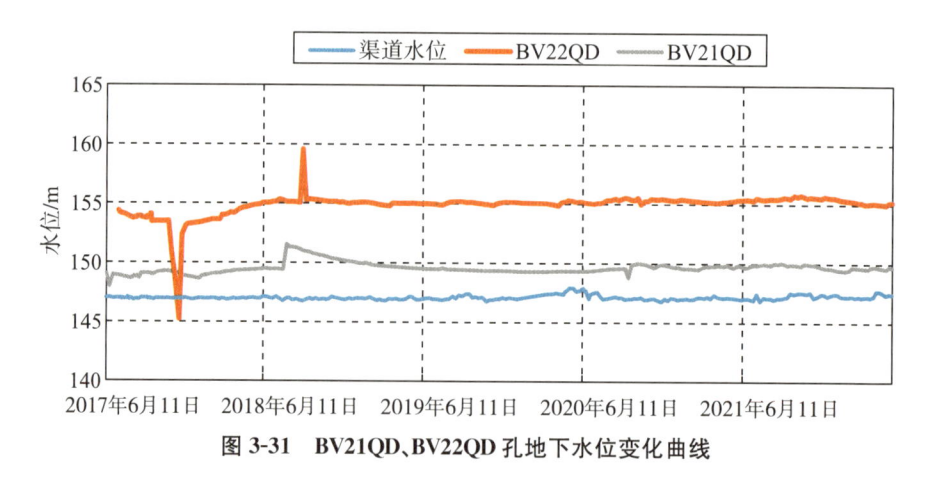

图 3-31　BV21QD、BV22QD 孔地下水位变化曲线

BV23QD 测压管、BV24QD 测压管分别位于 8+805 左岸二级边坡和 8+805 左岸三级马道，BV23QD 管口高程为 152.27m，地下水位埋深最小值 2.482m，出现时间为 2021 年 8 月 30 日，最大值 4.412m，出现时间为 2017 年 6 月 11 日，观测时段内地下水位变幅为 1.930m，地下水埋深多年平均值为 3.231m；BV24QD 管口高程为

161.43m,地下水位埋深最小值3.134m,出现时间为2018年7月18日,最大值17.431m,出现时间为2017年10月6日,观测时段内地下水位变幅为14.297m,地下水埋深多年平均值为8.263m。根据2016年1月至2022年6月的监测资料,得到孔内多年地下水动态变化曲线,见图3-32。

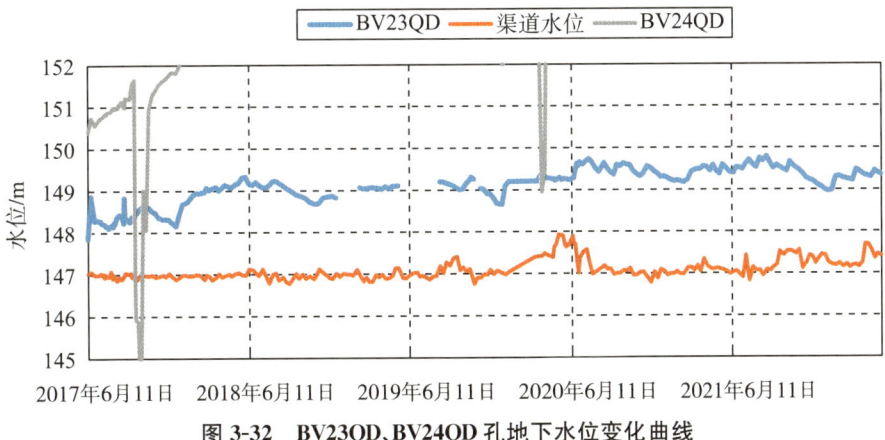

图 3-32　BV23QD、BV24QD 孔地下水位变化曲线

BV25QD测压管、BV26QD测压管分别位于8+835左岸二级边坡和8+835左岸三级马道,BV25QD管口高程为152.22m,地下水位埋深最小值2.279m,出现时间为2019年7月19日,最大值4.028m,出现时间为2017年12月28日,观测时段内地下水位变幅为1.749m,地下水埋深多年平均值为3.078m;BV26QD管口高程为161.26m,地下水位埋深最小值1.030m,出现时间为2017年9月25日,最大值17.613m,出现时间为2017年10月26日,观测时段内地下水位变幅为16.582m,地下水埋深多年平均值为7.401m。根据2016年1月至2022年6月的监测资料,得到孔内多年地下水动态变化曲线,见图3-33。

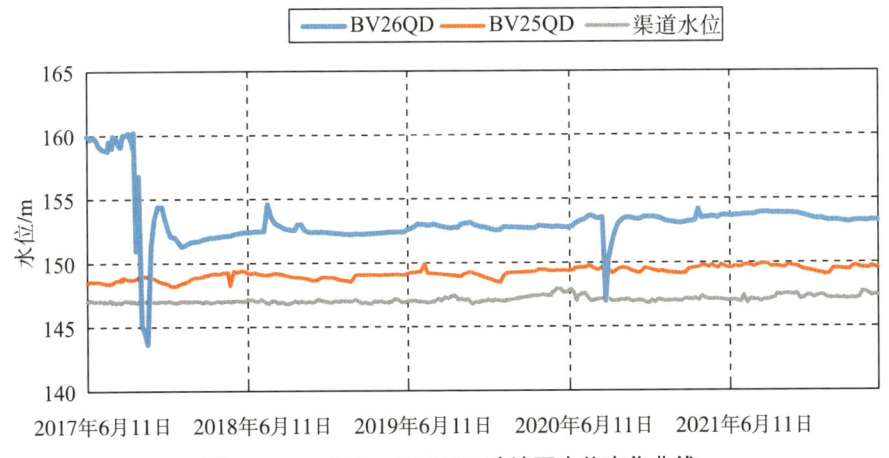

图 3-33　BV25QD、BV26QD 孔地下水位变化曲线

BV27QD测压管、BV28QD测压管分别位于9+120左岸三级边坡和9+120左岸四级马道,BV27QD管口高程为158.32m,地下水位埋深最小值5.519m,出现时间为2018年7月26日,最大值10.793m,出现时间为2018年7月11日,观测时段内地下水位变幅为5.273m,地下水埋深多年平均值为8.159m;BV28QD管口高程为167.37m,地下水位埋深最小值4.446m,出现时间为2021年9月7日,最大值12.586m,出现时间为2017年8月13日,观测时段内地下水位变幅为8.140m,地下水埋深多年平均值为8.263m。根据2016年1月至2022年6月的监测资料,得到孔内多年地下水动态变化曲线,见图3-34。

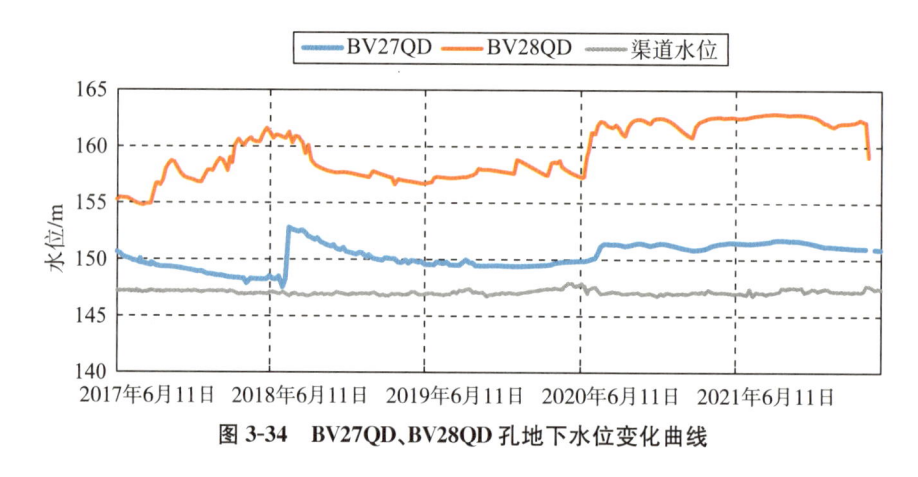

图3-34 BV27QD、BV28QD孔地下水位变化曲线

BV29QD测压管、BV30QD测压管、BV31QD测压管分别位于9+180左岸一级马道、9+180左岸三级边坡和9+180左岸四级马道,BV29QD管口高程为150.05m,BV30QD管口高程为158.33m,BV31QD管口高程为167.32m。BV29QD管地下水位埋深最小值0.489m,出现时间为2019年1月3日,最大值9.019m,出现时间为2018年12月4日,观测时段内地下水位变幅为8.530m,地下水埋深多年平均值为2.103m;BV30QD管地下水位埋深最小值4.255m,出现时间为2021年9月7日,最大值15.553m,出现时间为2019年10月14日,观测时段内地下水位变幅为11.299m,地下水埋深多年平均值为7.432m;BV31QD管地下水位埋深最小值6.849m,出现时间为2021年8月21日,最大值38.812m,出现时间为2019年1月26日,观测时段内地下水位变幅为31.964m,地下水埋深多年平均值为13.235m。根据2016年1月至2022年6月的监测资料,得到孔内多年地下水动态变化曲线,见图3-35。

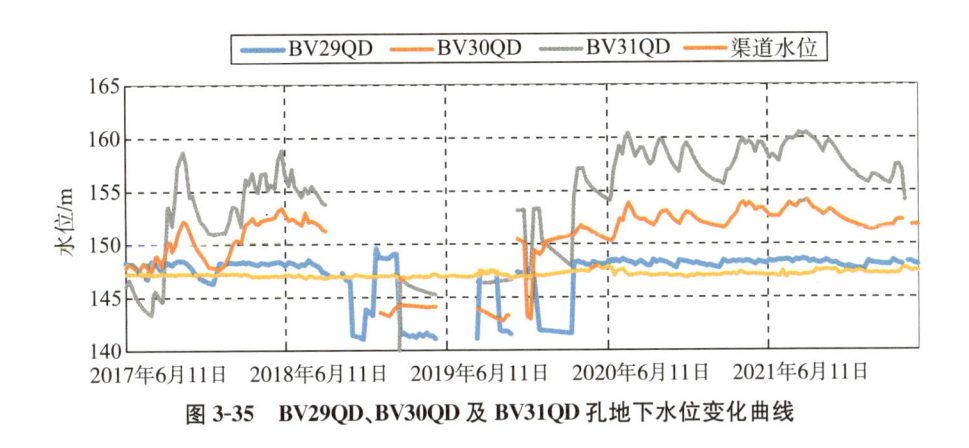

图 3-35　BV29QD、BV30QD 及 BV31QD 孔地下水位变化曲线

BV32QD 测压管、BV33QD 测压管、BV34QD 测压管、BV35QD 测压管分别位于 9+300 左岸三级边坡、9+300 左岸四级马道、9+300 右岸一级马道和 9+300 右岸四级马道，BV32QD 管口高程为 158.10m，BV33QD 管口高程为 167.78m，BV34QD 管口高程为 149.44m，BV35QD 管口高程为 167.19m。BV32QD 管地下水位埋深最小值 3.206m，出现时间为 2020 年 7 月 21 日，最大值 9.155m，出现时间为 2021 年 12 月 14 日，观测时段内地下水位变幅为 5.950m，地下水埋深多年平均值为 5.571m；BV33QD 管地下水位埋深最小值 4.119m，出现时间为 2021 年 9 月 7 日，最大值 15.287m，出现时间为 2019 年 6 月 28 日，观测时段内地下水位变幅为 11.168m，地下水埋深多年平均值为 10.760m；BV34QD 管地下水位埋深最小值 0.766m，出现时间为 2017 年 9 月 2 日，最大值 2.607m，出现时间为 2017 年 12 月 28 日，观测时段内地下水位变幅为 1.842m，地下水埋深多年平均值为 2.145m；BV35QD 管地下水位埋深最小值 5.199m，出现时间为 2017 年 10 月 19 日，最大值 8.359m，出现时间为 2017 年 7 月 18 日，观测时段内地下水位变幅为 3.161m，地下水埋深多年平均值为 7.446m。根据 2016 年 1 月至 2022 年 6 月的监测资料，得到孔内多年地下水动态变化曲线，见图 3-36。

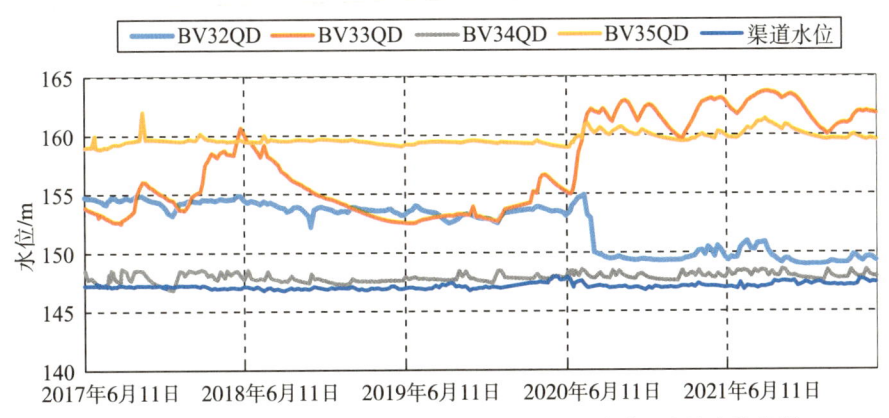

图 3-36　BV32QD、BV33QD、BV34QD 及 BV35QD 孔地下水位变化曲线

BV36QD 测压管、BV37QD 测压管、BV38QD 测压管分别位于 9+363 左岸一级马道、9+363 左岸三级边坡和 9+363 左岸四级马道，BV36QD 管口高程为 149.76m，BV37QD 管口高程为 158.15m，BV38QD 管口高程为 167.48m。BV36QD 管地下水位埋深最小值 1.191m，出现时间为 2017 年 8 月 15 日，最大值 4.216m，出现时间为 2017 年 12 月 28 日，观测时段内地下水位变幅为 3.025m，地下水埋深多年平均值为 2.549m；BV37QD 管地下水位埋深最小值 15.437m，出现时间为 2020 年 10 月 8 日，最大值 19.500m，出现时间为 2017 年 6 月 18 日，观测时段内地下水位变幅为 4.064m，地下水埋深多年平均值为 18.446m；BV38QD 管地下水位埋深最小值 0.000m，出现时间为 2018 年 8 月 10 日，最大值 26.860m，出现时间为 2017 年 6 月 11 日，观测时段内地下水位变幅为 26.860m，地下水埋深多年平均值为 20.708m。根据 2016 年 1 月至 2022 年 6 月的监测资料，得到孔内多年地下水动态变化曲线，见图 3-37。

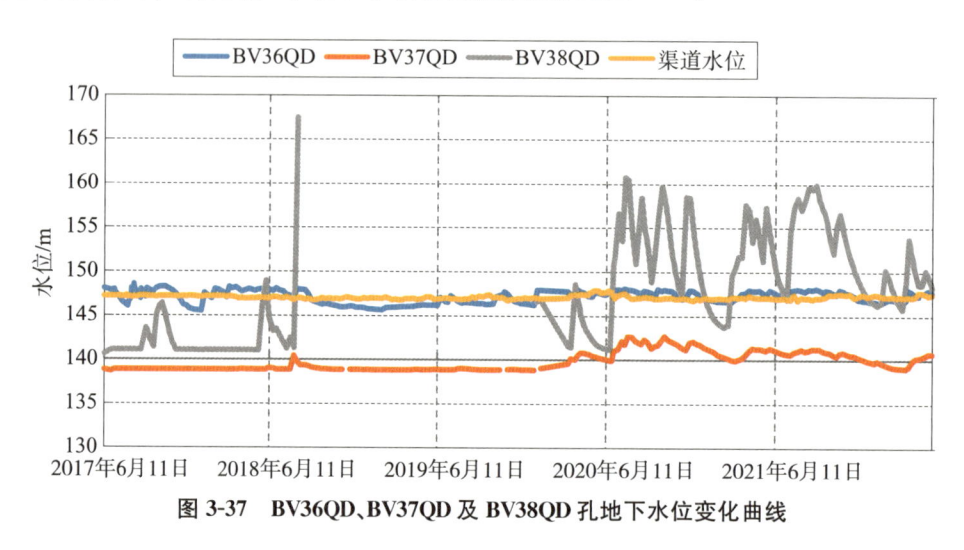

图 3-37 BV36QD、BV37QD 及 BV38QD 孔地下水位变化曲线

BV39QD 测压管位于 9+470 左岸三级边坡，BV39QD 管口高程为 158.01m。地下水位埋深最小值 19.045m，出现时间为 2017 年 7 月 14 日，最大值 19.231m，出现时间为 2017 年 7 月 28 日，观测时段内地下水位变幅为 0.186m，地下水埋深多年平均值为 17.554m。根据 2016 年 1 月至 2022 年 7 月的监测资料，得到孔内多年地下水动态变化曲线，见图 3-38。

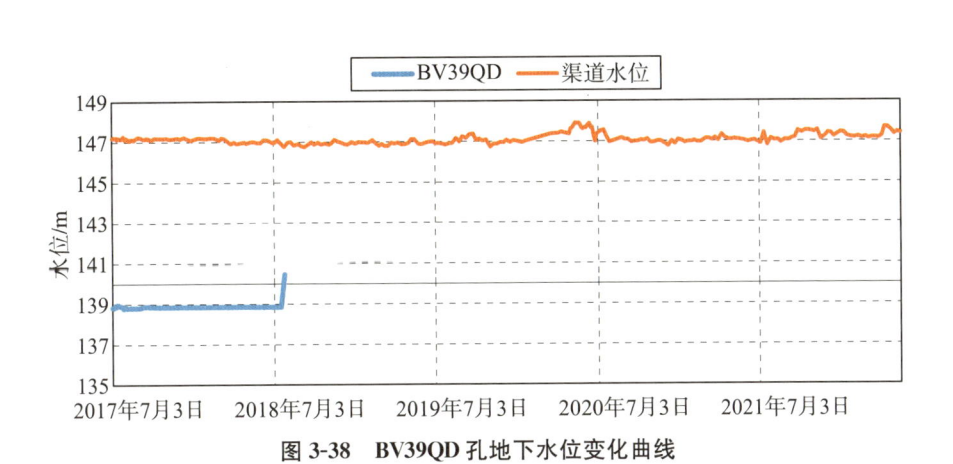

图 3-38　BV39QD 孔地下水位变化曲线

BV40QD 测压管、BV41QD 测压管、BV42QD 测压管分别位于 9+112 右岸一级马道、9+112 右岸二级马道和 9+112 右岸四级边坡,BV40QD 管口高程为 149.61m,BV41QD 管口高程为 155.25m,BV42QD 管口高程为 167.32m。BV40QD 管地下水位埋深最小值 0.732m,出现时间为 2020 年 7 月 15 日,最大值 3.352m,出现时间为 2017 年 7 月 3 日,观测时段内地下水位变幅为 2.621m,地下水埋深多年平均值为 1.408m;BV41QD 管地下水位埋深最小值 1.491m,出现时间为 2019 年 5 月 17 日,最大值 4.522m,出现时间为 2017 年 7 月 26 日,观测时段内地下水位变幅为 3.031m,地下水埋深多年平均值为 3.463m;BV42QD 管地下水位埋深最小值 5.154m,出现时间为 2021 年 9 月 7 日,最大值 6.963m,出现时间为 2020 年 1 月 7 日,观测时段内地下水位变幅为 1.809m,地下水埋深多年平均值为 6.126m。根据 2016 年 1 月至 2022 年 6 月的监测资料,得到孔内多年地下水动态变化曲线,见图 3-39。

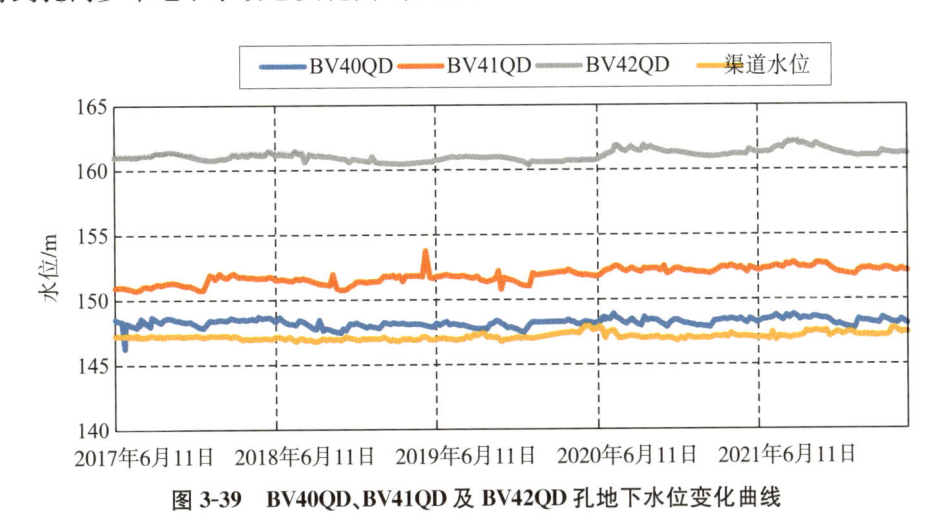

图 3-39　BV40QD、BV41QD 及 BV42QD 孔地下水位变化曲线

BV43QD 测压管、BV44QD 测压管分别位于 9+204 右岸一级马道和 9+204 右岸二级马道,BV43QD 管口高程为 149.61m,BV44QD 管口高程为 155.25m。BV43QD 管地

下水位埋深最小值 0.952m，出现时间为 2017 年 9 月 2 日，最大值 2.372m，出现时间为 2018 年 11 月 5 日，观测时段内地下水位变幅为 1.419m，地下水埋深多年平均值为 1.487m；BV44QD 管地下水位埋深最小值 5.095m，出现时间为 2021 年 7 月 29 日，最大值 9.176m，出现时间为 2017 年 8 月 1 日，观测时段内地下水位变幅为 4.080m，地下水埋深多年平均值为 7.232m。根据 2016 年 1 月至 2022 年 6 月的监测资料，得到孔内多年地下水动态变化曲线，见图 3-40。

图 3-40　BV43QD、BV44QD 孔地下水位变化曲线

BV45QD 测压管位于 9+204 右岸四级马道，BV45QD 管口高程为 167.26m。BV45QD 管地下水位埋深最小值 4.446m，出现时间为 2020 年 7 月 21 日，最大值 6.464m，出现时间为 2019 年 3 月 18 日，观测时段内地下水位变幅为 2.018m，地下水埋深多年平均值为 5.572m。根据 2016 年 1 月至 2022 年 6 月的监测资料，得到孔内多年地下水动态变化曲线，见图 3-41。

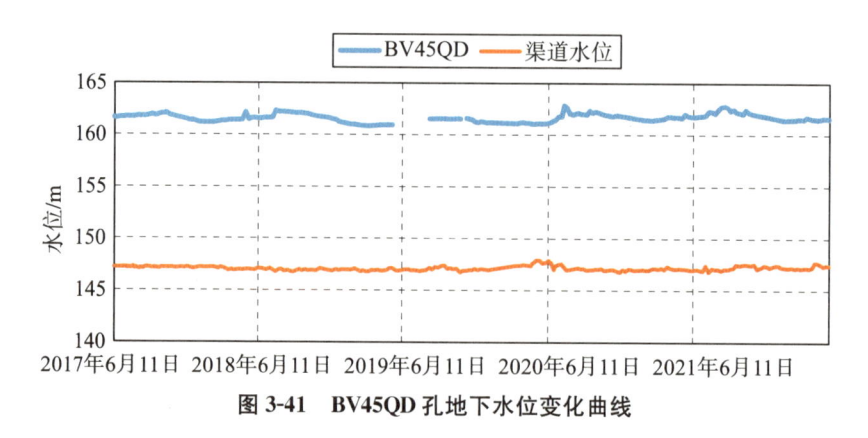

图 3-41　BV45QD 孔地下水位变化曲线

BV46QD 测压管位于 2+870 右岸三级马道，BV46QD 管口高程 159.72m。BV46QD 管地下水位埋深最小值 1.688m，出现时间为 2017 年 10 月 19 日，最大值 6.976m，出现时间为 2019 年 10 月 3 日，观测时段内地下水位变幅为 5.289m，地下水埋

深多年平均值为 4.626m。根据 2016 年 1 月至 2022 年 9 月的监测资料,得到孔内多年地下水动态变化曲线,见图 3-42。

图 3-42　BV46QD 孔地下水位变化曲线

BV47QD 测压管位于 8＋348 右岸三级马道,BV45QD 管口高程为 160.91m。BV47QD 管地下水位埋深最小值 0.377m,出现时间为 2017 年 10 月 6 日,最大值 8.741m,出现时间为 2019 年 12 月 18 日,观测时段内地下水位变幅为 8.364m,地下水埋深多年平均值为 6.479m。根据 2016 年 1 月至 2022 年 9 月的监测资料,得到孔内多年地下水动态变化曲线,见图 3-43。

图 3-43　BV47QD 孔地下水位变化曲线

BV48QD 测压管位于 9＋475 左岸三级马道,BV48QD 管口高程为 160.95m。BV48QD 管地下水位埋深最小值 20.884m,出现时间为 2020 年 7 月 28 日,最大值 24.748m,出现时间为 2018 年 7 月 2 日,观测时段内地下水位变幅为 3.864m,地下水埋深多年平均值为 22.512m。根据 2016 年 1 月至 2022 年 9 月的监测资料,得到孔内多年地下水动态变化曲线,见图 3-44。

图 3-44 BV48QD 孔地下水位变化曲线

陶岔管理处管理渠道桩号 0+000 至 12+150 渠段为九重岗深挖方渠段。多年运行后地下水位比 2013 年抬升 0.64~10.25m，两岸地下水一般高于渠道设计水位，由于渠道为深挖方渠段，渠道边坡土体为膨胀土，膨胀土渗透性微弱，地下水普遍高于渠道设计水位，渠道水位对地下水影响小，两岸地下水位多为上层滞水，主要受大气降水量控制，两岸地下水向渠内排泄，渗出量小。因此，该渠段渠道开挖形成后地下水向渠内渗出，由于膨胀土渗透性微弱，其影响范围一般为 10~50m，渠道通水后对两岸地下水基本无影响。

3.2.5 高地下水位膨胀土渠段分布

地下水历来是引起边坡工程安全事故的重要因素之一，大量工程实例表明，膨胀土边坡失稳现象大多发生在降雨过程中或降雨后，地下水作用与边坡稳定关系更加密切，且通过渗流改变土壤的含水量，进而从坡体变形、抗剪强度降低、渗压力增加等多方面影响坡体稳定，与普通土相比，情况更加复杂。

在南水北调工程中，地下水对膨胀土边坡稳定的影响尤为密切，研究发现，当地下水位高于渠道运行水位时，由于渠道边坡面板内外侧的水头差影响，渠道边坡内侧压力大，对于边坡稳定非常不利，坡面易发生变形、隆起，甚至引起整个坡面滑移。当遇到长时间降雨或强降雨时，土体含水量增加，由于膨胀土的特性，土体剧烈膨胀，内部压力进一步增加，土体失水后体积又显著收缩，更不利于边坡的稳定。

本节中，将地下水位高于渠道正常运行水位的渠段称为高地下水位渠段，作为重点研究分析对象。对于部分地下水位高于渠底高程，低于正常运行水位的渠段，在检修过程中渠道水位下降，可能出现地下水位高于渠道水位的情况，这类渠段也需要重点关注。

渠首分公司辖区高地下水位渠段共计 64277m，其中陶岔管理处高地下水位渠段主要分布在渠道桩号 0+000 至 14+465，全部为全挖方渠段，总长度为 14465m；邓州管理

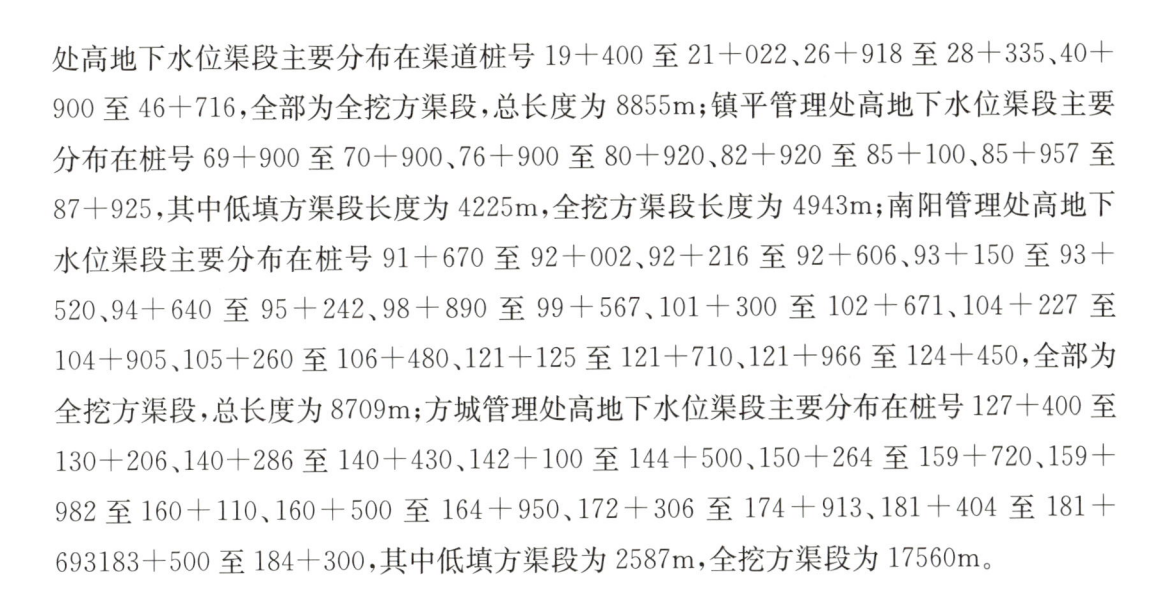

处高地下水位渠段主要分布在渠道桩号 19+400 至 21+022、26+918 至 28+335、40+900 至 46+716，全部为全挖方渠段，总长度为 8855m；镇平管理处高地下水位渠段主要分布在桩号 69+900 至 70+900、76+900 至 80+920、82+920 至 85+100、85+957 至 87+925，其中低填方渠段长度为 4225m，全挖方渠段长度为 4943m；南阳管理处高地下水位渠段主要分布在桩号 91+670 至 92+002、92+216 至 92+606、93+150 至 93+520、94+640 至 95+242、98+890 至 99+567、101+300 至 102+671、104+227 至 104+905、105+260 至 106+480、121+125 至 121+710、121+966 至 124+450，全部为全挖方渠段，总长度为 8709m；方城管理处高地下水位渠段主要分布在桩号 127+400 至 130+206、140+286 至 140+430、142+100 至 144+500、150+264 至 159+720、159+982 至 160+110、160+500 至 164+950、172+306 至 174+913、181+404 至 181+693183+500 至 184+300，其中低填方渠段为 2587m，全挖方渠段为 17560m。

3.3 膨胀土边坡渗透特性

膨胀土的裂隙性主要受干湿循环影响，裂隙的分布规律影响着膨胀土内地下水的渗流特征以及土体的强度特征。通过实际剖面开挖可以对膨胀土体内的宏观裂隙特征进行实际观测，室内试验则可以从相对微观的角度对膨胀土体内裂隙发育特征进行研究。本书研究设计了室内膨胀土裂隙发育过程试验，对膨胀土体内裂隙发育及其影响因素之间的关系进行了探讨，为裂隙型膨胀土渗透模拟奠定了基础。

3.3.1 膨胀土渠道边坡渗透性影响因素

3.3.1.1 渗透性受地下水的影响

地下水水位的变化是引起膨胀土边坡失稳的重要原因之一。防止外水进入失稳边坡且快速排出地下水是保证渠道边坡稳定的重要安全措施。在总结已有工程实践经验的基础上，进一步研究快速排出地下水的结构形式、排水效果及耐久性等，是提高膨胀土边坡稳定性研究的一个重要方面。因此，研究渠道边坡土体内的地下水情况尤为重要。

南水北调中线工程南阳淅川段膨胀土地区的地下水位观测资料表明，其地下水主要受地形地貌、膨胀土渠道边坡内裂隙发育影响。

南阳淅川段膨胀土区含水层的厚度明显大于其他膨胀土区。含水层的分布与地形、土体内物质组成有相关性。

在渠道运行期间，膨胀土渠道边坡观察区见图 3-45，根据观察区内每个地下水渗透仪测定地下水分布，见表 3-6。

图 3-45 膨胀土渠道边坡观察区

表 3-6　　　　　　　　　　膨胀土区观测地下水情况

观察区	地面高程/m	含水层顶板埋深/m	含水层底板埋深/m
1	147.2～147.9	1.4～3.1	约 3.5
2	147.6～148.4	2.5～3.3	4.4～6.7
3	145.3～146.2	2.2～3.3	>6
4	144.2～145.2	2.5～3.4	>8

注：范围取值包含上下限。

根据南水北调中线工程淅川段的观测，膨胀土区含水层埋深相对较浅，如观察区1，其含水层顶板最浅处只有1.4m。其他三个观察区含水层顶板埋深为2.2～3.4m。每个观察区中的含水层厚度不尽相同，最薄的观察区1含水层厚度为0.4～2.1m；而观察区4的含水层最厚，达4.0～5.0m。从表3-6可以看出膨胀土渠道边坡的含水层埋深浅，厚度大，对渠道边坡的稳定性有较大影响。

地下水补给前后，土体含水量随深度的变化关系见图3-46、图3-47。

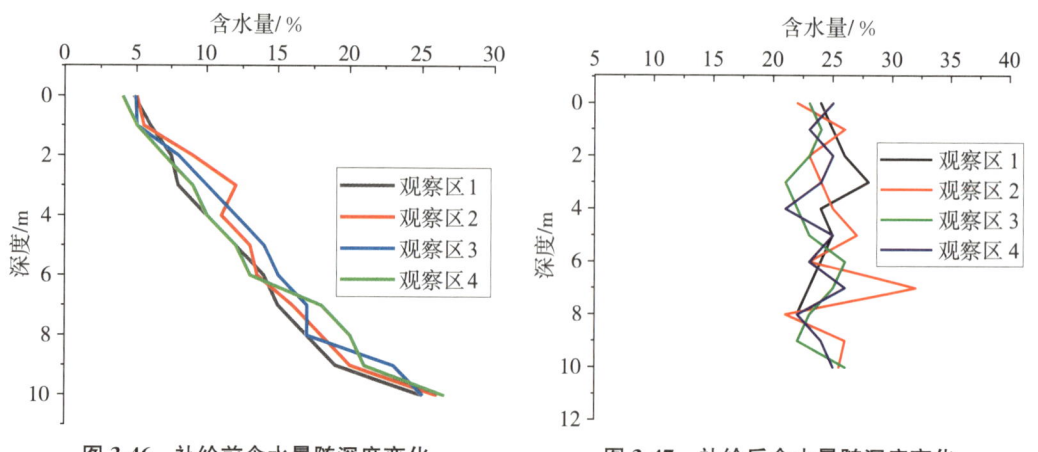

图 3-46　补给前含水量随深度变化　　　图 3-47　补给后含水量随深度变化

由图 3-46、图 3-47 可知，在地下水没有得到补给前，4 个观察区的含水量大体上随着深度的增加而增加，含水量从表层的 5%到深部地区的 25%。在得到大气降水或者其他外水补给后，土体整体的含水量在 25%附近。但观察区 2 在地下 7m 处，有含水量突然增加的情况。

在地下水补给后应尽快将水从坡体内排出，降低渠道边坡失稳的可能性。在坡顶 10m 以下的位置，补给前后的含水量相近，说明此处裂隙率小，排水管应增密布置。在此位置之上含水量波动较大的区域，排水管可以布置得相对稀疏。

膨胀土具有胀缩性、裂隙性，以及对水的敏感性，膨胀土渠道边坡破坏的大部分诱导因素为地下水活动。

近地表土体长期以来一直受自然环境影响，经过长时间的干湿循环形成众多裂隙，结构受到严重破坏。大气降水和地表水迅速进入土体，又因土体内不同程度张开的裂隙，使渗透性增加，扩大渗透范围。软化作用和静水压力又进一步导致渠道边坡稳定性下降。

水的渗入软化了土体并降低了其强度。在吸水而膨胀的过程中，土体会产生膨胀应力，在自然条件下受到周围土体压力，膨胀势能储存在坡体中。当临空面产生后，压力部分解除，原有结构面扩张，外水进一步入渗坡体导致稳定性下降。

观察区 2 的测斜仪所在位置见图 3-48，此观察区在南水北调中线工程运行期间观测到了 4～30mm 的剪切位移。

图 3-48　测斜仪所在位置

在运行期间，渠道边坡每次产生较大位移均与地下水补给密切相关。具体位移量见图 3-49。其中 A 方向为渠道边坡土体偏移方向，B 方向为基准方向。

图 3-49 运行期间淅川段渠观察区 2 坡位移量变化

在渠道工程运行期间，观察区 2 土体含水量变化学曲线见图 3-50，滑坡体含水量为 23.07%～25.06%，产生位移较大的土体附近含水量为 31.30%～32.29%，该部分以下土体含水量为 24.80%～25.58%。滑体内部的含水量与深层土体几乎相同。滑坡形成的主要原因不是土体的膨胀，而是地表水或者大气降水入渗使土体的结构面软化、强度降低。

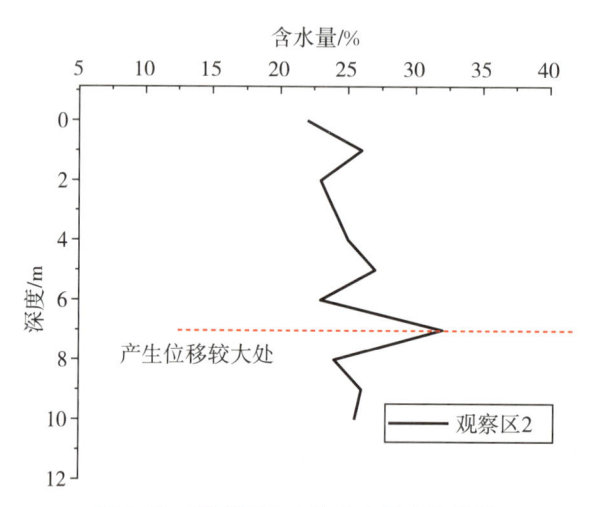

图 3-50 观察区 2 土体含水量变化曲线

由此可见，排水对于渠道边坡稳定性至关重要。由于地下水、地表水、大气降水的作用，在渠道边坡浸水时将水快速排出是维持渠道边坡稳定性的关键。除水的影响因素外，膨胀土自身结构也对坡体的渗透性有较大影响，特别是膨胀土本身不容忽视的裂隙。

3.3.1.2 渗透性受膨胀土裂隙的影响

膨胀土渗流特性与一般细颗粒土有很大不同，由于膨胀土中裂隙的存在，膨胀土体的渗透性主要受膨胀土的裂隙控制。根据裂隙性膨胀土渗流试验发现膨胀土裂隙被水浸润后，其变化过程呈阶段性。

第一个阶段为裂隙闭合阶段，裂隙两侧的土体由于吸水膨胀，体积不断增大，逐渐向中间挤压，使得原本裂隙逐渐变窄，再加上有少部分的土体在含水量突然增大后少量崩解，使得渠道边坡内小裂隙被填充，直至最后完全消失。

第二个阶段为单纯吸水膨胀阶段。此阶段时膨胀土体在浸水的影响下逐渐吸水，土体含水量上升，整体孔隙比增大，土体体积不断增大。表现为土体逐渐膨胀挤压裂隙，使得裂隙率逐渐减小。

第三个阶段为其他裂隙产生阶段。此阶段也包含了土体边缘次级裂隙产生阶段和土体内部次级裂隙产生阶段。此阶段开始时，随着含水量的增加，土体强度逐渐降低，土体边缘由于没有支撑，土体周围应力释放。随后内部小裂隙逐渐增大，当增大到一定程度时增速放缓。此时土体边缘的裂隙也成为水分进入土体的新通道，使得土体吸水变快，土体含水量进一步增加，土体进一步膨胀。在膨胀到一定程度时，这些次级裂隙逐渐发育，直到贯穿土体，形成许多小土块。

第四个阶段为土体崩解阶段。此时土体吸水基本饱和，土体吸水困难，周围裂隙扩大到一定的程度，由于土体边缘裂隙的扩展，被边缘裂隙分割出来的小土块没有侧向支撑，失去平衡，小土块开始崩解。崩解的土块填充到裂隙之中，使有些裂隙闭合，土样整体裂隙率减小。直至土体不再吸水，和饱和土体的状态一致。

根据上述试验现象，在裂隙变化的第一个阶段，土体渗透性最强，此时排水效果最为明显。

当地气象水文条件决定着大气影响深度，大气影响深度决定了土体中众多裂隙存在的深度，对渠道边坡土体的性质具有重要的影响。根据国家《膨胀土地区建筑技术规范》(GB 50112—2013)中对湿度系数的规定，可计算大气影响深度。

土的湿度系数可按下式计算：

$$\Psi_w = 1.152 - 0.726a - 0.00107c \tag{3-1}$$

式中：a——当地9月至次年2月的蒸发力之和与全年蒸发力的比值（月平均气温小于0℃的月份不统计在内）；

c——全年中干燥度大于1.0且月平均气温大于0℃月份的蒸发量与降水量差值之总和(mm)，干燥度为蒸发量与降水量之比值。

其中南阳地区气象条件中蒸发量与降水量条件如第2章所述。南阳地区降雨大部分集中在7、8月，此时应特别关注渠道边坡稳定性情况。

大气影响深度可按表3-7采用。

表3-7　　大气影响深度表

土的湿度系数	大气影响深度
0.6	5.0
0.7	4.0
0.8	3.5
0.9	3.0

根据南阳地区的蒸发量和降水量计算出南阳地区大气影响带深度为3.5m左右。4个观察区的观测资料显示,地表以下2.5m土体含水量波动较大。综合分析将南阳淅川段地区膨胀土大气影响带定为3m。

南水北调中线工程渠道运行观察的数据表明,淅川段的膨胀土体垂直分带性显著。

大气影响带:因强烈的物理和生物化学作用,使得土(岩)体裂隙密布,土壤结构因反复膨胀、收缩而变得松散,孔隙发育,植物根系较多。干旱时土壤水分很低,雨季土壤水分上升到基本饱和的水平。这个位置的土壤经历了反复干湿循环,土体的原始结构早已被破坏。旱季时土的含水量仅为6%~10%,降雨或浸水后(尤其是表层1~2m)强度迅速下降。

过渡带:深度一般在地下3~10m。在这个深度范围内,土体的含水量随季节变化,并受大气降水等因素影响,此处的含水层主要靠大气降水补给。在没有得到补给前,含水量从15%增加到深部地区的25%含水量。在得到大气降水或者其他外水补给后,土体整体的含水量约为25%。由于该地区含水量变化剧烈,此带土体的物理力学性质相差极大,且裂隙极为发育。

非影响带:此处土体多为非饱和土且该区裂隙大多为闭合,裂隙率极低,一般不受大气环境影响。在整个监测的期间内,含水量基本保持不变。膨胀土三带分区特征见表3-8。

表3-8　　　　　　　　　　膨胀土三带分区特征表

深度/m	类型	特征
0~3	大气影响带	裂隙密集,孔隙发育
3~10	过渡带	受季节波动变化,裂隙相对发育
10以下	非影响带	裂隙闭合,不受大气影响

注:范围取值包含下限不含上限。

渠道边坡破坏方式与土体分带密切相关。渠道边坡在自然条件下受到干湿循环的影响,近地表土结构被破坏,可能发生水平长大裂隙影响下结构面控制型滑坡或者形成雨淋沟。大气影响带与过渡带的含水量和裂隙随季节、地下水位变化突出,排水工程在非影响带以上布设效果会更为显著。非影响带由于裂隙闭合,排水不畅,排水设施应加密布置。

通过地质窗口和探槽对渠道边坡裂隙进行了地质编录。Q_2裂隙较发育;Q_1土体中裂隙极发育,纵横交错,呈网状结构;N黏土岩中裂隙较发育;钙质团块黏土岩中裂隙不发育。裂隙一般具有以下特征:裂面平直或略起伏,多光滑,具有蜡状光泽,可见擦痕,充填灰绿色条带,充填厚度一般小于10mm,呈薄膜状,这与相关学者研究情况相似。裂隙统计见表 3-9,渠道边坡土体长大裂隙特征统计见表 3-10。下文主要分析观察区内左侧一级马道以上渠道边坡。

表 3-9　　　　　　　　　　　　　裂隙统计

工程部位		地层时代	裂隙规模数量/条	
			大裂隙(0.5~2.0m)	长大裂隙(≥2.0m)
左坡	一级马道以上	Q_2	5	5
左坡	一级马道以上	Q_1	100	3
左坡	一级马道以下	N	14	0

注:范围取值包含下限不含上限。

表 3-10　　　　　　　渠道边坡土体长大裂隙特征统计

部位	裂隙编号	地层时代	倾向/°	倾角/°	长度/m	宽度/mm	地质特征
左坡一级马道以上	L_3	Q_2	202	5	>5	1.0	较平直,略起伏,光滑,充填灰绿色黏土,湿
	L_4		165	18	>5	<1.0	起伏光滑,断续充填灰绿色黏土,湿
	L_6		215	57	2.2	1~2	面起伏光滑,充填灰绿色黏土,湿
	L_8		10	13	2.2	1~2	较平直光滑,充填灰绿色黏土及少量铁锰质膜
	L_1	Q_1	294	41	3	10	较平直光滑,充填灰绿色黏土及少量钙质结核
	L_1	Q_2	315	12	3	1~2	略起伏光滑,充填灰绿色黏土,裂面附铁锰质膜,具蜡状光泽
	L_1	Q_1	105	32	2.0	1~2	略起伏光滑,发育在灰绿色黏土里面

注:范围取值包含下限不含上限。

左侧一级马道以上渠道边坡:坡面倾向 142°~164°。Q_2 土体中裂隙较发育,窗口范围内长度 0.5~2.0m 的大裂隙 5 条,大于 2m 的长大裂隙 5 条,平均面密度 0.1 条/m²;Q_1 土体中裂隙极发育,纵横交错,呈网状结构,长度 0.5~2.0m 的大裂隙 100 条,大于 2m 的长大裂隙 3 条,平均面密度 0.32 条/m²。

总体以倾向 S 的斜交顺向坡裂隙最为发育,为优势裂隙面,窗口长大裂隙 L_3、L_4、L_6 属于此组,裂隙倾向玫瑰图见图 3-51,最长大于 5m;其次为倾向 NEE 和倾向 NW 的裂隙,倾角以中缓倾角为主,裂隙倾角分布直方图见图 3-52。

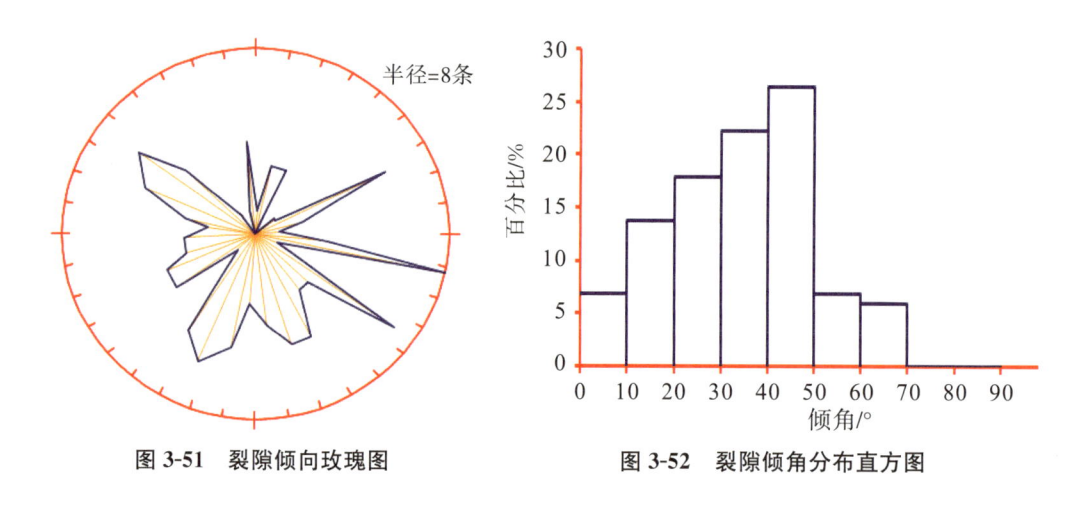

图 3-51　裂隙倾向玫瑰图　　　　　图 3-52　裂隙倾角分布直方图

膨胀土渠道边坡大裂隙数量及其发育特征随深度增加而变化，南阳淅川段观察区边坡大裂隙随深度变化统计结果见图 3-53。

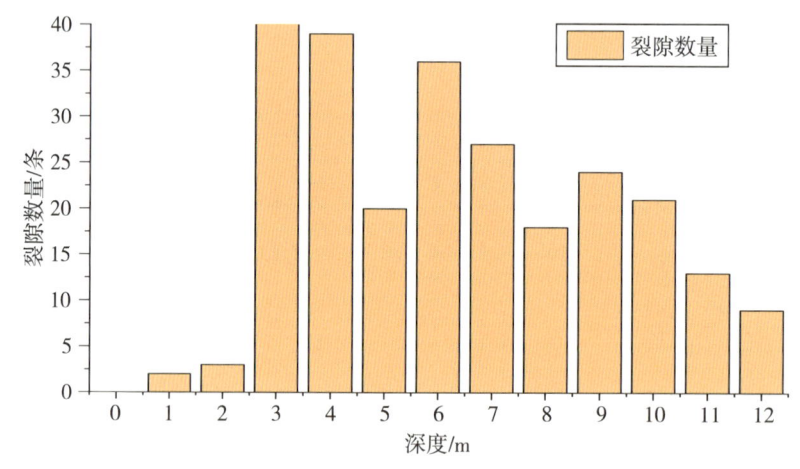

图 3-53　南阳淅川段观察区边坡大裂隙随深度变化统计结果

埋深 2m 以上的膨胀土几乎没有大裂缝，因为 2m 以上的土体受大气环境的影响较大，原有的大裂隙被破坏，但微小裂隙密集。2m 以下大裂隙数量较多，其中深度 3～10m 的土体裂隙最为发育，10m 以下膨胀土渠道边坡受自然环境因素影响较小，内部裂隙多为原生裂隙，数量较少。

各观察区裂隙发育随深度变化也不相同。膨胀土渠道边坡裂隙发育程度随深度总体表现呈"▷"形，由数量少到多再到少变化。在 1 区、2 区、3 区和 4 区，大裂隙密集带的发育深度分别为 3～5m、5～7m、8～10m 和 5～7m，见图 3-54。

膨胀土中不同规模裂隙随深度而变化。南阳淅川段膨胀土渠道边坡大裂隙和长大裂隙在 0～2m 均不发育，大裂隙主要出现在深度 3～10m，10m 以下大裂隙数量逐渐减少。而长大裂隙在 4m 以下出现，与深度变化相关性不高。变化规律表明，受大气影响，大裂隙主要于后期形成;而不同规模裂隙随深度变化见图 3-55。排水设施在大裂隙与长大裂隙发育的地方,无须布置得过于密集,在裂隙不发育的地方应加密布置。

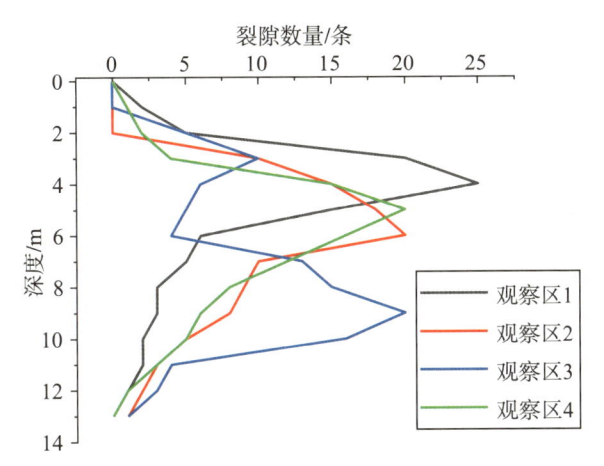

图 3-54 裂隙密度随深度变化

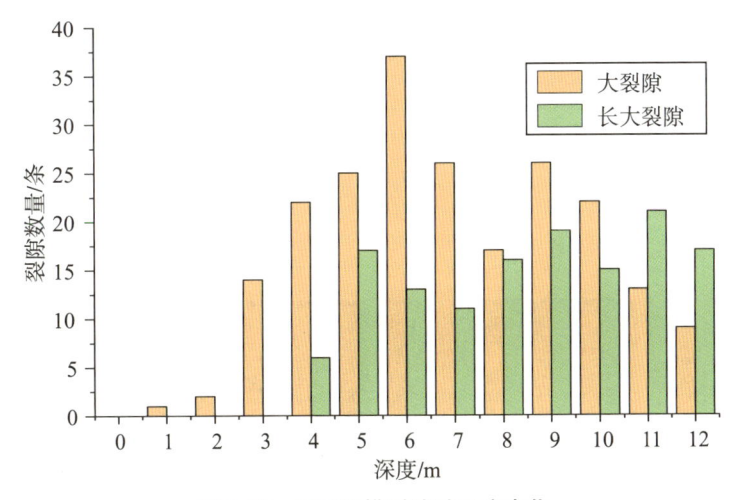

图 3-55 不同规模裂隙随深度变化

可见,从地面向下,土体含水量呈现规律性变化。近地表土体含水量 5%~10%;地面下 1~2m 含水量上升至 22%~26%;上层滞水带含水量达到最大值 26%~28%;再向下,土体含水量稳定在 25% 左右。

受自然环境和大气降水影响,大裂隙在 0~2m 并不发育,在 3~10m 内最为发育,10m 以下数量逐渐减少。长大裂隙在 4m 以下发育且数量随深度增加保持稳定。

膨胀土渠道边坡中裂隙的发育程度及其垂向变化规律与当地气候条件有着密切的关系。由于南阳淅川段膨胀土渠道边坡内部地下水波动情况较为剧烈,对其物理力学性质和水理性质影响甚大。

综上所述,南阳淅川段膨胀土渠道边坡在大气影响带(0~3m)和过渡带(3~10m)

含水量波动剧烈、裂隙发育，应在坡顶以下 10m 附近，非影响带以上，增设排水设施会使排水效果明显，而非影响带因排水不畅应加密布置排水设施。

3.3.2 裂隙性膨胀土渗透性及演变过程

降雨入渗或周边地下水位提高都可使渠道边坡地下水位上升，该过程对渠道边坡的稳定性非常不利，快速有效地排出渠道边坡地下水，降低地下水位，是提高渠道边坡稳定性的重要方法。渠道边坡土体在干湿循环的作用下，裂隙发育，地下水在坡体内的渗流过程不完全等同于其他黏性土的渗流过程。

3.3.2.1 膨胀土渗透性影响因素

裂隙性膨胀土体的渗透性主要受含水量和裂隙率影响。膨胀土作为一种细颗粒的黏土，其自身的颗粒结构决定了其渗透性极差。但自然状态下的干湿循环使得土体内部产生许多裂隙，这些裂隙的出现，使得膨胀土的渗透性随之改变。膨胀土体内部的渗透性主要由裂隙决定，裂隙率的大小直接影响着整个土体的渗透性。而膨胀土体内含水量对于裂隙的影响又是至关重要的，膨胀土体内含水量增加导致裂隙率减小，使得土体的渗透性变差。在干燥过程中，土体含水量逐渐减小，而裂隙慢慢形成，裂隙率不断增大，使得土体渗透率逐渐增加。

根据前期试验结果，得出裂隙率与含水量的变化关系。土体失水过程裂隙变化见图 3-56，裂隙率随含水量变化见图 3-57。

(a) 试样一

(b) 试样二

图 3-56 土体失水过程裂隙变化

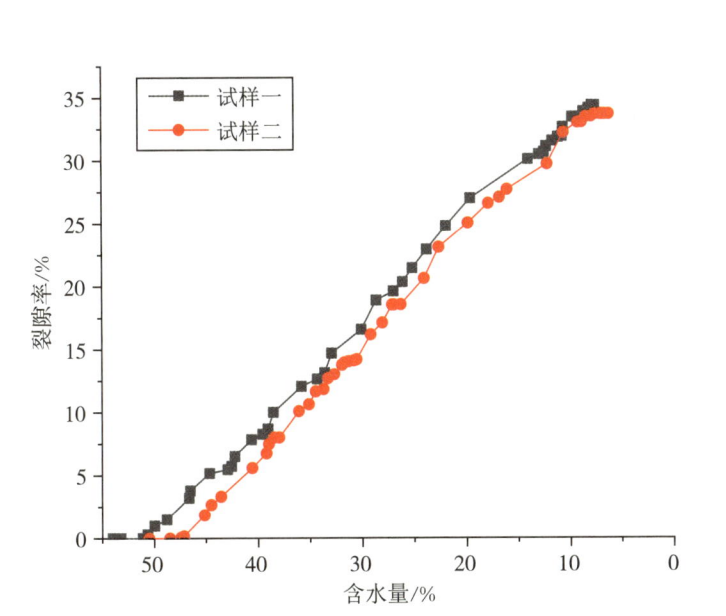

图 3-57 裂隙率随含水量变化

试样一、二裂隙发育形态呈阶段性，其裂隙在试验初期发育较为弯曲，大致向着模型中心方向发展，并逐渐向模型中心聚拢，呈放射状，在模型中间部位形成一类似于核心的部位。大多裂隙相对弯曲，但弯曲程度相对较小。试验后期部分裂隙发育较笔直。

图 3-57 为裂隙率随含水量变化情况，两种试样的初始含水量各不相同，而土样裂隙变化规律基本一致。可以看出裂隙率随着含水量的降低而不断增大。土体从各自初始含水量开始失水，土体含水量的减少使其整体产生收缩，此时裂隙的发育增长缓慢；而后土体进一步失水使得土体沿深度方向形成含水量梯度差，土体产生不均匀收缩，此时裂隙快速发育。当含水量继续降低，土体的含水量以及体积趋于稳定，土体裂隙发育开始进入缓滞增长，此时裂隙间的土体整体结构非常密实，土体含水量的继续降低不会使颗粒间的距离有大的变化，土体整体体积的收缩不再呈现。

3.3.2.2 裂隙型膨胀土渗透性试验

在上述试验过程中，土体经历自然蒸发所产生的裂隙具有随机性，对于研究裂隙率和膨胀土体渗透性具有不可控因素。因此，探究室内试验模拟膨胀土初始裂隙率尤为重要。

渠道边坡排水工程可提高其稳定性，排水工程布置取决于预期达到排水的效果，而排水效果又受制于土体的渗透性。实验室常采用渗透试验来模拟真实地层中地下水在土体中的渗流过程，从而研究水对土体的影响，得到相应的渗透参数。但是现有的装置无法直接用于不同裂隙性膨胀土的渗透试验，并且由于膨胀土的胀缩性、裂隙产生的随机性，现有的装置很难进行膨胀土初始条件的设置。

本试验的目的在于研究裂隙型膨胀土的渗透系数随初始含水量、初始裂隙率的变化关系。主要研究膨胀土分别在不同初始状态下到土体饱和时渗透系数的变化,为排水工程提供理论基础,并将渗透性的变化关系应用到数值模拟软件,解决实际的渠道边坡排水问题。分析由初始含水量、初始裂隙率的变化所导致的土体渗透性发生波动的原因。

本试验用常水头方法计算裂隙性膨胀土的渗透系数 k 的计算公式如下:

$$k = \frac{Q}{\rho_w t A i} = \frac{QL}{\rho_w t A(h_1 - h_2)} \tag{3-2}$$

式中:Q——t 时间段内渗透经过试样的水质量,g;

ρ_w——水的密度,g/cm³;

L——试样的有效长度,cm;

A——试件的横切面面积,cm²;

$h_1 - h_2$——水头差,cm。

注水至两边形成需要的水头差,在出水口处放置量筒,等到有水渗出时,记录时间和渗出水量,通过计算得到膨胀土的渗透系数。

测试裂隙性膨胀土渗透系数的试验装置由马利奥特瓶、渗透装置和过滤装置组成。装置共分三个实验仓,两端为砾石组成的过滤仓,中间为渗透仓,见图 3-58、图 3-59。

图 3-58 实验装置渗透仓

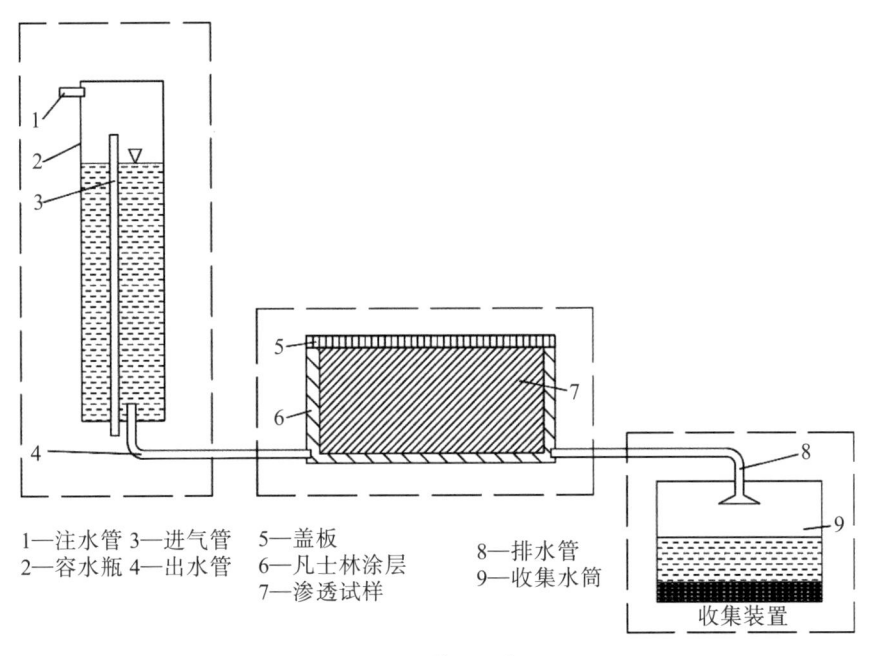

1—注水管 3—进气管 5—盖板 8—排水管
2—容水瓶 4—出水管 6—凡士林涂层 9—收集水筒
7—渗透试样

图 3-59 装置示意图

将土样风干并用粉碎机粉碎,并过 2mm 筛,其风干含水量为 5%。将土样置于容器中加入适量的水,进行充分搅拌,由于膨胀土吸水能力强,此处搅拌要使土中迅速吸水形成的团块散开。

控制土样初始含水量为 25%。为使土样中的水分分布均匀,将土样装入塑料袋密封 72h。然后称取适量的土样,制成所需土条置于模型之中。

在土样自然干燥过程中分别设定了 25%、20%、15%、10%、5% 共 5 个含水量控制标准。将部分压制好的试样密封保存并制成土条,其初始含水量为 25%,将其他剩余试样置于蒸发皿中,在自然条件下进行干燥(温度为 20℃ 左右),每隔 6h 对样品称重,根据重量变化计算膨胀土样品的含水量。当试样含水量达到上述控制标准时,选取试样并密封保存 96h,让水分进一步分布均匀。在测试过程中,确保每个控制标准至少使用 5 个平行样进行试验。

根据现场的裂隙条数、宽度、长度数据概化,设置不同初始裂隙率,从 4%、6.5%、9%、11.5% 到 14%,共计 5 个等级。

将上述制成的土条置于渗透仓,见图 3-60,利用膨胀土条间的空隙模拟裂隙性膨胀土,仓内壁涂满凡士林,对土体图像进行二值化处理,利用 PCAS 软件计算土体裂隙率,见图 3-61、图 3-62,根据工况的不同调整土体裂隙率等参数。顶部用薄泡沫板和玻璃胶密封,防止渗漏。

图 3-60　在渗透仓内的土条　　　　　　　图 3-61　二值化处理后的土条图像

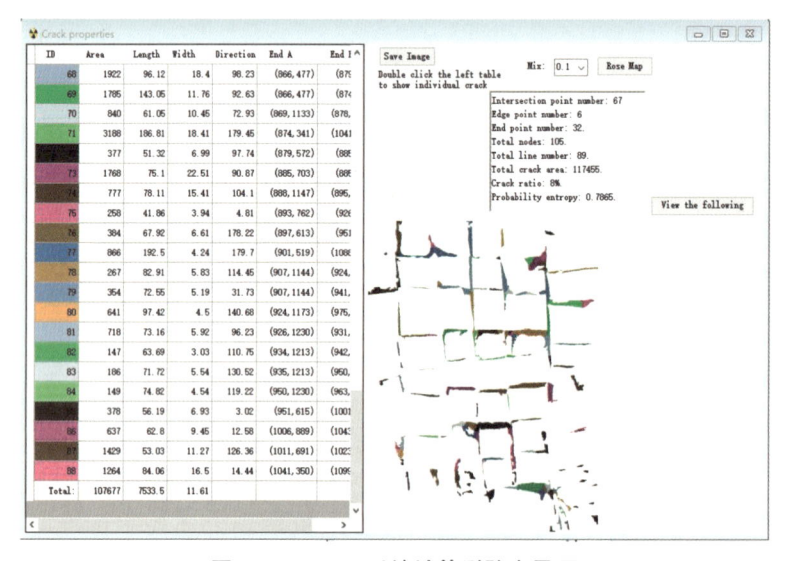

图 3-62　PCAS 系统计算裂隙率界面

在准备工作结束后,向马利奥特瓶内注水,等到出水桶内水开始溢出时,记录单位时间内溢出水的量,见图 3-63。一开始由于渗透状况改变速度较大,记录时间的间隔相对较密,为 10min,待到计算溢出水量变化幅度变小时,增大记录时间间隔至 30min,直至渗流稳定。

图 3-63　试验开始时出水桶溢出水

3.3.2.3　试验结果分析

初始含水量对膨胀土的渗流情况影响较大，为进一步探究不同初始含水量对膨胀土渗流的影响情况，设置不同组别进行试验。据渠道运行期间的资料和裂隙条数、宽度、长度数据概化结果，将25%、20%定义为高初始含水量；15%定义为中初始含水量；10%、5%定义为低初始含水量。将14%、11.5%定义为高初始裂隙率；9%定义为中初始裂隙率；6.5%、4%定义为低初始裂隙率。

在9%中初始裂隙率的情况下，将初始含水量分为25%、20%、15%、10%、5%共5组。其中每组做5次渗透试验，试验时间为660min，取5次试验渗透系数平均值来深入研究初始含水量对膨胀土渗流的影响，实验结果如下：

图3-64描述了9%中初始裂隙率情况下不同初始含水量的试样的渗透系数随时间的变化规律。对比几组不同裂隙率的试验，可以得出土体的渗透系数随着初始含水量的增加而增加。随着渗透时间的不断增长，渗透性逐渐降低。

在图3-64(a)中，经历了10h的渗透过程后，土的渗透系数变化了一个数量级。从初始含水量不同的试样中，可知渗透性随着初始含水量的增大而增加。与图3-64(b)对比，中裂隙率情况下将初始含水量增加至20%，裂隙性膨胀土的渗透性在经历长时间流水渗透时，变化幅度不明显。

初始含水量不同时，其渗透性也有差异。渗透初期，不同初始含水量条件下的渗透系数相差较大，随着渗透的继续进行，各组试验的渗流情况也逐渐稳定。在裂隙率相同时，初始含水量越高，渗透率变化幅度越小。这是由于在高初始含水量情况下，土体内部在与水接触后膨胀的程度比低初始含水量情况下要小得多，土条与土条之间裂隙闭合不充分。渗透水流在高初始含水量的土体中，仍然可以沿着闭合不充分的膨胀土裂隙发生渗流作用，导致其相比低初始含水量土体的渗透系数偏大。

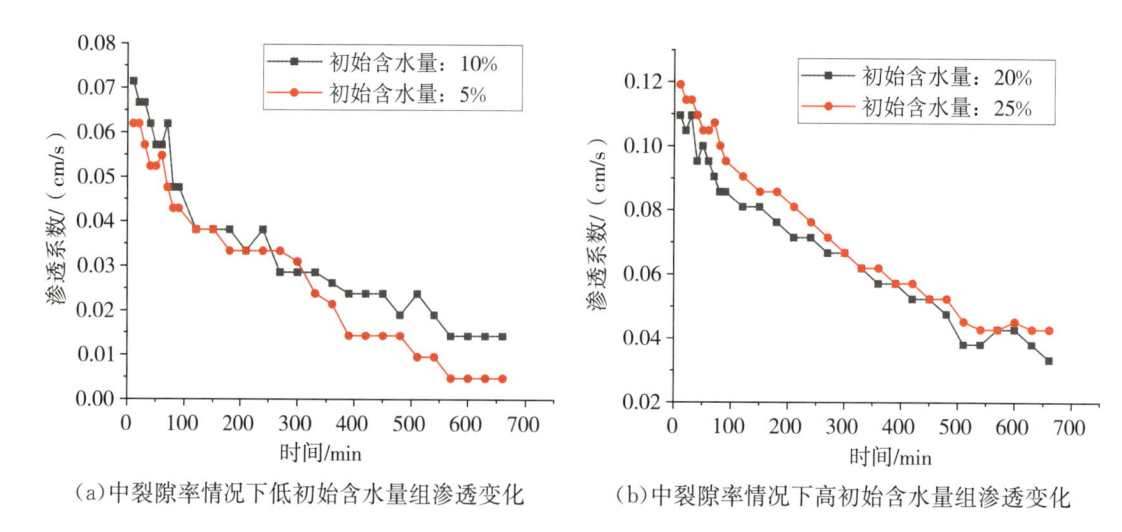

(a) 中裂隙率情况下低初始含水量组渗透变化	(b) 中裂隙率情况下高初始含水量组渗透变化

图 3-64　不同初始含水量下渗透系数随时间变化图

从图 3-64 中可以看出，在初始含水量较大时，渗透系数变化明显。当初始含水量达到 20% 后，渗透系数明显与 10%、5% 这两组有较大差异。在实际工况中，初始含水量高，土体裂隙率较大，渗透性强，为保持土体稳定性，应及时排水降低土体含水量，确保建筑基础设施的安全性。

从图 3-64 可以看出，随着时间的增长，几组试验的渗透系数逐渐稳定在某一值处，说明土体在饱和环境的渗流作用下，已经达到能膨胀的最大值。随着初始含水量的降低，渗透系数的稳定值也在逐步下降。这是因为初始含水量高的试样土体内部空隙较大，在渗流过程中，纵使膨胀土在不断吸水膨胀，但还是无法使较大裂隙闭合，最终稳定在某一值处。从变化幅度来看，试样的初始含水量越低，变化幅度越大。当初始含水量逐渐升高时，其渗透性变化程度也在变小。由于土体在低初始含水量的情况下，土体中基质吸力较大，吸收水的潜力较大。在渗流过程中不断吸水导致土体膨胀，逐渐将土条间的裂隙填满降低土体整体的渗透性。

膨胀土初始裂隙率对土体的渗流情况影响较大，为进一步探究不同初始裂隙率对膨胀土渗流的影响情况，通过设置不同组别试验，在 20% 高初始含水量和 5% 低初始含水量的情况下，将初始裂隙率分为 14%、11.5%、9%、6.5%、4% 共 5 组，每组做 5 次渗透实验，试验时间为 660min，取渗透系数的平均值深入研究土体裂隙率对膨胀土的渗流的影响，实验结果如下：

图 3-65 描述了在初始含水量为 5%、20% 的条件下不同初始裂隙率的试样的渗透系数随时间的变化规律。图 3-65(a) 中，初始裂隙率为 6.5% 的试样的 3 次试验得出平均渗透系数值存在波动，始终维持在 2×10^{-4} m/s，初始裂隙率为 4% 的试样渗透系数一直保持在 3×10^{-5} m/s。当在高初始含水量的情况下，裂隙性膨胀土的渗透性在低裂隙率范围内变化并不明显。由于土条间的裂隙过于狭窄，膨胀土体在高初始含水量时，发生

的膨胀足以将裂缝填满,导致土体渗透性并不发生显著变化。

而在图 3-65(b)中,从中、高初始裂隙率组中可以观察到,土体的渗透性随渗透时间的增长而变小,且随着初始裂隙率的增大,渗透系数也在增大。渗透系数变化幅度随初始裂隙率的增大而减小。中、高初始裂隙率组的土样和低初始裂隙率组的渗透系数变化有显著不同,直接影响因素为初始裂隙率。当裂隙率逐渐降低到一定值时,土体在经历渗透作用吸水后将裂隙填满,水流失去渗流通道导致土体的渗透变化不明显。在中、高初始裂隙率组中,上述过程同样存在,从图 3-65 中可以看出渗透系数在逐渐变小,是因为裂隙逐渐闭合。

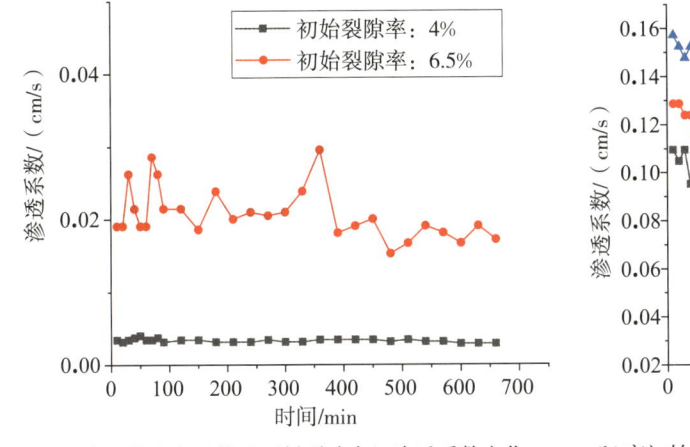

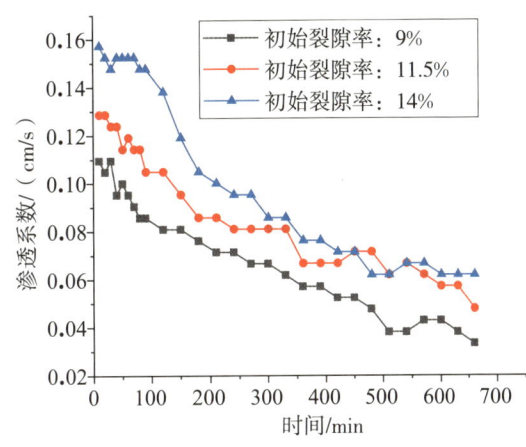

(a)高初始含水量情况下低裂隙率组渗透系数变化　(b)高初始含水量情况下中、高裂隙率组渗透系数变化

图 3-65　不同初始裂隙率下渗透系数随时间变化

在图 3-66 中,低初始含水量情况下,当土体中初始裂隙率不同时,其渗透性也有差异。渗透系数呈现出波动变化,出现这种情况的原因是:在水的渗流作用下,土体内部吸水逐渐膨胀挤压裂隙,渗透性开始变差,土条表面崩解的细小颗粒在水流作用下将某裂隙淤堵从而造成土体的渗透性暂时不发生变化。当水流继续冲刷时将淤堵处冲开,土体渗透性继续发生变化,直至下一次淤堵—冲刷过程,再到土体膨胀至将大部分裂隙填满,土体渗透系数稳定在某一值。

在初始裂隙率为 14% 时,渗透系数变化明显。随着时间的增长,渗透系数逐渐稳定在某一值,说明土体在饱和环境的渗流作用下已经达到膨胀最大值。随着裂隙率的降低,渗透系数的稳定值也在逐步下降。这是因为初始裂隙率为 14% 的土样内部的空隙较大,在渗流过程中,即使膨胀土在不断吸水膨胀,但还是无法使较大裂隙闭合。

从不同初始裂隙率的试验可以得出,土体的渗透系数随着初始裂隙率的减小而降低。初始裂隙率成为影响渗透系数的重要因素,初始裂隙率越小,裂隙完全闭合需要的时间越短,渗透进土体内的水就越少,渗透系数也就相应越小。

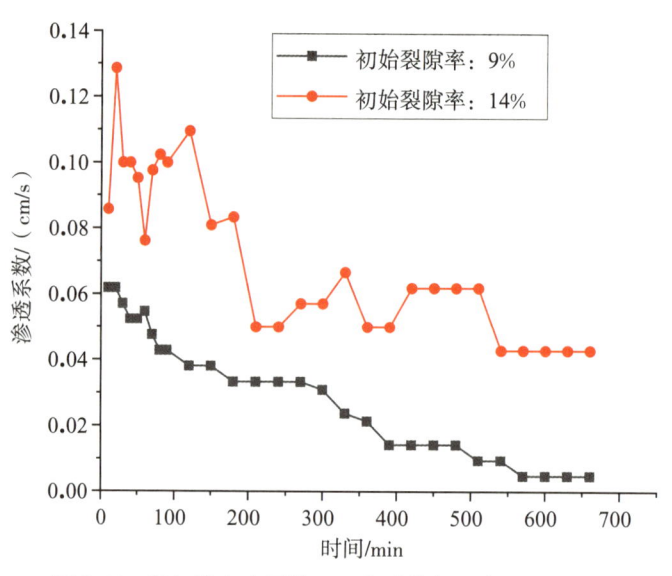

图 3-66　低初始含水量情况下高裂隙率组渗透系数变化

3.3.2.4　渗透性变化过程

本试验选取初始含水量、初始裂隙率这两个影响因素作为研究对象。采用控制变量法,每个因素设定 5 个水平,共有 10 组试验。

①在初始裂隙率一定时,研究初始含水量和渗透系数之间的关系,试验结果见表 3-11 和图 3-67。

表 3-11　　　　　　　　　　　不同初始含水量下试验结果

时间/min	渗透系数/(cm/s)					
	初始含水量:5%	初始含水量:10%	初始含水量:15%	初始含水量:20%	初始含水量:25%
10	0.06190	0.07143	0.06190	0.10952	0.11905
20	0.06190	0.06667	0.06190	0.10476	0.11429
30	0.05714	0.06667	0.06667	0.10952	0.11429
40	0.05238	0.06190	0.05238	0.09524	0.10952
50	0.05238	0.05714	0.05238	0.10000	0.10476
60	0.05476	0.05714	0.03571	0.09524	0.10476
70	0.04762	0.06190	0.04762	0.09048	0.10714
80	0.04286	0.04762	0.04524	0.08571	0.10000
90	0.04286	0.04762	0.04524	0.08571	0.09524
120	0.03810	0.03810	0.04048	0.08095	0.09048
150	0.03810	0.03810	0.04048	0.08095	0.08571
180	0.03333	0.03810	0.04048	0.07619	0.08571

续表

时间/min	渗透系数/(cm/s)				
	初始含水量：5%	初始含水量：10%	初始含水量：15%	初始含水量：20%	初始含水量：25%
210	0.03333	0.03333	0.04048	0.07143	0.08095
240	0.03333	0.03810	0.04048	0.07143	0.07619
270	0.03333	0.02857	0.03810	0.06667	0.07143
300	0.03095	0.02857	0.03810	0.06667	0.06667
330	0.02381	0.02857	0.03810	0.06190	0.06190
360	0.02143	0.02619	0.03333	0.05714	0.06190
390	0.01429	0.02381	0.03333	0.05714	0.05714
420	0.01429	0.02381	0.03333	0.05238	0.05714
450	0.01429	0.02381	0.03095	0.05238	0.05238
480	0.01429	0.01905	0.03333	0.04762	0.05238
510	0.00952	0.02381	0.02857	0.03810	0.04524
540	0.00952	0.01905	0.03095	0.03810	0.04286
600	0.00476	0.01429	0.02857	0.04286	0.04286
630	0.00476	0.01429	0.02857	0.04286	0.04524
660	0.00476	0.01429	0.02857	0.03810	0.04286

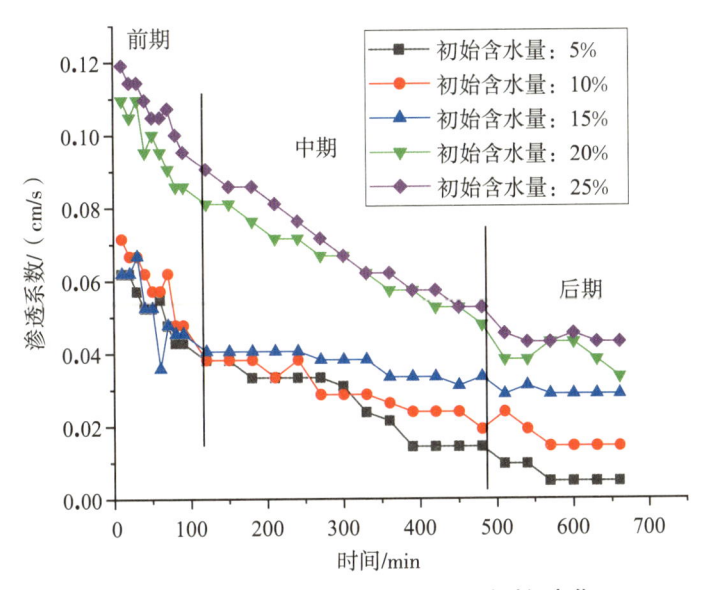

图 3-67 中裂隙率情况下渗透系数随时间变化

从图 3-67 中可知，渗透系数随着初始含水量的增加而增加。在初始渗透阶段，渗透系数下降较快，特别是 120min 之前为渗透性最强的阶段，也是渗透系数降低速度最快的阶段。在实际膨胀土渠道边坡排水过程中这两个小时是最关键的，可以将水迅速从坡体内排除。在渗透中期的6h内，土体渗透性相对强，降低速度也较快的阶段，实际工程尽量使水在该阶段排出坡体，维持稳定性。而在后期渗流阶段，渗透系数变化的幅度逐渐减小。在水的渗透作用下，膨胀土体逐渐膨胀将裂隙挤占，导致渗水通道受阻，渗透系数变小。而含水量越高，其膨胀潜力越小，土体内仍有裂隙尚未闭合，使得水有空间渗流。随着渗流作用的进行，膨胀土体逐渐吸满水分，膨胀作用减弱，导致渗透系数逐渐趋于稳定。一旦进入后续阶段，渗透性降至最低，且基本无变化，会导致排水困难。

②在初始含水量一定时，研究初始裂隙率和渗透系数之间的关系，试验结果见表 3-12 和图 3-68。

表 3-12　　　　　　　　　不同初始裂隙率下试验结果

时间/min	渗透系数/(cm/s)				
	初始裂隙率:4%	初始裂隙率:6.5%	初始裂隙率:9%	初始裂隙率:11.5%	初始裂隙率:14%
10	0.00343	0.01905	0.10952	0.12857	0.15714
20	0.00314	0.01905	0.10476	0.12857	0.15238
30	0.00343	0.02619	0.10952	0.12381	0.14762
40	0.00371	0.02143	0.09524	0.12381	0.15238
50	0.00400	0.01905	0.10000	0.11429	0.15238
60	0.00343	0.01905	0.09524	0.11905	0.15238
70	0.00343	0.02857	0.09048	0.11429	0.15238
80	0.00371	0.02619	0.08571	0.11429	0.14762
90	0.00314	0.02143	0.08571	0.10476	0.14762
120	0.00343	0.02143	0.08095	0.10476	0.13810
150	0.00343	0.01857	0.08095	0.09524	0.11905
180	0.00314	0.02381	0.07619	0.08571	0.10476
210	0.00314	0.02000	0.07143	0.08571	0.10000
240	0.00314	0.02095	0.07143	0.08095	0.09524
270	0.00343	0.02048	0.06667	0.08095	0.09524
300	0.00314	0.02095	0.06667	0.08095	0.08571
330	0.00314	0.02381	0.06190	0.08095	0.08571
360	0.00343	0.02952	0.05714	0.06667	0.07619
390	0.00343	0.01810	0.05714	0.06667	0.07619
420	0.00343	0.01905	0.05238	0.06667	0.07143
450	0.00343	0.02000	0.05238	0.07143	0.07143
480	0.00314	0.01524	0.04762	0.07143	0.06190
510	0.00343	0.01667	0.03810	0.06190	0.06190

续表

时间/min	渗透系数/(cm/s)				
	初始裂隙率:4%	初始裂隙率:6.5%	初始裂隙率:9%	初始裂隙率:11.5%	初始裂隙率:14%
540	0.00314	0.01905	0.03810	0.06667	0.06667
600	0.00314	0.01810	0.04286	0.06190	0.06667
630	0.00286	0.01667	0.04286	0.05714	0.06190
660	0.00286	0.01905	0.03810	0.05714	0.06190

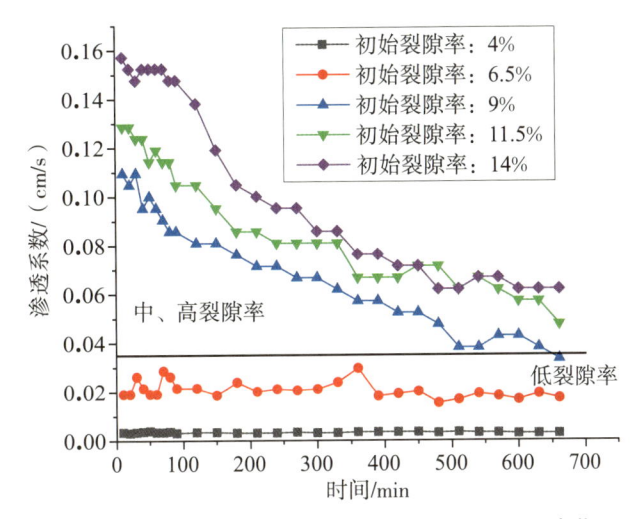

图 3-68 相同初始含水量情况下渗透系数随时间变化

从图 3-68 可以看出，与初始含水量因素影响最大的不同是低裂隙组和中、高裂隙率的差异。在 20% 初始含水量条件下，低裂隙组的渗透系数变化幅度极小，但从中、高裂隙组的渗透系数变化可以观察到。这主要是因为低裂隙组的土体内部裂隙比较小，在渗流作用发生后，土体膨胀裂隙闭合，导致过水不畅，渗透系数变化不明显。可推出坡体界限裂隙率为 6%～9%，对于裂隙率低于 6% 的部位，排水工程作用有限，断面应高密度设置排水设施；而裂隙率在 9% 以上的部分，排水工程会有效果，排水管可根据实际情况布置得相对稀疏。因此，要根据土层初始裂隙率的大小选用不同的排水设施布置方案。

根据现场实际的工程地质状况，通过测得不同深度膨胀土含水量并将裂隙分布条件概化后得出以下数据，见表 3-13。配置以下 5 种工况的土样。每组土样进行 5 次渗流实验，取渗透系数的平均值，绘制成图。5 种工况渗透系数变化见图 3-69。

表 3-13　　　　　　　　　不同工况试验参数表

试样	初始裂隙率/%	初始含水量/%
1	14.0	5
2	11.5	10

续表

试样	初始裂隙率/%	初始含水量/%
3	9.0	15
4	6.5	20
5	4.0	25

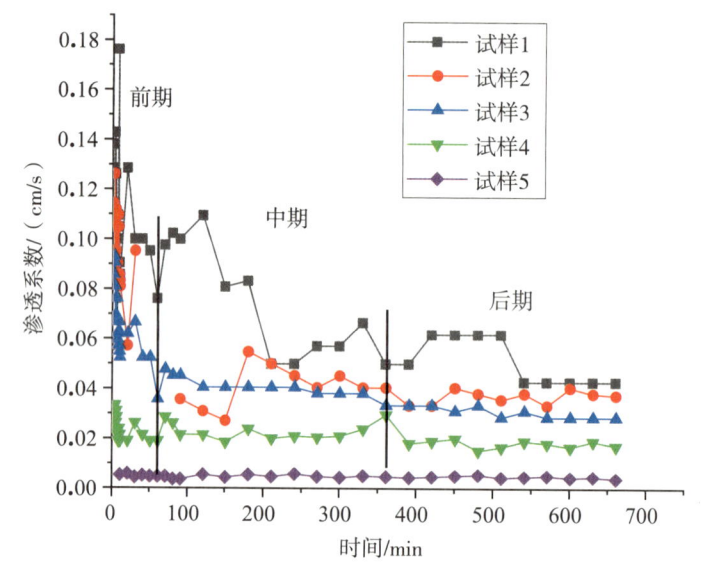

图 3-69　5 种工况渗透系数变化

从图 3-69 可以看出，裂隙性膨胀土体内，含水量升高与裂隙闭合伴随着土体渗透过程同时发生，因此试验中所测得的渗透系数实质是土体基质吸力与水在裂隙内渗流的综合体现。

在渗透初期，裂隙张开程度较大，水很容易地穿过试样内贯通的裂隙，这个时候裂隙内的渗流对土体渗透性的贡献极大，而基质吸力只影响土体渗透性较小部分。随着土体含水量的升高，裂隙开始闭合，裂隙内的渗流急剧下降。此阶段渗透性最强，排水效果最好。

在渗透中期，裂隙继续闭合，5 种工况土样的渗流强度都较前期变小，由于水的渗流作用，在初期发生土体崩解的小颗粒附着在土柱间的裂隙内，造成水的渗流不畅从而降低了渗流的强度。在水的渗流过程中，土体内部不断吸水膨胀，逐渐将土体内的裂隙空间挤占，导致渗流不畅。土体的渗透能力下降，水分向试样内部不断渗透，也是土体不断吸水的过程，使土体不断向饱和状态过渡。

在渗透后期，各种工况的试样的渗透系数均不发生明显的变化。随着时间的推移，土体内的裂隙逐渐被淤积的土颗粒所占满。由于膨胀土吸水膨胀的特性，经过长时间的浸润作用，土体的含水量已经接近饱和状态，过水通道的数量有限，水只能从土体极其微小的裂隙中流进，渗透程度降到较低的水平。实际工程中排水效果有限。

本节研究了膨胀土的渗透系数指标与初始裂隙率、初始含水量的关系,主要包括同一初始裂隙率不同初始含水量情况下的试样和同一初始含水量不同初始裂隙率情况下的试样以及采样区5种不同工况渗透性变化情况。

从试验结果可以看出,膨胀土的渗透性受初始裂隙率的影响较大。在低初始含水量、高初始裂隙率条件下会出现渗透系数的波动情况,经历淤堵—冲刷过程,直到土体膨胀至将大部分裂隙填满,土体渗透系数稳定在某一值。在实际膨胀土渠道边坡工程中,埋设排水管时要着重考虑防淤堵措施。

膨胀土的渗透性在同一初始裂隙率情况下受初始含水量的影响,初始含水量越低的土,基质吸力大,吸水后迅速膨胀导致渗透性变差,土体含水量影响着土体内裂隙的产生与发展。在渗流开始的120min以内,土体渗透性最强,排水设施排水效果最好,在8h(480min)内渠道边坡排水设施都具有一定效果,一旦超过24h,排水管排水效果有限。

在同一初始含水量的条件下,膨胀土的裂隙率越大,渗透系数越大,达到渗透性稳定的时间越长。界限初始裂隙率为6%～9%的条件下,低于6%初始裂隙率时,经过长时间渗透,土体含水量接近饱和,渗透系数的变化幅度不大,排水设施作用有限,需加大布置排水管的密度。裂隙率在9%以上时,增设排水的效果更加显著。

3.3.3 渠道边坡非饱和土体渗透特性研究

膨胀土属于非饱和黏性土。非饱和膨胀土中含有大量的蒙脱石、伊利石和高岭石等亲水性矿物成分,所以其对水的变化非常敏感。在渠道水位上涨及降水条件下,渠道边坡非饱和膨胀土会发生水分的入渗,土体含水率会增加,膨胀土含水率的增加会引起土体膨胀产生膨胀压力、强度降低等不良特性,这将对渠道边坡的稳定性构成极大的威胁。研究膨胀土土体浸水条件下的水分入渗规律,进而研究渠道边坡非饱和膨胀土土体含水率的变化规律对渠道边坡稳定性的影响非常有必要。

3.3.3.1 渠道边坡非饱和土中水的入渗

处于非饱和状态下的土中水和饱和土中水一样,水总是会自发地由土水势 ψ 高的地方向土水势低的地方运动。一般认为,在很多情况下,适用于饱和土中水流动的达西定律也同样适用于非饱和土中水的流动。

非饱和土中水流动的达西定律可以表示为

$$q = -K(\psi_m) \nabla \psi \text{ 或 } q = -K(\theta) \nabla \psi \tag{3-3}$$

虽然式(3-3)与饱和土中水流动的达西定律在表达式的形式上相同,但水势 ψ 和导水率 $K(\theta)$(土体在单位时间内所通过的水量)却有不同的含义和特点。

首先,水势差的存在是引起饱和土中水和非饱和土中水的运动的原因,但二者土水势的组成却是不同的。饱和土中水的土水势 ψ 仅包括压力势 ψ_p 和重力势 ψ_g,压力势由地下水面以下的深度来确定,而重力势由相对参考平面的高度来确定。饱和土中水的土水势 ψ 一般用水头 h 来表示,水的流动方向为总水头高处向总水头低处运动。

当忽略土的溶质势、温度势和气压势的影响时,非饱和土中水的土水势仅包括基质势 ψ_m 和重力势 ψ_g。基质势可用基质势水头表示,取决于土的干湿程度,而重力势可用位置水头来表示,其取决于相对参考平面的高度。因此,对于非饱和土中水,不能简单地说水由位置高处流向位置低处,或者说水由湿处流向干处,非饱和流动所遵循的唯一的原则是水由土水势 ψ 高处向土水势 ψ 低处运动。

其次,非饱和土中水的流动和饱和土中水的流动的导水率 $K(\theta)$ 也不同。当土体处于饱和状态时,土体全部孔隙中都充满了水,因此具有较高的导水率值,且为一定值,称为饱和导水率,也叫饱和渗透系数。非饱和土的导水率 K 又称为水力传导度,由于土体是非饱和的,土体仅部分孔隙中有水流动,因此,导水率值低于饱和导水率。另外,导水率 K 还是土中水的基质势 ψ_m 或含水率 θ 的函数,记为 $K(\psi_m)$ 或 $K(\theta)$。且非饱和土的导水率随基质势或含水率的增大而增大。

对于非饱和土中水分的入渗,最早被人们所研究的是干土在积水条件下的垂直入渗问题。最早 Coleman 与 Bodman(1944,1945)对初始含水率 θ_i 较低的土体在积水条件下入渗一定时间后土体剖面中含水率的分布做了研究,他们将入渗后土体含水率剖面分为 4 个区,分别为饱和区、过渡区、传导区和湿润区。湿润区的前缘称为湿润锋。

对非饱和土中水的入渗的认识仅仅停留在了解其典型的含水率分布及分区是远远不够的,更重要的是分析入渗后土体剖面中含水率分布随时间的变化及湿润锋前移的规律。

达西定律是流体在多孔介质中运动所应满足的运动方程,而质量守恒原理是物质运动时普遍遵循的原理,连续方程就是将质量守恒原理应用在多孔介质中的流体上。非饱和土中水分运动的基本方程可由达西定律和连续方程相结合推导出,表示为

$$\frac{\partial \theta}{\partial t} = -\nabla [K(\theta) \nabla \psi] \tag{3-4}$$

式中:∇——散度。

将上式展开即变为

$$\frac{\partial \theta}{\partial t} = \frac{\partial}{\partial x}\left[K_x(\theta)\frac{\partial \psi}{\partial x}\right] + \frac{\partial}{\partial y}\left[K_y(\theta)\frac{\partial \psi}{\partial y}\right] + \frac{\partial}{\partial z}\left[K_z(\theta)\frac{\partial \psi}{\partial z}\right] \tag{3-5}$$

假设土体是各相同性的,即 $K_x(\theta) = K_y(\theta) = K_z(\theta) = K(\theta)$。对于非饱和土中水流动,其总水势 $\psi = \psi_m \pm z$,将此式代入式(3-3)后可得

$$\frac{\partial \theta}{\partial t} = \frac{\partial}{\partial x}\left[K(\theta)\frac{\partial \psi_m}{\partial x}\right] + \frac{\partial}{\partial y}\left[K(\theta)\frac{\partial \psi_m}{\partial y}\right] + \frac{\partial}{\partial z}\left[K(\theta)\frac{\partial \psi_m}{\partial z}\right] \pm \frac{\partial K(\theta)}{\partial z} \tag{3-6}$$

式(3-6)便是非饱和土中水运动的基本微分方程。式中导水率 $K(\theta)$ 是含水率 θ 或基质势 ψ_m 的函数,故此方程是一个二阶非线性的偏微分方程。

由于非饱和土中水的扩散率 $D(\theta)$ 为导水率 $K(\theta)$ 和比水容量 $C(\theta)$ 的比值,其公式为

$$D(\theta)=\frac{K(\theta)}{C(\theta)}=K(\theta)/\frac{\mathrm{d}\theta}{\mathrm{d}\psi_m} \tag{3-7}$$

显然,非饱和土中水的扩散率 D 也是含水率 θ 或基质势 ψ_m 的函数,其函数关系必须通过试验测定。

比水容量 C 是含水率的变化随单位基质势的变化,为土体土水特征曲线斜率的倒数,由此可知,比水容量的值随土体含水率 θ 或土体基质势 ψ_m 变化而变化,故记为 $C(\theta)$ 或 $C(\psi_m)$。

引入扩散率后,由基本方程(3-6)可改写出以含水率 θ 为因变量的非饱和土中水运动的基本方程为

$$\frac{\partial\theta}{\partial t}=\frac{\partial}{\partial x}\left[D(\theta)\frac{\partial\theta}{\partial x}\right]+\frac{\partial}{\partial y}\left[D(\theta)\frac{\partial\theta}{\partial y}\right]+\frac{\partial}{\partial z}\left[D(\theta)\frac{\partial\theta}{\partial z}\right]+\frac{\partial K(\theta)}{\partial z} \tag{3-8}$$

该方程还可以表示为

$$\frac{\partial\theta}{\partial t}=\nabla\left[D(\theta)\nabla\theta\right]+\frac{\partial K(\theta)}{\partial z} \tag{3-9}$$

或

$$\frac{\partial\theta}{\partial t}=\nabla\left[D(\theta)\nabla\theta\right]+\frac{\mathrm{d}K(\theta)}{\mathrm{d}\theta}\frac{\partial\theta}{\partial z} \tag{3-10}$$

对于垂直方向上的一维流动,方程可以简化为

$$\frac{\partial\theta}{\partial t}=\frac{\partial}{\partial z}\left[D(\theta)\frac{\partial\theta}{\partial z}\right]+\frac{\partial K(\theta)}{\partial z} \tag{3-11}$$

对于水平方向上的一维流动,方程可以简化为

$$\frac{\partial\theta}{\partial t}=\frac{\partial}{\partial x}\left[D(\theta)\frac{\partial\theta}{\partial x}\right] \tag{3-12}$$

以上是非饱和土中水分运动基本方程的另一类形式。方程中引入了扩散率 D,可以看出方程的形式与热传导方程相类似,故常称为扩散型方程,但应注意这只是一种数学上的处理。

从非饱和土体水分运动的基本微分方程可以看出,方程中除了基质势(或基质吸力)、土体含水率、位置坐标和时间坐标这些变量以外,还含有非饱和导水率 $K(\theta)$、扩散率 $D(\theta)$ 和比水容量 $C(\theta)$ 等非饱和土体水分运动参数。无论是用解析法还是数值解法对非饱和土体水分运动进行定量分析,这些参数都是必不可少的资料。根据求解问题的不同,至少需要一个参数,有的需要几个。已知参数,利用建立的数学模型求解土体中含水量(或基质势)的分布及其随时间变化的问题,称为正问题的求解。而本次要讨论的

是逆问题的求解，即根据室内外试验实测的土体水分和土体水势资料或实际观测的土中水分动态资料，反过来确定土中水分运动参数的求解方法，也就是土中水分运动参数的测定问题。

非饱和土体的导水率是单位梯度的土体水分运动通量。它随含水率或基质势的变化关系现在还不能用理论分析方法导出，需要通过试验测定。其测定方法有瞬时剖面法、土水特征曲线法、垂直下渗通量法、垂直土柱稳定蒸发法等。由于瞬时剖面法对扰动土和原状土均适用，且不需要造成稳定流条件，可测定吸湿和脱湿过程，试验和计算都不复杂，因此本书采用瞬时剖面法计算导水率。

在室内通过对均质土柱进行上渗、下渗或水平吸渗试验，测得不同时刻土柱剖面内的含水率和吸力分布，并通过理论计算即可求得非饱和导水率 $K(\theta)$。由于土中水分运动的状态是非稳定的，所测得的土体体积含水率及吸力的分布都是瞬时的，故将此法称为瞬时剖面法。

对非饱和土垂直方向上的一维流动，当规定 z 坐标向上为正时，由达西定律不难导出导水率 K 的计算公式为

$$q = -K(\theta)\frac{\partial(\psi_m + z)}{\partial z} = K(\theta)\left(\frac{\partial s}{\partial \theta} - 1\right)$$

$$K(\theta) = \frac{q}{\frac{\partial s}{\partial z} - 1} \tag{3-13}$$

由上式可知，只要知道某一断面处土中水的通量 q 和吸力梯度 $\frac{\partial s}{\partial z}$，就可计算出相应的导水率 K 值。然而，要求得通量 q 及吸力梯度 $\frac{\partial s}{\partial z}$，必须先通过试验获得图 3-70 中的 t_1 和 t_2 时刻的土体剖面体积含水率分布。

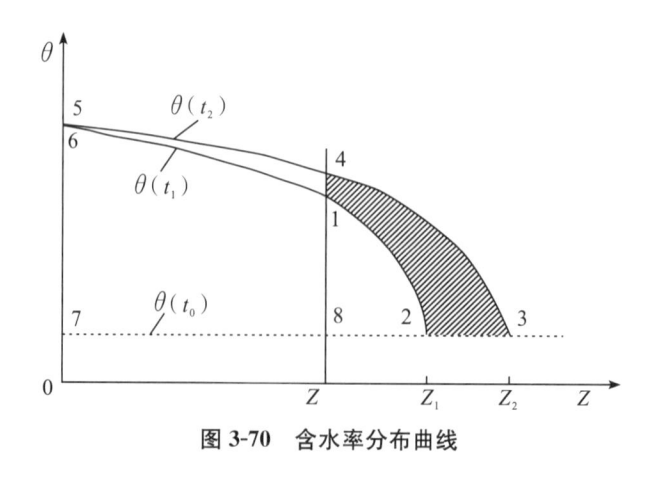

图 3-70 含水率分布曲线

在测定土体导水率的试验过程中,测得 t_1 和 t_2 时刻的体积含水率分布 $\theta(t_1)$ 和 $\theta(t_2)$,则 $t_1 \sim t_2$ 时段内任一断面 z 处的土体水分运动通量 $q(z)$ 由连续原理可知有

$$\frac{\partial \theta}{\partial t} = -\frac{\partial q}{\partial z}$$

对上式进行积分,积分限由 z_0 至 z,则可得

$$\int_{z_0}^{z} \frac{\partial \theta}{\partial t} \mathrm{d}z = q(z_0) - q(z) \tag{3-14}$$

上式表明,在 Δt 时段内,z_0 和 z 之间土柱剖面水量增加的速率和 z_0 和 z 断面处的水分运动通量之差是相等的。令 $z_0 = 0$,则上式可写为

$$q_0 - q(z) = \int_0^z \frac{\partial \theta}{\partial t} \mathrm{d}z = \frac{\partial}{\partial t} \int_0^z \theta \mathrm{d}z$$

其中,q_0 为 $q(z=0)$ 的简写。为了便于计算,上式可进一步近似为

$$q_0 - q(z) = \frac{1}{\Delta t} \left[\int_0^z \theta(t_2) \mathrm{d}z - \int_0^z \theta(t_1) \mathrm{d}z \right] \tag{3-15}$$

式(3-15)中,在 $z_0 = 0$ 断面处的通量 q_0 可通过补水量求得;右端方括号内的值可由 t_1 和 t_2 时刻的体积含水率分布求得,若用图解法,即为图3-69 中 1-4-5-6 的图形面积。至此,任一断面 z 处的通量 $q(z)$ 便不难计算出。此外,如果忽略土柱端口的蒸发水量,则图3-69 中 1-2-3-4 所示阴影部分的面积则为断面 z 处在 $\Delta t = t_2 - t_1$ 时段内单位面积上所通过的水量,该值除以 Δt 则为此时段内 z 断面处的平均通量值 $q(z)$。此结果与通过式(3-15)计算得到的通量值相互印证比较。

取一系列的 z 断面,按上述方法分别求出 q、$\dfrac{\partial s}{\partial z}$ 和 θ(或 s)的平均值,便可得出 K—θ(或 K—s)关系。

3.3.3.2 渠道边坡非饱和土体水分入渗试验

由前面的理论可知,对非饱和土体水分运动的研究,最重要的是确定非饱和土体水分运动的参数,而土体水分运动参数的确定只能通过试验测定。设计并进行室内非饱和膨胀土水分入渗试验,其中最重要的是控制膨胀土的供水和膨胀土含水量的测定两个方面。本次试验采用合适的供水设备进行供水,质量含水量的测定采用称重法。

含水量是标志土体含水程度(或湿度)的一个重要的物理指标。土体含水量的测定方法一般有称重法、中子法、γ 射线法等。其中称重法是直接测定土体含水量最基本的方法,且试验所需设备简单,因此本次含水量的测定采用称重法。

称重法是将采集的土样称得湿重后,放在 105~110℃ 的烘箱中烘干至恒重(一般黏土、粉土的烘干时间不得少于 8h,对砂土的烘干时间不得少于 6h,对含有机质超过干土质量 5% 的土,应将温度控制在 65~70℃ 的恒温下烘干至恒重),然后进行称重。土体质

量含水量可用下式进行计算

$$w_0 = \left(\frac{m_0}{m_d} - 1\right) \times 100 \tag{3-16}$$

式中：m_d ——干土的质量，g；

m_0 ——湿土的质量，g。

本次试验装置主要由供水设备和自制透明有机玻璃管组成。试验过程中须控制供水的水头高度，使水头高度保持恒定。膨胀土是一种特殊的非饱和黏性土，其渗透系数极小，所以控制水头时只需将选用的供水设备的横截面积尽可能加大即可。

试验采用外径 5.00cm（管径不宜超过 10cm，否则湿润锋高度会不均匀），内径 4.58cm，每支长 40cm 的透明有机玻璃管作为填土装置，有机玻璃管从中间均匀剖成两半（便于入渗试验完成后将土取出，供下次重复利用）。有机玻璃管每隔 5cm 钻一个孔，便于确定每次试验结束时的取土位置。有机玻璃管不宜过长，以便于夯土，若入渗时间较长，可将两只长 40cm 的有机玻璃管用喉箍对接，便于观看、测量湿润锋上升高度。试验装置见图 3-71。

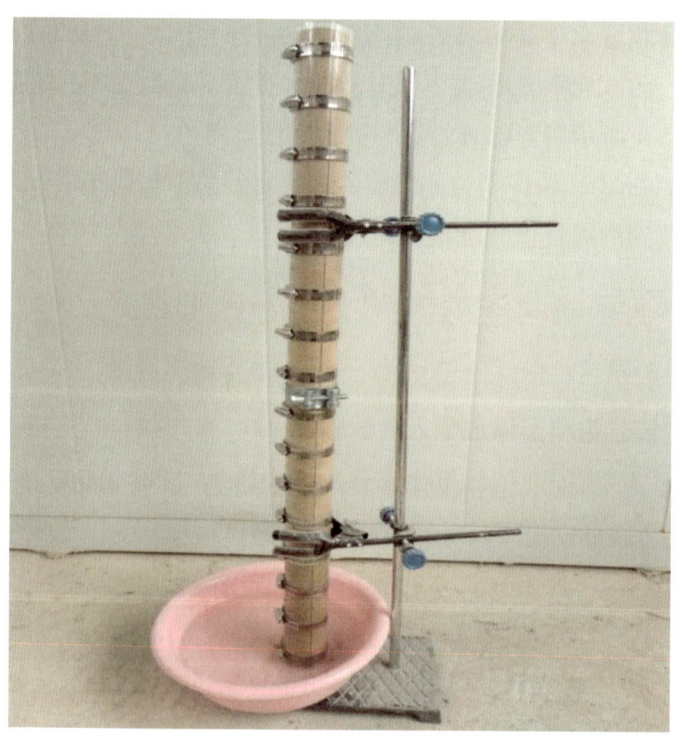

图 3-71 非饱和土体水分上渗试验装置

本次进行的是水分上渗试验，上渗试验保持水头为零且不变，则试验过程中 0cm 断面处的含水率始终保持接近饱和含水率的初始含水率 θ_i。上渗试验的土柱为均质土柱，试验所配土样的初始参数见表 3-14。

表 3-14　　　　　　　　　　　　　　试验土样参数

项目	自由膨胀率/%	初始含水量/%	干密度/(g/cm³)	粒径/cm
参数大小	80.1	15.0	1.65	≤0.2

试验过程中,为防止土柱水分蒸发,将土柱用保鲜膜进行密封。上渗试验分别进行入渗时间为 1d、2d、3d、4d、5d、6d、7d,共 7 组试验,每组试验结束时取样,并记录取样位置,对土样进行质量含水量测定。

上渗试验步骤:试验所用现场采集土样,室内测定初始质量含水量为 15%,密度为 1.9g/cm³,计算得出干密度为 1.65g/cm³。试验配制初始质量含水量 15%,干密度为 1.65g/cm³ 的土样。

①首先将在研究场地所取的膨胀土风干,并用碎土器碾散,将碾散的风干膨胀土过孔径为 2mm 的细筛,装入塑料袋内备用。取适量筛过的土样,充分拌匀,测定此时膨胀土的质量含水量为 w_0。

②通过计算知道每根有机玻璃管能装质量含水量为 15%,干密度为 1.65g/cm³ 的土样的质量为 M,且 $M=m_0+m_w$。

③将初始质量含水量为 w_0 的土配制成质量含水量为 15% 的土样。根据试验所需的土样质量(由有机玻璃管体积决定)与质量含水量,制备试样所需添加的水量应按下式计算:

$$m_w = \frac{m_0}{1+0.01w_0} \times 0.01(w_1-w_0) \tag{3-17}$$

式中:m_w——制备试样所需要添加的水量,g;

m_0——湿土(或风干土)质量,g;

w_0——湿土(或风干土)含水量,%;

w_1——制样要求的含水量,%。

④称取过筛的风干土样平铺于盆内,将计算出所需添加的水量均匀喷洒于土样上,用调土刀充分拌匀(使土样无大团)后用保鲜膜密封,放置一段时间,使土样润湿均匀。

⑤将配置好的土样填入透明有机玻璃管中,并进行夯实。土柱采用分层填土,分层夯实的方法(使土柱达到所要求的密度,并尽量使土柱均匀)。

⑥将击实好的土样与供水设备组装好,分组进行上渗试验。试验过程中应防止水分蒸发(土柱用保鲜膜密封),并控制水头恒定为 0。记录各组上渗试验开始时间。

⑦每组试验结束后,记录每组试验结束时间,拆除有机玻璃管,进行取样。记录土柱湿润锋到达位置及取土位置,并测定每组土样质量含水量分布规律。

在上渗试验的过程中,每隔 1d 时间测定一次土体质量含水量,观察每组试验结束后土体湿润锋上升高度分布,见图 3-72。

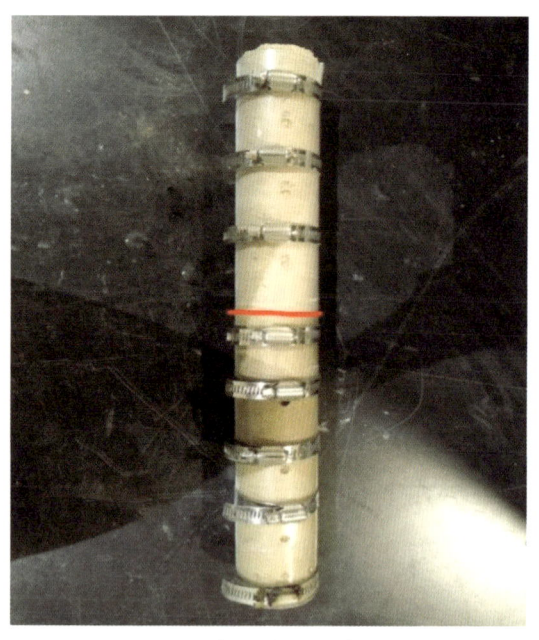

(a) 上渗 1d 水上升高度

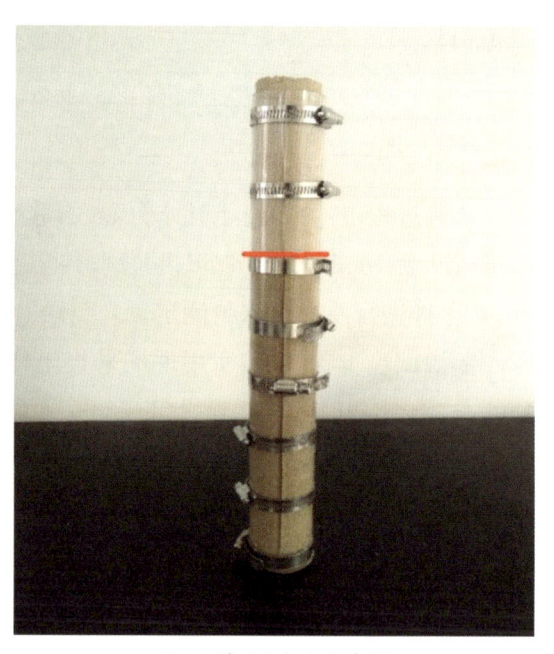

(b) 上渗 2d 水上升高度

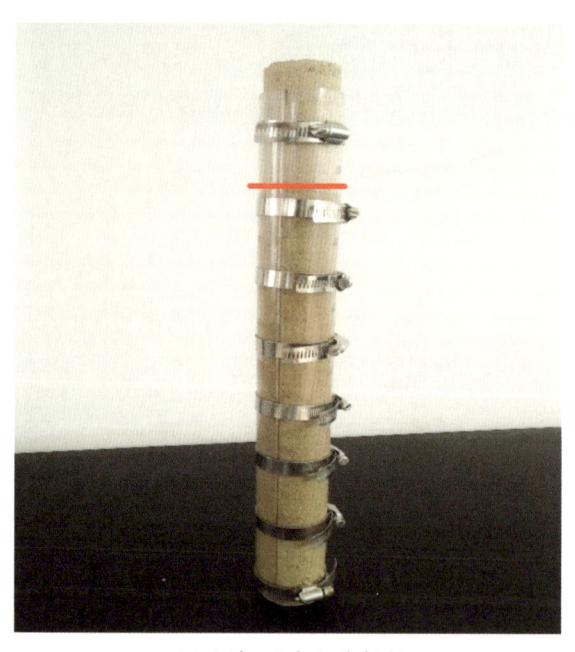

(c) 上渗 3d 水上升高度

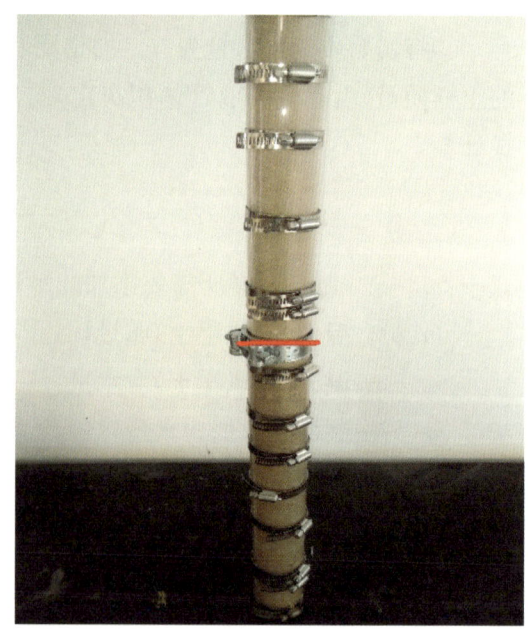

(d) 上渗 4d 水上升高度

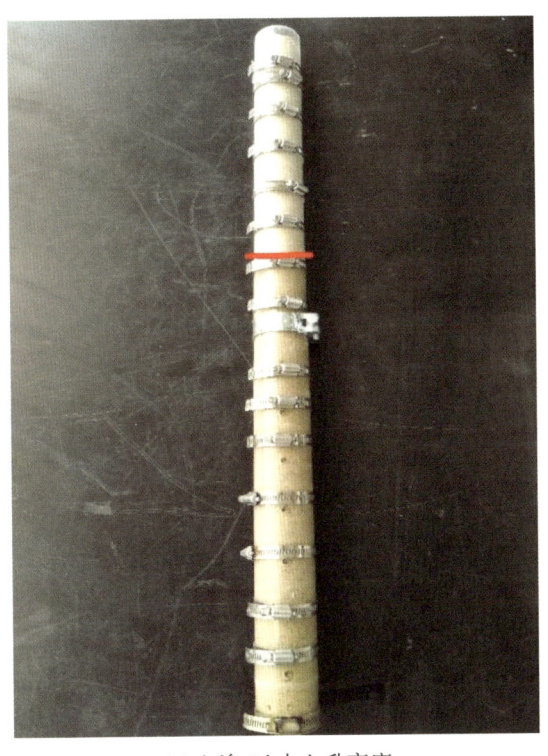

(e) 上渗 5d 水上升高度 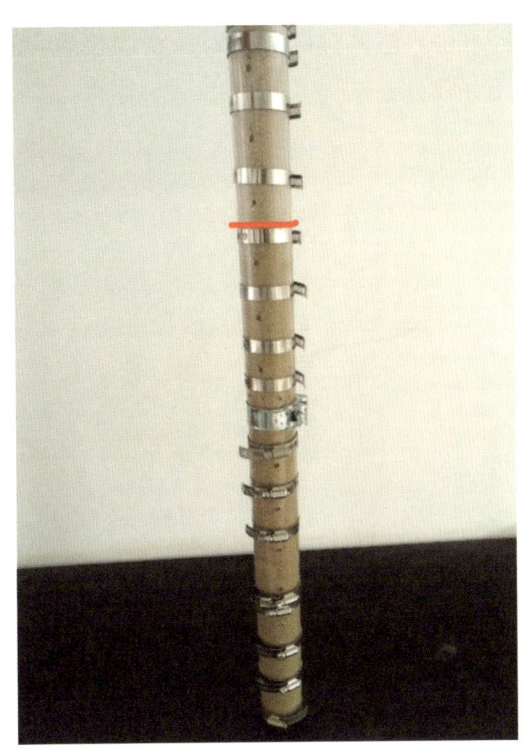   (f) 上渗 6d 水上升高度

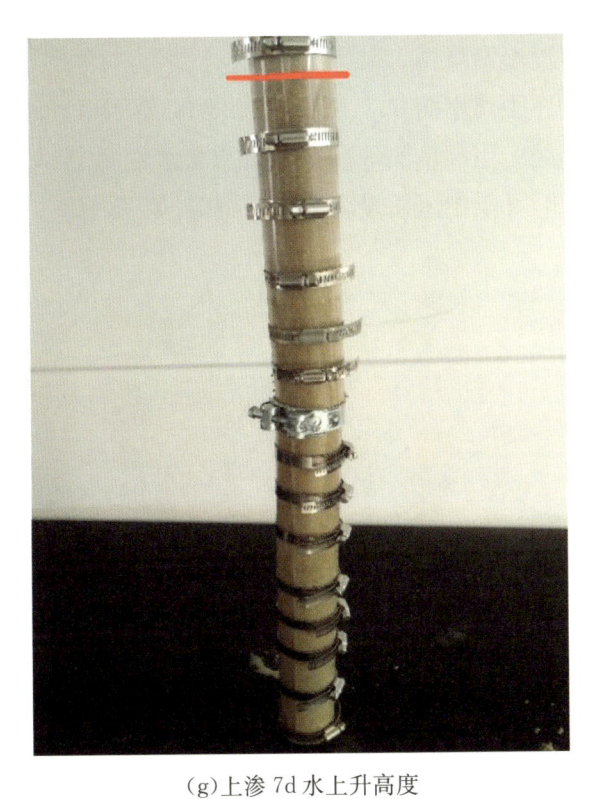

(g) 上渗 7d 水上升高度

图 3-72 上渗试验湿润锋位置

由入渗试验得到湿润锋浸润位置,绘制出湿润锋随时间的变化曲线,所得结果见图 3-73。

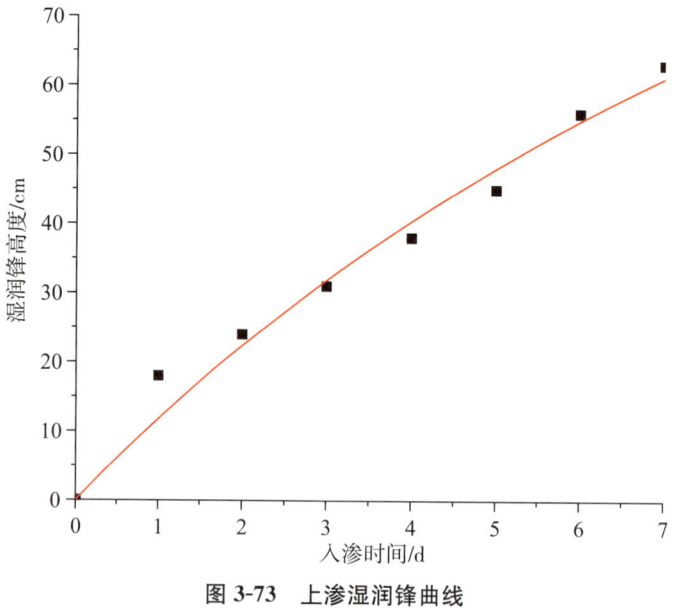

图 3-73　上渗湿润锋曲线

由图 3-73 分析可知,随着入渗的进行,湿润锋不断前移,湿润锋曲线由较陡直变为平缓,即湿润锋前进速度逐渐降低。

试验结束时,分别在距离水面 0、3、8、13、18、23cm 等(中间每隔 5cm)处依次取一定量的土样,直至湿润锋处。用称重法进行土样质量含水量测定,得到各入渗时间点时土柱质量含水量分布规律,并绘制出质量含水量分布图,见图 3-74。

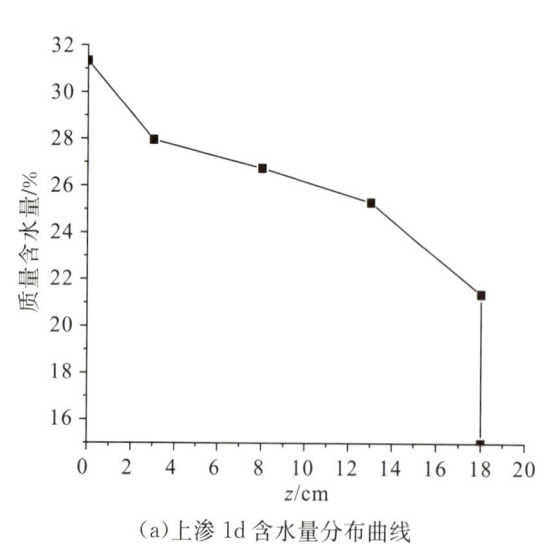

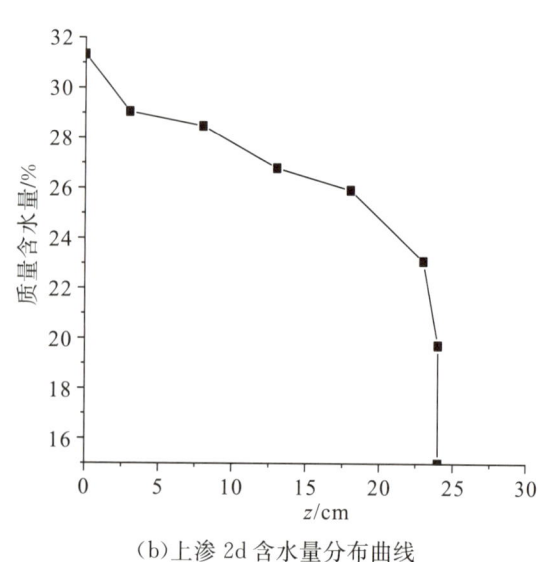

(a)上渗 1d 含水量分布曲线

(b)上渗 2d 含水量分布曲线

(c) 上渗 3d 含水量分布曲线

(d) 上渗 4d 含水量分布曲线

(e) 上渗 5d 含水量分布曲线

(f) 上渗 6d 含水量分布曲线

(g) 上渗 7d 含水量分布曲线

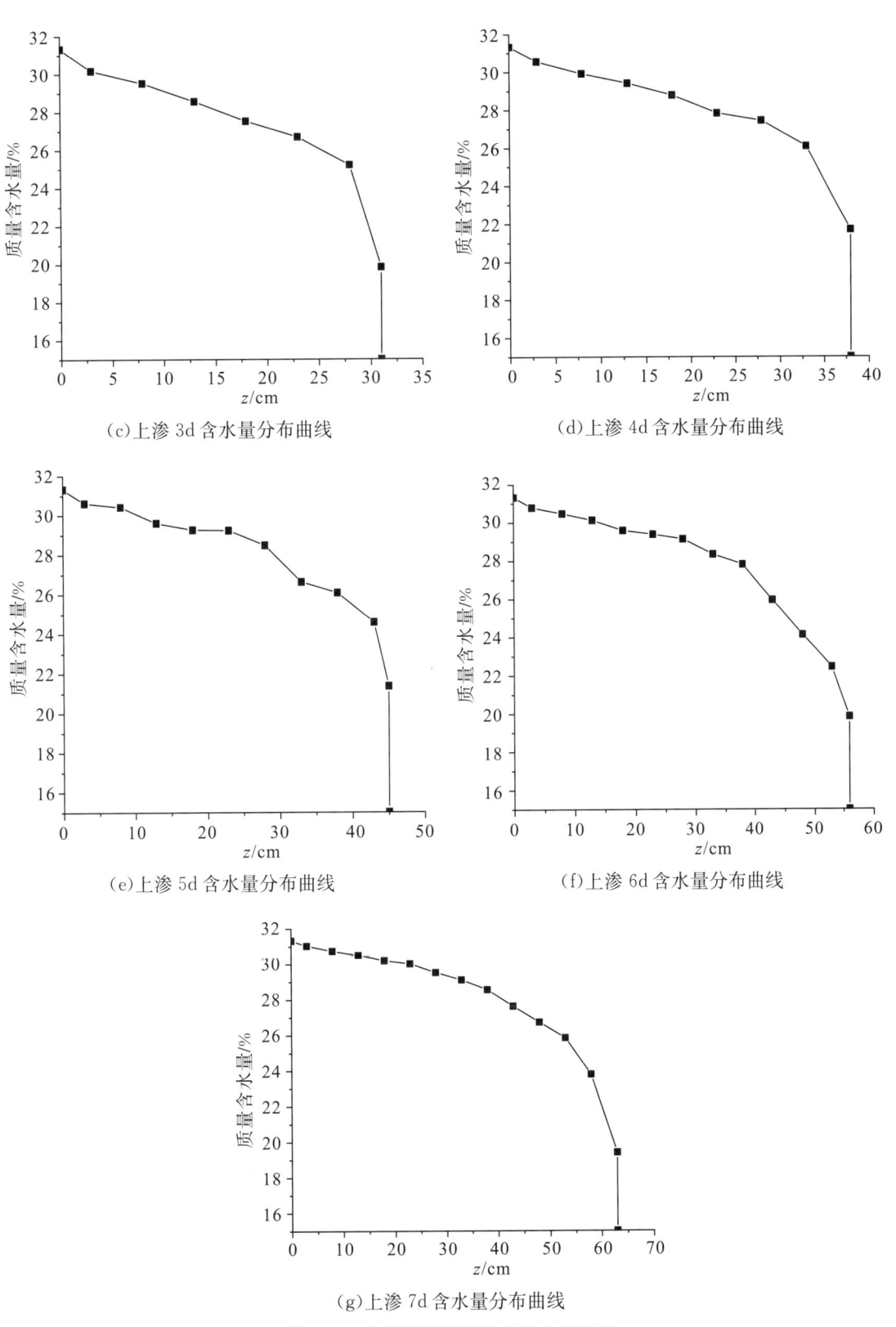

图 3-74　上渗试验质量含水量分布曲线

由图 3-74 分析可知：

①在水施加于土体表面后的极短时间内，土体表面的含水率很快由初始值 θ_i 增大到某一最大值 θ_0，且 θ_0 值较饱和含水率 θ_s 小，这是因为在自然条件下，要达到完全饱和一般是不可能的。在土体表面，含水率梯度 $\frac{\partial \theta}{\partial z}$（或基质势梯度 $\frac{\partial \psi_m}{\partial z}$）的绝对值逐渐由大变小，当时间足够大时，即 $\frac{\partial \theta}{\partial z} \to 0$ 时，接近土体表面处含水率不变。

②随着入渗的进行，含水量分布曲线由相对平缓逐渐变得比较陡直，直至湿润锋处含水量骤变为接近初始质量含水量。这是因为对于密实的黏性土，吸着水具有较大的黏滞阻力，只有当水力梯度达到某一数值，克服了吸着水的黏滞阻力以后，才能发生渗透。

③随着入渗的进行，各断面处的质量含水量逐渐增大，且增大的速率会越来越小。

3.3.3.3 体积含水率变化试验和土—水特征曲线

由式(3-16)可知，计算水通量的过程中使用的是土体体积含水率。而对于膨胀土这种非饱和土而言，由于膨胀土吸湿膨胀，体积会发生变化，干密度也会随之发生改变。这样体积含水率就不能简单地通过初始干密度换算得到。

体积含水率 θ 又称容积湿度，指土体中水分所占有的体积与土体总体积的比值。根据定义，其公式可表示为

$$\theta = V_w / V \tag{3-18}$$

式中：V_w——土体内水分占有的体积；

V——土体总体积。

质量含水量 w 是土中水的质量与土粒质量之比，以百分数计，因为在同一地区重力加速度相同，所以又称作重量含水率。根据定义，其公式可表示为

$$w = \frac{m_w}{m_s} \times 100\% \tag{3-19}$$

式中：m_w——土中水的质量，g；

m_s——土粒质量，g。

体积含水率与质量含水量之间的转换关系为

$$\theta = \frac{V_w}{V} = \frac{m_w \rho_d}{\rho_w m_s} = \frac{\rho_d}{\rho_w} \cdot w \tag{3-20}$$

式中：ρ_d——土的干密度，g/cm³；

ρ_w——土中水的密度，g/cm³；

θ——土的体积含水率，%；

w——土的质量含水量，%。

因此，要求膨胀土的体积含水率，只需知道膨胀土在增湿过程中土体质量含水量与土体干密度的关系，即可知道土体入渗过程中体积含水率的变化。土体质量含水量与干密度的关系可通过无荷膨胀率试验进行测定换算。

无荷膨胀率试验适用于测定原状土或扰动黏土在无荷载有侧限条件下的膨胀率。本试验所用的主要仪器设备为带有套环的固结仪。无荷载膨胀率试验应按下列步骤进行：

①按《土工试验方法标准》(GB/T 50123—1999)中扰动土试样的制样步骤进行制备若干初始质量含水量为 15%，初始干密度为 1.65g/cm³ 的环刀土样，并进行试样安装。

②分次向环刀土样中注入一定量的纯水，控制土样含水量。注水后每隔 2h 测记位移计读数一次，直至两次读数差值不超过 0.01mm，此时可认为膨胀稳定。

③试验结束后，取出试样，称试样质量，测定其质量含水量与密度，并计算其干密度。

任一时刻的膨胀率按式(3-21)计算：

$$\delta_e = \frac{z_t - z_0}{h_0} \times 100\% \tag{3-21}$$

式中：δ_e——时间为 t 时的无荷载膨胀率，%；

z_t——时间为 t 时的位移计读数，mm。

通过无荷载膨胀率试验，经换算可绘制出干密度与质量含水量关系曲线，见图 3-75。

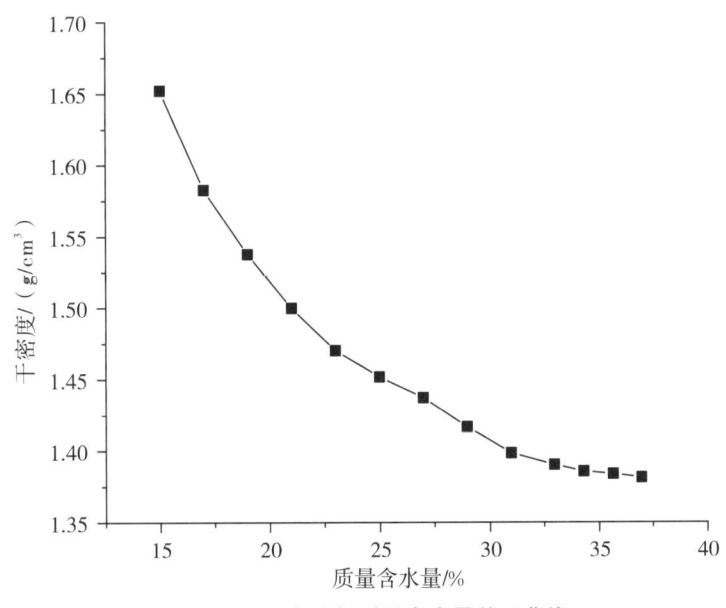

图 3-75 干密度与质量含水量关系曲线

对初始质量含水量为 15%，初始干密度为 1.65g/cm³ 的膨胀土试样，进行无荷载膨胀率试验，试验结果见图 3-75，经分析拟合其方程为

$$\rho_d = 0.0006w^2 - 0.04w + 2.15(R^2 = 0.99) \tag{3-22}$$

由图 3-75 分析可知:膨胀土的干密度随着其质量含水量的增大而减小,且减小的速率越来越小。

由前面土体导水率的测定方法可知,导水率的测定须知道土体入渗过程中吸力的分布情况,而要测定土体吸力的分布,只需知道土体土水特征曲线即可。

土体含水率与基质势 ψ_m 的函数关系在直角坐标系中表示的曲线称为土体水分特征曲线。它的测定就是量测土体的一系列含水率及其对应的基质势 ψ_m（通常用其负值表示,即基质吸力 S）。土体土水特征曲线的测定方法一般有负压计法、砂性漏斗法、压力仪法和稳定土体含水率剖面法。

负压计法(又叫张力计法)测定土体水分特征曲线,即用负压计测定土中水吸力,用称重法测定相应的含水量。负压计法可用于室内扰动土样和原状土样水吸力测定,试验设备和操作都比较简单。但是,此方法只能测定 $0\sim0.8\mathrm{bar}$ 范围内(低吸力)的水分特征曲线,而且试验时间很长。即便如此,负压计法在实际工作中仍被广泛应用。

本次室内测定土体土水特征曲线采用的是负压计法,配置初始质量含水量为 15%、初始干密度为 $1.65\mathrm{g/cm^3}$ 的土样,分次加水,每次均匀喷洒一定的水量,即对土样进行增湿,并控制土样的质量含水量。待张力计稳定时读数,并记录,并结合式(3-22)换算成体积含水率,测得增湿土水特征曲线,见图 3-76。

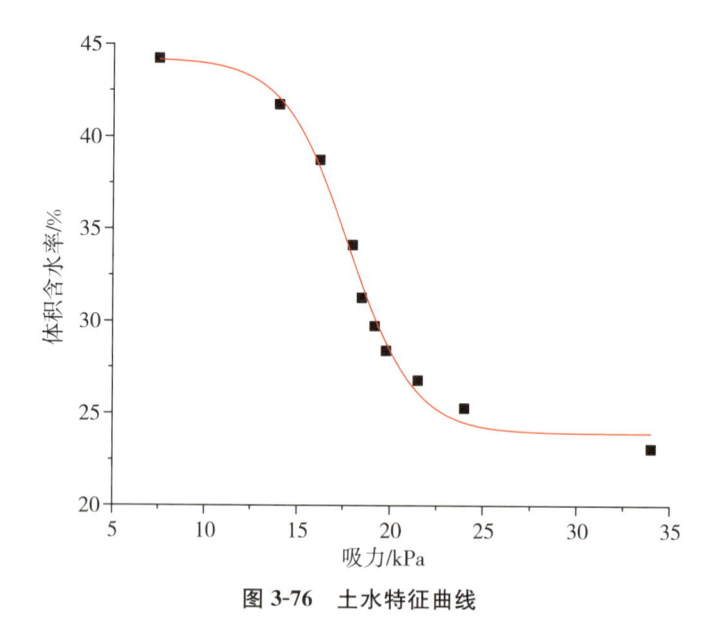

图 3-76 土水特征曲线

由图 3-76 分析可知,膨胀土吸力越大,相对应的体积含水率越小。这是由于膨胀土为非饱和黏性土,而黏质土中孔径分布较为均匀,故含水率随着吸力的提高缓慢减小。

将土水特征曲线经分析拟合,可得到方程为 $\theta = \dfrac{A_1 - A_2}{1 + e^{(x-x_0)/dx}} + A_2$,其中 $A_1 = 44.21247$,

$A_2=23.95079$, $x_0=17.7612$, $dx=1.75781$, 即

$$\theta = \frac{20.26168}{1+e^{(s-17.7612)/1.75781}} + 23.95079 \quad (R^2=0.99) \tag{3-23}$$

3.3.3.4 导水率的计算

由前文上渗试验得到的质量含水量分布曲线(图 3-74)和质量含水量与干密度的关系(图 3-75),可将质量含水量分布曲线转化为体积含水率分布曲线,所得曲线见图 3-77。

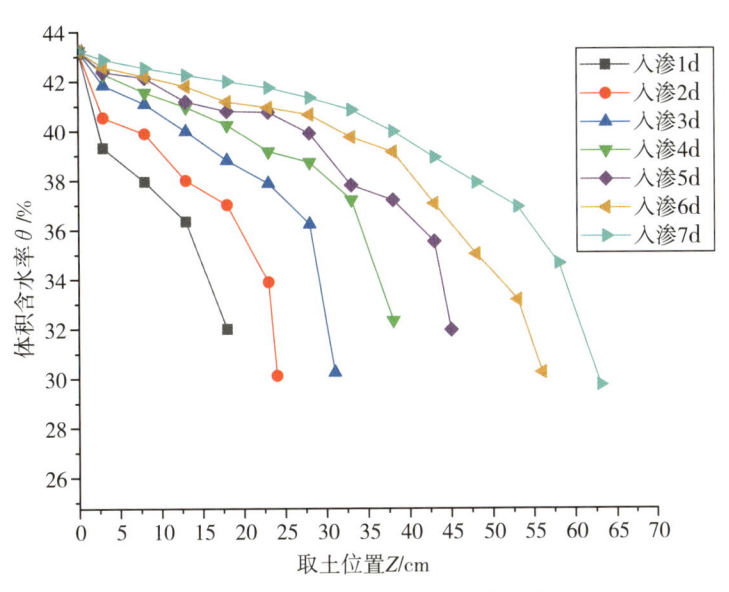

图 3-77 入渗 7d 内体积含水率分布曲线

通过分析拟合可得到膨胀土上渗时的体积含水率分布方程,见表 3-15。

表 3-15 入渗体积含水率分布曲线方程表

时间/d	体积含水率方程	拟合度 R^2	原函数方程
1	$\theta=-0.006Z_3+0.1618Z_2-1.6001Z+43.112$	0.9962	$\theta=-0.0015Z_4+0.0539Z_3-0.80005Z_2+43.112Z$
2	$\theta=-0.0027Z_3+0.0857Z_2-1.0092Z+43.176$	0.9677	$\theta=-0.000675Z_4+0.02857Z_3-0.5046Z_2+43.176Z$
3	$\theta=-0.0013Z_3+0.0497Z_2-0.6852Z+43.445$	0.9608	$\theta=-0.000325Z_4+0.01657Z_3-0.3426Z_2+43.445Z$
4	$\theta=-0.0005Z_3+0.0238Z_2-0.4213Z+43.376$	0.9828	$\theta=-0.000125Z_4+0.00793Z_3-0.21065Z_2+43.376Z$
5	$\theta=-0.0002Z_3+0.0119Z_2-0.2608Z+43.239$	0.9681	$\theta=-0.00005Z_4+0.00397Z_3-0.1304Z_2+43.239Z$
6	$\theta=-0.0001Z_3+0.0074Z_2-0.1903Z+43.209$	0.9957	$\theta=-0.000025Z_4+0.00247Z_3-0.09515Z_2+43.209Z$
7	$\theta=-0.0001Z_3+0.0071Z_2-0.1771Z+43.414$	0.9855	$\theta=-0.000025Z_4+0.0024Z_3-0.08855Z_2+43.414Z$

根据式(3-15)计算可得相邻时间段(1d)内通过各断面的水通量 $q(x)$,单位为 mL,计算结果见表 3-16。

表 3-16　　　　　　　　　　　　相邻时间段内通过各断面的水通量

断面位置/cm	第1天	第2天	第3天	第4天	第5天	第6天	第7天
0	2.2818	0.9440	1.2122	1.3430	1.4658	1.9854	1.0744
3	1.7896	0.9216	1.1925	1.3354	1.4637	1.9835	1.0677
8	1.1104	0.8457	1.1341	1.3002	1.4426	1.9719	1.0542
13	0.4911	0.7572	1.0671	1.2617	1.4135	1.9556	1.0382
18	0	0.5864	0.9713	1.2219	1.3826	1.9379	1.0202
23	0	0.0699	0.7740	1.1524	1.3447	1.9184	1.0009
28	0	0	0.2496	0.9952	1.2833	1.8931	0.9807
33	0	0	0	0.5610	1.1707	1.8540	0.9600
38				0	0.9681	1.7896	0.9396
43				0	0.2606	1.6844	0.9199
48					0	1.1596	0.9014
53					0	0.4171	0.8846
58						0	0.6068
63							0

根据土水特征曲线方程式(3-23)可知相邻时段内体积含水率变化量 $\Delta\theta$ 对应的吸力变化量 Δs，这样即可计算出相邻时段(1d)内各断面位置处所对应的吸力梯度。根据式(3-13)即可计算出非饱和膨胀土在初始体积含水率为 24.75%，初始干密度为 1.65g/cm³ 的状态下，水分入渗时各体积含水率所对应的导水率 $K(\theta)$，见图 3-68。

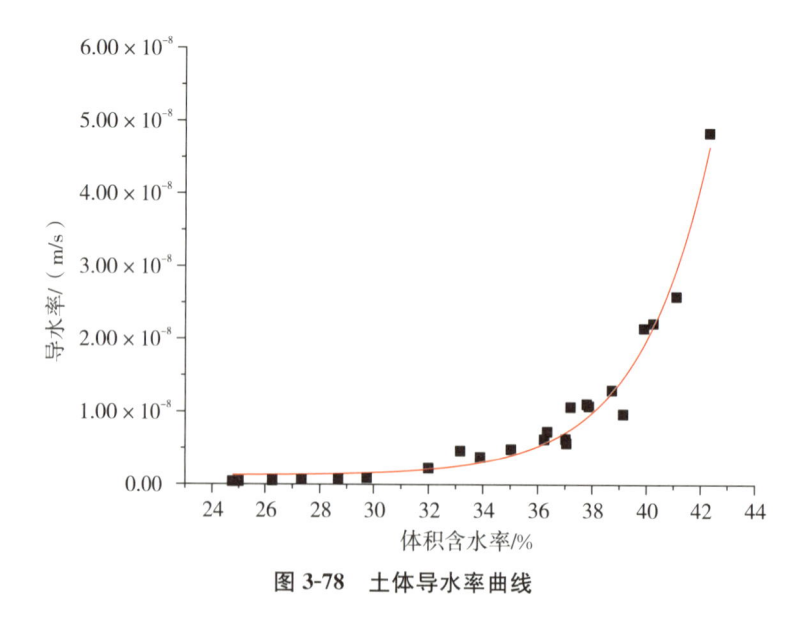

图 3-78　土体导水率曲线

经分析拟合,非饱和膨胀土在初始体积含水率为 24.75%，干密度为 1.65g/cm³ 的

状态下导水率曲线方程为

$$K(\theta) = 5.58 \times 10^{-10} + 1.02 \times 10^{-15} e^{\frac{\theta}{2.41}} \tag{3-24}$$

由土体导水率曲线(图 3-78)可知:非饱和膨胀土的导水率 $K(\theta)$ 随着土体体积含水率的减小而降低。主要原因包括以下几点:

①由式(3-3)可知,导水率 $K(\psi_m)$ 或 $K(\theta)$ 是单位梯度即 $\Delta\psi=1$ 时的土体水分通量 q,而通量是相对单位面积,并且是相对全部土体断面面积(即孔隙和土粒所占面积的总和)而言。在单位水势梯度作用下,即使水分在土体孔隙中的真实流速不减小,随着体积含水率的降低,孔隙的实际过水面积减小,因而单位时间内通过单位土体面积的水量也随之减小。

②当土体体积含水率降低时,较大的孔隙排水,水分将在较小的土体孔隙中流动。土体的孔隙愈小,水分在其中流动所受的阻力愈大。因此,在单位水势梯度的作用下,随着土体体积含水率的降低,土体孔隙中水分流动所受的阻力增大,孔隙中水分的真实流速相对降低,这样,土体水通量即导水率 $K(\theta)$ 也必然随之减小。

③由于达西定律中所说的梯度不是按水分的实际流程计算,而是按两点间的直线距离计算的,随着土体体积含水率的降低,土体中水分越趋于在小孔隙中流动,流程越弯曲而实际的梯度愈小。当计算的梯度为1时,实际梯度远小于1,这就导致导水率 $K(\theta)$ 降低。

上述 3 个方面的影响同时存在,土体从饱和状态到非饱和状态,随着体积含水率 θ 或基质势 ψ_m 减小,也可以说随着土中水吸力提高,导水率 $K(\theta)$ 将急剧降低。

3.4 膨胀土渠道边坡长期变形机理

3.4.1 膨胀土渠道边坡浅层局部长期变形机理

长江科学院结合南水北调中线工程项目,在国家"十一五"科技支撑计划的支持下,于 2006 年建设完成大型岩土静力模型试验系统,对膨胀土边坡破坏机理及处理措施进行了系统研究,并采用离心模型试验还原原型膨胀土边坡性状,考察边坡在降雨作用下发生的破坏过程及特征,同时进一步探讨干湿循环对边坡稳定的影响,同时,在南水北调中线一期工程总干渠渠线上选择了两段典型渠段(包括河南南阳膨胀土试验段以及河南新乡潞王坟膨胀岩试验段),开展大型现场边坡破坏试验。

3.4.2 膨胀岩裸坡试验区破坏分析

虽然膨胀土(岩)的边坡失稳大部分与土体的原生裂隙有关,但也有一部分边坡在没有原生裂隙的情况下发生了破坏,如新乡膨胀岩裸坡试验区左、右岸的滑坡、新乡试验段 3 区一级马道以上的滑坡等,这些渠道边坡破坏的共同特征是破坏之前均有明显的膨胀变形发生,并且,滑坡后的勘察也没有发现明显的滑动面痕迹。分析滑坡的机理认为,在降雨作用下,渠道边坡表层一定范围内的土体含水率发生变化,产生膨胀变形,而下层的土体含水率没变化,会约束上层的膨胀变形,在两层土体界面上将产生较大的剪应力,使局部应力达到塑性平衡状态,土体破坏,并逐渐向周围土体延伸,最终导致一定范围内渠道边坡的失稳。现场的实测资料证实了在降雨过程中坡脚部位顺坡向剪应力增大的事实。需要特别提出的是,土体强度在膨胀变形引起的破坏起始阶段并不低,只是在变形过程中随着剪切变形的发展逐渐由土体峰值降低到残余强度。

如新乡膨胀岩试验段第 1 试验区为裸坡试验区,即渠道边坡开挖后不进行任何防护,通过控制雨量、雨型的人工降雨,研究渠道边坡在降雨作用下的变形规律和破坏特征。其中,1-1 区左岸渠道边坡(坡比为 1:1.5,地层为泥灰岩—黏土岩护层),在人工降雨 2d,累计降雨约 6h 后发生大面积滑坡。1-1 区右岸渠道边坡(坡比为 1:2.5,地层为黏土岩)在经历 3 场间隔为 15d 的人工降雨以后,最终产生滑坡。

(1)1-1 区(裸坡区)左岸滑坡

1-1 区左岸为泥灰岩与黏土岩互层结构,坡高 15~17m,坡比 1:1.5。设有两级马道。人工降雨试验区域位于一级马道以下坡面,坡高 9m,沿坡面方向长 16m,沿渠道方向宽 28m。泥灰岩渠道边坡地质剖面及破坏形态见图 3-79。

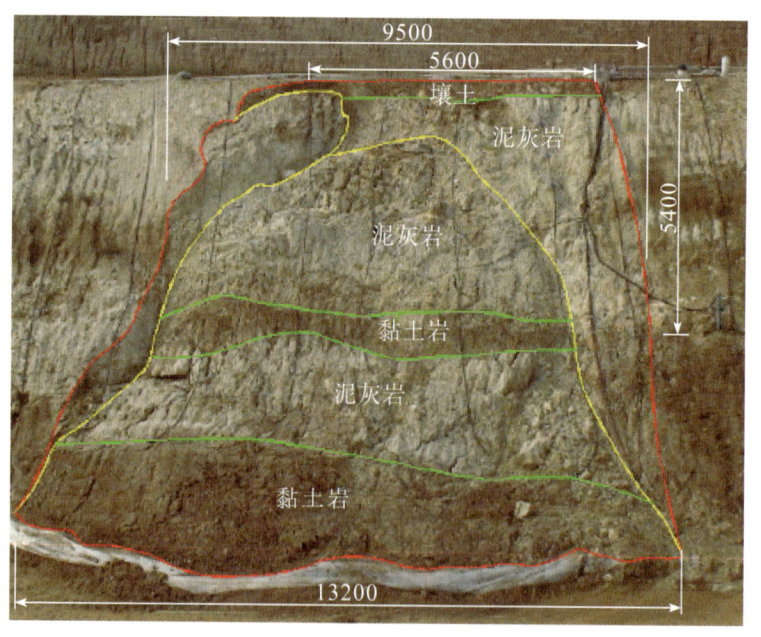

图 3-79 泥灰岩渠道边坡地质剖面及破坏形态

从 2008 年 9 月 24 日开始,在 3d 的降雨试验期间,共进行了 5 次降雨过程,模拟降雨强度为 16mm/h,最终在累计降雨约 6h 后发生大面积滑坡。滑坡位于一级马道以下,坡面呈扇形展开。滑坡前缘宽 13.2m,后缘宽 5.6m,后缘跌坎高 1.5m,滑弧深度约

1.5m,见图 3-80。

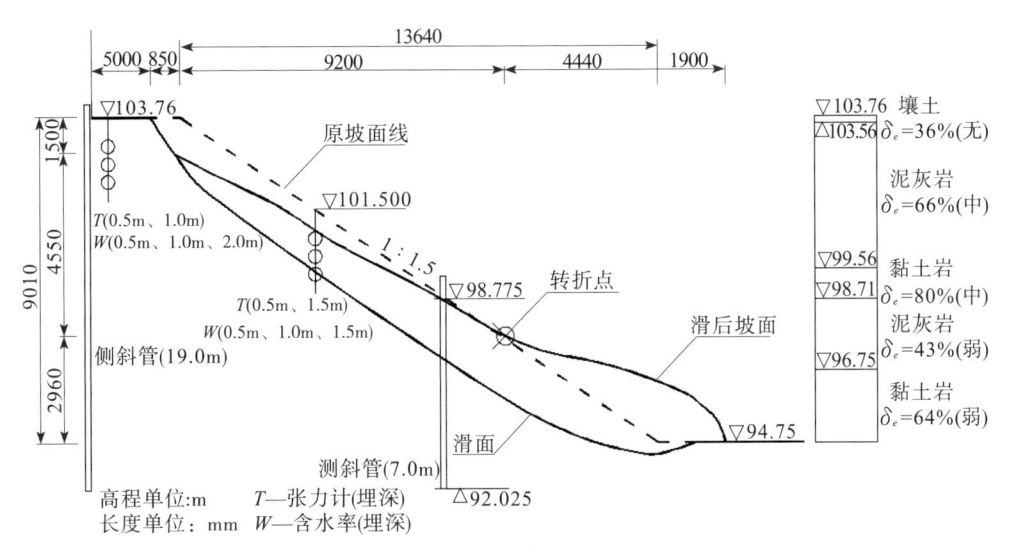

图 3-80 滑坡示意图

图 3-81 为渠道边坡降雨试验过程中,滑坡下游侧渠道边坡中部自动测斜计沿埋设深度方向变形观测资料和坡内最大变形与时间的关系曲线。

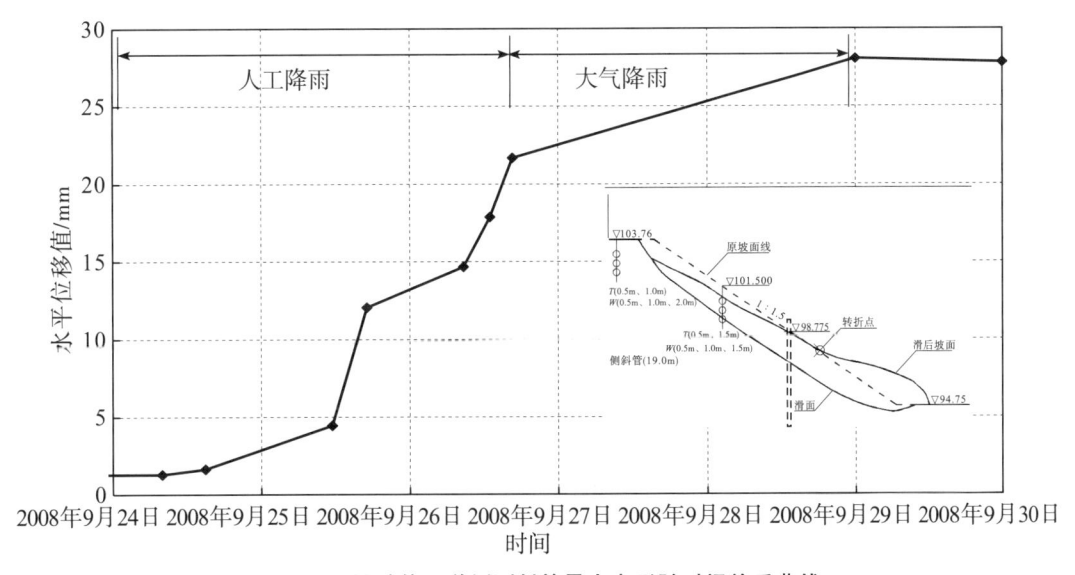

图 3-81 滑坡体下游侧测斜管最大变形随时间关系曲线

观测成果显示:降雨开始后,土体沿渠道边坡轴线方向向渠道内发生变形,变形主要发生在测斜仪孔口高程 98.8m 和 93.5m 附近。从坡内变形随时间的关系曲线可见,在 9 月 25 日中午之前,自动测斜计最大水平变形均不超过 5mm,可认为渠道边坡土体尚处于弹性变形范围之内;9 月 25 日 11:30 以后,即在累计降雨约 6h 以后,坡内的变形突然启动,水平变形急剧增加至 12mm,导致土体发生整体塑性变形,一级马道以下大面积滑坡,而在当天降雨暂时停顿以后,变形发展趋势有所减缓。及至 9 月 26 日上午再次人工降雨,坡内土体第二次发生大的剪切破坏,变形量达到 21.7mm,在随后的大气降雨中,变形逐渐发展,最终该测斜管变形 28mm。在滑坡后的一段时间内,坡内水平位移仍在持续增长。

(2)1-1 右岸(裸坡区)滑坡

1-1 区右岸为黏土岩渠道边坡,坡高 9~11m,坡比 1.0∶2.5。设有一级马道。人工降雨试验区域位于一级马道以下坡面,坡高 9m,沿坡面方向长 18m,沿渠道方向宽 28m(图 3-82)。

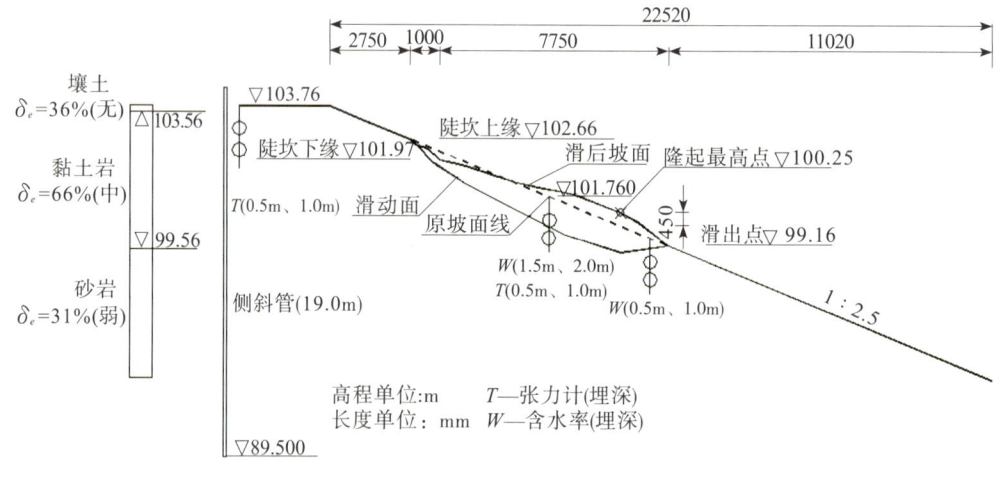

(a)剖面示意图

(b)边坡破坏形态

图 3-82 黏土岩渠道边坡地质剖面及破坏形态

1-1 区右岸共进行了 3 场人工降雨,每场 3～4d,每天降雨 6h 左右。除第一场降雨雨量为 1.5mm/h 外,其余两场降雨雨量均为 5mm/h。三场降雨每场间隔 15d 左右,以模拟干湿循环过程。

从第二场降雨开始后,坡面开始出现跌坎和隆起变形,但尚未发生明显滑坡。至第三场降雨 2d 后,发现坡面变形加剧,有滑坡启动迹象,继续降雨后,坡面浅表层滑坡。据滑坡后最终变形测量的结果,渠道边坡浅层 80cm 范围内水平位移在 30cm 以上,并形成明显的错动(图 3-83),同时,在渠道边坡表面(高程 100.81m)形成一道明显隆起的土梁。以降雨区域右侧支管为起点,整个坡面膨胀变形呈中间高,两头低的形态。

(a)渠道边坡坡顶变形监测　　(b)滑坡处变形

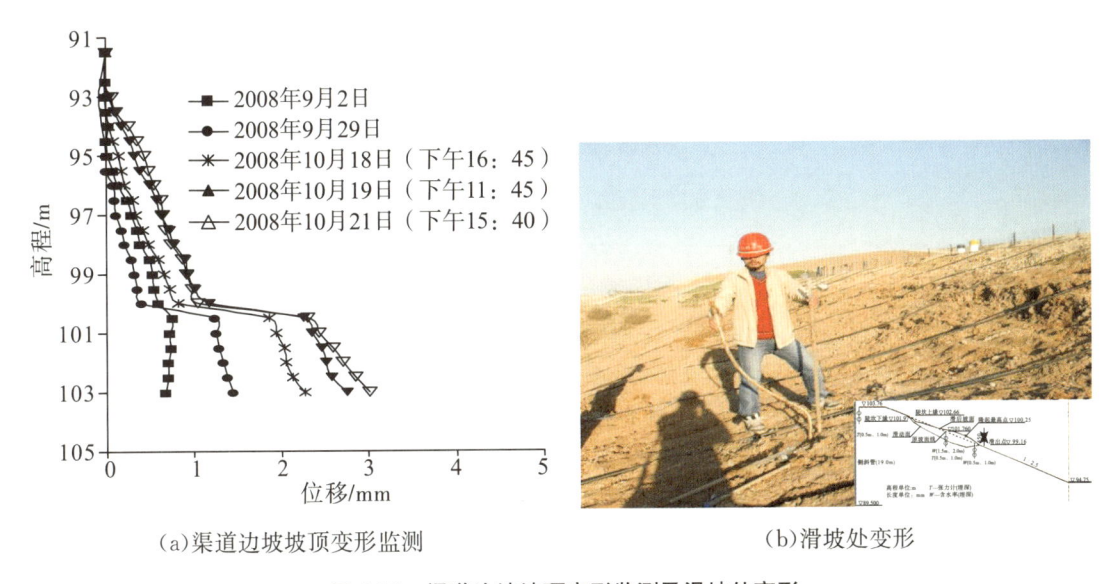

图 3-83　渠道边坡坡顶变形监测及滑坡处变形

从滑坡后勘探情况来看,滑弧后缘和周边以及滑面上,没有明显的裂隙存在。

(3)试验 3 区(水泥砂浆喷护)一级马道以上滑坡

试验 3 区坡高 15～17m,设有两级马道。一级马道以上渠道边坡为水泥砂浆喷护(3～5cm)试验区,坡高 7m,坡比 1.0∶2.0。该试验区于 2008 年 7 月完工,在经历了 2 年的大气降雨和干湿循环以后,被保护层以下的黏土岩发生明显隆起,最终于 2010 年 9 月发生滑坡(图 3-84),滑弧深度仅 0.5～0.8m,从现场勘察情况来看,滑动面没有明显的裂隙。

图 3-84　3 区一级马道以上(水泥砂浆喷护)滑坡

根据滑坡后所进行的现场勘察得到了滑坡形态的地质剖面,同时,通过现场取样进行了室内土体参数试验,获得泥灰岩、黏土岩原状样强度参数见表 3-17。

表 3-17　　　　　　　　　泥灰岩、黏土岩强度参数

岩土类别	峰值强度平均值 C/kPa	峰值强度平均值 $\varphi/°$	残余强度平均值 C/kPa	残余强度平均值 $\varphi/°$	密度 /(g/cm³)
泥灰岩	38.6	21.1	19.2	12.7	2.30
黏土岩	42.2	17.1	9.5	10.0	2.12

根据地质剖面和强度指标进行渠道边坡稳定性分析。对于左岸渠道边坡,土体取峰值强度平均值,采用简化 Bishop 法计算得到的安全系数为 1.97,最危险滑弧位置显示为深层滑动(图 3-85)。与实际现场推测滑动面为表层 2m 不符。若将表层 2m 范围土体全部采用土体残余强度指标,则采用简化 Bishop 法计算得到的安全系数为 1.20(图 3-76)。安全系数较高,渠道边坡处于稳定状态,与实际已发生滑坡不符。

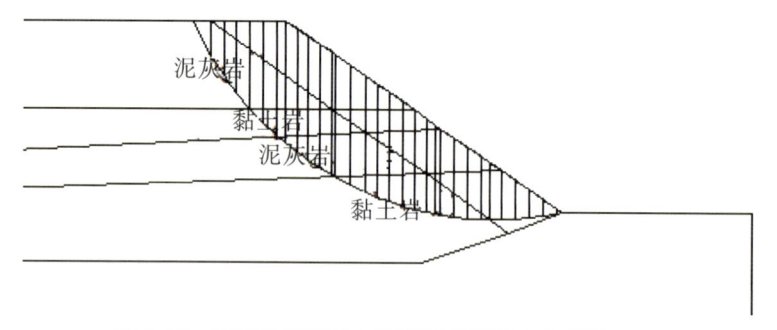

图 3-85　不考虑膨胀性土体取峰值强度安全系数 1.97

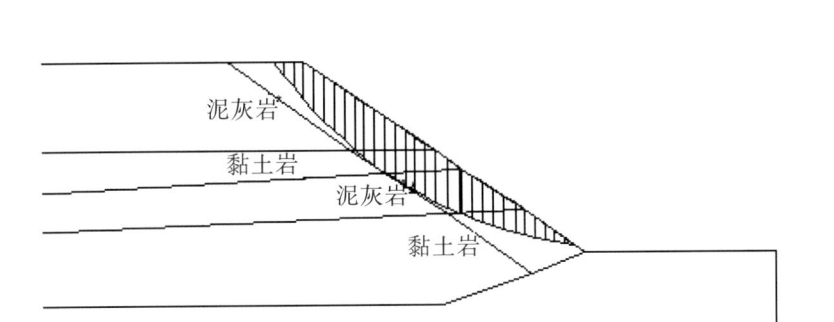

图 3-86　表层 2m 全部取残余强度,安全系数为 1.20

对于右岸渠道边坡,若土体取峰值强度平均值,采用简化 Bishop 法计算得到的安全系数为 4.63(图 3-87)。即使黏土岩全部采用残余强度,采用简化 Bishop 法计算得到的安全系数仍有 1.52(图 3-88),表明该边坡的滑坡不是因强度降低所引起。

图 3-87　不考虑膨胀性土体取峰值强度安全系数 4.63

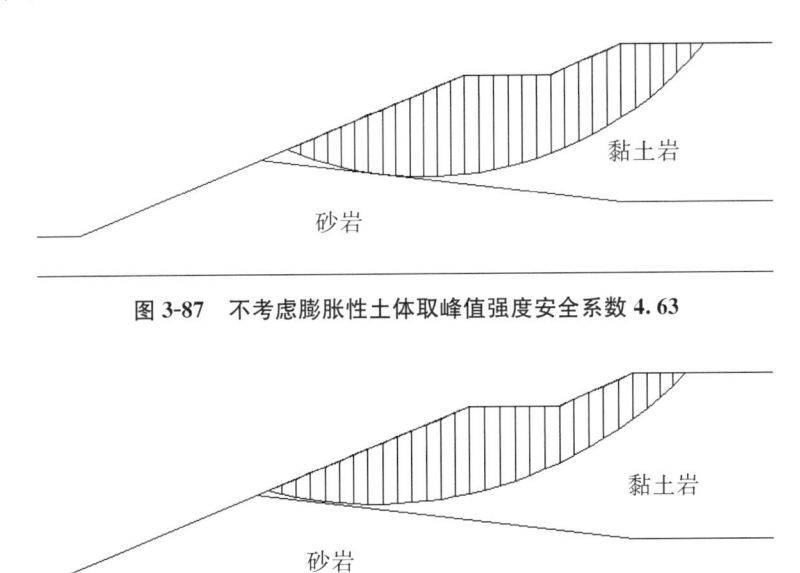

图 3-88　不考虑膨胀性土体全部取残余强度安全系数 1.52

上述研究成果表明,对于新乡膨胀岩试验段裸坡区左、右岸,即使采用室内残余强度参数,验算得到沿实测滑动面的安全系数仍有 1.20~1.52,与现场已滑坡的现象不符,并且,从滑坡后现场勘察也没有发现明显的滑面,说明滑坡的原因不是裂隙和强度降低导致。从破坏现象上看,是由膨胀变形导致的滑动。

3.4.1.2　大型室内模型试验

为分析膨胀土(岩)渠道边坡在无原生裂隙面(或结构面)以及重力很小的情况下的失稳机理,采用室内模型试验手段开展了有关的试验工作,研究过程和成果分析如下。

(1)试验方案

膨胀土渠道边坡模型试验在钢结构模型试验箱中进行,模型箱尺寸为 6.0m×2.0m×2.8m(长×宽×高),见图3-89,以 1∶10 的比例,模拟最大坡高 20m、坡比 1.0∶1.5。

图 3-89 大型静力物理模型试验设备

试验采用强膨胀土制作渠道边坡模型。试验土样取自河北邯郸南水北调中线渠段,自由膨胀率95%～112%,液限指数81.2%,塑性指数48.2。采用分层振捣碾压方法制模,试验正式开始前在坡体不同部位钻孔测得含水率为 19.6%～24.4%,取含水率平均值为 22%,干密度 1.60g/cm³。

根据试验研究目的,确定具体试验方案见表 3-18。

表 3-18　　　　　　　　大型静力物理模型试验方案表

试验编号	土性	边坡几何尺寸	边界条件
Q1-1	强膨胀土,初始含水量20%,干密度1.60g/cm³	无地基,坡比 1∶1.5,坡高 2.0m,坡顶 2.5m,坡底宽 5.5m	①模型箱不排水 ②坡面范围内强降雨
Q1-2		增加地基厚度 0.5m,坡比 1∶1.5,坡高 2.5m,坡顶 1.75m,坡脚距边界 0.85m	①模型排水 ②坡面及坡顶局部范围内降雨,短时强降雨
Q1-3		同 Q1-2	①同 Q1-2 ②降雨范围同 Q1-2,低强度连续降雨

根据试验研究需要,模型布置有环境模拟系统:包括降雨发生器、蒸发模拟装置、供水系统等;量测系统:对边坡变形、土压力、含水量、水位及流量监测系统、温度监测系统以及坡面径流等进行实时监测。

(2)试验观测成果

模型 Q1-1 和模型 Q1-2 主要研究了不同的降雨范围以及降雨方式对渠道边坡土体含水率、变形的影响。试验成果显示,在降雨作用下,坡面变形均表现为膨胀变形,并与降雨密切相关。两个模型最终均在降雨作用下发生了破坏。

通过前两个模型试验,初步获得了不同降雨方式导致的土体含水率以及变形的变化规律,认为膨胀变形是导致模型边坡破坏的关键因素,因此在模型试验 Q1-3 中,重点对坡面的膨胀变形进行观测(图 3-90),同时对降雨方式进行了适当改进,设定为低强度、持续降雨,基本保证坡面不产生明水和径流。同时,在坡体内均匀布设砂井,以加速水分的扩散,使膨胀变形尽可能充分发挥。砂井直径 3cm,井间距 0.5m,深度从坡面以下为 0.5m。

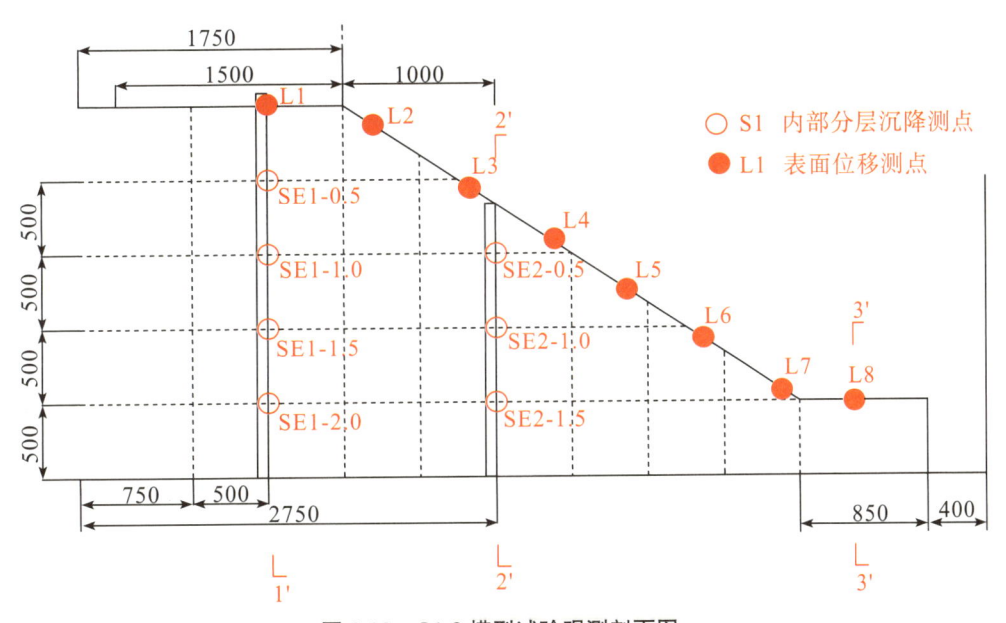

图 3-90 Q1-3 模型试验观测剖面图

降雨试验 44h 后,坡面下部对应表面位移测点 L6 处首先发生裂缝,见图 3-91(a)。至试验 257h,从模型箱侧面的观察窗发现已产生局部拉裂,随着降水的持续,裂缝有了进一步的扩展(试验 286h),见图 3-91(b),并且从坡中部水平位移观察点可见边坡已产生明显的水平滑移,且坡顶也产生贯穿性的张拉裂缝。至试验 384h,边坡上部近坡肩部位出现贯穿性裂缝,至试验 426h,坡体下部原裂隙处土体首先发生局部塌滑,继而上部裂缝处土体在 2min 内整体塌滑,见图 3-91(c),从图 3-91(d)可见滑坡后原水平位移测点的变化情况。

(a) 试验44h时边坡下部裂隙 　　　　(b) 试验286h时浅层裂隙发展

(c) 试验426h时滑坡 　　　　(d) 滑坡前后边坡的水平位移观测点位移示意(滑坡上缘处)

图 3-91　Q1-3 模型典型现象示意图

试验结束后进行了模型渠道边坡开挖,在轴线剖面处发现,边坡浅层多处、多层发生了滑动变形,甚至明显的剪切错动(图 3-92),表明边坡从最初的浅表层局部滑动面开始向深部发展,最终导致大范围的滑坡产生。其中埋深约 0.1m 和埋深约 0.3m 处有明显的剪切滑动面,埋深 0.3m 处的最大剪切位移可达 20cm 左右。根据各砂芯揭露情况推测得到的滑坡滑裂面剖面(图 3-92)。

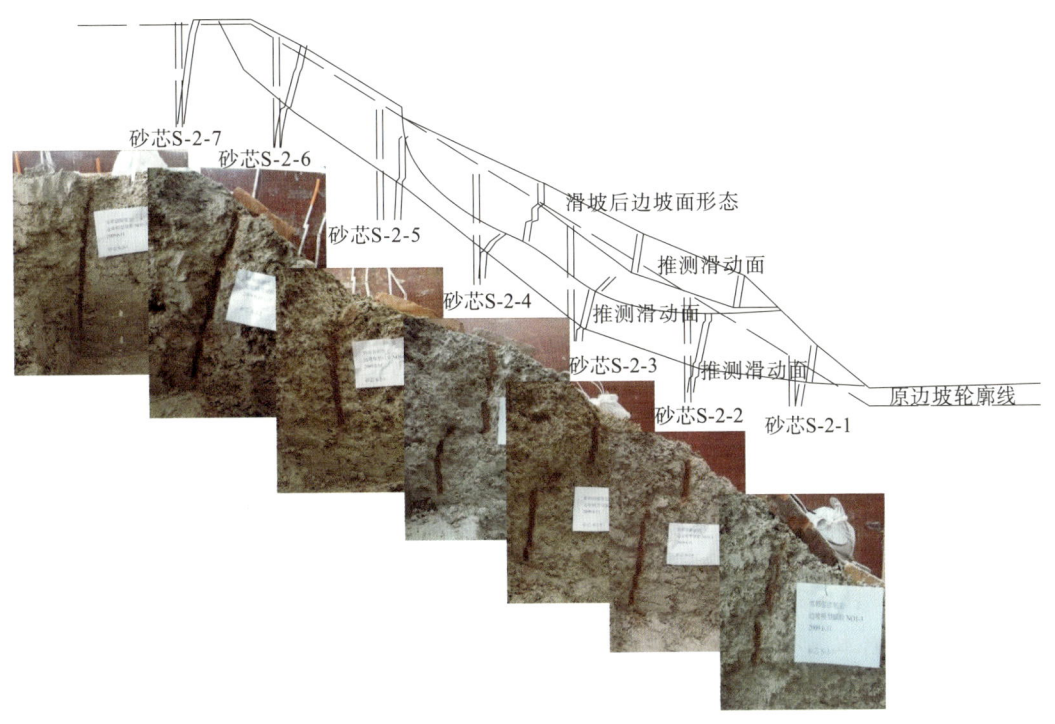

图 3-92　模型试验 Q1-3 滑动面示意图

（3）模型稳定分析

根据模型断面尺寸以及模型内取样试验成果，采用常规极限平衡理论进行模型边坡稳定分析。

计算成果显示，采用实测模型土体的峰值强度计算，模型边坡的安全系数为 5.20；采用实测模型土体的残余强度计算，模型边坡的安全系数为 1.90，计算成果与模型试验现象不符。

该试验研究成果揭示了两个重要结论：第一，膨胀变形对边坡稳定具有重要作用，在膨胀变形的作用下边坡有可能发生滑动破坏；第二，现有常规极限平衡理论不能正确地反映膨胀土在变形作用下的渠道边坡稳定状态，需要建立新的能反映膨胀变形作用的稳定分析方法。

3.4.1.3　小结

上述研究综合室内静力物理模型试验、离心模型试验以及现场降雨边坡破坏试验，可以发现，通过不同比尺、不同边界条件的试验得出，即便膨胀土边坡不具有超固结性和裂隙性，当外部水分入渗时，边坡浅层土体会形成局部饱和层，不同含水量土体产生不均匀膨胀变形，导致边坡应力场重新分布，在土体不连续变形界面上产生较大剪应力，土的强度降低，局部应力达到塑性平衡状态而发生破坏，并逐渐向周围土体延伸，最终导致一定范围内边坡的失稳。由膨胀变形导致的边坡破坏是膨胀土边坡浅层破坏的原因,具有明显的浅层性和牵引性,滑动面与裂隙和结构面无关。

3.5 膨胀土渠道边坡渗透破坏机理

3.5.1 膨胀土裂隙发育过程

3.5.1.1 裂隙发育过程实验

由于膨胀土具有吸水膨胀、失水收缩和反复胀缩变形、浸水承载力衰减、干缩裂隙发育等特性,性质极不稳定,常产生不均匀的竖向或水平的胀缩变形,从而影响上部结构。膨胀土裂隙的产生及其发展变化对边坡稳定有重要的影响。研究膨胀土的裂隙性具有重要的实际工程意义,开展压实膨胀土裂隙发育规律的研究有助于进一步了解裂隙对边坡稳定性的影响机制,为相关工程处理与预防措施提供参考依据。

试验仪器:相机,电子天平(量程 5kg,精度 0.1g),小刮板,底面边长 25cm、高 2cm 的模型盒。

实验方法:

①将所采集的土样碾碎后过 2mm 的筛,置于容器中,加入足量的水浸泡,浸泡过程中经常搅拌,持续 1h,目的是让膨胀土充分吸水膨胀。搅拌均匀后将土样装入塑料袋密封,并放入保湿器闷料 24h,使土样含水量均匀。从土样中取三份烘干测出含水率,取其平均值作为土样的初始含水率。

②上述工序完成后,再将土样放置于制好的模型框中,将土表面刮平,上置一铁板,均匀敲击压实为所需干密度和指定厚度。实验前提前称好模型框质量便于后续含水量计算。

③将试样放置入烘箱内,温度设置为 40℃,每隔 30min 对土样进行拍照并将土样称重,记录电子秤上数值以计算拍照时的土样含水率,当土样重量连续 2h 在 1h 内变化小于 0.1g 时停止失水试验,随后进入增湿试验。

④在土样增湿过程中,用喷壶对土样进行喷水,控制喷壶压力,使之不对表面形态产生影响。每次喷洒少量水,待土样完全吸收,表面看不见积水时,拍照称量并记录。之后反复进行上述操作,直至土样吸水缓慢,开始积水,此时继续保持之前的喷水量对土样进行喷水,然后每隔半小时将土样中的积水抽干,以准确计算土体含水率,直至土样连续 2h 在 1h 内的质量变化小于 0.1g,认为此时土样基本饱和,增湿过程结束。

3.5.1.2 裂隙图像处理方法

数码相机拍摄获得的照片必须要经过进一步处理,才能得到直观且易于获取实验数据的图像。

由于直接从彩色图像中提取裂隙的基本形态参数较为困难,所以首先要将相机获得的彩色图像转化为二值化图像。本次试验采用 Photoshop 对所得原始图像进行处理,彩色图像与其二值化图像见图 3-93。

图 3-93　彩色图像与其二值化图像

由图 3-93 可知,土样的总裂隙率包括边界收缩裂隙率和开裂裂隙率两部分。边界收缩裂隙率为受边界效应影响,土体周围收缩产生的裂隙。开裂裂隙率为土体内部失水导致土体开裂产生的裂隙。由于边界收缩裂隙受边界效应影响,不能代表土体的裂隙率变化关系,对裂隙率的分析采用不裁剪的图像,即将收缩裂隙率和开裂裂隙率都计算在内。在分析裂隙总长度和裂隙平均宽度时,将原本 25.0cm×25.0cm 的图像裁剪为 20.0cm×20.0cm 图像,以去除边界效应对土体裂隙变化规律的影响。

本书采用 PCAS 软件对裂隙图像进行分析处理。PCAS 使用聚类分析来确定二值分割阈值,这种方法对有明显灰度差异的图像有效。PCAS 软件可以自动识别图像中的各种孔隙和裂隙,进行降噪处理,来获得平滑的裂隙图像以计算裂隙率。还可以对所得裂隙进行骨架化,提取裂隙骨架用以计算裂隙长度和裂隙平均宽度。

3.5.1.3　膨胀土失水过程中裂隙发育特征

(1) 裂隙条数与节点数随含水率变化规律

裂隙条数随含水率变化呈阶梯式增加,见图 3-94。将其图像分为 A、B、C、D、E 段,其中 A、B、C、D 段每一段都包括前半部分的裂隙待产生阶段(即图中裂隙条数没有变化或变化较少的部分)和后半部分的裂隙产生阶段,E 段裂隙条数的降低是因为两条裂隙发展到一定程度后贯通了,所以将其划分为裂隙待产生阶段。经分析认为,当含水量处于某个范围时,土体的凝聚力大于土体失水所受的拉张力,土体表现为没有产生新的裂隙即处于裂隙待产生阶段;而当土体继续失水,在某一瞬间拉张力大于凝聚力,此时进入裂隙产生阶段,裂隙迅速产生,到某一时刻趋于稳定,裂隙停止产生进入下一个循环。最后在含水率达到 23.5% 时,没有新的裂隙产生。

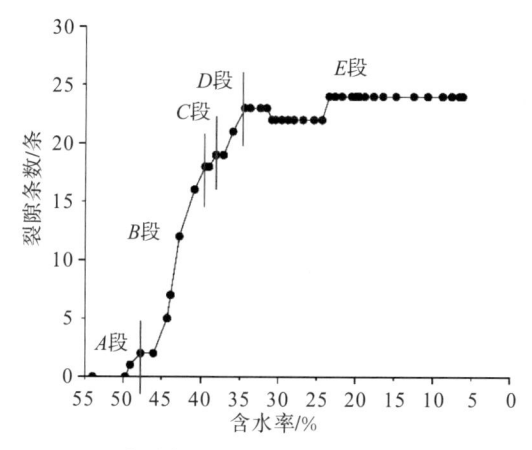

图 3-94 试样失水过程中裂隙条数随含水率变化

裂隙节点数随含水率变化也呈阶梯式增加,见图 3-95。裂隙节点数的发育规律和裂隙条数的发育规律整体相似,都分为平稳阶段和快速发育阶段。但将两者进行对比可以发现,裂隙节点数的平稳阶段对应着裂隙条数的快速发育阶段,裂隙节点数的快速发育阶段对应着裂隙条数的裂隙待产生阶段。经分析可得,当裂隙产生并发展时,裂隙刚刚发育并没有交错,所以节点数不会增加,只有在裂隙发展到最后阶段时,裂隙间相互交错产生节点。

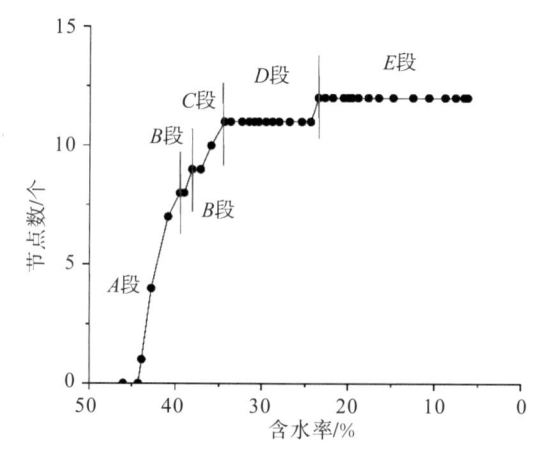

图 3-95 试样失水过程中裂隙节点数随含水率变化

(2) 裂隙率随含水率变化规律

膨胀土边坡中,膨胀土的渗透性极低,水的流动主要受裂隙控制,所以研究不同含水率时的裂隙率变化规律有助于我们掌握坡体某一部位某一含水率时的裂隙率,以及土体在含水率发生变化时裂隙率的变化情况,为膨胀土边坡排水提供指导。

裂隙率包括边界收缩裂隙率和开裂裂隙率两个部分,如果将边界收缩裂隙率和开裂裂隙率全部考虑在内,则整体裂隙率变化虽然不同,但相对平滑,这是由于边界收缩裂隙的产生并不伴随土体中应力的集中与释放，其变化相对柔和，中和了开裂裂隙率变化的阶段性，不利于裂隙率变化规律的研究。而如果单独分析开裂裂隙率，则裂隙率的整体变化阶段性更加明显，故本小节采用去除边界收缩裂隙率的方法，着重研究开裂裂隙率的变化规律。

图 3-96 为不同初始含水率试样失水过程中裂隙率随含水率变化图，实验结果总体上与许多学者在现场裂隙观测试验和室内试验对裂隙发育过程的观测结果类似。在膨胀土失水过程中，因膨胀土体积收缩导致的裂隙的发育过程可以明显地分为三个阶段：土体接近饱和状态时，土体含水率的减少使其整体产生收缩，此时裂隙的发育处于增长缓慢的第一阶段；在基质吸力大于进气值之后，进一步的失水使得土体沿深度方向形成含水率梯度差，土体产生不均匀收缩，裂隙的发育也进入快速增长的第二阶段；当含水率继续降低，在达到缩限附近之后，土体的含水率以及体积趋于稳定，土体裂隙发育开始进入缓滞增长的第三阶段。

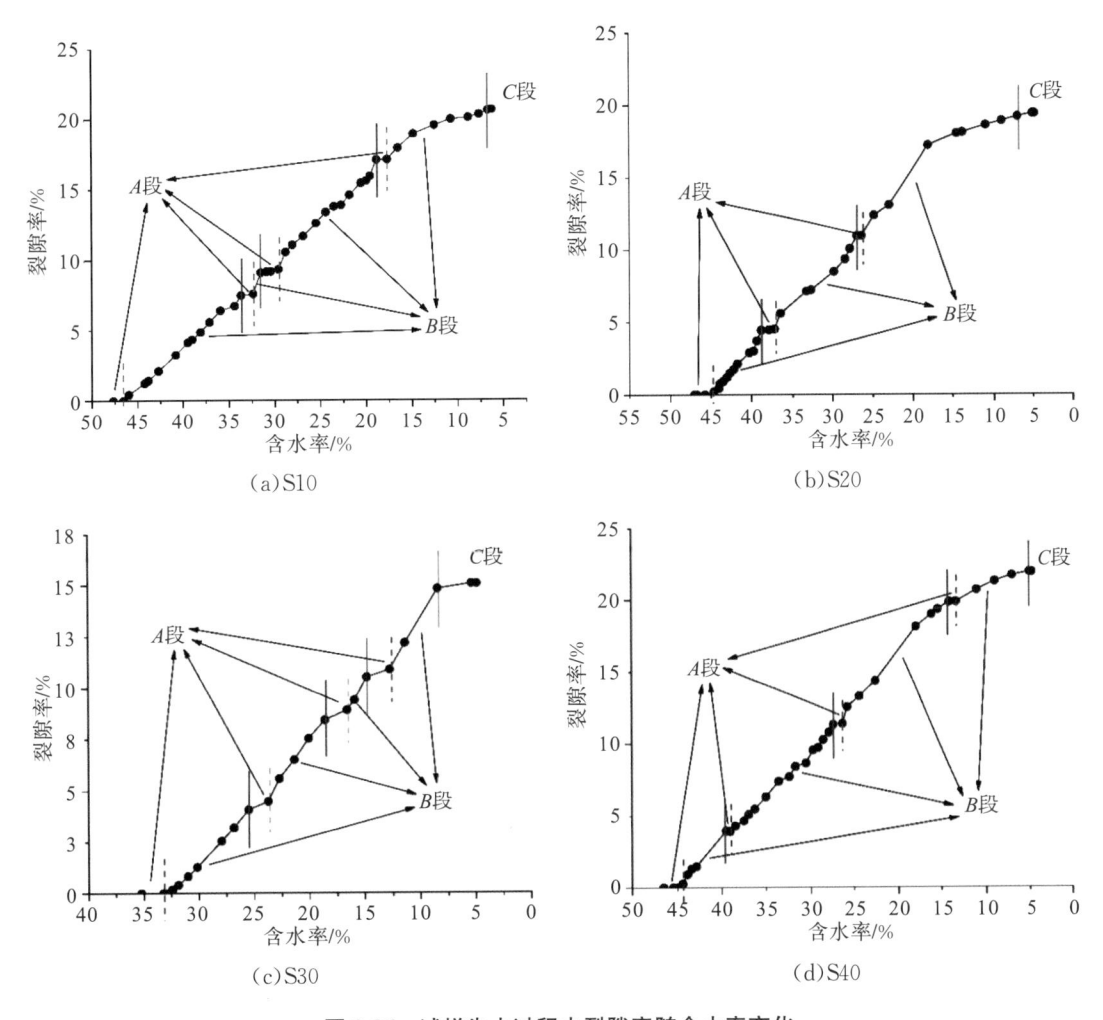

图 3-96 试样失水过程中裂隙率随含水率变化

在此基础上，我们发现在裂隙快速增长的第二阶段中，有时裂隙发育速率较小甚至为零，而有时裂隙发育速率较快，所以将试样的裂隙发育进一步细分为三个阶段，包括裂隙待发育阶段（如图 A 段）、裂隙快速发育阶段（如图 B 段）和裂隙发育完全阶段（如图 C 段）。裂隙待发育阶段和裂隙快速发育阶段交替出现，并最终达到裂隙发育完全阶段。将一个裂隙待发育阶段和一个裂隙快速发育阶段的组合称为一个旋回。每组试样有 3~4 个旋回，图中由红色实线分割各个旋回，每个旋回由红色虚线分割每个旋回中的 A 段和 B 段。

裂隙的产生与否是拉应力与抗拉强度抗衡的结果。同时，土体的抗拉强度是有效黏聚力与基质吸力的函数，许多学者对黏土抗拉强度值进行了研究，Trabelsi 等和冉龙洲等从试验中发现抗拉强度可表示为基质吸力的单值函数，见式（3-25）：

$$\sigma_t = c_1(u_a - u_w) + c_2 \tag{3-25}$$

式中：σ_t——土的抗拉强度；

$(u_a - u_w)$——基质吸力；

c_1, c_2——与土性相关的试验参数。

因此，可以认为，在各次脱湿过程中土块的抗拉强度与含水率的对应关系不变。当含水量处于某个范围时，土体内部的基质吸力越大，则其抗拉强度越高。当土体抗拉强度大于失水所受的拉张力时，土体中的应力集中在待发育裂隙周围，使得整体的裂隙率发展变缓，土体表现为没有产生新的裂隙，即处于裂隙待发育阶段，此时裂隙率的增长较慢；而当土体继续失水，在某一瞬间拉张力大于抗拉强度，土体中待发育裂隙周围应力释放，此时进入裂隙快速发育阶段，裂隙迅速产生，到某一时刻趋于稳定，裂隙停止产生进入下一个循环。

现以试样 20 为例，试样 20 的初始含水率为 52.05%，含水率变化 8% 之后，在含水率 44% 左右开始出现裂隙，并在含水率 4.6% 左右裂隙基本发育完全，试样最终裂隙率为 21.95%。试样 4 包含 3 个旋回。第一个旋回发生在含水率 52.05%~39.5%，含水率跨度约为 13%，其中 A 段在 52.05%~44%，含水率跨度约为 8%，B 段在 44%~39.5%，含水率跨度 5.5%；第二个旋回发生在含水率 39.5%~27%，含水率跨度为 12%，其中 A 段在 39.5%~38.4%，含水率跨度约为 1%，B 段在 38%~27%，含水率跨度约为 11%；第三个旋回发生在含水率 27%~5%，含水率跨度为 22%，其中 A 段在 27%~26%，含水率跨度 1%，B 段在 26%~5%，含水率跨度 21%。最终到达裂隙发育完全阶段，即 C 段。

观察其他几组试样可以发现，裂隙待发育阶段和裂隙快速发育阶段出现的含水率较为随机，但旋回数基本不随着初始含水率的降低而变化，每个不同初始含水率的试样均存在 3~4 次旋回。

(3)裂隙总长度随含水率变化规律

图 3-97 为试样失水过程中裂隙总长度随含水率变化图。将图像分为 A、B 两段,其中 A 段为裂隙长度快速发育阶段,土体此时由高饱和度阶段向非饱和阶段过渡,土体的基质吸力较低,抗拉强度较小,因此由含水率降低产生的拉应力很容易达到甚至超过土体的抗拉强度,土体表面的裂隙迅速产生。

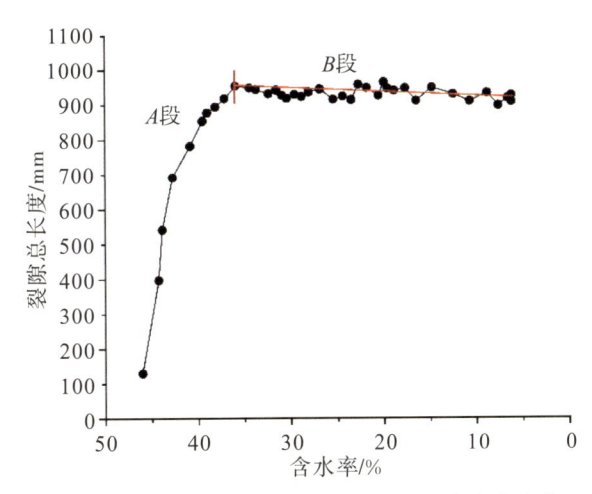

图 3-97　试样失水过程中裂隙总长度随含水率变化

在裂隙快速增长的过程中,不断发展的裂隙成为土体内部水分蒸发的新通道,试样整体含水率迅速降低,试样下部土体的含水率随着失水蒸发逐渐降低,并逐渐与土体上部含水率达到平衡,裂隙的发育也逐渐随之变缓,在含水率为 36% 时进入 B 阶段,即裂隙总长度发育缓滞阶段。此时裂隙在长度方向上基本发育完全,裂隙总长度达到最大值,裂隙长度是由两土块间中线长度表示,在 B 阶段,由于土体收缩,裂隙总长度缓慢减小。

(4)裂隙平均宽度随含水率变化规律

膨胀土边坡中,由于膨胀土的渗透性极低,水的流动主要受裂隙控制,裂隙平均宽度的测定有助于模拟和计算某块土体的渗透系数,为膨胀土边坡排水提供指导。

试样在含水率 46% 时出现裂隙,初始裂隙宽度约为 1mm。随着含水率的逐渐降低,试样的裂隙平均宽度最终约为 8.5mm。试样的平均宽度与含水率之间的关系也可以分为 3 种情况,这和裂隙率与含水率之间的变化规律相对应。图中的 A、B、C、D、E 段皆为裂隙发育的一个旋回,包含了裂隙待发育阶段和裂隙快速发育阶段,两者交替出现,最终裂隙平均宽度达到平衡。可以看出,图 3-98 中存在裂隙平均宽度变化平缓甚至是负增长的部分,这是因为新的裂隙开始发育时宽度较小,使得平均裂隙宽度被拉低,于是便出现了图中较为平缓甚至是负增长的部分。

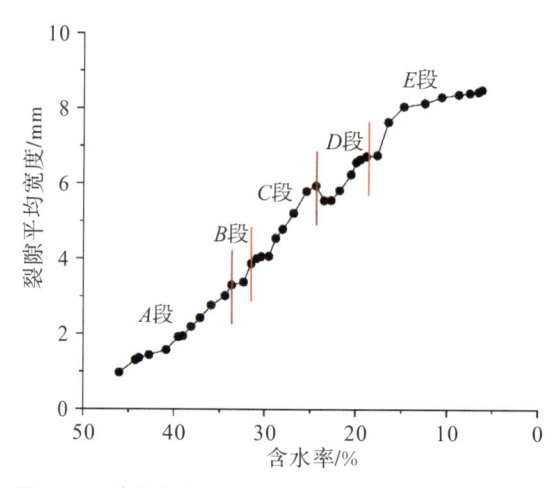

图 3-98 试样失水过程中裂隙平均宽度随含水率变化

3.5.1.4 膨胀土增湿过程中裂隙发育特征

本次增湿试验采用 10 号试样，试样增湿过程主要分为 4 个阶段。

第一个阶段为细小裂隙闭合阶段，此处的细小裂隙指土体在失水过程中产生的宽度相对较小的裂隙，图 3-99 显示的是试样 10 中一条细小裂隙在增湿过程中的变化情况，裂隙两侧的土体由于吸水膨胀，体积不断增大，逐渐向中间挤压，使得原本细小的裂隙逐渐变窄，再加上有少部分的土在降雨的冲刷下有少量崩解，使得细小裂隙被填充，直至最后完全消失，见图 3-100。

(a)　　　　(b)　　　　(c)　　　　(d)

图 3-99 试样增湿过程中裂隙变化情况

(a)　　　　(b)

(c)   (d)

图 3-100　试样增湿过程中细小裂隙变化

第二个阶段为单纯吸水膨胀阶段。此阶段时膨胀土体在降雨的影响下逐渐吸水，土体含水率上升，土体体积不断增大。表现为土体逐渐膨胀挤压裂隙，使得裂隙率逐渐减小。细小裂隙闭合阶段和单纯吸水膨胀阶段有部分重合。

第三个阶段为次级裂隙产生阶段。此时由于增湿产生的裂隙称为次级裂隙。此阶段也包含了土块边缘次级裂隙产生阶段和土块内部次级裂隙产生阶段。此阶段开始时，随着含水率的增加，土体强度逐渐降低，由于土块边缘没有支撑，土块周围应力释放，围绕土块边缘和主要裂隙周围产生次级裂隙，见图 3-101(a)。随后次级裂隙逐渐增多，当增长到一定程度时增速放缓。此时土块边缘的次级裂隙也成为水分进入土体的新通道，使得土体吸水变快，含水率进一步增加，土体进一步膨胀。在膨胀到一定程度时，土块内部也开始产生次级裂隙，见图 3-101(b)，这些次级裂隙逐渐发育，直到贯穿土块，形成许多小土块。

第四个阶段为土体崩解阶段。此时土体吸水基本饱和，土体吸水困难，周围裂隙扩大到一定的程度，由于土体边缘裂隙的扩展，被边缘裂隙分割出来的小土块没有侧向支撑，失去平衡，再加上降雨的冲刷，小土块开始崩解，见图 3-101(c)。崩解的土块填充到裂隙之中，使有些裂隙闭合，土样整体裂隙率减小。直至土体不再吸水，停止降水，土体崩解完全。

(a)   (b)

(c)

图 3-101　试样增湿过程中裂隙变化情况

(1)裂隙率随含水率变化规律

在土样增湿的整个过程中,土体逐渐膨胀并占据试样边缘未被计算的边界收缩裂隙,使得试验过程中不断地有边界收缩裂隙被计算在内,这会使整体裂隙率变化存在误差,所以使用试样总裂隙率分析增湿过程中的裂隙率与含水率关系。

图 3-102 是试样 10 增湿过程中裂隙率随含水率变化图。土样从含水率 6.22% 开始进行增湿,直至含水率增加到 38.17% 结束。由于细小裂隙闭合阶段和单纯吸水膨胀阶段有部分重合。且细小裂隙的闭合对试样整体裂隙率的影响较小,所以细小裂隙闭合阶段在图中没有明显地显示。含水率在 6.22%~10.9% 为单纯吸水膨胀阶段,此阶段膨胀土土体在降雨的影响下逐渐吸水,土体含水率上升,整体孔隙比增大,土体体积不断增大。表现为土体逐渐膨胀挤压裂隙,使得裂隙率逐渐减小。此阶段裂隙率减小相对较缓,土体内部应力逐渐集中,为后续土块边缘次级裂隙的产生做准备。在含水率达到 10.9% 时,土体内部应力释放,试样土块周围开始产生细小次级裂隙,在图中表现为裂隙率减小的幅度明显增大。直到土体含水率达到 29%,此时次级裂隙基本全部发育,试样裂隙率减小明显放缓。最后在土体含水率达到 35.8% 时,由于次级裂隙发育到一定程度,土体被边缘裂隙分割出来的小土块没有侧向支撑,失去平衡,再加上降雨的冲刷,小土块开始崩解,崩解下来的土块堵塞裂隙,使得此时的裂隙率瞬间下降。

其中次级裂隙产生阶段裂隙率图像呈多级阶梯形,由裂隙率相对缓慢下降阶段和裂隙率快速下降阶段循环交替出现产生。其中缓慢下降段是由于土体吸水应力集中在土体中,土块还未产生次级裂隙,土体体积膨胀较缓,表现为裂隙率减小速度相对较缓。而快速下降段是由于土体吸水到一定程度后土体中应力释放,次级裂隙迅速产生,土体快速膨胀,表现为裂隙快速收缩,裂隙率快速减小。被裂隙分割成许多独立的小土块在吸水过程中都存在一个应力集中与释放的过程,产生了许多次级裂隙,这些次级裂隙对整体裂隙率的影响相互叠加,循环往复,使得试样在增湿过程中裂隙率图像形成多级阶梯。

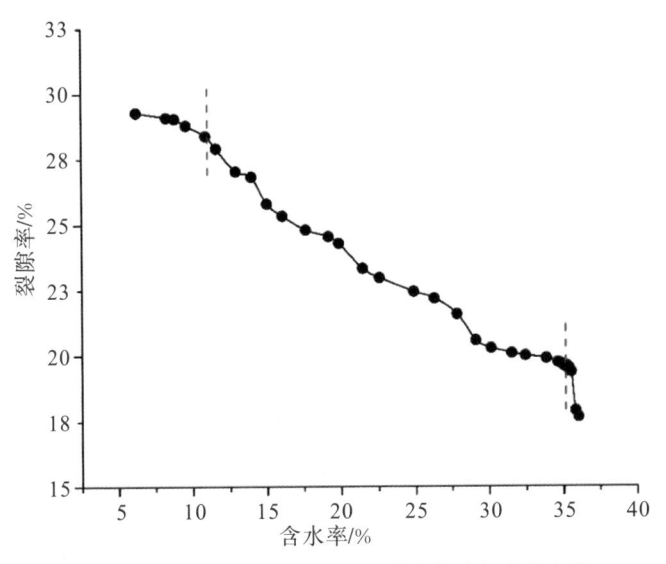

图 3-102 试样 10 增湿过程中裂隙率随含水率变化

增湿过程中裂隙的产生是当上层土体吸水后，含水率逐渐大于下层土体，上层土体吸水后逐渐膨胀，但此时下层土体含水率较低，膨胀较小，所以上层土体的下部被下层土体所限制，当膨胀到一定程度时，上层土体应力释放，产生裂隙。这与土样失水过程中产生的裂隙有相似之处，都是由于上下层土体之间的含水率梯度差导致。

在增湿刚开始时，含水率上升明显较快，这是因为土体此时含水率较低，土体的吸水性很强，所以土体能在短时间内吸收大量的水，见图 3-103。在含水率达到 8.25% 时，土体含水率的增速开始放缓。由于增湿实验是模拟降雨条件对膨胀土体进行增湿，水分从上而下进入土体。刚开始由于土体含水率低，其含水率增加速率相对较大，而当上层土体吸水到一定程度时，降雨补给的速度大于土体内部水分的传播速度，上层土体的水分无法快速地传递给下层土体。此时含水率随时间的变化就相对较小。

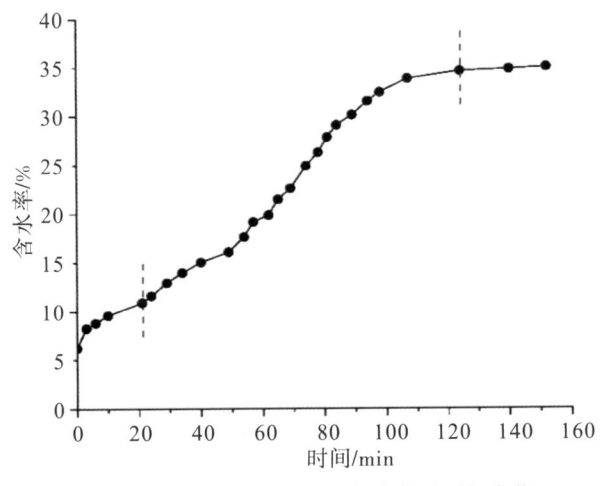

图 3-103 试样增湿过程中含水率随时间变化

在含水率达到 10.9% 时，次级裂隙开始出现，这时单位时间内土体含水率的变化突然增快。这是由于次级裂隙产生后形成了新的导水通道，降雨通过次级裂隙进入土体内部，使得土体的吸水面积增大，土体含水率增速变快。

次级裂隙产生阶段的土体含水率变化速率也存在差别，含水率变化速率整体呈先增大后减小的趋势。中后期含水率变化率增大是由于含水率逐渐升高，土体内部的次级裂隙逐渐发育，使得雨水与土体的接触面积进一步增大，含水率变化率进一步增大。当土体趋于饱和时，土体与雨水接触面积虽然很大，但由于土体吸水性下降，含水率变化率也随之下降。

在含水率达到 33.8% 时，土体进入吸水困难阶段，此时含水率随时间变化图像中，曲线更加平缓。土体在 30min 内含水率只升高了 0.4%。整个增湿实验持续了 6h，实验的最后，土体含水率每小时变化仅为 0.1%，可以认为土体已经饱和，饱和土样的含水率为 36%。由于后续实验间隔相对较长且在图像中表现较为平缓，所以未将后续实验绘制在图像中，以免弱化前段实验的变化趋势。

(2) 裂隙总长度随含水率变化规律

土样的初始裂隙总长为 935mm，随后土体开始增湿，进入细小裂隙闭合阶段，土体中细小的裂隙开始闭合，裂隙总长度有所下降，在含水率达到 8.8% 时细小裂隙全部闭合，土体此时裂隙长度为 914mm。随后土体进入单纯吸水膨胀阶段，膨胀土体在降雨的影响下逐渐吸水，土体含水率上升，整体孔隙比增大，土体体积不断增大，土体裂隙总长度基本没有变化。在含水率到达 11.6% 时进入次级裂隙产生阶段，见图 3-104。

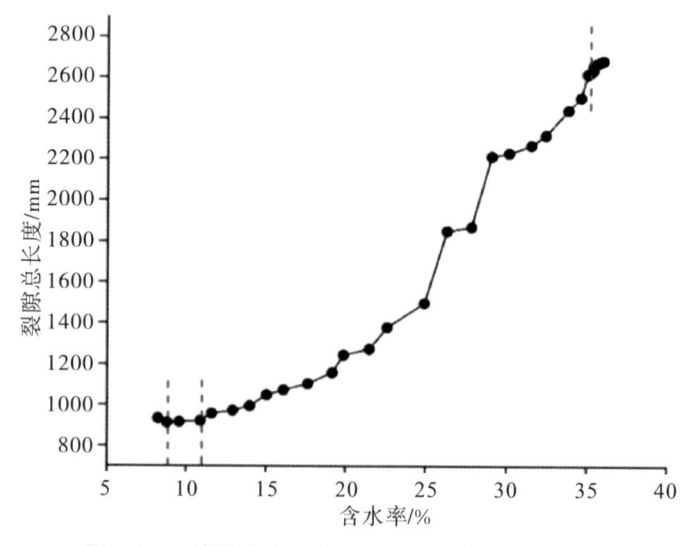

图 3-104 试样增湿过程中裂隙总长度随含水率变化

随着含水率的增加，土体强度逐渐降低，由于土块边缘没有支撑，使得土块周围应力释放,围绕土块边缘和主要裂隙周围产生次级裂隙,而土块边缘刚产生的次级裂隙长度相对较小,所以此时裂隙总长度缓慢增加。随着增湿继续进行,土体含水率进一步增加,土体进一步膨胀,在膨胀到一定程度时,土块内部也开始产生次级裂隙,土体内部的次级裂隙长度相对较长,且分批次产生,在裂隙总长度图像上表现为总长度呈阶梯式快速增加。试样的含水率在达到35.8%时,土体开始崩解,虽然崩解的土体堵塞了一部分裂隙,但土样整体裂隙长度相对较大,所以崩解对整体的裂隙长度影响较小。最后增湿结束,试样裂隙总长度达到2683mm。

(3)裂隙平均宽度随含水率变化规律

图 3-105 为试样增湿过程中裂隙平均宽度随含水率变化图。其中裂隙平均宽度 d 指试样所有裂隙(包括试样吸水产生的次级裂隙)的平均宽度,d 的值等于 $\delta_c \times A/L$(δ_c 为裂隙率,A 为试样表面积,L 为其裂隙总长度)。

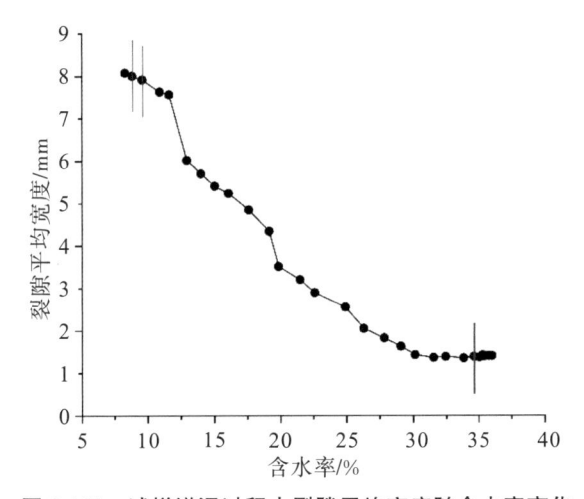

图 3-105　试样增湿过程中裂隙平均宽度随含水率变化

在增湿试验开始时,裂隙的平均宽度缓慢下降,在细小裂隙闭合阶段,由于细小裂隙的闭合和大裂隙的缩小相互抵消,表现为裂隙平均宽度缓慢降低;含水率在8.8%~11.6%时,为单纯吸水膨胀阶段,裂隙平均宽度缓慢减小;裂隙平均宽度在含水率11.6%时快速下降,这是由于土体吸水,次级裂隙开始产生,进入次级裂隙产生阶段。在含水率为11.6%~35.8%时,土体处于次级裂隙产生阶段,此时裂隙平均宽度呈阶梯式下降,每次快速下降都是因为新的次级裂隙产生,最后裂隙平均宽度变化趋于平稳,次级裂隙不再产生。在含水率达到35.8%时进入土体崩解阶段,裂隙平均宽度在1.2~1.4mm波动,并最终稳定在1.3mm。

3.5.1.5 本章小结

(1)膨胀土失水裂隙发育

①在膨胀土失水过程中,裂隙的发育过程可以明显地分为三个阶段:增长缓慢的第一阶段;快速增长的第二阶段;缓滞增长的第三阶段。在此基础上,将膨胀土的裂隙发育进一步细分为三个阶段,包括裂隙待发育阶段、裂隙快速发育阶段和裂隙发育完全阶段。

②在膨胀土失水过程中,裂隙条数、节点数、裂隙率以及裂隙平均宽度都随着含水率的降低呈阶梯式增长,最后达到平稳阶段。裂隙总长度先是随着含水率的降低快速增大,在达到一定程度时停止发育。

(2)膨胀土吸水裂隙发育

①膨胀土增湿过程主要分为4个阶段:第一个阶段为细小裂隙闭合阶段;第二个阶段为单纯吸水膨胀阶段,细小裂隙闭合阶段和单纯吸水膨胀阶段有部分重合;第三个阶段为次级裂隙产生阶段,此阶段也包含了土块边缘次级裂隙产生阶段和土块内部次级裂隙产生阶段;第四个阶段为土体崩解阶段。

②裂隙率在前三个阶段呈阶梯式下降,并在最后的土体崩解阶段快速下降。裂隙总长度在细小裂隙闭合阶段有所下降,在单纯吸水膨胀阶段基本保持不变,在次级裂隙产生阶段呈阶梯式快速增大,在土体崩解阶段变化较小。

3.5.2 膨胀土裂隙发育规律

3.5.2.1 影响因素分析及实验设计

根据前人研究成果可知,膨胀土裂隙发育规律的影响因素有很多,包括干湿循环次数、初始含水率、厚度(高宽比)、密实度、环境温度和环境湿度等。在这些影响因素中,干湿循环次数、初始含水率和厚度对裂隙发育规律的影响相对较大,故本章节主要针对干湿循环次数、初始含水率和厚度对膨胀土裂隙发育规律的影响进行研究,并设计了如下三组实验:

(1)干湿循环次数实验

试验仪器:相机、电子天平(量程5kg,精度0.1g)、小刮板、底面边长25cm、高1cm的模型盒。

实验方法:

①将所采集的土样碾碎后过2mm的筛,置于容器中,加入足量的水浸泡,浸泡过程中经常搅拌,持续1h,目的是让膨胀土充分吸水膨胀。搅拌均匀后将土样装入塑料袋密封,并放入保湿器闷料24h,使土样含水量均匀。从土样中取3份烘干测出含水率,取其平均值作为土样的初始含水率。

②上述工序完成后,再将土样放置于制好的模型框中,将土表面刮平,上置一铁板,均匀敲击压实为所需干密度和指定厚度。实验前提前称好模型框质量用于后续含水量计算。

③将试样放置入烘箱内,温度设置为40℃,每隔30min对土样进行拍照并将土样称重,记录电子秤上数值以计算拍照时土样含水率,当土样重量1h内变化小于0.1g时停止失水试验,随后进入增湿试验。

④土样增湿过程中,用喷壶对土样进行喷水,控制喷壶压力,使之不对土样形态产生影响。每次喷洒少量水,待土样完全吸收,表面看不见积水时,拍照称量并记录。之后反复进行上述操作,直至土样吸水缓慢,土样开始积水,此时继续保持之前的喷水量对土样喷水,然后每隔半小时将土样中积水抽干,称重拍照并记录,直至土样连续1h质量不变,认为此时土样基本饱和,增湿过程结束。

⑤继续重复③、④操作对土样进行干湿循环,待完成所需干湿循环次数后停止实验。表3-19记录了干湿循环实验中式样基本条件以及编号。

表3-19　　　　　　　　　　不同干湿循环次数试样表

编号	初始含水率/%	厚度/cm	干湿循环次数
S43	40.53	1	0
S43N1	40.53	1	1
S43N2	40.53	1	2
S43N3	40.53	1	3
S43N4	40.53	1	4
S43N5	40.53	1	5
S43N6	40.53	1	6

注:表中S代表试样,N代表干湿循环次数(如N1即表示进行干湿循环次数为1)。

(2)不同初始含水率实验

试验仪器:相机,电子天平(量程5kg,精度0.1g),小刮板,底面边长25cm高为2cm的模型盒。

实验方法:

①将所采集的土样碾碎后过2mm的筛,本次实验配置初始含水率分别为55%、50%、45%、40%、35%、30%和25%的土样(试样实际含水率与设计含水率存在误差,各试样实际含水率见表3-20),通过计算得出所需的土和水的重量,将土置于容器中,缓慢加水并不停搅拌,持续1h,目的是让膨胀土充分吸水膨胀。搅拌均匀后将土样装入塑料袋密封,并放入保湿器闷料24h,使土样含水量均匀。从土样中取3份烘干测出含水率,

取其平均值作为土样的初始含水率。

表 3-20　　　　　　　　　　不同初始含水率试样表

编号	初始含水率/%
S10	53.98
S20	52.05
S30	46.48
S40	40.53
S50	35.23
S60	29.03
S70	24.91

②上述工序完成后,再将土样放置于底面边长 25cm、高为 2cm 的模型盒中,将土表面刮平,上置一铁板,均匀敲击压实为所需干密度和指定厚度。

③将所有试样同时放置入烘箱内,温度设置为 40℃,使其在同一条件下蒸发失水,每隔 30min 对土样进行拍照并将土样称重,记录电子秤上数值以计算拍照时土样含水率,当土样重量 1h 内变化小于 0.1g 时停止试验。

(3)不同初始厚度实验

试验仪器:相机,电子天平(量程 5kg,精度 0.1g),小刮板,底面边长 25cm,高分别为 1cm、2cm、3cm 和 5cm 的模型盒。

实验方法:

①将所采集的土样碾碎后过 2mm 筛,通过计算得出初始含水率分别为 53.98% 和 40.53% 时所需的土和水的重量比。将大量干土置于容器中,缓慢加入所需比例的水并不停搅拌,持续 1h。由于每份土样量较大,搅拌均匀后直接将搅拌土样的盆密封,闷料 24h 使土样含水量均匀。

②上述工序完成后,再将不同初始含水率的土样分别填入高为 1cm、2cm、3cm 和 5cm 的模型盒中,将土表面刮平,上置一铁板,均匀敲击压实为所需干密度和指定厚度。

③将试样放置入烘箱内,温度设置为 40℃,使其在同一条件下蒸发失水,每隔 30min 对土样进行拍照并将土样称重,记录电子秤上数值以计算拍照时土样的含水率,当土样重量 1h 内变化小于 0.1g 时停止试验。

表 3-21　　　　　　　　　　不同厚度试样表

编号	初始含水率/%	厚度/cm
S13	53.98	1
S10	53.98	2

续表

编号	初始含水率/%	厚度/cm
S11	53.98	3
S12	53.98	5
S13	53.98	1
S43	40.53	1
S40	40.53	2
S41	40.53	3
S42	40.53	5

3.5.2.2 单一因素影响下的裂隙发育规律

(1)干湿循环次数对膨胀土裂隙发育规律影响

图 3-106 为试样 43 经历不同干湿循环后蒸发失水至恒重时的试样图像(N 为干湿循环次数),将土样配置出来后到第一次失水记为第 0 次干湿循环。本次试验对初始含水率 40.53%的试样 43 进行了 6 次干湿循环,以研究干湿循环次数对膨胀土裂隙发育规律的影响。

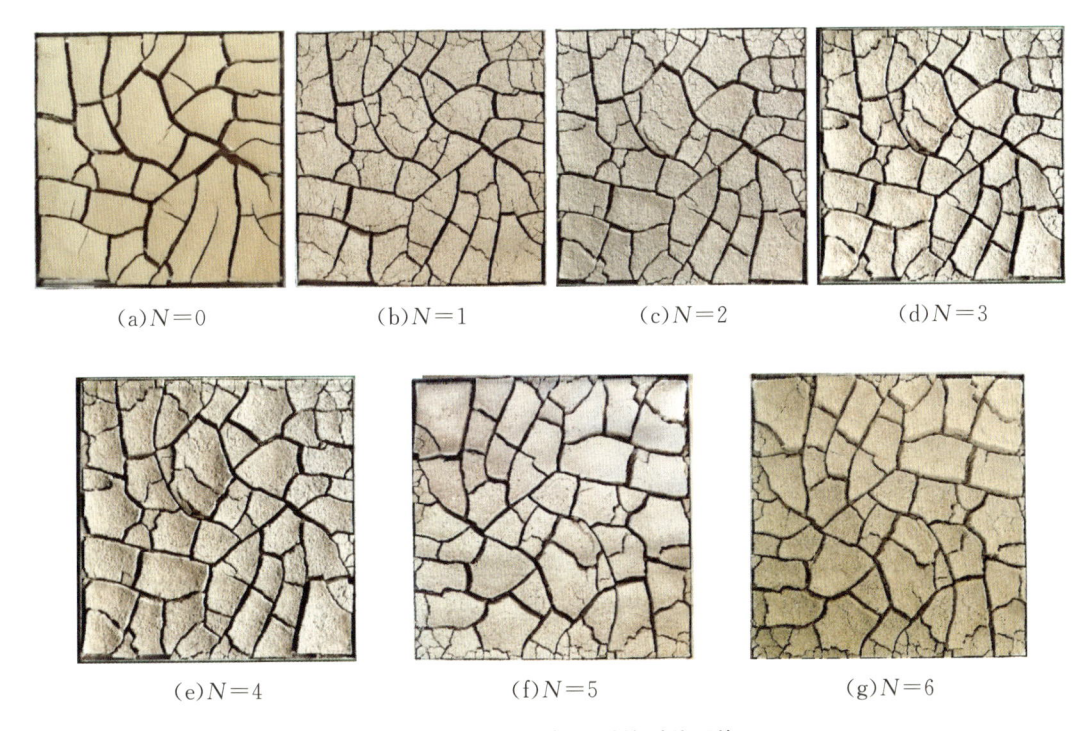

(a)$N=0$　　(b)$N=1$　　(c)$N=2$　　(d)$N=3$

(e)$N=4$　　(f)$N=5$　　(g)$N=6$

图 3-106　失水至恒重时的裂隙图片

从图 3-106 经历不同干湿循环后蒸发失水至恒重时的试样图像可以发现,土样在经历三次干湿循环之后,形态和裂隙基本参数均基本保持不变,这与其他学者的研究结果类似。试样在经历了第一次干湿循环后,土体明显发育出更多细小裂隙,将土体分割成为许多小块。此时土体仅经历一次干湿循环,土样的整体性并未被完全破坏,只是发育了更多的细小裂隙将土体分割。在第二次干湿循环后,细小裂隙部分愈合,被裂隙分割成的土块数量明显减少。观察第二次干湿循环后的土样,土体表面明显变得更加粗糙,此时土体的结构已基本破坏完全,土体整体结构非常松散。所以土体裂隙的减少可能是由于土体逐渐变得松散,干密度逐渐降低,导致土体占据的体积更大,挤压并使细小的裂隙闭合。由于在第二次干湿循环后,土体结构已经变得较为松散,后续的干湿循环对土体的影响相对较小,土体整体形态基本保持不变。

图 3-107 为试样 43 经历不同干湿循环次数与裂隙率关系图,记录了每次不同干湿循环中,试样蒸发失水稳定后的裂隙率 δ_c。本次干湿循环试验与低初始含水率试样的干湿循环试验不同,膨胀土试样在每次刚开始失水的阶段存在一个初始裂隙率。此时裂隙并不是从零开始扩展,此裂隙率是膨胀土试样在上次失水开裂过程中产生的裂隙。由于试样初始含水率较高,裂隙在增湿后未完全闭合,因此在蒸发失水过程中直接在上一次未完全闭合的裂隙基础上继续发育。

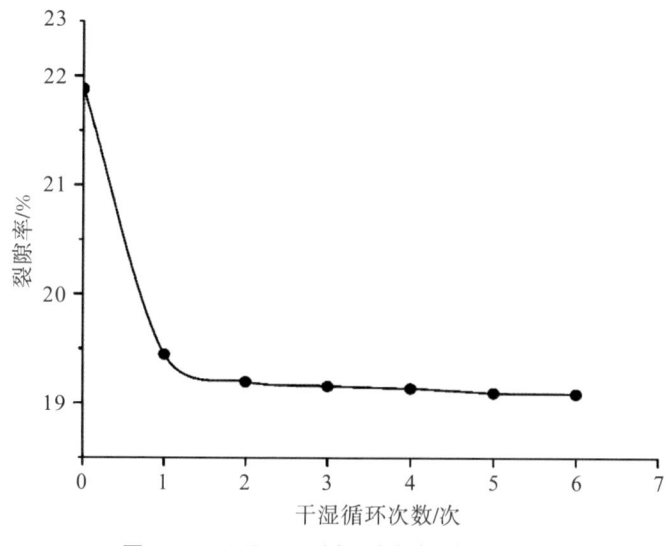

图 3-107 不同干湿循环次数与裂隙率关系

试样在经历第一次干湿循环后,裂隙率由原本的 21.88% 下降到 19.45%,下降幅度约为 11.1%,经历第二次干湿循环后,裂隙率由 19.45% 下降到 19.2%,下降幅度约为 1.3%。可以看出第一次干湿循环使得试样的裂隙率剧烈下降,下降幅度约为第二次干湿循环的 8.5 倍。由此可以看出,初次干湿循环使土体变得较为松散,对土体的完整性破坏最为严重。之后的干湿循环对土体裂隙率影响较小,土体裂隙率基本保持不变。

图 3-108 和图 3-109 分别为试样 43 不同干湿循环次数对应的裂隙总长度图和裂隙

平均宽度图。图中分别对每次失水稳定后的裂隙总长度 L 及裂隙平均宽度 d 进行了统计。

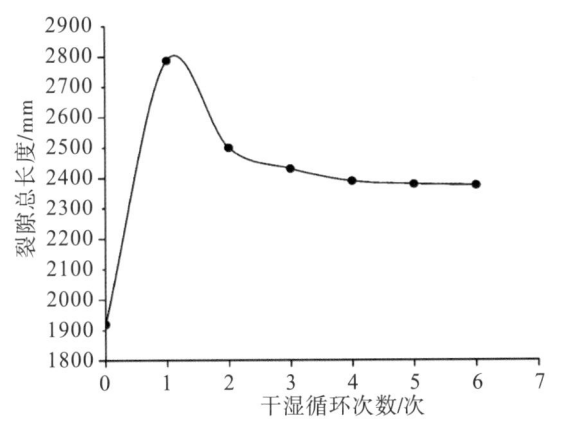

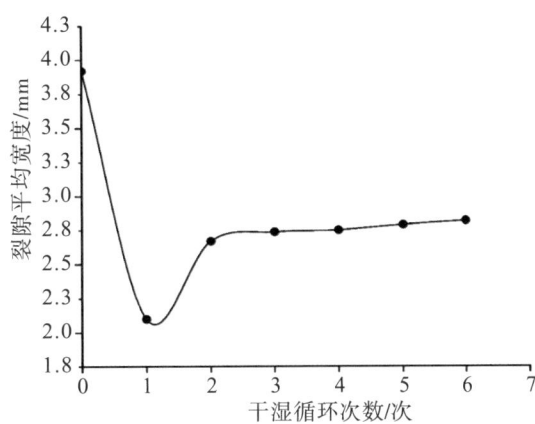

图 3-108　不同干湿循环次数对应的裂隙总长度

图 3-109　不同干湿循环次数对应的裂隙平均宽度

从图中可以看出,裂隙总长度在进行了第一次干湿循环后迅速增大,由 1920mm 增大至 2787mm,在第二次干湿循环后又减小至 2512mm。而裂隙平均宽度的变化与裂隙总长度相反,其在第一次干湿循环后迅速减小,由 3.92mm 减小至 2.1mm,在第二次干湿循环后又增大至 2.67mm。第二次干湿循环时土体逐渐变得松散,干密度逐渐降低,导致土体占据的体积更大,挤压并使细小的裂隙闭合,这就使得裂隙总长度减小、裂隙平均宽度增大,在之后的干湿循环中,裂隙总长度和裂隙平均宽度的变化趋于稳定,并在第五次干湿循环后保持不变。

研究表明,裂隙网络分布在一定尺度范围内具有体积分形特征,岩土体裂隙的分形维数越大,表示风化作用越强烈,裂隙越发育,其空间分布也越复杂。由于裂隙分维体现了裂隙的空间分布特征,因此往往被作为描述裂隙渗透特性以及强度特性的重要指标,因此,在研究干湿循环次数对膨胀土裂隙发育规律的影响时,裂隙分形维数也在统计之列。

采用盒维数法计算裂隙网络的分形维数。具体做法是使用边长为 ε 的矩形格子(盒子)网络去覆盖裂隙分布区域,存在裂隙几何体的格子数目 $N(ε)$ 将随着 ε 而变化,两者关系如式(3-26)所示:

$$\log N(\varepsilon) = A - D\log(\varepsilon) \qquad (3-26)$$

式中:D——裂隙分形维数;

A——常数。

图 3-110 为裂隙分形维数与干湿循环次数关系曲线。从图中可看出,试样经过 1、2 次干湿循环后,分形维数值的增幅较大,在第 3 次干湿循环结束后分形维数仍略有上升,然而在之后的几次干湿循环结束后,分形维数曲线几乎水平保持不变,裂隙分维基本接近稳定值。从图 3-110 可以发现以下规律:前期干湿循环对膨胀土结构破坏

较为剧烈，使得土体的结构越发松散，在后续的干湿循环作用下，此影响逐渐降低并不再显著。

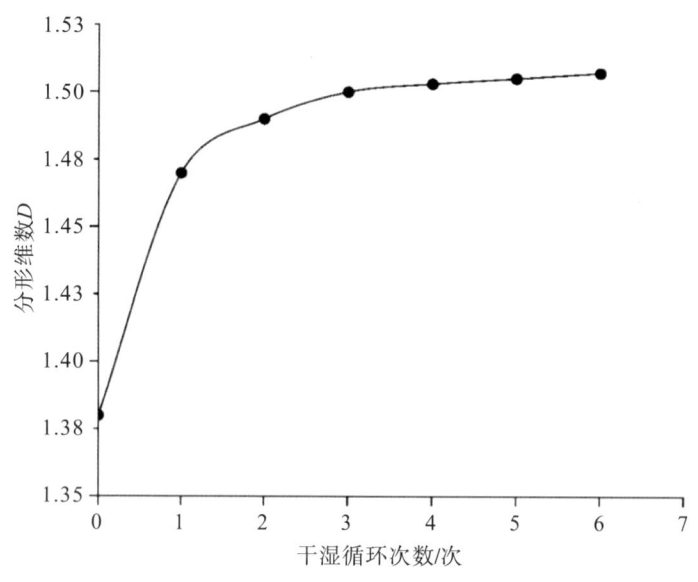

图 3-110　裂隙分形维数与干湿循环次数关系曲线

(2)初始含水率对膨胀土裂隙发育规律影响

图 3-111 为不同初始含水率试样失水过程中裂隙变化情况图。试样的初始含水率分别为 53.98%、52.05%、46.48%、40.53%、35.23%、29.03% 和 24.88%，实验温度为恒温 40℃。不同初始含水率试样的裂隙发育形态并不一样，随着初始含水率的降低，试样的裂隙形态逐渐趋于简单，在含水率达到 24.88% 时甚至只有一条裂隙发育。高初始含水率的试样裂隙形态较为复杂。初始含水率为 53.98%、52.05%、46.48% 和 40.53% 的试样裂隙发育形态较为相似，其裂隙在实验初期裂隙发育较为弯曲，大致向着模型中心方向发展，并逐渐向模型中心聚拢，呈放射状，在模型中间部位形成一类似于核心的部位。大多裂隙相对弯曲，但弯曲程度相对较小。部分裂隙较笔直且多在实验后期产生。初始含水率 35.23% 的试样在裂隙刚开始发育时，便有一条主裂隙，自下而上贯穿土样，将土体分割为两部分，并在一侧土体也发育一条贯穿土体的裂隙，其裂隙形态都较为笔直，整体裂隙条数较少，被裂隙分割而成的土块数量也较小。低初始含水率的土样发育的裂隙条数更少，初始含水率 29.03% 的土样发育 3 条裂隙，而初始含水率 24.88% 的土样仅发育一条，且裂隙都较短，没有横穿土体的裂隙。

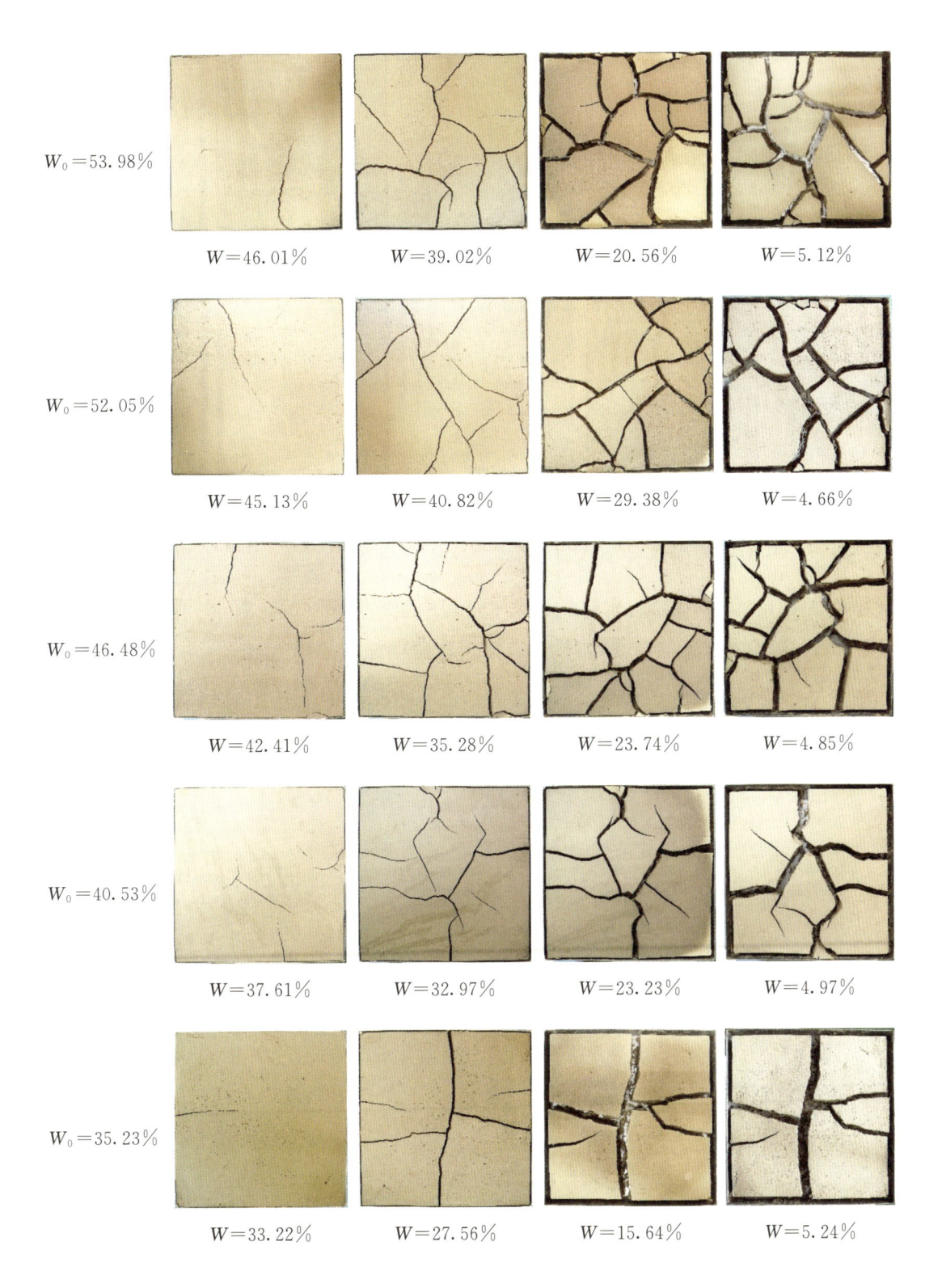

第 3 章　运行期膨胀土渠道边坡长期变形及渗透破坏机理

$W_0=53.98\%$	$W=46.01\%$	$W=39.02\%$	$W=20.56\%$	$W=5.12\%$
$W_0=52.05\%$	$W=45.13\%$	$W=40.82\%$	$W=29.38\%$	$W=4.66\%$
$W_0=46.48\%$	$W=42.41\%$	$W=35.28\%$	$W=23.74\%$	$W=4.85\%$
$W_0=40.53\%$	$W=37.61\%$	$W=32.97\%$	$W=23.23\%$	$W=4.97\%$
$W_0=35.23\%$	$W=33.22\%$	$W=27.56\%$	$W=15.64\%$	$W=5.24\%$

$W_0=29.03\%$　　$W=27.14\%$　　$W=23.67\%$　　$W=14.83\%$　　$W=5.07\%$

$W_0=24.88\%$　　$W=22.79\%$　　$W=18.27\%$　　$W=10.94\%$　　$W=5.21\%$

图 3-111　不同初始含水率试样失水过程中裂隙变化情况

从图 3-111 不同初始含水率试样失水过程中裂隙变化情况来看,在试样干燥失水过程中,随着初始含水率的增大,试样的裂隙条数有增加的趋势。这一实验结果再次证明了沿深度方向上的含水率梯度差影响了裂隙的发育。初始含水率 W_0 越高,土样表层失水蒸发所带来的含水率梯度差越大,这就让试样在沿深度方向产生了更大的不均匀收缩,使得裂隙的发育更加明显。此实验结果也与部分学者的研究成果相近。从另一方面来看,土样的初始含水率越高,膨胀土中黏土颗粒周围的结合水膜越厚,土体中自由水的含量也会随之增高,使膨胀土体积收缩获得了更大空间。

由于低含水率土样边界效应对试样影响较大,土体收缩裂隙较大且土体裂隙较少,故本章仅分析初始含水率分别为 53.98%、52.05%、46.48%、40.53%、35.23%的试样对裂隙形态参数的影响。

1)初始含水率对裂隙率的影响

图 3-112 为不同初始含水率试样总裂隙率随含水率变化图,各不同初始含水率的土样裂隙变化规律基本一致。从图中可以看出,变化可以明显地分为三个阶段:第一阶段为土体由各自初始含水率开始失水,土体含水率的减少使其整体产生收缩,此时裂隙的发育增长缓慢;第二阶段时土体进一步的失水使得土体沿深度方向形成含水率梯度差,土体产生不均匀收缩,此时裂隙快速发育;当含水率继续降低,在达到缩限附近之后,土体的含水率以及体积趋于稳定,土体裂隙发育开始进入缓滞增长的第三阶段,此时的土体已经接近固态,整体结构处于非常密实的状态,土体含水率的继续降低不会使颗粒间的距离有大的变化,土体整体体积的收缩不再呈现,沿深度方向不再存在含水率的梯度

差。不同初始含水率试样裂隙相关参数见表3-22。

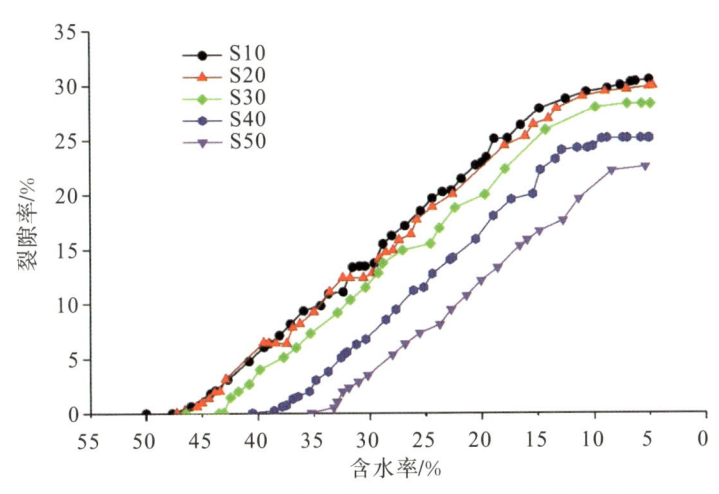

图3-112 不同初始含水率试样总裂隙率随含水率变化

表3-22 不同初始含水率试样裂隙相关参数

初始含水率/%	裂隙产生临界含水率/%	含水率变化值/%	最终裂隙率/%
53.98	46.01	7.97	30.53
52.05	45.13	6.92	29.91
46.48	42.41	4.23	28.29
40.53	38.62	1.91	25.12
35.23	33.22	2.01	22.13

从裂隙产生临界含水率及其含水率变化值可以看出，高初始含水率的土样开始产生裂隙所需要降低的含水率较高，且随着初始含水率的降低，裂隙产生临界含水率变化值逐渐降低，在初始含水率达到40.53%时，裂隙产生临界含水的率变化值基本保持在2%左右。

将不同初始含水率所匹配的最终裂隙率绘制成图3-113，并对其进行线性回归，最终得出的初始含水率（x_1）与裂隙率（y_1）的回归方程为 $y_1=66.713x_1-3.7972, R^2=0.9391$。即试样裂隙率随着初始含水率的降低逐渐降低，且呈线性关系。

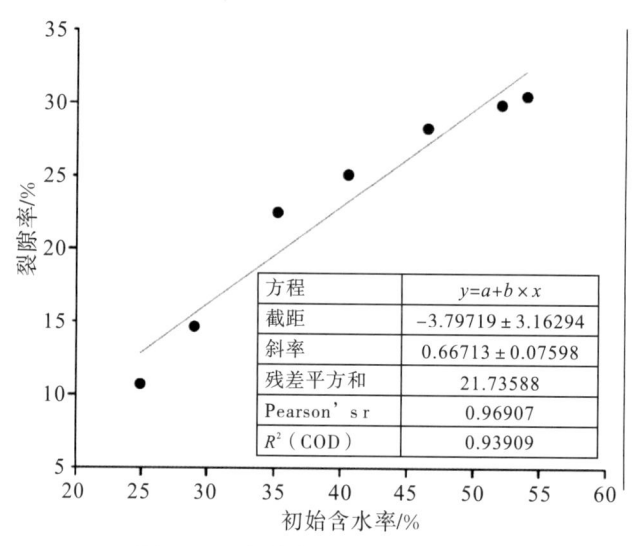

图 3-113 初始含水率与裂隙率关系

方程	$y=a+b\times x$
截距	-3.79719 ± 3.16294
斜率	0.66713 ± 0.07598
残差平方和	21.73588
Pearson's r	0.96907
R^2（COD）	0.93909

2)初始含水率对裂隙总长度的影响

不同初始含水率试样的裂隙总长度一开始都为 0,在含水率降低到一定值后开始快速增加,在裂隙发育到一定程度时不再发育,裂隙总长度达到最大值。初始含水率 53.98% 的试样最终裂隙总长度达到 926.86mm；初始含水率 52.05% 的试样最终裂隙总长度达到 815.75mm；初始含水率 46.48% 的试样最终裂隙总长度达到 713.25mm；初始含水率 40.53% 的试样最终裂隙总长度达到 566.14mm；初始含水率 35.23% 的试样最终裂隙总长度达到 350.67mm。

不同初始含水率的试样裂隙总长度达到最大值时含水率的减少量也不同。初始含水率 53.98% 的试样在含水率减少 18% 时裂隙总长度达到最大值,初始含水率 52.05% 和 46.48% 的试样减少量为 17%。初始含水率 40.53% 的试样减少量为 9%,初始含水率 35.23% 的试样减少量为 8%。可以看出,随着初始含水率的降低,试样裂隙发育完全所减小的含水率逐渐降低,且分段性较明显的一组为 17%～18%,另一组为 8%～9%。

图 3-114 为不同初始含水率试样裂隙总长度随含水率变化图,并对其进行线性回归,最终得出的初始含水率（x_1）与裂隙总长度（y_2）的回归方程为 $y_2=2959.8x_1-680.43$, $R^2=0.988$,即试样裂隙总长度随着初始含水率的降低逐渐降低,且呈线性关系,见图 3-115。

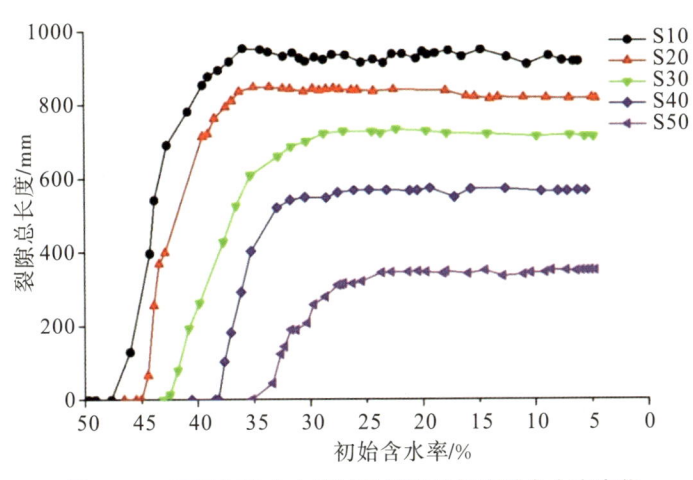

图3-114 不同初始含水率试样裂隙总长度随含水率变化

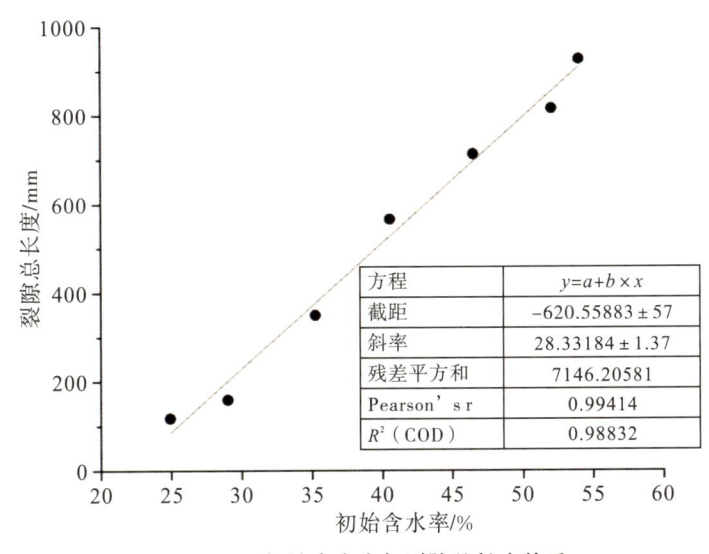

图3-115 初始含水率与裂隙总长度关系

3)初始含水率对裂隙平均宽度的影响

不同初始含水率试样的裂隙平均宽度都随着含水率的降低波动上升,最终所有试样的裂隙平均宽度都在8~10.5mm。不同初始含水率试样裂隙平均宽度随含水率变化见图3-116,将数据进行拟合后得出初始含水率(x_1)与裂隙平均宽度(y_3)方程为$y_3=-1.8556x_1+9.989$,$R^2=0.0153$。裂隙平均宽度整体表现为随着初始含水率的降低逐渐增大。但是初始含水率与裂隙平均宽度的相关性不是很好,这是因为随着含水率的降低,裂隙率和裂隙总长度都降低,所以裂隙平均宽度随着初始含水率的变化相对较小且规律性较差,见图3-117。

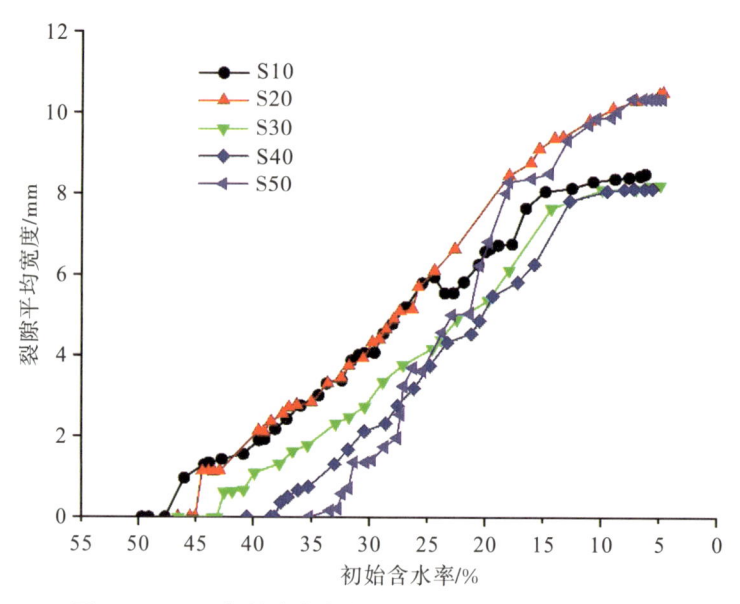

图 3-116　不同初始含水率试样裂隙平均宽度随含水率变化

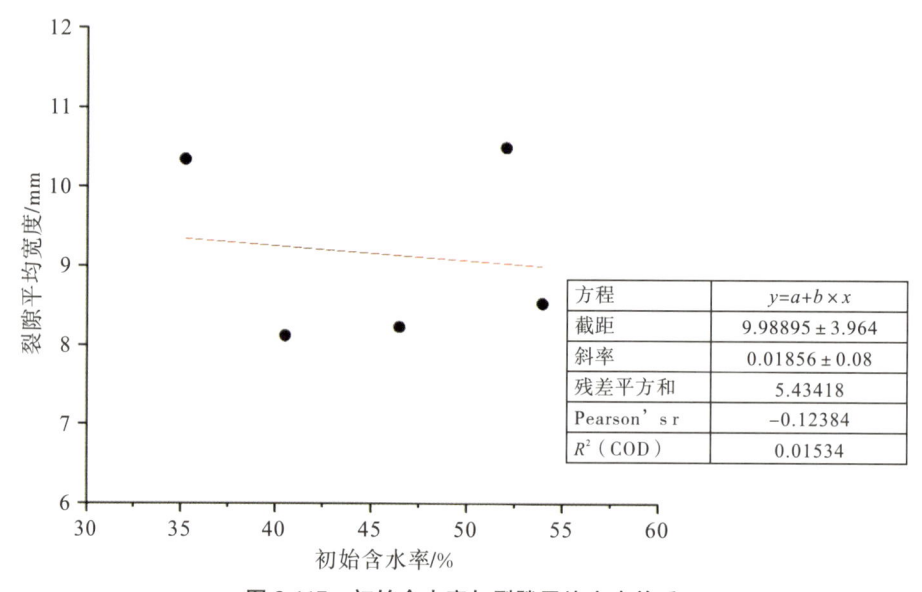

方程	$y=a+b\times x$
截距	9.98895±3.964
斜率	0.01856±0.08
残差平方和	5.43418
Pearson's r	−0.12384
R^2（COD）	0.01534

图 3-117　初始含水率与裂隙平均宽度关系

(2)厚度对膨胀土裂隙发育规律的影响

由图 3-118 和图 3-119 可以看出,不论初始含水率是 53.98% 还是 40.53%,初始厚度分别为 1cm、2cm、3cm、5cm 的试样在失水过程中裂隙的发育均具有明显的规律性。随着试样厚度的不断增大,试样失水后发育的裂隙逐渐简单化,裂隙条数逐渐减少,并从最开始 1cm 相互交错贯通的网格型裂缝逐渐转变成发育简单或纵贯土体的线性裂隙,低含水率条件下的 5cm 初始厚度的土样甚至没有裂隙产生,整体表现为土体的收缩变形。且随着初始厚度的增大,土体被裂隙分割出的土块数也逐渐减小。

| (a)初始厚度 1cm | (b)初始厚度 2cm | (c)初始厚度 3cm | (d)初始厚度 5cm |

图 3-118　初始含水率为 53.98% 的不同厚度试样裂隙发育情况

| (a)初始厚度 1cm | (b)初始厚度 2cm | (c)初始厚度 3cm | (d)初始厚度 5cm |

图 3-119　初始含水率为 40.53% 的不同厚度试样裂隙发育情况

以初始含水率 53.98% 的试样为例，研究厚度对膨胀土试样失水过程中裂隙发育规律的影响。

在研究厚度对膨胀土裂隙的影响时，裂隙率以及裂隙平均宽度的计算研究是对整体进行分析，不对裂隙图像进行去边，裂隙长度的计算研究则采用切边后的图像进行计算分析。初始含水率 53.98% 的不同初始厚度试样基本参数见表 3-23。

表 3-23　　　　　　　　　　不同初始厚度试样基本参数表

初始厚度/cm	1	2	3	5
最终含水率/%	4.63	4.97	6.25	7.64
土块个数	121	15	6	2
土块平均面积/cm²	3.61	29.17	69.16	205.31
裂隙率/%	30.10	30.50	33.68	34.36
裂隙条数	157	32	17	7
裂隙节点数	131	27	16	6
裂隙总长度/cm	2179.035	953.370	414.190	213.000
裂隙平均宽度/cm	4.16	8.50	15.77	17.18

随着试样初始厚度的增大，试样被裂隙划分出的土块的个数逐渐减小，分别为 15、6、2 个；被裂隙划分出的土块平均面积逐渐增大，分别为 29.17、69.16、205.31cm²。不同初始厚度膨胀土试样的最终裂隙率分别为 30.50%、33.68%、34.36%；裂隙条数分别为

32、17、7；裂隙节点数分别为 27、16、6；裂隙总长度分别为 953.370、414.190、213.000cm；裂隙平均宽度分别为 8.50、15.77、17.18cm。

1）厚度对裂隙率的影响

图 3-120 为不同初始厚度试样裂隙率随含水率变化图，各不同初始厚度的土样裂隙变化规律基本一致。从图中可以看出，变化也可以明显地分为三个阶段：第一阶段为土体由各自初始含水率开始失水，土体含水率的减少使其整体产生收缩，此时裂隙的发育增长缓慢；第二阶段时土体进一步的失水使得土体沿深度方向形成含水率梯度差，土体产生不均匀收缩，此时裂隙快速发育；第三阶段时的土体已经接近固态，整体结构处于非常密实的状态，土体含水率的继续降低不会使颗粒间的距离有大的变化，土体整体裂隙率基本保持不变。不同初始含水率的试样也表现出了阶段性，即裂隙待发育阶段、裂隙快速发育阶段和裂隙发育完全阶段。裂隙待发育阶段和裂隙快速发育阶段交替出现，最终达到裂隙发育完全阶段。

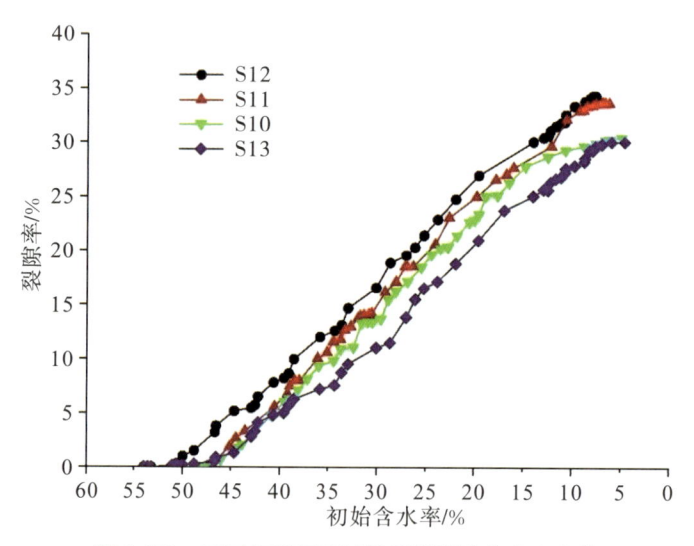

图 3-120　不同初始厚度试样裂隙率随含水率变化

膨胀土试样的最终含水率分别为 4.65%、4.97%、6.25%、7.64%，随着试样初始厚度的增大（从 1cm 到 5cm），膨胀土试样的最终含水率逐渐降低，这是因为在相同条件下，厚度较大的试样土体内部的水分在实验后期更加难以流失，所以厚度越大的试样最终含水率越大。

图 3-121 为初始厚度与裂隙率关系图，不同厚度的试样最终裂隙率分别为 30.1%、30.5%、33.68% 和 34.36%，对其进行线性回归，得出厚度（x_2）与裂隙率（y_1）的关系式为 $y_1=1.16343x_2+28.96057$，$R^2=0.83703$。可以看出初始厚度与膨胀土裂隙率正相关，即初始厚度越大，试样最终裂隙率越大，见图 3-122。

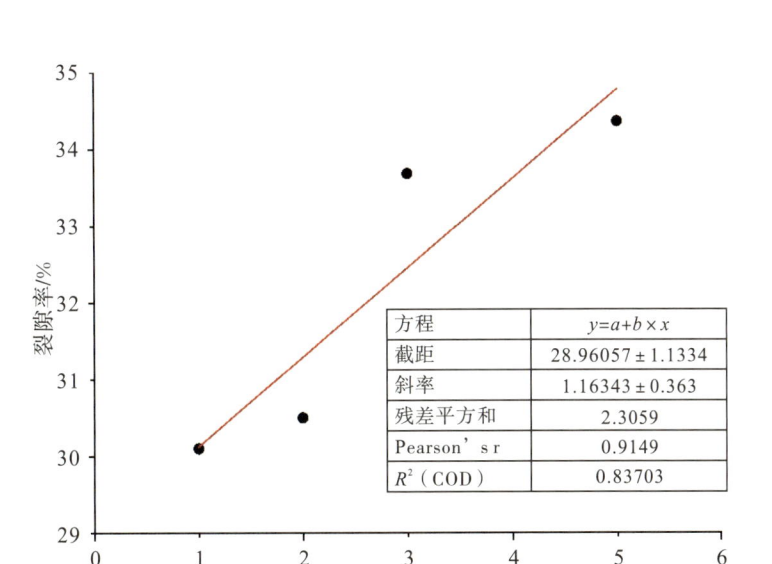

图 3-121 初始厚度与裂隙率关系

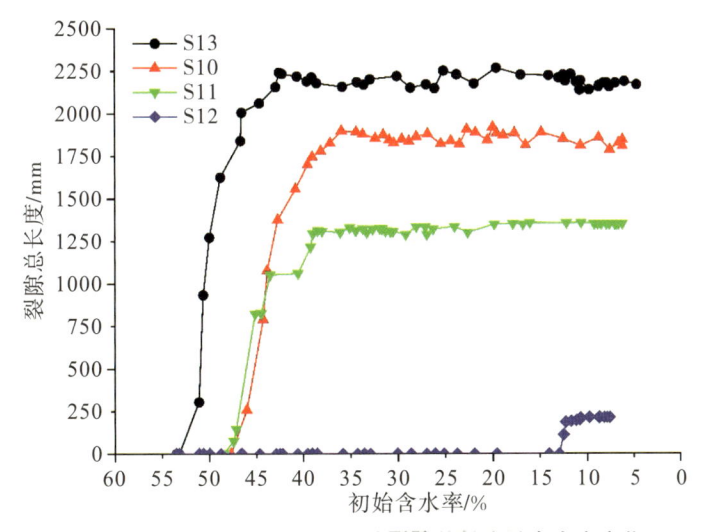

图 3-122 不同初始厚度试样的裂隙总长度随含水率变化

不同初始厚度试样的裂隙总长度都随着初始厚度的增大而减小。初始厚度 1cm 的试样最终裂隙总长度达到 2234.1mm；初始厚度 2cm 的试样最终裂隙总长度达到 953.37mm；初始厚度 3cm 的试样最终裂隙总长度达到 414.19mm；初始厚度 5cm 的试样最终裂隙总长度达到 213mm。其中初始厚度 5cm 的试样在实验刚开始时，只有收缩裂隙产生，在含水率达到 12.97% 时，土体内部的含水率梯度差逐渐增大，逐渐集中产生开裂裂隙。随后裂隙长度逐渐增大，最后达到 213mm。

4 个不同初始厚度的试样，第一条开裂裂隙率产生的含水率分别为 51.1%、49.0851%、47.4009% 和 30.65%，其含水率的减少量分别为 2.78%、4.91%、6.58% 和 23.33%，可以看出，随着初始厚度的增大，首条开裂裂隙产生的含水率逐渐降低。裂隙的产生是由含水率梯度差导致,初始厚度较大的土样(即高度和底面积比较大的土样)由于初始厚度较大,温度对内部土体的影响较小,土体就难以产生较大的含水率梯度差,裂隙较难产生。

图 3-123 为初始厚度与裂隙总长度关系图,不同初始厚度的试样裂隙总长度分别为 2234.1、953.37、414.19 和 213mm,对其进行线性回归,得出厚度(x_2)与裂隙总长度(y_2)的关系式为 $y_2=-448.66421x_2+2166.94221$,$R^2=0.75245$。可以看出初始厚度与膨胀土裂隙总长度负相关,即初始厚度越大,试样裂隙总长度越小。且曲线斜率较大为 -448.66421,说明初始厚度对裂隙总长度的影响较大,厚度每变化 1cm,裂隙总长度也将变化 448.66421mm。

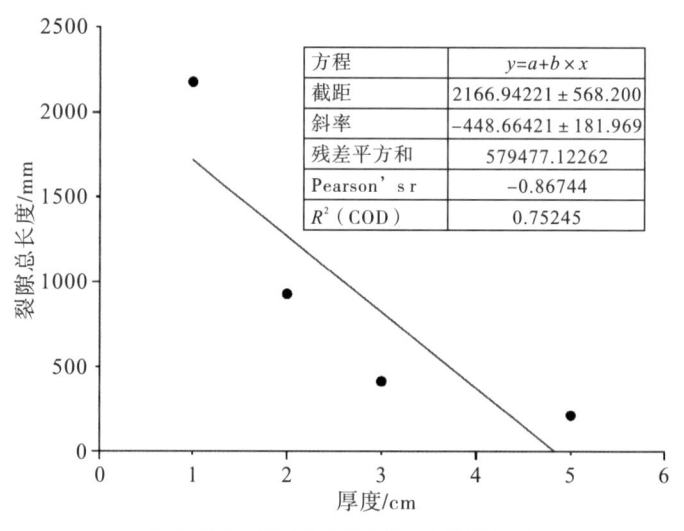

方程	$y=a+b\times x$
截距	2166.94221 ± 568.200
斜率	−448.66421 ± 181.969
残差平方和	579477.12262
Pearson's r	−0.86744
R^2(COD)	0.75245

图 3-123 初始厚度与裂隙总长度关系

2)初始厚度对裂隙平均宽度的影响

由于初始厚度较大的试样在失水过程中受边界效应的影响较大,试样的变化整体表现为收缩变形,产生的裂隙较少、较细,并不能很好地反映大厚度试样的裂隙宽度变化,所以在研究初始厚度对膨胀土裂隙的影响时,只采用初始厚度为 1、2、3cm 的试样。可以看出平均裂隙宽度整体上随着含水率的降低逐渐升高,但有时新的裂隙产生会使裂隙平均宽度突然降低。绘制不同初始厚度试样裂隙平均宽度随含水率变化,见图 3-124。经过线性回归得出初始厚度(x_2)与裂隙平均宽度(y_3)的关系式为 $y_3=5.8025x_2-2.12167$,$R^2=0.97995$,见图 3-125。

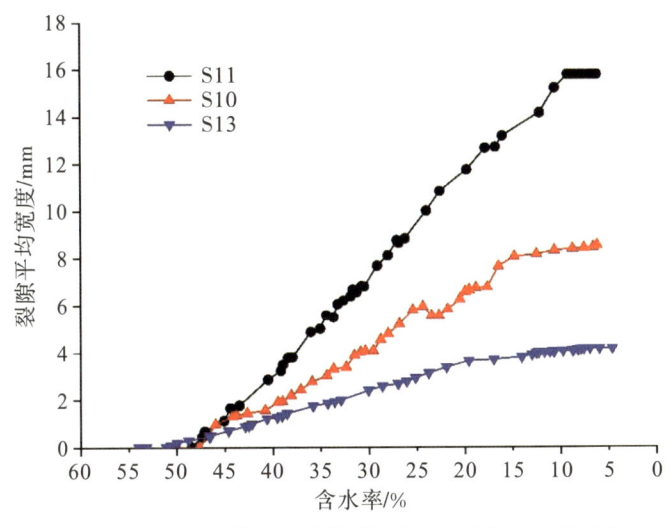

图 3-124 不同初始厚度试样裂隙平均宽度随含水率变化

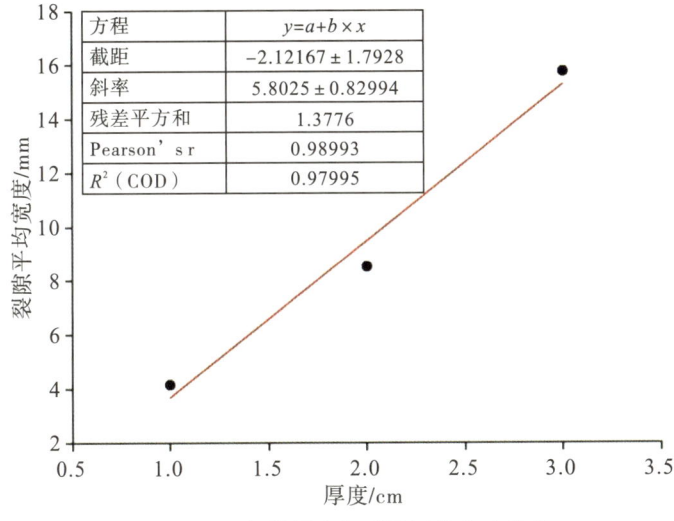

方程	$y=a+b\times x$
截距	-2.12167 ± 1.7928
斜率	5.8025 ± 0.82994
残差平方和	1.3776
Pearson's r	0.98993
R^2（COD）	0.97995

图 3-125 初始厚度与裂隙平均宽度关系

3）初始厚度对膨胀土蒸发失水影响

将试样放置烘箱中，控制试验温度为恒定 40℃，让试样脱湿。由于初始厚度较大土样在后期失水较为困难，整个失水试验持续时间约为 200h。在试样脱水基本达到稳定时试验结束。绘制不同初始厚度试样含水率随时间变化图（图 3-126）。本次实验土样的初始含水率为 53.98%，土体含水率处于塑限和液限范围之内，土体表面无肉眼可见水分。由图 3-126 可知，所有不同初始厚度试样在初始阶段土体失水速率较低，土体内部水分充足，且不存在含水率梯度差，所以土体并未开裂。此时土体表面与空气的接触面积相对稳定，整体蒸发失水速率相对稳定。低初始厚度的土样（1、2、3cm 土样）在含水率降至 47%~50%时，试样逐渐开始产生裂隙，此时由于裂隙的产生，土体与空气的接触面积增大，10～13号试样的蒸发失水速度均表现出不同程度加快，但含水率随时间变化曲线的斜率在大区间内基本保持稳定。

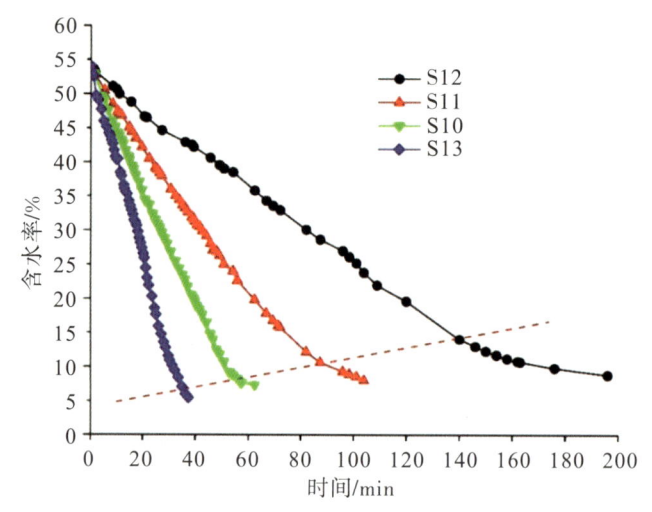

图 3-126 不同初始厚度试样含水率随时间变化图

初始厚度1cm的土样在含水率下降到7%左右时，由于土体内外部的含水率均较低，土体内部的水分很难散发出来，此时土体失水速率明显下降，开始进入蒸发困难阶段，初始厚度为2、3、5cm的土样分别在含水率为9.2%、10.6%和14%达到此阶段。厚度较大的土样内部受外部因素的影响相对较小，且内部水分向外部运移的路径更长，所以进入蒸发困难阶段的含水率更早。观察图中数据及曲线变化趋势，发现各不同初始厚度试样的蒸发困难临界含水率基本处于一条直线上，将各不同初始厚度试样蒸发困难状态临界点进行线性回归，可以得到一条蒸发临界线，处于线下的部分为蒸发困难状态。此研究结果与其他学者相似，但曲线的斜率明显小于前人，可能是由于本实验环境温度较高，各初始厚度试样进入蒸发困难阶段的含水率推后。

3.5.2.3 膨胀土裂隙率变化规律

本节主要从裂隙率变化率方面讨论膨胀土裂隙率的变化规律，将裂隙率变化率设为 CRF，由式(3-27)计算：

$$\text{CRF} = \frac{\Delta \delta_c}{\Delta w} \tag{3-27}$$

式中：CRF——裂隙率变化率，%；
　　　δ_c——裂隙率，%；
　　　w——含水率，%。

由裂隙率变化率 CRF 可知，在不同含水率条件下，土体裂隙率变化的快慢有助于计算和把控土体裂隙率的变化情况。

图 3-127 是 S10 失水过程中 CRF 随含水率变化折线图，CRF_{10} 先是随着含水率的降低逐渐增高，在保持高变化率一段时间后，CRF_{10} 随含水量的变化上下波动，这种波动是由于含水量处于某个范围时，土体的凝聚力大于土体失水所受的拉张力，土体中的应力集中在裂隙周围，此时裂隙率的变化率较小，随后某一瞬间拉张力大于凝聚力，土体中裂隙周围应力释放，裂隙开始快速发育，裂隙大小宽度迅速增大，此时 CRF_{10} 也迅速增大。将这一过程视为裂隙发育的一个旋回。在裂隙发育的最后阶段，CRF_{10} 逐渐降低，在最后有微小波动后降低为 0，此时裂隙基本发育完全。

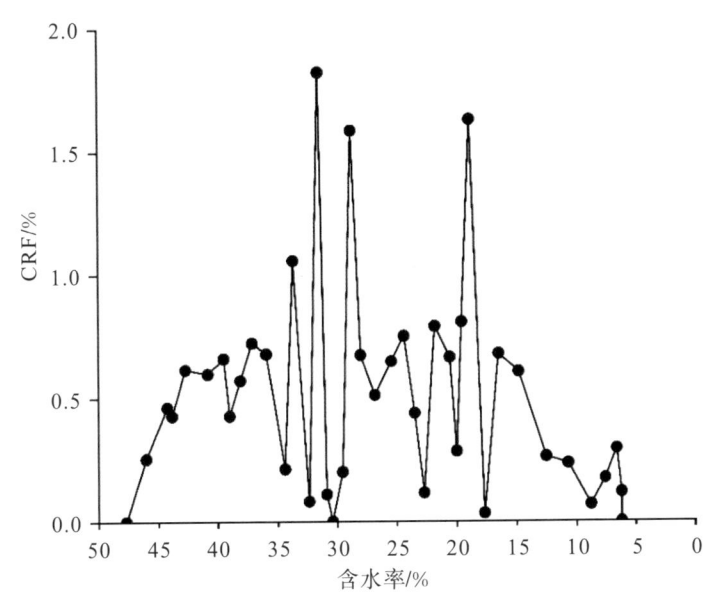

图 3-127 S10 失水过程中 CRF 随含水率变化折线图

试样的 CRF 与 w 之间呈抛物线型关系，在含水率 36%~46% 逐渐增高，并于含水率 36%~16.5% 处于波动阶段，最后 CRF_{10} 逐渐下降为 0。在整个过程中存在 10 个裂隙发育旋回。试样 CRF_{10} 在含水率 18.9%~33.7% 波动较大，存在 4 个 CRF 峰值，依次为 1.06、1.82、1.59 和 1.63，且峰值变化率主要分布在含水率 33.7%~28.8%，在此区间内 CRF 波动较大。

在含水率为 46% 时，裂隙开始产生，此后裂隙率逐渐增高，CRF_{10} 也逐渐增大，在含水率达到 42.7% 时达到一个较高值，此时的裂隙图像表现为主要裂隙基本产生。试样在含水率为 34.4% 时裂隙基本全部产生，但此时 CRF_{10} 并未降低，反而是处在一个较高的水平并上下波动，说明即便裂隙发育完全，CRF_{10} 还是会维持在一个较高的水平。而又根据 CRF_{10} 二次回归曲线可知，在裂隙基本发育完全时，CRF_{10} 并未达到峰值。这三点都说明新裂隙的产生并不是影响裂隙率变化的关键因素，后续裂隙的扩张才是影响裂隙率的关键因素，裂隙率变化的整个过程由裂隙宽度的扩张主导。

图 3-128 为 S10 失水过程中 CRF 随含水率变化散点图,可以明显地看出其整体呈二次分布,进行二次拟合之后的方程为 $y=-0.0012x^2+0.171862x-0.3096$。本次拟合并没有将波动剧烈的点去除,是因为波动剧烈的点虽然较其他数据离散严重,但其本身也反映了膨胀土失水过程中裂隙率的变化,并非异常点,所以其应该参与到拟合中去,以反映波动对二次拟合曲线的影响。

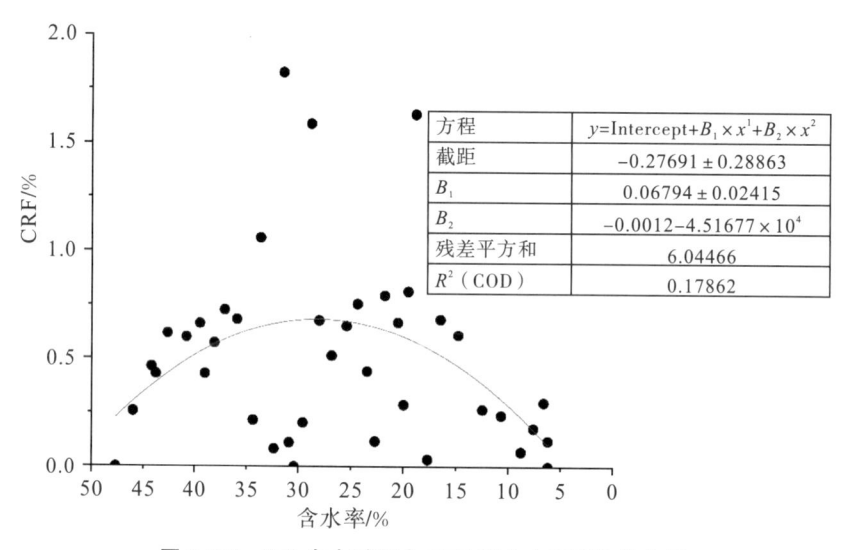

方程	$y=\text{Intercept}+B_1\times x^1+B_2\times x^2$
截距	-0.27691 ± 0.28863
B_1	0.06794 ± 0.02415
B_2	$-0.0012-4.51677\times 10^4$
残差平方和	6.04466
R^2(COD)	0.17862

图 3-128　S10 失水过程中 CRF 随含水率变化散点图

如图 3-129 所示,CRF_{20} 在含水率 25%～45%波动较大,但是除去 CRF_{20} 峰值,其他部分的变化幅度较小,且旋回更多呈波动上升的态势,并在含水率 25%时发生突变,CRF_{20} 峰值达到 2.18。试样 20 在含水率 5%～25%时的 CRF_{20} 较为平稳。试样 20 在整个试验过程中存在 10 个裂隙发育旋回,但是除了峰值裂隙率变化率所在旋回外,其他旋回上下波动幅度均相对较低。这就使得高含水率阶段 CRF_{20} 旋回多且峰值较小。在含水率降低到 25%即塑限附近时,土体由于失水,整体结构变得紧实,强度变强,这时土体内部应力集中然后突然释放,产生了图中 CRF_{20} 的最大值点。图 3-130 为 S20 失水过程中 CRF 随含水率变化散点图,可以明显地看出其整体呈二次分布,进行二次拟合之后的方程为 $y=-0.00181x^2+0.0913x-0.4125$。

图 3-131 为 S30 失水过程中 CRF 随含水率变化折线图,CRF_{30} 含水率在 36.5%～43.5%波动上升,随后在含水率在 14.3%～36.5%剧烈波动,最后含水率在 4.8%～14.3%快速下降。在整个过程中存在 6 个裂隙发育旋回。在每个旋回中 CRF_{30} 的峰值较高含水率试样要小得多,大部分在 0.8～1.0,最大的为 1.2。由于 CRF_{30} 的峰值较小,整体的波动幅度较高,含水率状态下要小很多,整个失水过程中也没有出现和整体数据偏离较远的 CRF_{30} 极大值点。

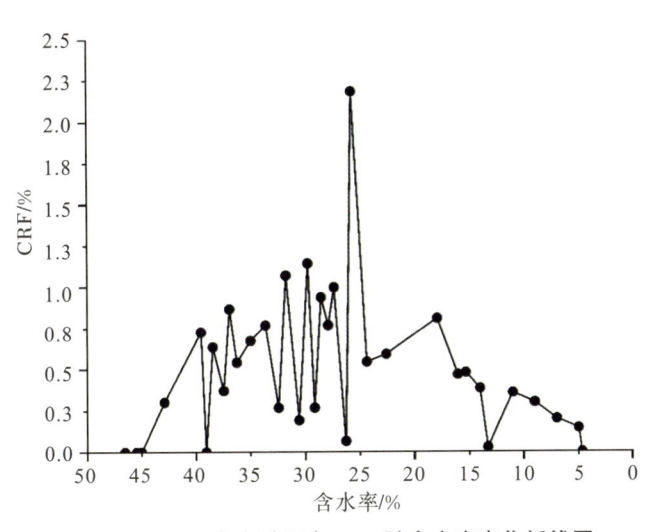

图 3-129　S20 失水过程中 CRF 随含水率变化折线图

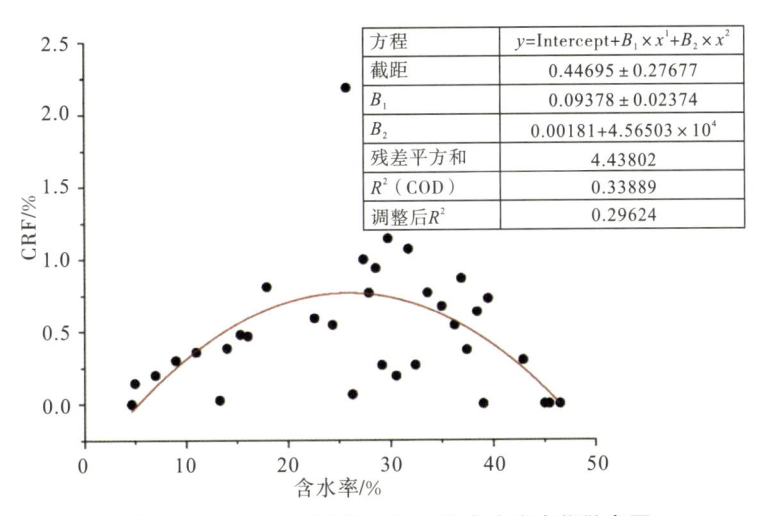

方程	$y=\text{Intercept}+B_1 \times x^1+B_2 \times x^2$
截距	0.44695 ± 0.27677
B_1	0.09378 ± 0.02374
B_2	$0.00181+4.56503 \times 10^4$
残差平方和	4.43802
R^2（COD）	0.33889
调整后R^2	0.29624

图 3-130　S20 失水过程中 CRF 随含水率变化散点图

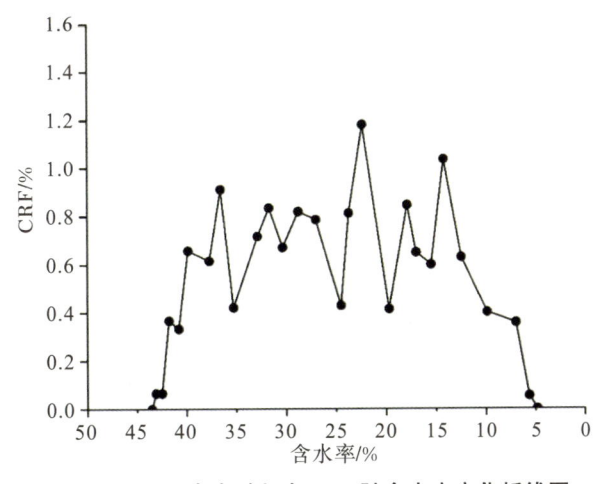

图 3-131　S30 失水过程中 CRF 随含水率变化折线图

图 3-132 为 S30 失水过程中 CRF 随含水率变化散点图,可以明显地看出其整体呈二次分布,进行二次拟合之后的方程为 $y=-0.00194x^2+0.0927x-0.31$。

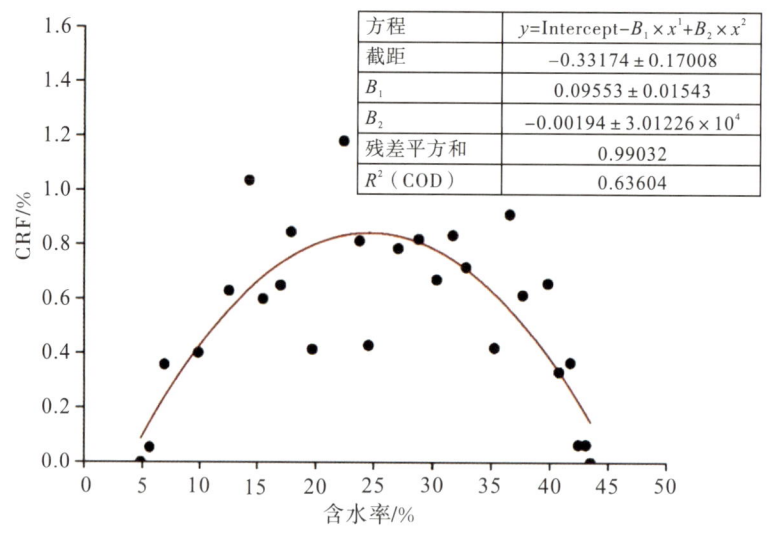

方程	$y=\text{Intercept}-B_1 \times x^1+B_2 \times x^2$
截距	-0.33174 ± 0.17008
B_1	0.09553 ± 0.01543
B_2	$-0.00194 \pm 3.01226 \times 10^4$
残差平方和	0.99032
R^2(COD)	0.63604

图 3-132 S30 失水过程中 CRF 随含水率变化散点图

图 3-133 为 S40 失水过程中 CRF 随含水率变化折线图,CRF_{40} 含水率在 36.9%～40.53%波动上升,随后含水率在 9.3%～36.9%剧烈波动,最后含水率在 4.9%～9.3%快速下降。在整个过程中存在 8 个裂隙发育旋回。在每个旋回中 CRF_{40} 的峰值大部分也在 0.8～1.1,分别为 1.02、0.93、0.8 和 0.9。但是在含水率为 14.7%时出现一个异常高峰值点,其值为 1.57。这可能是因为含水率在 14.7%之前,土体中的应力释放不够充分,不断聚集,最终在含水率达到 14.7%时突然释放,导致出现这一异常高峰值点。

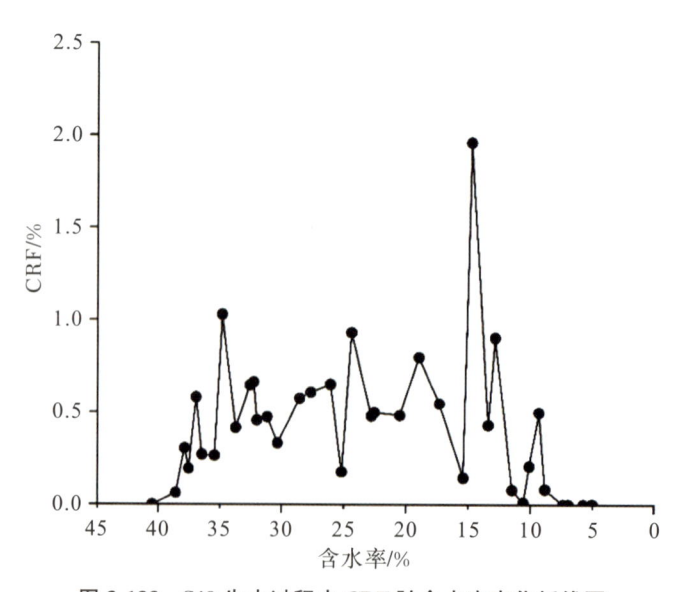

图 3-133 S40 失水过程中 CRF 随含水率变化折线图

图 3-134 为 S40 失水过程中 CRF 随含水率变化散点图,可以明显地看出其整体呈二次分布,进行二次拟合之后的方程为 $y=-0.00208x^2+0.09791x-0.46913$。

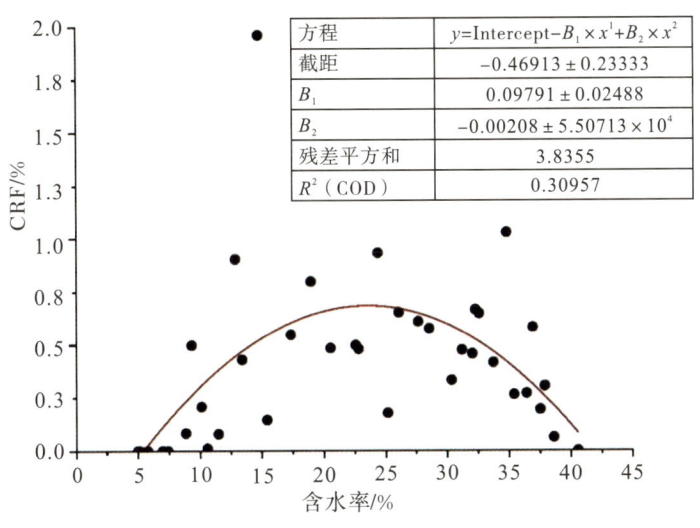

方程	$y=\text{Intercept}-B_1\times x^1+B_2\times x^2$
截距	-0.46913 ± 0.23333
B_1	0.09791 ± 0.02488
B_2	$-0.00208\pm5.50713\times10^4$
残差平方和	3.8355
R^2(COD)	0.30957

图 3-134 S40 失水过程中 CRF 随含水率变化散点图

图 3-135 为 S50 失水过程中 CRF 随含水率变化折线图,CRF_{50} 在含水率达到 32.9% 后迅速上升,在 25.5%~32.4% 缓慢波动上升,其波动幅度较之前高含水率的试样明显降低甚至无明显波动,随后含水率在 7.1%~25.5% 剧烈波动,最后含水率在 4.9%~7.1% 快速下降。在整个过程中存在 5 个裂隙发育旋回。在每个旋回中裂隙率变化率的峰值大部分也在 0.8~1.1,分别为 1.07、0.98、0.89 和 1.1。

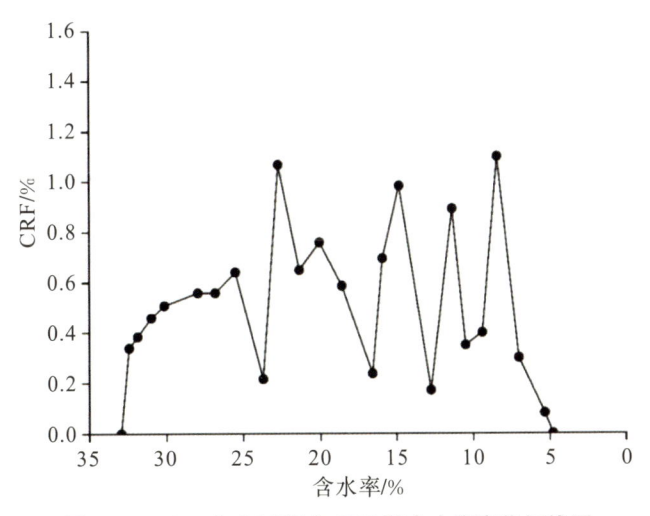

图 3-135 S50 失水过程中 CRF 随含水率变化折线图

图 3-136 为 S50 失水过程中 CRF 随含水率变化散点图,进行二次拟合之后的方程为 $y=-0.00242x^2+0.09322x-0.20213$。

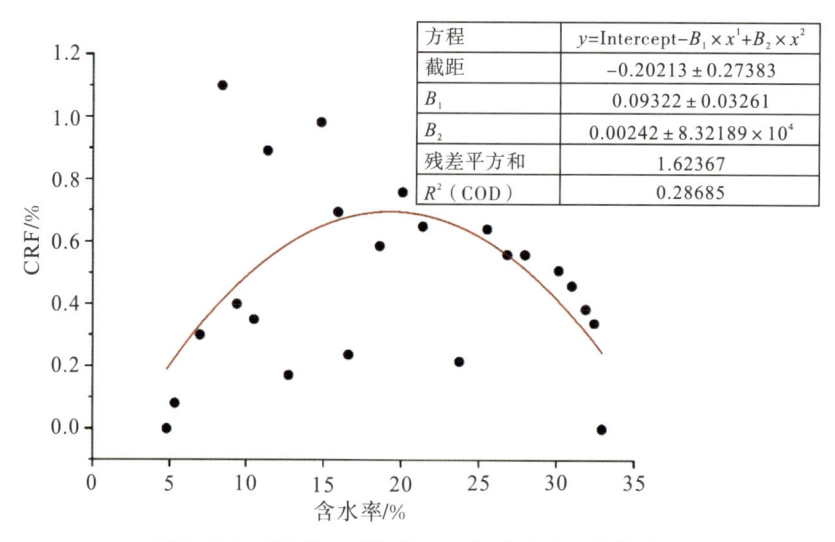

方程	$y=\text{Intercept}-B_1 \times x^1 + B_2 \times x^2$
截距	-0.20213 ± 0.27383
B_1	0.09322 ± 0.03261
B_2	$0.00242 \pm 8.32189 \times 10^{-4}$
残差平方和	1.62367
R^2（COD）	0.28685

图 3-136　S50 失水过程中 CRF 随含水率变化散点图

图 3-137 为不同初始含水率试样 CRF 随含水率变化折线图，各初始含水率试样 CRF 折线图形态基本一致，都从 0 开始逐渐增高，然后进入波动阶段，最后逐渐降低，在含水率 5% 左右降为 0。将各试样 CRF 折线图叠加之后可以明显看出，高初始含水率的试样（即在液限附近的试样），其 CRF 明显波动较大。随着初始含水率的降低，各试样 CRF 波动区域逐渐向低含水率方向移动，且整体波动幅度明显变小。

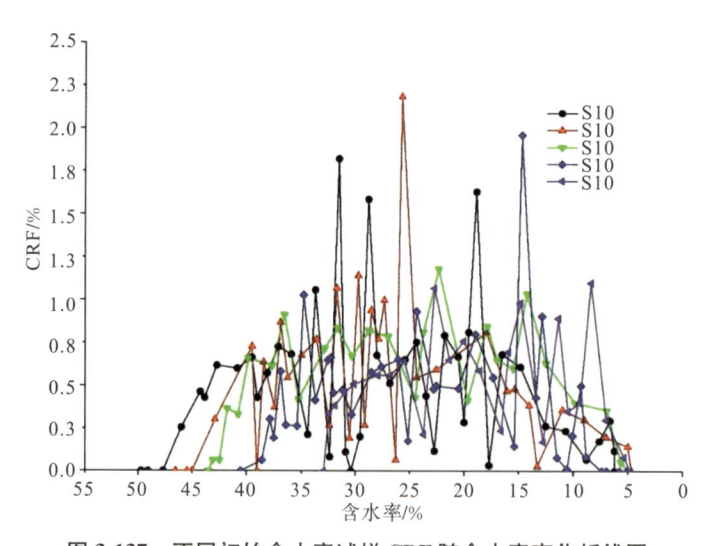

图 3-137　不同初始含水率试样 CRF 随含水率变化折线图

从图 3-137 中可以看出，初始含水率为 53.98% 的试样的 $\text{CRF}_{\max}$（裂隙率变化率峰值）为 1.82，在含水率为 31.5% 时产生；初始含水率为 52.05% 的试样的 $\text{CRF}_{\max}$ 为 2.18，在含水率为 25.8% 时产生；初始含水率为 46.48% 的试样的 $\text{CRF}_{\max}$ 为 1.18，在含水率为 22.4% 时产生；初始含水率为 40.53% 的试样的 $\text{CRF}_{\max}$ 为 1.96，在含水率为

14.7%时产生；初始含水率 35.23%的试样 CRF_{max} 为 1.1，在含水率为 8.4%时产生。其中含水率为 53.98%的试样的峰值为 1.82，略小于含水率 52.05%的 2.18，但是 10 号试样在含水率为 30%附近连续发育两个裂隙率变化率较大值点，可以将这两个点共同看作是试样 10 的 CRF_{max} 点。

从图 3-137 可以看出，除去含水率 40.53%的 40 号试样的 CRF 异常峰值外，其余含水率试样的 CRF_{max} 点都随着初始含水率的降低逐渐向低含水率方向移动，且峰值逐渐降低。且含水率在液限附近的土样 CRF 明显波动较大，这可能是由于土体在液限附近，含水率较高，土体结构不稳定，导致存在 CRF 波动较大的情况。

这里 CRF 的变化特征依然与土水特征曲线有着密切的关系，见图 3-138。在土水特征曲线的起始部分，土体含水率变化很小，而土体的基质吸力迅速增大，此时土体含水率变化较小，所以土体内部表现为抗拉强度大于拉应力，也就是刚开始没有裂隙发育的阶段，之后含水率继续降低，土体内部沿深度方向含水率梯度变高，但此时土体基质吸力变化变缓，抗拉强度逐渐小于拉应力，此时表现为 CRF 迅速增高，随着含水率的进一步降低，含水率变化导致的含水率梯度差与基质吸力升高导致的抗拉强度的增加之间相互时高时低，便出现了 CRF 的波动，即图中的波动阶段。随后在含水率下降到一定值时，抗拉强度快速增大，含水率梯度差导致的拉应力逐渐小于抗拉强度，此时 CRF 逐渐减小。最后在含水率达到 5%左右时，基质吸力变得极大，此时抗拉强度远大于含水率梯度差导致的拉应力，裂隙停止发育，CRF 降为零。

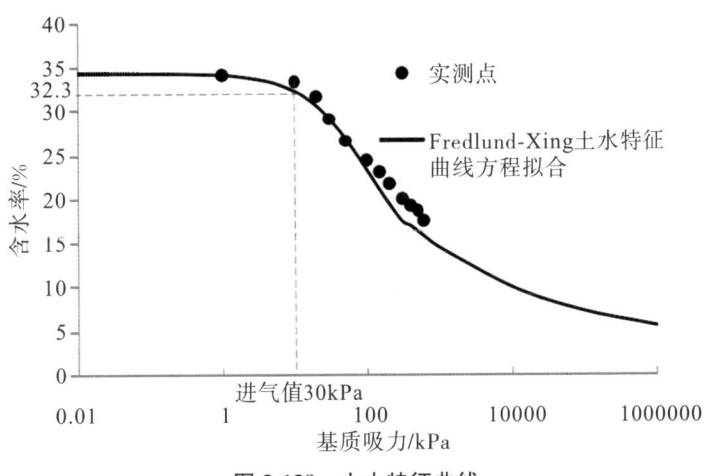

图 3-138 土水特征曲线

图 3-139 为不同初始含水率试样 CRF 随含水率变化散点图，可以明显地看出，虽然 CRF 随着含水量变化上下波动，但 CRF 与含水量之间整体基本呈二次方程关系，即试样在脱湿过程中，CRF 随着含水率的降低逐渐升高，在某一位置达到最大值，随后逐渐降低并归零。其中：

初始含水率为 53.98% 的试样的二次回归曲线为：$y=-0.0013x^2+0.0718x-0.3096$。

初始含水率为 52.05% 的试样的二次回归曲线为：$y=-0.0018x^2+0.0938x-0.447$。

初始含水率为 46.48% 的试样的二次回归曲线为：$y=-0.0019x^2+0.0927x-0.31$。

初始含水率 40.53% 的试样的二次回归曲线为：$y=-0.00208x^2+0.09791x-0.46913$。

初始含水率 35.23% 的试样的二次回归曲线为：$y=-0.00242x^2+0.09322x-0.20213$。

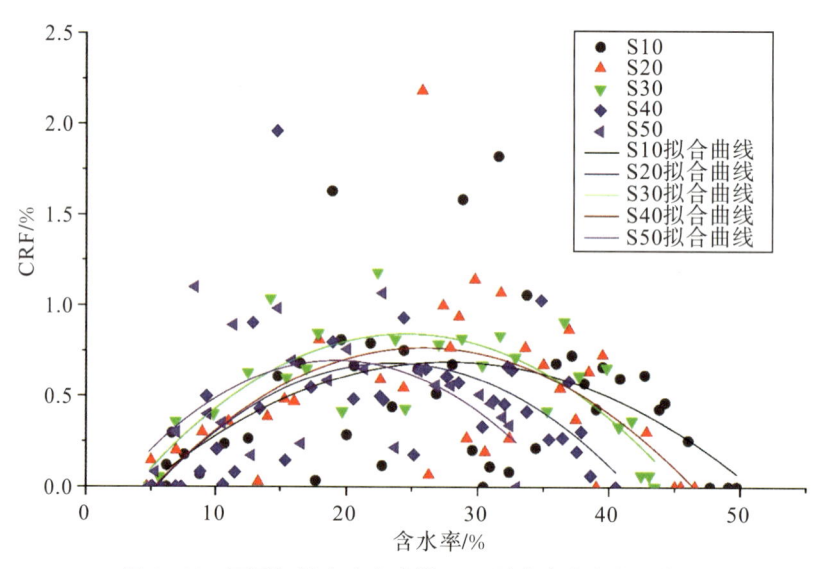

图 3-139　不同初始含水率试样 CRF 随含水率变化散点图

通过观察发现，随着初始含水率的降低，CRF 曲线曲率逐渐增大，其顶点和中轴线逐渐向低含水率的方向移动。且在最后的下降阶段，几条拟合曲线相差不大且基本重合。

将得到的这几组拟合曲线再次进行拟合，便可以得到一条大含水率范围的拟合曲线，见图 3-140。根据前文得出的不同初始含水率试样的 CRF 拟合曲线方程，求出不同含水率时的平均 CRF（只计算大于零的部分，若小于零则去除），将得出的数据进行拟合，得出一条拟合曲线，用以表示不同含水率时的 CRF。其方程为 $y=2.8044\times10^{-5}x^3-0.00356x^2+0.1184x-0.48202$，$R^2=0.98885$。通过 CRF 与含水量之间的二次关系可以看出在不同含水率条件下土体裂隙率变化的快慢，有助于计算和把控土体裂隙率的变化情况。

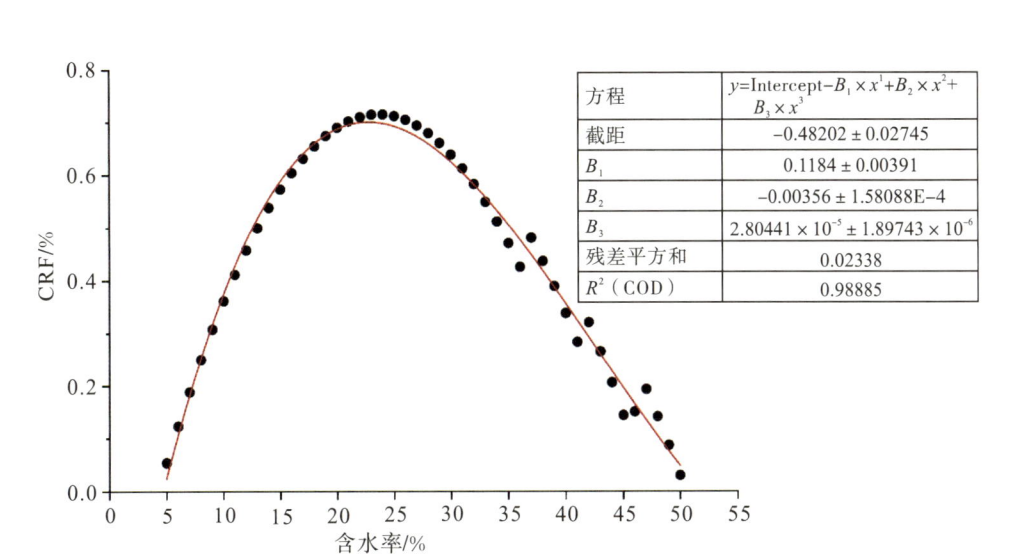

方程	$y=\text{Intercept}-B_1\times x^1+B_2\times x^2+B_3\times x^3$
截距	-0.48202 ± 0.02745
B_1	0.1184 ± 0.00391
B_2	$-0.00356\pm1.58088\text{E}-4$
B_3	$2.80441\times10^{-5}\pm1.89743\times10^{-6}$
残差平方和	0.02338
R^2（COD）	0.98885

图 3-140 膨胀土 CRF 随含水率变化图

3.5.2.4 小结

本节主要研究了单因素影响下的裂隙发育规律，包括干湿循环次数、初始含水率和初始厚度。

(1) 干湿循环次数对膨胀土裂隙发育规律的影响

前期干湿循环对膨胀土结构破坏较为剧烈，使得土体的结构越发松散，在后续的干湿循环作用下，此影响逐渐降低并不在显著。干湿循环对膨胀土裂隙率、裂隙总长度、裂隙平均宽度和分形维数的影响在第一次时最为剧烈，随后逐渐降低，在第五次之后影响不再明显。

(2) 初始含水率对膨胀土裂隙发育规律的影响

随着初始含水率的降低，试样的裂隙形态逐渐趋于简单，试样的裂隙条数、裂隙总长度以及裂隙率都逐渐减小，而裂隙平均宽度整体表现为随着初始含水率的降低逐渐增大。

将裂隙率变化率设为 CRF，其在数值上等于 $\Delta\delta_c/\Delta w$，用以研究在不同含水率条件下土体裂隙率变化的快慢。不同初始含水率试样的 CRF 随含水率变化折线图形态基本一致，都从实验开始逐渐增高，然后进入波动阶段，最后在含水率为 5% 左右逐渐降低降为 0。

(3) 初始厚度对膨胀土裂隙发育规律的影响

随着试样初始厚度的不断增大，试样失水后发育的裂隙逐渐简单化，裂隙条数逐渐减少，并从最开始 1cm 相互交错贯通的网格型裂缝逐渐转变成发育简单或纵贯土体的线性裂隙，低含水率下 5cm 初始厚度的土样甚至没有裂隙产生，整体表现为土体的收缩变形。且随着初始厚度的增大，土体被裂隙分割出的土块数也逐渐减小。

3.5.3 不同条件下膨胀土裂隙发育特征

3.5.3.1 多因素对膨胀土裂隙形态参数影响

第3.5.2节研究了单因素影响下的膨胀土裂隙发育规律,然而在实际工况下,往往有多种不同因素共同影响着膨胀土体的裂隙发育规律。本节结合单因素影响下所得到的裂隙数据,通过多元线性回归,研究膨胀土的初始含水率、初始厚度和干湿循环次数对膨胀土裂隙发育形态参数的影响(主要包括裂隙率、裂隙总长度和裂隙平均宽度)。其中裂隙率的提取采用不裁剪的图像,即将收缩裂隙率和开裂裂隙率都计算在内。裂隙总长度和裂隙平均宽度数据的提取采用切边后的膨胀土图像,这是由于厚度较大的土样和初始含水率较低的土样开裂裂隙较短,试样的大部分裂隙都为收缩裂隙,即由边界效应产生的裂隙,如果将收缩裂隙也计算在内将会使裂隙总长度和裂隙平均宽度的研究产生误差。本次拟合选取的数据见表3-24。

表3-24　　　　　　　　　　多元回归拟合基础数据表

初始含水率/%	初始厚度/cm	干湿循环次数	裂隙率/%	裂隙总长度/mm	裂隙平均宽度/mm
53.98	2	0	30.5	926.8575	8.525
53.98	2	1	30.92	3061.64	3.19
53.98	3	0	33.68	413.57	15.765
53.98	3	1	33.10	2761.735	3.1225
53.98	5	0	34.36	213	
52.05	2	0	29.90	815.75	10.49
46.48	2	0	28.29	713.25	8.23
40.53	1	0	21.88	1919.576	3.92
40.53	1	1	19.45	2786.71	2.1
40.53	1	2	20.77	2500	2.67
40.53	1	3	20.81	2440.805	2.7375
40.53	1	4	20.87	2390	2.75
40.53	1	5	20.92	2380	2.79
40.53	1	6	20.88	2376	2.82
40.53	2	0	25.12	566.14	8.12
40.53	3	0	24.61	394.085	8.2675
40.53	3	1	29.31	1306.758	1.828
40.53	5	0	25.47		

续表

初始含水率/%	初始厚度/cm	干湿循环次数	裂隙率/%	裂隙总长度/mm	裂隙平均宽度/mm
35.23	2	0	22.5	350.67	10.344
29.03	2	0	14.66	160.23	
24.91	2	0	10.72	118.72	

本次拟合采用以下几个统计学检验标准对所得拟合结果进行检验。

①t:变量的显著性检验,含义为该回归系数是否在统计学当中显著,即判定对应变量是否对因变量具有显著性影响;原假设 H_0:$a_i=0$;备择假设 H_1:$a_i \neq 0$。$P>|t|$ 为 t 统计量伴随概率 P 值。

②R-Squared 为拟合优度,用以评估回归方程拟合数据的准确度,取值范围为[0,1],值越大,模型的拟合效果越好。

③Adj. R-Squared 为调整的拟合优度,用以克服拟合优度指标是回归方程变量个数的不减函数的缺陷,其取值范围为[0,1],值越大,模型的拟合效果越好。

④均方误差(MSE)。

假设预测值:$\hat{y}=\{\hat{y}_1,\hat{y}_2,\cdots,\hat{y}_n\}$。

真实值:$y=\{y_1,y_2,\cdots,y_n\}$。

$$\mathrm{MSE}=\frac{1}{n}\sum_{i=1}^{n}(\hat{y}_i-y_i)^2 \tag{3-28}$$

范围[0,+∞],当预测值与真实值完全吻合时等于0,即完美模型;误差越大,该值越大。

⑤平均绝对误差(MAE)。

$$\mathrm{MSE}=\frac{1}{n}\sum_{i=1}^{n}|\hat{y}_i-y_i| \tag{3-29}$$

范围[0,+∞],当预测值与真实值完全吻合时等于0,即完美模型;误差越大,该值越大。

(1)多因素对膨胀土裂隙率的影响

将初始含水率设为 x_1,初始厚度设为 x_2,干湿循环次数设为 x_3,裂隙率设为 y_1。根据前文研究结果,将方程设为

$$y_1=a_1x_1+a_2x_2+a_3\frac{1}{x_3}+a_0 \tag{3-30}$$

通过 Python 导入数据,对方程式(3-30)进行回归拟合,得出的回归结果见表 3-25 和表 3-26。

表 3-25　　　　　　　　　　　　裂隙率回归结果表

	回归系数	t	$P>\|t\|$
截距项	−4.5859	−2.511	0.024
x_1	0.5891	13.905	0.000
x_2	1.0576	4.193	0.001
$1/x_3$	2.3292	2.611	0.020

表 3-26　　　　　　　　　　　裂隙率回归结果统计检验表

R-Squared	Adj. R-Squared	均方误差	平均绝对误差
0.958	0.950	1.026	0.8109

从表 3-25 可以看出,回归方程中初始含水率 x_1 的系数 a_1 为 0.5891,初始厚度 x_2 的系数 a_2 为 1.0576,干湿循环次数 x_3 的系数 a_3 为 2.3292,回归方程的截距为 −4.5859。则初始含水率、初始厚度和干湿循环次数与裂隙率之间的关系可以表示为

$$y_1 = 0.5891 x_1 + 1.0576 x_2 + 2.3292 \frac{1}{x_3} - 4.5859 \tag{3-31}$$

表中 $P>|t|$ 的值分别为 0.000、0.001 和 0.020,这就表示自变量 x_1、x_2、x_3 的回归系数在统计学中显著,即回归系数可以准确地反映对应自变量与裂隙率之间的关系。从表 3-26 中可以看出,此次拟合的 R-squared 值为 0.958,Adj. R-squared 的值为 0.950,模型预测的均方误差 MSE=1.026,模型预测的平均绝对误差 MAE=0.8109。可以看出这两个拟合优度的值均大于 0.8,甚至接近 1,且均方误差和平均绝对误差均较小,这就表明此次回归方程拟合数据的准确度较高。

从回归拟合方程式(3-31)可以看出,土样的初始含水率与土样最终的裂隙率正相关,即初始含水率越大,土样的最终裂隙率越大;土样的初始厚度与土样最终的裂隙率正相关,即初始厚度越大,土样的最终裂隙率越大;土样最终的裂隙率与 $1/x_3$ 正相关,即土样的干湿循环次数与土样最终的裂隙率负相关,干湿循环次数越多,土样的最终裂隙率越小。这与前文单独分析各因素与裂隙率之间的关系相吻合。

从式(3-31)中还可以看出,土样的干湿循环次数在第一、二次时对土样最终的裂隙率影响最大;在干湿循环次数增加到 3 次以上时,干湿循环次数对土样最终的裂隙率影响逐渐变小,介于初始含水率和初始厚度之间;在干湿循环次数达到 4 次以上时对土样最终的裂隙率影响最小。此时的比较都建立在初始含水率、初始厚度和干湿循环次数变化一个量纲的基础上,即初始含水率变化 1%,初始厚度增减 1cm,干湿循环次数增减 1 次。

初始含水率的系数为 0.5891,初始厚度的系数为 1.0576,当干湿循环次数不变时,初始含水率每增加 1%,裂隙率增加 0.5891,初始厚度每增加 1cm,裂隙率增加 1.0576。

这就表示初始厚度对裂隙率的影响接近初始含水率的两倍。

(2)多因素对膨胀土裂隙总长度的影响

将初始含水率设为 x_1,初始厚度设为 x_2,干湿循环次数设为 x_3,裂隙总长度设为 y_2。根据前文研究结果,将方程设为

$$y_2 = b_1 x_1 + b_2 x_2 + b_3 \ln x_3 + b_0 \tag{3-32}$$

通过 Python 导入数据对式(3-32)进行回归拟合,得出的回归结果见表 3-27 和表 3-28。

表 3-27　　　　　　　　裂隙总长度回归结果表

	回归系数	t	$P>\|t\|$
截距项	−280.9808	−0.250	0.806
x_1	53.4834	2.126	0.004
x_2	−487.1866	−2.833	0.010
$\ln x_3$	775.3757	3.201	0.002

表 3-28　　　　　　　裂隙总长度回归结果统计检验表

R-Squared	Adj. R-Squared	均方误差	平均绝对误差
0.750	0.703	2.738	4.104

从表 3-27 可以看出,初始含水率、初始厚度和干湿循环次数与裂隙总长度之间的关系可以表示为

$$y_2 = 53.4834 x_1 - 487.1866 x_2 + 775.3757 \ln x_3 - 280.9808 \tag{3-33}$$

表中 $P>|t|$ 的值分别为 0.004、0.010 和 0.002,这就表示自变量 x_1、x_2、x_3 的回归系数在统计学中显著,即回归系数可以准确地反映对应自变量与裂隙率之间的关系。从表 3-28 可以看出,此次拟合的 R-squared 值为 0.750,Adj. R-squared 的值为 0.703,模型预测的均方误差 MSE=2.738,模型预测的平均绝对误差 MAE=4.104。此方程的均方误差和平均绝对误差均较小,这就表明此次回归方程拟合数据的准确度较高,但裂隙总长度的回归方程的拟合度略低于裂隙率的拟合度。

从回归拟合方程式(3-33)可以看出,土样的初始含水率与土样裂隙总长度正相关,即初始含水率越大,土样的裂隙总长度越大;土样的初始厚度与土样裂隙总长度负相关,即初始厚度越大,土样的裂隙总长度越小;土样的干湿循环次数与土样裂隙总长度正相关,即干湿循环次数越多,土样的裂隙总长度越大。

与裂隙率的拟合方程相似,干湿循环次数在前两次的时候对裂隙总长度的影响最大,随后逐渐减小。在干湿循环次数较大的情况下,初始厚度对于裂隙总长度的影响最大,约为初始含水率的 8 倍。即厚度增加 1cm 时对裂隙总长度的影响约等于初始含水

率增加 8% 对裂隙总长度的影响。

(3) 多因素对膨胀土裂隙平均宽度的影响

将初始含水率设为 x_1，初始厚度设为 x_2，干湿循环次数设为 x_3，裂隙平均宽度设为 y_3。根据前文研究结果，将方程设为

$$y_3 = c_1 x_1 + c_2 x_2 + c_3 \frac{1}{x_3} + c_0 \tag{3-34}$$

通过 Python 导入数据对式(3-34)进行回归拟合，得出的回归结果见表 3-29 和表 3-30。

表 3-29　　　　　　　　　裂隙平均宽度回归结果表

	回归系数	t	$P>\|t\|$
截距项	−2.1181	0.065	0.949
x_1	−0.0466	−0.446	0.663
x_2	2.1805	2.139	0.052
$1/x_3$	5.8513	2.868	0.013

表 3-30　　　　　　　　　裂隙平均宽度回归结果统计检验表

R-Squared	Adj. R-Squared	均方误差	平均绝对误差
0.665	0.588	4.867	1.717

从表 3-29 可以看出，初始含水率、初始厚度和干湿循环次数与裂隙平均宽度之间的关系可以表示为

$$y_3 = -0.0466 x_1 + 2.1805 x_2 + 5.8513 \frac{1}{x_3} - 2.1181 \tag{3-35}$$

表中 $P>|t|$ 的值分别 0.663、0.052 和 0.013，这就表示自变量 x_2、x_3 的回归系数在统计学中显著，但自变量 x_1 的回归系数在统计学中不显著。此次拟合的 R-squared 值为 0.665，Adj. R-squared 的值为 0.588，模型预测的均方误差 MSE=4.867，模型预测的平均绝对误差 MAE=1.717。此方程的均方误差和平均绝对误差均较小，这就表明此次回归方程拟合数据的准确度较高，但裂隙平均宽度的回归方程的拟合度还是较低。这是由于随着含水率的降低，裂隙率和裂隙总长度都降低，裂隙平均宽度随着初始含水率的变化相对较小，且规律性不是很明显，无法在回归方程中显现出来，导致此次拟合的整体结果较为不理想。但是拟合方程还是能反映一定的问题，可对初始含水率、初始厚度和干湿循环次数与裂隙平均宽度之间的关系做出一定的指导。

从回归拟合方程(3-35)可以看出，土样的初始含水率与土样裂隙平均宽度负相关，即初始含水率越大，土样的裂隙平均宽度越小；土样的初始厚度与土样裂隙平均宽度正相关，

即初始厚度越大,土样的裂隙平均宽度越大;土样最终的裂隙率与$1/x_3$正相关,即土样的干湿循环次数与土样最终的裂隙率负相关,干湿循环次数越多,土样的裂隙平均宽度越小。

与前两次拟合方程结果相似,干湿循环次数在前两次的时候对裂隙平均宽度的影响最大,随后逐渐减小。在干湿循环次数较大的情况下,初始厚度对于裂隙平均宽度的影响最大,初始含水率对于裂隙平均宽度的影响很小。

3.5.3.2 小结

本节通过多元线性回归研究膨胀土的初始含水率、初始厚度和干湿循环次数对膨胀土裂隙发育形态参数的影响(主要包括裂隙率、裂隙总长度和裂隙平均宽度)。初始含水率、初始厚度和干湿循环次数与裂隙率之间的关系可以表示为

$$y_1 = 0.5891x_1 + 1.0576x_2 + 2.3292\frac{1}{x_3} - 4.5859$$

与裂隙总长度之间的关系可以表示为

$$y_2 = 53.4834x_1 - 487.1866x_2 + 775.3757\ln x_3 - 280.9808$$

与裂隙平均宽度之间的关系可以表示为

$$y_3 = -0.0466x_1 + 2.1805x_2 + 5.8513\frac{1}{x_3} - 2.1181$$

3.6 膨胀土渠道边坡长期变形病害分类与识别特征

对于膨胀土渠道边坡的绝大多数病害,靠单一的判断标准很难进行准确把控。对于典型研究区,现已布设有较多的表面变形、深层测斜等监测点,同时日常的巡视检查也能够在第一时间了解渠道边坡表面的异常。因此,目前已具备多判据分析变形病害的基础条件。

监测技术手段:本区渠堤监测主要以监测断面的形式布置,结合长期以来不同区段渠道边坡的运行状态,包括重点监测断面和一般监测断面,在同一监测(纵、横)断面上,布置有多个监测测点。渠堤工程运行性态一旦出现异常,会从局部或断面上给出反馈,特别是大型的、深部的异常现象,通常不会仅在单个测点得到反馈,而是在沿渠道走向纵断面和渠道边坡横断面上体现出一定的关联性和一致性;通过长时间观测,还可对异常现象的持续性和趋势性做出一定归纳,对病害的发展规律做出判断。

日常的渠道边坡巡查:日常的渠道边坡巡查是对变形病害最直观和最具时效性的观测手段。渠道边坡在设计建造时已经从多方面考虑了各种不利影响,采取了一定的支护防护工程措施(抗滑桩、锚固、换填、地梁拱圈、植被防护等),大多变形病害的产生均会持续一定时长,并在地表出现土体出现裂缝、塌陷、错台、剪切错动,拱圈等地表结构出现拉裂缝、剪裂缝、上下错动,中下部马道出现长时间渗水、积水或淤堵等现象。

从渠道边坡的性质分为(深)挖方渠段和(高)填方渠段。挖方特别是深挖方渠段的变形病害主要与原始地层赋存应力环境的变化、应力变形重分布以及内部不良地质体的发展有关，判别难度更大，不确定因素更多；填方渠段的主要变形病害主要源于分层填筑施工质量难于统一控制、填方内部不均匀性、临空面附近压实不充分等，但总体来说其填方体的均质性原好于天然土层，与不良地质结构关系不大。

从病害发展的空间位置来看，主要分为浅层病害和深层病害。浅层病害主要包括剥落、冲蚀和泥流、溜塌和坍塌，以及填方区的纵裂和塌肩等，浅层病害一般发育规模不大，危害程度有限，且易于发现，处理工程措施相对简单；深层病害主要包括滑坡和深层大变形，可细分为沿深层裂隙面的变形破坏、差异性膨胀界面大变形以及倾斜大变形等，危害程度较大，发育规模较大，发育时长无明显规律，主要通过深层测斜监测进行判断，如对测斜管实测水平位移，其测值在竖向分布上协调性较好，下部水平位移较小，接近孔口位置水平位移较大，呈渐变的"挠曲"分布，其为倾斜大变形；而竖向在局部出现较大突变，突变部位上部变形差异不大，则表现出较为明显的剪破坏特征，应考虑突变部位发育有膨胀土裂隙、差异性膨胀界面等，并通过与周边其他测斜数据的关联性分析，判断病害范围和规模。

不论是何种渠段和病害，水都是重要的诱因之一，渠道边坡中下部马道边坡地下水异常、极端气象条件后渠道边坡地下水位的异常波动等都是重要的观测指标。

九重岗丘(桩号0+300至14+465)渠段为膨胀土变形病害较为发育的渠段，表3-31为典型病害相关信息，可以看出：软弱裂隙面、土层界面、气象因素、表面防护是滑坡发生的主要原因；挖方较浅的部分以变形体的形式呈现，挖方深的区域滑坡特征更为典型，挖方的不利因素比较显著。

根据现有监测数据和长期巡查，表3-32和表3-33分类汇总了本区挖方区和填方区各类变形病害的原因、特征、初步判别方法和处理建议。

根据现场记录，从病害发展的空间位置来看，主要分为局部变形病害和整体失稳病害。局部变形病害主要包括表层剥落、冲蚀和泥流、溜塌和坍塌以及填方区的纵裂和塌肩等，浅层病害一般发育规模不大，危害程度有限且易于发现，处理工程措施相对简单；整体失稳病害主要包括滑坡和深层大变形，可细分为沿深层裂隙面的变形破坏、差异性膨胀界面大变形以及倾斜大变形等，危害程度较大，发育规模较大，发育时长无明显规律，主要通过深层测斜监测进行判断，如对测斜管实测水平位移，其测值在竖向分布上协调性较好，下部水平位移较小，接近孔口位置水平位移较大，呈渐变的"挠曲"分布，其为倾斜大变形；而竖向在局部出现较大突变，突变部位的上部变形差异不大，则表现出较为明显的剪破坏特征，应考虑突变部位发育有膨胀土裂隙、差异性膨胀界面等，并通过与周边其他测斜数据的关联性分析，判断病害范围和规模。

表3-31　九重岗丘(桩号0+300至14+465)深挖方渠段已发典型滑坡病害统计

序号	出现滑坡部位		渠段特征			滑坡时间	滑坡原因分析		
	桩号范围	长度/m	膨胀土性	渠道形式			地质原因	其他原因	
1	0+450至0+590右岸	140	中膨胀	挖方高度9.75m		2013年5月10日	坡肩比较平缓，上部土体垂直裂隙发育，有利于雨水和地表水的入渗	开挖后长时间裸坡，施工期间经历多次降雨
2	0+800至1+400右岸	600	弱膨胀			2005年	上部土体良好的膨胀性，使土体干缩裂隙极发育	开挖后长时间裸坡，施工期间经历多次降雨
3	1+190至1+270右岸	80	中膨胀	挖方高度9.75m		2005年10月	变形体位于老滑坡范围内，老滑体软弱面多连续贯通	开挖后长时间裸坡，施工期间经历多次降雨
4	1+146至1+184右岸	38	中膨胀	挖方高度9.75m		2005年10月	变形体位于老滑坡范围内，老滑体软弱面多连续贯通	开挖后长时间裸坡，施工期间经历多次降雨
5	1+575至1+596右岸	21	中膨胀	挖方高度9.75m		2012年2月15日	变形体位于老滑坡范围内，老滑体软弱面多连续贯通	开挖后长时间裸坡，施工期间经历多次降雨
6	8+216至8+377右岸	161	中膨胀	挖方高度9.75m		2012年8月19日	渠道边坡土体发育长大裂隙及裂隙密集带	开挖后长时间裸坡，施工期间经历多次降雨
7	8+467至8+572左岸	105	中膨胀	挖方高度27m		2012年10月17日	渠道边坡土体发育长大裂隙及裂隙密集带	开挖后长时间裸坡，施工期间经历多次降雨
8	8+494至8+600右岸	106	中膨胀	挖方高度28m		2012年8月19日	渠道边坡土体发育长大裂隙及裂隙密集带	开挖后长时间裸坡，施工期间经历多次降雨
9	8+525至8+575右岸	50	中膨胀	挖方高度28m		2012年7月28日	渠道边坡土体发育长大裂隙及裂隙密集带	开挖后长时间裸坡，施工期间经历多次降雨
10	9+064至9+167左岸	103	中膨胀	挖方高度37m		2012年9月19日	渠道边坡土体裂隙发育	开挖后长时间裸坡，施工期间经历多次降雨
11	9+064至9+240左岸五级边坡二次滑坡体	176	中膨胀	挖方高度37m			渠道边坡土体裂隙发育	
12	10+660至10+700右岸	40	中膨胀	挖方高度40m		2012年12月20日	渠道边坡土体裂隙发育	开挖后长时间裸坡，施工期间经历多次降雨

续表

序号	出现滑坡部位		膨胀土性	渠段特征		滑坡时间	滑坡原因分析	
	桩号范围	长度/m		渠道形式			地质原因	其他原因
11	11+179至11+227左岸四级马道以上	48	中膨胀	挖方高度43m		2012年8月19日	Q_2土体裂隙发育,裂隙优势倾向坡外,多贯穿	开挖后长时间裸坡,施工期间经历多次降雨
	11+179至11+227右岸四级马道以上二次滑坡		膨胀土	挖方高度43m				开挖后长时间裸坡,施工期间经历多次降雨
12	11+763至11+927右岸	164	膨胀土	挖方高度46m		2012年9月25日	渠道边坡发育不利组合长大裂隙(倾向坡外的陡倾角长大裂隙和缓倾坡脚一带缓倾角长大裂隙)	开挖后长时间裸坡,施工期间经历多次降雨
13	11+281至11+356右岸	75	中膨胀	挖方高度41m		2012年10月21日	Q_2/Q_1界面发育裂隙密集带,裂隙充其矿物为主,其抗剪强度极低,为不利弱面;渠道边坡地下水较丰	开挖后长时间裸坡,施工期间经历多次降雨
	11+281至11+356右岸滑渭范围扩大	75	中膨胀	挖方高度41m				
14	12+503至12+608右岸	105	中膨胀	挖方高度20m		2012年2月24日	发育有倾向于坡外的长大裂隙,裂面光滑,为不利弱面	开挖后长时间裸坡,施工期间经历多次降雨

第 3 章 运行期膨胀土渠道边坡长期变形及渗透破坏机理

表 3-32 本区挖方渠段典型病害产生原因、特征及识别方法统计

病害分类		产生原因	特征	判断方法	处理建议
浅层	剥落	开挖面表层附近大气影响深度范围内膨胀土风化，土层结构性遭受破坏，出现破裂，浅层剥落	影响深度很浅，在实施了坡面防护的区域，仅在框架内部呈点状出现，危害性不大	土层变得松散，呈层状剥落	表层防护
	冲蚀和泥流	出现表层剥落后，在降雨或地表径流侵蚀下，形成集中泥水流而冲蚀坡面	影响深度很浅，在实施了坡面防护和植被恢复的区域，出现不多	混凝土地梁和拱圈底部出现脱空，甚至拉裂缝	及时充填脱空，恢复表面植被
	溜塌	挖方坡表土体风化后吸水过饱和，在重力与渗透作用下，沿坡面向下产生塑流状溜滑	溜塌是膨胀土边坡表层最普通的一种病害，常发生在雨季，并较降雨稍有滞后，可在边坡的任何部位发生，与边坡坡度无关	变形具有小范围局部化。渠道走向方向和横断面上下多级马道之间均不具延伸性，没有显著的剪切面，产生于土层之内。混凝土地梁和拱圈有局部剪裂隙	土体局部加固，加强截排水，局部浅层微型桩
	坍塌	挖方区坍塌具有浅层滑坡特性，常发生在雨季，并较降雨稍有滞后，在大气影响深度范围内，膨胀土干湿循环风化后，裂隙增多，浅层裂隙复活而发生的病害	滑面清晰且有擦痕，滑体裂隙密布，多在坡脚或较软弱的夹层处滑出，破裂面上陡下缓，坡面含水富集，明显高于滑体	在大气影响深度范围内有剪切形成的滑面，坡面富水，混凝土地梁和拱圈有局部剪裂隙；临近的深部的变形监测关联性不强	浅层微型桩，疏水

续表

病害分类		产生原因	特征	判断方法	处理建议
深层	沿深层裂隙滑面滑坡	在卸荷作用和干湿循环作用下,连续或非连续隐伏裂隙强度降低而形成的,滑面附近具有显著的剪切突变	多呈牵引式破坏特征,叠瓦状,成群发生,滑体呈纵长式,有的滑坡从坡脚可一直牵引到坡顶,有很大的破坏性	深部:初期多为坡脚或中下部一、二级马道出现大变形,两级或多级马道下埋设的测斜管出现关联性突变剪切变形。浅部:混凝土地梁、拱圈或衬砌出现剪缝或异常翘起;中下部一、二级马道异常向上隆起和向渠道水平变形,且优势渗透通道形成使该部位持续渗水,排水沟出现积水	深层抗滑桩、锚固
	差异性膨胀界面变形	不同地质年代的具有膨胀性差异的土体,在卸荷作用和干湿循环作用下出现差异变形	差异性膨胀界面常与深层裂隙产生关联,共同构成深层滑坡,形成较大规模深层滑坡,特征与深层裂隙滑面滑坡相似		
	倾斜大变形	深挖方区纵向深部裂隙,在卸荷作用和干湿循环作用下形成临空面的倾斜式破坏,或在深部裂隙面的倾斜式破坏,或在深部裂隙面的倾斜方向(中上部马道)受到牵引作用而形成整体向临空面的倾斜	纵向深部裂隙倾角较陡,在横断面上多级马道之间的关联性和影响范围不及深层裂隙面滑坡	深层:测斜无显著的剪切突变,自上而下水平变形呈均匀减小趋势;浅部:沿渠道边坡走向方向存在较深较长的拉裂隙,混凝土地梁和拱圈有拉裂隙,且裂缝宽度与临近地表水平监测值较为一致	

第 3 章 运行期膨胀土渠道边坡长期变形及渗透破坏机理

表 3-33　本区填方渠段典型病害产生原因、特征及识别方法统计

病害分类		产生原因	特征	判断方法	处理建议
浅层	沉陷	碾压不均导致的后期差异性沉降，以及局部渗透通道发育导致的跌窝	坡面局部下挫	呈局部性，在渠道边坡走向和横断面上下方向均不具备很好的延续性，混凝土地梁和拱圈底部出现脱空或试拉断	局部复碾强化
浅层	塌肩	坡顶肩部压实不够，两面临空，当有雨水渗入且有纵向裂缝时，容易产生塌肩	坡顶两侧的局部破坏	坡顶临空面附近产生较大的局部沉降变形	局部复碾强化
浅层	纵裂	坡面附近碾压不足，填土密实度不达标，后期沉降相对较大	临空面附近对大气作用敏感，土体失水收缩远大于坡身内部，在沿渠道边坡走向形成长达数十米甚至上百米的张开裂缝	具有定向性的拉裂缝	及时处理避免形成滑坡
浅层	坍塌	溜塌或坍塌多与渠道边坡临空面附近压实不够有关。若干次干湿循环后，表层填土风化加剧，裂隙发展，当有水渗入时，膨胀软化，强度降低，导致边坡坍塌发生	多发生在填方渠道边坡的坡腰或坡脚附近	属于浅层的局部沉陷+边坡失稳	及时处理避免坍塌范围扩展
深层	圆弧形滑坡	填筑施工控制缺陷、压实度不达标、压实度空间差异性等因素	压实度空间差异、裂隙密集、降雨和风化作用的长期存在、土体内部形成失效面	具有较完整的圈椅状形态，深度较大，规模大于浅层病害	深层抗滑桩、锚固

3.7 膨胀土边坡长期稳定性状态综合评价方法

南水北调中线膨胀土渠道边坡地质条件复杂，深层裂隙发育程度不一，建设期处理方式不同，对后期长期变形影响较大，同时，随着时间的推移，渠道边坡稳定性发生变化，运行期的变形病害和长期变形发展规律直接反映边坡当前的稳定性状态。

因此，南水北调中线膨胀土渠道边坡运行状态评价需要考虑深层裂隙赋存情况，结合设计条件，同时要考虑运行期各因素变化导致的稳定性变化，这就决定了运行状态评价必须是一个分阶段的综合评价过程，在前述研究的基础上，提出多阶段的渠道边坡综合评价方法。

第一步：根据建设期资料进行初步评价，划分重点渠段。

第二步：根据运行期变形病害区分深层失稳与浅层失稳。

第三步：采用运行期长期变形状态判别方法，确定膨胀土边坡深层长期变形演化状态。

第四步：利用运行期渠道边坡变形病害特征，确定当前膨胀土边坡深层裂隙面扩展阶段。

第五步：采用应急倾斜监测技术，快速评价膨胀土边坡深层失稳规模，并结合前四步，综合判断边坡稳定性。

3.7.1 重点渠段及变形病害类型判别

水利渠道的病害有多种形式，包括冲刷、裂缝、滑坡、淤积、渗漏、洪毁、沉陷、蚁害等，渠道裂缝按产生的原因可分为温度裂缝、塑性收缩裂缝、干缩裂缝3种。温度裂缝是发生在混凝土表面的一种常见裂缝，由混凝土浇筑后水泥产生的水化热使得混凝土内外温差过大造成；塑性收缩裂缝多发生在大风或干热天气，是水泥混凝土浇筑后的几个小时，水分急剧蒸发引起的失水收缩；干缩裂缝是由混凝土内水分蒸发慢，混凝土外部水分蒸发快而造成。灌浆法适用于较深裂缝的处理，此方法不影响渠道结构，能够及时有效地防止渠道漏水，常用的有重力灌浆法和压力灌浆法，浆液通常采用黏土或黄土泥浆；回填法是处理裂缝比较彻底的一种方法，适用于不太深的表面裂缝，有梯形楔入法和梯形十字法；中小型渠道出现的不严重的裂缝可采用堵塞法，一般选用快凝桐油石灰进行堵塞；喷浆法适用于使用套管或内衬的渠道，适用于流水渗漏比较大的裂缝。

根据本章第3.3节和第3.5节，渠道运行后出现变形异常的5处渠段监测成果，以及建设期的地质与设计资料，结合膨胀土深层失稳的特征，初步推测渠道边坡整体变形类型和潜在滑动面的形成部位，分析运行期膨胀土典型渠段的长期变形特征。因此，可将发生异常变形的桩号区间划分为重点渠段，并确定重点渠段病害类型为深层裂隙导致的整体失稳类型。重点渠段分别为 K9+070 至 K9+575 左岸、K9+585 至 K9+740 右岸、K10+955 至 K11+000 左岸、K11+400 至 K11+500 左岸和 K11+700 至 K11+800 右岸。

3.7.2 南水北调膨胀土渠道边坡稳定性现状评价

3.7.2.1 稳定性现状

现以重点渠段 K11+400 至 K11+500 渠段左岸为例进行运行期渠道边坡稳定性现状评价分析。

(1) 渠道边坡分层

渠道边坡主要由第四系中更新统(Q_2^{al-pl})和第四系下更新统(Q_1^{pl})粉质黏土、钙质结核粉质黏土组成,Q_2 中夹黏土透镜体。分层描述如下:

1) 第四系中更新统(Q_2^{al-pl})

第①层:粉质黏土,褐黄、棕黄色,局部杂灰绿色,硬塑—硬可塑,含铁锰质结核,偶见钙质结核。该层较厚,中间夹裂隙密集带,为第②和④层,以及透镜体分布的黏土,为第③层。下伏 Q_1 粉质黏土。底板高程 145～143m。

第②层:粉质黏土,棕黄杂灰绿色,杂灰绿色条纹,硬塑,含铁锰质结核,偶见钙质结核,厚 4～5m,底板高程 173.0～173.6m。为裂隙密集带。

第③层:黏土,灰绿—灰白色,硬塑,含铁锰质结核,偶见姜石,该层呈透镜体分布,厚 3～5m,底板高程 162.82～163.50m。

第④层:粉质黏土,棕黄杂灰绿色,硬塑,含铁锰质结核及姜石,姜石含量 5%～10%,粒径一般 0.2～0.5cm,该层厚 6m 左右,底板高程 153.3～153.9m,该层为裂隙密集带。

另外,Q_2 土体中夹有 2 层钙质结核富集层,呈透镜体分布,第一层分布于桩号 11+350 至 11+600,分布高程为 154.0～156.0m;第二层分布于桩号 11+430 至 11+600,分布高程为 149.0～151.2m。

2) 第四系下更新统(Q_1^{pl})

第⑤层:粉质黏土,棕红、砖红色,含钙质结核,结构紧密,坚硬—硬塑,厚度约5m,顶板高程 142.0～144.1m,其中桩号 11+400～11+450 为钙质结核富集成层,厚度 2～4m。

(2) 裂隙发育分层

第①层:中等膨胀。裂隙较发育,主要有 2 组:①倾向 110°～140°,倾角 10°～20°;②倾向 330°～0°,倾角 20°～25°。长大裂隙较发育,主要为倾向 180°,倾角 60°,分布高程为 171.0m。

第②层：中等膨胀。裂隙极发育，纵横交错，呈网状结构，为裂隙密集带，分布高程 173.05～177.62m；长大裂隙较发育。主要分为两组，第一组：倾向 146°，倾角 49°；第二组：倾向 0°，倾角 33°。分布高程 174.4～175.4m。

第③层：中等膨胀性，裂隙不甚发育，主要发育一组倾向为 125°倾角为 8°裂隙。长大裂隙不发育。

第④层：中等膨胀。裂隙极发育，纵横交错，呈网状结构，为裂隙密集带。长大裂隙较发育，倾向主要为 280°～304°，倾角 46°～53°。

第⑤层：中等膨胀性，长大裂隙不甚发育。

裂隙面及界面的建议物理力学参数：

本渠段渠道边坡土体物理力学指标建议值：裂隙面抗剪强度 $C=10\text{kPa},\varphi=10°$。

本渠段渠道边坡土体物理力学指标建议值：Q_1/Q_2 界面：$c=16\text{kPa},\varphi=17°$。

计算中，裂隙面及界面参数参照以上强度进行上下浮动反演分析。

(3) 主要土层及界面建议物理力学参数

① Q_2 粉质黏土大气影响带残余剪强度 $c=13\text{kPa},\varphi=16°$；过渡带饱和固结抗剪强度 $c=23\text{kPa},\varphi=15.5°$；非影响带天然抗剪强度 $c=32\text{kPa},\varphi=17°$。

② Q_1 粉质黏土大气影响带天然快剪强度 $c=23\text{kPa},\varphi=15.5°$；过渡带饱和固结抗剪强度 $c=25\text{kPa},\varphi=16°$；非影响带天然抗剪强度 $c=32\text{kPa},\varphi=15°$。

计算中按照表 3-34 对土层进行赋值计算。

表 3-34　　　　　　　　主要土层物理力学参数汇总

地层	分带名称	重度/(kN/m³)	有效应力强度参数 c/kPa	有效应力强度参数 φ/°
Q_2 粉质黏土	大气影响带	20	13	16.0
Q_2 粉质黏土	过渡带	20	23	15.5
Q_2 粉质黏土	非影响带	20	32	17.0
Q_1 粉质黏土	大气影响带	20	23	15.5
Q_1 粉质黏土	过渡带	20	25	16.0
Q_1 粉质黏土	非影响带	20	32	15.0

3.7.2.2　控制性滑面的推断和确定

据南水北调中线干线陶岔管理处有关安全监测异常问题情况汇报，该区间的深层变形滑裂面错动较为明显，其关键滑裂面大致分为 3 段：底部略微上抬，下部抗滑桩的支护作用较为显著；中间的滑裂面为 10 度左右缓倾角；上部滑裂面倾角 45°～50°，变形体总体呈现牵引式破坏,即由中下部逐步向上发展。

图 3-141 为分析推测的变形体滑裂面及其主要特征断面。

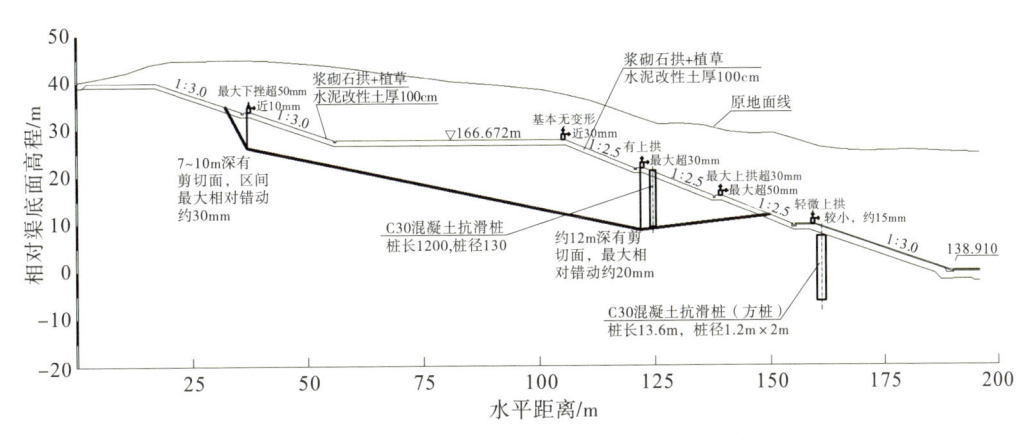

图 3-141 分析推测的变形体滑裂面及主要特征断面图

3.7.2.3 变形异常断面的计算简析

图 3-142 为应力变形及抗滑稳定计算整体模型;通过系统反演,结合监测数据呈现的位移发展趋势、量值等特征。该变形异常渠段的最大特点是滑裂面贯通了四级马道宽平台,应当是比较典型的缓倾裂隙控制型深层滑动,呈前部牵引式、中后部推移式,然后整体贯通变形特征,分三个阶段,即底部滑裂面形成、前部坡体牵引和中部坡体推移、上部拉裂整体贯通,见图 3-143。

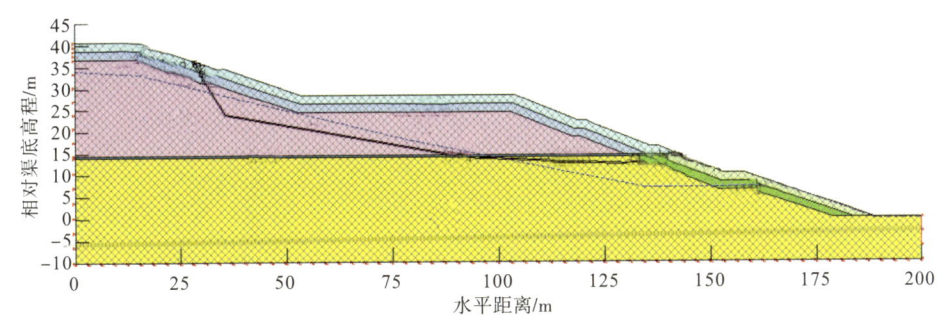

图 3-142 经计算认为其关键滑裂面的形成

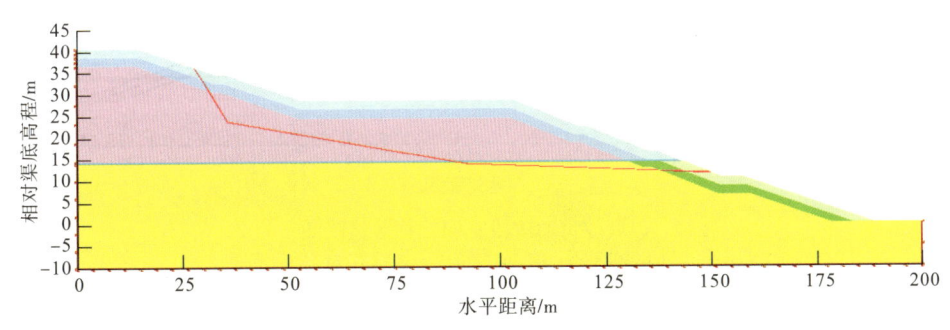

图 3-143 反演的关键裂隙面形态

计算得到病害体变形计算等值线见图 3-144，其能与监测数据较好地吻合，反演对应的滑裂面强度为 $c=8\text{kPa}$，$\varphi=8°$。见图 3-145，计算显示，一旦该裂隙面贯通，抗滑稳定系数迅速下降至 $Fs=1.16$，安全系数较低，将会出现长期变形。

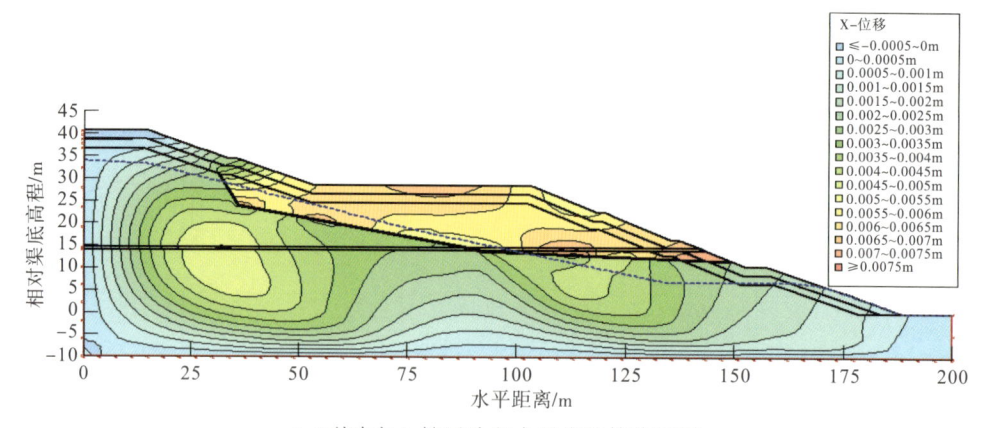

(a) 裂隙向上扩展阶段水平位移等值线图

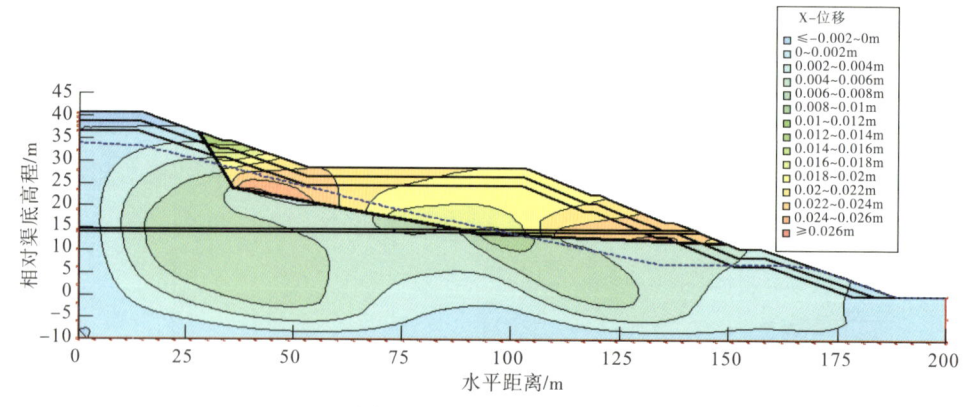

(b) 裂隙贯通阶段水平位移等值线图

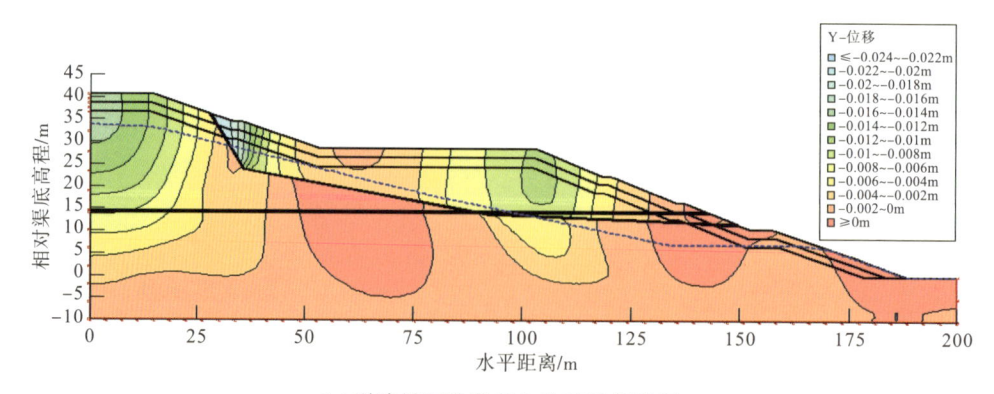

(c) 裂隙贯通阶段垂向位移等值线图

图 3-144 病害体变形计算等值线图

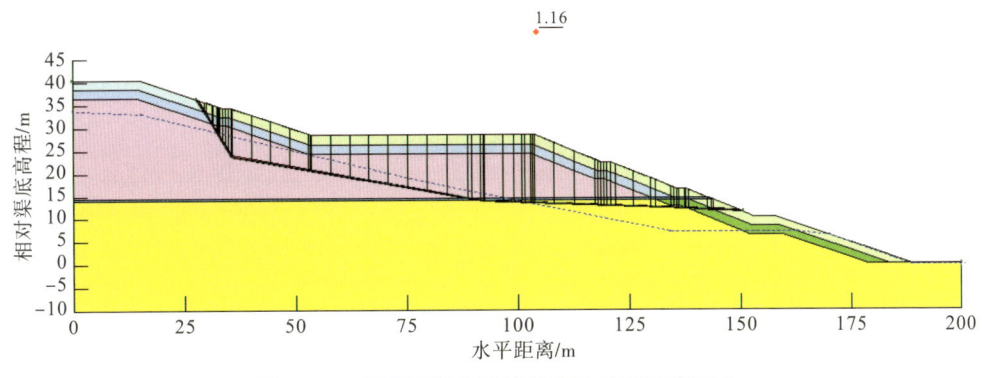

图 3-145　裂隙面贯通阶段病害体抗滑稳定系数

3.7.3　南水北调膨胀土渠道边坡长期变形状态评价

为了研究膨胀土中非胀缩裂隙扩展状态对于膨胀土长期变形的影响,将裂隙扩展状态量化为裂隙面积占比,选取无裂隙面及具有代表性的含40%裂隙面的试样,开展了不同剪应力水平下的直接剪切蠕变试验;由于非胀缩裂隙常处于深层膨胀土,考虑到实际情况将剪切蠕变试验的轴压取为200kPa。具体试验安排见表3-35。

表 3-35　试验计划

试验编号	裂隙面面积比例/%	剪应力水平/%
RB-1	0	10
RB-2	0	20
RB-3	0	40
RB-4	0	60
RB-5	0	80
RB-6	0	90
RB-7	40	10
RB-8	40	20
RB-9	40	40
RB-10	40	60
RB-11	40	80
RB-12	40	90

(1)试验设计

采用Geocomp直剪/残剪试验系统ShearTrac-Ⅱ对试验用土进行测试,试验用土的主要物理性质参数见表3-36,液限值和塑限值通过液塑限联合测定仪测得,自由膨胀率通过膨胀仪获得，最大干密度和最优含水率通过重型击实试验测试，见图 3-146 与图 3-147。

表 3-36　　　　　　　　　　　土样基本物性指标

最大干密度 $\rho_{d\max}/(g \cdot cm^{-3})$	最优含水率 $w_{opt}/\%$	液限 $w_L/\%$	塑限 $w_P/\%$	自由膨胀率 $\delta_{ef}/\%$
1.68	20.0	33.5	21.5	67.0

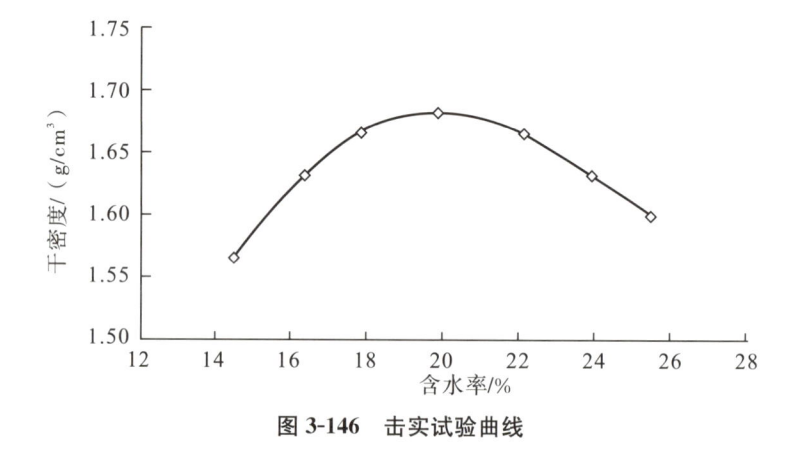

图 3-146　击实试验曲线

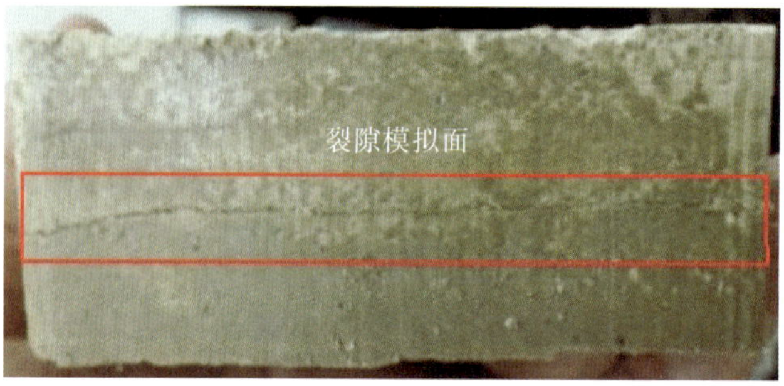

图 3-147　含裂隙膨胀土试样

(2) 裂隙面控制下膨胀土剪切蠕变规律

根据测得的直剪蠕变试验结果，绘制无裂隙面及具有代表性的 40% 裂隙面的试样在不同应力水平荷载下的位移—时间关系曲线图，见图 3-148 至图 3-159。

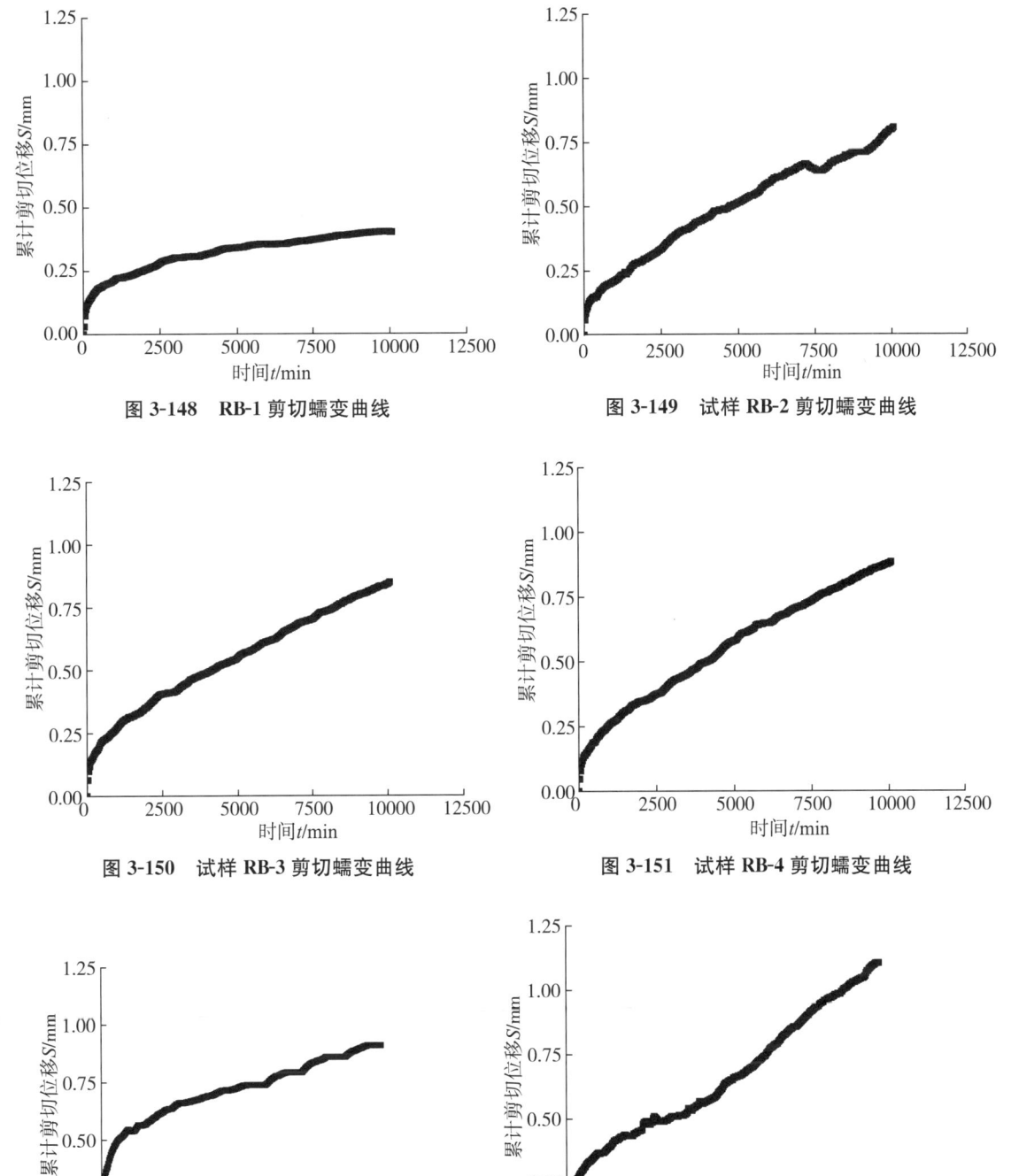

图 3-148　RB-1 剪切蠕变曲线

图 3-149　试样 RB-2 剪切蠕变曲线

图 3-150　试样 RB-3 剪切蠕变曲线

图 3-151　试样 RB-4 剪切蠕变曲线

图 3-152　试样 RB-5 剪切蠕变曲线

图 3-153　试样 RB-6 剪切蠕变曲线

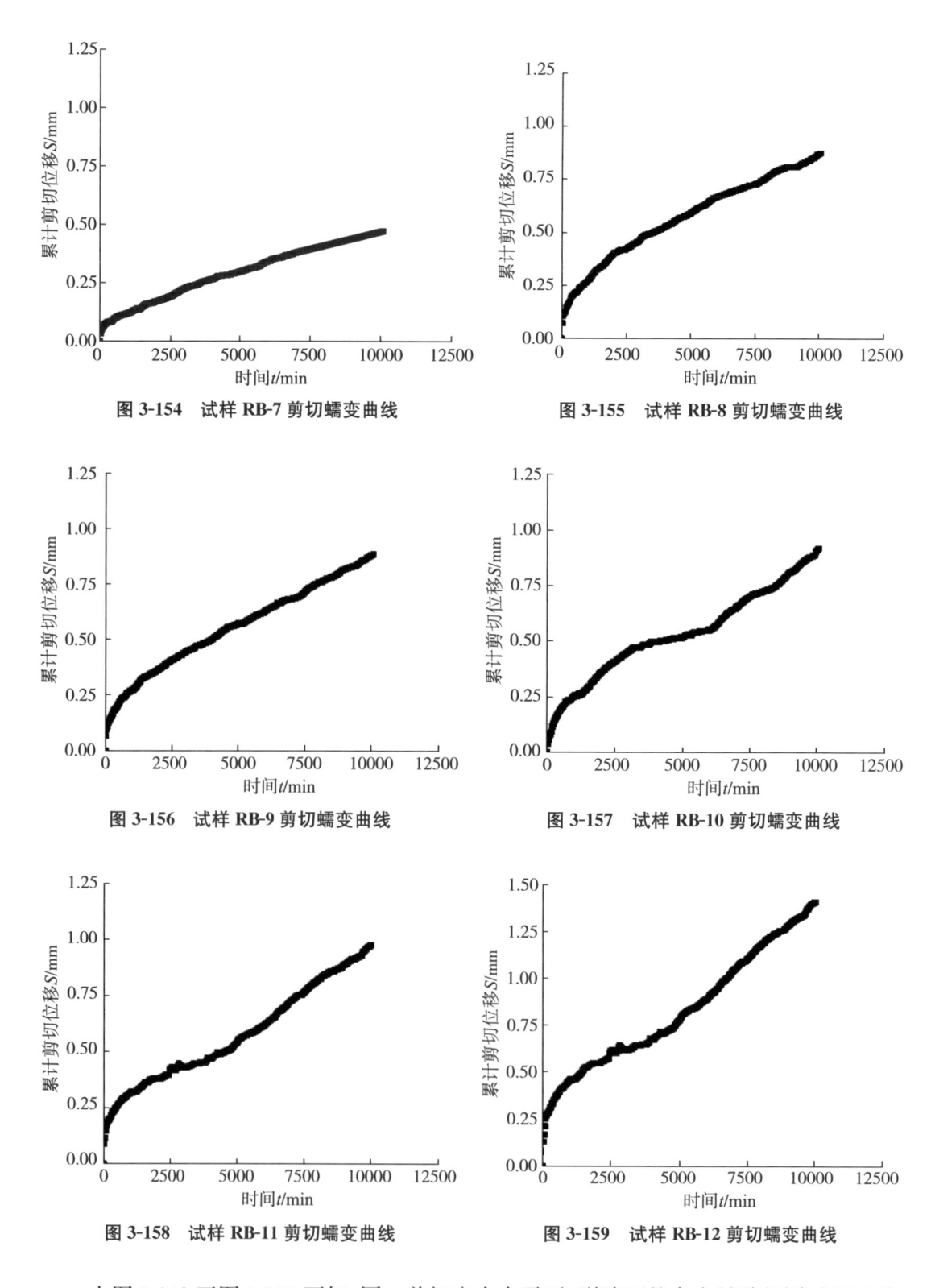

图 3-154　试样 RB-7 剪切蠕变曲线

图 3-155　试样 RB-8 剪切蠕变曲线

图 3-156　试样 RB-9 剪切蠕变曲线

图 3-157　试样 RB-10 剪切蠕变曲线

图 3-158　试样 RB-11 剪切蠕变曲线

图 3-159　试样 RB-12 剪切蠕变曲线

由图 3-148 至图 3-159 可知，同一剪切应力水平下，裂隙面的存在导致相同时间下剪切蠕变位移更大。当裂隙面积一定时，随着剪切应力水平的增大，相同时间下剪切蠕变位移逐渐增大。

村山朔郎通过无侧限压缩试验提出,当应力小于上屈服值时,应变与时间的对数为直线关系,直线的斜率随着应力的增大而增大;当应力值大于上屈服值时,图的上端出现凹状曲线,在一定时间后土体将会破坏。苏克捷通过压缩试验得到了压缩变形与时间对数呈近似直线关系。由上述可知,土的变形是时间的函数,随着时间推移而增大,并且变形与时间对数为直线关系,如果将应变与时间的关系绘于半对数纸上,则能明显表现出蠕变特性。因此我们可以将应变与时间的关系曲线绘于半对数纸上,根据斜率判断蠕变的各阶段时间。

对于本次的膨胀土蠕变试验,加速蠕变阶段的时间较短甚至没有,主要是衰减阶段和等速蠕变阶段,为了精确地判断蠕变各阶段的持续时间,可以对蠕变曲线进行处理,将其绘于半对数纸上,从而得出裂隙以及荷载水平对于土体变形蠕变特性的影响。对试样 RB-1～RB-12 的蠕变试验曲线进行半对数坐标轴变换,可以得到图 3-160 至图 3-171 所示曲线。

图 3-160　试样 RB-1 剪切蠕变曲线(对数坐标)

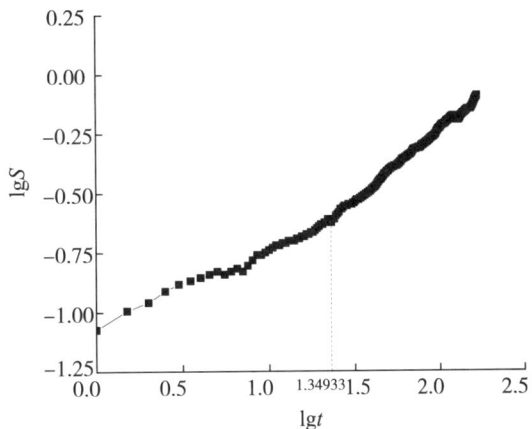

图 3-161　试样 RB-2 剪切蠕变曲线

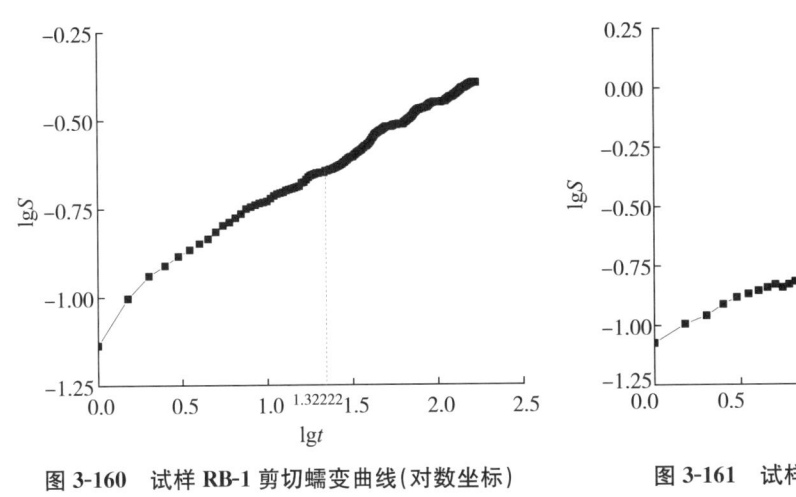

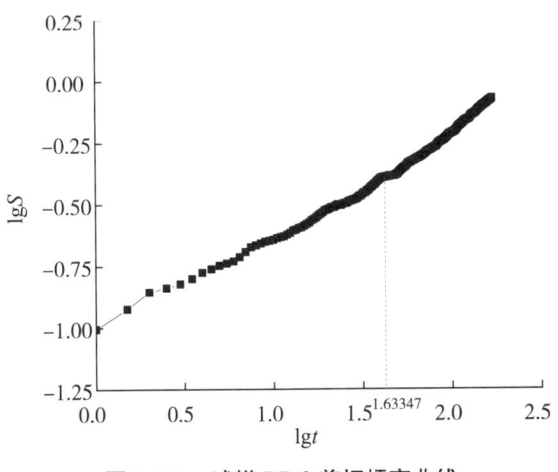

图 3-162　试样 RB-3 剪切蠕变曲线

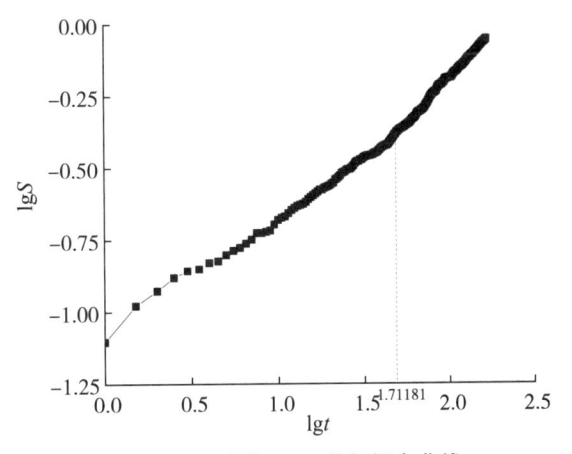

图 3-163　试样 RB-4 剪切蠕变曲线

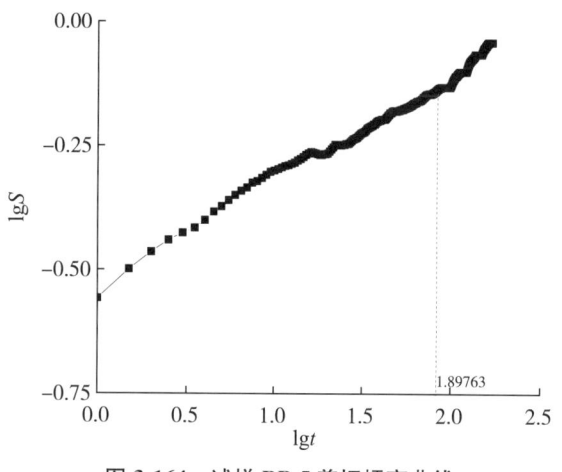

图 3-164　试样 RB-5 剪切蠕变曲线

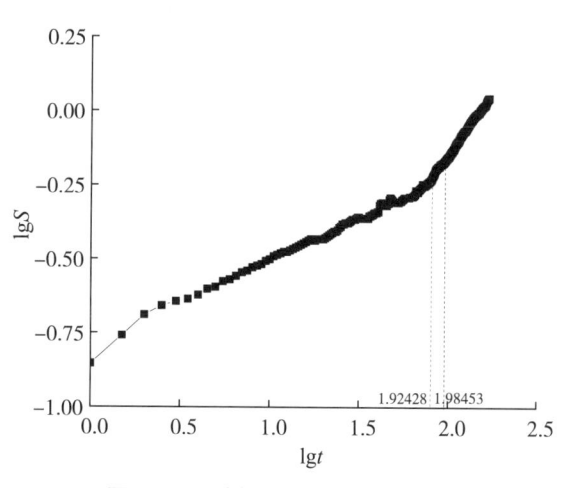

图 3-165　试样 RB-6 剪切蠕变曲线

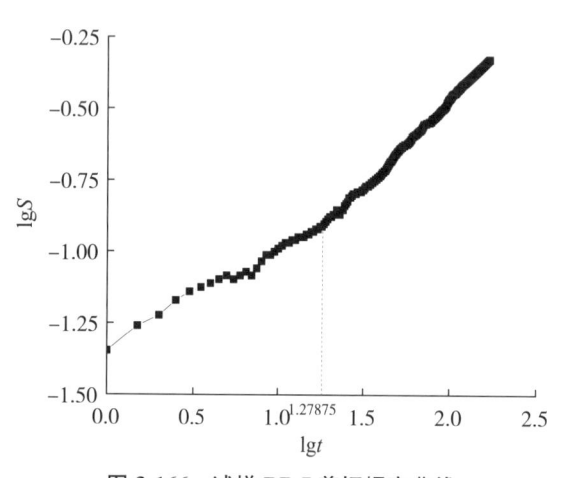

图 3-166　试样 RB-7 剪切蠕变曲线

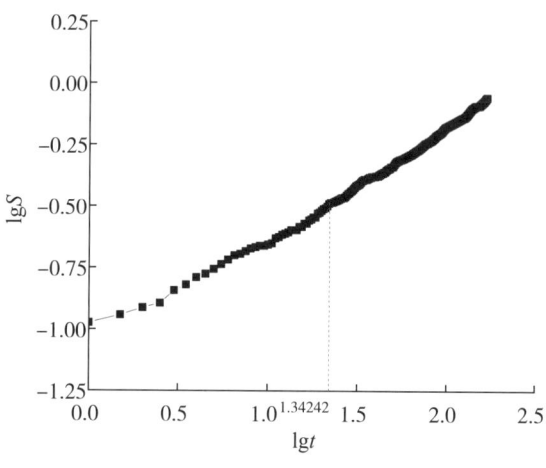

图 3-167　试样 RB-8 剪切蠕变曲线

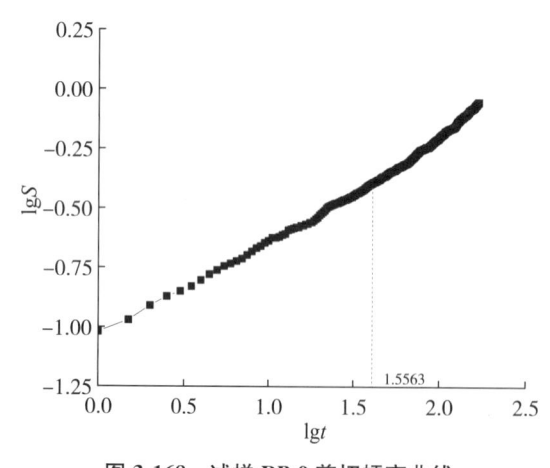

图 3-168　试样 RB-9 剪切蠕变曲线

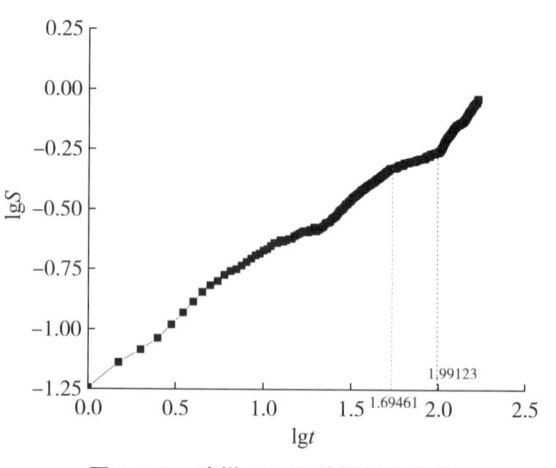

图 3-169　试样 RB-10 剪切蠕变曲线

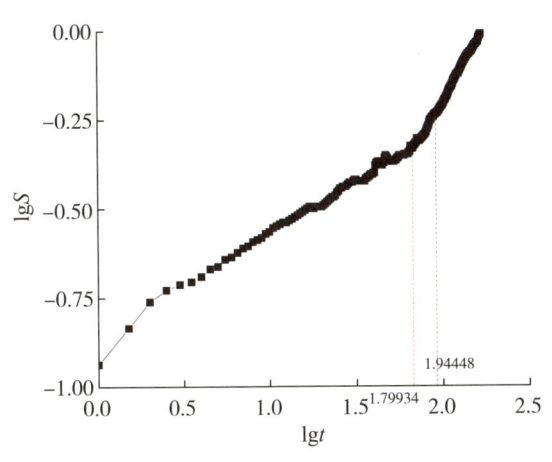

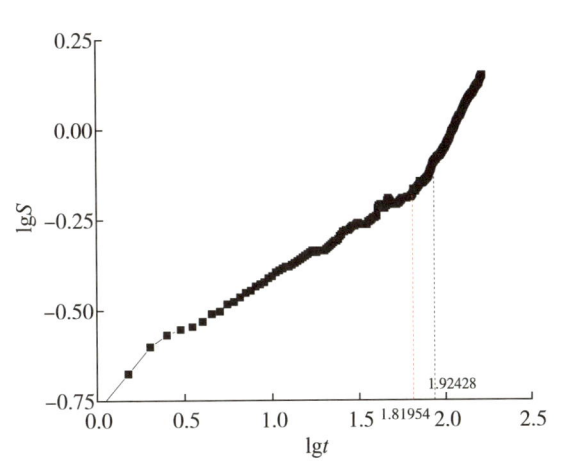

图 3-170　试样 RB-11 剪切蠕变曲线　　　　图 3-171　试样 RB-12 剪切蠕变曲线

根据上图中的对数坐标曲线,对蠕变过程中各阶段的持续时间进行判别,得到各试样蠕变过程中各阶段的持续时间,见表 3-37。

表 3-37　　　　　　　　　各裂隙面占比情况下蠕变阶段划分

试样序号	第一阶段结束时间/min	第二阶段结束时间/min
RB-1	1260	—
RB-2	1350	—
RB-3	2580	—
RB-4	3090	—
RB-5	4740	—
RB-6	5040	5790
RB-7	1140	—
RB-8	1320	—
RB-9	2190	—
RB-10	2970	6150
RB-11	3810	5310
RB-12	3960	5040

注:表中"—"表示该阶段不存在。

由表 3-37 可知,对于不含裂隙面的试样,试样 RB-1、RB-2、RB-3、RB-4 和 RB-5 均只出现了第Ⅰ阶段和第Ⅱ阶段,第Ⅲ阶段并没有出现,而试样 RB-6 蠕变第Ⅰ阶段、第Ⅱ阶段和第Ⅲ阶段均出现。随着剪切应力水平的增大,蠕变第Ⅰ阶段的结束时间由 1260min 逐渐增大为 5040min。对于含 40%裂隙面的试样,试样 RB-7、RB-8 和 RB-9 只出现了第Ⅰ阶段和第Ⅱ阶段,第Ⅲ阶段并没有出现,而试样 RB-10、RB-11 和 RB-12 蠕变第Ⅰ阶段、第Ⅱ阶段和第Ⅲ阶段均出现。随着剪切应力水平的增大,蠕变第Ⅰ阶段的结束时间由 1140min 逐渐增大为 3960min，蠕变第Ⅱ阶段的结束时间由 6150min 逐渐减小为 5310min。

由此可知，随着剪切应力水平的增大，不含裂隙面的膨胀土试样在非衰减蠕变过程中的减速阶段持续时间越长，并且会出现蠕变加速阶段；含 40% 裂隙面的膨胀土试样在非衰减蠕变过程中的减速阶段持续时间越长，等速阶段持续时间越短，进入加速阶段的时间越早。分析可得，剪切应力水平增大，土体内部结构的破坏与形成达到平衡的时间增长，导致衰减阶段持续时间增长，当剪切应力水平增大到某一定值时，土体内部结构的破坏与形成无法达到平衡，则出现等速阶段及加速阶段，剪切应力水平继续增加，土体更易发生破坏，因此等速阶段持续时间越来越短，甚至不会出现。相同剪切应力水平下，裂隙面的存在可能会导致加速阶段的出现。随着裂隙面的扩展，蠕变的减速阶段和等速阶段持续时间越短，土体越快进入加速蠕变阶段，裂隙面的存在会使蠕变和破坏更容易发生。综上可得，剪切应力水平增大和裂隙扩展均会使土体更加容易进入加速蠕变阶段从而破坏，导致膨胀土边坡长期稳定性下降。

（3）运行期膨胀土渠道边坡长期变形状态评价

膨胀土边坡深层稳定性降低，边坡沿深层裂隙面蠕变滑动，属于黏土剪切蠕变的研究范畴，基于《土力学流变原理》中剪切蠕变时间函数，采用改进的负幂函数，可通过其幂指数 p 定量反映蠕变剪切速率衰减或是发散的快慢，进一步通过 p 的大小对长期稳定性演化状态进行判别，判别方法见表 3-38。

表 3-38　　　　　　　　　长期变形状态"幂次判别准则"

判别条件	变形状态	变形特性
$p>1$	缓慢稳定	收敛型衰减蠕变
$0\leqslant p\leqslant 1$	缓慢破坏	发散型衰减蠕变
$p<0$	快速破坏	蠕变快速发展至破坏

3.7.4　南水北调膨胀土渠道边坡整体失稳规模评价

膨胀土渠道边坡深层失稳常常伴随着内部土体膨胀及裂隙结构面发育等特点，土体发生膨胀、内部裂隙结构发展都将使失稳范围内土体变形产生运动，通过监测膨胀土渠道边坡土体变形运动能够较为准确地对膨胀土渠道边坡的失稳规模进行预估评价，能够及时有效地对膨胀土渠道边坡失稳破坏进行防治。针对膨胀土渠道边坡失稳破坏特点，提出采用以布控倾斜仪为主，其他应急监测手段为辅的膨胀土渠道边坡深层失稳规模评价方法。具体措施如下：

(1)布控倾斜仪

对于特定膨胀土边坡,首先根据需求确定监测区域以及测点位置。之后按照深度需求对测点进行钻孔开挖,开挖过程中应尽可能保证孔壁垂直稳定,钻孔完成后对孔底进行处理,使孔底趋于平整。钻孔结束后应放置一段时间,待孔位变形稳定后下放倾斜仪进行设备安装。倾斜仪安装应稳固且位置保持相对不变,必要时可加固仪器与孔壁及孔底的连接约束。地面记录主机安装于监测室机房内,铺设数据电缆后进行井口密封处理,以免外部因素对仪器测量造成影响。倾斜仪布控分为竖直和水平布控,竖直方向上,在临近的测点附近开挖安装不同深度的倾斜设备,以便从深度层面对边坡失稳进行研究分析;水平方向上,对于不同测点,开挖安装同深度的倾斜设备,以便从平面范围对边坡失稳进行研究分析。

(2)失稳规模分析

通过分析水平布控倾斜仪及水平布控倾斜仪监测结果可对膨胀土边坡失稳范围进行预估。分析水平方向上同深度两个相邻测点的监测结果,当一个测点测得明显位移变化,而另一个测点位移变化不显著或不存在,初步判定边坡失稳在水平方向上的边界;分析竖直方向上相邻测点的监测结果,同理初步判定边坡失稳的深度范围。整套倾斜仪观测研究分析可在室内解决。通过对整套倾斜观测系统数据的研究分析,可在整个边坡空间结构上对边坡失稳范围进行划定,之后结合其他辅助手段可对划定区域进行修正,即得到对于膨胀土边坡失稳规模的评价分析方法。

(3)辅助分析方法的实施

结合其他常见的边坡监测方法,可较好地提高对膨胀土边坡深层失稳的评价分析结果。如采用裂缝监测方法,对边坡表面裂缝的产生和发展进行监控,可有效分析边坡土体已经或即将发生的运动变形量和发展趋势,预知边坡失稳破坏的风险;采用地下水监测方法,明晰地下水位变化对边坡稳定性的影响。此外也应对膨胀土边坡及时进行巡查巡视,做好在线监测与人工监测结合,及时发现膨胀土边坡失稳征兆。

第 4 章　膨胀土渠段变形加固技术

4.1　膨胀土桩基加固技术

膨胀土桩基具有非开挖机械成孔、对地层适用性强、桩位布置灵活、对滑动体扰动小、施工安全快速等优点，在边坡快速综合治理和应急抢险中得到广泛应用。近年来，随着我国铁路、水利、公路等基础设施建设的快速推进，膨胀土桩基成桩形式呈现多样化，强度、抗冻和防腐等力学和耐久性也得到了显著提高，同时微型桩施工机械也朝着轻型化、功能多样化的方向发展。

4.1.1　桩型

桩基按受力情况可分为摩擦型桩和端承型桩；按所用材料可分为木桩、混凝土桩、钢筋混凝土桩、预应力钢筋混凝土桩和钢桩等；按制作施工方法可分为预制桩和灌注桩两大类，本节主要介绍按制作施工方法分类的预制桩和灌注桩。

4.1.1.1　预制桩

预制桩指在桩体投入地基之前在预制厂或现场制作的桩。预制桩在施工前预先制作成型，再用各种机械设备通过锤击、振动打入、静压或旋入等方式将它沉入地基至设计标高。预制桩的截面形状、尺寸和桩长可在一定范围内选择，桩尖可达坚硬黏性土或强风化基岩，具有承载能力高、耐久性好且质量较易保证等优点。预制桩适用于持力层层面起伏不大的强风化层、风化残积土层、砂层及碎石土层，且桩身穿过的土层主要为高、中压缩性黏性土，穿越层中存在孤石等障碍物的石灰岩地区、从软塑层突变到特别坚硬层的岩层地区均不适用。其施工方法有捶击法和静压法两种。预制桩可以是木桩、钢桩或钢筋混凝土桩等，其中以钢筋混凝土桩应用最多。

（1）木桩

常用松木、杉木或橡木制做，桩顶锯平并加铁箍，桩尖削成棱锥形。木桩制作和运输方便、打桩设备简单，在我国使用历史悠久，但目前已很少使用。

(2)钢桩

工程常用的钢桩有"H"形钢桩以及下端开口或闭口的钢管桩等。钢桩的穿透能力强,自重轻,锤击沉桩的效果好,承载能力高,无论是起吊、运输还是沉桩、接桩都很方便。但钢桩的耗钢量大,成本高,抗腐蚀性能较差,须做表面防腐蚀处理,目前我国只在少数重要工程中使用。

(3)钢筋混凝土预制桩

一般为配筋率较低(0.3%~1.0%)的钢筋混凝土桩。截面形状为方形、圆形等,普通实心方桩截面尺寸多为200~500mm。制作方式采用工厂预制时每节长度小于12m,现场预制时长度为10~30m,沉桩时现场通过焊接或法兰连接到所需长度。

混凝土预制桩可按所需长度、断面形状与尺寸进行制作,工艺简单,材料易得,质量可控制,强度高、刚度大,应用广泛。配筋主要受起吊、运输、吊立、沉桩等各阶段的应力控制,用钢量较大。钢筋混凝土预制桩实物见图4-1。

(a)圆桩　　(b)方桩

图4-1　钢筋混凝土预制桩实物

4.1.1.2　灌注桩

灌注桩指在工程现场通过机械钻孔、钢管挤土或人力挖掘等手段在地基中形成的桩孔内放置钢筋笼、灌注混凝土而做成的桩。灌注桩的横截面一般呈圆形,可以做成大直径和扩底桩,灌注桩省去了预制桩的制作、运输、吊装和打入等工序,桩体不承受这些过程中的弯折和锤击应力,节省了钢材和造价,同时更能适应基岩起伏变化剧烈的地质条件(适应性强),但成桩过程完全在地下"隐蔽"完成,施工过程中的许多环节把握不当会影响成桩质量。灌注桩适用于持力层层面起伏较大且桩身穿越的土层主要为高、中压缩性黏性土;当桩群密集且为高灵敏度软土时则不适用。由于该桩型的施工质量很不稳定,宜限制使用。

依照成孔方法不同,灌注桩又可分为沉管灌注桩、钻(冲)孔灌注桩等几类。

(1)沉管灌注桩

沉管灌注桩按成孔方法分为振动沉管灌注桩、锤击沉管灌注桩和振动冲击成孔灌注桩,是将带有活瓣桩尖或钢筋混凝土预制桩尖的无缝钢管利用振动沉管打桩机或锤击沉管打桩机沉入土中,然后边灌注混凝土边振动或锤击、边拔管而形成的灌注桩。振动沉管一般采用活瓣桩尖,桩尖和钢管用铰连接,可重复利用;锤击沉管一般采用预制桩尖,每根桩一个,成桩后桩尖为桩体的一部分。目前国内应用较多的沉管桩管径为377、426和480mm,管径已发展到700mm;受桩架高度限制,沉管桩一般最大桩长在30m以内。当地层中有厚硬夹层时(如标贯击数 $N>30$ 的密实砂层),沉管桩施工困难,桩管很难穿透硬夹层达到设计标高。

沉管灌注桩的优点是在钢管内无水环境中沉放钢筋笼和浇灌混凝土,为桩身混凝土的质量提供了保障。主要缺点是提管速度过快会造成缩颈、夹泥甚至断桩;沉管过程中产生的挤土效应还可能使混凝土尚未结硬的邻桩被剪断。因此,在沉管灌注桩施工过程中应控制提管速度,并振动桩管,不让管内产生负压,提高桩身混凝土的密实度并保持其连续性;采用"跳打"顺序施工,待混凝土强度足够时再在它的近旁施打相邻桩。

(2)钻(冲)孔灌注桩

钻(冲)孔灌注桩,包括泥浆护壁灌注桩和干作业螺旋钻孔灌注桩两种,亦有采用电动洛阳铲成孔的。

1)泥浆护壁灌注桩

泥浆护壁灌注桩的成桩方法分为反循环钻孔法、正循环钻孔法、旋挖成孔法和冲击成孔法等几种。

①反循环钻孔法。

反循环钻孔法首先在桩顶设置护筒(直径比桩径大15%左右),护筒内的水位高出自然地下水位2m以上,以确保孔壁的任何部位均保持0.02MPa以上的静水压力,保护孔壁不坍塌。钻头钻进过程中,通过泵吸、喷射水流或送入压缩空气使钻杆内腔形成负压或形成充气液柱产生压差,泥浆从钻杆与孔壁间的环状间隙中流入孔底,携带被钻挖下来的孔底岩土钻渣,由钻杆内腔返回地面泥浆沉淀池;与此同时,泥浆又返回孔内形成循环。这种方法成孔效率高,质量好,排渣能力将强,孔壁上形成的泥皮薄,是一种较好的成孔方法。

②正循环钻孔法。

正循环钻孔法由钻机回转装置带动钻杆和钻头回转切削破碎岩土,钻进时用泥浆护壁、排渣。泥浆经钻杆内腔流向孔底,经钻头的出浆口射出,带动钻头切削下来的钻渣

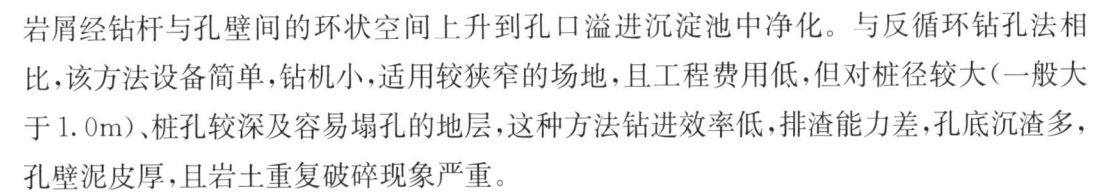

岩屑经钻杆与孔壁间的环状空间上升到孔口溢进沉淀池中净化。与反循环钻孔法相比,该方法设备简单,钻机小,适用较狭窄的场地,且工程费用低,但对桩径较大(一般大于1.0m)、桩孔较深及容易塌孔的地层,这种方法钻进效率低,排渣能力差,孔底沉渣多,孔壁泥皮厚,且岩土重复破碎现象严重。

③旋挖成孔法。

旋挖成孔法又称钻斗钻成孔法,分为全套管钻进法和用稳定液保护孔壁的无套管钻进法,其中后一种方法目前应用较为广泛。成孔原理是在一个可闭合开启的钻斗底部及侧边镶焊切削刀具,在伸缩钻杆旋转驱动下,旋转切削挖掘土层,同时使切削挖掘下来的土渣进入钻斗,钻斗装满后提出孔外卸土,如此循环形成桩孔。旋挖法振动小,噪音低,钻进速度快,无泥浆循环,孔底沉渣少,孔壁泥皮薄,但在卵石层(粒径10cm以上)或黏性较大的黏土、淤泥土层中施工则钻进效率低。

④冲击成孔法。

冲击成孔法是采用冲击式钻机或卷扬机带动一定重量的钻头,在一定的高度内使钻头提升,然后释放使钻头自由降落,利用冲击动能冲挤土层或破碎岩层形成桩孔,再用掏渣筒或反循环抽渣方法或钻渣岩屑排除;每次冲击之后,冲击钻头在钢丝绳转向装置带动下转动一定的角度,从而使钻孔得到规则的圆形断面。该方法设备简单,机械故障少,动力消耗小,对有裂隙的坚硬岩土和大的卵砾石层破碎效果好,且成孔率较钻进法高;但该方法钻进效率低(桩越长,效率越低),清孔较困难,易出现桩孔不圆、孔斜、卡钻等事故。

2)干作业螺旋钻孔灌注桩

干作业螺旋钻孔灌注桩按成孔方法可分为长螺旋钻孔灌注桩和短螺旋钻孔灌注桩两种。这种桩成孔无须泥浆循环,施工时螺旋钻头在桩位处就地切削土层,被切土块钻屑通过带有螺旋叶片的钻杆不断从孔底输送到地表后形成桩孔。长螺旋钻孔是一次钻进成孔,成孔直径较小,孔深受桩架高度限制;短螺旋钻孔为正转钻进,提升后反转甩土,逐步钻进成孔,虽然钻进效率低,但成孔直径和孔深均较大。两种施工方法都对环境影响较小,施工速度快,且干作业成孔混凝土灌注质量有保证;但孔底或多或少留有虚土,影响桩的承载力,适用范围限制也较多。近年来,长螺旋压灌工艺也得到了应用,这种工艺的要点是在钻至桩底标高后,一边提钻,一边通过高压混凝土输送泵将混凝土压入桩孔,只要钢筋笼不是很长或很柔,通过加压、振动或下拽将钢筋笼沉入已灌注混凝土的桩孔中,成桩效率和质量均很高。

钻孔灌注桩的主要优点是施工过程无挤土、无振动、噪声小,对邻近建筑物及地下管线危害较小,且桩径和桩长不受限制,是边坡加固常用桩型;缺点是护壁泥浆沉淀不易清除,导致其端部承载力不能充分发挥,并造成较大沉降。

4.1.2 膨胀土桩基施工设备

膨胀土桩基施工设备主要包括造孔设备、钢筋笼或桩体等吊装设备和预制桩沉桩设备。其中造孔设备主要为旋挖钻机、冲击钻机、反循环回转钻机、潜孔钻机、冲抓钻机等,本节主要介绍旋挖钻机、冲击钻机和反循环回转钻机;吊装设备以起重机或卷扬机为主,是较为常规的工程机械,在此不进行详细介绍;沉桩设备主要为各类打桩机,沉桩方式(锤击打入沉桩、静压沉桩和振动沉桩)主要为锤击打桩机、静压植桩机和振动沉桩机。

4.1.2.1 膨胀土桩基造孔设备

(1)旋挖钻机

旋挖钻机在国际上的发展已经有几十年的历史,目前在国内各类桩基施工中被广泛应用(图4-2、图4-3),是近年来发展最快的一种新型桩孔施工方法。旋挖钻机是一种多功能、高效率的灌注桩桩孔的成孔设备,可以实现桅杆垂直度的自动调节和钻孔深度的计量;旋挖钻孔施工利用钻杆和钻斗的旋转,以钻斗自重与液压为钻进压力,使土屑装满钻斗后提升钻斗出土。通过钻斗的旋转、挖土、提升、卸土和泥浆置换护壁,反复循环而成孔。

图 4-2 旋挖钻机实物图 图 4-3 旋挖钻机施工案例

旋挖钻自动化程度和钻进效率高,钻头可快速穿过各种复杂地层,在边坡快速综合治理和应急抢险桩基施工中具有非常广阔的前景。旋挖钻机具有以下施工特点:

①可在水位较高、卵石较大等用正、反循环及长螺旋钻无法施工的地层中施工。

②自动化程度高、成孔速度快、质量高。旋挖钻机为全液压驱动,能精确定位钻孔、自动校正钻孔垂直度和自动量测钻孔深度,最大限度地保证钻孔质量。

③伸缩钻杆不仅向钻头传递回转力矩和轴向压力,而且利用本身的伸缩性实现钻头的快速升降,快速卸土,以缩短钻孔辅助作业的时间,提高钻进效率。

④履带底盘承载,接地压力小,适合于各种工况,在施工场地内行走移位方便,机动灵活,对桩孔的定位非常准确、方便。

⑤旋挖钻机的地层适应能力强,可适用于淤泥质土、黏土、砂土、卵石层等不同地层。

⑥在孔壁上形成较明显的螺旋线。有助于提高桩的摩阻力。

⑦自带柴油动力,缓解施工现场电力不足的矛盾,并排除了动力电缆造成的安全隐患。

旋挖钻机一般适用黏土、粉土、砂土、淤泥质土、人工回填土及含有部分卵石、碎石的地层,借钻具自重和钻机加压力,耙齿切入土层,在回转力矩的作用下,钻斗同时回转配合不同钻具,适应于干式(短螺旋)、湿式(回转斗)及岩层(岩心钻)的成孔作业。根据不同的地质条件选用不同的钻杆、钻头及合理的斗齿刃角。对于具有大扭矩动力头和自动内锁式伸缩钻杆的钻机,可以适应微风化岩层的施工。目前,旋挖钻机的最大钻孔直径为 3m,最大钻孔深度达 120m(主要集中在 40m 以内),最大钻孔扭矩 620kN·m。

(2)冲击钻机

冲击钻机是借助一定质量的钻头,在一定的高度内周期性地冲击孔底,使岩土破碎而获得进尺。每次冲击之后,钻头在钢丝绳带动下回转一定的角度,从而使钻孔形成圆形断面。被破碎的岩屑与水混合形成岩粉浆,当岩粉浆达到一定浓度后,即停止冲击,利用掏砂筒将稠浆掏出,同时向孔内补充液体。由于冲击钻机都是装在汽车或拖车上(图 4-4、图 4-5),设备轻便搬迁方便,操作与管理简单,钻进成本低,对于大砾石、漂石及脆性岩层特别有效。在水文水井钻、砂矿勘探、露天采矿场和各种口径桩基工程等施工中被广泛采用。

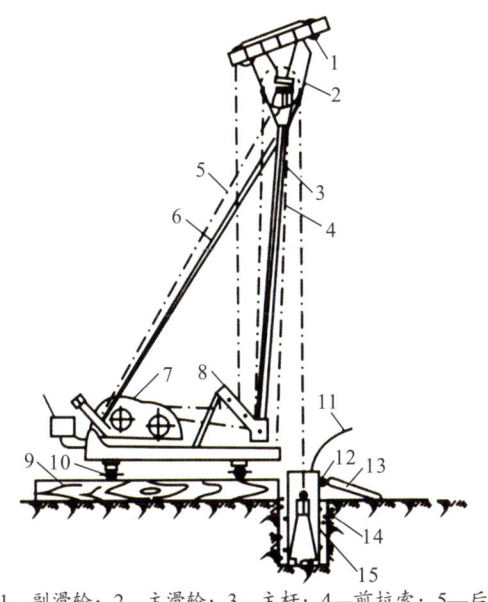

1—副滑轮;2—主滑轮;3—主杆;4—前拉索;5—后拉索;6—斜撑;7—双滚筒卷扬机;8—导向轮;9—垫木;10—钢管;11—供浆管;12—溢流口;13—泥浆渡槽;14—护筒回填土;15—钻头

图 4-4 简易冲击钻机示意图

图 4-5 YCJF-5 型冲击钻机

冲击钻机具有以下特点：

①冲击钻机以冲击动载荷破碎岩石/土，而岩石/土在冲击动载荷作用下的破碎强度比静载荷作用下要小得多。

②钻头破碎岩石不是连续的，冲击钻进时钻头与岩石接触的时间短，因而磨损较慢。

③钻进时无须冲洗液循环，水量消耗少，故适于缺水地区的钻进工作。

④在复杂的卵石层中钻孔有其独特的优越性。

⑤冲击钻机利用钻具自由降落进行钻进，因此只能钻进垂直孔，且效率较低。

在冲击钻进的过程中，影响钻进效率的基本参数包括钻具质量、冲击高度、冲击次数和悬距。

1）钻具质量

钻具质量是影响钻头冲击功的主要因素，钻头质量越大，冲击孔底时的能量越大，但钻具质量越大，冲击机构的负荷越大，功耗越大，冲击机构尺寸也越大。

2）冲击高度

冲击高度越大，钻具所获得的加速度和冲击岩石时的速度也越大，冲击力越大，但过大的冲程将增大冲击机构的整体尺寸。

3）冲击次数

冲击次数为钻具每分钟冲击孔底的次数，冲次越大，单位时间内对岩石破碎的次数也越多，但冲击次数不能太高，这将增大冲击机构的加速度和惯性冲击。

4）悬距

当冲击机构置于上止点位置，钻头距离孔底的高度，悬距在钻进中应及时调整，当钻进硬岩时，若不留悬距，则钻具冲击时，钢绳由于弹性变形就会有剩余长度，这样，再次提升钢绳处于松弛状态，钻具易发生抖动和摆动现象，而且由于钢绳突然绷紧，致使井上设备受到冲击，还容易造成其他事故。最优悬距为保证最大切入深度而使钢绳没有剩余长度。

（3）反循环回转钻机

反循环回转钻机成孔是在泥浆护壁条件下，由钻机回转装置带动钻杆和钻头回转切削破碎岩土，然后利用反循环排渣成孔，即在钻进时，泥浆自泥浆池通过井口，以自流方式流入井底，然后夹带岩屑通过钻杆中空返回井口，并经水龙头和排渣管排至泥浆池，沉淀澄清后重新流入井内循环（图4-6）。其特点是可利用地质部门常规地质钻机，可用于各种地质条件，各种大小孔径（300～3000mm）和深度（0～100m），护壁效果好，成孔质量可靠；施工无噪音，无震动，无挤压；机具设备简单，操作方便，费用较低，但成孔速度慢，效率低，用水量大，泥浆排放量大，污染环境，扩孔率较难控制，适用于地下水位较高的软、硬土层，如淤泥、黏性土、砂土、软质岩等土层。

图 4-6　回转钻机施工案例

回转钻机中无论是正循环还是反循环的钻机,均适用于黏性土和含少量砾石、卵石的土层及软岩,不适用于大量卵石层及硬岩层。其中正循环钻机也适用于粉砂、细中粗砂层。反循环钻机在砂层中,如果泥浆调治的指标不够或钻机速度过快,可能会造成塌孔。回转钻机特别适用于内陆冲积层较厚的平原、沿海地区滩涂地区的摩擦桩成孔。从成孔速度上分析,回转钻机快于冲击钻机,但不及旋挖钻机。从工程造价上分析,回转钻机在三种钻机中最经济、价格最便宜。

4.1.2.2　膨胀土桩基沉桩设备

膨胀土桩基沉桩工艺主要有锤击沉桩、静力压桩和振动沉桩三种方式。

(1)锤击沉桩

锤击沉桩对应的施工设备(打桩机)由桩锤、桩架及附属设备等组成(图4-7)。桩锤依附在桩架前部两根平行的竖直导杆(俗称龙门)之间,用提升吊钩吊升。桩架为一钢结构塔架,在其后部设有卷扬机,用以起吊桩和桩锤,桩架前面有两根导杆组成的导向架,用以控制打桩方向,使桩按照设计方位准确地贯入地层。塔架和导向架可以一起偏斜,用来打斜桩。导向架还能沿塔架向下引伸,用以沿堤岸或码头打水下桩。桩架能转动,也能移行。打桩机的基本技术参数为冲击部分重量、冲击动能和冲击频率。桩锤按运动的动力来源可分为落锤、汽锤、柴油锤、液压锤等。

(2)静力压桩

静力压桩工法的关键施工设备就是静力压桩机(图 4-8),静力压桩机在压入桩的过程中,以桩机本身的重量作为反作用力以克服压桩过程中桩侧的摩擦阻力和桩尖反力,而将桩体压入土体。与锤击式打桩机相比,这种设备施工时具有无震动、无噪声、无油污飞溅等环境污染的特点。静力压桩机以液压静力压桩机为主,又分为"抱压式液压静力压桩机"和"顶压式液压静力压桩机"两种。抱压式液压静力压桩机压桩过程通过夹持机构"抱"住桩身侧面,由此产生摩擦传力来实现;而顶压式液压静力压桩机则是从预制桩的顶端施压,将其压入地基。抱压式桩机主要由压桩系统和夹桩机构组成,而顶压式桩机主要由压桩系统和桩帽组成。顶压式桩机除压桩机构中没有夹桩机构外,一般不带起重机,但增加了一套卷扬吊桩系统。

图 4-7　柴油锤击式打桩机　　　　图 4-8　液压静力压桩机

静力压桩机可提供的压力一般为 600～12000kN,可适应不同形状预制桩,如方桩、圆桩、"H"形钢桩等,预制桩尺寸可为 150～800mm。

(3)振动沉桩

振动打桩机是利用其高频振动,以高加速度振动桩身,将机械产生的垂直振动传给桩体,导致桩周围的土体结构因振动发生变化而强度降低。桩身周围土体液化,减少桩侧与土体的摩擦阻力,然后以挖机下压力、振动沉拔锤与桩身自重将桩沉入土中。拔桩时,在一边振动的情况下,以挖机上提力将桩拔起。打桩机械所需要的激振力要根据场地土层、土质、含水量及桩的种类、构造综合确定(图 4-9)。

图 4-9　液压振动打桩机

4.1.3　膨胀土桩基施工工艺

膨胀土桩基微型桩按制作施工方法主要可分为预制桩和灌注桩两大类,无论是预制桩还是灌注桩,都需要采用造孔设备成孔,两类桩的主要区别在于预制桩采用工厂或者现场预制,相较灌注桩而言多了沉桩环节,而灌注桩成孔后采用现场浇筑成桩。本节将以泥浆固壁旋挖钻孔灌注桩为代表简要介绍灌注桩施工工艺,对于预制桩,主要介绍静力压桩施工工艺(造孔工艺与灌注桩差别不大,此处不再赘述)。

4.1.3.1　灌注桩施工工艺

钻孔灌注桩主要施工工艺流程为施工准备→测量定位→钻机安装就位、调平→拴桩,对正孔位→旋挖钻造孔→提钻,埋设孔口护筒→验护筒→孔内注入现场制作的泥浆→下入钻斗,旋挖钻进→提钻、卸土、铲车运土→钻至设计标高,改用捞砂钻头清孔→验孔→下钢筋笼→测沉渣→下导管→灌注混凝土→控制桩顶标高成桩检验。

4.1.3.2　预制桩施工工艺

预制桩静力压桩主要施工工艺流程为施工准备→测量定位→压桩机就位、调平→管桩吊入压桩机夹持腔→夹持管桩对准桩位调直→压桩至底桩露出地面时吊入上节桩与底桩对齐,夹持上节桩,压底桩至桩头露出地面→调整上下节桩,与底桩对中→电焊接桩、再静压,接桩直至需要深度或达到一定终压值,必要时适当复压→截桩,终压前用送桩器将工程桩头压至地面以下(图 4-10)。

(a) 吊桩　　　　　　　　(b) 对准桩位　　　　　　　(c) 沉桩

(d) 焊接　　　　　　　　(e) 继续压桩　　　　　　　(f) 送桩器送桩

图 4-10　预制桩压桩施工工艺

4.2　伞形锚加固技术

目前，常规的渠道边坡加固措施为抗滑桩、注浆锚杆等，抗滑桩施工存在施工机械设备庞大、施工工艺复杂、成本投入大、施工工期长等不足，尤其是需要修建施工平台，对渠道边坡扰动较大，很难保证施工期间的稳定性，难以在渠道运行期间确保工程安全；而注浆锚杆存在锚固力小、龄期长、施工质量不易控制等不足；常规加固措施不满足边坡抢险加固和运行维护的要求。

伞形锚边坡应急抢险与快速加固是由长江科学院自主研发的成熟实用新技术。其工作原理是将收紧的伞形锚锚头按预定方向和深度击入土体，在张拉力的作用下自动张开并刺入周边土体，进而形成整体，利用土体自身具有的抗力来提供所需的锚固力。

伞形锚土体快速锚固技术克服了注浆锚杆龄期长等缺点；既可用于临时工程快速加固，也可用于土体工程的永久修复，同时，该技术施工速度快、效率高，工程造价低，广泛适用于边坡、基坑、结构物基础等土工构筑物抢险加固，包括整体抗滑、水平抗滑、抗浮和防倾倒等，工程推广应用前景巨大。

本节根据伞形锚在南水北调中线渠道边坡抢险加固与永久修复的工程应用，结合长江科学院已有研究成果，从伞形锚产品、设计与施工工艺等方面进行全面系统的介绍，为相关工程技术人员提供参考依据。

4.2.1 伞形锚锚头标准结构

4.2.1.1 伞形锚结构

膨胀土地层具有明显的超固结性,深层土体自身强度较高,基本结构形式的伞形锚在土体充分发挥自身强度前,极易发生结构破坏,长江科学院根据南水北调膨胀土地层特性,开发了伞形锚结构(图 4-11),实物见图 4-12。

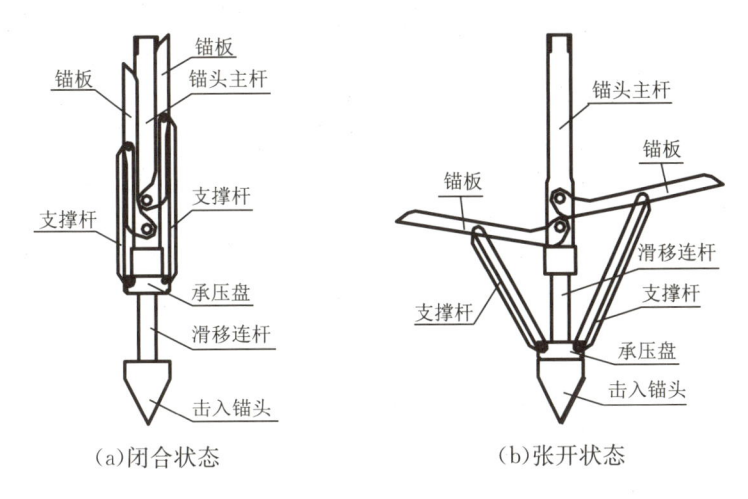

图 4-11 优化后的伞形锚结构形式

(a)闭合状态　　(b)张开状态

图 4-12 优化后的伞形锚实物图

4.2.1.2 伞形锚优化后结构受力分析

采用有限元软件对优化后的伞形锚进行建模和计算,材料采用 45 号钢材的材料参数,弹性模量 E 为 210GPa,泊松比为 0.3,密度 ρ 为 7.85kg/m³,只进行弹性受力计算。

约束条件中，所有销轴连接等效为铰支连接，限制伞形锚结构平面外变形，仅允许其发生平面内变形，有多种荷载施加和边界约束条件。

①对两个锚板施加竖向变形约束，仅允许其发生水平向变形，对主锚杆顶部施加200kN拉力。其变形结果和内力计算结果见图4-13至图4-15。

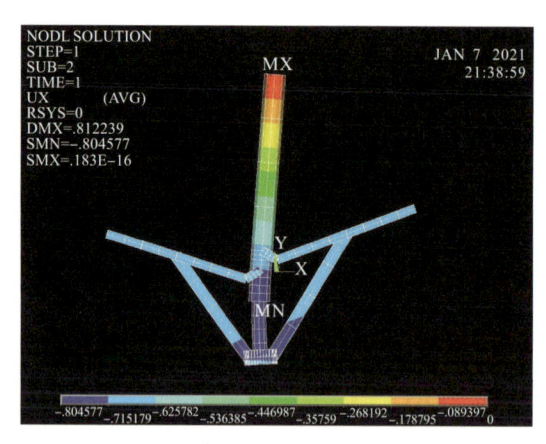

图4-13　水平方向变形(单位:mm)

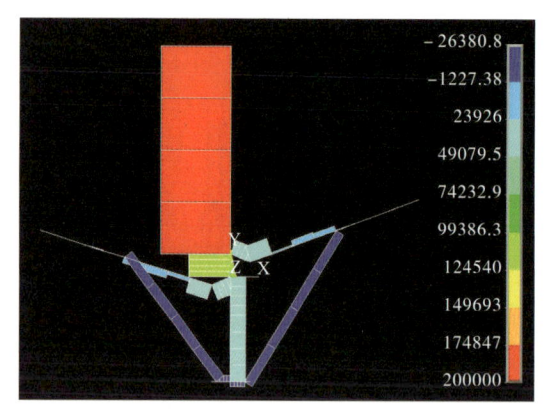

图4-14　轴力计算结果(单位:N)

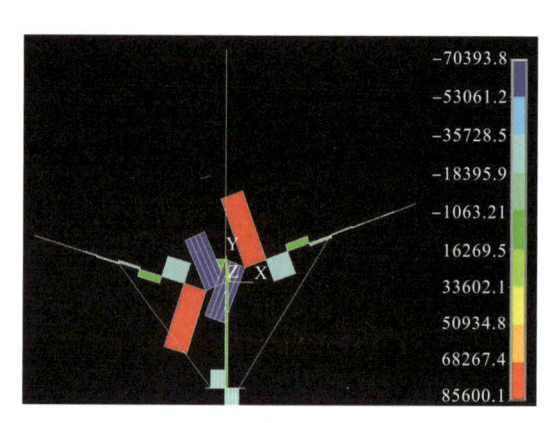

图4-15　剪力计算结果(单位:N)

此时锚板的竖向变形受约束，从轴力分布可以看出，轴力通过锚板与锚杆的销轴连接直接传递给了锚板，锚板与锚杆连接的销轴处承受的剪力非常大，滑块、撑杆受力较小，锚头整体水平变形小于1mm，变形极小，此时受约束的两片锚板上受力较为均匀，不平衡力很小。

②主锚杆顶部约束，对两个锚板施加相等的均匀压力，荷载方向垂直于锚板表面。其变形结果和内力计算结果见图4-16至图4-19。

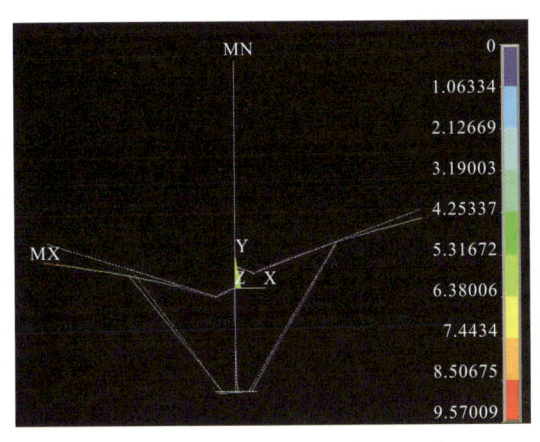

图 4-16 整体变形结果(单位:mm)

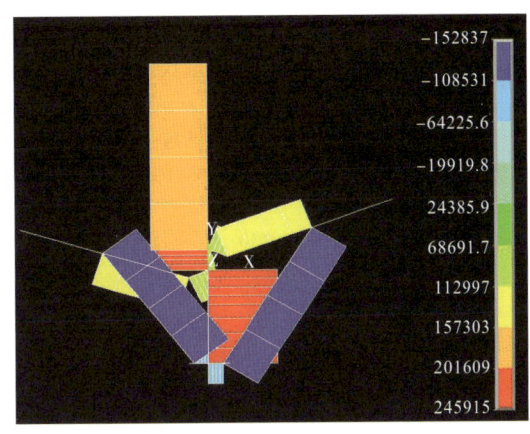

图 4-17 轴力计算结果(单位:N)

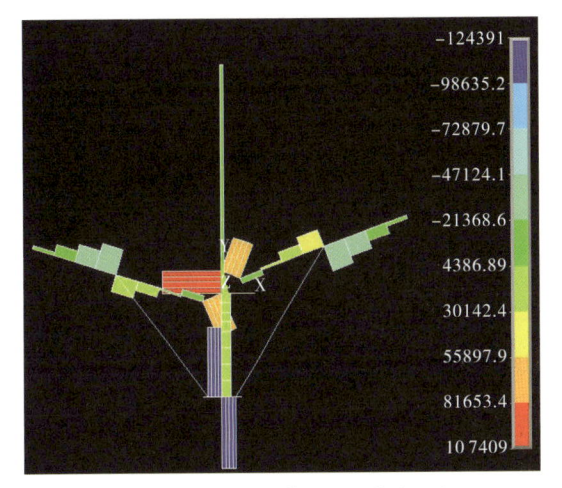

图 4-18 剪力计算结果(单位:N)

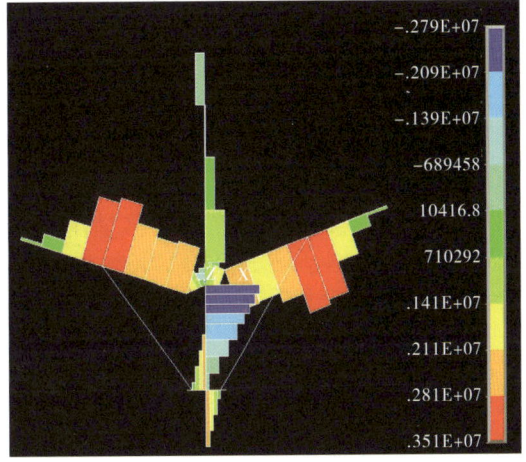

图 4-19 弯矩计算(单位:N·mm)

对两个锚板施加相同大小的均匀垂直压力,左侧锚板(位于销轴下方的锚板)与锚板的夹角更大(左侧为73°,右侧为70°),其受到的压力竖向分量更大、水平分量相对较小,因此锚头部在不平衡水平力作用下会向右侧变形,这与计算变形结果相吻合,两个锚板各承受接近100kN的压力作用时,锚板变形为10mm,但锚头底部变形在5mm内,水平不平衡力和变形均较小。

数值计算表明,伞形锚结构优化后,在两个锚板同时约束或同时受力的情况下,锚头的水平不平衡力和变形均较小。

4.2.2 伞形锚承载特性研究

为了掌握伞形锚在南水北调地层中的锚特性,开展了大量现场和室内试验,探明了伞形锚在南水北调地质环境下的抗拔力变化规律及其锚固特性。

试验参照《岩土锚杆(索)技术规程》(CECS22:2005),采用多级循环加卸载的张拉方法,荷载通过电动液压千斤顶油压进行控制。当前级变形稳定后方可施加下一级荷载,直至锚杆(头)破坏。根据试验数据,可得工艺试验循环加载曲线(图4-20),伞形锚或锚杆破坏前一级的拉拔力即为各自对应的极限抗拔力。

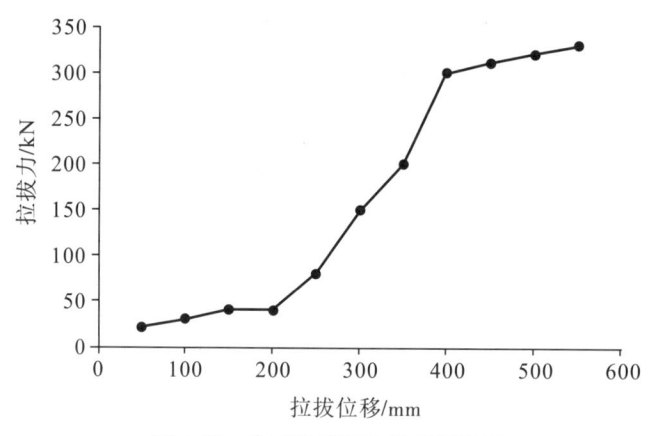

图 4-20 伞形锚锚固特性现场结果

通过试验得到以下结论:

①伞形锚抗拔力随拉拔位移呈现三个阶段变化规律,即先缓慢增加,再快速增加,最后缓慢增加。

②即时锚固力可超过25t。

③在较大滑动变形的条件下锚固力不丧失,且锚固力持续增加。

4.2.3 伞形锚锚固机理

为了研究伞形锚在锚固过程中的变形与锚固特征,开展了离散元与有限差分计算分析,同时开展了可视化的伞形锚拉拔模型试验,揭示了伞形锚锚固力增长过程中周围土体的变化过程以及破坏规律。

4.2.3.1 离散元数值分析

运用离散元数值软件PFC2D建立真实埋深的二维数值模型(图4-21),模拟了锚头加固区及上部土体的应力演变和破坏模式,从细观层次揭示锚板的加固作用机理和特征。

通过可视化图像和模拟得到伞形锚拉拔过程中土体颗粒的运动情况(图4-22)和应力链三维分布(图4-23),分析可知拉拔初始、中、后三个阶段的应力链分布情况,随着锚杆的提升,应力链集中于锚板之上,呈伞形扩散状,且应力扩散角有增大趋势。

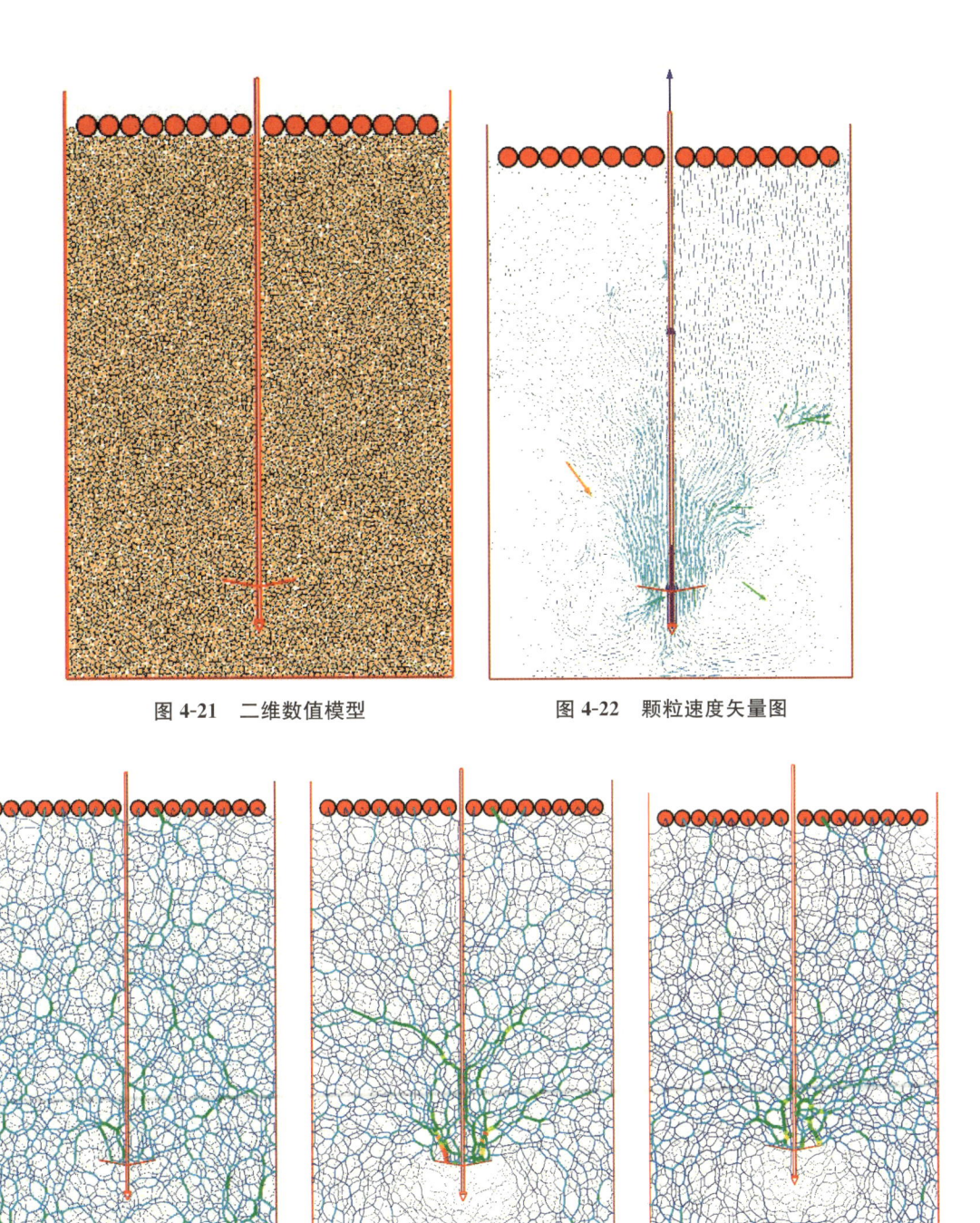

图 4-21　二维数值模型　　　　　图 4-22　颗粒速度矢量图

图 4-23　拉拔过程中的应力链分布情况

通过计算得到在拉拔速率为 10mm/s 的条件下，伞形锚周围土体塑性区范围的变化特征，图 4-24 显示了不同拉拔位移状态下，伞形锚周围土体塑性区的大小和形态。

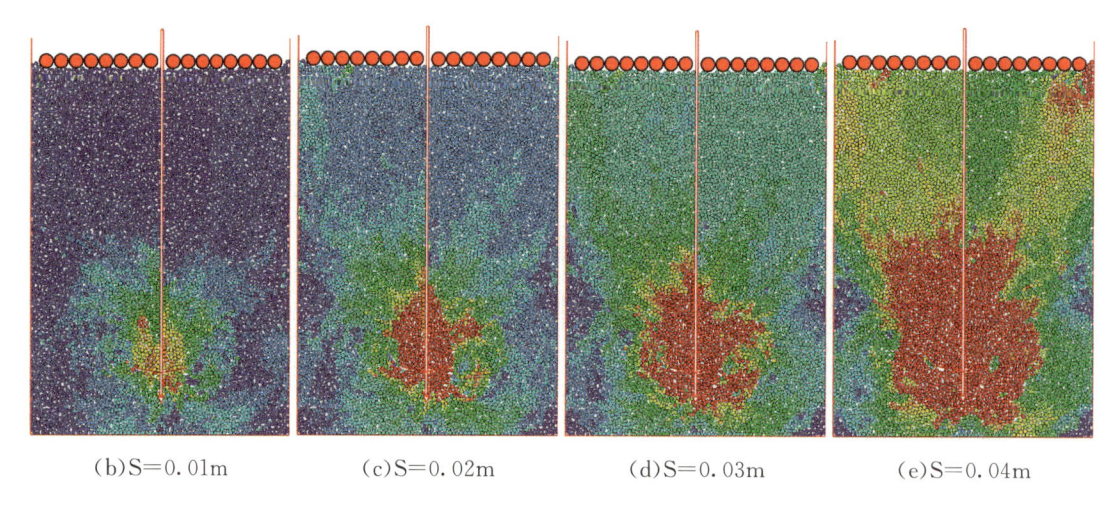

(b)S=0.01m　　　　(c)S=0.02m　　　　(d)S=0.03m　　　　(e)S=0.04m

图 4-24　不同拉拔位移塑性区形态及大小(拉拔速率为 10mm/s)

分析可知,在伞形锚张开后的拉拔过程中,在拉拔初期,板前土颗粒挤压,土体形成矩形压缩区域,范围大约为一倍板长;在拉拔中期,压缩区域前端出现锥形尖端,逐步形成破裂面;在拉拔后期,剪切破坏区域,矩形角点呈 45°方向扩大,破坏区域增大。

4.2.3.2　有限差分数值分析

为研究伞形锚加固土体机理,本处拟在均质残积土中研究伞形锚在承受不断增加的上拔荷载条件下,锚体抗拔承载力和周边土体变形及破坏过程按照不同规格伞形锚张开后的有效锚固面积简化成图 4-25。

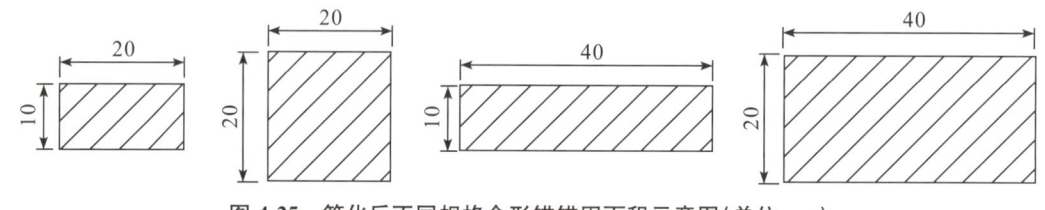

图 4-25　简化后不同规格伞形锚锚固面积示意图(单位:cm)

锚体埋置于地面以下 10m 处,且认为伞形锚体能够按照设计要求完全张开,使其达到图 4-25 所示相应规格伞形锚的锚固面积。查阅相关文献获取残积土物理力学参数,锚体视为不可变形的刚体,参数参照钢筋选取,锚体与土之间设置接触面单元,相关参数见表 4-1。鉴于具体工程中的残积土参数的不确定性,以表 4-1 中残积土力学参数为基准,共设计了 5 组力学参数,用于对计算成果进行对比,参数设计详见表 4-2。

表 4-1　　　　　　　　计算所涉及各类单元物理力学参数表

单元类型	黏聚力 c/kPa	内摩擦角 φ/°	天然密度 ρ/(g/cm³)	弹性模量 E/MPa	泊松比 μ
残积土	40	20	1.80	18.0	0.4
锚体	—	—	7.90	206000.0	0.3
土—锚接触面	1.0	20	—	—	—

注：接触面黏聚力取 1kPa 的目的是便于计算收敛；接触面法向刚度和切向刚度 Kn 和 Ks 均取 10GPa。

表 4-2　　　　　　　　残积土力学参数敏感分析参数设计表

组号	1	2	3	4	5
内摩擦角 φ/°	16	20	20	20	25
内聚力 c/kPa	20	20	40	60	40

采用有限差分软件 FLAC3D 开展锚体抗拔承载力数值试验。计算方案见图 4-26，建立计算模型见图 4-27，该模型尺寸为 $L3.2\mathrm{m}\times W1.6\mathrm{m}\times H12.0\mathrm{m}$，共包含 7728 个单元、8927 个节点。相比于最大规格的伞形锚体，模型长度和宽度方向均为锚体相应尺寸的 8 倍，锚体厚度为 0.1m，下部有 1.9m 深的底土层，故锚体四周预留尺寸已经足够大，不存在边界效应对计算成果的影响。所有尺寸锚体的计算均共用一套网格单元，对于不同的锚体大小，对相应单元进行材料替换，并在锚体四周与土体接触部位设置接触面（图 4-28）。

图 4-26　FLAC3D 计算方案　　　　图 4-27　计算网格划分图

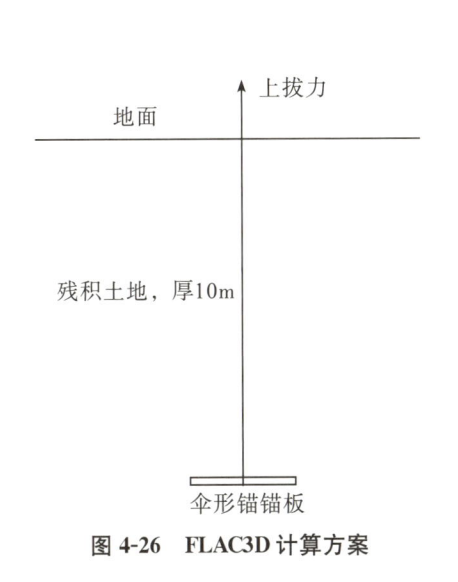

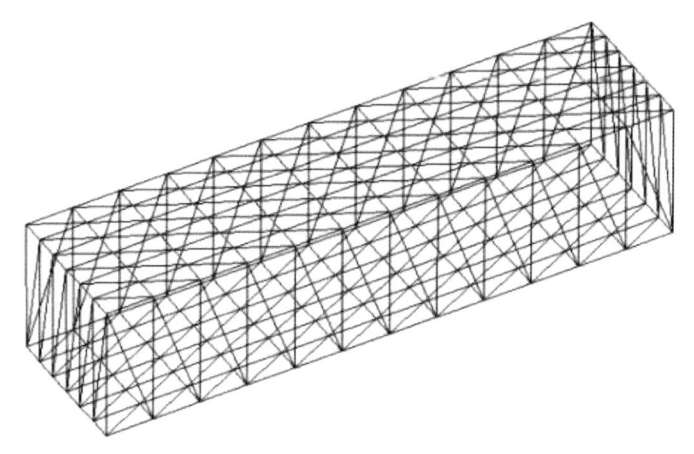

图 4-28 锚体周边土—锚接触面设置

计算流程:
①初始地应力场平衡,并将历史固结位移归零。
②进行锚体单元的替换,设置土—锚接触面,模拟实际工程中锚体埋置过程。
③在锚体上逐级施加均布上拔力,通过反复试算了解锚体变形启动对应的上拔荷载以及最终锚体上拔变形急剧加速或计算不收敛对应的终极荷载。

以伞形锚锚体投影尺寸 10cm×40cm 为例,上拔荷载加载初期,锚体变形与上拔力关系曲线见图 4-29。从图中可以看出:

①5 种不同参数选取条件下,上拔荷载 180kPa 以内曲线几乎完全重合,锚体上覆 10m 厚度土柱自重应力为 180kPa,锚体在上拔荷载加载初期,首先要克服土柱的重力作用。

②从锚体在上拔力加载初期与土的应变协调产生的变形来看,黏聚力的变化对曲线变化趋势影响显著小于内摩擦角的影响。

③5 种参数条件下,在 450~500kPa 区间内,变形增速显著升高,450kPa 可视为锚体受上拔力启动荷载。

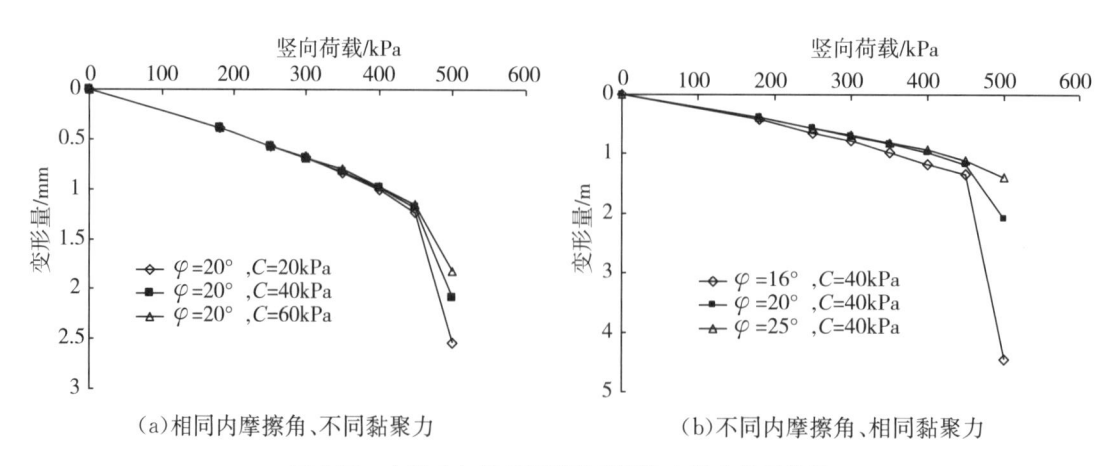

(a)相同内摩擦角、不同黏聚力

(b)不同内摩擦角、相同黏聚力

图 4-29 上拔力加载初期锚体变形与上拔力关系曲线

采用锚板上拔位移量为10cm对应的荷载作为抗拔承载力进行统计,结果见表4-3。

表4-3　　　　　　　　不同计算工况得到的伞形锚抗拔荷载　　　　　　　（单位:kPa）

锚板尺寸	1	2	3	4	5
10cm×20cm	1434.03	1811.18	1875.06	1936.80	2499.50
20cm×20cm	1235.29	1575.65	1622.94	1668.47	2144.49
10cm×40cm	1406.03	1694.10	1744.62	1788.70	2264.67
20cm×40cm	1140.93	1412.44	1462.28	1509.00	1929.16

通过有限差分数值模拟,得到锚体周边地基土塑性破坏区动态变化图(图4-30至图4-33)。

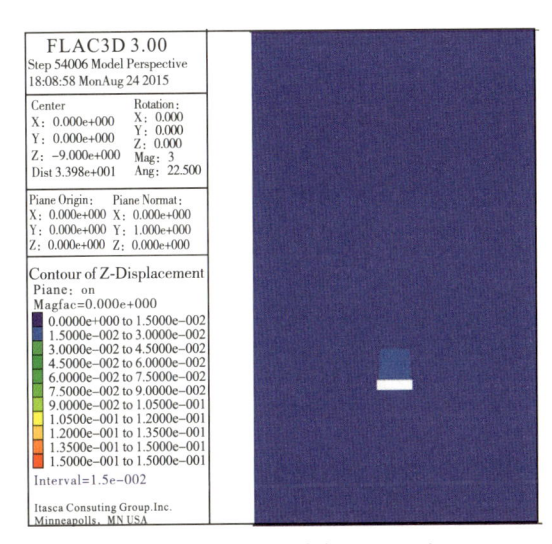

图4-30　塑性区变化(180kPa)

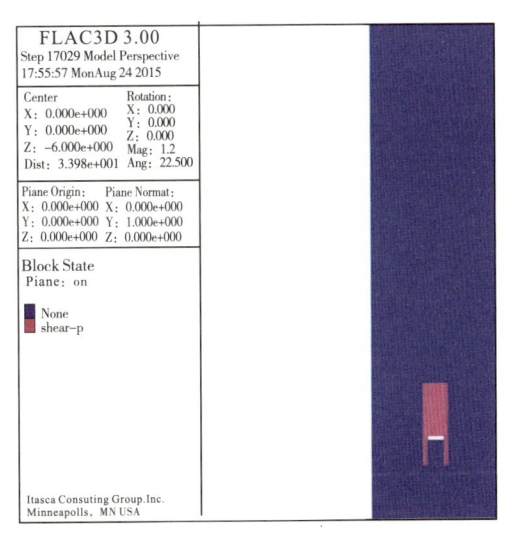

图4-31　塑性区变化(750kPa)

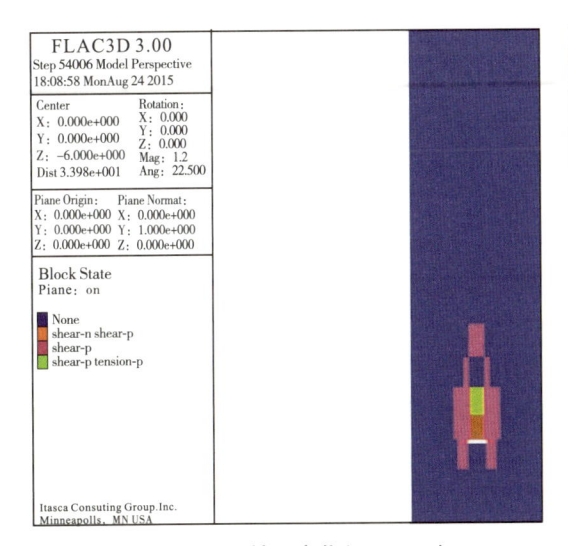

图4-32　塑性区变化(1000kPa)

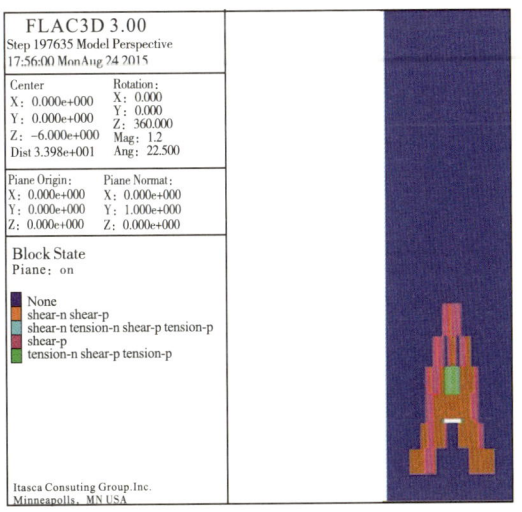

图4-33　塑性区变化(2000kPa)

通过有限差分数值模拟,我们可以得到以下结论:

①伞形锚埋置于10m深均质残积土中,受上拔荷载作用时,锚体首先需克服土体上覆压力(约180kPa),加之锚体与土体之间应力应变的初步调整,向上发生变形的启动荷载约为450kPa。

②采用上拔荷载逐级加载的计算方案,开展了一系列伞形锚上拔承载力数值试验,结果表明,当锚体等效面积相同时,长方形锚体(10cm×40cm)的加固效率要高于正方形锚体(20cm×20cm);当锚体等效面积的长宽比相同时(10cm×20cm和20cm×40cm),虽然大尺寸锚体提供的抗拔力绝对值大于小尺寸锚体,但小尺寸锚体的相对加固效率却高于大尺寸锚体。

③在上拔荷载逐级加载过程中,锚体及周边地基土垂直变形等值线、剪应变等值线分布规律以及地基土塑性破坏区动态变化能够很好地描述锚—土相互作用过程,且基于此三个指标的动态演化规律,可对伞形锚在上拔荷载作用下的极限抗拔力做出客观判断。在上拔荷载的作用下,锚板前土体在1倍板宽的矩形范围内最先出现塑性区;随着荷载增大,矩形塑性区高度发展至大约2.5倍板宽;荷载继续增大,矩形塑性区上方出现三角形塑性区。计算结果与离散元分析中前两个阶段的规律一致。

4.2.3.3 深层拉拔可视化模型试验

由于伞形锚结构应用于边坡现场中往往属于深层锚固,因此对于深层状态下伞形锚结构锚固机理的研究十分必要。基于此,开展了模拟10m埋深条件下伞形锚的深层可视化模型试验。

试验所用模型箱见图4-34。模型箱尺寸为80cm×80cm×100cm,正面为有机玻璃层面,玻璃面上间距10cm画有红色标识线,以此为观察基准线。箱体其余面均为足够厚的钢板面,假设拉拔过程中钢板不发生较大变形。箱体顶部设有抬高垫块和承压顶板,抬高垫块用于抬伸高度便于千斤顶的放入,承压板用于千斤顶加载。

试验所用土样参照浅层可视化模型箱试验。土样设计压实度分为90%、95%两种,含水率为20%。设计土层高度70cm,采用分层填筑,每层填筑10cm。每层填土完成后在土层表面铺洒黄色粉笔灰作为观察标识。

试验通过顶部千斤顶加载以模拟锚板在深层条件下的受力情况,通过计算,设计千斤顶加载为115kN。锚板拉拔通过拉拔设备上的手摇转轮控制,按照位移进行控制,每次上拔0.5cm,记录各传感器示数及位移值,拍摄记录土体变形形态。设计每级位移加载时间控制为2min,加载完毕后维持10min,待变形稳定后方可施加下一级位移。整个拉拔过程按照设计进行分级加载,直至土层模型破裂面贯通即停止试验。

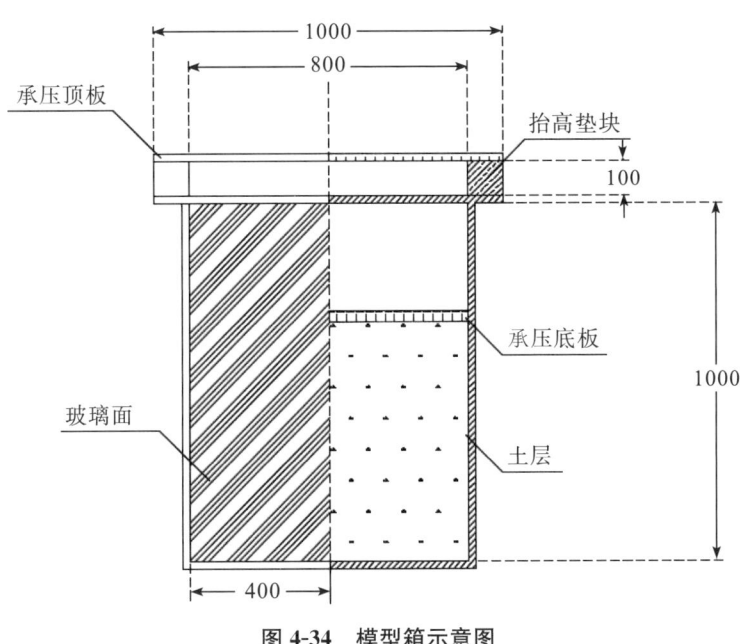

图 4-34 模型箱示意图

设计完成了 90%、95%、100% 压实度条件下伞形锚深层可视化模型试验,由试验所得拉拔荷载—位移曲线见图 4-35。

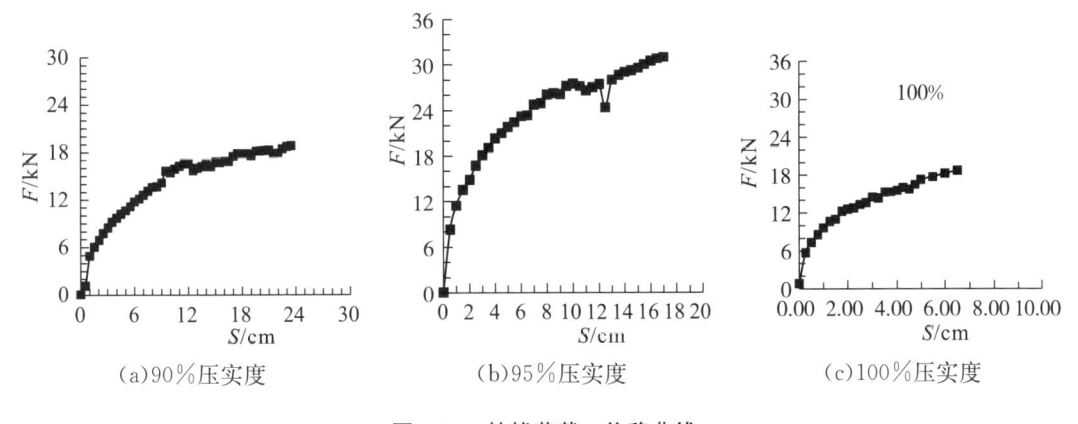

(a) 90% 压实度

(b) 95% 压实度

(c) 100% 压实度

图 4-35 拉拔荷载—位移曲线

由图 4-35 可知,试验过程中荷载—位移变化规律基本一致,证明拉拔试验设计较为准确。分析试验结果,得到以下结论:

①深层状态下(试验模拟为 10m 地层),伞形锚结构在上覆荷载作用下发生竖直方向位移,锚周土体剪切破坏大致呈现两个阶段:拉拔初期,土层结构密实程度较低,在上覆荷载作用下锚板垂直被拉出,锚周土体发生垂直剪切破坏,该阶段上拔荷载随着位移增长迅速增大;当拉拔位移发展到一定阶段以后,土体密实程度达到某一阈值,在上覆荷载作用下锚板上方土体逐渐形成压密核,该阶段上拔荷载随着位移的增长逐渐增大,

但增速越来越缓慢,直至趋平。

②深层状态下(试验模拟为 10m 地层),随着土层压实度的提高,位移的增加导致上拔荷载的增长更显著,即达到一定值的上拔荷载,压实度高的土层所用位移更小。

③不同压实度的深层拉拔曲线对比反映了压实度的变化对于伞形锚的拉拔影响主要体现在荷载的量级上,对伞形锚的拉拔过程并未产生实质影响。这在一定程度上符合已有认知,在一定程度上验证了试验的正确性。

4.2.4 伞形锚加固边坡的稳定分析方法

在边坡设计中,当锚杆抗拔力满足要求时,还需防止整体失稳,因此需进行整体稳定性验算,采用有限元极限平衡法或极限平衡法进行分析。

有限元极限平衡分析不仅可以分析边坡变形的过程,也可以计算边坡极限平衡状态的边坡失稳问题。计算时,伞形锚单元的力学模型见图 4-36。采用弹簧—滑块系统描述伞形锚端部的剪切行为,在伞形锚端部和土体交界面上产生相对位移时,伞形锚端部的剪力(锚固力)可由剪切刚度×相对位移表示。当达到伞形锚的最大剪切力后,伞形锚与土体之间产生塑性滑移;最大剪切力由摩尔—库伦抗剪强度准则确定。

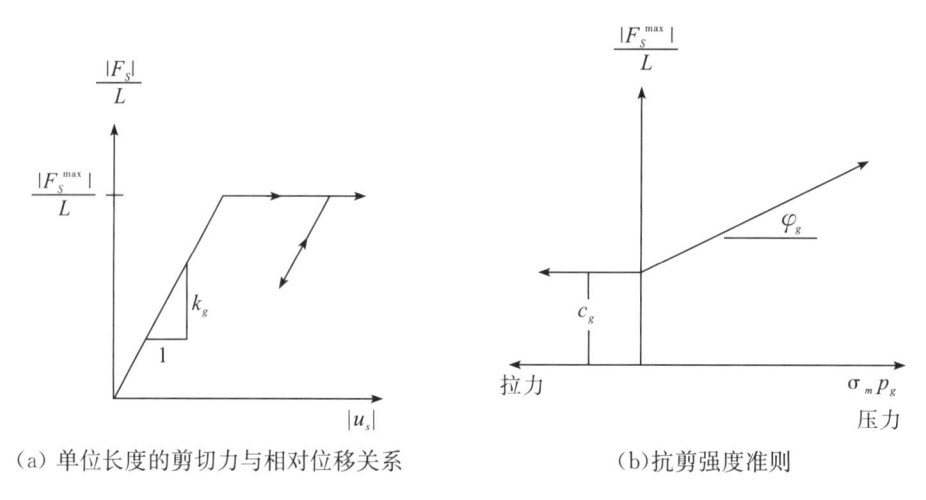

(a) 单位长度的剪切力与相对位移关系　　(b) 抗剪强度准则

图 4-36　伞形锚单元的力学模型

由此模型可由式(4-1)计算:

$$\frac{F_s^{max}}{L}=c_s+\sigma_c \times \tan f_s \times p \tag{4-1}$$

式中:C_s——剪切耦合弹簧的黏结强度;

σ_c——垂直于锚杆单元的平均有效侧应力;

f_s——剪切耦合弹簧摩擦角;

p——单元的截面周长。

建立有限元模型，不断降低式(4-2)中土体的黏聚力和摩擦角的数值，直到破坏。从原有状态到破坏状态的降低倍数即为安全系数 F。

$$\begin{cases} c' = \dfrac{1}{F_i} c \\ \varphi' = \arctan(\dfrac{1}{F_i} \tan\varphi) \end{cases} \quad (4-2)$$

对于仅需关注极限平衡状态的边坡破坏问题，采用考虑裂隙强度的极限平衡分析即可满足设计分析需要。

南水北调深挖方膨胀土边坡大多存在较为发育的原生裂隙，裂隙面由灰绿色黏土填充，强度低，倾角为 $3°\sim5°$，边坡潜在滑体沿裂隙面滑动，进而出现垂直拉裂面，从而形成深层滑坡。因此，边坡稳定分析必须考虑原生裂隙面的作用，建立图 4-37 的计算分析模型。在该基础上，开展伞形锚加固膨胀土边坡稳定分析。需要注意的是，计算分析时，滑体底部采用原状饱和状态下的裂隙面强度参数，而滑体垂直滑动面区域土体采用原状土块的强度参数。结合膨胀裂隙强度参数和土块强度参数，对存在固定潜在滑面（裂隙面）的膨胀土边坡进行稳定分析。

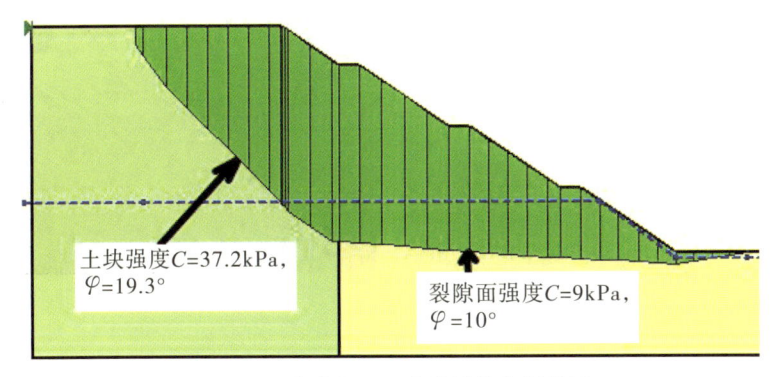

图 4-37 膨胀土深层失稳计算分析模型

4.2.5 伞形锚浆锚协同控制方法

在浆锚协同锚固中，伞形锚和注浆作用都可以即时承载，要想充分利用浆锚协同作用，需要对浆锚如何高效叠加，协同发挥极限承载力进行研究。

针对伞形锚结构浆锚协同作用进行了一系列现场试验：针对注浆对锚杆支护的加固作用，开展了不同注浆深度条件下注浆锚杆的拉拔现场试验，该试验过程中锚杆由普通钢筋代替，可认为所得锚固力为浆体本身锚固力；针对伞形锚浆锚协同作用的效果探究，开展了注浆伞形锚对比拉拔现场试验。现场试验各阶段情况见图 4-38 至图 4-41。试验根据经验设计注浆体配比为水∶灰∶砂＝70∶100∶200。

图 4-38 钻孔开挖

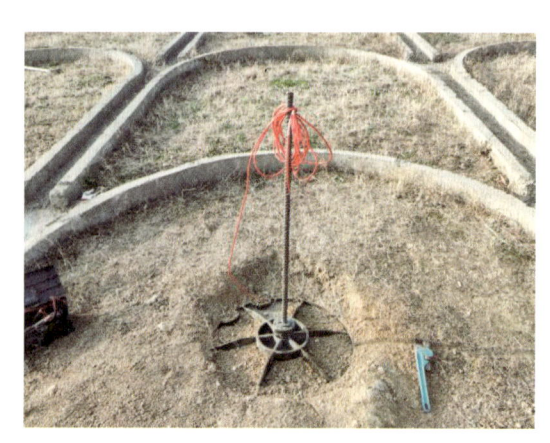

(a) 下锚完成 　　　　　　　　　　　(b) 预张拉进行

图 4-39 下锚张拉过程

(a) 张拉加载 　　　　　　　　　　　(b) 土体下沉

图 4-40 试验进行

(a)锚杆断裂　　　　　　　　　　(b)伞形锚头破坏

图 4-41　锚体结构状态

实施时,按极限锚固力对伞形锚进行循环张拉,直至张拉位移 S_2 小于注浆锚杆或锚索极限锚固力对应的张拉位移 S_1,从而保证锚固时伞形锚在注浆体初凝之前达到极限锚固力,实现浆与锚协同锚固;实施时,在锚杆或锚索全段套装隔离层后,将伞形锚安装在锚杆或锚索端部,安放至锚孔底部,然后开始注浆,且在注浆至锚孔孔口后,立即按上述控制标准完成循环张拉并锁定,即可实现伞形锚与注浆体的高效协同锚固(图 4-42、图 4-43)。

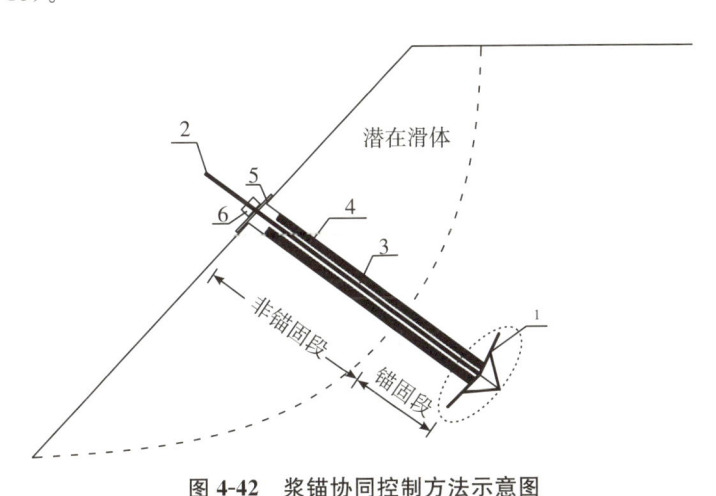

图 4-42　浆锚协同控制方法示意图

图 4-43 循环拉拔控制

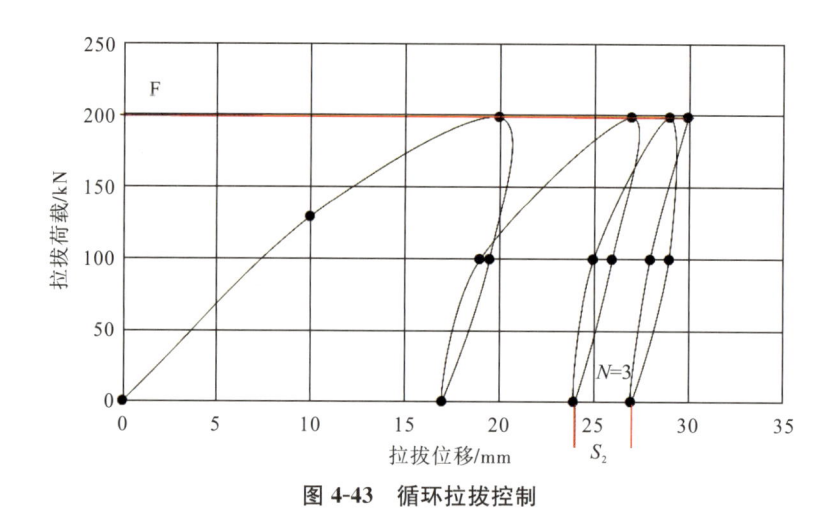

图 4-44 至图 4-46 分别为伞形锚、普通注浆锚杆、注浆伞形锚拉拔过程的荷载—位移曲线。

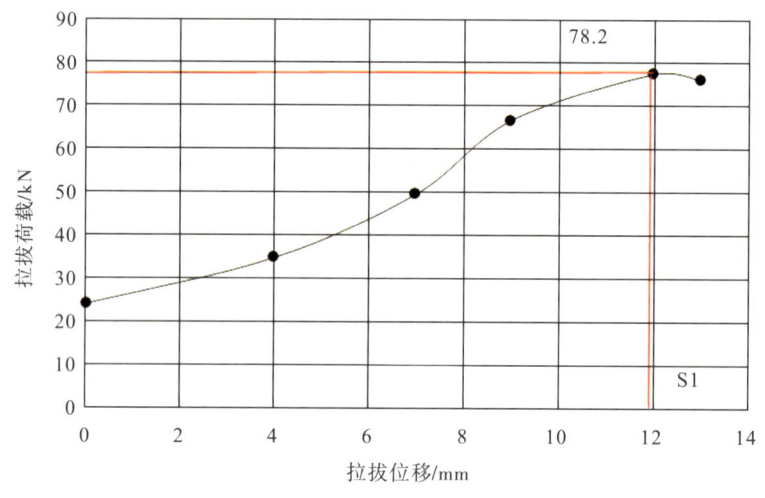

图 4-44 4m 伞形锚荷载—位移曲线

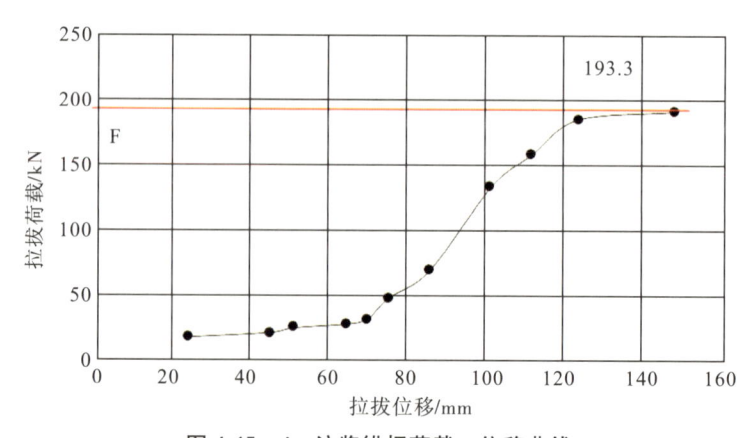

图 4-45 4m 注浆锚杆荷载—位移曲线

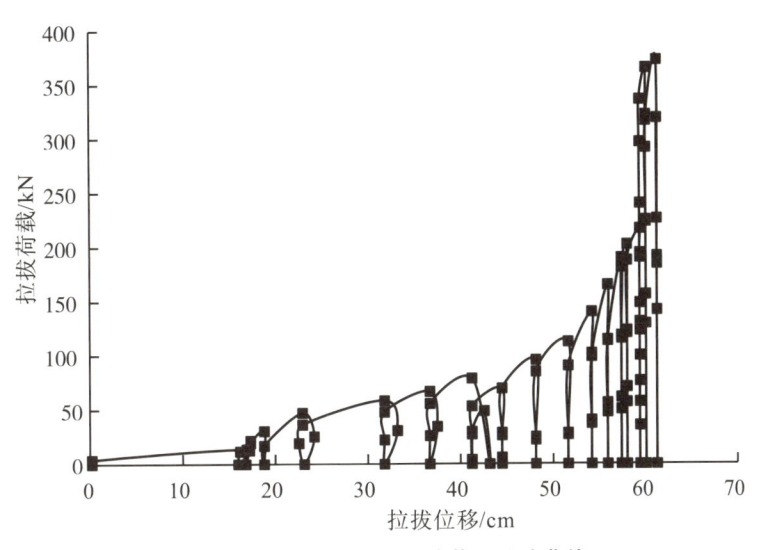

图 4-46　4m 注浆伞形锚荷载—位移曲线

由试验结果分析可知：

按该方法控制并实施，放置 28d 后，开展基本力学试验，检验该控制方法的有效性，结果显示，伞形锚抗拔力为 365.87kN，超过注浆锚杆 78.2kN 和伞形锚 193.3kN 的总和。

4.2.6　伞形锚抢险施工装备及施工工艺

4.2.6.1　伞形锚便携式施工设备

为了达到伞形锚快速施工的目的，开展了大量现场试验，形成了伞形锚施工用的便携式打桩机、导向支架、液压千斤顶、电动油泵以及千斤顶支架等成套设备，见图 4-47 至图 4-50。

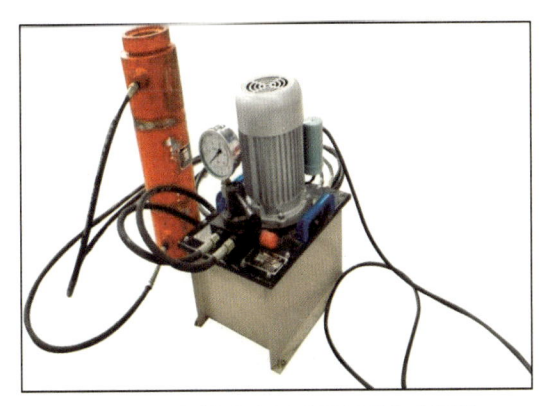

图 4-47　便携式导向支架　　　图 4-48　便携式液压千斤顶及电动油泵

图 4-49　快速下锚振动锤 　　　　　　　图 4-50　快速张拉锁定设备

4.2.6.2　伞形锚快速抢险施工一体机

南水北调深挖方膨胀土渠段马道较窄,可供抢险加固施工的空间较小,并且坡面均有格构梁等混凝土结构,经过适用发现,已有的伞形锚施工设备存在一些问题,例如,常用钻孔方法中坡面钻孔角度控制难度较大;钻孔时可提供的推力较小,钻进速度慢;伞形锚击打导向支架过于轻便,击打时不稳定,下锚速度慢;整套设备坡面移动效率低。

为此,通过调研国内外多家相关装备厂家,与山东恒旺集团达成合作,针对抢险加固需要坡面作业、工作面狭窄和水电不通的工作环境,研制可坡面作业的液压控制便携式钻孔锚固一体机,满足边坡快速抢险的要求,见图 4-51 至图 4-54。

图 4-51　液压控制便携式钻孔锚固一体机 　　　　图 4-52　钻孔、下锚和张拉集成端

图 4-53　动作控制系统 　　　　　　　　图 4-54　现场试用

伞形锚快速施工一体机：整机行走道路宽度不低于 1.9m，满足南水北调边坡马道宽度要求；可在 25°边坡上移动，大幅提高了整机的机动性；钻孔过程中提供 1~2t 的随钻压力，可明显增加钻孔效率；钻孔头与下锚锤头可快速转换，可满足通行要求。

4.2.7 伞形锚快速施工工艺

4.2.7.1 工艺流程

主要施工工艺流程为钻孔、伞形锚安装、注浆、伞形锚张拉、安置顶端锁定装置、加固完成后处理等。

4.2.7.2 操作要点

(1) 一般要求

工程施工前应该根据工程的设计条件、现场地层条件和环境条件编制施工组织设计。施工前应检查原材料和施工设备的主要技术性能是否符合设计要求。施工前应根据设计要求和地质条件进行现场试验，调整和确定合适的工艺参数，检验伞形锚的抗拔力。当现场检验结果与设计不符时，应以现场结果为准，并调整有关设计参数，同时做好以下工作：

①查明或估计潜在滑坡体上缘和下缘（或剪出口）、滑动面位置和深度、滑坡规模，采用经验法或边坡稳定分析法确定加固方案，包括伞形锚数量、锚固深度、间距和方向等。

②现场放线，布置伞形锚加固点，标识清晰。

③将锚具设备运至现场，施工场地接通 220V 电源，电线负荷在 20kW 以上，并准备若干压重砂袋。

(2) 制作与存储

锚头和连接杆件的制作存储宜在专门的工厂内进行，连接杆件的制作和存储可以在施工现场的专业作业棚内进行。锚头可以根据设计需要采用高强度铝合金或钢材制作。当杆体使用螺纹钢时，制作前须保证钢筋平直，并采取除油和除锈措施，采用专门的连接器连接。杆件所用钢筋、钢绞线应采用切割机切断，制作时应按照设计要求进行防腐处理。加工制作完成的锚头和杆体在储存、搬运和安放时，应避免机械损伤、介质侵蚀和污染。其储存应符合以下规定：

①制作完成后应尽早使用，不宜长期存放。

②制作完成的锚头与杆体不得露天存放，宜存放在干燥清洁的场所，应避免机械损伤或油渍溅落在上面。

③当存放环境相对湿度超过 85% 时，应进行防潮处理。

④对存放时间较长的锚头和杆体，在使用前必须进行严格检查。

⑤本产品不能用于强腐蚀的环境中。

⑥运输及搬运中不得碰撞、扔摔、挤压,防止包装损坏,还应避免机械损伤、介质侵蚀和污染。

(3)钻孔

1)锚孔测放

在钻机安放前,按照施工设计图采用全站仪进行测量放样确定孔位以及锚孔方位角,将锚孔位置准确测放在坡面上并做出标记,孔位在坡面上纵横误差不得超过±300mm。

2)钻孔设备

根据不同的岩土条件,使用钻孔锚固一体机,选用合适的钻头和钻孔方法,以保证在锚头下到预定位置前孔壁不坍塌,孔径符合要求,且不过分扰动孔壁。成孔后检查孔径、深度和倾角是否满足要求。

3)钻进方式

对于滑坡应急抢险工程,最好采用无水钻孔法。尽量不扰动周围地层,钻孔前,根据设计要求和地层条件,定出孔位并做好标记,水平、垂直方向的孔距误差不应大于100mm,钻孔深度比设计锚固长度长1.5m左右,以保证伞形锚有足够的张拉距离。钻孔速度应根据使用钻机性能和锚固地层严格控制,防止钻孔扭曲和变径,造成下锚困难或其他意外事故。

4)钻进过程

钻进过程中应对每个孔的地层变化,如钻进状态(钻径、钻速)、地下水及一些特殊情况做好现场施工记录。如遇塌孔等不良钻进现象时,应立即停钻,及时进行固壁灌浆处理(灌浆压力0.1～0.2MPa),待水泥砂浆初凝后,重新扫孔钻进。

5)孔径深度

钻孔孔径、孔深要求不得小于设计值。根据锚头大小,钻孔孔径为110～130mm,且实际使用钻头直径不得小于设计孔径。为确保锚孔深度,要求实际钻孔深度大于设计深度0.2m以上。

6)锚孔清理

钻进达到设计深度之后,不能立即停钻,要求稳钻1～2min,防止孔底尖灭,达不到设计孔径。钻孔孔壁不得有沉渣及水体黏滞,必须清理干净,在钻孔完成后,原则上要求使用高压空气(风压0.2～0.4MPa)将孔内岩粉及水体全部清出孔外。

7)锚孔检验

成孔结束后,须经现场监理检验合格后,方可进行下道工序。孔径、孔深检查一般采用设计孔径钻头和标准钻杆,在现场监理旁站的条件下验孔,验孔过程中钻头平顺推进,不产生冲击或抖动,钻具验送长度满足设计锚孔深度,退钻要求顺畅,用高压风吹验不存在明显飞溅尘渣及水体现象。同时要求复查锚孔孔位、倾角和方位,全部锚孔施工分项工作合格后,即可认为锚孔钻造检验合格(锚孔底部的偏斜应满足设计要求,可用钻孔测斜仪控制和检测)。

8)钻孔允许偏差和检验方法

钻孔的允许偏差和检验方法应符合表4-4的规定。

表4-4　　　　　　　　钻孔允许偏差和检验方法

项次	项目		允许偏差	检验方法
1	孔位	坡面纵向	±100mm	全站仪
		坡面横向	±100mm	
2	孔向	孔轴线倾角	±2%	罗盘检查
		孔底偏斜	满足设计要求	测斜仪检查
3		孔径	±5mm	验钻和尺量检查
4		孔深	大于0.2m	验钻和尺量检查

(4)下锚

1)锚端锁定装置基础开挖

根据布置锚杆的位置,结合排水沟开挖尺寸,确定锚端锁定装置的基础尺寸。若排水沟开挖基础不满足伞形锚锁定装置安装尺寸,可适当扩挖,超挖部分后期采用C25混凝土浇筑。

2)下锚

锚板保持收拢状态,锚杆上绑扎注浆导管,将锚头放入孔底,直至预定锚固深度1.5m以上。若锚头需要回收,则还需将机械式回收装置和锚头连接起来。下锚还应符合以下规定:在下锚前,应检查伞形锚锚头及连接杆件的长度尺寸和加工质量,确保满足设计要求;人工击入使锚头伸至孔底,在击入过程中,应防止扭压和弯曲;下锚时不得损坏防腐层,下锚后不得随意敲击。

(5)注浆

采用有压注浆,从下往上将锚孔全孔注浆,形成完整注浆体。注浆管口置入伞形锚锚头底部,伞形锚放入指定位置后,注入水泥砂浆。砂浆应满足以下要求:水泥采用强度等级42.5MPa的普通硅酸盐水泥,水泥应符合现行国家标准《通用硅酸盐水泥》(GB 175—2013)的有关规定;注浆用拌和水水质应符合现行行业标准《混凝土用水标准》(JGJ 63—2006)的有关规定;浆液中的掺和料不应含有对伞形锚有腐蚀的物质;应采用质地坚硬的天然砂,其粒径不宜大于2.5mm,细度模数不宜大于2.0,具体可根据可灌性确定;含泥量应小于5%;浆液配合比应通过实验确定,施灌时按规定制备浆体试件,其浆体抗压强度不应低于10MPa;浆液水灰比宜采用0.38~0.45,水泥砂浆的水灰比宜采用0.4~0.5,要求浆液3h后的泌水率控制在2%,泌水在24h内全部被浆体吸收;浆液应搅拌均匀,流动性好,流淌直径不应小于伞形锚头张开后的直径;浆液随拌随用,初凝的浆液应废弃;注浆压力根据实验确定,一般不宜超过0.25MPa;当孔口排出的浆液与注入的浆液比重相同时,即可停止灌浆。

(6)张拉

注浆结束后即在孔口采用液压千斤顶对锚杆进行张拉,张拉过程中记录拉拔力、锚杆上拔位移,且荷载分级、每级持续时间均应符合相关规程规范要求,如《建筑基坑支护技术规程》(JGJ 120—2012)、《岩土锚杆(索)技术规程》(CECS 22—2005)等。张拉至预定荷载且位移稳定后即可停止张拉,此过程中控制卷扬机使连接锚板的绳索呈松弛状态(图4-55、图4-56)。

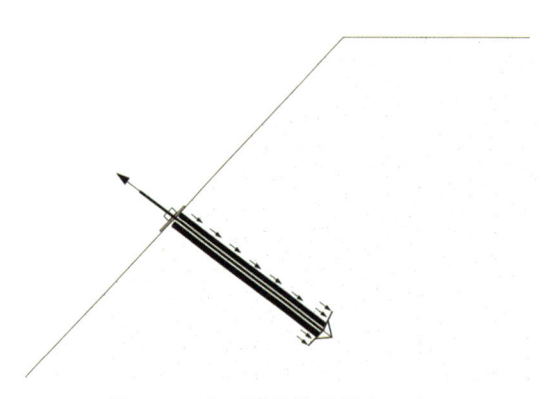

图 4-55 伞形锚张拉及锁定示意图 图 4-56 伞形锚张拉及锁定施工

张拉时还应符合下列规定:

①张拉前,应对张拉设备进行标定。

②张拉应有序进行,防止对邻近锚杆产生较大影响;应按相应操作进行,注意安全施工,张拉时严禁人员正对千斤顶或在周边走动。

③正式张拉前,应取抗拔力设计值的10%~20%对伞形锚预张拉1~2次,使杆体平直,各部位接触紧密。

当拉拔过程中锚板已张开并提供工程所需锚固力且位移稳定后,即可在孔口对锚杆进行锁定,以保证伞形锚提供工程所需锚固力。预应力锁定值应根据具体工程情况(地层条件、变形要求等)确定。注意预先放入的锁定装置,卡套内嵌入卡瓦。

(7)端部处理

施工完成后需对伞形锚端部采取必要的防锈、压实等处理措施。承压板上面需用素混凝土浇筑来进行防锈处理。若坡面角度与锚杆击入角度不垂直,需开挖调整承压板下坡面角度,在施工完成后会在承压板底部形成施工缺口,此时可采用土石料回填的方式进行补充压实,见图 4-57。

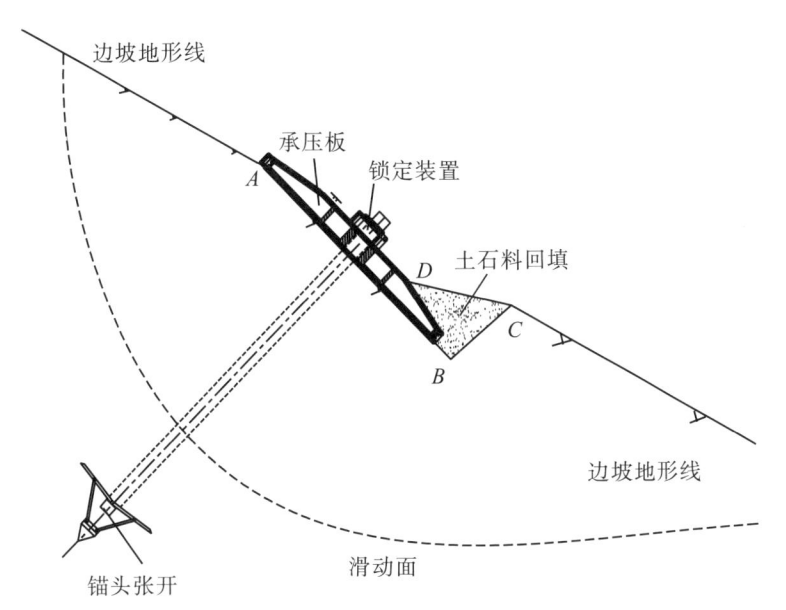

图 4-57 伞形锚安装施工完成物图

4.2.8 伞形锚施工质量控制方法

在上述伞形锚施工工艺流程中,宜采取以下质量控制措施:

①确保承压板与伞形锚锚杆垂直。当坡面或马道存在渗水或软弱层影响伞形锚施工时,采用滤水性较好的中粗砂或石渣料进行换填,换填深度不小于 0.5m,渗透系数不小于 5×10^{-3} cm/s。

②严格控制钻孔方向倾角与锚杆安设角度一致,在±2°范围内,钻孔时不得扰动周围地层,水平、垂直方向的孔距误差不应大于 300mm。

③安装前检查锚头和连接杆,保证连接牢固;在击入过程中,柴油机动力阀应该由小到大逐渐进行。

④下锚前,应检查伞形锚锚头及连接件的长度尺寸和加工质量,确保满足设计要求。

⑤正式张拉前,应取锚固力设计值的 10%～20%对伞形锚张拉 1～2 次,使杆体平直,各部位接触紧密。

⑥张拉方式采用多级循环加卸载,每级加载油压稳定后方可卸载,荷载达到设定预应力时锁定。

4.3 土工袋加固技术

4.3.1 土工袋加固技术

4.3.1.1 袋装膨胀土性能及装袋参数

通过系列土工袋袋体性能试验及装填参数试验,确定了用于膨胀土渠道边坡修复的土工编织袋性能指标及袋装土含水率、砾石含量等施工参数:

①建议用于膨胀土渠道边坡修复的土工编织袋以聚丙烯(PP)为原材料,抗紫母粒UV含量为1.5%,克重不小于100g/m²,经、纬向拉力强度不小于20kN/m与17kN/m,经纬向伸长率不大于18%,颜色为黑色,摊平尺寸为85cm×50cm。

②为了充分发挥袋子的张力、体现土工袋的效果,建议采用100%装填率,即在可以封口的条件下尽可能将膨胀土"装满";袋装膨胀土含水率控制在$w_{op}+5\%$以内;控制砾石的最大粒径为10cm,砾石含量不超过20%。

③当竖向应力达到400kPa时,袋装膨胀土大部分变形量已经完成,已具有很高的变形模量。采用手扶式小型压路机(自重500kg,激振力约25kN)进行碾压,油门加大振动碾压产生的压力约为1000kPa。因此,土工袋实际施工时,采用小型振动碾进行碾压即可使袋内土体压实、袋子张力充分发挥,无须采用大型振动碾。

4.3.1.2 袋装膨胀土组合结构渗透特性

针对压实膨胀土和袋装膨胀土的渗透特性进行试验研究,分别探究了初始含水率和干密度对压实膨胀土渗透系数的影响,以及排列方式、水流方向、层间填土等因素对袋装膨胀土渗透特性的影响。从试验结果可知:

①压实膨胀土在较大干密度的情况下,其渗透系数为$10^{-6} \sim 10^{-8}$cm/s。袋装膨胀土组合体的渗透系数可达到$10^{-4} \sim 10^{-3}$量级,比相同压实度的素膨胀土要大2~3个数量级。这主要是由于土工袋铺设而成的组合体具有明显的结构性,袋体接触面的存在大大提高了组合体的渗透性。

②袋装膨胀土组合结构的水平渗透系数大于竖向渗透系数,用土工袋来处理膨胀土渠道边坡,入渗的水分能够沿土工袋水平层间缝隙快速排出,不易进入下卧层的压实膨胀土渠道边坡。

③若袋装膨胀土组合结构的袋间缝隙填土,则水平向渗透系数比竖向渗透系数略大,但差异较小;若袋间缝隙不填土,水平渗透系数将显著增加,这表明缝间不填土的土工袋组合体是一个较好的水平向排水体。考虑袋装膨胀土组合体优先满足水平向排水,对于实际膨胀土渠道边坡快速修复工程,建议实际施工时不在缝间设置填土。

4.3.1.3 袋装膨胀土层间摩擦特性

通过开展一系列土工袋摩擦试验,分别研究了不同块径大小袋内膨胀土、不同坡高(竖向压重)、不同排列方式、袋间缝内填土对土工袋层间摩擦特性的影响,以及土工袋与膨胀土的接触摩擦。结果表明:

①土工袋交错排列时,土工袋组合体层间产生了嵌固作用,从而增大了土工袋组合体层间摩擦强度;土工袋袋内材料颗粒较大时,会在土工袋组合体层间产生显著的咬合作用,咬合作用同样也会增大土工袋组合体的层间摩擦强度。

②土工袋层间等效摩擦系数随交错排列缝数的增多及竖向荷载的增大而增大。一个十字交错缝排列的土工袋层间摩擦系数试验最小值为0.90。

③交错排列的土工袋缝内填土时,层间等效摩擦系数有所减小,尤其是在浸水条件下,缝内填土起到了润滑剂的作用。因此,实际施工时,建议取消缝内填土。

④土工袋与土体的界面等效摩擦系数为0.703,与叠层无交错土工袋层间摩擦系数近似相等。

4.3.1.4 袋装膨胀土侧向变形特性及侧向膨胀力

针对不同膨胀特性的膨胀土,在不同竖向荷载(模拟边坡不同高度)、不同初始含水率条件下,研究了袋装膨胀土在浸水条件下侧向膨胀变形和膨胀力发展规律,结果表明:袋装膨胀土竖向膨胀变形随着竖向荷载的增大而减小,袋装膨胀土的变形特性受袋内土体膨胀系数的影响较大,初始含水率对袋装膨胀土的浸水变形影响较小。根据袋装膨胀土侧向变形规律及压实过程中体形的变化,实际铺设时相邻袋体之间应预留3~5cm的间距,以使土工袋有足够的延伸空间,充分发挥袋子的张力作用。

4.3.1.5 土工袋处理膨胀土边坡模型试验

通过降雨入渗、水位抬升和干湿循环工况下土工袋处理膨胀土边坡模型试验,研究了土工袋加固的膨胀土边坡的渗流和变形行为,并明确了土工袋底部铺设土工膜对边坡稳定的影响。得到的主要结论如下:

①膨胀土边坡在水的作用下会呈现湿陷和膨胀两种变形。其中湿陷变形主要发生在水浸润较少的工况(如单次降雨入渗和水位变动区等),而水的浸润较充分的条件下则呈现膨胀变形。

②土工袋边坡的竖向入渗量相较于未开裂的压实膨胀土多,但得益于水平向的良好排水效果,在土体内部含水量较高的情况下有助于水体排出。土工袋下卧层土体受到外界气候变化的影响较小,土体不会出现裂隙发展。

③土工袋加固膨胀土边坡可以有效抑制边坡浸水后的变形。无论是降雨还是地下水位抬升的工况,土工袋加固的膨胀土边坡变形量普遍小于纯膨胀土边坡以及袋下铺设土工膜的边坡。

基于以上结论,对土工袋加固的膨胀土边坡有以下借鉴意义:

①南水北调工程的膨胀土边坡采用土工袋处理边坡的浅层能达到加速排水、提升边坡整体的安全稳定的效果。

②土工袋底部铺设土工膜在土体内部含水率高的工况下对边坡的排水和变形特性有较为严重的不利影响,因此一般不建议在土工袋加固的膨胀土边坡中铺设土工膜。如特殊工况下一定要铺设土工膜,建议仅对边坡中上部铺设土工膜,以便底部渗水的排出。

③考虑到坡底的土工袋排水效果较好,地下水位较高的边坡部位可以在边坡底部增设土工袋排水层。

4.3.1.6 膨胀土渠道边坡土工袋修复设计计算

土工袋修复体的稳定主要取决于土工袋单体的强度及土工袋层间摩擦;土工袋修复后的边坡稳定应验算土工袋修复体的整体稳定、沿土工袋修复体层间的抗滑稳定和土工袋修复体与原边坡的整体滑动三种情况。

4.3.2 土工袋处理措施施工工艺

土工袋+开挖料回填处理措施,中膨胀岩试验区采用土工袋+开挖料回填 2.0m;弱膨胀岩试验区采用土工袋+开挖料回填 1.5m。一级马道以下过水断面土袋处理层上铺设粗砂找平层然后再依次铺设聚苯乙烯保温板、复合土工膜防渗及混凝土衬砌面板;一级马道以上非过水断面在土袋处理层上进行植草。

4.3.2.1 施工材料及技术指标

土工袋实施方案主要材料为开挖泥灰岩(土)料、土袋、中粗砂、草种等。

(1)土工编织袋材料

土工编织袋采用两种规格:小土工编织袋 45cm×57cm,大土工编织袋 120cm×147cm。土工编织袋原材料成分主要是聚丙烯(PP),掺有 1%防老化剂(UV),土工编织袋性能指标如下:

1)小土工编织袋

克重:$\geq 100 g/m^2$。

经纬纱 UV 含量:1%(由人工加速老化试验测定,要求老化试验时间 500h 后,断裂强力保持率$\geq 90\%$,断裂伸长保持率$\geq 80\%$)。

经向拉力标准:$\geq 20 kN/m$。

纬向拉力标准:$\geq 15 kN/m$。

经纬向伸长率标准:$\leq 28\%$。

顶破强力:$\geq 1.5 kN/m$。

颜色:黑色(黑色抗紫外线能力强)。

2)大土工编织袋

克重:≥150g/m²。

经纬纱 UV 含量:1‰(由人工加速老化试验测定,要求老化试验时间 500h 后,断裂强力保持率≥90%,断裂伸长保持率≥80%)。

经向拉力标准:≥30kN/m。

纬向拉力标准:≥22kN/m。

经纬向伸长率标准:≤28%。

顶破强力:≥2.4kN/m。

颜色:黑色(黑色抗紫外线能力强)。

袋口缝口线与袋底缝口线材料一致,要求具有一定的强度和耐久性。

(2)开挖料要求

采用泥灰岩开挖料。大土工袋装袋料最大粒径应≤100mm,小土工袋装袋料最大粒径应≤50mm。回填土料含水率要求:泥灰岩装袋土料和填缝土料含水率控制在最优含水率+1%~2%。

(3)中粗砂找平层填料

采用具有良好级配的中粗砂,技术要求详同格栅处理方案中中粗砂材料要求。

(4)带草种的土工编织袋

一级马道以上土工袋处理层坡面处选用普通编织袋装填根植土,并预先拌和当地易于生长、耐旱性草种,编织袋宜疏松,并有一定孔隙以便草籽生长。

4.3.2.2 施工机具

包括封口机、铁锹、挖掘机、18t 振动平碾、开挖料筛分机具等。

4.3.2.3 施工工序

(1)清基

土工袋方案铺设施工前,要求施工方事先清除开挖断面表层的浮土,采取有效的处理措施,减少前期裂隙水对该区试验的影响。

(2)放样

严格按照施工图放样,固定边桩、控制坡面土工袋铺设边线、控制土工袋成坡后的坡比等。

(3)土工袋装袋

①大土工袋:采用机械装袋,根据土袋的袋口尺寸制作装袋框架,用中小型挖机装袋,其标准铲斗尺寸约为 600mm,见图 4-58、图 4-59。

图 4-58　挖掘机进行装袋　　图 4-59　装袋完成后将装袋框架提走,进入下一装袋过程

合理安排各工序间的衔接工作,确保装袋、缝口等作业互相协调,减少机械的闲置时间,见图 4-60。

图 4-60　小土工袋封口

②小土工袋:由于尺寸限制,采用人工装袋。

(4)土工袋铺设碾压

土工袋采用逐层铺设、逐层初平的方式施工,土工袋初平采用小型振动平板夯或轻型碾压机械。袋子铺设后遇天气发生变化或隔夜施工时,要采用防雨布对场地进行覆盖。

1)大土工袋的铺设碾压

①大土工袋铺设:大土工袋用随车吊或起重机直接吊入铺设位置,人工扶正铺设,袋子之间保留 10~15cm 的间隙,使土工袋有足够的延伸空间。

②大土工袋的间隙回填:相邻土工袋之间的间隙用与装袋料相同岩性的土料回填,回填料的粒径≤5cm。

③大土工袋初平:一个袋层铺设完毕后,用小型振动平板夯来回夯压 2~3 遍或用轻

型碾压机械(≤16t)静碾 1～2 遍,以确保土袋能形成扁平。

④在初平后的土工袋层面继续①～③工序,直至铺厚 40cm 左右(约 2 个大土袋厚度),再用碾压机械进行相应遍数的振动碾压,碾压方法为进退错距法,行车速度为 2.0～3.0km/h,相邻碾迹的搭接宽度不小于碾宽的 1/10。

2)小土工袋的铺设碾压

①小土工袋铺设:小土工袋采用人工铺设,袋子之间保留 4～8cm 的间隙,使土工袋有足够的延伸空间,见图 4-61。

图 4-61 人工铺设小土工袋

②小土工袋的间隙回填:相邻土工袋之间的间隙用与装袋料相同岩性的土料回填,回填料的粒径≤5cm。

③小土工袋初平:一个袋层铺设完毕后,用小型振动平板夯来回夯压 2～3 遍或用轻型碾压机械(≤16t)静碾 1～2 遍,以确保土袋能形成扁平。

④在初平后的土工袋层面继续①～③工序,直至铺厚 40cm 左右(约 4 个小土工袋厚度),再用碾压机械进行相应遍数的振动碾压,碾压方法为进退错距法,行车速度 2.0～3.0km/h,相邻碾迹的搭接宽度不小于碾宽的 1/10。

为了增加土工袋组合体的稳定性,上、下层土工袋间需错缝铺设,局部可以适当放宽袋子的间距而使上、下层面的土工袋相互错距。

4.3.2.4 施工要点

该处理措施所用土工袋有两种规格:小土袋 57cm×45cm,大土袋 120cm×147cm。小土袋的岩土料最大粒径应≤5cm;大土袋的岩土料最大粒径应≤10cm。

土工袋+开挖料换填处理措施施工工艺的难点在于装袋和铺筑。

(1)装袋

人工装袋用工量大,作业效率低,成本高而且充填率不易保证。施工期间曾租用黄河华龙工程局装袋机械化生产线,由于泥灰岩调整含水量后(土工袋装袋开挖料含水率控制在最优含水率十1%~-2%),黏性较大,装袋机械出料口出料困难,装袋运行不流畅,不能达到预期效果,装袋成本高于人装袋成本。

(2)铺筑

大土工袋自重大,不适合人工装卸,在渠道这样比较窄小的施工场地上施工受局限,不能发挥机械作业的优势;小土袋人工铺设,但工程量大时效率会受影响。

(3)一级马道以上非过水断面处理措施

一级马道以上非过水断面处理措施为土工袋+植草,该措施施工要点在于:

①处理层上放置的装草种的袋子要整齐,否则坡面平整度达不到要求,也不美观。

②植草的时间应在春夏之交,如果植草时间过晚,不利于草种发芽生长,如 5 区左、右侧 3 级坡出草率低,植被覆盖率达不到设计要求,见图 4-62。

图 4-62　5 区左侧坡面植被覆盖情况

4.3.2.5　施工质量控制标准

土工袋处理层施工应重点控制原材料、碾压工艺和压实效果三个环节。原材料应严格按照有关材料的技术指标进行控制;土工袋(大、小两种尺寸)处理层碾压施工控制参数见表 4-5,土工袋处理层坡面形成后的外切平整度不超过±2cm;粗砂找平层按 70%的相对压实度控制;土工袋处理层压实质量控制标准见表 4-6。

表 4-5　　　　土工袋(大、小两种尺寸)处理层碾压施工控制参数

开挖料	压实工法	铺料厚度/cm	含水率/%	碾压机具	碾压遍数	行车速度/(km/h)	行车方式
泥灰岩	振动平碾	≤40	最优±1%~±2%	16t 振动平碾	8	2~3	进退错距法,相邻碾迹的搭接宽度不小于碾宽的 1/10

注:范围取值包含上下限。

表 4-6　　　　　　　　　土工袋处理层压实质量控制标准

材料	最大粒径/mm	填筑含水率/%	压实度/%	最大干密度/(g/cm³)	压实层厚/cm	碾压层土袋个数/个
泥灰岩	≤100（大土袋）	最优±1%～±2%	≥85	1.98	40	2
	≤50（小土袋）	最优±1%～±2%	≥85	1.98	40	4

注明：一级马道以下坡面处土工袋用50kg左右的振动平板夯来回夯压6遍，要求夯压至边脚。

4.3.2.6　施工质量检测方法

土工袋装袋开挖料含水率控制为最优含水率±1%～±2%，压实度控制标准为不小于85%，用环刀法进行检测。参考土料碾压需在碾压层下部三分之一处取样检测，土工袋检测在上部第二层取样检测。

4.3.3　膨胀土渠道边坡土工袋处理质量控制与检测方法

土工袋处理层施工质量从袋体材料、袋内填充材料、铺设、碾压等方面进行控制。

4.3.3.1　袋体材料

用于南水北调膨胀土渠道边坡处理的土工袋袋体选用自身超耐候性的聚丙烯（PP）材料，其性能应符合表 4-7 的规定。

表 4-7　　　　　　　　　耐候性聚丙烯材料的性能指标

项目	指标标准
摊平尺寸为/cm	85×50
颜色	黑色
克重/(g/m²)	≥100
经向抗拉强度/(kN/m)	≥20
纬向抗拉强度/(kN/m)	≥17
伸长率/%	≤18
CBR顶破强力/(kN/m)	≥1.5
耐久性(70+3℃,2h)	Ⅱ型荧光紫外灯照射150h后，断裂强力保持率＞75%，断裂伸长保持率≥75%
透水性	经纬24根/50mm宽

4.3.3.2　袋内填充材料

袋内填充材料有以下三点要求：
① 袋装膨胀土含水率控制在 $w_{opt}±5\%$ 以内。
② 控制砾石的最大粒径为 10cm，砾石含量不超过 20%。

③采用100%装填率,即在可以封口的条件下尽可能将膨胀土"装满"。

4.3.3.3 土工袋铺设

①土工袋采用人工方式进行铺设,袋体短边顺渠道水流方向,上下层土工袋之间应错缝铺设。相邻袋体之间的距离根据表4-8的试验结果确定为3~5cm,保证土工袋有足够的延伸空间。

②相邻土工袋之间的间隙无需用土料回填。

表4-8　　　　　　　　袋装膨胀土碾压前后尺寸变化统计

工况	碾压前 长/cm	碾压前 宽/cm	碾压后 长/cm	碾压后 宽/cm	变化量 长/cm	变化量 宽/cm
最优含水率 ω_{opt}、纯土	68.78	38.14	73.50	42.03	4.72	3.89
最优含水率 ω_{opt} -5%、纯土	67.84	39.32	72.95	42.73	5.11	3.41
最优含水率 ω_{opt} +5%、纯土	68.11	38.71	72.85	43.03	4.74	4.32
最优含水率 ω_{opt}、10%掺砾量	69.19	37.61	73.64	41.25	4.45	3.64
最优含水率 ω_{opt}、30%掺砾量	68.16	36.62	72.10	39.83	3.94	3.21

注:100%充填率袋装膨胀土,小型振动碾碾压2~3遍。

4.3.3.4 土工袋碾压

一个土工袋层铺设完毕后,用小型振动碾碾压2~3遍,以确保土工袋能够形成扁平状,使袋内土体压实、袋子张力充分发挥。采用手扶式小型压路机(自重500kg,激振力约25kN)进行碾压,油门加大振动碾压产生的压力约为1000kPa。当竖向应力达到400kPa左右时,袋装膨胀土大部分变形量已经完成,已具有很高的变形模量。因此,土工袋实际施工时,无须采用大型振动碾进行碾压。施工过程中采用小型滚筒振动碾对袋装膨胀土进行碾压,碾压遍数应不低于4遍。

4.3.3.5 土工袋施工质量检测方法

土工袋处理层施工质量建议采用便携式落锤式弯沉仪(Falling Weight Deflectometer,简称FWD)进行检测,具体步骤为:

①对实际施工采用的袋装土,通过无侧限压缩试验,得到压缩应力与变形的关系曲线,确定袋体变形模量较低阶段所对应的应力范围。

②采用FWD试验标定预压应力与回弹模量的关系,根据无侧限压缩试验结果,确定为消除袋体模量较低部分所需的回弹模量值。

③现场施工时,采用FWD快速检测碾压后袋体的回弹模量,然后判别此时袋体是否达到要求值。

第 5 章　膨胀土渠道边坡渗漏控制技术

5.1　高地下水位膨胀土渠道运行期主要渗控问题

在高地下水位膨胀土渠道运行期显现出来的渗控问题有两类，一类是由于膨胀性土岩对水的敏感性，地下水与降雨入渗引起的膨胀土渠道边坡稳定问题；另一类是当膨胀土渠底下一定深度范围内分布有相对含水层，且地下水位高于渠底板时，承压水会沿膨胀土孔隙裂隙上渗，或是在强降雨情况下入渗进入渠道边坡的水来不及排出，引起的渠道衬砌或换填层的抗浮稳定问题。

5.1.1　渠道边坡水病害问题

本节结合南水北调中线渠道工程在建设期间和通水运行后所发生的渠道边坡变形及变形体所表现的特征、地下水变化情况，对地下水诱发的膨胀土边坡失稳形式进行分类，对不同类型滑坡发生发展过程、地下水作用特征、滑坡体失稳形态进行归纳，分析渠道边坡变形病害与地下水之间的联系。

5.1.1.1　地下水对渠道边坡稳定性的危害机理研究

由于膨胀性土岩对水的敏感性，地下水与降雨对膨胀土渠道边坡稳定性有重要影响。以膨胀土为主，且渠底以下未分布 N 砂岩、砂砾岩的挖方渠段，地下水一般以上层滞水的形式存在。上层滞水埋深浅，水量有限，局部能形成相对透水层。膨胀土渠道边坡开挖后如不及时封闭，易促使渠道边坡大气影响带的成形，使上层滞水带下移，使得土体遇水膨胀，渠道边坡产生膨胀变形，继而产生滑坡，据统计，在膨胀土岩渠段，渠道产生滑坡变形绝大多数与地下水或地表水的下渗有关。据统计，中线工程绝大多数滑坡及变形涉及膨胀土岩，且膨胀土岩的滑坡或变形的内在因素与土体的裂隙有关，外在原因则与水的因素有关。

地下水诱发膨胀土边坡失稳主要表现在：

①地下水通过软化膨胀土岩，降低膨胀土岩的力学性质。

②在土岩体的裂隙中形成静水压力，降低了有效应力。当土岩体的下滑力大于土

岩体的自身自重产生的摩擦阻力时,土地岩体产生滑坡及变形而形成破坏。

(1)水对渠道边坡的软化作用

膨胀土具有特殊的工程特性,主要为胀缩性和裂隙性,并表现出对水的敏感性。地下水的活动导致膨胀土渠道边坡的破坏具有普遍性。

近地表的膨胀土长期受地表自然环境的影响,发育较多的植物根孔性孔隙。同时,长期的干湿循环和反复胀缩而形成了许多裂隙。在干旱的季节,浅层土中的裂隙往往是张开的。雨水直接入渗或透过破坏的水泥改性土换填层入渗并滞留在土体的孔隙和裂隙中,从而形成上层滞水。上层滞水层的存在对膨胀土边坡的稳定极为不利。

上层滞水带的存在使得土体软弱结构面饱水软化、强度降低。同时,土体充分吸水膨胀,产生膨胀应力。在原始地形条件下,受土体围压的限制,不会发生变形现象,渠道边坡开挖成型后,一侧土体产生临空面,渠道边坡膨胀土在常年湿胀干缩的情况下不再受围压限制,膨胀应力使土体沿软弱面产生侧向推挤,造成边坡变形失稳。

比如,淅川1标桩号8+216至8+377右岸为膨胀土深挖方渠段,共四级边坡,挖深24m。2012年12月,在施工过程中,该段渠道边坡发生较大滑坡变形,变形体平面形态呈扇形,坡顶积水,后缘位于右岸渠顶施工便道,坡肩一带见弧形拉裂缝,前缘位于一级马道附近,呈舌状隆起。滑坡内坡面土体极破碎,裂缝众多,多呈饱水状,地下水沿剪出口渗出,坡脚积水。出现滑坡后,施工期采取了如下加固措施:采用刷方减载和抗滑桩加固的支护方案,一级边坡上部至坡顶部分变形体进行开挖换填,同时根据滑动面揭露位置,在二级马道靠近三级边坡坡脚设置一排抗滑桩,沿抗滑桩至变形体前缘段滑动面设置横向和纵向排水盲沟进行排水降压。

根据变形体地质资料,施工期经加固处理后变形体土体的物理参数及抗剪强度建议值为水泥改性土饱和固结抗剪强度$c=50$kPa,$\varphi=22.5°$;大气影响带弱膨胀填土抗剪强度$c=13$kPa,$\varphi=15°$;过渡带饱和固结抗剪强度$c=30$kPa,$\varphi=18°$;非影响带天然抗剪强度$c=36$kPa,$\varphi=19°$。抗滑桩提供的抗滑力为120kN/m。根据计算结果,二级马道以上渠道边坡最小安全系数为1.684,二级渠道边坡最小安全系数为1.711,均大于规范规定的最小安全系数1.5,说明施工期变形体原设计处理方案是合理可行的。

但是该渠段在2017年9月至10月中旬,受连续降雨影响,边坡变形明显,且速率明显加快。根据钻孔取芯土样位置及室内试验成果,在三级马道以下深度12.5m左右处,存在软弱夹层(抗剪强度参数较低)。参考钻孔取芯试验结果,结合反演分析得到滑动面(软弱夹层)的抗剪强度$C=9$kPa,$\varphi=9°$,对应最小安全系数$F=0.972$,渠道边坡基本上处于临界滑动状态。因此,该软弱夹层处于填土与原土层界面,推测是由降雨入渗,土体含水量上升,并使长大缓倾角裂隙土体软化,抗剪强度降低造成,最终导致变形体再次发展,加速变形。

(2)土颗粒间有效应力降低

沿孔隙和裂隙存在的上层滞水带对土体产生孔隙水压力,特别是水位升高可导致土体中孔隙水压力增加,使得土颗粒间有效应力降低,抗剪强度降低,也是膨胀土边坡失稳的重要因素。

比如,淅川2标桩号11+700至11+800右岸渠道边坡挖深约42m,该渠段右岸一级马道至四级马道渠道边坡以粉质黏土为主,土体膨胀性属于中等膨胀或中等偏强膨胀,裂隙发育,其中三级边坡高程152.5~156.7m处分布一层裂隙密集带。2015年10月至2016年12月,陶岔管理处在观测过程中发现桩号11+762右岸三级边坡抗滑桩内的测斜管IN06KHZ垂直于渠道方向存在趋势性变化,截至2016年12月17日,最大累积位移为18.57mm,同时现场巡查发现二级边坡坡脚混凝土拱圈存在细小裂缝。2017年3月,抗滑桩测斜管IN06KHZ变化趋势仍未见收敛,且二级边坡坡脚混凝土拱圈裂缝有增大趋势。2018年4月,陶岔管理处在现场巡视中发现11+700右岸二级边坡坡脚混凝土拱圈开始出现断裂、拱起等现象。2018年4月至2020年7月,经过两年多的观测,桩号11+715二级马道测斜管测斜管孔口以下11m存在趋势性变化,截至2020年7月22日,其最大累积位移达40.10mm。

根据监测结果,右岸六级马道测压管BV16QD自安装之日起(2014年),测值即处于较高的状态,截至2020年11月21日,测压管水位为177.87m,仅低于孔口高程(178.60m)0.73m;右岸三级马道测压管BV17QD水位为159.48m,低于孔口高程(160.60m)1.12m,表明该边坡的地下水位较高,在连续降雨及暴雨时段,测压管BV16QD的水位变化与降雨量有一定的相关性,而测压管BV17QD水位则受降雨的影响不大,渠道边坡坡面可见渗水点主要位于四级边坡和四级马道大平台的排水沟上部。

根据现场巡查情况,该段渠道边坡右岸四级边坡及四级马道大平台排水沟均有不同程度渗水,表明渠道边坡地下水位较高,见图5-1至图5-3。

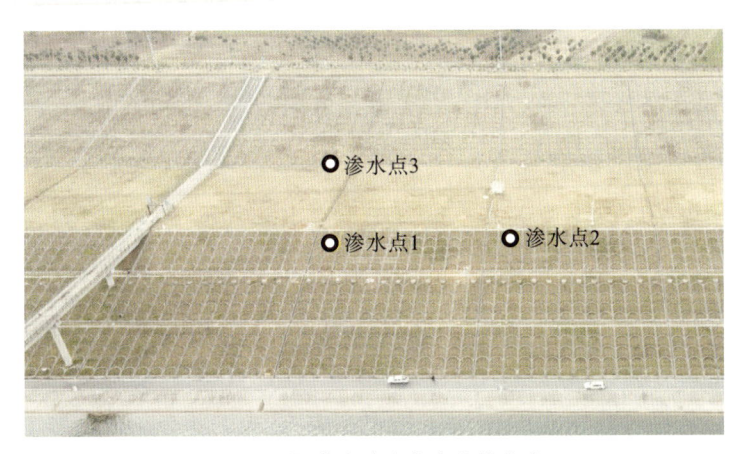

图5-1 渠道边坡渗水点总体分布

图 5-2　四级边坡渗水点

图 5-3　四级马道平台排水沟渗水点

结合地质、施工及变形监测等情况，初步分析桩号 11+700 至 11+800 渠段右岸渠道边坡变形体产生的原因为该渠段属深挖方段，Q_2、Q_1 土体裂隙发育，不乏缓倾角长大裂隙，土体具中等膨胀性，局部具中—强膨胀性，其中三级边坡高程 152.5～156.7m 处还分布一层厚 2.4～5.5m 裂隙密集带，渠道边坡稳定性差；渠道边坡地下水位较高，坡表采用水泥改性土换填后，未完全隔绝膨胀土与大气的水汽交换，膨胀土胀缩，抗剪强度降低；在降雨较为频繁的时段，雨水入渗使渠道边坡原状土的含水量升高，地下水排泄不畅，导致下部土体孔隙水压力增高，土颗粒间有效应力降低，由此产生变形。

5.1.1.2　渠道边坡渗流稳定

地下水在一级马道以上及以下土坡坡面出逸引起的渗流稳定问题。

综合上述因素——水对渠道边坡的软化作用和土颗粒间有效应力降低以及渗透力的影响，地下水和降水是膨胀土岩产生变形和滑坡的主要外部因素，防止膨胀土岩体内部含水量的变化并对膨胀土岩体进行地下水的渗控设计十分必要。

根据膨胀土渠道边坡在水的作用下滑动破坏模式的不同，可分为①大气影响带滑坡；②裂隙组合面及中、强膨胀土夹层滑坡；③坡脚软化滑坡。

(1) 大气影响带滑坡

该类滑坡(变形体)主要发生在大气剧烈影响带内,地表膨胀土在较长时间的自然环境作用下,由于膨胀土膨胀收缩,土体结构发生破坏,形成碎裂的粒状或土块堆积体,在大气降水的情况下,膨胀土遇水易崩解特性导致土体结构软化,抗剪强度急剧下降,发生流动变形,形成小规模的浅层滑坡。

该类滑坡多从含水量较高的坡脚或相对隔水层附近发生流动变形开始,进一步导致上缘拉裂,在地下水或大气降水的作用下发展成小规模的变形体,且逐级向坡顶发展,形成所谓的叠瓦式破坏。

该类滑坡体的特点及形成条件包括以下几类:

①规模小、滑坡体或变形体深度多发生在大气影响带内(裸露膨胀土坡面深度3m以内)。

②滑坡体或变形体可以在很缓的长期裸露的膨胀土边坡表层土中,如果不及时处理可以发生多层次滑坡或变形。

③坡体变形多在大气降水期间或降雨过后,坡体表层土基本达到饱和状态或由于其他原因导致土体处于饱和状态、胀缩裂隙中充满水的情况下。

④坡面膨胀土受大气影响作用,胀缩裂隙已将膨胀土切割成尺寸较小的块状结构。

⑤该类滑坡体难以采用膨胀土的残余强度通过边坡稳定分析的方法对其坡体稳定问题进行评价。

比如,桩号11+700至11+800右岸二至四级边坡发生变形,断面结构见图5-4,变形情况介绍如下:

1)二级边坡坡脚拱圈隆起开裂

2015年10月至2016年12月,管理处在现场巡查发现二级边坡坡脚混凝土拱圈存在细小裂缝,2017年3月,抗滑桩测斜管IN06KHZ变化趋势仍不收敛,同时二级边坡坡脚混凝土拱圈裂缝有增大趋势。2017年4—8月,南水北调中线工程开始逐步加强膨胀土渠段安全监测,并增设了部分监测设施,现场巡查发现二级边坡坡脚混凝土拱圈裂缝进一步增大(图5-5),拱圈裂缝形态主要为挤压隆起开裂。

2)三、四级边坡中部混凝土拱骨架出现裂缝

自2015年起,右岸渠道边坡三、四级边坡拱骨架出现多处裂缝,且裂缝宽度随时间进一步扩展,最大宽度超过1cm,该范围内裂缝主要形态为拉裂缝(图5-6)。

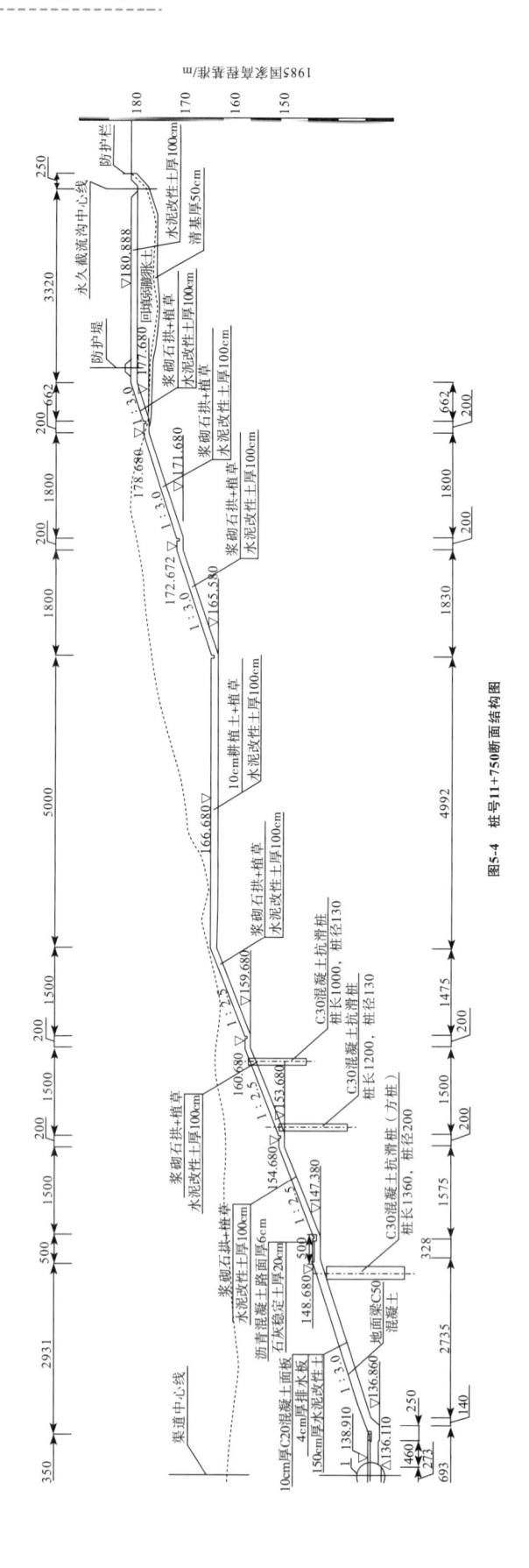

图5-4 桩号11+750断面结构图

图 5-5 二级边坡坡脚拱圈隆起开裂

(a)三级边坡中部拱骨架裂缝　　(b)四级边坡中部拱骨架裂缝

图 5-6 三、四级边坡中部拱骨架裂缝

该渠段右岸渠道边坡拱骨架裂缝分布情况见图 5-7，拱骨架发生裂缝的桩号范围为 11+650 至 11+800，位于二至四级渠道边坡坡面，其中低高程拱骨架裂缝（二级边坡坡脚）形态以挤压隆起为主，高高程拱骨架裂缝以拉裂变形缝（三、四级边坡中部）为主。

图 5-7 二至四级边坡拱骨架裂缝分布示意图

根据现场查勘结果和监测资料可知，桩号11+700至11+800右岸二级边坡坡脚普遍出现拱骨架开裂翘起，三、四级边坡拱骨架均出现不同程度的拉裂缝，三、四级边坡及四级马道大平台排水沟均有不同程度渗水；同时现场测斜管和水平位移监测资料也显示二、三级渠道边坡存在变形，监测数据和现场查勘结果相互印证，即可初步判定二、三级渠道边坡已发生蠕动变形。

初步分析桩号11+700至11+800渠段右岸渠道边坡变形体产生的原因为该渠段属深挖方段，Q_2、Q_1土体裂隙发育，土体具中等膨胀性，局部具中—强膨胀性，其中三级边坡高程152.5~156.7m处还分布一层厚2.4~5.5m裂隙密集带，渠道边坡稳定性差；渠道边坡地下水位较高，坡表采用水泥改性土换填后，未完全隔绝膨胀土与大气的水汽交换，在降雨较为频繁时段，雨水入渗导致渠道边坡原状土的含水量升高，膨胀土胀缩，抗剪强度降低；膨胀土反复胀缩，土体中的裂隙逐步贯通，由此产生变形，产生多级渠道边坡叠瓦式滑坡。

(2) 裂隙组合面及中、强膨胀土夹层滑坡

该类滑坡（变形体）主要发生在运行期渠道边坡土体含水量发生变化时，可能导致一定程度的坡体变形。

当坡体膨胀土内存在发育的缓倾角裂隙时，由于地基卸载或土体膨胀变形作用，多在开挖坡面形成错坎，在边坡较陡的情况下则易在后缘形成大体平行坡体纵向的受拉带，且逐步发展为纵向张开的拉裂缝，当坡体中存在陡倾角裂隙时，则直接导致裂缝张开。膨胀土坡体内的缓倾角裂隙发生错位变形或陡倾角裂隙发生张开变形后，大气降水或坡体内的渗流地下水降赋存于张开的裂隙中，在陡倾角裂隙内形成作用裂隙切割的水平向推力，在缓倾角的裂隙中形成扬压力减少切割体的有效重量，从而导致被裂隙切割土体的稳定性，形成滑坡体，变形的受力简图参见图5-8，该类滑坡体的底滑面平缓，部分滑坡体底滑面甚至呈反坡状态。

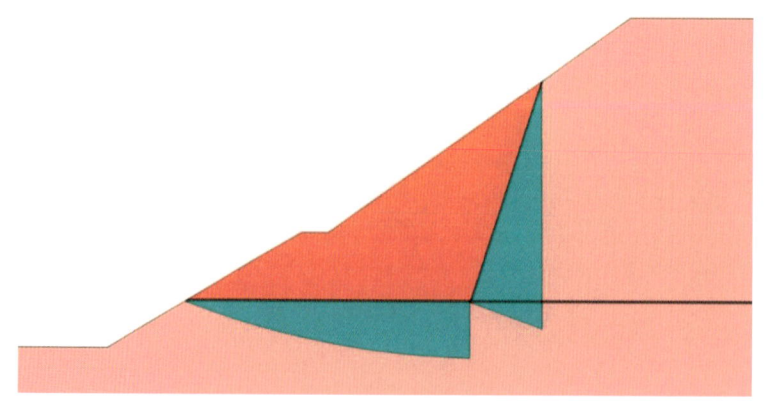

图 5-8 变形的受力简图

由于坡体变形多在膨胀土的膨胀变形以及卸荷变形的共同作用下发生,通常存在一个发展过程,滑坡体规模越大,坡体内裂隙联通所需的时间越长,地下水或大气降水作用的次数越多,其变形量越大、水平向排水条件越差,坡体内地下水对边坡稳定性的影响越大;当膨胀土坡面未采取保护措施时,变形体或滑坡体形成的概率越大,所需的时间越短。因此,该类滑坡体多在渠道膨胀土边坡开挖完成一定时间段后逐步发展形成,且多发生在雨季,尤其是开挖后未及时采取保护措施的膨胀土渠道边坡。因此,该类滑坡体在其规模方面与坡体内的裂隙组合有关,大小不一;其在早期一般发展较缓慢,有一定的隐蔽性,一旦裂隙面贯通,与地下水作用组合,其发展则明显加快。

膨胀土渠道边坡坡面采用复合土工膜或水泥改性土保护,但水仍可能通过地下通道浸润渠道边坡或由局部破坏的水泥改性土保护层入渗。

(3)坡脚软化滑坡

对于高地下水位渠段,在渠道开挖成型后,地下水自坡脚外渗出逸,新形成的坡面表层土卸载后基本处于无压应力状态,从膨胀土特性的表现形式看,在无压自由条件下或在饱和水作用且具有无压临空面的条件下,膨胀土将自行在水中崩解,非饱和状态下的黏结强度将完全丧失,其在渗水作用下表面发生剥离式崩解和软化,并且随着时间推移不断向坡体土内部延伸,坡脚软化区域增大,导致边坡土体失去支撑,坡体应力条件进一步恶化。坡脚软化这一不利条件与坡体内存在的裂隙面使得渠道边坡滑动风险叠加,可能导致膨胀土渠道边坡失稳产生滑坡。

该类边坡失稳多发生在高地下水位的膨胀土渠段。滑坡体发生过程、规模与地下水条件、膨胀土的膨胀特性、坡体内是否存在不利于边坡稳定的结构面有关。

5.1.2 渠道衬砌及换填层抗浮稳定问题

5.1.2.1 地下水对渠道衬砌及换填层抗浮稳定的影响

根据建设期相关文件,在渠道运行期,渠道侧坡衬砌面板下方的防渗土工膜下实测扬压力水头与渠道水位差(图 5-9)应满足关系式:

$$Hx - Hq \leqslant C \tag{5-1}$$

式中:Hx——渠道断面防渗土工膜下实测地下水位(m);

Hq——渠道同期实测运行水位(m);

C——与渠道边坡系数有关,可按表 5-1 取值。

不满足式(5-1)关系时,相关部位衬砌面板有隆起风险。

根据 C 与边坡系数关系表可知,当不同坡比下衬砌面板后地下水高于渠道运行水位 11.5~13cm 时,渠道侧坡混凝土衬砌面板将处于不稳定状态。

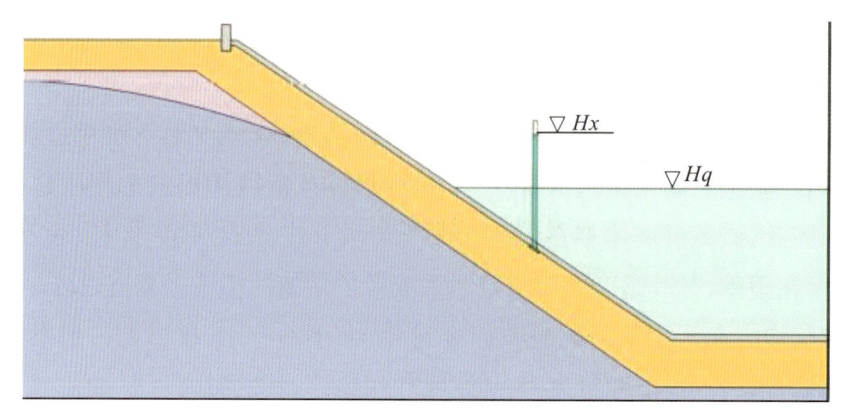

图 5-9　实测扬压力水头与渠道水位差示意图

表 5-1　　　　　　　　　　　C 与边坡系数关系

坡比	1∶2.0	1∶2.5	1∶3.0	1∶3.5
C/m	0.115	0.120	0.125	0.130

以方城段为例,根据对方城段渠道衬砌面板隆起发生时间和发生渠段的分析,衬砌面板失稳部位均位于高地下水渠段,且在渠道的渠道边坡或渠底存在透水层,说明地下水和渠道边坡渠底的地质条件对衬砌面板土工膜下水位影响很大,如典型的 153+950 至 159+200 渠段,每年 5—10 月地下水位均高于渠道设计水位,且 153+950 至 156+415、157+350 至 159+200 渠道边坡均存在透水层,157+350 至 159+200 渠道边坡衬砌面板下为砂垫层,因此,从 2014—2021 年,该渠段均出现衬砌面板隆起现象。

5.1.2.2　渠道衬砌及换填层抗浮失稳案例分析

南水北调中线工程已连续安全平稳运行近 10 年,已成为京、津、冀、豫沿线大中城市地区的主力水源,工程运行期间,沿线发生多处渠道衬砌面板隆起、沉陷、错台、裂缝等水毁现象。衬砌面板隆起、沉陷、错台范围扩大,可能会影响总干渠的过流能力、威胁着渠道运行安全。

自 2014 年南水北调工程通水以来,26+918 至 28+335、40+500 至 44+504、76+900 至 79+460、82+900 至 83+200、101+300 至 102+550、104+285 至 104+905、127+200 至 132+100、153+900 至 159+720、160+300 至 164+950、172+550 至 174+600 均发生过衬砌面板隆起破坏。

经统计,2014—2018 年,渠首分局所辖渠道衬砌面板破坏 49 处,经初步分析,渠道衬砌面板破坏段地下水埋深均较浅,渠道边坡土体透水性较好,降雨后地下水位升高,排泄不畅造成衬砌面板内外水压不平衡,导致衬砌面板破坏。方城管理处对方城段 34 处衬砌面板破坏事件进行统计发现,有 10 处发生在渠道水位下降后,24 处发生在降雨后,均与地下水排泄不畅后形成内外水位差有关。

2020—2021年主汛期及汛后,衬砌面板隆起现象集中出现,特别是2021年"7·20"特大暴雨后。2020年主汛期,7月21、22日南阳、方城等地中雨,局部地区暴雨,降雨量达到50mm以上,局部100mm以上。连续强降雨后,距上述渠段最近的测站清河控制闸48h累计降雨量为191.9mm。2021年主汛期,渠首分公司辖区段出现5次强降雨过程,分别是"6·14""7·20""8·22""8·28"和"9·24"5次降雨,强降雨沿渠最大雨强出现在6月13—14日的降雨过程,白河节制闸达到69.7mm/h,最大降雨量出现在7月17—23日的降雨过程,草墩河节制闸降雨量达到173.2mm。暴雨发生后,高地下水渠段地下水位快速升高,比如高地下水位典型渠段153+900至159+200范围内,分别发现7处共20块衬砌面板隆起断裂现象。

2021年新增的衬砌面板破坏未处理渠段有78+655处左岸衬砌面板隆起长度12m、104+403处左岸衬砌面板隆起1块、155+220渠段左岸从上往下第4、5块衬砌面板隆起(最大隆起高度约20cm)、马道桥左岸上游70m(161+080)从上往下第4、5块衬砌面板隆起10块、马道北桥左岸桥下(161+149至161+158)水面下衬砌面板隆起8块(最大隆起高度5cm)、吴井南生产桥右岸下游500m处(渠道桩号173+760)衬砌面板隆起3块、173+760右岸渠段衬砌面板隆起3块和断裂3块、桩号173+750左岸渠段衬砌面板隆起12块。

经统计分析,多处衬砌面板隆起失稳几乎全部位于挖方渠高地下水渠段,发现时间多处于5—10月,汛期或汛后连续降雨后。根据地质资料,渠段经过的地段地形虽起伏,但大多数地段地形平坦,表层分布的膨胀土多裂隙性和多孔隙性,土体呈弱透水性,为大气降水提供了良好的入渗条件,在长时间降雨或长时间暴雨期,膨胀土大气影响带土体含水量饱和,河水上涨,雨水和河水补给地下水。根据南阳膨胀土试验段及沿线水文地质观测孔的地下水位分析,雨季地下水位迅速上升,具陡升缓降特点。

渠道桩号154+515处衬砌面板隆起见图5-10。

图 5-10 渠道桩号 154+515 处衬砌面板隆起

截至目前,渠首分公司辖区段邓州管理处、镇平管理处、南阳管理处、方城管理处统计的辖区衬砌面板破坏情况见表 5-2。

表 5-2　　　　　　　　　　渠首分公司辖区衬砌面板破坏情况

序号	所属单位	问题信息
1	邓州管理处	王河北公路桥(K34+445)右岸下游侧墩柱附近有一条裂缝,三块衬砌面板有错台现象
2	邓州管理处	渠道(桩号 15+375)渠底伸缩缝位置发现渠底连续 5 块衬砌面板存在长约 20m,高约 3cm 的横向错台(下游侧低,上游侧高)。经测算,错台紧靠苏楼西穿通道下游侧。渠道(K15+367)渠道边坡靠近齿墙伸缩缝位置发现长约 8m,高约 1cm 的横向错台(上游侧低,下游侧高)。经测算,错台紧靠苏楼西穿通道上游侧
3	邓州管理处	范北河附近 40+126 处自右岸至左岸第 2 块底板与第 3 块底板连接处,鼓起、裂缝
4	邓州管理处	程营西桥下游 10m 处,自右岸至左岸底板横向连续裂缝,共 4 块
5	镇平管理处	姜范营跨渠公路桥左岸下游桩号 78+655 衬砌面板隆起,2021 年 12 月 5 日上午摸排发现,桩号 78+655 位置从 3 块衬砌面板隆起,隆起面积 4m×1m,隆起较严重,隆起高度 10~14cm,78+651 至 78+655 位置有 2 块衬砌面板隆起,隆起面积 4m×4m,隆起高度 6~7cm,所有衬砌面板实际损坏面积约 44m²
6	南阳管理处	大井南公路桥(桩号 90+960)下游 10m 左岸两块衬砌面板在渠道水位下降时发生隆起破坏,待水位下降后隆起程度回落
7	南阳管理处	桩号 104+400 左岸,姚站岗北跨渠公路桥上游 260m 处衬砌面板隆起 1 块
8	南阳管理处	李西庄生产桥右岸上游 300m,衬砌面板隆起 7 块
9	方城管理处	上曹屯东生产桥左岸下游 650m 处(渠道桩号 183+050)1 块渠道衬砌面板裂缝(裂缝延伸至水面下),面板上部破损
10	方城管理处	渠道右坡桩号 130+168(安庄南 1 公路桥上游约 150m 处)1 条横向伸缩缝部位的衬砌面板受挤压变形较大,局部已隆起破坏
11	方城管理处	渠道桩号 173+760 右岸渠段,垂直水流方向第 3、4、7 块衬砌面板拱起,最大拱起高度 5cm,顺水流方向第 8 排断裂 3 块,共 6 块
12	方城管理处	渠道桩号 173+750 左岸渠段从上往下第 4、5 块衬砌面板隆起严重,共 3 排 12 块
13	方城管理处	马道桥左岸上游 70m,从上往下第 4、5 块衬砌面板隆起严重,共 3 排 10 块
14	方城管理处	八里窑桥下游 155+220 渠段从上往下第 4、5 块衬砌面板最大隆起高度约 20cm,共 2 块
15	方城管理处	马道北桥左岸桥下(161+149 至 161+158),水面下衬砌面板隆起 8 块

渠首分公司辖区总干渠含有透水层渠基的渗控措施布置及工程破坏情况见表 5-3。

表 5-3 渠首分公司辖区总干渠含有透水层渠基的渗控措施布置及工程破坏情况

序号	渠段划分 起点桩号	渠段划分 终点桩号	运行水位	设计水位 设计地下水位	加大水位	2021年实测最高地下水位 测点及水位	工程破坏	备注
1	26+918	28+335	146.02～145.96	149～155.3	146.73～146.67		桩号27+540，2017年4月发现衬砌面板塌陷，4块混凝土衬砌面板边角破损塌陷	已修复
2	40+500	44+504	145.05～144.91	147.8～153.5	145.74～145.61	桩号42+985左岸渠道衬砌面板中部改性土下P02DM13，2021年最高水位148.73m；桩号43+315左岸坡顶防洪堤旁内侧埋深10m，P01-43315，2021年最高水位154.58m	桩号44+207至44+211，2014年12月发现衬砌面板隆起，隆起高度5cm，局部发生顶托破坏，破坏范围为：长8m×宽4m	已修复
3	76+900	78+070	142.982～142.935	141.8～142.8	143.692～143.645	P08/143.50 P09/143.24 UP77/143.32	2014年12月发现桩号K78+050处左岸衬砌面板隆起，长度16m，面积192m²。2019年9月完成水下修复	P08位于左坡腰部土工膜下 P09位于右坡腰部改性土下 位于左岸一级马道

261

续表

序号	渠段划分 起点桩号	渠段划分 终点桩号	运行水位	设计水位 设计地下水位	设计水位 加大水位	2021年实测最高地下水位 测点及水位	工程破坏	备注
4	78+070	79+460	142.935~142.879	135.6~142.8	143.645~143.589	UP78-1/143.55 UP78-2/143.54 UP79-1/142.72 UP79-2/142.97	2014年12月发现桩号K79+056至K79+084段左岸衬砌面板隆起,长度16m,面积144m²,2019年9月完成水下修复。2020年8月发现桩号K79+275至K79+295段左岸衬砌面板隆起,长度8m,面积96m²,2021年6月完成水下修复。2020年8月发现桩号K78+372至K78+392段左岸衬砌面板隆起,长度20m,面积176m²,2021年6月完成水下修复。2021年12月发现桩号K78+655处左岸衬砌面板隆起,长度12m,面积44m²	位于左岸一级马道。未修复
5	82+900	83+200	142.742~142.730	142.1~144.4	143.472~143.460	UP82-2/143.57	2014年12月发现桩号K82+963处左岸砌面板隆起,长度4m,面积32m²,2019年9月完成水下修复。2020年8月发现桩号K82+965至K82+993段左岸衬砌面板隆起,长度24m,面积368m²,2021年6月完成水下修复	位于左岸一级马道

续表

序号	渠段划分 起点桩号	渠段划分 终点桩号	运行水位	设计水位 设计地下水位	设计水位 加大水位	2021年实测最高地下水位 测点及水位	工程破坏	备注
6	101+300	102+550	141.46~141.51	140.2~150.3	142.19~142.24	P02R 101+500 左渠道边坡 141.85 P03R 101+500.5 左渠道边坡 141.77 P04R 101+500 左渠道边坡 142.1 P05R 101+500.5 左渠道边坡 141.82 P06R 101+501 左渠道边坡 141.82 P07R 101+500 渠底左齿槽 141.98 P08R 101+500.5 渠底左齿槽 141.78 P09R 101+501 渠底左齿槽 141.61 P12R 101+500 渠底右齿槽 141.97 P13R 101+500.5 渠底右齿槽 141.48 P14R 101+501 渠道边坡 141.69 P16R 101+500.5 右渠道边坡 141.71 P17R 101+501 右渠道边坡 141.66 P18R 101+500 右渠道边坡 141.93 P20R 右岸一级马道 101+502 测斜管 IN02R 底部 142.08 CY01-101466 右岸一级马道 143.093 CY01-101500 左岸一级马道 142.554 P03Z 102+401 左渠道边坡 141.52 P04Z 102+401.5 左渠道边坡 141.46 P06Z 102+401 左渠道边坡 141.45(接近) P09Z 102+400.5 渠底左齿槽 141.46(接近) P10Z 102+401 渠底左齿槽 141.39(接近)	已修复	

续表

序号	渠段划分 起点桩号	渠段划分 终点桩号	运行水位	设计水位 设计地下水位	设计水位 加大水位	2021年实测最高地下水位 测点及水位	工程破坏	备注
6						P11Z 102+401.5 渠底左齿槽 141.36(接证) P12Z 102+401 渠底 141.53 P15Z 102+400.5 渠底右齿槽 141.47(接证) P16Z 102+401 渠底右齿槽 141.59 P17Z 102+401.5 渠底右齿槽 141.37(接证) P18Z 102+401 右渠道边坡 141.78 P19Z 102+401.5 右渠道边坡 141.52 P20Z 102+402 右渠道边坡 141.53 P21Z 102+401 右渠道边坡 141.69	101+400 右岸衬砌面板从上至下第三、四、五块板隆起破损。 101+404 右岸衬砌面板从上至下第三块板隆起破损。 101+420 右岸衬砌面板从上至下第二、三块板隆起破损	
7	104+285	104+905	141.036~141.06	146.2~149.2	141.766~141.79	P13QD 右岸一级马道 141.56	姚站岗北跨渠公路桥上游 104+403 处左岸衬砌面板隆起 1 块	计划 2022 年修复
8	127+200	132+100	139.337~139.141	139.0~142.60	140.077~139.881	CY01-129705 141.016m (2020年8月21日)	2014.10.28 发现邢庄公路桥上游桩号为 129+705 处右岸，顺水流方向 9 块板隆起，高度 5cm，已于 2021-7-29，采用 C35 预制板水下拼装修复。 2021.9.2 发现邢庄北生产桥左岸下游 40m 处(渠道桩号 129+998)，渠道内坡水面下沿水流方向衬砌面板隆起 9 块，隆起高度约 1cm	

续表

序号	渠段划分 起点桩号	渠段划分 终点桩号	运行水位	设计水位 设计地下水位	设计水位 加大水位	2021年实测最高地下水位 测点及水位	工程破坏	备注
9	153+900	159+200	137.682~137.465	140.5~147.1	138.442~138.225	P01DM15：138.44m，P02DM15：137.70m，P04DM15：138.14m，P05DM15：138.19m，P06DM15：139.08m，CY01-153950：138.65m，CY03-153950：138.89m，CY01-154150：139.31m，CY02-154150：139.32m，CY01-154310：139.18m，CY02-154310：139.34m，SY02：138.81m，SY04：138.82m，CY01-154470：139.32m，CY02-154470：139.44m，CY01-154800：139.39m，CY02-154800：137.48m，CY01-155000：139.23m，CY02-155000：137.35m，CY01-155210：139.23m，CY01-155230：139.60m，CY01-155500：139.23m，CY02-155500：138.72m，CY01-155750：138.66m，	2014年通水至今，该渠段已发现衬砌面板隆起破坏35处，最大隆起高度30cm，截至2021年底，已修复完成33处。2021年8月25日发现王禹庄东公路桥桥左岸桥下154+475垂直于水流方向2块面板隆起，隆起高度约3cm，将隆起部位土工膜戳破，衬砌面板回落。2021年12月发现的八里鲎桥下游155+220渠段从上往下第4,5块衬砌面板最大隆起高度约20cm，共2块	155+000断面设计运行水位为137.64m

265

续表

序号	渠段划分 起点桩号	渠段划分 终点桩号	运行水位	设计水位 设计地下水位	设计水位 加大水位	2021年实测最高地下水位 测点及水位	工程破坏	备注
9	153+900	159+200	137.682~137.465	140.5~147.1	138.442~138.225	CY02-155750:138.71m, CY01-156000:138.93m CY02-156000:138.71m CY01-156175:138.99m CY02-156700:140.06m CY01-157250:139.11m CY02-157250:139.03m CY01-157500:139.13m CY02-157500:138.48m CY01-157697:138.94m CY02-157697:138.68m CY01-157800:138.88m CY02-157800:138.34m CY03-157800:138.89m CY01-158050:138.96m CY02-158050:138.64m CY01-158300:139.27m CY02-158300:138.86m CY01-158550:139.02m CY02-158550:138.81m CY01-158800:138.76m CY02-158800:138.56m CY01-159000:138.99m CY02-159000:138.89m	2014年通水至今,该渠段已发现衬砌面板隆起隆起35处,最大隆起高度30cm,截至2021年底,已修复完成33处。2021年8月25日发现王禹庄东公路桥桥左岸桥下154+475垂直于水流方向2块面板隆起、隆起高度约3cm,将隆起部位土工膜戳破,衬砌面板已回落。2021年12月发现的八里窑桥下游155+220渠段从上往下第4,5块衬砌面板最大隆起高度约20cm,共2块	155+000断面设计运行水位为137.64m

续表

序号	渠段划分 起点桩号	渠段划分 终点桩号	运行水位	设计水位 设计地下水位	加大水位	2021年实测最高地下水位 测点及水位	工程破坏	备注
10	159+200	159+720	137.465~137.444	135.0~142.0	138.225~138.204	CY01-159280:139.08m; CY02-159280:138.40m;	2018年6月21日发现曹庄南生产桥左岸上游约80m(159+281至159+285),渠道内边坡水面以下衬砌面板隆起2块,长4m,隆起高度最大约3cm,已于2021年7月25日钢围堰闭水修复完成	
11	160+300	161+150	137.261~137.227	132.0~140.0	138.021~137.987	无	2021年12月发现马道桥左岸上游70m(161+080),从上往下第4、5块衬砌面板隆起严重,共3排10块	
12	161+150	164+950	137.227~137.076	140.6~143.2	137.987~137.836	P02DM5:138.00m; P04DM5:137.34m; P05DM5:137.76m; CY01-161150:138.18m, CY02-161150:138.95m CY02-161550:138.48m, CY01-161550:138.30m CY01-161950:137.87m, CY03-161950:137.97m, CY01-162350:139.46m,	2016—2018年年发现该渠段4处衬砌面板隆起破坏,最大隆起高度15cm,截至2021年底已全部修复完成。2021年12月3日发现马道北岸左岸桥下(161+149至161+158),水面下衬砌面板隆起8块,最大隆起高度5cm	

续表

序号	渠段划分		运行水位	设计水位		2021年实测最高地下水位		备注
	起点桩号	终点桩号		设计地下水位	加大水位	测点及水位	工程破坏	
12	161+150	164+950	137.227~137.076	140.6~143.2	137.987~137.836	CY02-162350:139.25m CY01-162450:139.49m CY01-162750:139.17m CY02-162750:139.32m CY01-163000:138.89m CY03-163000:138.33m CY01-163500:138.8m CY02-163500:138.39m CY01-164014:138.72m CY03-164000:138.21m CY01-164500:138.55m CY01-164500:138.19m CY01-164950:137.4m CY02-164950:137.4m	2016—2018年发现该渠段4处衬砌面板隆起破坏，最大隆起高度15cm，截至2021年底已全部修复完成。2021年12月3日发现马道北桥左岸桥下(161+149至161+158)，水面下衬砌面板隆起8块，最大隆起高度5cm	

续表

序号	渠段划分		设计水位			2021年实测最高地下水位		工程破坏	备注
	起点桩号	终点桩号	运行水位	设计地下水位	加大水位	测点及水位			
13	172+550	174+600	136.585~136.503	139.9~142.9	137.354~137.276	P01DM1:137.61m, P04DM1:137.37m, P05DM1:136.82m, P06DM1:136.78m, P08DM1:136.58m, P09DM1:136.73m CY01-172250:137.45m, CY02-172250:137.73m, CY01-172900:137.49m, CY02-172900:138.19m, CY01-173050:137.54m, CY02-173050:138.55m, CY01-173350:137.83m, CY02-173350:138.08m, CY01-173650:138.14m, CY02-173650:138.54m, CY01-173785:138.85m, CY02-173785:138.39m, CY01-174050:138.14m, CY02-174050:138.37m, CY01-174300:138.45m, CY02-174300:138.33m, CY01-174600:138.65m, CY02-174600:137.62m		2015年至2021年该渠道共发现7处衬砌面板隆起破坏,最大隆起高度64cm,已完成修复4处。2021年9月11日发现吴井南生产桥右岸下游500m处(渠道桩号173+760)衬砌面板隆起3块,将隆起部位土工膜截破,衬砌面板已回落。2021年12月4日发现渠道桩号173+750左岸渠段土工膜截破,衬砌面板拱起3块,共6块。2021年12月4日发现渠道桩号173+750左岸渠段从上往下第4、5块衬砌面板隆起严重,共3排12块 2021年12月4日右岸渠段,垂直水流方向3、4、7块衬砌面板拱起,最大拱起高度5cm,顺水流方向第8排断裂3块、共6块。2021年12月4日发现渠道桩号173+750左岸渠段从上往下第4、5块衬砌面板隆起严重,共3排12块	173+800断面设计运行水位136.54m

(1)衬砌面板失稳破坏与渠道水位和降雨关系

根据监测结果,渗压计监测地下水位与渠道水位变化规律对应关系较好,基本处于同升同降的关系,其中大部分渠段渠道底板渗压计水位高于渠道水位,其余位置地下水位略低于渠道水位。部分渗压计在降雨后显示地下水位有显著上升。典型渠段监测结果显示,在雨季测压管水位普遍比非雨季高,见图5-11。

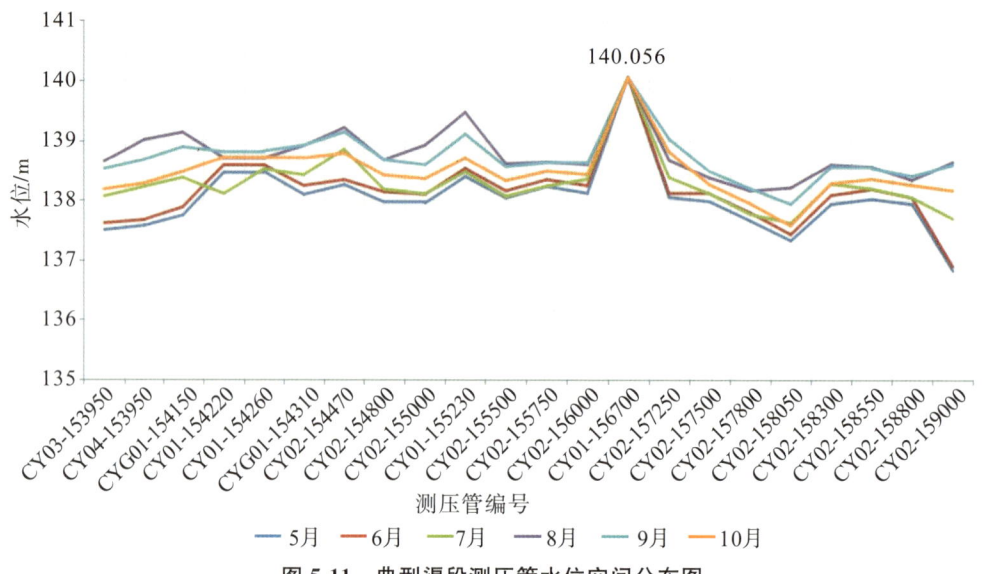

图 5-11 典型渠段测压管水位空间分布图

根据衬砌面板失稳破坏时渠道水位的变化情况和降雨统计情况,衬砌面板发生失稳一般在渠道水位快速下降或渠道外衬砌面板土工膜下地下水位快速升高时发生,多数渠道面板失稳发生在降雨1~4d后。

(2)衬砌面板失稳破坏与渠基地质条件和排水措施设置关系

经过详细统计,衬砌面板发生失稳渠段渠道边坡主要由 Q_3^{al-pl} 黏土、粉质黏土、粉质壤土、砂和N砂砾岩组成,即渠道边坡存在渗透性较强的透水层或裂隙较发育,渗透系数一般在 10^{-3}～10^{-4} cm/s,属于中等透水。大部分衬砌面板失稳渠段排水措施为坡面排水盲沟/逆止阀和排水减压井。

(3)衬砌面板失稳破坏原因简要分析

根据渠道边坡地形地质条件,结合衬砌面板失稳时的降雨情况,初步分析衬砌面板的破坏原因有:

①渠道水位快速下降,渠基地下水位较高,地下水来不及排出导致衬砌面板内侧水位高于迎水面,超过衬砌面板允许压差而引起衬砌面板隆起开裂。

②短时降雨量过大造成地下水位升高。对于渠基地下水位高于渠道运行水位的渠

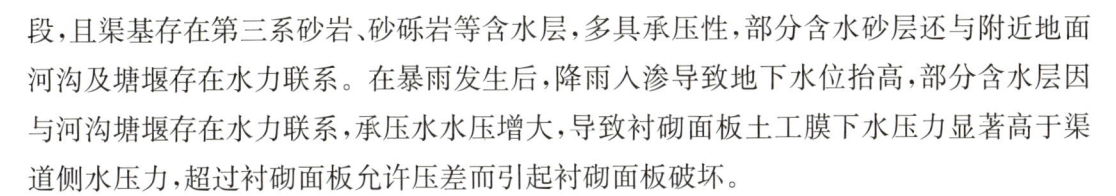

段,且渠基存在第三系砂岩、砂砾岩等含水层,多具承压性,部分含水砂层还与附近地面河沟及塘堰存在水力联系。在暴雨发生后,降雨入渗导致地下水位抬高,部分含水层因与河沟塘堰存在水力联系,承压水水压增大,导致衬砌面板土工膜下水压力显著高于渠道侧水压力,超过衬砌面板允许压差而引起衬砌面板破坏。

③排水系统出现排水不畅、部分逆止阀失效等情况。尽管衬砌面板后设置有排水盲沟、减压管和减压井,但由于地下水位上升过快、排水设施不畅、部分逆止阀失效,导致排水设施不足以在较短时间内降低地下水位,使面板背水面和迎水面水压差过大,超过衬砌面板允许压差而引起衬砌面板隆起开裂。

降低渠道衬砌面板后地下水水位的措施有:

①采取"堵"的措施,如封闭渠道运行道路路缘石与衬砌面板、路缘石与路面的缝隙,防止雨水流入衬砌面板下,对渠道边坡排水系统和截流沟疏通,使水流顺畅减少下渗。

②采取"排"的措施,如在渠道边坡增设排水孔和盲沟、增加减压井等措施。

③采取强降水措施降低地下水位。

抬高渠道运行水位主要采取调度措施,使其高于衬砌面板后地下水位,在实测地下水位低于渠道加大水位的渠段,此措施可有效防止衬砌面板隆起。但调度措施无法解决面板后地下水位高于加大水位(即渠道最高运行限制水位)的渠段。在充分挖掘已有调度手段降低衬砌面板前后侧压差的同时,对于高地下水渠段,在渠基透水性较强的情况下,仍需采取工程措施加强排水,解决原有排水系统不畅的问题,从而降低汛期衬砌面板前后的压差,使其在安全范围内运行。

5.2 高地下水位渠段快速排水方案

在高地下水位膨胀土渠道渠段,运行期主要渗控问题为渠道边坡渗流稳定、水泥改性土换填层稳定、衬砌面板抗浮问题。如何针对不同的渠道水文地质结构,合理布置防渗排水系统,使坡体含水量不发生大的变化,解决高地下水渠段上述渗控问题,是实现渠道安全运行必须考虑的问题。针对第5章总结的南水北调中线干线工程膨胀土边坡运行期间变形病害的特点,在第6章研究了高地下水位膨胀土渠道边坡水损害机理和渠道边坡稳定分析模型的基础上,分析地下水位对裂隙型膨胀土边坡渗透特性和稳定性的影响,综合概括膨胀土渠段的地下水快速排水方案,讨论明确适用条件,提出适合南水北调中线工程膨胀土坡面快速、有效排水的实用技术。

5.2.1 排水及反滤层材料

膨胀土因其具有特殊的工程特性,单一采用土工膜等防渗方案在渠道运行时被证明也存在不足之处,即土工膜下方土体的含水率随时间增长,逐步由天然稳定含水率

22%左右上升到30%左右，土体不仅强度下降，还产生明显的膨胀，引起混凝土衬砌开裂变形。含水量变化使膨胀土体产生湿胀干缩变形，并使土的工程性质恶化。因此，膨胀土渠道边坡设计的关键是如何防水保湿，保持土体含水量相对稳定。所有截水沟、排水沟均应铺砌并采取防渗措施，以防冲、防渗、排水设施使影响膨胀土渠道边坡稳定的地面水、地下水能顺畅排走，防止积水浸泡坡脚。因此，排水材料也是高地下水位渠段在设计和施工时考虑的关键措施。

排水材料根据结构形式主要分为平面类产品和管类产品。

(1)平面类产品

1)排水带

芯材采用高密度聚乙烯(HDPE)、聚丙烯、聚氯乙烯等挤出成口琴形，外包无纺土工布作为反滤层。

2)复合排水板

采用高密度聚乙烯(HDPE)制成凸壳型排水板，上覆无纺土工布作为反滤层。

3)复合排水网

网芯采用高密度聚乙烯(HDPE)材料的三层肋条按一定角度连接成形，上覆无纺土工布作为反滤层。

4)复合波形排水垫与复合排水隔离垫

复合波形排水垫的芯材采用高分子聚合物挤出单丝状形成具有固定波形形状连续通道的结构，复合排水隔离垫的芯材采用聚丙烯熔融挤出乱丝堆缠状形成立体网状结构。两者滤材均采用无纺土工布，隔水层采用土工膜，采用热粘工艺将三者复合形成排水材料。

5)毛细防排水板

采用聚氯乙烯(PVC)材料经挤压形成板状结构，沿纵向开设内大外小的密集槽沟，形成具有毛细效应的防排水材料。

6)排水垫层

传统的由中粗砂或砂砾石组成的排水垫层。

(2)管类产品

1)软式透水管

采用钢丝圈作为骨架，外包编织布作反滤材料形成的管状结构。

2)硬式透水管

采用高密度聚乙烯(HDPE)为芯管，外包无纺土工布作为滤材。

3)毛细排水管

采用毛细排水板包裹PVC管复合而成。

4）双壁波纹管

采用高密度聚乙烯和聚丙烯材料挤出具有波纹状的内、外壁管状结构。

5）塑料硬管

采用高密度聚乙烯或聚丙烯挤出的单层光滑硬管。

6）排水席垫和盲沟材料

网芯采用聚丙烯（PP）丝条相互黏结形成的立体管状结构。

面对南水北调中线工程膨胀土渠段复杂的水文地质条件，排水措施应根据沿线地形和水文地质条件、断面的挖填形式，以及渠道防渗结构进行设计。而排水材料的选择也直接影响着排水措施的排水效果、排水耐久性以及施工工艺等。根据其他学者大量的研究成果，结合南水北调中线工程膨胀土渠段的地质情况和地下水情况、断面挖填情况和渠道防渗情况，针对高地下水位膨胀土渠道运行期的主要渗控问题，分析研究不同类型排水措施及排水材料对渠道防渗漏、边坡稳定、膨胀土保护的作用效果。

5.2.1.1　软式透水管

软式透水管是一种复合型防水材料，是通过在管道外覆聚氯乙烯或者其他材料保护弹簧钢丝圈骨架，并以渗透性的土工织物和聚合物纤维编织物为管壁包裹材料制作而成的土工复合管材。目前，使用比较多的是钢塑软式透水管，其以防锈的螺旋钢线为内衬骨架，在管材内部设置无纺布内衬，用于过滤水中的泥沙等杂质。同时，在管材外部覆盖有高强力的尼龙纱或涤纶纱，用于吸水。作为结构相对复杂的复合排水材料，软式透水管具有全方位的透水性能，可以迅速收集土中的水分。

5.2.1.2　硬式透水管

硬式透水管是以硬质材料为主的复合排水材料，其排水芯材由高分子聚合物或者其他材料制成的多孔管材，芯材的外部包裹有土工织物的滤层。例如，目前在道路施工中使用比较多的盲沟排水管，就是以高密度的聚乙烯为主要原料，通过使用抗氧化和抗酸碱腐蚀剂等物质，在高温下通过热挤出机，经环向均匀摇摆挤出后冷却而成的具有均匀密集小孔的网状管材。相较软式透水管，硬式透水管的生产相对比较容易，而且可以预防二次渗漏，在排水、防水方面效果较好。

5.2.1.3　排水砂垫层

排水砂垫层，广泛应用于各类工程地基处理之中，是为加速软弱地基的固结，保证基础的强度和稳定，在路堤底部铺设的砂层。砂垫层在地基处理工程中应用最为常见的是作为地基预压固结时设置于地表的水平排水边界。砂石垫层应用范围广泛，施工工艺简单，用机械和人工都可以使地基密实，且工期短、造价低，适用于3.0m以内的软弱、透水性强的黏性土地基。排水砂垫层的设计参数一般依据经验或有关规范的规定来确定。排水砂垫层宜用颗粒级配良好、质地坚硬的中粗砂或砂砾石，不得含有杂草、树根等有机杂质。垫层材料的中粗砂细度模数为2.8～4.5。采用砂砾石混合料作为排水垫层时，砂砾石中中粗砂含量宜控制在30%～40%的范围。砾石最大粒径不应大于垫层厚度的1/3，砂砾石混合料应级配良好。

5.2.1.4 PVC排水管

PVC管排水管是以卫生级聚氯乙烯（PVC）树脂为主要原料，加入适量的稳定剂、润滑剂、填充剂、增色剂等经塑料挤出机挤出成型和注塑机注塑成型，通过冷却、固化、定型、检验、包装等工序以完成管材、管件的生产。管材表面硬度和抗拉强度优，抗老化性好，正常使用寿命可达50年。管道对无机酸、碱、盐类耐腐蚀性能优良，具有良好的水密性。PVC-U管材的安装，不论采用粘接还是橡胶圈连接，均具有良好的水密性。管材、管件连接施工方法简单，操作方便，安装工效高。

5.2.1.5 土工布反滤材料

土工布又称土工织物，它是由合成纤维通过针刺或编织而成的透水性土工合成材料。土工布是土工合成材料中的一种，成品为布状，一般宽度为4～6m，长度为50～100m。土工布分为有纺土工布和无纺长丝土工布。当水由细料土层流入粗料土层时，利用涤纶短纤针刺土工布良好的透气性和透水性，使水流通过，从而有效地截流土颗粒、细沙、小石料等，以保持水土工程的稳定。涤纶短纤针刺土工布具有良好的导水性能，它可以在土体内部形成排水通道，将土体结构内多余液体和气体外排。其重量轻、成本低、耐腐蚀，具有反滤、排水、隔离等优良性能，广泛用于水利、电力、矿井、公路和铁路等土工工程。

5.2.1.6 砂砾石反滤料

对于敷设于盲沟中的集水管，可在集水管周围敷设人工反滤层，地下水经滤层过滤可达到滤沙的要求，避免堵塞集水管上的透水孔。该反滤料主要作用为"滤土"，填料颗粒级配应满足盲沟地基反滤要求，当排水盲沟断面短边（厚度或宽度）尺寸小于10cm时宜采用粗砂，大于20cm时可采用砂砾石或级配碎石。砂砾石级配应满足垫层料的要求，砂砾石中粗砂含量宜控制在35%～50%范围。砾石最大粒径不宜大于垫层的1/3厚度，粒径小于0.075mm的含量不宜大于3%；级配碎石粒径为5～20mm。

5.2.2 快速排水形式分类

针对高地下水位膨胀土渠道运行期渠道边坡渗流稳定、水泥改性土换填层稳定、衬砌面板抗浮问题，采取"堵""截"的方式处理地下水往往工程费用较高。工程建成运行后,渠道场内施工场地有限,采用防渗墙、水泥搅拌桩等受施工场地限制。"排"的方式主要有排水盲沟、排水减压井(管)、排水管、逆止阀等,可实现快速排水的目的,进而有效解决高地下水位膨胀土渠道运行时频繁遭遇地下水位"陡升缓降"引起的渗控问题。按照排水设施作用部位的不同,分为过水断面排水和一级马道以上渠道边坡排水。

5.2.2.1 过水断面排水

过水断面排水设施的作用包括排泄地下水和排泄透过膜(或衬砌面板)的渠水。这两类作用分别由两类排水设施实现,一类是布置在水泥改性土换填层下膨胀土基面的排水设施,作用为保证水泥改性土换填层的抗浮稳定,结构形式主要有排水盲沟、排水井等,以及布置深入渠道边坡或渠底的排水设施;另一类是设置在水泥改性土换填层上的排水设施,作用为保证土工膜和衬砌面板的抗浮稳定,结构形式主要包括塑料排水盲沟、粗砂垫层等。对于已经运行通水的渠道,还可在一级马道附近增设横向排水盲沟(如竖向排水管、排水井,见图 5-12)。

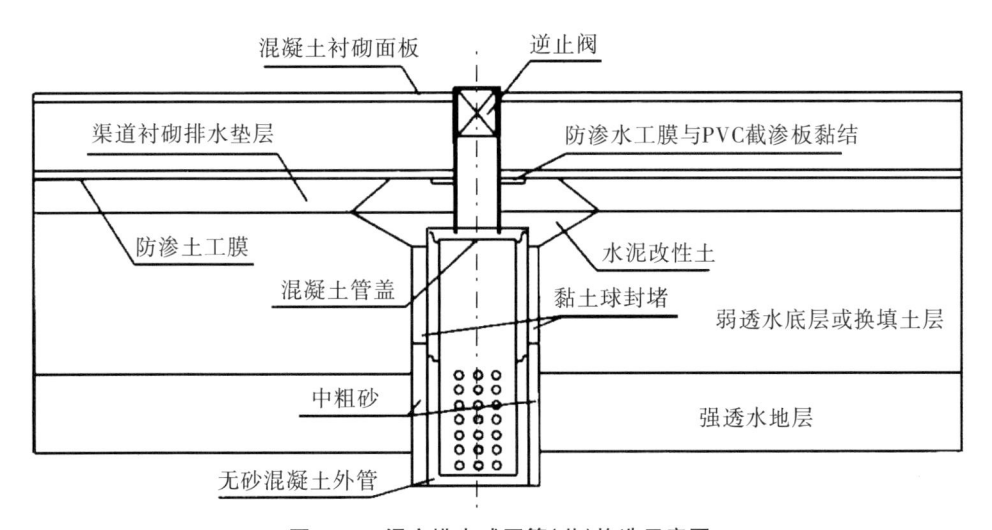

图 5-12 渠底排水减压管(井)构造示意图

(1)渠底排水减压管(井)

当渠底分布有渗水层,并经复核在渠道运行及检修期间,保护膨胀土的换填层或渠底弱透水层不满足抗浮稳定要求时,需要穿过换填层或渠底弱透水层设置排水减压管(井),降低换填层的扬压力。排水减压管(井)的设计方案如下:

1)当渠底换填层下方设有排水盲沟时

①排水减压管(井)下端与排水盲沟连通布置。

②减压管(井)位置宜布置在纵横向排水盲沟交叉处,或沿渠道底板两侧脚槽布设 2 排,距坡脚 2m,纵向排水盲沟按 15~20m 间距布置。

③减压管宜采用 PVC 管,减压井内宜布置 PVC 连通管;减压管或连通管下端直接

与排水盲沟内的透水软管相通,上部直接连接承插式球形逆止阀。

2)当渠底换填层下方透水层中未设排水盲沟时

排水减压管(井)应插入透水层,减压管宜采用 PVC 管,减压井里宜布置 PVC 连通管;减压管(井)间距宜为 8~20m,间距根据强透水砂层厚度确定(参见表 5-4),当强透水层厚度小于 4m 时,穿过强透水层,若强透水层厚度大于 4m,则插入强透水层深度按 4m 控制;减压管或连通管上部直接连接承插式球形逆止阀。

表 5-4 不同砂层厚度排水减压管(井)间距

砂层厚度/m	减压管(井)间距/m
2~4	20
4~6	16
6~12	8

注:范围取值包含下限不包含上限。

采用 PVC 花管外包滤网时,减压井(管)直径 600mm,采用无砂混凝土滤管时,减压井(管)直径宜选用 700mm。

3)排水减压管(井)穿过渠道防渗复合土工膜下方的换填层时

井周或管周应采取封堵措施,防止承压水沿减压井(管)外壁面直接作用于复合土工膜。

若地下水位较高,为了使排水措施更安全可靠,可在渠道一级马道外侧设置集水井,通过自动泵将地下水排出(图 5-13)。本方案需要具备可靠的电源、抽水机具和自动控制设备,建设费、运行费高,可靠性受电源可靠性的限制。

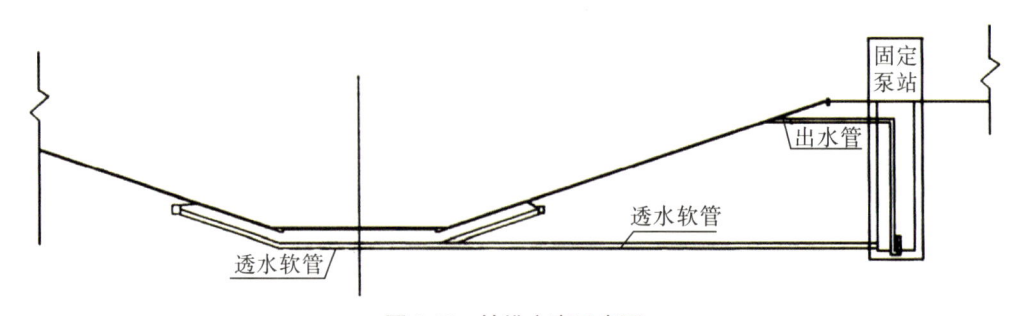

图 5-13 抽排方案示意图

当地下水不能自流外排或不能通过逆止阀排入渠道时,可采用集水井抽排方案。该方案主要由垫层、纵向集水管、集水井、斜井、移动式潜水泵组成。纵向集水管布置在渠底,材料为透水软管;集水井沿纵向集水管间隔设置,为钢筋混凝土结构,斜井管与集水井相连,通向一级马道表层,潜水泵可沿斜井管滑入集水井抽排积水。移动泵抽排方案布置见图 5-14。

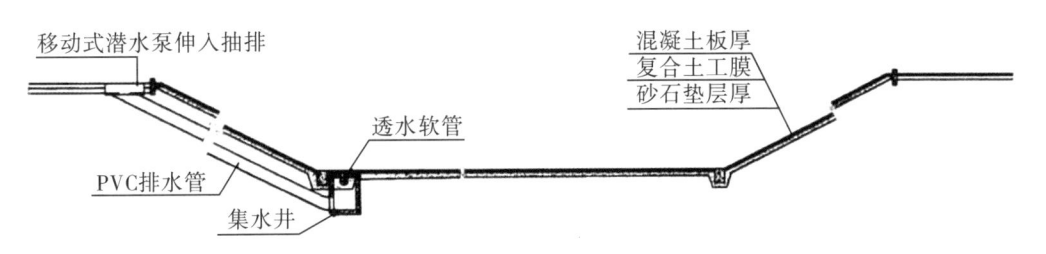

图 5-14　移动泵抽排方案布置图(单位:mm)

(2)塑料排水盲沟

膨胀土渠段沿线土壤渗透系数一般较小,地下水排出速度较慢,即使布置了排水管,其排水效果也会受到很大制约。为了加强排水效果,使衬砌面板下的地下水位迅速降低,在防渗复合土工膜(衬砌面板)下和水泥改性土换填层顶面布置塑料排水盲沟或排水粗砂垫层,排泄衬砌面板及复合土工膜底下的渗水。

由于在渠道边坡上铺设中粗砂或砂砾石垫层施工较困难,砂砾料垫层的材料质量及施工质量控制难以保证,坡面排水宜采用塑料排水盲沟(排水板)。塑料排水盲沟顺渠向排水板为"人"字形,厚 3cm,宽 20cm,间距 2m,衬砌纵向缝与"人"字形排水板顶端对齐;衬砌横向缝下设置直线形排水板,板厚 4cm,宽 20cm。挖方及填筑高度小于 1.5m 的半挖半填渠段,排水板(直线形及"人"字形)顶高程为一级马道或渠顶高程以下 1.5m;填筑高度大于 1.5m 的半挖半填渠段,只在非填筑的渠道边坡上铺筑排水板。渠道边坡排水板布置见图 5-15。渠底施工条件较好,可采用粗砂垫层。

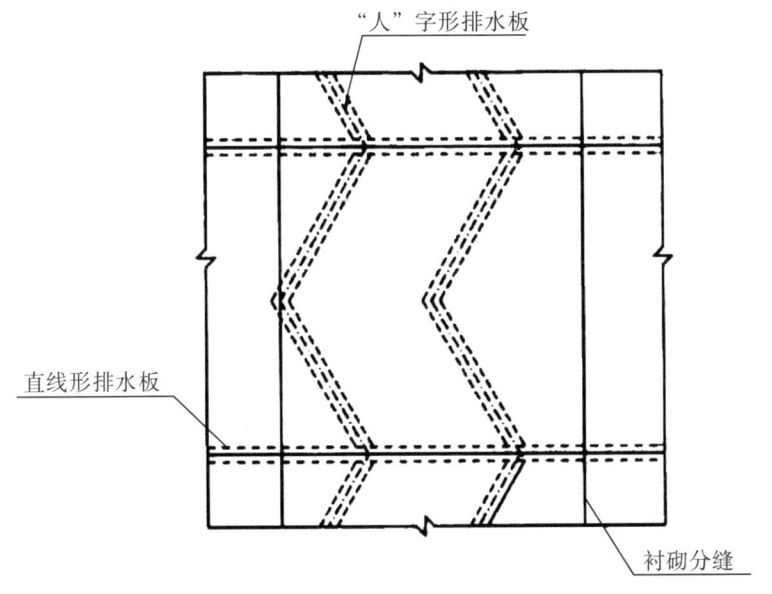

图 5-15　渠道边坡排水板布置图

该类排水设施排泄的渠水经由坡面塑料排水盲沟汇集至渠底坡脚处的排水盲沟内,从坡脚混凝土脚槽的逆止阀排至渠道,或经由渠底排水砂垫层汇集至渠道轴线的排水盲沟和坡脚混凝土脚槽的逆止阀排出。

(3)纵向排水盲沟(减压管、降水井)

膨胀土的胀缩特性使膨胀土的大气影响带、过渡带的垂直渗透系数是水平渗透系数的3~11倍,这种特性使得大气降水易于入渗而不易排出,当水流由地表深入渠道边坡后,水泥改性土与原膨胀土渠道边坡之间存在软弱结合面,是水流易于渗流的通道。因此,妥善处理地下水和渗漏水的运动,消除或减小大气降水对膨胀土渠道边坡的不利影响、保持膨胀土含水量相对稳定,对膨胀土渠道边坡的长期运行意义显著。

对于已经运行通水的渠道,可在一级马道附近设置纵向排水盲沟,排除一级马道以上的地下水渗流,降低过水断面渠道边坡地下水位。若一级马道以下 2.0m 范围分布为透水较好、含水量较丰富的土层,如钙质结核粉质黏土、砾质土、钙质结核层等,可在高地下水渠段一级马道外侧、二级边坡坡脚增设纵向排水盲沟拦截并汇流一级马道以上边坡地下水;若一级马道以下为膨胀土,无透水层分布,也可以设置该纵向排水盲沟,拦截并汇流一级马道以上经由水泥改性土与原土结合面渗流的地下水。

盲沟底部高程由渠道设计水位和横向排水管管底高程控制,盲沟底部开挖宽度为 0.8m,靠近二级边坡一侧为保护硅芯管需垂直开挖,靠近渠道一侧按照 1∶0.5 坡比开挖。盲沟底部高程以上 15cm 处设置 φ300 塑料排水盲管外裹土工布,与横向排水管通过三通连接,横向排水管间距可为 30~40m。

盲沟采用粒径不超过 20mm 的级配砂砾料(含泥量不大于 5%)回填,沟底铺设纵向透水管汇集渗水。每 30~40m 设三通连接横向排水管将渗水排入渠道内,出口底高程与渠道设计水位齐平,以此确定盲沟内纵向排水管及盲沟底高程,使盲沟内汇集的渗水能自动排放到渠道内,从而降低一级马道处地下水位。

横向排水管比降为 1∶100,管材为 φ200HDPE 双壁波纹管,横管出口底部高程为设计水位高程,管沟槽开挖宽度 80cm,横向排水管出口安装 φ200 拍门逆止阀。横向排水沟回填采用 C20 混凝土进行浇筑回填,管沟回填至一级马道路面;横向排水沟底部止水槽浇筑 30cm×30cm(宽×高)C20 混凝土。浇筑混凝土时为避免浆液混入反滤料,盲沟反滤料顶部铺设 576g/m² 复合土工膜,侧面连接横向排水管侧铺设一层 300g/m² 丙纶机织土工布。

为防止加大水位时,总干渠水体倒流至新增排水盲沟内,须在横向排水管末端设置拍门逆止阀。

纵向盲沟及横向排水管布置见图 5-16。

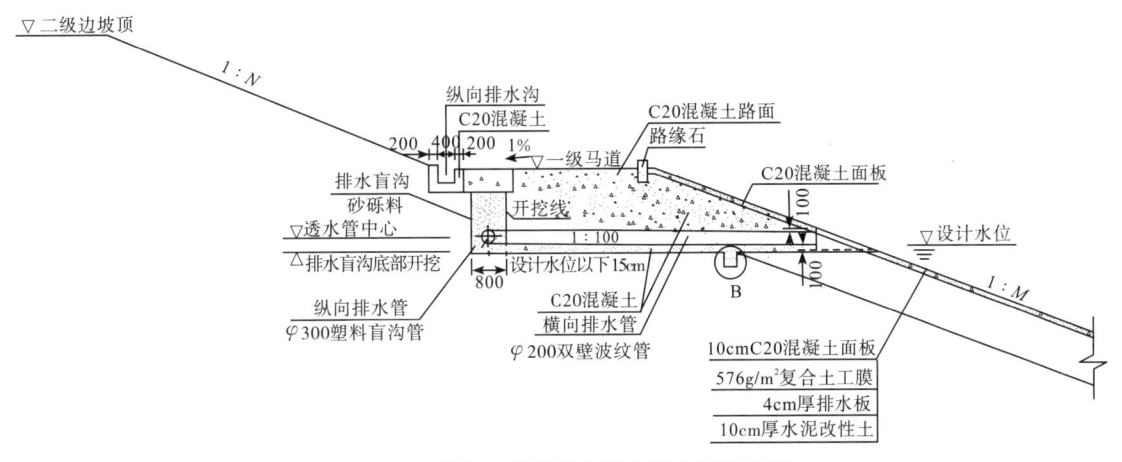

图 5-16　纵向盲沟及横向排水管布置示意图

若渠道边坡有透水层分布,且透水层有承压性或可能与周边河沟相连,地下水补给稳定,为进一步减少透水砂层对渠道衬砌面板稳定的影响,可在一级马道外侧、二级边坡坡脚增设竖向排水减压管与盲沟内纵向排水管连接,当地下水位升高时,竖向排水减压管能将砂层中的水通过盲沟自动排出。竖向排水减压管在盲沟内按间距 5~8m 设置,可以采用 φ150PVC 花管或 φ146mm 桥式钢滤管,孔深至渠道底板下 1m 处,顶部和盲沟内纵向排水管采用三通连接(图 5-17)。

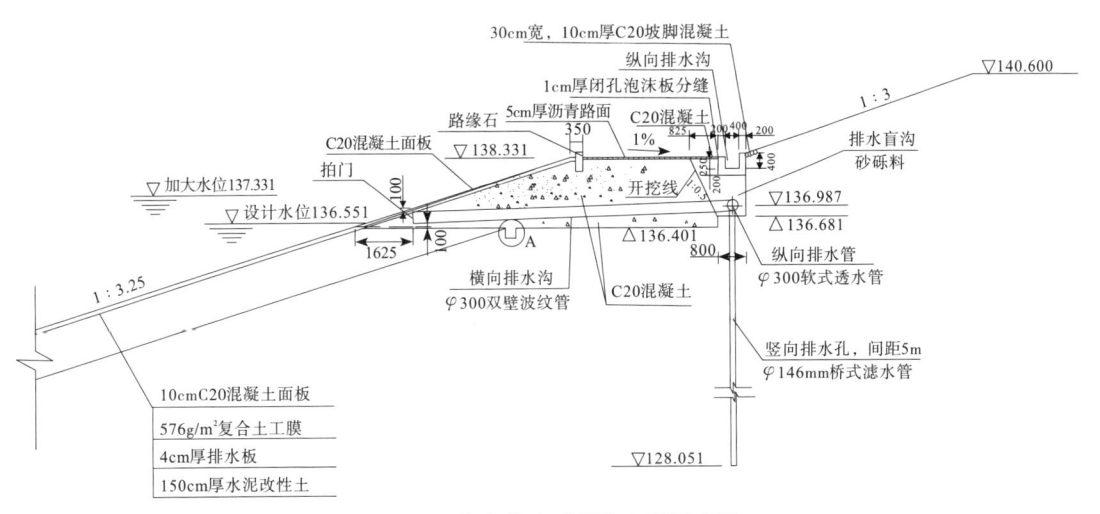

图 5-17　竖向排水减压管布置示意图

对部分渠道边坡和渠底土体有透水层分布且水量丰富的高地下水渠段,可在渠道衬砌面板外侧一级马道上布置降水井将衬砌面板后的地下水位高程降至渠道运行水位以下。降水井的单井排水量与降水井的深度、结构形式、间距、降水深度、土体水文地质条件、渗透系数等因素有关,降水井井管采用 φ300PVC 花管,钻孔直径 600mm,间距 10~15m(图 5-18)。可安装自动抽排泵使降水井内的水位保持在一定高程以下形成降水"漏斗",使衬砌面板后地下水位在渠道运行水位以下,降水井的运行需电力保障。

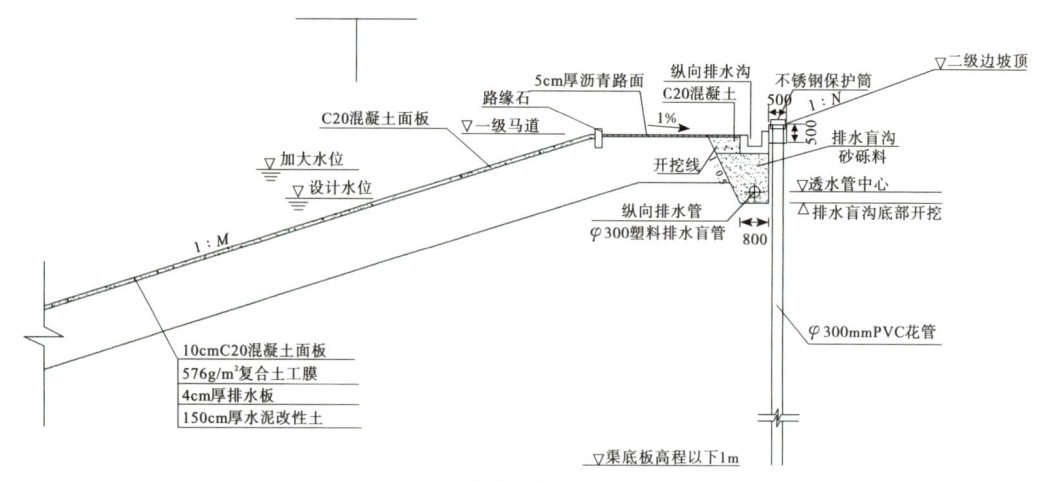

图 5-18 降水井布置示意图

(4)坡面逆止阀

为快速排出衬砌面板下复合土工膜后的积水,可在渠道边坡衬砌面板上安装逆止阀,减小地下水位与渠道运行水位的水头差以保证衬砌面板稳定。逆止阀位置设置在渠道设计水位以下 1m 处(尽可能低)的衬砌面板上,并与衬砌面板下盲沟排水系统相连,以有效排出土工膜下积水、降低地下水压力。

逆止阀顺渠道方向布置间距 4m。逆止阀安装位置为一级马道以下第二块衬砌面板板面 2m 处的渠道边坡横向分缝部位(一般不低于设计水位下 1m)。逆止阀为水平开启的压差放大式逆止阀,按要求对逆止阀进行适当改造,满足排水及与土工膜粘合要求。布置形式见图 5-19、图 5-20。

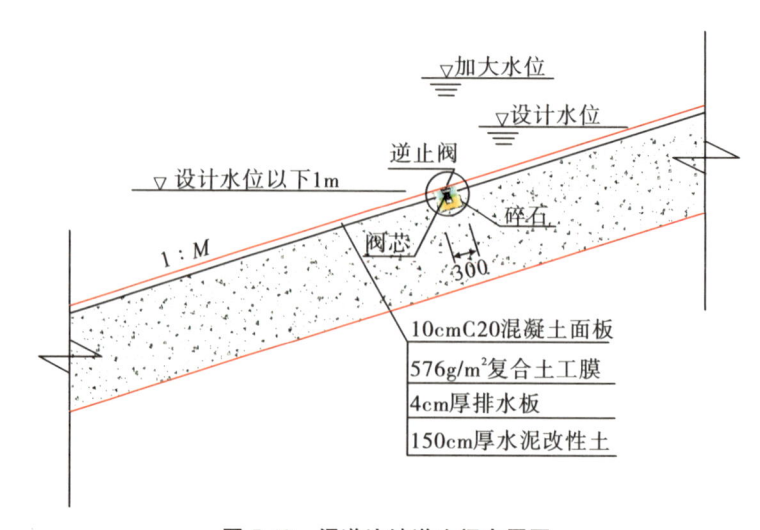

图 5-19 渠道边坡逆止阀布置图

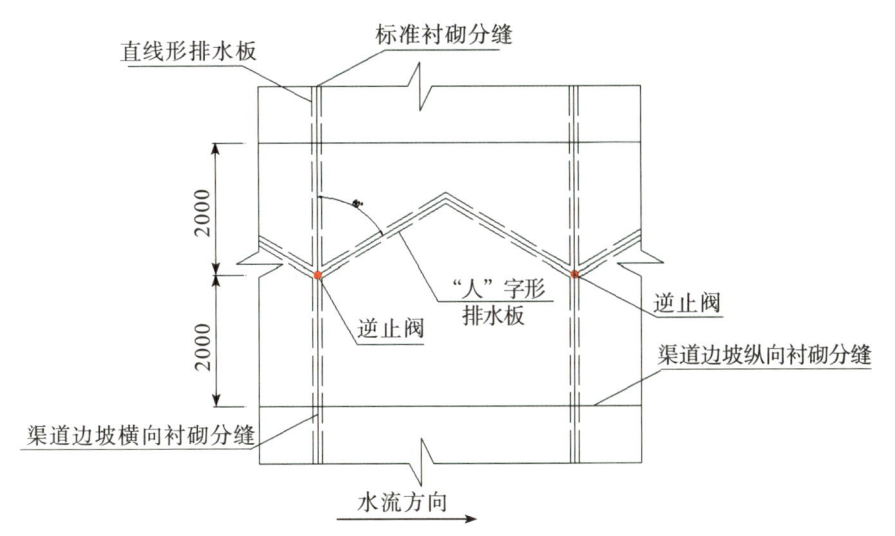

图 5-20 渠道边坡逆止阀与排水板相对位置图

5.2.2.2 过水断面以上渠道边坡排水

地下水位是影响渠道边坡稳定的重要因素之一。陶岔至鲁山段部分渠道边坡高达 40m、地下水位高出渠道设计水位 25m,给边坡稳定造成较大的影响,需在一级马道以上采取合适的渗控措施,降低渠道边坡地下水位,确保渠道边坡稳定。

治坡先治水。渠道边坡防护设计首先应做好坡顶截流沟、坡面防冲刷及坡面排水设计。一般土质边坡需做好坡面排水沟、马道排水沟、各种护坡结构、植草等,对膨胀土渠道边坡尤为重要。对高地下水渠道边坡,尚需进行专门的排水设计,降低渠道边坡地下水位。

(1)斜坡排水盲沟

一级马道以上膨胀土渠道边坡,对斜坡段采用排水体方案,可以起到有效的渗流控制作用,尤其可以提高防护层渗流控制的长期可靠性,马道上防护层应强化防渗功能,避免布置的水平排水体的降水入渗对渗流场分布和动态造成不利影响。

强膨胀土渠道边坡开挖后,坡面和渠底有渗水时,应在渗水范围内布置排水盲沟;强膨胀土坡面及渠底存在长大裂隙面、层间结合面等长大结构面以及裂隙密集带,无论开挖时有无渗水,均应在长大结构面和裂隙密集带的底层高程处布设排水盲沟,见图 5-21。

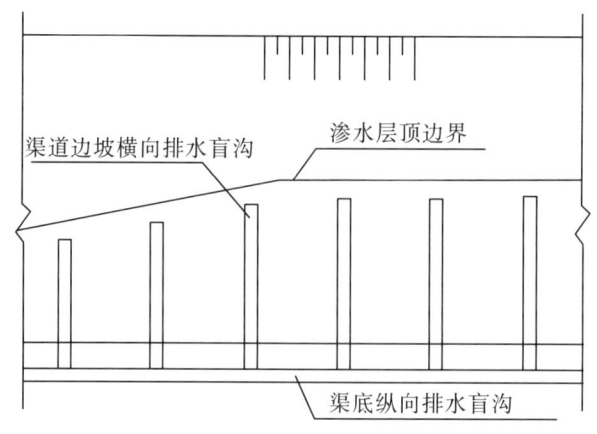

图 5-21　坡面排水沟网布置示意图

1）布置形式

对于坡面，排水盲沟可根据渗水范围，采用纵、横直沟和"Y"形等布置形式，将坡面渗水引至渠底排泄，将渠底渗水汇集以后统一排泄。

渠道边坡上布设的盲沟顶高程宜不高于一级马道高程以下 1.5m，亦不高于渗水地层顶板，排水沟间距 4~12m，具体根据渗水情况确定。坡面存在长大结构面和裂隙密集带的，排水盲沟纵向沿长大结构面和裂隙密集带底板高程、横向顺渠道边坡双向布置，具体布置要求如下：

①纵向排水盲沟宜沿透水层底板出露线布置，盲沟底板宜位于渗水层出露线下方 10~30cm，盲沟内填料应直接与渗水地基连通；当渠道边坡揭露多个渗水地层时，宜在每个渗水层底板下方设置一条纵向排水盲沟。

②横向盲沟位置根据纵向排水沟的排水条件确定，横向排水盲沟顶端宜在纵向排水盲沟较低处并与纵向排水盲沟连通，底端与渠底脚槽附近的纵向排水通道连通。

③横向排水盲沟间距宜根据②的要求确定，当间距小于 4m 时，可结合纵向排水盲沟适当调整，当间距大于 12m 时，宜按 12m 布置。

④渠道边坡上布置有多条纵向排水盲沟时，每条纵向排水盲沟较低处宜设置横向排水盲沟，将水导入渠底脚槽附近的纵向排水通道；坡面高程较高处纵向排水盲沟较低处设置的横向排水盲沟与其他纵向排水盲沟较低处相交时可串通，否则宜采取措施防止水串流。

⑤当渠道混凝土衬砌采用人工浇筑时，可直接在纵向排水盲沟较低处埋设排水管穿过换填层、复合土工膜、混凝土衬砌面板，并在管口处安装逆止阀。

对于渠底，若存在渗水或分布有长大结构面和裂隙密集带时，若渠道复合土工膜下方设有保护膨胀土的换填层，其换填层下排水盲沟按照以下要求布置：

①宜在渠底两侧脚槽和中心线附近，平行渠道轴线方向布置 3 条排水盲沟；当地下

水较丰富且地下水位较高时,宜在3条纵向排水盲沟之间增设辅助排水盲沟,排水盲沟内宜埋设透水软管。

②渠道底板以下有涵管穿过渠道时,在穿渠建筑物外边缘轮廓线以外1.5倍穿渠管涵结构高度(或基坑开挖边线)范围内的纵向排水盲沟宜截断,并通过加密逆止阀等措施提高衬砌面板抗浮稳定性。

③纵向排水盲沟之间宜采用横向排水盲沟连通,横向排水盲沟沿渠道纵向间距宜为20~30m。

(2)结构尺寸

排水盲沟的结构尺寸根据地下水的渗流量和渗透系数确定,因强膨胀土渗透系数一般较小,渗水主要为上层滞水,盲沟沟底宽度可为0.4~0.6m,深度为0.5~0.8m。为便于施工,盲沟一般采用梯形断面,坡比一般为1:0.5~1:0.75。

(3)盲沟内填料

排水盲沟填料颗粒级配应满足盲沟地基反滤要求,当排水盲沟断面短边(厚度或宽度)尺寸小于10cm时宜采用粗砂,大于20cm时可采用砂砾石或级配碎石。

排水设施将水汇集至渠底集水井后,通过逆止阀将水排至渠道内。

(4)渠道边坡排水孔

排水孔设置于强膨胀土挖方渠道一级马道以上的坡面,可以单独使用,也可以与排水盲沟组合使用。若在渠道边坡开挖后,水泥改性土换填施工前,发现渠道边坡有渗水或裂隙密集带、长大结构面,推荐首先设置排水盲沟,再通过排水孔穿透水泥改性土换填层,将水引至坡面;若水泥改性土换填层施工完成后才发现坡面有渗水,可以在坡面设置排水孔,排水孔应穿透水泥改性土,入渠道基面的深度不小于1m。排水孔内插入PVC排水管,排水管伸入排水盲沟或渠道基面内的部分设置成花管,与水泥改性土接触的部分为实管,实管外壁和水泥改性土之间应采用措施进行封堵,防止水流从两者之间流出,带来渗透破坏隐患,排水管内填充反滤料。

①结合坡面防护浆砌石框架拱或混凝土框架拱布置,在框架拱架节点处布置坡体排水管;排水管沿坡面均匀布设,透水砂层顶板以下3m区域间距为2m×2m;砂层顶板以下3m区域间距为1.5m×1.5m;坡体排水管插入坡体内5m。

②坡体排水管为内径为90mm的PVC管,排水管一半长度制成开孔率不小于20%的花管,花管段采用土工膜包裹,花管段位于插入坡体较深端。

③坡体排水管出口位置与坡面支撑框架排水沟槽对应。

(5)渠道边坡排水盲沟

建设期对渠道边坡设置了坡面排水及水泥改性土换填层隔水,换填层的功能是多方面的,包括降低渠道坡面土体的膨胀性,为下伏膨胀土提供约束膨胀变形的荷载,降低膨胀土体的地表水(包括渠水)和降水入渗以及蒸发作用的响应,等等。但是,一级马道以上的换填层则直接裸露,随着动植物和大气影响的长期作用,其孔隙性会增加,渗透性会有所升高,其对膨胀土渠道边坡的保护作用会相对减弱,在强降雨情况下,坡面大量雨水入渗,给渠道边坡稳定带来极大不利。

为了将入渗的雨水和上层滞水尽快排出坡体,在需要防护的渠道边坡马道平台以及各级边坡坡脚设置排水盲沟,见图 5-22,排水盲沟由中粗砂+级配碎石料充填,盲沟内设置透水软管,透水软管通过三通接头,每隔 3.4m 与 φ76mmPVC 排水管相连接,PVC 排水管出口设置于拱骨架坡面排水沟。马道平台盲沟底部宽度 0.5m,深度 2.0m,顶部宽度 0.8m、高度 0.3m,盲沟布置见图 5-23(a)。盲沟开挖前,先在盲沟靠近坡脚处进行钢管桩支护,钢管桩直径 90.0mm,深度 4.0m,间距初步设置为 1.0m,钢管内充填防水砂浆,根据渠道边坡变形情况,盲沟开挖过程中钢管桩可加密至 0.5m。盲沟顶部采用土料回填时不易压实,本次设计采用 C15 混凝土回填。

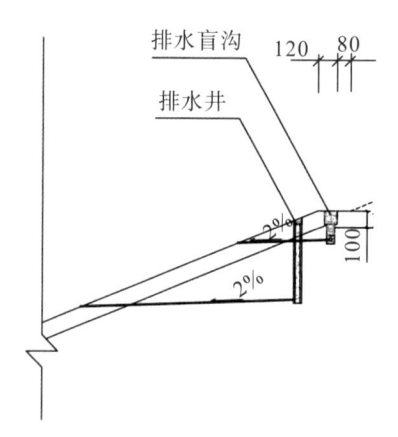

图 5-22 渠道边坡排水盲沟和排水井布置图(单位:cm)

边坡坡脚排水盲沟底部宽度 0.5m,深度 1.4m,其中顶部宽 1.0m,深 0.4m,见图 5-23(b)。排水盲沟由中粗砂充填,盲沟内设置透水软管,透水软管通过三通接头每隔 3.4m 与 φ76mmPVC 排水管相连接,PVC 排水管出口设置于马道排水沟。盲沟开挖前,先在盲沟靠近坡脚处进行钢管桩支护,钢管桩直径 90.0mm,深度 3.0m,间距初步设置为 1.0m,钢管内充填防水砂浆,根据渠道边坡变形情况,盲沟开挖过程中钢管桩可加密至 0.5m。盲沟顶部采用 C15 混凝土回填。

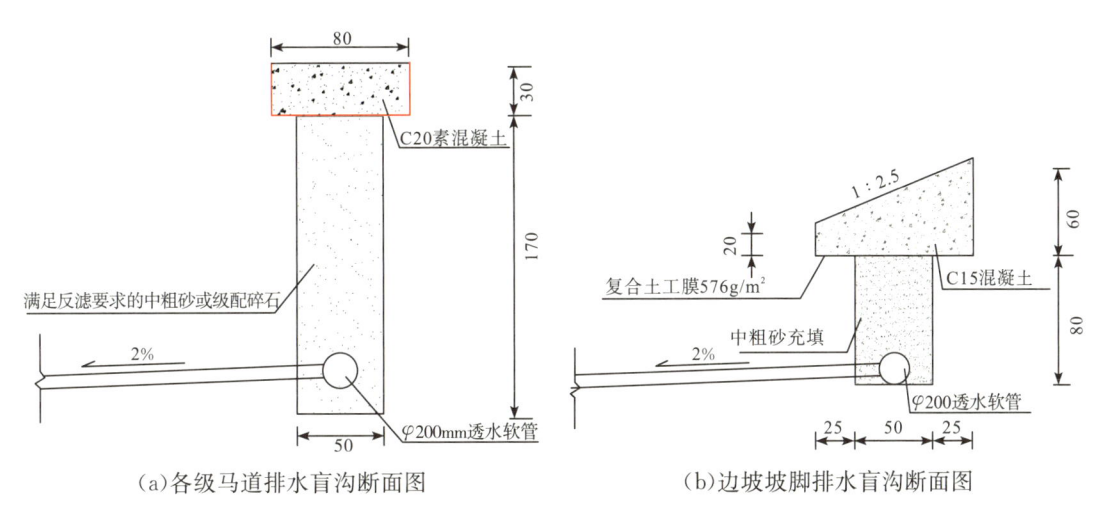

图 5-23 排水盲沟断面图(单位:cm)

(a)各级马道排水盲沟断面图
(b)边坡坡脚排水盲沟断面图

(6)渠道边坡排水井

为降低渠道边坡深层地下水位，提高渠道边坡稳定性，可在边坡坡顶处靠近马道位置设置排水井，见图 5-24。排水井间距 4m，直径 60cm，深入坡体约 5m，井内设置直径为 30cm 的 PVC 排水花管(开孔率 30%)，同时在井内填充满足反滤要求的中粗砂＋级配碎石料。排水井底部通过 PVC 排水管将汇集的地下水排至坡面，为了防止雨水入渗至排水井，井口采用混凝土封口。

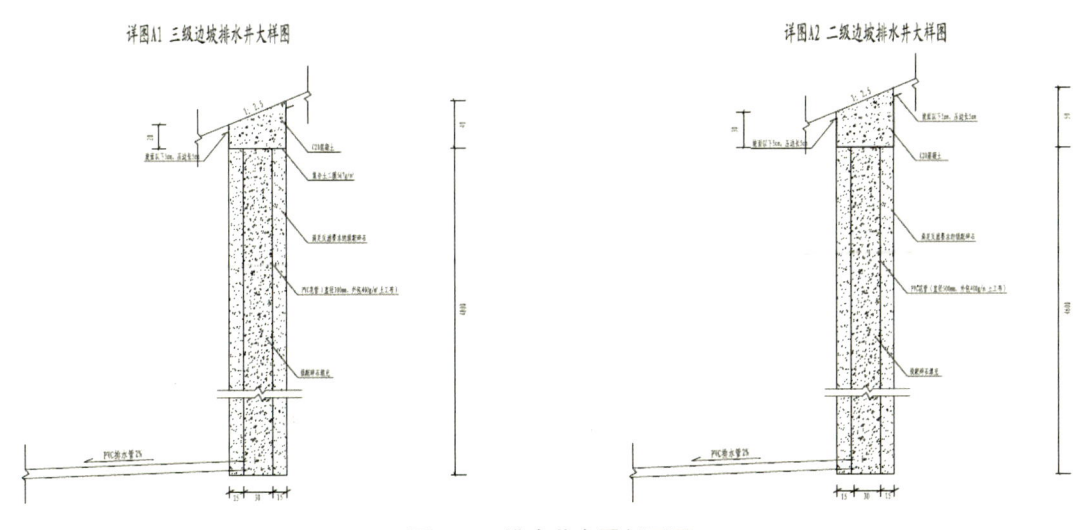

图 5-24 排水井布置剖面图

5.2.2.3 排水出口设计——逆止阀

对于过水断面的排水设置，为了防止渠水经由排水通道进入渠道边坡内部，需在排水出口设置逆止阀。当地下水位高于渠道水位时，逆止阀受压开启，地下水排入渠道；当地下水位低于渠道水位时,逆止阀复位关闭,避免渠水外渗。逆止阀典型布置见图 5-25 至图 5-27。

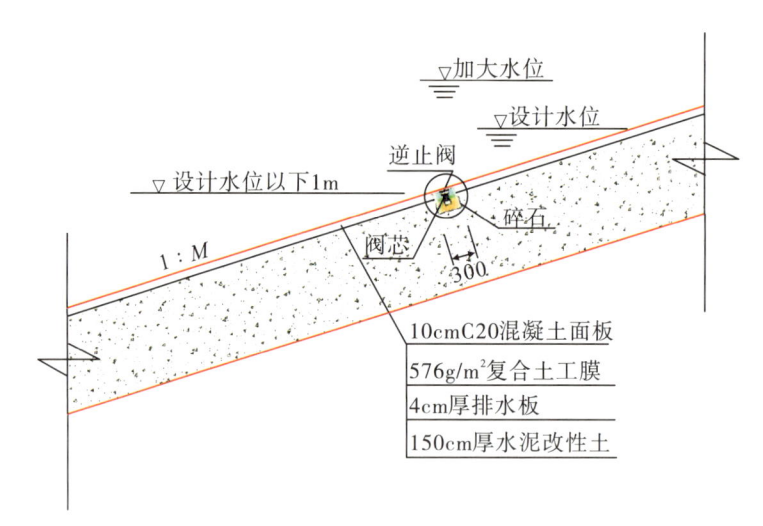

图 5-25　渠道边坡逆止阀布置示意图一

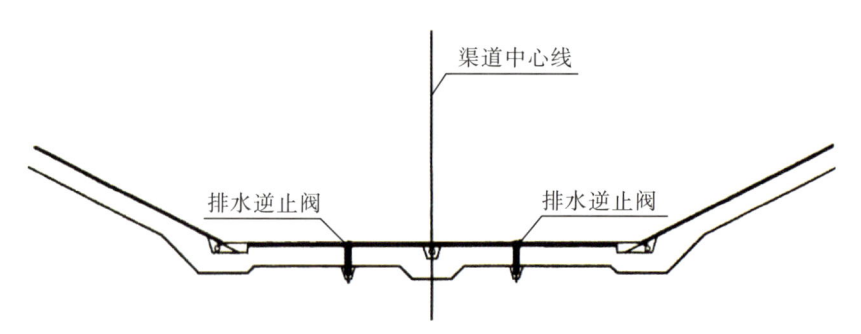

图 5-26　渠底逆止阀布置示意图二

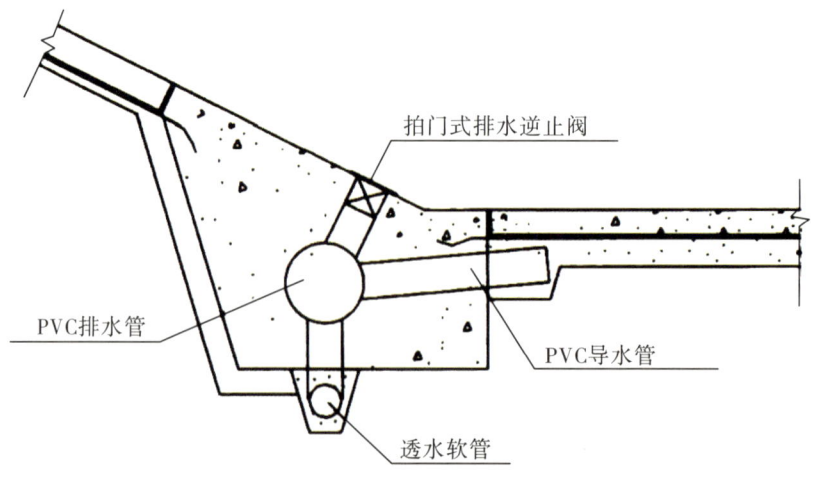

图 5-27　渠底逆止阀布置示意图三

逆止阀安装布置形式及细部大样见图 5-28。

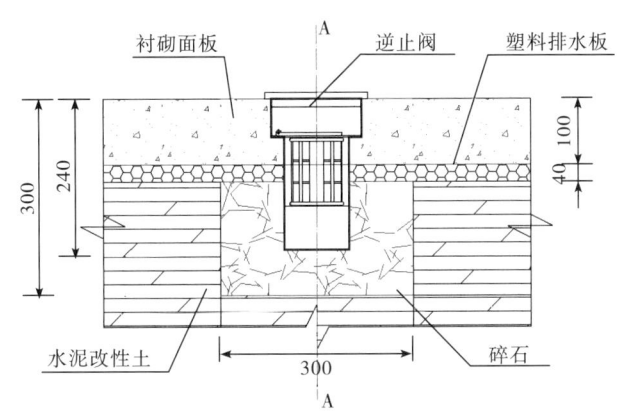

图 5-28 逆止阀大样图(单位:cm)

选用的逆止阀应是专业厂家生产的、经检验质量合格的产品,所有产品均应有出厂合格证,并应标明产品的启动与逆止水压力、压力水头与排水流量关系曲线,适用环境、安装精度要求等性能及安装说明。逆止阀的材质应满足国家水质保护的有关环保要求。排水通道出口设置的逆止阀宜选用承插式结构。

5.2.3 快速排水形式选择

南水北调中线工程总干渠渠道排水设施主要包括:

①防渗复合土工膜下方的排水垫层、排水盲沟,记为 S1。

②布置在保护膨胀土的换填层内与排水垫层联通的排水盲沟,记为 S2-1;布置在保护膨胀土的换填层与渠道地基之间的排水盲沟,记为 S2-2;S2＝S2-1＋S2-2。

③穿过保护膨胀土的换填层,与 S2 联通的排水减压管(井),记为 S3。

④穿过保护膨胀土的换填层,竖直插入渠底地基强透水层的排水减压管(井),记为 S4。

⑤在过水断面以上渠道边坡,穿过保护膨胀土的换填层,以仰孔插入坡体以内一定深度的自流渠道边坡排水孔,记为 S5。

⑥与排水垫层、排水盲沟、排水减压管、减压井联通的排水通道,记为 S6。

⑦排水通道出口处设置的逆止阀,记为 S7。

⑧在一级边坡坡顶设置的纵横向排水盲沟,记为 S8。

⑨在一级边坡坡顶设置的降水井,记为 S9。

⑩在过水断面以上渠道边坡设置的排水盲沟,记为 S10。

⑪在过水断面以上渠道边坡设置的排水井,记为 S11。

5.2.3.1 渠道过水断面排水形式选择

根据渠道一级马道高程至渠道底板高程所在部位的地层结构和地层渗透特性将渠

基分为 4 类：

①一级马道高程至渠道底板高程以下 5m 深度范围的地层均为弱透水地层（渗透系数≤10^{-5}cm/s）。

②一级马道高程至渠底高程之间，揭露一定厚度的单层或多层透水地层（渗透系数≥10^{-4}cm/s）。

③渠底高程揭露透水地层（渗透系数≥10^{-4}cm/s）。

④渠底以下存在埋深小于 5m 的透水地层（渗透系数≥10^{-4}cm/s）。

渠道所在区域常年地下水位与相应渠道设计水位相对位置关系分为 3 类：

①常年地下水位高于渠道设计水位。

②常年地下水位低于渠道设计水位，高于渠道底板高程。

③常年地下水位低于渠道底板高程。

渠道过水断面排水体系根据实际地层条件大体上可分为两类：

①为渠道衬砌稳定需要设置的排水体系（记为 T1）由坡面排水盲沟或排水垫层、坡脚和渠底中部的纵向排水盲沟及横向联通盲沟、连接渠道与盲沟的排水通道及其出口的逆止阀构成。坡面排水盲沟或排水垫层布置在渠道防渗土工膜下方，纵向排水盲沟布置在坡脚处，横向联通盲沟布置在底板排水垫层下方，纵向排水盲沟内布设透水软管，透水软管通过排水通道及其出口的逆止阀与渠道联通。

②为满足渠道衬砌结构地基稳定要求而设置的排水体系（记为 T2）由排水盲沟、连通盲沟、排水减压井、逆止阀构成。排水盲沟一般根据渠道开挖揭露的透水层情况布置，联通盲沟则需要结合施工条件和排水盲沟的位置按形成排水通道要求布置，排水减压井则主要为降低渠道衬砌结构地基底板的扬压力设置，逆止阀一般布置在减压井井管出口处。

表 5-5 则针对各类地层结构分类和地下水位分类列出了排水措施，加上其他地表和地下集、排水连接管、沟等，以及必要的抽排设备，就可以构成完整的控制方案。

表 5-5　　　　　　　　　　过水断面渠道排水措施

地层结构分类	地下水位分类	排水措施
Ⅰ	A	S1＋S2-1＋S6＋S7
Ⅰ	B	S1＋S2-1＋S6＋S7
Ⅰ	C	S1＋S2-1＋S6＋S7
Ⅱ	A	S1＋S2＋S6＋S7＋S8
Ⅱ	B	S1＋S2＋S6＋S7＋S8
Ⅱ	C	S1＋S2-1＋S6＋S7
Ⅲ	A	S1＋S2＋S3＋S6＋S7＋S9
Ⅲ	B	S1＋S2＋S3＋S6＋S7＋S9

续表

地层结构分类	地下水位分类	排水措施
Ⅲ	C	S1+S2+S6+S7
Ⅳ	A	S1+S2+S4+S6+S7+S9
Ⅳ	B	S1+S2+S4+S6+S7+S9
Ⅳ	C	S1+S2+S6+S7

5.2.3.2 渠道过水断面以上排水形式选择

(1)一级马道以上渠道边坡均为弱透水层

对于膨胀土渠道边坡，坡面换填层可以起到大气影响的障碍栅作用。渠道边坡开挖形成后，及时覆盖换填层，既可以限制降雨入渗和蒸发引起的含水率变化，又可以防止膨胀土在长期裸露中因胀缩变形发育更多的裂隙。但是，经过长期运行以后，换填层可能因为沉降和干缩变形而产生裂隙，也可能由于动植物作用而产生大孔隙，其控制效果会降低。在斜坡段换填层下合理设置排水垫层(即 S2-2)，可以控制降水入渗、蒸发和温度变化对于膨胀土的影响。斜坡段排水层延至马道处，须与排水孔或者盲沟衔接，使垫层中的水畅通地排出坡外。

此外，在过水断面以上渠道边坡，穿过保护膨胀土的换填层，以仰孔插入坡体以内一定深度的自流排水孔，即措施 S5。

(2)一级马道以上渠道边坡揭露一定厚度的透水地层(渗透系数 $\geqslant 10^{-4}$ cm/s)

深挖方膨胀土渠道一级马道以上的地层存在中、强透水层时，除了对膨胀土(岩)进行换填处理，宜沿揭穿的中、强透水层底板或略低于中强透水层底板渠道纵向布置排水盲沟集水(或每隔一定间距设置排水井)，同时间隔一定距离采用 PVC 短管穿过换填土层将排水软管集水排出换填层以外的坡面排水沟网，以控制换填层承受的水压力，也可以控制强透水层对相邻膨胀土层渗流场的不利影响，提高渠道边坡稳定性。

此外，为了应对强降雨工况的渠道边坡稳定问题，将入渗的雨水和上层滞水尽快排出坡体，在需要防护的渠道边坡马道平台以及各级边坡坡脚设置排水盲沟(排水井)，即 S10、S11。

5.3 快速排水措施案例分析

5.3.1 排水井和排水盲沟组合排水方案

淅川 2 标桩号 9+070 至 9+575 左岸渠道边坡、9+585 至 9+740 右岸渠道边坡、10+955 至 11+000 左岸渠道边坡和 11+400 至 11+450 左岸渠道边坡挖深 39～45m，渠道边坡由第四系中更新统（Q_2^{al-pl}）粉质黏土、黏土以及钙质结核粉质黏土组成，土体膨胀性属于中等膨胀或中—强膨胀，裂隙较发育。裂隙面多光滑，抗剪强度低，系软弱结构面，在地下水和雨水的作用下，易沿倾坡外裂隙或不利裂隙组合交线发生滑动，渠道边坡变形规模受裂隙分布和连通情况控制。

根据渠道边坡监测结果显示，自2017年以来，该渠段以上4处边坡存在剪切变形，截至2021年3月，仍未完全收敛。其中9+300断面左岸一级马道测斜管IN05-9300的最大累计位移达47.01mm；9+585断面右岸二级马道测斜管IN01-9585的最大累计位移达41.12mm，变形趋势平稳；右岸三级马道新增测斜管IN01-9740自2021年取得初值后呈增大趋势，累计位移最大为5.53mm；11+000断面左岸一级马道测斜管IN01-11000的最大累计位移达37.52mm；11+450断面左岸五级马道测斜管IN02-11450的最大累计位移达36.84mm；以上部位变形值均超过设计警戒值（30mm）。

管理处在日常巡查中发现该段渠道边坡坡脚混凝土拱圈存在开裂、个别部位断裂翘起、过水断面衬砌面板开裂隆起等现象。渠道边坡渗压计监测结果也显示该段渠道边坡大部分渠段地下水位较高，且渗压计水位变化与降雨量存在一定的相关性。

5.3.1.1 渠道边坡变形及渗水情况

（1）19+070至9+575左岸

根据现场查勘情况以及渠首分局陶岔管理处日常巡查结果，目前现场渠道边坡主要存在二级边坡坡脚混凝土拱圈出现裂缝、个别部位断裂和翘起、排水管长期出水等现象（图5-29）。

图5-29 二级边坡坡脚拱圈隆起开裂、渗水

（2）210+955至11+000左岸

根据现场查勘情况以及渠首分局陶岔管理处日常巡查结果，该段渠道边坡三、四级

边坡坡脚排水沟存在断裂现象,二级边坡坡脚排水沟未见明显变形,但衬砌面板存在裂缝和翘起(图 5-30、图 5-31)。

图 5-30 三、四级边坡坡脚排水沟开裂

图 5-31 衬砌面板开裂、翘起

(3)311+400 至 11+450 左岸

根据现场查勘情况以及渠首分局陶岔管理处日常巡查结果,目前该渠段衬砌面板和二、三、四级边坡排水沟以及混凝土拱圈未见明显变形,但五级边坡坡脚纵向排水沟存在束窄变形现象(图 5-32)。

图 5-32 五级边坡坡脚纵向排水沟束窄变形

5.3.1.2 渗压监测情况

(1)9+070 至 9+575 左岸

桩号 9+070 至 9+575 渠段各断面左岸渠道边坡地下水位监测值过程曲线见图 5-33 至图 5-36,其中测压管监测水面一般在孔口以下 1.70~21.69m,渗压计监测水位一般在孔口以下 2.92~22.30m。

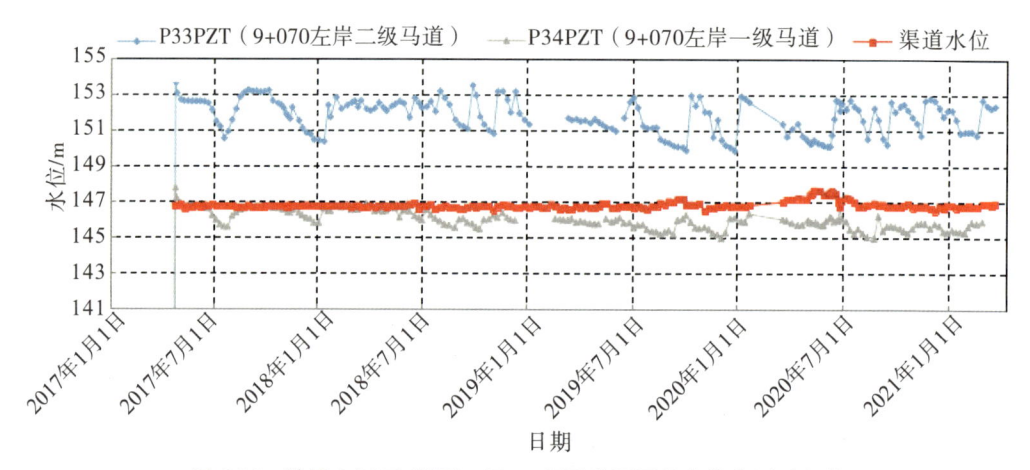

图 5-33　桩号 9+070 断面一级、二级马道测压管水位监测过程线

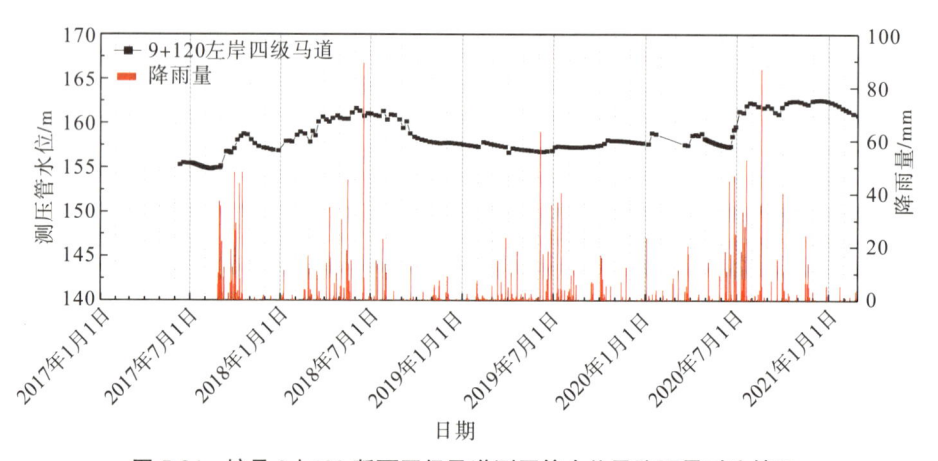

图 5-34　桩号 9+120 断面四级马道测压管水位及降雨量对比情况

图 5-35　桩号 9+180 断面测压管水位监测过程线

图 5-36　桩号 9+300 断面四级马道测压管水位及降雨量对比情况

地下水监测成果表明,部分渠段(9+070、9+180、9+300、9+475)二、三级渠道边坡地下水位较高,且水位变化与降雨量有一定的相关性,表明该段渠道边坡地下水位受降雨入渗影响较大。

(2) 9+585 至 9+740 右岸

桩号 9+585 断面二级马道测压管水位监测过程线见图 5-37,渗压计监测水位距离孔口 11.61m,距离水泥改性土与基础结合面 10.61m,从监测过程线来看,渠道边坡地下水位较低,且与渠道水位关联性不大。

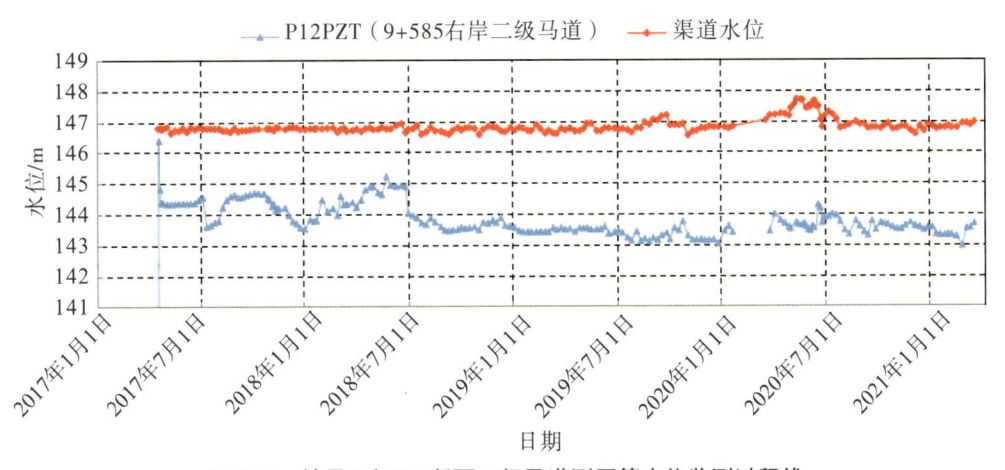

图 5-37　桩号 9+585 断面二级马道测压管水位监测过程线

(3) 10+955 至 11+000 左岸

桩号 10+955 至 11+000 渠段各断面左岸渠道边坡地下水位监测结果见表 5-6,其中渗压计监测水面一般距孔口 −0.96～14.00m,其中 10+955 一级马道、三级马道和 11+000 二级马道地下水位较高,部分渗压孔抽水后水位恢复速度较快。

表 5-6　　　　桩号 10＋955、11＋000 断面二级、三级马道渗压监测结果

桩号	编号	位置（测斜管底）	安装高程/m	测斜管深/m	测斜管孔口高程/m	渗压水位/m	水位距地表距离/m	水位与改性土结合面距离/m
10＋955 至 11＋000	P50PZT	10＋955 左岸一级马道	124.688	24.5	149.768	147.063	2.705	1.705
	P51PZT	10＋955 左岸二级马道	129.775	25	155.195	145.761	9.434	8.434
	P52PZT	10＋955 左岸三级马道	139.319	21.5	161.255	162.214	－0.959	－1.959
	P54PZT	11＋000 左岸二级马道	129.304	25	155.195	151.636	3.559	2.559
	P55PZT	11＋000 左岸三级马道	139.246	21.5	161.255	147.258	13.997	12.997

(4) 11＋400 至 11＋450 左岸

桩号 11＋400、11＋450 断面五级马道测压管监测水位与降雨量关系见图 5-38，其中测压管监测水面一般在孔口以下 0.93～3.21m。

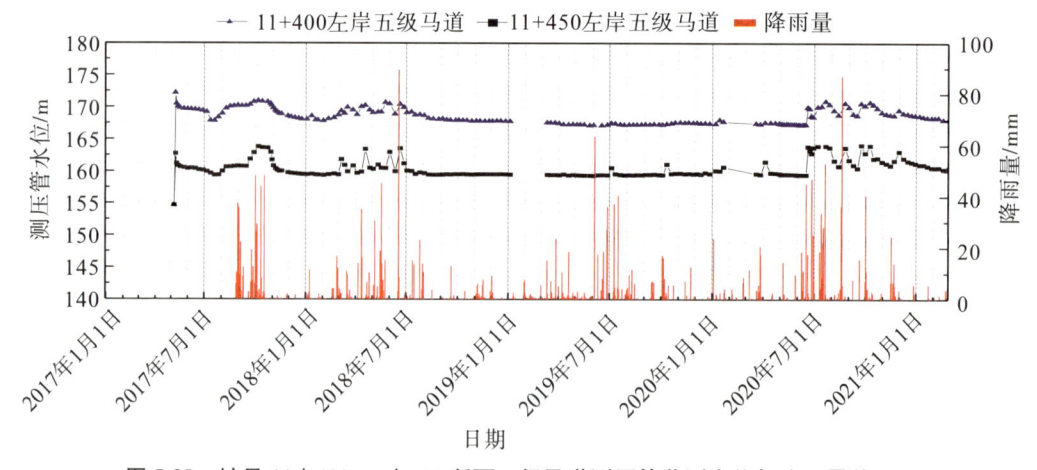

图 5-38　桩号 11＋400、11＋450 断面五级马道测压管监测水位与降雨量关系图

地下水监测成果表明，该渠段五级渠道边坡地下水位高，且水位变化与降雨量相关性较好，表明该段渠道边坡地下水位受降雨入渗影响较大。

5.3.1.3　渠段渗漏病害原因分析

9＋070 至 9＋575 左岸、9＋585 至 9＋740 右岸、10＋955 至 11＋000 左岸和 11＋400 至 11＋450 左岸渠道边坡为中膨胀土深挖方渠段，渠道边坡上部主要为 Q_2 粉质黏土，渠道边坡下部及渠底则由 Q_1 粉质黏土、钙质结核粉质黏土组成。Q_2、Q_1 粉质黏土

裂隙发育，具中等膨胀性。据测压管/渗压计观测，变形渠段渠道边坡地下水埋深总体较高，且与降雨情况存在一定的关联性。

结合监测、地质和施工情况，初步分析以上 4 处变形体渠道边坡变形体产生的原因为该渠段为中膨胀土渠道边坡段，渠道边坡土体黏粒含量高，黏土矿物中又以亲水性强的蒙脱石含量为主，且夹较多灰绿色、灰白色黏土条带，灰绿色、灰白色黏土对水的作用非常敏感，部分渠段存在节理裂隙密集带，抗剪强度较低。虽然渠道边坡采用水泥改性土换填保护，但未能完全隔绝膨胀土与大气的水汽交换，季节性的气候变化导致渠道边坡土体产生强烈的往复湿胀干缩效应，尤其在雨季降水量较大的时段，雨水入渗导致渠道边坡原状土的含水量升高，膨胀土胀缩，抗剪强度降低；在多年往复湿胀干缩效应作用下，膨胀土反复胀缩，导致土体中的短小裂隙逐步贯通，裂隙逐年增多、规模逐年增大，进一步导致膨胀土抗剪强度降低，渠道边坡因此产生蠕动变形。

5.3.1.4 排水措施布置

采用排水盲沟＋排水井的形式降低渠道边坡地下水。具体方案为在二、三级马道平台以及二级边坡坡脚设置排水盲沟（盲沟内回填反滤料），盲沟通过 PVC 排水管坡面排水沟相连；并在二级和三级边坡坡顶设置排水井，排水井直径 0.6m，间距 4m，深度约 5m。排水盲沟和排水井渗透系数设计值为 5.0×10^{-2} cm/s。

根据渗压监测地下水位情况，结合渠道边坡实际情况，采取排水盲沟＋排水井的桩号范围见表 5-7。

表 5-7　　　　　　　　　排水盲沟＋排水井布置范围表

桩号	排水设置
9＋070 至 9＋575 左岸 （9＋070 至 9＋363）	9＋070 至 9＋180 二级马道、二级边坡坡脚排水盲沟＋排水井、三级马道排水盲沟＋排水井，9＋180 至 9＋363 桩号二级、三级马道和二级边坡坡脚排水盲沟
9＋585 至 9＋740 右岸 （9＋585 至 9＋800）	9＋585 至 9＋635 桩号二级、三级马道和二级边坡坡脚排水盲沟，9＋635 至 9＋800 二级马道、二级边坡坡脚排水盲沟＋排水井、三级马道排水盲沟＋排水井
10＋955 至 11＋000 左岸 （10＋900 至 11＋015）	二级马道、二级边坡坡脚排水盲沟＋排水井、三级马道排水盲沟＋排水井
11＋400 至 11＋450 左岸 （11＋370 至 11＋470）	二级马道、二级边坡坡脚排水盲沟＋排水井、三级马道排水盲沟＋排水井

设置排水设施后渠道边坡地下水压力水头线见图 5-39、图 5-41、图 5-43 和图 5-45，由图可知，二、三级马道设置排水井和排水盲沟以后，渠道边坡地下水位基本下降至坡面以下 5～6m，渗流溢出点在一级马道附近，因此排水盲沟和排水井可有效降低渠道边

坡表层土体地下水位。采用排水盲沟＋排水井加固后各变形体断面抗滑稳定系数见表 5-8，变形体地下水位线及滑动面稳定系数见图 5-40、图 5-42、图 5-44、图 5-46。

表 5-8　　　　　　　　　各变形体断面抗滑稳定系数

桩号	抗滑稳定安全系数	
	设置排水措施前	设置排水措施后
9＋070 至 9＋575 左岸	0.998	1.028
9＋585 至 9＋740 右岸	1.002	1.015
10＋955 至 11＋000 左岸	1.004	1.095
11＋400 至 11＋450 左岸	1.004	1.020

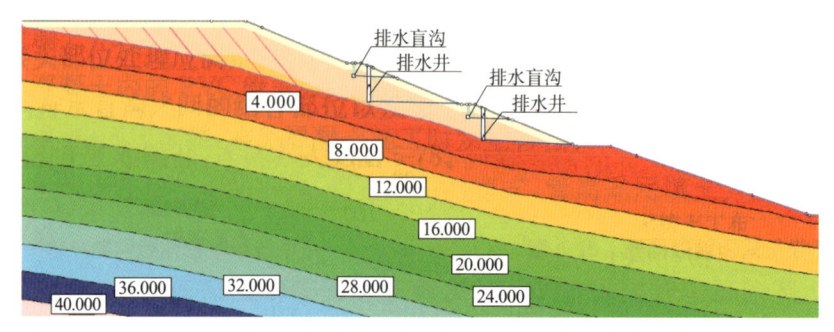

图 5-39　9＋070 至 9＋575 左岸典型断面排水设施生效后渠道边坡压力水头线

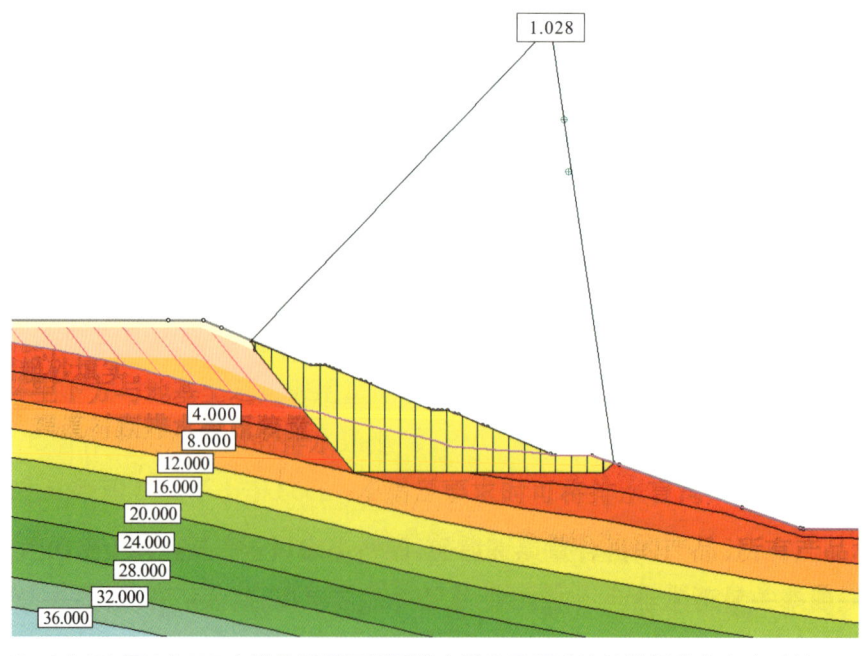

图 5-40　9＋070 至 9＋575 左岸典型断面设置排水措施后渠道边坡抗滑稳定安全系数 $F=1.028$

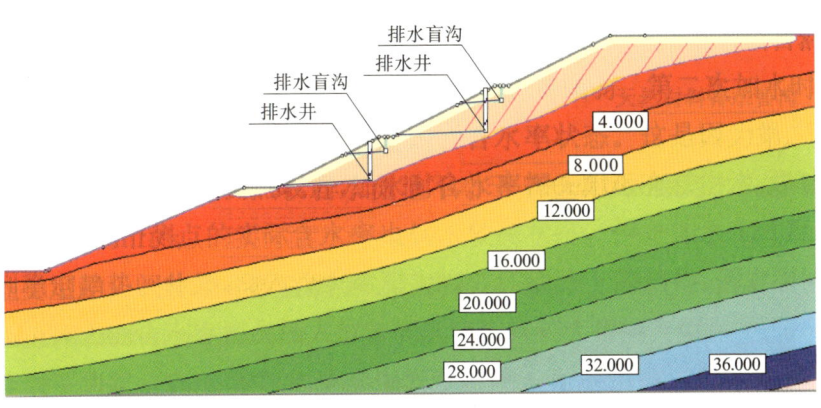

图 5-41　9+585 至 9+740 右岸典型断面排水设施生效后渠道边坡压力水头线

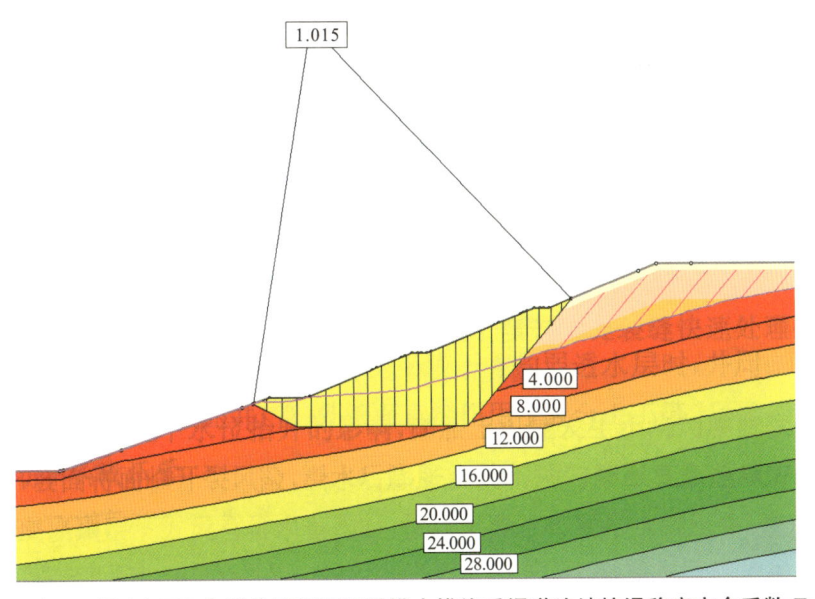

图 5-42　9+585 至 9+740 右岸典型断面设置排水措施后渠道边坡抗滑稳定安全系数 $F=1.015$

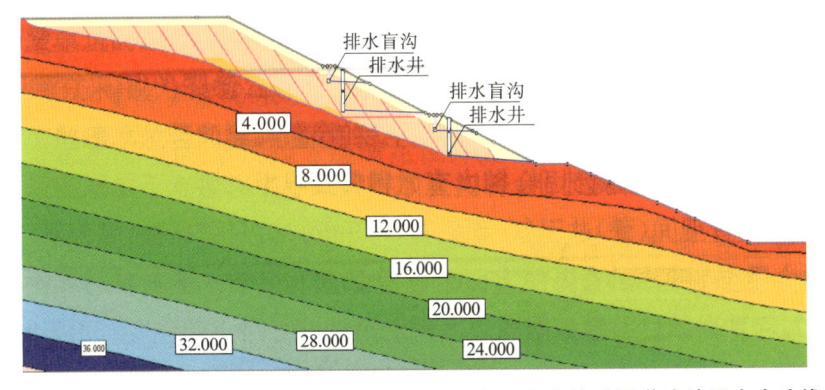

图 5-43　10+955 至 11+000 左岸典型断面排水设施生效后渠道边坡压力水头线

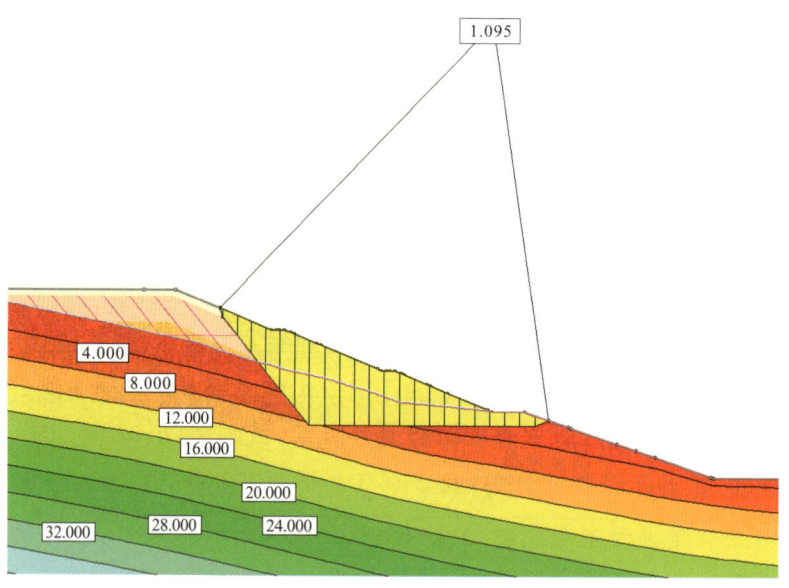

图 5-44 10+955 至 11+000 左岸典型断面设置排水措施后渠道边坡抗滑稳定安全系数 $F=1.095$

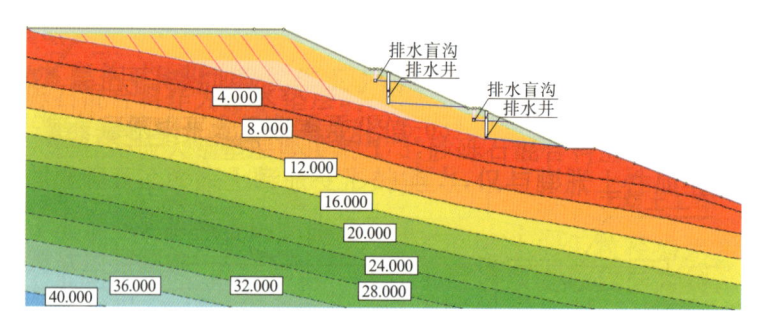

图 5-45 11+400 至 11+450 左岸典型断面排水设施生效后渠道边坡压力水头线

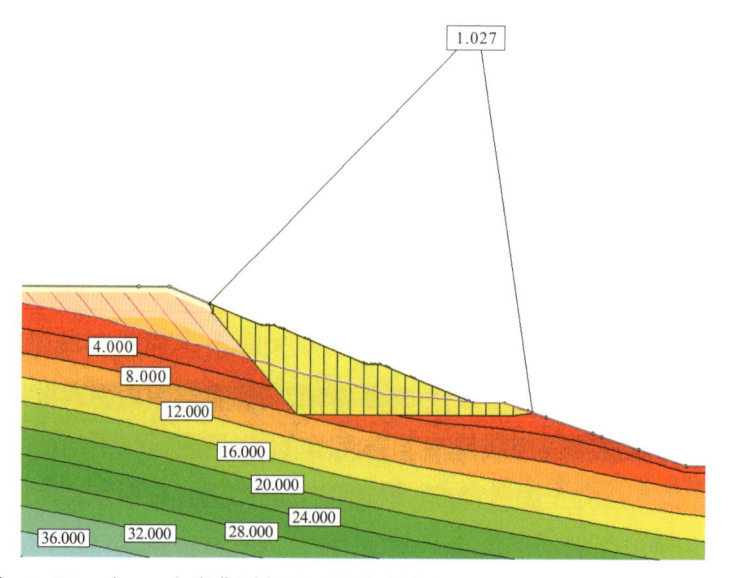

图 5-46 11+400 至 11+450 左岸典型断面设置排水措施后渠道边坡抗滑稳定安全系数 $F=1.027$

渠道边坡采用排水盲沟+排水井加固后,渠道边坡地下水位有一定降低,抗滑稳定性均得到不同程度的提高,表明了排水措施的有效性。满足规范要求的抗滑稳定安全系数需要再配合其他渠道边坡加固措施。

5.3.1.5 排水措施实施例

2021年4月排水盲沟、排水井作为应急措施先期在以上渠段二、三级边坡实施。实施完成后,经渗压监测和渗水量观测,大部分已施工排水井有地下水排出,排水降压效果较好,渠道边坡地下水位有显著下降,各测斜管监测显示渠道边坡变形基本趋于收敛或变形速率减小。

5.3.2 渠道边坡排水措施

膨胀作用下的边坡失稳归根到底是由膨胀土体发生膨胀变形而引起,控制膨胀变形是选择处理措施应考虑的关键因素。淅川2标桩号11+700至11+800右岸渠道边坡挖深约42m,渠道底宽13.5m,过水断面坡比1:3.0,一级马道宽度5m,一级马道以上每隔6m设置一级马道,除四级马道宽50m外,其余马道宽度均为2m,一至四级马道之间各渠道边坡坡比为1:2.5,四级马道以上渠道边坡坡比为1:3。渠道全断面换填水泥改性土,其中过水断面换填厚度为1.5m,一级马道以上渠道边坡换填厚度为1m。坡面采用浆砌石拱以及拱内植草的方式护坡,各级马道上均设置有纵向排水沟,坡面上设置有横向排水沟。

根据现场查勘情况以及渠首分局陶岔管理处日常巡查结果,目前现场渠道边坡主要存在如下现象:

(1)二级边坡坡脚拱圈隆起开裂

2015年10月至2016年12月,管理处在现场巡查发现二级边坡坡脚混凝土拱圈存在细小裂缝,2017年3月,抗滑桩测斜管IN06KHZ变化趋势仍不收敛,同时二级边坡坡脚混凝土拱圈裂缝有增大趋势。2017年4—8月,南水北调中线工程开始逐步加强膨胀土渠段安全监测,并增设了部分监测设施,现场巡查发现二级边坡坡脚混凝土拱圈裂缝进一步增大(图5-47),拱圈裂缝形态主要为挤压隆起开裂。

(2)三、四级边坡坡中部混凝土拱架出现裂缝

2015年起,右岸渠道边坡三、四级边坡拱骨架出现多处裂缝,且裂缝宽度随时间进一步扩展,最大宽度超过1cm,该范围内裂缝主要形态为拉裂缝(图5-48至图5-49)。

图 5-47 二级边坡坡脚拱圈隆起开裂

图 5-48 三级边坡中部拱骨架裂缝

图 5-49 四级边坡中部拱骨架裂缝

该渠段右岸渠道边坡拱骨架裂缝分布情况见图 5-50,拱骨架发生裂缝的桩号范围为 11+650 至 11+800,位于二至四级渠道边坡坡面,其中低高程拱骨架裂缝(二级边坡坡脚)形态以挤压隆起为主,高高程拱骨架裂缝以拉裂变形缝(三、四级边坡中部)为主。

削坡减载指对边坡及时平整和刷帮,改善边坡轮廓形状,以便提高边坡稳定性的边坡危害防治方法。平整边坡可减少积水对边坡的危害;刷帮可减少边坡滑坡体上的荷载,以利于边坡稳定。膨胀土渠道边坡常见的破坏形式为浅层滑动,主要发生在大气影响深度范围内,并主要受胀缩裂隙控制,滑体厚一般为 2~6m,呈牵引—叠瓦式破坏。为避免或减少浅层滑坡,可在渠道边坡表层换填一定厚度的非膨胀性黏土或改性土,并采取坡面及坡内排水措施,以防止外部环境对膨胀土产生损害作用以及形成大气影响带,避免膨胀土体含水量发生较大的变化。

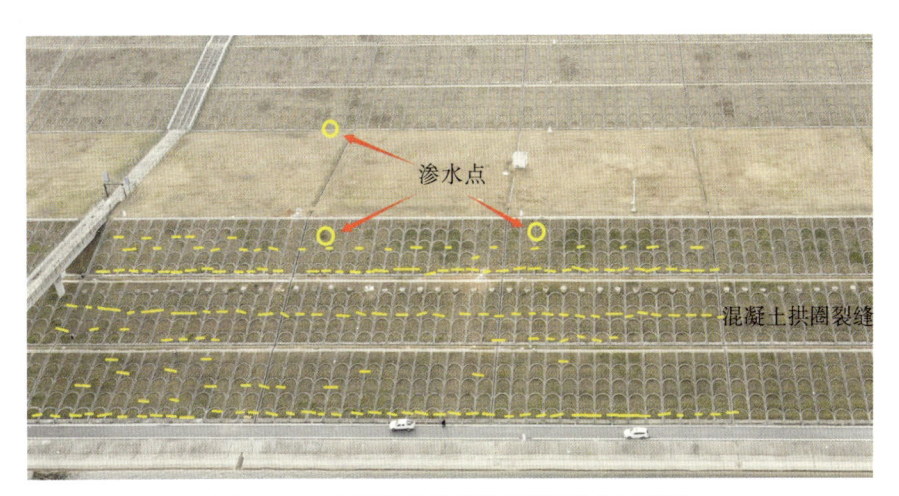

图 5-50　二至四级边坡拱骨架裂缝分布示意图

根据监测结果,渠道边坡变形主要集中在桩号 11+650 至 11+800 段二、三级渠道边坡。为了降低该段渠道边坡荷载,减缓渠道边坡变形趋势,结合现场地形条件,对桩号 11+650 至 11+800 段四级渠道边坡采用自上而下的开挖减载处理措施,具体要求为从距离四级边坡坡顶 12.3m 处的四级马道大平台按 1∶3 向下放坡至三级马道高程 160.68m 处,开挖后三级马道形成 6m 宽平台,上下游两侧开口线分别布置在 11+650 和 11+800 位置,按 1∶3 放坡(图 5-51)。开挖时以测斜管、测压管、北斗测点、水平垂直观测墩等监测设施为中心半径 1m 预留保护土墩,土墩按 1∶2.5 放坡。开挖减载边坡弃土统一临时弃至防护围栏 30m 以外。

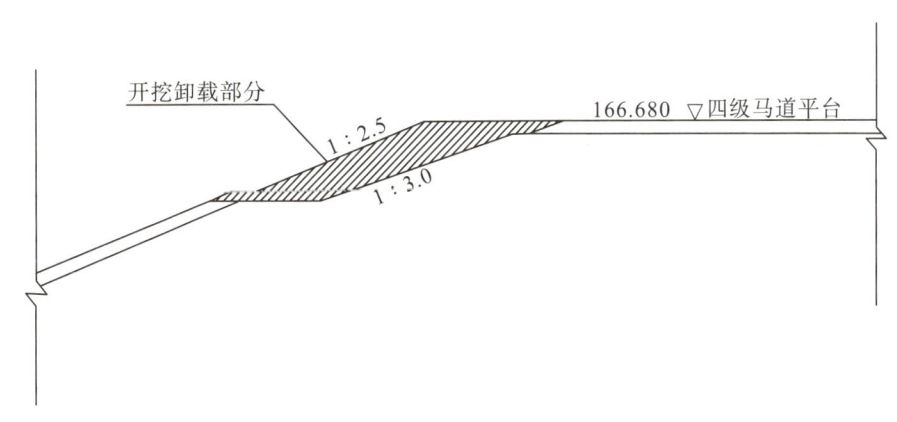

图 5-51　四级渠道边坡开挖减载示意图

为确定南水北调工程膨胀土边坡防护方案,膨胀土地基换填是主要处理措施之一,根据膨胀土渠道边坡的破坏特点,采用非膨胀土换填膨胀土边坡表层原状土,是膨胀土边坡防护有效且最经济的方法。通过削坡减载工程技术措施,用降低坡高或放缓坡角来改善边坡的稳定性,改善边坡岩土体的力学强度,提高其抗滑力,减小滑动力。削坡设计应尽量削减不稳定岩土体的高度,而阻滑部分岩土体不应削减。该渠道边坡减载方案的排水措施为卸载完成后的边坡,回填 30cm 后砂砾石或中粗砂,并铺设复合土工膜($576g/m^2$),土工膜与四级马道宽平台土工膜搭接宽度为 2m。在铺设土工膜后的坡面回填装有开挖料的土工袋,土工袋厚度 100cm,其中表层 20cm 为装填种植土和草籽的土工袋,换填断面见图 5-52。

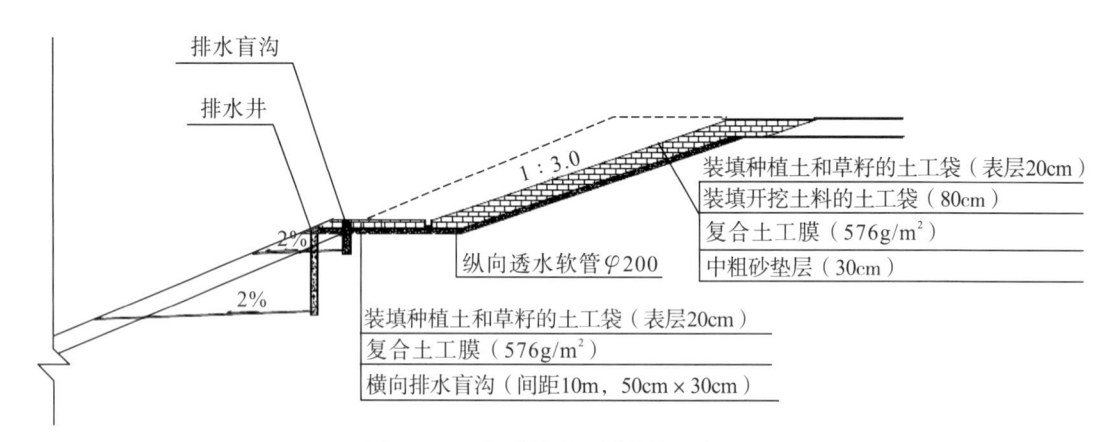

图 5-52　四级边坡土工袋换填示意图

该渠道边坡减载措施实施完成后,根据多年现场运行管理的情况,四级边坡稳定性良好,该排水措施起到了较好效果。

5.3.3　盲沟和竖向排水减压管组合排水措施

在 154+200 至 154+260(右岸)、172+853 至 173+173(左岸)、173+320 至 173+520(右岸)采用增加"盲沟+竖向排水减压管"措施。

5.3.3.1　水文地质条件及渠道结构

(1)154+200 至 154+260(右岸)渠段

渠道挖深 11m,一级马道以上二级边坡高度 2.0m 左右,渠道边坡上部为 3~5m 厚 Q_3 粉质黏土、粉质壤土,下部为 N 砂砾岩、黏土岩,砂砾岩具中等透水性,为相对含水层。该段渠道为弱膨胀土渠道,一级马道以下渠道边坡换填 1m 厚改性土,采用 10cm 厚混凝土衬砌,坡比 1:2,衬砌面板下铺设土工膜,膜下改性土层上设塑料排水盲沟,顺渠向为"人"字形,厚 3cm,宽 20cm,铺设在每块衬砌面板中间,衬砌横缝下设置直线形排水板,厚 4cm,宽 20cm。

(2)172+853 至 173+173、173+320 至 173+520 渠段

渠道挖深 11~13m,渠道边坡及渠底板由 Q_2^{dl-pl} 粉质黏土、含钙质结核粉质黏土、

钙质结核层以及 N 砂砾岩、泥灰质黏土岩、泥灰岩组成。其中钙质结核层，钙质结核含量为 40%～60%，层厚 0.5～2.0m，具中等透水性，下部渠道边坡及底板分布砂砾岩含水层厚 5～13m，具承压性。该段渠道为中膨胀土渠道，一级马道以下渠道边坡换填 1.5m 厚改性土，采用 10cm 厚混凝土衬砌，坡比 1∶3.25，衬砌面板下铺设土工膜，膜下改性土层上设塑料排水盲沟，顺渠向为"人"字形，厚 3cm，宽 20cm，铺设在每块衬砌面板中间，衬砌横缝下设置直线形排水板，厚 4cm，宽 20cm。由于该段渠道渠底存在砂砾岩透水层，渠底设计采用竖向减压井排水，沿渠道两侧距坡脚 2m 布置。

5.3.3.2 增设的排水措施

在一级马道外侧二级边坡坡脚开挖盲沟，盲沟底部开挖高程比渠道设计水位低 15cm 左右，沟底宽 80cm，盲沟内纵向铺设 φ30cm 透水软管，按间距 5m 设置 φ146mm 竖向排水减压管，排水管采用桥式钢滤管，外包土工布，管底高程在渠道底板高程 1m 以下，顶部采用 PVC 三通与纵向透水软管连接；每 30m 横向铺设 φ30cmPVC 波纹管与纵向排水管连接，将地下渗水排到渠道内；横向排水管出口设逆止阀，底高程在与渠道设计水位齐平，横坡 1∶100，以此来确定盲沟内纵向排水管铺设高程，使盲沟内汇集的渗水能自动排放到渠道内。

5.3.3.3 实施效果

2018 年 9 月在渠道桩号 154+200 至 154+260 渠段右岸，2019 年 3 月在 172+853 至 173+173 渠段左岸和 173+320 至 173+520 渠段右岸增设"盲沟+竖向排水减压管"措施，从实施到完成经历 2019—2022 年三个汛期，对应的渠道边坡未发生衬砌面板失稳隆起现象。

2021 年 7 月 22 日，渠道桩号 173+760 右岸第 3 块衬砌面板发生隆起，最大隆起高度 13cm，该部位在实施完成盲沟"自排"排水系统的 173+320 至 173+520 渠段下游 240m 处。

173+320 至 173+520 渠段地下水位高于加大水位，见 173+350 处测压管监测数据。同样条件下，已实施"自排"排水系统的渠段衬砌面板未发生失稳，而相邻未增设排水系统的渠段发生了隆起失稳现象，通过地下水位与渠道水位对比及增设盲沟"自排"排水系统后渠道边坡衬砌面板的稳定情况分析，说明在高地下水位渠段增设排水盲沟的措施是有效的，有效减小了衬砌面板下的地下水压力。

5.3.4 盲沟自排和降水井强排组合排水措施

在 153+892 至 155+334 渠段右岸、162+350 至 162+977 渠段左岸采用增加"盲沟自排+降水井抽排措施"。

5.3.4.1 水文地质条件及渠道结构

(1)153+892 至 155+334 渠段右岸

渠道挖深 11.0~14.5m,渠道边坡由 Q_3^{al-1} 粉质黏土、粉质壤土、砂岩、砂砾岩,Ptb 片岩组成;上部 Q_3 粉质黏土、粉质壤土厚 3~5m,砂砾岩具中等透水性,为相对含水层,Ptb 石英云母片岩大多强风化呈土状,局部石英脉体较大,强度高,结构面片理面发育。该段渠道为弱膨胀土渠道,一级马道以下渠道边坡换填 1m 厚改性土,采用 10cm 厚混凝土衬砌,坡比 1:2,衬砌面板下铺设土工膜,膜下改性土层上设塑料排水盲沟,顺渠向为"人"字形,厚 3cm,宽 20cm,铺设在每块衬砌面板中间,衬砌横缝下设置直线形排水板,厚 4cm,宽 20cm。该段渠道一级马道以下渠道边坡中下部存在透水层,采用在改性土层下渠道边坡坡面设排水盲沟的方式将透水层内渗水排放到渠道内。

(2)162+350 至 162+977 渠段

渠道挖深 11.0~14.5m,渠道边坡及渠底板地层主要为 Q_2 粉质黏土、N 泥质粉砂岩、砂岩、砂砾岩、E 砾岩和泥岩。Q_2 粉质黏土层厚 2.0~8.0m;N 砂岩、砂砾岩分布于 Q_2 粉质黏土之下,最大厚度 8.5m,具中等透水性;E 砾岩,分布渠道边坡中下部及底板,厚 4~6m,砾岩具中等透水性;地下水赋存于下部 N 砂岩、砂砾岩和砾岩(泥质胶结)孔隙裂隙中,砂岩、砂砾岩和砾岩(泥质胶结)具中等透水性,水量丰富。该段渠道为中膨胀土渠道,一级马道以下渠道边坡换填 1.5m 厚改性土,采用 10cm 厚混凝土衬砌,坡比 1:3.25,衬砌面板下铺设土工膜,膜下改性土层上设塑料排水盲沟,顺渠向为"人"字形,厚 3cm,宽 20cm,铺设在每块衬砌面板中间,衬砌横缝下设置直线形排水板,厚 4cm,宽 20cm。由于该段渠道渠底存在砂砾岩透水层,渠底设计采用竖向减压井排水,沿渠道两侧距坡脚 2m 布置。

5.3.4.2 增设的排水措施

在一级马道外侧二级边坡坡脚开挖盲沟,盲沟底部开挖高程比渠道设计水位低 15cm 左右,沟底宽 80cm,盲沟内纵向铺设 φ30cm 硬式透水管,每 30m 横向铺设 φ30cmPVC 波纹管与纵向排水管连接,将地下渗水排到渠道内;横向排水管出口设逆止阀,底高程在与渠道设计水位齐平,横坡 1:100,以此来确定盲沟内纵向排水管铺设高程,使盲沟内汇集的渗水能自动排放至渠道内。

在渠道二级边坡坡脚排水沟外侧每 40m 设置一道降水井,钻孔直径 60cm,井管采用 φ30cmPVC 花管,井管底部高程在渠底高程以下 1m,顶部高出渠道边坡坡脚排水沟侧墙顶 50cm,便于安放水泵抽水。

典型排水措施施工现场见图 5-53。

(a)排水减压管钻孔安装 　　　　　(b)排水盲沟开挖

(c)纵向排水管铺设 　　　　　　　(d)盲沟回填

图 5-53　典型排水措施施工现场图

5.3.4.3　实施效果

2021年7月20—21日48h连续降雨量87.4mm,降雨后162+350至162+977渠段左岸抽排井内水位(地下水位)高程为139.07m、渠道水位高程为137.03m,该渠段设计水位为137.18m,抽排井水位(地下水位)高于渠道水位2.04m,高于设计水位1.89m。由于该段增设了排水系统,未出现衬砌面板隆起现象。

2019年12月,在153+892至155+334渠段右岸、162+350至162+977渠段左岸增设"自排+抽排"排水系统实施完成后,未出现衬砌面板失稳隆起现象。

5.3.5　水下逆止阀排水措施

5.3.5.1　实施情况

在157+580至157+700左岸渠道边坡增设逆止阀,高程在渠道运行水位以下,实施程序为①渠道边坡安装钢围堰→②围堰内抽排水→③衬砌面板方窗切割凿除→④剪切土工膜→⑤开挖排水槽→⑥安放排水花管→⑦用反滤料回填排水槽→⑧土工膜与排水管粘接→⑨衬砌面板窗口混凝土浇筑→⑩排水管口安插逆止阀→⑪围堰内充水→⑫转移钢围堰。

钢围堰采用汽车起重机整体移动，根据操作空间需要确定围堰内部尺寸，通过受力和稳定性分析确定钢板厚度，在钢围堰的下部增加支撑保证稳定性和抗水流冲刷能力，底部橡胶止水设三道鼻子，提高止水效果，围堰内部预留空间，可用水泵排除施工期积水。一般在 2h 之内即可完成拆除、安装和抽空作业。

钢围堰安装情况见图 5-54。

图 5-54　钢围堰安装情况

逆止阀为 ABS 材质，采用经过专门设计的不锈钢丝弹簧来控制逆止阀拍门的开启，用 PE 压盘连接逆止阀和土工膜。当地下水位高程超过渠道水位高程 2cm 以上时，拍门即排水，地下水位降低时弹簧拉紧拍门防止淤堵，见图 5-55。

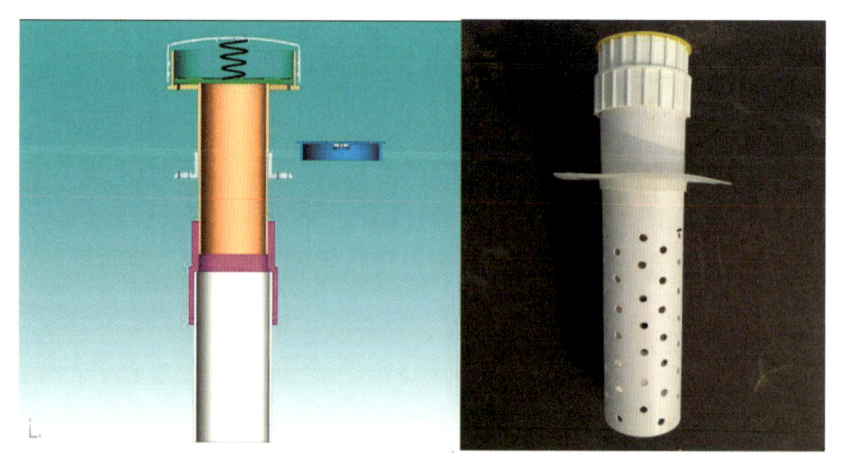

图 5-55　逆止阀

逆止阀安装前,需先在衬砌面板上凿开一个30cm×30cm的窗口,并在衬砌面板下开挖集水槽,由于地下水位高,施工过程中渠道边坡出现涌水现象,先用逆止阀压盘连接土工膜使水流通过逆止阀排出,然后用模板封堵窗口,再浇筑水下不分散混凝土修复衬砌面板和固定逆止阀,见图5-56。

图5-56 逆止阀安装效果

5.3.5.2 实施效果

在157+695至157+820左岸渠道边坡衬砌面板增设逆止阀26处,在该段两端分别设置渗压计,根据渗压计、测压管、渠道水位曲线图分析,通过渠段地下水位与渠道水位对比,地下水位随渠道水位同步稳定波动。

2020年7月21日,强降雨后,在157+877左岸渠段水面以下沿水流方向衬砌面板连续发生了6块隆起失稳现象,隆起高度最大约15cm。而在上游57m处已安装渠道边坡逆止阀的渠段未发生衬砌面板隆起。说明在高地下水位渠段安装逆止阀起到了保证面板下排水系统通畅的作用,从而减小了衬砌面板土工膜下的地下水压力。

5.4 快速排水施工工艺及质量控制方法

5.4.1 施工工艺

5.4.1.1 排水垫层

(1)垫层材料

①砂垫层应采用级配良好、质地坚硬的中粗砂或砂砾石。采用的垫层材料中不得含有杂草、树根等有机杂质。

②中粗砂垫层材料的细度模数应控制在2.8~4.5范围内。

③采用砂砾石混合料作为排水垫层时,砂砾石中中粗砂含量宜控制在35%～50%范围。砾石最大粒径不应大于垫层厚度的1/3,砂砾石混合料应级配良好,并满足：

$$CV = \frac{D_{30} \times D_{30}}{D_{60} \times D_{10}} = 1.5 \sim 2.5 \qquad (5\text{-}1)$$

式中：D_{10}、D_{30} 和 D_{60}——粒径分布曲线上小于某粒径的土粒含量分别为10%、30%和60%时所对应的粒径。

④无论是粗砂还是砂砾石作为垫层材料,总含泥(粒径小于0.075mm)量不得超过3%,粒径为0.075～0.2mm的颗粒含量不应大于10%。

⑤垫层料的渗透系数应满足表5-9的要求。

表5-9　　　　　　　　　垫层材料渗透性要求

垫层地基渗透系数 ks/(cm/s)	垫层料渗透系数	备注
$ks \leq 1 \times 10^{-4}$ cm/s	$\geq 100 \times ks$	
$ks = 1 \times 10^{-3} \sim 1 \times 10^{-4}$	$\geq 50 \times ks$	
$ks \geq 1 \times 10^{-3}$	$\geq 10 \times ks$	

⑥当垫层厚度≥20cm时,建议优先采用满足要求的砂砾石混合料作为排水垫层。

(2)垫层基础面处理要求

①垫层基础平整度应满足招标文件要求,垫层基础面总体轮廓应满足设计断面及相关文件要求,不应欠挖。

②对于软土(包括改性土)渠段,基础面局部起伏度(任意100cm×100cm范围)不大于2cm。

③对于土中含有的孤石或软岩地基,考虑到垫层在一定程度上起到找平作用,局部起伏度(任意100cm×100cm范围)一般不大于10cm。当建基面存在局部凹坑时,根据所处部位和垫层料本身稳定要求,视具体情况现场确定。

④垫层平均厚度不小于设计厚度。最小厚度不小于设计厚度的70%;单块衬砌面板区域内垫层厚度不小于设计厚度,区域的面积应不小于衬砌面板面积的70%。且厚度较小区域不应沿渠道纵向形成条带分布。

⑤对于土基上的排水垫层,排水垫层的建基面应采用平碾压实,并清除表面杂土。当局部表面存在表层泡水软化现象时,应在垫层料敷设前清除表面软化层,并快速采用垫层材料回填。

(3)垫层施工技术要求

①垫层敷设时,下卧层面应平整、坚硬无浮土、无积水,当局部区域存在积水软化现象时,应清除软化区域并以垫层料回填。

②严禁施工过程中扰动垫层的下卧层及侧壁的软弱土层,防止践踏或其他作业将下卧层土或其他泥土混入垫层料中,污染垫层。

③垫层料敷设后,应采用合适的碾压或振捣器使其密实,压实过程中可适当洒水湿润,但应防止洒水过量造成施工作业面积水,合格的垫层相对密度应不小于0.7。

④垫层表面轮廓尺寸应满足设计文件要求,表面平整度误差不大于2cm,不得超填。

⑤不同标段或施工段垫层分段铺筑时,必须做好接合部位衔接处理,防止出现垫层错位现象,对于纵向排水暗沟结合部结合坡度不陡于1∶2.5,后施工者应保证结合部排水垫层的排水通道通畅,且要满足垫层材料密实度要求。

5.4.1.2 天然材料排水盲沟

天然材料排水盲沟指盲沟中回填料为粗砂、砂砾石等天然透水材料的排水盲沟,其施工应满足以下要求:

①天然材料排水盲沟断面尺寸和走向应满足设计要求,开挖成形的沟槽应顺直、底部平整,盲沟内按设计图纸要求铺设粗砂或砂砾石、碎石料。

②当设计要求排水盲沟中埋设透水软管时,透水软管埋设与安装技术要求应按相关要求执行。

③当盲沟顶部为现浇混凝土时,盲沟顶面与混凝土之间应敷设土工膜,并固定牢靠,防止混凝土浇筑过程中的水泥浆流入排水盲沟中。

④排水盲沟填料颗粒级配应满足盲沟地基反滤要求,当排水盲沟断面短边(厚度或宽度)尺寸小于10cm时宜采用粗砂,大于20cm可采用砂砾石或级配碎石。砂砾石级配应满足垫层料要求,砂砾石中粗砂含量宜控制在35%~50%范围。砾石最大粒径不宜大于垫层厚度的1/3,粒径小于0.075mm的含量不宜大于3%;级配碎石粒径为5~20mm,外包300g/m² 土工布,土工布质量应满足《土工合成材料 长丝纺粘针刺非织造土工布》(GB/T 17639—2023)的规定。

⑤排水盲沟填筑材料的渗透系数应不大于5×10^{-2}cm/s。

⑥排水盲沟填料施工时,可适当洒水,并采用平板夯或局部人工夯击方式使其密实,填料相对密实度应不小于0.70。

⑦排水盲沟施工还应满足以下要求:

a. 盲沟应跳仓开挖,开挖前采用钢管桩支护,跳仓时每次开挖长度不超过4m。

b. 垫层基础平整度、基础面总体轮廓应满足设计断面及相关文件要求,不应欠挖。

c. 对于软土(包括改性土)渠段基础面局部起伏度(任意100cm×100cm范围)不大于2cm。

d. 垫层平均厚度不小于设计厚度。

e. 垫层敷设时,下卧层面应平整,坚硬无浮土、无积水,当局部区域存在积水软化现象时,应清除软化区域并以垫层料回填。

f. 严禁施工过程中扰动垫层的下卧层及侧壁的软弱土层,防止由于践踏或其他作业将下卧层土或其他泥土混入垫层料中污染垫层。

g. 垫层料敷设后,应采用合适的碾压或振捣器使其密实,压实过程中可适当洒水湿润,但应防止洒水过量造成施工作业面积水,合格的垫层相对密度应不小于0.7。

h. 垫层表面轮廓尺寸应满足设计文件要求,表面平整度误差不大于2cm,不得超填。

i. PVC花管段开孔率为30%,花管段及花管端部应外包150g/m² 土工布,土工布必须满足现行的《土工合成材料 长丝纺粘针刺非织造土工布》(GB/T 17639—2023)的规定。

j. PVC排水管的出口与坡面排水相连接,避免渗水对土坡冲刷。

5.4.1.3 透水软管

(1)透水软管材料要求

①透水软管质量与性能要求应满足《软式透水管》(JC/T 937—2004)要求。

②除非结构要求,不同规格、不同部位的透水软管单根长度应连续,中间不能有接头。

③透水软管技术指标见表5-10。

表5-10　　　　　　　　透水软管性能指标

项目		性能要求		备注
		$\varphi300$	$\varphi250$	
钢丝	钢丝直径/mm	≥5.5	≥5.0	
	间距/(圈/m)	≥17	≥19	
	保护层厚度/mm	≥0.60	≥0.60	
滤布	纵向抗拉强度/(kN/5cm)	≥1.3		GB/T 3923.1—2013
	纵向伸长率/%	≥12		GB/T 3923.1—2013
	横向抗拉强度/(kN/5cm)	≥1.0		GB/T 3923.1—2013
	横向伸长率/%	≥12		GB/T 3923.1—2013
	CBR顶破强度/kN	≥2.8		SL 235—2012
	渗透系数$K20$/(cm/s)	≥0.1		SL 235—2012
	等效孔径O_{95}/mm	0.06~0.25		GB 14799—2024

续表

项目		性能要求		备注
		$\varphi 300$	$\varphi 250$	
管	耐压扁平率1%/(N/m)	≥5600	≥4800	SL/T 235—2012
	耐压扁平率2%/(N/m)	≥6400	≥5600	SL/T 235—2012
	耐压扁平率3%/(N/m)	≥7600	≥7200	SL/T 235—2012
	耐压扁平率4%/(N/m)	≥9600	≥8800	SL/T 235—2012
	耐压扁平率5%/(N/m)	≥14000	≥12000	SL/T 235—2012
	管糙率	0.014		曼宁公式
	管通水量/($\times 10^{-3} cm^3/s$)	≥0.13	≥0.18	$J=1/250$

(2)透水软管安装与埋设

①不同渠段透水软管连接必须平顺,防止发生错位。接头处透水软管钢丝应焊接牢靠,并进行防腐处理、在焊接部位外包土工布。

②透水软管在垫层材料填筑到软管顶高程并压实到满足设计要求后,采用人工挖槽沟埋,开挖沟槽断面为梯形断面,底宽为透水软管直径,边坡1:1,沟深1.5倍软管直径,管周采用粗砂整平和填塞。

③安装好的透水软管轴线应顺直,纵坡与设计坡度起伏误差任意每沿米不大于3mm,起点至排水口总体误差不大于10mm。

④透水软管与PVC岔管接头采用PVC三通管连接,三通管主管内径应略大于透水软管外径,使其能穿过,支管内径与PVC岔管外径相匹配,采用丝扣连接。施工时将与支管对应部位软管的外包反滤布剥除。

5.4.1.4 PVC排水管

(1)材料要求

①PVC管的质量与性能要求应满足《建筑排水用硬聚氯乙烯(PVC-U)管材》(GB/T 5836.1—2018)。

②管材内外壁应光滑,不允许有气泡、裂口和明显的痕纹、凹陷、色泽不均及分解变色线。管材两端面应切割平整并与轴线垂直,管材直径厚度应满足设计文件要求。

③PVC管材的主要物理性能参见表5-11。

表5-11　　　　　　　　　PVC管材的主要物理性能

项目	单位	指标
密度	kg/m²	1350~1550
维卡软化温度(VST)	℃	≥79

续表

项目	单位	指标
纵向缩率	%	≤5
二氯甲烷浸渍试验		表面变化不劣于4L
拉伸屈服强度	MPa	≥40
落锤冲击试验	TIR	≤10%

注:范围取值包含上下限。

(2)PVC排水管安装与埋设

①PVC管连接(包括对接、弯管、变径、分叉)应采用接头管或岔管丝扣连接,连接时丝扣面应涂刷PVC胶合剂。

②埋在混凝土内的PVC管安装时,应按设计图纸要求就位,管轴线应顺直,纵坡应满足设计要求,应固定牢靠,避免混凝土施工时发生移位。

③水平敷设埋在填土中的PVC管宜采用沟埋式,管周采用填土人工夯实或细石塑性混凝土填塞。

a. 采用人工夯实时,沟槽断面为梯形断面,PVC埋管两侧填筑区宽度应不小于20cm,沟侧坡1∶2,人工夯实分层厚度12～15cm,压实度与填土相同。

b. 采用细石塑性混凝土填塞时,沟槽断面为梯形断面,底宽为PVC管直径,边坡坡比为1∶1,沟深为1.5倍软管直径。

④垂直穿过填筑区的PVC埋管填筑时管周应人工分层夯实,夯实分层厚度取填筑厚度的50%,压实度要求与填筑土相同,人工夯实与机械碾压区搭接应满足机械碾压相关要求。

⑤钻孔穿过土层的PVC管,钻孔直径应满足设计要求,穿过砂性土层的管段按排水管的构造要求处理,穿过黏性土层管段采用塑性水泥浆或塑性砂浆或黏土球填塞。

⑥当设计要求PVC管安装截渗环时,截渗环基础应埋置在压实作业完成的黏土层上,截渗环上下方与地基土之间采用塑性砂浆包裹。

⑦PVC管作为排水盲沟的排水通道时,PVC管埋入盲沟部分应做成花管段,且埋入盲沟内的花管段长度不小于50cm,不满足要求时可将排水盲沟尺寸局部扩大或采用"T"形管(图5-57)或"L"形管(图5-58)将花管段沿盲沟纵向布设。

⑧PVC花管段开孔率为30%,花管段及花管端部应外包150g/m² 土工布,土工布必须满足《土工合成材料 长丝纺粘针刺非织造土工布》(GB/T 17639—2023)的规定。

⑨在浇筑混凝土、管道周边土石方填筑时,应对管道采取妥善的保护措施,防止混凝土或填土进入堵塞管道。

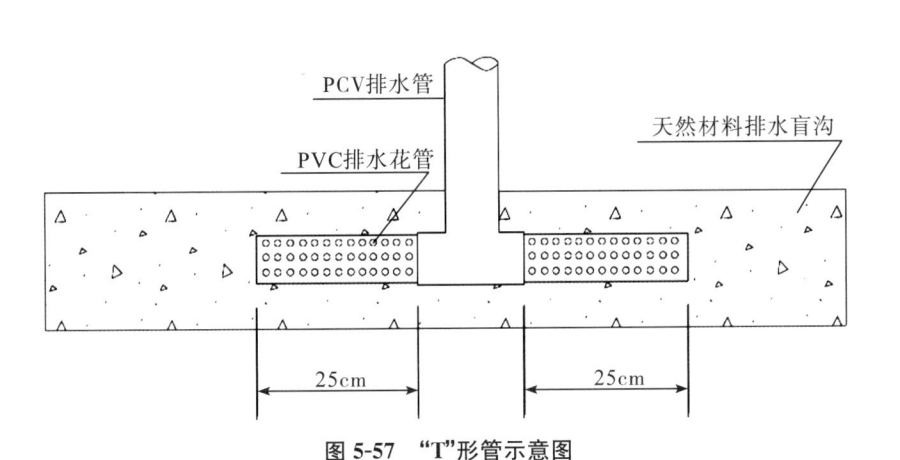

图 5-57 "T"形管示意图

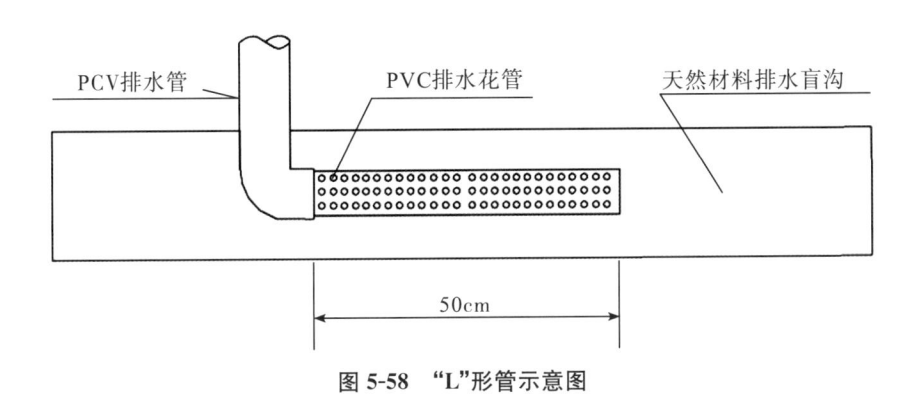

图 5-58 "L"形管示意图

5.4.1.5 塑料盲沟

(1)塑料排水盲沟材料要求

塑料盲沟采用由热塑性合成树脂加热溶化后通过喷嘴挤压出的纤维丝状多孔材料叠置而成。纤维丝外表面包裹 150g/m² 土工布,土工布必须满足《土工合成材料长丝纺粘针刺非织造土工布》(GB/T 17639—2023)的规定。

(2)塑料排水盲沟安装与埋设

①塑料排水盲沟布置、断面尺寸应满足设计图纸要求。排水盲沟顶面应与渠道坡面平齐。

②塑料排水盲沟应外包土工布使其满足坡面土渗流反滤要求,土工布包裹方式根据渠道衬砌结构形式分为两种情况:

a. 渠道混凝土衬砌面板下设有防渗土工膜时可采用全包裹和部分包裹方式,分别参见图 5-59 和图 5-60。

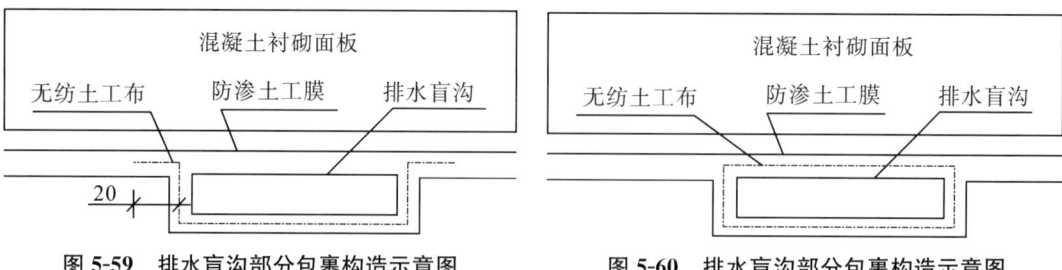

图 5-59　排水盲沟部分包裹构造示意图

图 5-60　排水盲沟部分包裹构造示意图

b. 渠道混凝土衬砌面板下不设防渗土工膜时应采用图 5-61 所示的全包裹方式。

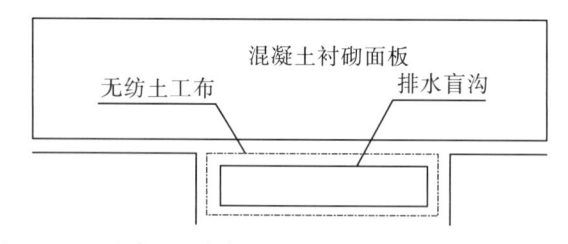

图 5-61　无防渗土工布条件下排水盲沟部分包裹构造示意图

③塑料排水盲沟之间的结合部位以及纵向接头处塑料排水板应直接接触(图 5-62),不应留有空隙或有土工布隔开(图 5-63)。

图 5-62　塑料排水盲沟之间连接示意图

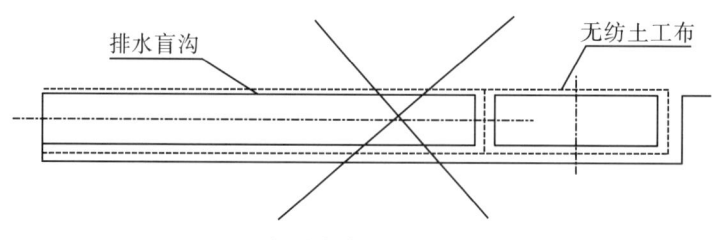

图 5-63　塑料排水盲沟之间错误连接方式

④塑料排水盲沟与天然材料排水盲沟连接时,塑料排水板应插入天然排水料内至少 5cm(图 5-64)。

⑤在塑料排水盲沟接头处及端部,应固定牢靠,防止施工扰动使其发生位移。

⑥在坡面上开槽后铺设塑料排水盲沟,如排水盲沟和沟槽两侧留有空隙,应采用粗砂填实。

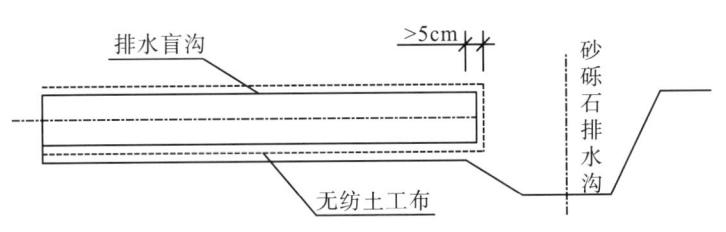

图 5-64　排水盲沟与砂砾石盲沟连接纵剖面

5.4.1.6　渠道衬砌排水减压装置

(1)逆止阀排水减压装置组成

大体上由排水减压管、逆止阀阀体、防淤堵顶盖三个部分构成,见图 5-65。排水减压装置是否安装根据设计文件确定。

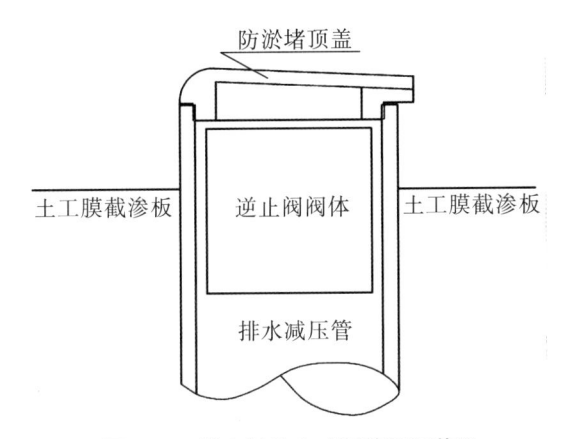

图 5-65　逆止阀排水减压装置组装图

(2)逆止阀阀体

外形应为圆柱形,可整体拆卸,直接嵌入排水减压管排水口处。阀体通过阀体与排水减压管之间的止水环及排水口上的防淤堵顶盖固定。阀体与排水减压管之间的截水环应能保证在 1.0kg 水压力作用下无渗漏。

(3)防淤堵顶盖

顶部应为流线形,顶面高出渠道混凝土衬砌过水表面不超过 5cm。防淤堵顶盖排水口排水方向与渠道水流方向一致,排水口尺寸应能满足排水能力要求。防淤堵顶盖采用直螺纹与排水减压管连接,底部应能限制逆止阀在地下水作用下向上滑移。

(4)排水减压管

除应满足相关规定相关要求外,其厚度应能有效防止施工期在安装与混凝土浇筑过程中产生危害性变形,以免造成逆止阀安装困难或降低逆止阀与排水减压管之间止水环的止水效果。

（5）安装保护

在排水减压管安装、渠道衬砌、逆止阀安装过程中应采取妥善的保护措施，防止施工过程中损坏或堵塞排水减压管及其防渗和连接构造。

（6）排水减压管安装要求

排水减压管应在渠道混凝土施工时安装就绪，并固定牢靠，在混凝土浇筑施工完成后，竖向布置的排水减压管铅直度误差不应大于0.5°，水平或仰斜布置的排水管不应下倾，其方向与设计角度偏差不应大于0.1°，且安装误差应满足逆止阀正常运行要求。

（7）逆止阀安装要求

逆止阀阀体、防淤堵顶盖安装可与排水减压管同时安装，亦可选择合适的时机安装。无论何时安装，施工单位应采取有效的保护措施，保障在渠道冲水前所有逆止阀完好无损，水流流道通畅，逆止阀的逆止与启动功能满足设计要求。

1）逆止阀

①逆止阀技术参数应满足以下要求：

开启压力：≤30mm水柱；

返渗密封：≥15mm水柱时无泄漏；

排水能力：稳定水头差5cm时，排水流量不小于100mL/s，

稳定水头差10cm时，排水流量不小于180mL/s。

②拍门式逆止阀不应安装在竖向布置的排水减压管中，球形逆止阀不应安装在水平布置的排水管中。

③用于工程的所有逆止阀均应是专业厂家生产的、经检验质量合格的产品，所有产品均应有出厂合格证。并应标明产品的启动与逆止水压力、压力水头与排水流量关系曲线，适用环境、安装精度要求等性能及安装要求数据。

④产品运达现场后应进行抽样检验，抽样原则应选择每批产品中外观质量相对较差、止水盖板转动阻力相对较大、止水球容重偏差较大的样品进行现场试验。抽样检验比例为1%。

⑤运抵现场安装的逆止阀，所有逆止阀在安装时应有专人逐个进行外观质量检查确认。

2）排水减压管及其连接

①排水减压管可采用满足《建筑排水用硬聚氯乙烯（PVC-U）管材》（GB/T 5836.1—2018）要求的PVC-U、PP-R等管材制作。

②竖向布置的排水减压管直径为200mm，壁厚为7.7mm。水平布置排水减压管直径为110mm，壁厚4.2mm。

③排水减压管一端与异径三通相连接(与透水软管或 PVC 积水管连接)或直接通过花管段插入强透水地层中,另一端固定在渠道衬砌混凝土板中,管口露出混凝土衬砌表面 10mm。施工期间,在逆止阀及防淤堵顶盖安装前,在排水减压板管口处应加临时保护盖板。

④排水减压管外,与渠道防渗土工膜对应处外套连接板,连接板材料与排水减压管材料相同,连接板与排水减压板之间采用与之对应的、专业厂家生产的合格专用黏结剂黏合、密封。土工膜黏结在连接板上。

⑤工程段中几种典型的排水减压装置布置参见图 5-66 至图 5-71。渠底排水减压管设计按竖直方向布置,坡脚排水减压管布置方向为坡面法线方向。坡中排水减压管布置方向为与渠道水流方向垂直的水平方向。

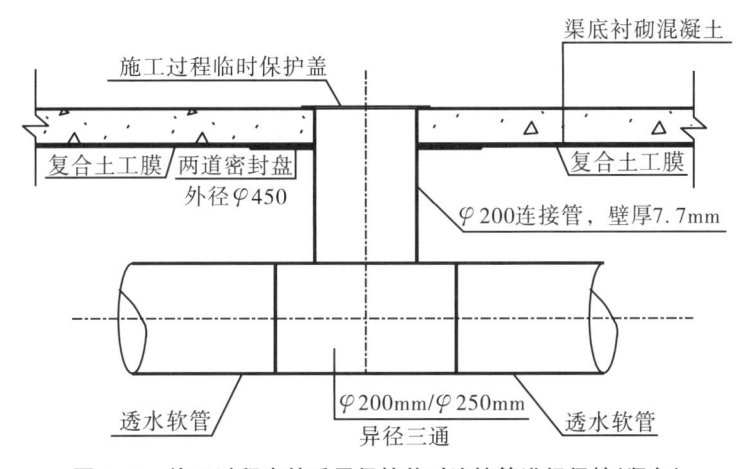

图 5-66 施工过程中的采用保护盖对连接管进行保护(竖向)

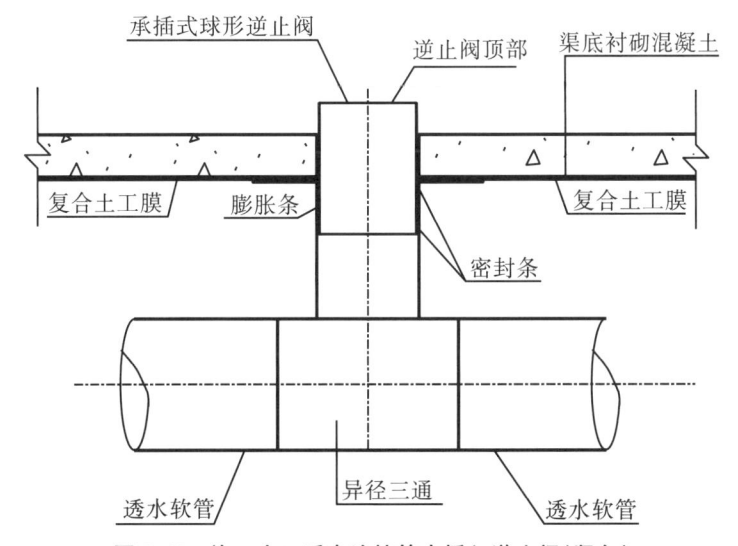

图 5-67 施工完工后在连接管中插入逆止阀(竖向)

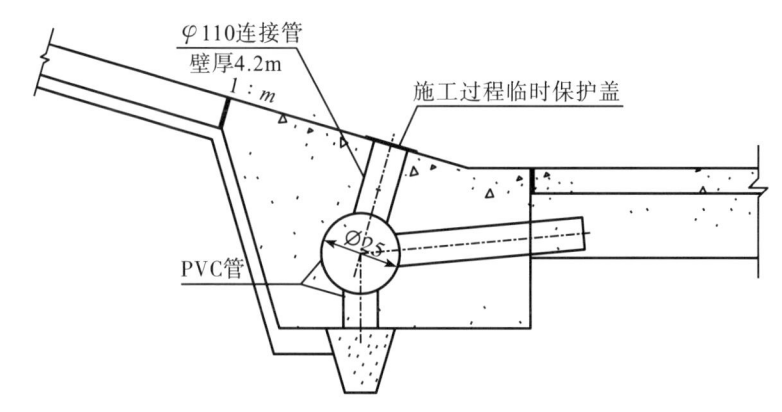

图 5-68　施工过程中的采用保护盖对连接管进行保护(坡脚)

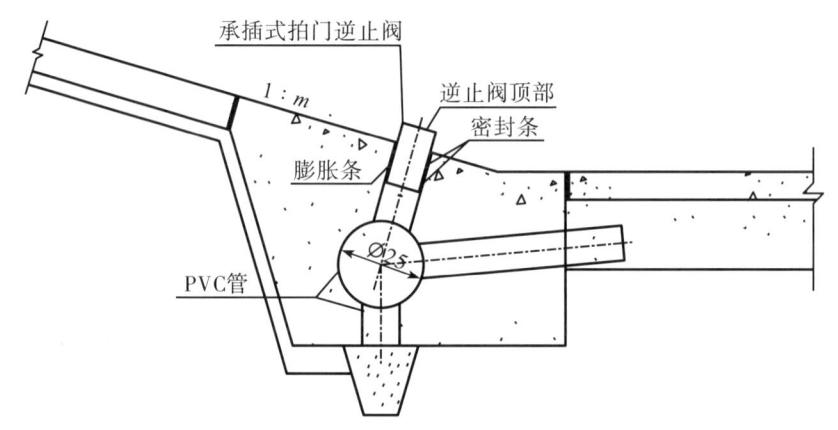

图 5-69　施工完工后在连接管中插入拍门式逆止阀(坡脚)

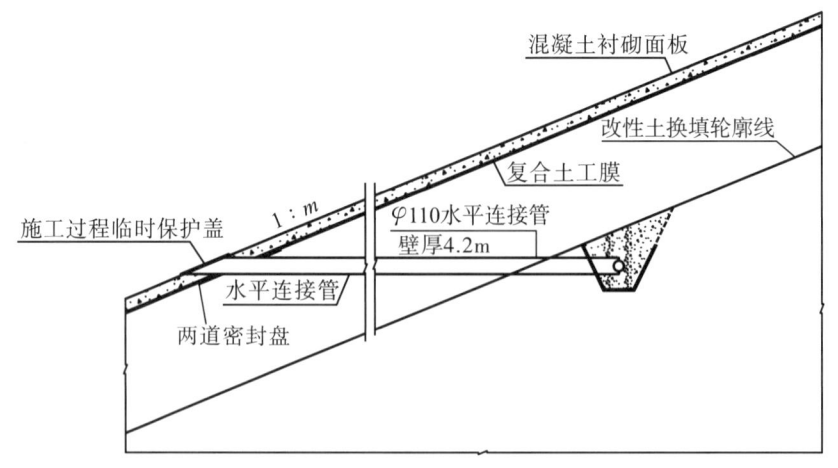

图 5-70　施工过程中的采用保护盖对连接管进行保护(坡中间)

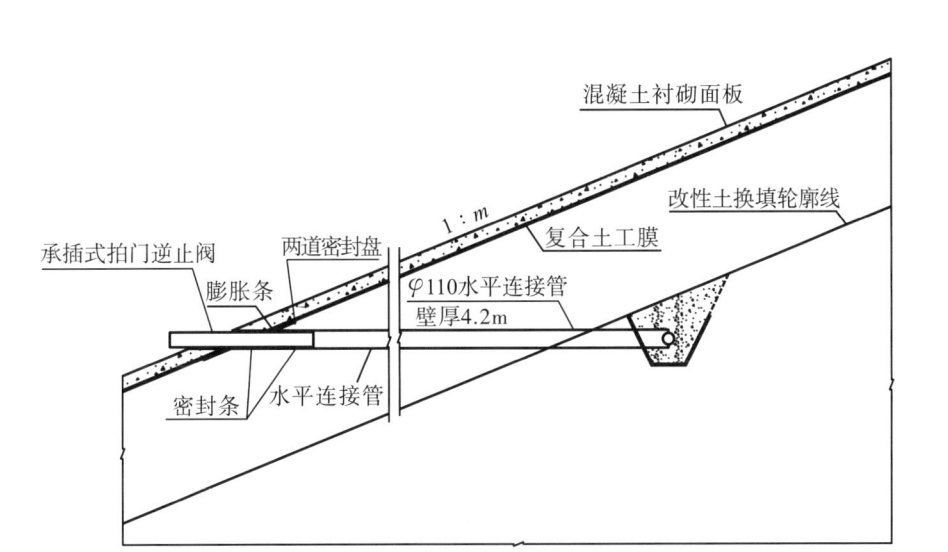

图 5-71 施工完工后在连接管中插入拍门式逆止阀(坡中间)

⑥排水减压管与排水盲沟中的透水软管连通时,通过异径三通与透水软管相连接,透水软管可直接穿过异径三通主管,但要将与排水减压管对应部位的外包反滤布切除,以减少水流阻力。

3)渠底以下具有一定埋深强透水承压含水层处理

①当渠道底板防渗土工膜以下(无换填层)或换填层建基面以下深度5m内的地基中存在强透水层时,为满足渠道底板或换填土层抗浮稳定的要求,需在渠道底板或换填层底部增设减压井、减压管或排水盲沟(当深度小于1.5m时设排水盲沟)。排水井及排水盲沟布置见相应渠段设计文件。

②底板下减压井、减压管施工应在改性土换填完成后,渠道排水垫层敷设前完成钻孔和安装;减压管具体构造要求见设计图,减压井具体构造要求详见相关设计文件。具体渠段的设计参见相关设计文件

5.4.1.7 一级渠道边坡纵横向排水盲沟

排水盲沟施工步骤为:

(1)混凝土拆除

拆除需要实施的渠段一级马道路面(沥青路面)、纵向排水沟、渠道衬砌结构、二级边坡坡脚混凝土等。

拆除原有纵向排水沟及二级边坡坡脚混凝土时,注意保护硅芯管,该挖方段的硅芯管铺设于巡渠路(一级马道)的纵向排水沟外侧,管道中心线距排水沟中心线0.54m、巡渠路面以下0.8m处,可参考硅芯管道横断面布置图,开挖前应先开挖探坑复核硅芯管位置。

(2) 纵向排水盲沟

纵向排水盲沟设置于渠道一级马道坡脚纵向排水沟下面,盲沟底部高程由渠道设计水位和横向排水管管底高程控制,开挖至纵向排水盲管底部高程以下15cm处,为避开扰动硅芯管,盲沟底部开挖宽度与纵向排水沟宽度0.8m一致,靠近二级边坡一侧为保护硅芯管需垂直开挖,靠近渠道一侧按照1∶0.5坡比开挖,施工时为减少对二级边坡稳定和避免沟槽塌方,可采用每5m进行分段开挖回填。盲沟底部高程以上15cm处设置φ300塑料排水盲管外裹土工布,与横向排水管通过三通连接。

(3) 盲沟回填

盲沟回填砂砾料采用连续级配砂砾料,回填至纵向排水沟底板底部高程,回填砂砾料最大粒径不超过20mm,含泥量不大于5%。要求不均匀系数$Cu>5$,曲率系数$Cc=1\sim3$,满足滤土、排水要求,相对密度不小于0.7。砂砾料分层回填夯实,每层厚度不大于30cm。砂砾料回填后,右岸一级马道采用C20混凝土进行浇筑回填,回填至路面以下5cm处,路面铺设5cm厚AC-13沥青混凝土。纵向排水盲沟回填完毕后,巡渠路(一级马道)纵向排水沟按照原设计标准恢复,二级边坡坡脚浇筑宽50cm、厚10cmC20混凝土护脚。

(4) 渠道衬砌面板拆除

沿横向排水管位置拆除渠道衬砌面板,拆除宽度80cm,拆除衬砌面板混凝土时尽量不要破坏土工膜,衬砌面板拆除后沿拆除宽度中心线将土工膜剪开。

(5) 横向排水管

沿渠道方向每50m向渠道中心线方向设置一个横向排水管,横向比降为1∶100,管材为φ200HDPE双壁波纹管,横管出口底部高程为设计水位高程,管沟槽开挖宽度80cm,横向排水管出口安装φ200拍门逆止阀。横向排水沟回填采用C20混凝土进行浇筑回填,右岸管沟回填至一级马道路面以下5cm处,路面铺设5cm厚沥青混凝土,左岸管沟回填至一级马道路面;横向排水沟底部止水槽浇筑30cm×30cm(宽×高)C20混凝土。

管沟浇筑前,横向排水管壁周围应清理干净,不能有碎石或其他建筑垃圾存在,防止地下水通过排水管壁周围进入土工膜。横向排水管出口处土工膜防渗处理:土工膜与横向排水管采用热熔胶粘接,粘接宽度200mm,搭接处的波纹槽采用沥青填充饱满。

渠道右岸一级马道沥青路面恢复采用5cm厚AC-13细粒式沥青混凝土。渠道衬砌面板采用C20混凝土浇筑,重新浇筑的衬砌面板与原衬砌面板之间设置10mm分缝,缝内填充70mm宽聚乙烯闭孔泡沫板,表面为3cm双组份聚硫密封胶。路沿石恢复采用尺寸为15cm×25cm×50cm的C20混凝土预制路沿石。

纵向盲沟及横向排水管布置示意图见图 5-72。

图 5-72 纵向盲沟及横向排水管布置示意图

5.4.1.8 渠道边坡排水盲沟（排水井）

排水盲沟由中粗砂＋级配碎石料充填，盲沟内设置透水软管，透水软管通过三通接头每隔 3.4m 与 φ76mmPVC 排水管相连接，PVC 排水管出口设置于拱骨架坡面排水沟处。二、三级马道平台盲沟底部宽 0.5m，深 2.0m，顶部宽 0.8m，高 0.3m，见图 5-73。盲沟开挖前，先在盲沟靠近坡脚处进行钢管桩支护，钢管桩直径 90.0mm，深 4.0m，间距初步设置为 1.0m，钢管内充填防水砂浆，根据渠道边坡变形情况，在盲沟开挖过程中，钢管桩可加密至 0.5m。盲沟顶部采用土料回填时不易压实，本次设计采用 C15 混凝土回填。

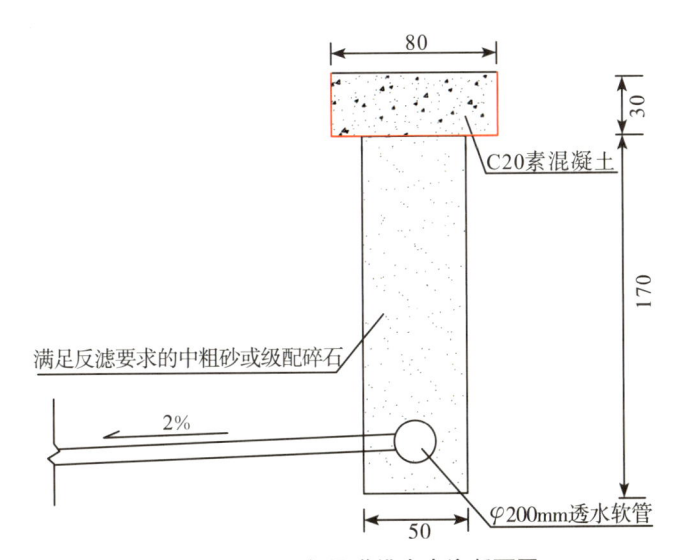

图 5-73 二、三级马道排水盲沟断面图

二级边坡坡脚排水盲沟底部宽 0.5m，深 1.4m，其中顶部宽 1m，深 0.4m，见图 5-74。排水盲沟由中粗砂充填，盲沟内设置透水软管，透水软管通过三通接头每隔 3.4m 与 φ76mmPVC 排水管相连接，PVC 排水管出口设置于一级马道排水沟处。盲沟开挖前，先在盲沟靠近坡脚处进行钢管桩支护，钢管桩直径 90mm，深 3.0m，间距初步设置为 1.0m，钢管内充填防水砂浆，根据渠道边坡变形情况，在盲沟开挖过程中钢管桩可加密至 0.5m。盲沟顶部采用 C15 混凝土回填。

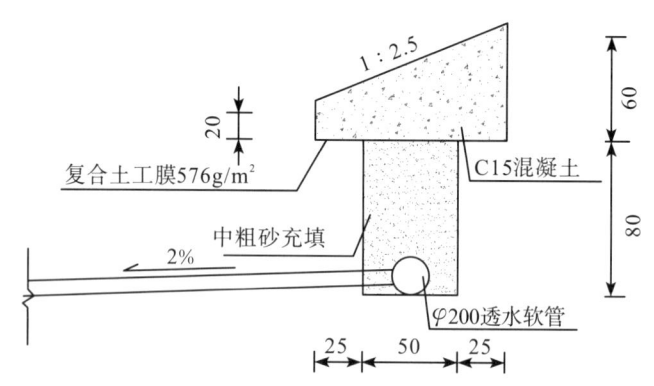

图 5-74 二级边坡坡脚排水盲沟断面图

排水井间距 4m，直径 60cm，深入坡体约 5m，井内设置直径为 30cm 的 PVC 排水花管（开孔率 30%），同时在井内填充满足反滤要求的中粗砂+级配碎石料（图 5-75）。排水井底部通过 PVC 排水管将汇集的地下水排至坡面，为了防止雨水入渗至排水井，本次设计采用 C15 混凝土将排水井封口。

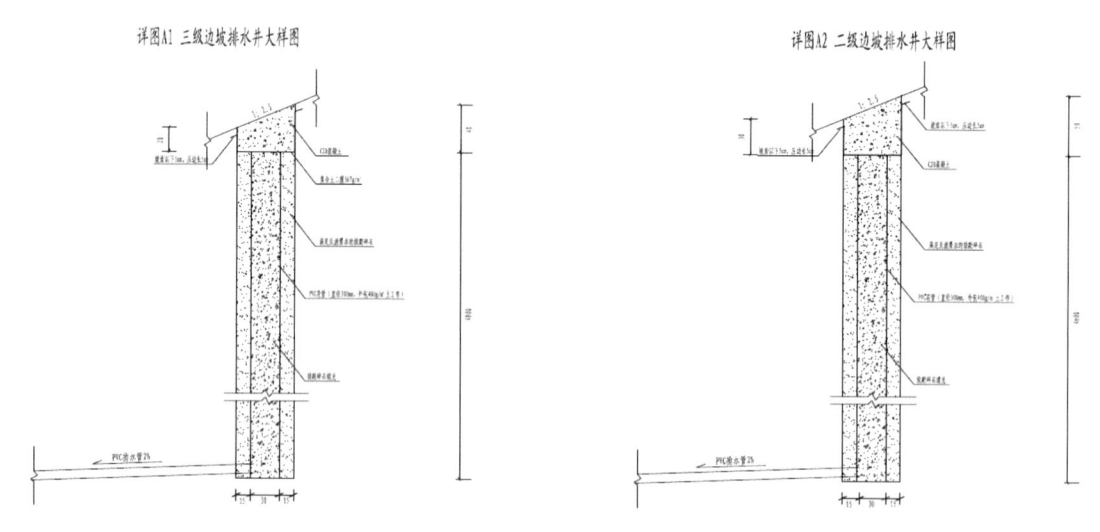

图 5-75 排水井布置剖面图

5.4.2 质量控制

5.4.2.1 排水垫层

①渠道边坡衬砌面板基面为渗透系数大于 $i×10^{-5}$cm/s 的粉质壤土、砂性土、岩石等地层时,复合土工膜底部宜采用天然粗砂或砂石混合料排水垫层。

②排水垫层厚度根据渠基的透水性、渠基土特性结合施工要求综合确定:

a. 粉质壤土渠基的排水垫层厚度宜为 10~15cm;

b. 软岩、含有大粒径姜石渠基的排水垫层厚度宜为 10~20cm;

c. 岩石渠基的排水垫层厚度宜为 10~30cm,平均厚度宜不小于 20cm,局部区域最小厚度宜不小于 10cm。

③排水垫层应采用级配良好、质地坚硬的中粗砂或砂砾石,垫层材料中不得含有杂草、树根等有机杂质。厚度 20cm 的以下的排水垫层宜采用粗砂垫层,厚度大于 20cm 排水垫层宜采用砂砾石混合料,垫层材料的具体要求如下:

a. 中粗砂垫层材料的细度模数宜控制在 2.8~4.5 范围内。

b. 采用砂砾石混合料作为排水垫层时,砂砾石混合料中的中粗砂含量宜控制在 35%~50%范围。砾石最大粒径不宜大于垫层厚度的 1/3,砂砾石混合料应级配良好,并满足 $CV=1.5~2.5$。

c. 粗砂、砂砾石混合料的总含泥(粒径小于 0.075mm)量不宜大于 5%,粒径为 0.075~0.2mm 的颗粒含量不宜大于 10%。

d. 垫层填料的渗透系数宜满足相关规范规定的要求。

④砂垫层铺设时,严禁扰动垫层下卧层及侧壁的软弱土层,防止其被践踏、受冻及受浸泡,降低其强度。

⑤砂垫层与堤体交界处的压实可用振动平碾进行。碾子的行驶方向应平行于界面,应防止心墙土被带至反滤层而发生污染。

⑥砂垫层的填筑施工参数:经压实后的砂垫层相对密度应不小于 0.7,表面平整度误差不大于 1cm。

⑦为增强压实效果,砂石垫层碾压前应适当加水湿润,加水量为 0.1~0.2t/m³。

5.4.2.2 天然材料排水盲沟

①保护膨胀土的换填层(或复合土工膜)底部的排水盲沟应根据地下水分布情况、换填层(或衬砌面板)抗浮稳定要求和具体施工情况布置。

②Ⅰ类地层,排水盲沟以顺坡方向布置为主(称为横向排水沟),盲沟顶高程宜不高于一级马道高程以下 1.5m,亦不高于渗水地层顶板,盲沟下端与渠底脚槽附近的纵向

排水通道连通。

③Ⅱ类地层，排水盲沟纵向沿透水层底板高程、横向顺渠道边坡双向布置，具体布置要求如下：

a. 纵向排水盲沟宜沿透水层底板出露线布置，盲沟底板宜位于透水层出露线下方10～30cm，盲沟内填料应直接与透水地基联通；当渠道边坡揭露多个透水地层时，宜在每个透水层底板下方设置一条纵向排水盲沟。

b. 横向盲沟位置根据纵向排水沟的排水条件确定，横向排水盲沟顶端宜在纵向排水盲沟较低处并与纵向排水盲沟联通，底端与渠底脚槽附近的纵向排水通道连通。

c. 横向排水盲沟间距宜根据b的要求确定，当间距小于4m时可结合纵向排水盲沟适当调整，当间距大于12m时宜按12m布置。

d. 渠道边坡上布置有多条纵向排水盲沟时，每条纵向排水盲沟与低处宜设置横向排水盲沟，将水导入渠底脚槽附近的纵向排水通道；高高程坡面纵向排水盲沟较低处设置的横向排水盲沟与其他纵向排水盲沟较低处相交时可串通，否则宜采取措施防止水串流。

e. 当渠道混凝土衬砌采用人工浇筑时，可取消横向排水盲沟，直接在纵向排水盲沟较低处埋设排水管穿过换填层、复合土工膜和混凝土衬砌面板，并在管口处安装逆止阀。

④当换填土地基为Ⅲ类地基时，若渠道复合土工膜下方设有保护膨胀土的换填层，其换填层下应按以下要求设置排水盲沟：

a. 宜在渠底两侧脚槽和中心线附近，平行渠道轴线方向布置3条排水盲沟；当地下水较丰富且水位较高时，宜在3条纵向排水盲沟之间增设辅助排水盲沟，排水盲沟内宜埋设透水软管。

b. 渠道底板以下有涵管穿过渠道时，在穿渠建筑物外边缘轮廓线以外1.5倍穿渠管涵结构高度（或基坑开挖边线）范围内的纵向排水盲沟宜截断，并通过加密逆止阀等措施提高衬砌面板抗浮稳定性。

c. 纵向排水盲沟之间宜采用横向排水盲沟联通，横向排水盲沟沿渠道纵向间距宜为20～30m。

d. 纵向排水盲沟宜为梯形断面，底宽一般为30～40cm，深40～50cm，边坡1∶0.5～1∶0.75。

e. 横向联通盲沟宜为梯形断面，底宽一般为30cm，深度30～40cm，边坡1∶0.5～1∶0.75。

⑤Ⅳ类渠基，根据施工需要，在天然地基基面设置纵向排水盲沟；纵向排水盲沟宜为梯形断面，底宽一般为40cm，深度50～70cm，边坡1∶0.5～1∶0.75，其他参见相关要求。

⑥保护膨胀土的换填层下方为强透水层时,可取消原设计在防渗复合土工膜与换填层之间的排水垫层或排水盲沟;并将排水减压装置下移到保护膨胀土的换填层下方。

⑦排水盲沟应采用级配良好、质地坚硬的砂砾石或级配碎石填筑,具体要求如下:

a. 砂砾石中粗砂含量宜控制在35%~50%范围。砾石最大粒径不宜大于垫层的1/3厚度,粒径小于0.075mm的含量不宜大于3%。

b. 级配碎石粒径为5~20mm或20~40mm,外包土工布,土工布质量应满足《土工合成材料长丝纺粘针刺非织造土工布》(GB/T 17639—1998)的规定。

c. 排水盲沟填筑材料的渗透系数宜不小于10^{-3}cm/s。

d. 排水盲沟填料压实后相对密实度宜不小于0.70。

⑧盲沟开挖按设计要求走向顺直,底部平整,挖深达到设计要求。盲沟内铺设中粗砂或砂石垫层后埋设透水软管,透水软管轴线与渠底平行。

a. 盲沟采用的材料规格、质量应符合图纸要求和施工规范规定。

b. 土工布的铺设应拉直平顺,接缝搭接要求符合图纸及规范要求。

c. 设置反滤层应用筛选过的中砂、粗砂、砾石等渗水性材料,按图分层填筑。

d. 排水层应采用石质坚硬的较大粒料填筑,以保证排水孔隙度。

e. 各类防渗、加固设施坚实稳固。

⑨检查项目:

排水渗沟施工质量应符合表5-12的规定。

表5-12　　　　　　　　　渗沟(盲沟)检查项目

项次	检查项目	规定值或允许偏差	检查方法
1	沟底高程/mm	±15	水准仪:每20m测4点处
2	断面尺寸/mm	不小于设计	尺量:每20m测2处

⑩外观鉴定:

a. 反滤层应层次分明。

b. 进出口应排水通畅。

5.4.2.3　透水软管

①透水软管的质量与性能要求应满足《软式透水管》(JC/T 937—2004)。

②透水软管应采用全新材料,不得添加再生料。其外观应无撕裂、无孔洞、无明显脱纱,钢丝保护材料无脱落,钢丝骨架与管壁联结为一体。

③透水软管内衬钢丝采用高强力弹簧硬钢丝,性能要求应符合碳素弹簧钢丝的国家标准。钢丝外的PVC保护膜厚度应均匀、保护膜应采用过塑法工艺生产,不得采用浸泡法工艺生产。过滤层:采用不织布;透水和被覆材料:经纱使用高强力尼龙纱,纬纱使

用特殊高强纤维;接著材料:特殊强力接著剂。

④不同规格不同部位的透水软管单根长度应不小于25m,中间不能有接头。

⑤钢丝与滤布之间应黏结牢靠。

⑥透水软管技术指标见表5-10。

5.4.2.4　PVC排水管

①当膨胀土挖方渠道一级马道以上的坡面揭露透水层(砂层或砂砾石层)时,无论施工期间是否渗水,宜根据透水层的分布情况、坡面保护措施,在透水层出露处设置排水孔。

②当渠道一级马道以上坡面揭露单一透水层(包括局部层间渗漏带或局部渗漏区),渠道边坡需要进行换填保护时,排水孔可按图5-76布置;PVC排水管间距根据渗水情况确定,管口出水不宜直接冲刷坡面,宜结合坡面排水系统设置。

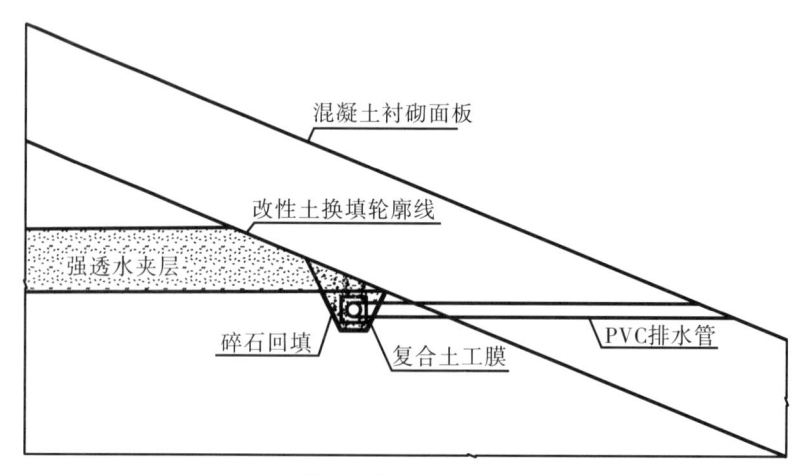

图5-76　单一透水层排水孔设计示意图

③当渠道一级马道以上坡面揭露有多层透水层,坡体需要进行换填保护时,排水孔可按图5-77布置。

④PVC管的质量与性能要求应满足《建筑排水用硬聚氯乙烯(PVC-U)管材》(GB/T 5836.1—2018)的规定。

⑤管材两端面应切割平整并于轴线垂直,管材直径厚度应满足设计文件要求。

⑥PVC管连接(包括对接、弯管、变径、分叉)应采用接头管或岔管丝扣连接,连接时丝扣面应涂刷PVC胶合剂。

⑦安装埋在混凝土内的PVC管时,应按设计图纸要求就位,管轴线应顺直,纵坡应满足设计要求,应固定牢靠,避免混凝土施工时发生移位。

⑧水平敷设埋在填土中的PVC管宜采用沟埋式,管周采用填土人工夯实或细石塑性混凝土填塞。

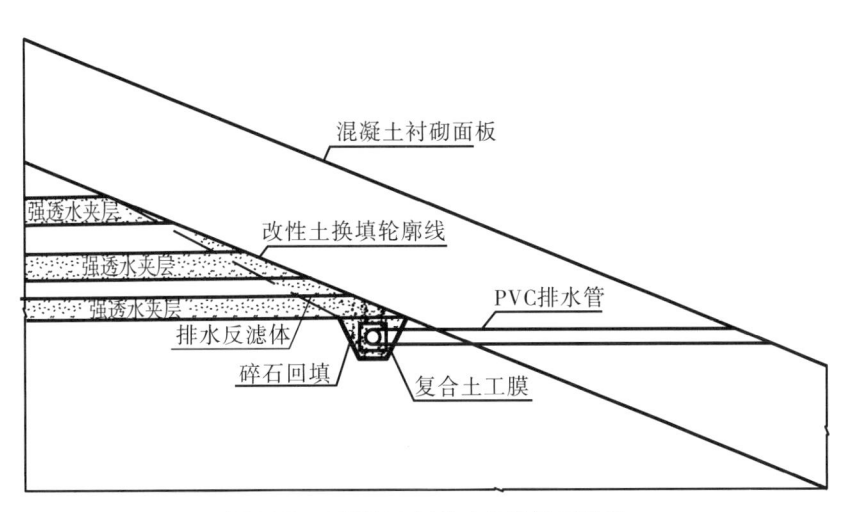

图 5-77　多层透水层排水孔设计示意图

⑨垂直穿过填筑区的 PVC 埋管,填筑时管周应人工分层夯实,夯实分层厚度取填筑厚度的 50%,压实度要求与填筑土相同,人工夯实与机械碾压区搭接应满足机械碾压相关要求。

⑩钻孔穿过土层的 PVC 管,钻孔直径应满足设计要求,穿过砂性土层的管段按排水管的构造要求处理,穿过黏性土层管段采用塑性水泥浆或塑性砂浆或黏土球填塞。

⑪PVC 花管段开孔率为 30%,花管段及花管端部应外包 $150g/m^2$ 土工布,土工布必须满足《土工合成材料　长丝纺粘针刺非织造土工布》(GB/T 17639—2023)的规定。

⑫在浇筑混凝土、管道周边土石方填筑时,应对管道采取妥善的保护措施,防止混凝土或填土进入堵塞管道。

5.4.2.5　塑料盲沟

①渠道边坡衬砌面板基面为渗透系数不大于 $i×10^{-5}cm/s$ 的弱透水黏性土或采用改性土换填处理的地基时,复合土工膜下宜采用塑料排水盲沟。

②塑料排水盲沟纵横双向布置;横向排水盲沟顺渠道边坡布置,间距宜与衬砌面板横向分缝间距相同,宜不大于 4m,盲沟顶端宜位于一级马道高程以下 1.0～1.5m 处,横向排水盲沟底部宜与渠道衬砌面板脚槽附近的纵向排水通道连通;纵向盲沟在两横向盲沟之间,宜采用"人"字形布置,顺坡向间距宜为 2～4m。

③塑料排水盲沟由热塑性合成树脂加热溶化后通过喷嘴挤压出的纤维丝状多孔材料叠置成方形截面带状透水体,带状透水体外表面包裹土工布,土工布须满足《土工合成材料　长丝纺粘针刺非织造土工布》(GB/T 17639—2023)的规定。塑料排水盲沟的主要性能技术参数参见表 5-13。

表 5-13　塑料盲沟主要性能技术参数

规格型号		长方形断面		
		200-3	200-4	200-8
外形尺寸	宽度/mm±4	200	200	200
	厚度/mm±2	30	40	80
单位面积质量/(g/m)≥		550	750	1500
空隙率/%≥		82	82	82
抗压强度/kPa	压缩量10%时≥	60	60	60
	压缩量20%时≥	100	100	100

④塑料排水盲沟应直接与衬砌面板底部防渗复合土工膜接触，并与之联通，纵横向排水盲沟接头部位处理应满足以下要求。

a. 塑料排水盲沟之间的结合部位以及纵向接头处塑料排水盲沟应直接接触，不应留有空隙或有土工布隔开，连接方式见图 5-78。

图 5-78　塑料排水盲沟之间连接示意图

b. 塑料排水盲沟与天然材料排水盲沟连接时，塑料排水盲沟插入天然排水料的深度宜不小于 5cm。

c. 在排水盲沟的平面或立面方向的转折部位，塑料排水盲沟应连续，并固定牢靠，塑料排水盲沟外包土工布应缝合紧密。

d. 在塑料排水盲沟接头、转折处及端部，应固定牢靠，防止施工扰动使其发生移位。

e. 在坡面上开槽后铺设塑料排水盲沟时，若塑料排水盲沟和沟槽两侧尚有空隙，空隙应采用粗砂填实。

5.4.2.6　渠道衬砌排水减压装置

(1) 逆止阀

①选用的逆止阀应是专业厂家生产的、经检验质量合格的产品，所有产品均应有出厂合格证。并应标明产品的启动与逆止水压力、压力水头与排水流量关系曲线，适用环境、安装精度要求等性能及安装说明书。逆止阀的材质应满足国家水质保护的有关环保要求。

②排水通道出口设置的逆止阀宜选用承插式结构的逆止阀。

③球形逆止阀技术参数宜满足以下要求：

开启压力：≤30mm 水柱；

反渗密封压力：≥15mm 水柱时无泄漏；

排水能力：稳定水头差 5cm 时，排水流量不小于 700mL/s，稳定水头差 10cm 时，排水流量不小于 1800mL/s。

④其他类型逆止阀技术参数宜满足以下要求：

开启压力：≤30mm 水柱；

反渗密封压力：≥15mm 水柱时无泄漏；

排水能力：稳定水头差 5cm 时，排水流量不小于 100mL/s，稳定水头差 10cm 时，排水流量不小于 180mL/s。

⑤竖向布置的排水减压管出口不宜选用拍门式逆止阀，水平布置的排水管出口不宜选用球形逆止阀。

⑥当渠底换填层下方透水层中未设排水盲沟时，排水减压井（管）应插入透水层，减压管宜采用 PVC 管，减压井里宜布置 PVC 连通管；减压井（管）间距宜为 10~15m，插入强透水层深度减压井宜不小于 4m，减压管宜不小于 2m，透水层厚度小于 4m 时，取强透水层厚度；减压管或连通管上部直接连接承插式球形逆止阀。

排水减压井（管）穿过渠道防渗复合土工膜下方的弱透水层时，井周或管周应采取封堵措施，防止承压水沿减压井（管）外壁面直接作用于复合土工膜。

（2）竖向排水减压管

①当渠底换填层下方设有排水盲沟时，按以下要求布置排水减压井（管）：

a. 排水减压井（管）下端与排水盲沟联通布置。

b. 减压井（管）位置宜布置在纵横向排水盲沟交叉处，或沿纵向排水盲沟按 15~20m 间距布置。

c. 减压管宜采用 PVC 管，减压井内宜布置 PVC 连通管；减压管或连通管下端直接与排水盲沟内的透水软管相通，上部直接连接承插式球形逆止阀。

②当渠底换填层下方透水层中未设排水盲沟时，排水减压井（管）应插入透水层，减压管宜采用 PVC 管，减压井里宜布置 PVC 连通管；减压井（管）间距宜为 10~15m，插入强透水层深度减压井宜不小于 4m，减压管宜不小于 2m，透水层厚度小于 4m 时，取强透水层厚度；减压管或连通管上部直接连接承插式球形逆止阀。

③排水减压井（管）穿过渠道防渗复合土工膜下方的弱透水层时，井周或管周应采取封堵措施，防止承压水沿减压井（管）外壁面直接作用于复合土工膜。

5.4.2.7 一级渠道边坡纵横向排水盲沟（减压管）

①盲沟回填砂砾料采用连续级配砂砾料，回填至纵向排水沟底板底部高程，回填砂

砾料最大粒径不超过 20mm,含泥量不大于 5%。要求不均匀系数 $Cu>5$,曲率系数 $Cc=1\sim3$,满足滤土、排水要求,相对密度不小于 0.7。砂砾料分层回填夯实,每层厚度不大于 30cm。砂砾料回填后,右岸一级马道采用 C20 混凝土进行浇筑回填,回填至路面以下 5cm 处,路面铺设 5cm 厚 AC-13 沥青混凝土。纵向排水盲沟回填完毕后,巡渠路(一级马道)纵向排水沟按照原设计标准恢复,二级边坡坡脚浇筑宽 50cm、厚 10cmC20 混凝土护脚。

②管沟浇筑前,横向排水管壁周围应清理干净,不能有碎石或其他建筑垃圾存在,防止地下水通过排水管壁周围进入土工膜。横向排水管出口处土工膜防渗处理:土工膜与横向排水管采用热熔胶粘接,粘接宽度 200mm,搭接处的波纹槽采用沥青填充饱满。

5.4.2.8 渠道边坡排水盲沟(排水井)

(1)排水井和盲沟垫层反滤料应满足要求

①反滤层应采用级配良好、质地坚硬的砂砾石混合料,料中不得含有杂草、树根等有机杂质。

②采用砂砾石混合料作为排水垫层时,砂砾石中中粗砂含量宜控制在 35%~50% 范围。砾石最大粒径不应大于垫层厚度的 1/3,砂砾石混合料应级配良好,并满足 $CV=1.5\sim2.5$。

③材料中总含泥(粒径小于 0.075mm)量不得超过 3%,粒径为 0.075~0.2mm 的颗粒含量不应大于 10%。

④垫层料的渗透系数应满足相关规范规定的要求。

(2)PVC 排水管应满足要求

①PVC 管的质量与性能要求应满足现行的《建筑排水用硬聚氯乙烯(PVC-U)管材》(GB/T 5836.1—2018),同时应满足国家水质保护的有关环保要求。

②管材内外壁应光滑,不允许存在气泡、裂口和明显的痕纹、凹陷、色泽不均及分解变色线。管材两端面应切割平整并与轴线垂直,管材直径厚度应满足设计文件要求。

③PVC 管材的主要物理性能参见表 5-11。

(3)排水盲沟施工应满足要求

①盲沟应跳仓开挖,开挖前采用钢管桩支护,跳仓时每次开挖长度不超过 4m。

②垫层基础平整度、基础面总体轮廓应满足设计断面及相关文件要求,不应欠挖。

③软土(包括改性土)渠段基础面局部起伏度(任意 100cm×100cm 范围)不大于 2cm。

④垫层平均厚度不小于设计厚度。

⑤垫层敷设时,下卧层面应平整,坚硬无浮土、无积水,当局部区域存在积水软化现象时,应清除软化区域并以垫层料回填。

⑥严禁施工过程中扰动垫层的下卧层及侧壁的软弱土层,防止由于践踏或其他作业将下卧层土或其他泥土混入垫层料中,污染垫层。

⑦垫层料敷设后,应采用合适的碾压或振捣器使其密实,压实过程中可适当洒水湿润,但应防止洒水过量造成施工作业面积水,合格的垫层相对密度应不小于0.7。

⑧垫层表面轮廓尺寸应满足设计文件要求,表面平整度误差不大于2cm,不得超填。

⑨PVC花管段开孔率为30%,花管段及花管端部应外包$150g/m^2$土工布,土工布必须满足现行的《土工合成材料 长丝纺粘针刺非织造土工布》(GB/T 17639—2023)的规定。

⑩PVC排水管的出口与坡面排水相连接,避免渗水对土坡冲刷。

第6章　膨胀土填方渠堤裂缝成因机理及处理技术

6.1　膨胀土填方渠堤裂缝分类

南水北调中线总干渠穿越膨胀土渠段累计近400km，中线工程有近1/3的渠道穿越膨胀土地区。膨胀土是一种具有特殊性质的土，其处理技术难度、处理工程量和投资都比较大，是南水北调中线工程面临的关键技术问题之一。为了验证可行性研究阶段提出的处理方案，进一步研究膨胀土的处理措施，尽可能控制工程投资，减少占地及环境影响，在中线总干渠典型膨胀土渠段选择适当位置，建设试验段工程，提前开展现场试验，提出既经济可靠又便于实施的膨胀土处理措施，为其他膨胀土渠段设计和建设提供依据，最大限度节约土地资源和降低工程成本。

在以往对膨胀土裂隙的研究中，按照划分的原则不同，将裂隙分成多种类型。如按照裂隙的走向，可以分为水平裂隙、垂直裂隙和斜交裂隙等；按照裂隙成因，可以分为原生裂隙和次生裂隙两类。原生裂隙是指在土体形成过程中即存在的裂隙，具有隐蔽特征，多为闭合状，部分需要借助光学显微镜或电子显微镜观察；而次生裂隙是指膨胀土形成后，在风化、卸荷等各类地质作用下产生的裂隙，多为宏观裂隙，肉眼下即可辨认；次生裂隙一般多由原生裂隙发育而成，故次生裂隙常具有继承性质。

渠道边坡裂缝属于典型的土体裂隙，从感性角度大致可以理解为以竖向延伸为主的长大裂隙。土体裂隙特性关系到土体结构、水分入渗蒸散、溶质运移、作物生长等诸多物理化学及生物过程，少量的裂隙可以有效改善土体通气性，对微生物和作物生长均有一定益处，但其带来的负面影响更大，一直是农业和工程地质领域深切关注的问题。裂隙的存在会破坏土体完整性，导致土粒间的胶结力丧失，显著减小土体的黏聚力和内摩擦角，降低土体强度，不利于土体稳定性。土体裂隙的存在使得水分可以通过其内表面迅速蒸发，且蒸发量随裂隙宽度和深度的增大而增加，加快干缩裂隙的扩展。另外，裂隙增大了土体的入渗深度和入渗面积，为雨水及其他来源的水等提供了优势流通道，加剧土体湿化的膨胀速度和范围。因此，研究土体裂缝对渠道边坡稳定及输水工程运营安全均具有重要意义。

6.1.1 土体裂隙的内涵

裂隙属于地质学术语,在地貌学中指岩石在内力或外力地质作用影响下,其连续、完整性遭到破坏而产生的无明显位移的裂缝,是断裂构造的一种,而在工程地质学中指固结的坚硬岩石在各种应力作用下破裂变形而产生的空隙。土来源于岩石,因此两者所产生的裂隙存在一定的联系,但土和岩石结构的显著差异使得二者裂隙的产生及发育又具有本质区别。孔德坊将土体裂隙定义为土体中存在的一切肉眼可见的次生不连续面,蔡耀军则认为土体裂隙受控于原始沉积环境和后期自然改造,在这两个过程中,土体受拉或剪而断开,形成裂隙。不论是土体还是岩石中的裂隙,其形成的根本原因是各自原始结构的破坏,从微观结构上看,即裂隙产生于物质颗粒间连接的断开。岩石矿物颗粒间具有牢固的结晶或胶结连接,而孔隙极少,岩石裂隙的形成主要表现为这种连接作用受到破坏,因此也需要较大的外界作用力。土体颗粒间只有较弱的胶结作用或以孔隙隔开而没有连接,当土体受到外界作用力时,在有孔隙存在的区域,外力不需要破坏胶结作用即可以直接分开以孔隙隔开的土粒,扩展为裂隙,土体的结构特点注定了土体中孔隙的密集分布,因此土体裂隙的形成主要表现为孔隙的扩大和裂开。根据土体和岩石裂隙的这种区别,周明涛等认为土体裂隙可以定义为在外界环境作用下,主要由土体孔隙的扩展而形成的次生结构面。

土体裂隙和孔隙的关系不言而喻,两者的区别可以从两个方面阐述。在概念上,土体中容纳气相和液相的空隙称为孔隙,孔隙是土体的固有属性,而裂隙则不同,虽然可以由孔隙扩展而成,但实际意义是土体颗粒间的连接在外界环境作用下受到破坏而形成;从形态与大小上看,一般孔隙多呈孔洞状,分散分布在土体中,且较为微细,孔径一般不超过1mm,且孔径大小呈对数正态分布,而裂隙的孔径则多数大于1mm,且孔径分布不规则,多为连续、较大的线形面,尤其是表层裂隙可以明显观测到。

部分学者认为土体裂隙属于土体大孔隙,土体大孔隙不同于孔隙,它的定义很杂乱,可以从毛管势、功能和水流动力等角度分别定义,各种划分条件对孔径大小的要求也不一致,从大于0.03mm到大于1.6mm的都有,但其均存在一个原则,即大孔隙是能够提供优先流路径的空隙。显然,裂隙常常是水平向、垂直向共同发展的,占优先流路径的比例很大,所以土体裂隙是土体大孔隙的重要组成部分,至于另一类大孔隙,则是由土体动物的挖掘作用或植物根系的穿插作用等生物因素造成的其他优先流路径。

6.1.2 土体裂隙的种类

了解和掌握土体裂隙的形成机制是其调控的前提,在现实生活中具有重要意义,参照周明涛等的整理总结,依据成因将土体裂隙划分为8类,见表6-1。

表 6-1　　土体裂隙类型基本分类

分类	定义	常见区域
干缩裂隙	失水或吸水过程中,含水率的不均匀变化导致局部应力产生差异,使土体开裂而成的裂隙,水平向多呈网状,垂直向上宽下窄,裂隙面粗糙	旱季广泛存在,在富含有机质的黑土、黏粒矿物含量高的黏性土如膨胀土、红黏土中尤为多见
冻融裂隙	土体中的水冻结时周围颗粒受挤压而变形,水融化后被挤密的颗粒不完全回弹,产生体积差,进一步扩展形成的裂隙,多呈锯齿状,裂隙面粗糙	主要存在于高寒山区、高原区及昼夜温差大的地区
震动裂隙	火山喷发、地壳运动等大规模震动引发土体内部拉张应力剧烈变化,经埋藏演化形成的裂隙,一般贯深大,裂隙面光滑,且较为规则	常见于地质活动较多的地区
湿陷裂隙	长期的水位升降引起升降区土体与周边土体分离,发生微小滑动而形成的裂隙,多围绕湿陷区发育,裂隙面多呈台阶状	多见于水库、河岸等土质边坡及地下水位较高地区,尤以黄土区为甚
淋滤裂隙	降雨等对土体表面的侵蚀作用溶解并带走部分土体颗粒,形成的细小沟槽状裂隙,形态较为平直,有时呈交错网状	降雨较多的裸露土坡分布较多
潜蚀裂隙	地表水渗入土体内部,在对土体结构的破坏、瓦解和重塑过程中产生的裂隙,多沿水的入渗路径分布,自上而下呈根状放射形	多见于黄土区和喀斯特地貌区
卸荷裂隙	卸荷或开挖引起土体应力释放和调整,受重力等影响进一步扩展而成的裂隙,整体多为弧形,剖面多呈台阶状	多见于膨胀土开挖边坡和深切河谷的两岸陡坡上
沉降裂隙	开采地下油气、矿产资源时,沉降中心区挤压、边缘区张拉,形成应力差而产生的裂隙,垂直向分布,剖面多呈"V"形	多见于油、气井及矿山开发区

　　描述和表征土体裂隙是开展相关研究的基础,因此人们从不同角度也得出了不同的分类。根据土体裂隙的空间排列关系,可将其划分为纵向裂隙、横向裂隙、系统裂隙、混乱裂隙、多角型裂隙和混合型裂隙;按土体裂隙在空间的具体分布,可以划分为裂隙出露部分和裂隙竖向延伸部分,其中裂隙的出露部分位于土体表面,可用直观的走向、拓扑形态、长度、开度等参数描述;竖向延伸部分则向土体深部延伸,可用深度、倾角、开度分布、裂隙空间形态等参数或概念表述。将土体裂隙划分为露部分和竖向延伸部分,分类直观明了,在研究及实践中多被采用。膨胀土填方渠道边坡裂缝一般以接近垂直的倾角蜿蜒延伸至1m深度以下,表面出露部分开度可达数厘米,单条裂缝在地面延伸长度也可达几十甚至数百米。

6.2 膨胀土填方渠堤裂缝成因机理

6.2.1 填方渠道边坡裂缝变形力学机制概述

在上述土体裂隙认知的基础上,我们聚焦于膨胀土填方渠道边坡上常常出现的裂缝开裂现象。膨胀土填方渠道边坡开裂的非边坡失稳机理与土体含水率变化导致的胀缩性变形有关,对于由均一土体构成的边坡,目前学界的普遍观点认为其开裂机理可简单概括为干缩变形形成拉裂缝;但对于表层进行了改性处理的渠道边坡,由于改性土层与非改性土层在强度、模量和胀缩性方面的显著差异,形成了具有一定结构效应的"双层结构",非改性土的胀缩变形很可能以结构性效应的方式作用在改性土层,进而诱发改性土的结构性开裂,我们猜想这可能构成南水北调中线渠首段膨胀土填方渠道边坡的主要开裂机制。基于这样的新认识,本章研究关注非边坡失稳导致的开裂问题,结合现场典型裂缝断面长期监测结果,以室内模型试验探究单纯胀缩变形开裂演化规律,在模型试验单纯探究由膨胀土的胀缩机理引起填筑体变形开裂规律的基础上,通过数值模拟分析渠堤在结构效应、自重效应(渠堤土体、地下水、输水水体等)综合作用下填方渠堤的沉降变形模式,揭示单纯胀缩变形之外,填方渠堤潜在的其他可能诱发裂缝发展孕育的机理。数值模拟结果可为渠道边坡开裂规律和机理研究提供结构性视角,弥补模型试验难以考虑应力水平相似和材料相似的不足。

6.2.2 现场典型裂缝断面监测

现场裂缝长期观测部分,针对现场实际情况选取了隔子河 25+100~200 右岸堤顶路肩外侧 0.5m 左右的边坡以及程营桥西 26+000~095 右岸堤顶路面靠水渠一侧两条典型裂缝开展了为期一年半的观测,观测频率基本为每季度一次。具体观测数据见表 6-2、表 6-3 以及图 6-1 和图 6-2。

表 6-2　　　　　　　　　　001 号裂缝信息及观测数据

001 号裂缝	观测日期(监测宽度单位 mm)			
监测标志编号	2021年3月3日	2021年6月22日	2021年10月28日	2022年6月15日
1#	0	0.26	4.33	2.33
2#	0	−0.90	2.01	−2.39
3#	0	−0.57	0.41	−0.84
4#	0	8.38	9.80	7.89
裂缝情况	裂缝位于边坡,表层附草,难以准确识别裂缝起止点			

注:位于隔子河 25+100~200 右岸堤顶路肩外侧 0.5m 左右的边坡,木桩双钉法,监测点起始间距约 23.4m,编号自小桩号始。游标卡尺卡住钉身外侧。约 1.5 级,坡高 9~10m。

表 6-3　　002 号裂缝信息及观测数据

002 号裂缝	观测日期（监测宽度单位 mm）			
监测标志编号	2021 年 3 月 3 日	2021 年 6 月 22 日	2021 年 10 月 28 日	2022 年 6 月 15 日
1#	0	−0.76	0.48	堤顶路面重修，监测断面被破坏，无法继续采取数据
2#	0	−0.01	1.66	
3#	0	−0.22	0.96	
4#	0	0.05	1.47	
5#	0	0.21	0.88	
裂缝情况	76.3m		出现新裂缝	

注：位于 26+000～095 右岸堤顶路面靠水渠一侧，十字头双钉法，监测点起止点对应初值日期的裂缝起止点，编号自小桩号始。游标卡尺卡在测绘钉帽十字中心。

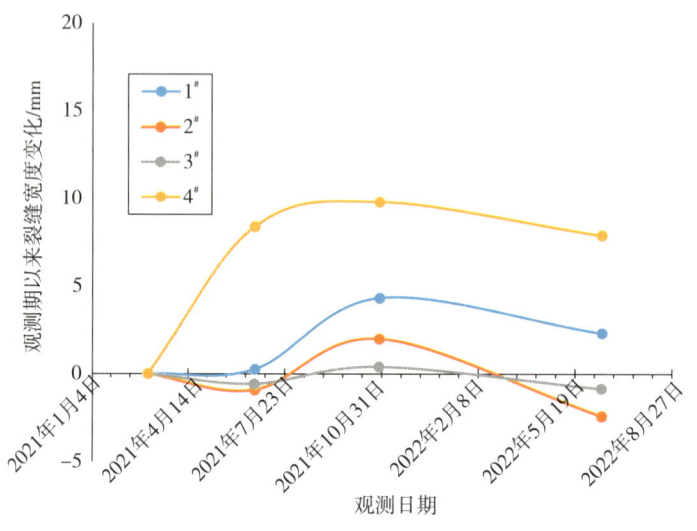

图 6-1　001 号裂缝宽度变化监测曲线

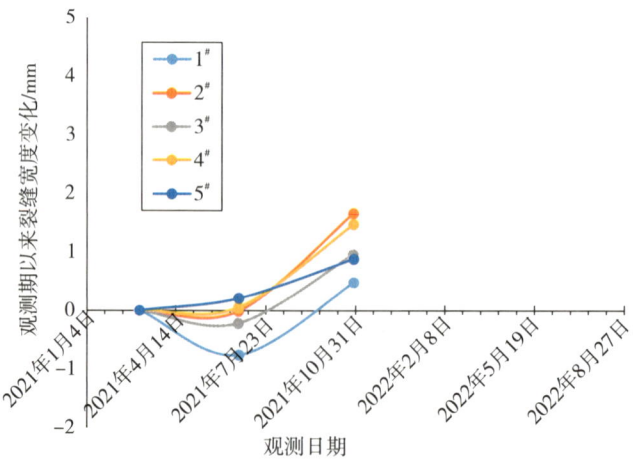

图 6-2　002 号裂缝宽度变化监测曲线

根据观测数据可以发现,2021 年 6 月进入雨季以后裂缝宽度发生明显变大趋势,其中位于堤顶路面靠近输水渠一侧的裂缝断面出现新的裂缝;2022 年以来,001 号裂缝宽度有明显收窄,这可能观测前一段时间(超过一个月)干热少雨,渠堤土体整体干缩变形有关。

有趣的是,通常理论认为膨胀土裂缝在干缩过程中持续发育,而在增湿过程中裂缝趋于愈合,但 001 号裂缝一年多以来的观测结果恰好与此相反。两条监测裂缝的宽度变化在很大程度上与气候状况相关,但可能不同于通常的干缩湿胀理论,这提示了填方渠堤裂缝开裂和发育与土体含水率变化之间的相关性可能受到有别于常规的干缩裂缝理论的新机制的控制,这种机制可能与我们在 6.1 小节中提出的填方渠道双层结构效应猜想有关,有必要继续开展系统性的典型裂缝长期观测和对相关机理研究予以深入探究。

6.2.3 填方渠道边坡变形及裂缝演化的模型试验

目前对膨胀土模型试验多是对胀缩机理与工程特性的研究,对裂缝演化与膨胀土变形对模型试验较少。为探究膨胀土胀缩变形的渠道的影响,利用取自邓州段中等和弱膨胀土进行填方渠道边坡模型试验。对自然状态和浸水状态下膨胀土的开裂变形进行模拟研究。有助于加深理解干湿循环过程中由于胀缩性导致膨胀土开裂的变形演化规律和机理。通过模型试验探究土体含水率发生变化时,单纯由膨胀土的胀缩机理引起填筑体变形开裂的孕育发展规律。

概化现场可能导致填筑体含水率变化的三种工况,即原地面水位因持续降雨升高叠加毛细上升高度、长期运行过程中输水渠道隔水结构可能出现破损漏水以及改性土长期服役过程中出现开裂导致雨水入渗进入填筑体。试验对自然开裂状态和浸水状态时膨胀土的胀缩变形量、裂缝几何参数、含水率进行监测,得到膨胀土边坡变形与含水率间的相关关系。研究发现,自然状态下膨胀土的胀缩变形和裂缝变形需 15d 时间稳定;填筑体表层膨胀土含水率受水分蒸发影响较大,填筑体内部含水率主要受水头位置影响;浸水后膨胀土的不均匀膨胀变形对填方渠道边坡面开裂变形发育有贡献;分层填筑堤层间部位构成水分渗透的优势通道,水分沿层间方向渗流锋面扩展速率可达到沿垂直填筑层方向的 4 倍。

6.2.3.1 试验现象及讨论

(1)自然开裂阶段

膨胀土模型填筑完成后,让土体自然风干开裂。由于初期水分的蒸发,膨胀土表面将发生自然开裂。选取前两天明显裂缝作为主控裂缝,记录主控裂缝几何参数变化情况。自然开裂阶段持续 20d,对自然开裂状态坡面和裂缝变形进行监测。

1）坡面变形监测

坡面变形监测结果见图6-3。在刚开始的4d内，填筑体水分蒸发较快，膨胀土发生失水收缩，坡面沉降迅速，各百分表沉降位移增长迅速。第4天后，右坡百分表Ⅲ号沉降位移速率降低，而左坡百分表Ⅰ号沉降位移稳定增长，最大沉降位移达到4.317mm。顶部百分表Ⅱ号在第4天呈相对稳定状态。

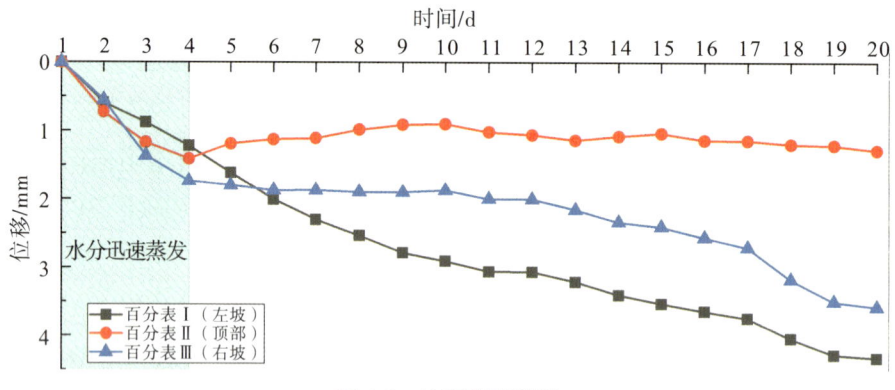

图6-3　坡面变形监测

2）裂缝变形监测

裂缝宽度监测见图6-4。裂缝宽度前6d增长迅速，除L4外裂缝宽度均明显增大。主控裂缝L3宽度增长最多，在第6天达到15mm，并在第9天时缓慢增长至15.5mm。主控裂缝L4宽度变化最小，在第7天时达到最大宽度3.5mm。当裂缝达到最大宽度后，开始缓慢减小。当达到第14天时，裂缝宽度趋于稳定。

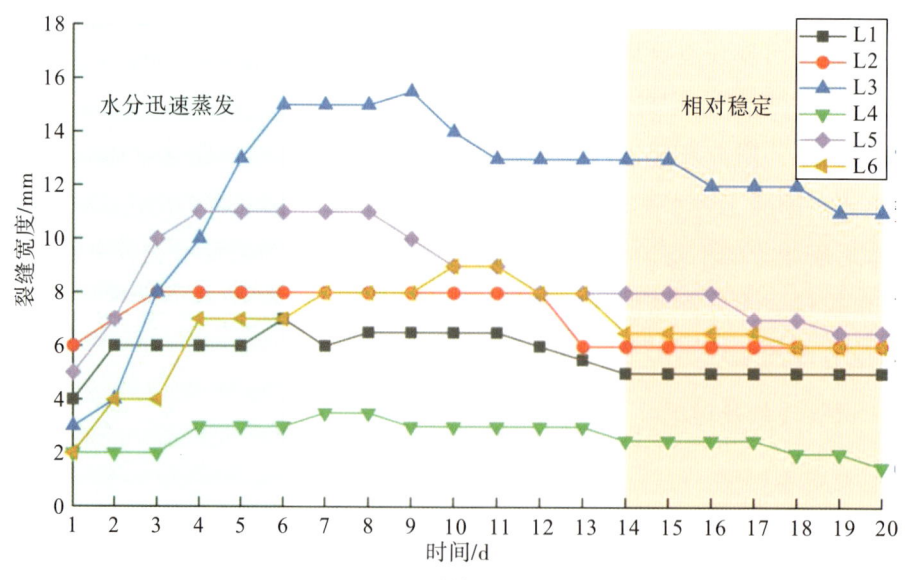

图6-4　裂缝宽度监测

裂缝长度监测见图 6-5。裂缝长度随时间持续增长,在 15 天时裂缝长度达到稳定。各主控裂缝由于位置和发展趋势不同,长度增长有较大差异。主控裂缝 L3 由于平行层间横向发展,裂缝长度最大达到 465mm,第二长主控裂缝 L4 最大 235mm,其余主控裂缝稳定长度在 120~150mm。

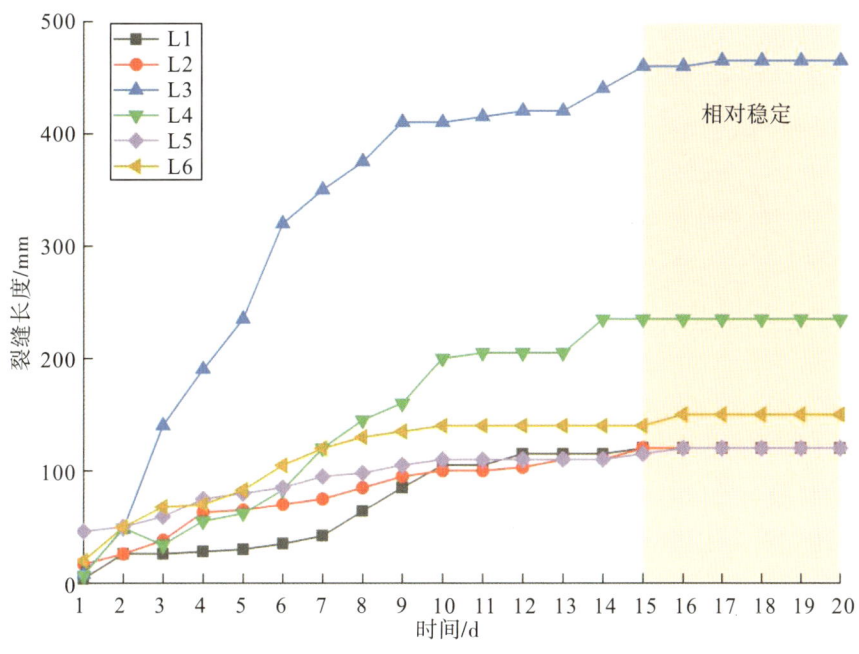

图 6-5　裂缝长度监测

3)裂缝发展情况

①图 6-6 为裂缝 L1 发展情况。裂缝 L1 位于坡面顶部,靠近百分表Ⅱ。裂缝 L1 在第 3 天裂缝已发展完全,以斜跨裂缝为主,并在主裂缝上伴有多条次裂缝垂直发展。第 9 天裂缝宽度略增加,第 15 天时裂缝宽度收缩。

图 6-6　裂缝 L1 发展情况

②图 6-7 为裂缝 L2 发展情况。裂缝 L2 位于右坡面靠近顶部处。裂缝 L2 在第 2 天时上下土层发生分离,裂缝宽度发生明显增大。裂缝 L2 以横跨为主,伴有一条次裂缝垂直发展。

图 6-7　裂缝 L2 发展情况

③图 6-8 为裂缝 L3、L4 发展情况(上部裂缝为 L3,下部裂缝为 L4)。裂缝 L3、L4 位于右坡面靠近第一平台处,裂缝 L3 位于裂缝 L4 上部。裂缝 L3 为一条横跨主裂缝,裂缝 L4 以斜跨裂缝为主,伴有少量次裂缝。第 3 天时裂缝 L3 宽度仅略大于 L4,第 9 天时 L3 宽度增大明显,第 15 天时宽度继续增大,并且土层发生明显分离。裂缝 L3 裂缝第 9 天已发育完全,第 15 天时主裂缝宽度未增长,次裂缝略有收缩。

图 6-8　裂缝 L3、L4 发展情况

④图 6-9 为裂缝 L5 发展情况。裂缝 L5 位于右坡面靠近第二平台处,以横跨裂缝为主,伴有一条次裂缝垂直发展。裂缝 L5 第 2 天时上下土层发生分离,裂缝宽度发生明显增大。第 9 天时裂缝宽度继续增大,土层分离明显。第 15 天时裂缝宽度发生收缩。

图 6-9　裂缝 L5 发展情况

⑤图 6-10 为裂缝 L6 发展情况。裂缝 L6 位于右坡面,靠近 1# 含水率探头。裂缝 L6 以斜跨裂缝为主,伴有少量细小裂缝。第 3 天时能观察到主裂缝上伴有细小裂缝,而第 9 天时主裂缝宽度增大,细小裂缝收缩,第 15 天时主裂缝宽度也发生收缩。

图 6-10　裂缝 L6 发展情况

⑥在填筑体自然开裂过程中,填筑体内部发生干缩变化,在土体内部出现干缩裂缝(图 6-11)。干缩裂缝首先在高含水率一层出现,分别记为 S1、S2。S1、S2 均为竖向干缩裂缝,第 5 天时两裂缝刚产生,S1 长 6cm,宽 0.5mm,S2 长 6cm,宽 0.5mm。第 12 天时 S1 长 13.5cm,宽 2mm,裂缝生长超出初始土层(土层厚 10cm),S2 长 9.7cm,宽 2mm。

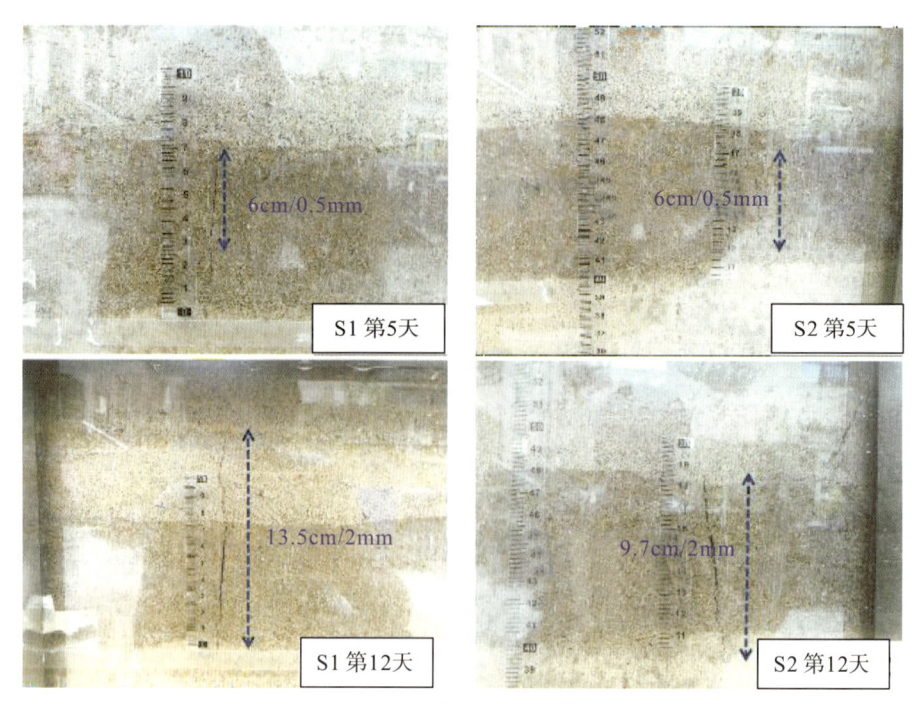

图 6-11 干缩裂缝发展情况

⑦图 6-12 为各裂缝侧面示意图。裂缝 L1、L2、L5 与坡面成一定角度发展进入土体后，再垂直于坡面发展。L3、L4 与坡面成一定角度发展进入土体后，再平行层间横向发展，并且横向发展速度较快。

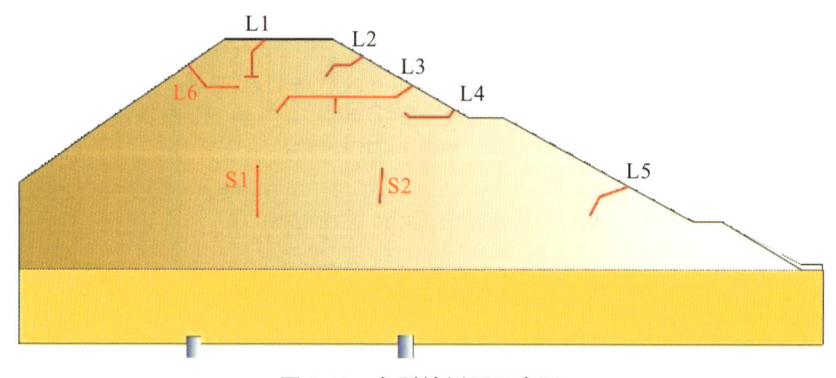

图 6-12 各裂缝侧面示意图

(2) 浸水阶段

自然开裂状态完成后，开始进入浸水阶段。注水口布置点位见图 6-13，注水时保持水桶液面略高于注水口。注水分为两阶段，第 Ⅰ 阶段模拟第一工况地基层漏水，此时由 1、2 号注水口注水，共注水 22L，将地基层浸湿。第 Ⅱ 阶段模拟第二工况左侧渠道漏水，由左侧注水管注水。待填筑体中部浸润完全后，停止加水，共注水 10L。

中下部土体浸水对表层裂缝影响较小,第Ⅰ阶段加水后,表面裂缝长度和宽度无明显变化,第Ⅱ阶段加水后,土体膨胀导致裂缝略微回缩。

1)坡面变形检测

加水阶段坡面变形监测结果见图 6-13。前 4d 持续加水时,膨胀土吸水膨胀,坡面隆起迅速。右坡隆起程度最大,百分表Ⅲ号度数相对于第 1 天隆起 2.7mm。停止加水后,顶部百分表Ⅱ号继续隆起,隆起速率降低,第 13 天位移达到相对稳定。

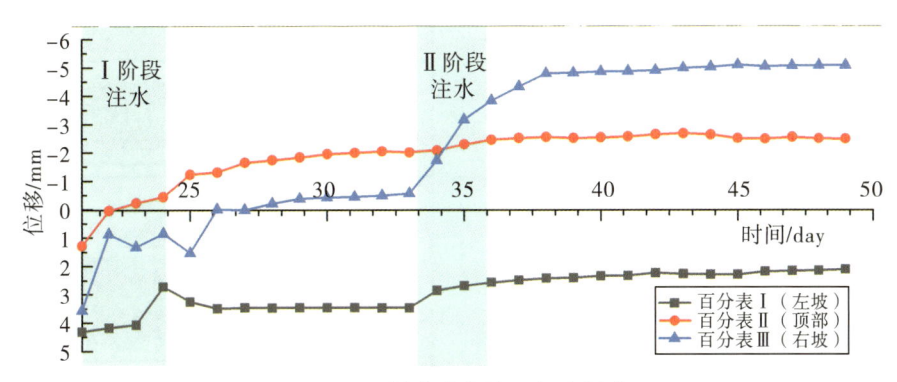

图 6-13 浸水阶段坡面变形监测

右坡百分表Ⅲ号,停止加水后略微沉降,第 26 天开始持续隆起。左坡百分表Ⅰ号在加水停止后开始继续沉降,第 27 天位移达到相对稳定。

第二次加水后,右坡依然隆起程度最大,百分表Ⅲ号度数在加水结束后持续隆起至第 39 天后达到稳定,相对于第二次加水初期隆起 4.2mm。坡顶百分表Ⅱ号第二次加水后略微隆起,至观测结束时相对第二次加水初期隆起 0.7mm。左坡百分表Ⅰ号在加水时略有隆起,停止加水后在第 40 天时达到相对稳定。

2)坡体浸润情况

第二次加水前,最高浸润高度距离基底 38cm,此时以浸润点分布,未连接成浸润线。第二次加水后观测层间浸润线扩散情况,并对层间横向、纵向扩散速率进行计算。

图 6-14 为层间浸润线扩散速率,图 6-15 为浸润线随时间扩散示意图。与现场填方渠堤类似,填筑体分层填筑,同层间土体较均匀,而层间压实贴合效果弱于层内土体,构成潜在水分扩散的优势通道,水分横向扩散较快。在前 5h 内,浸润线扩散速率较快,峰值横向扩散速率达到 0.91m/d,峰值竖向扩散速率达到 0.35m/d。24h 后,扩散速率降低,横向扩散速率为竖向扩散速率的 2~4 倍。水分在土体内横向、纵向扩散速率存在较大差异是膨胀土不均匀变形的诱因。

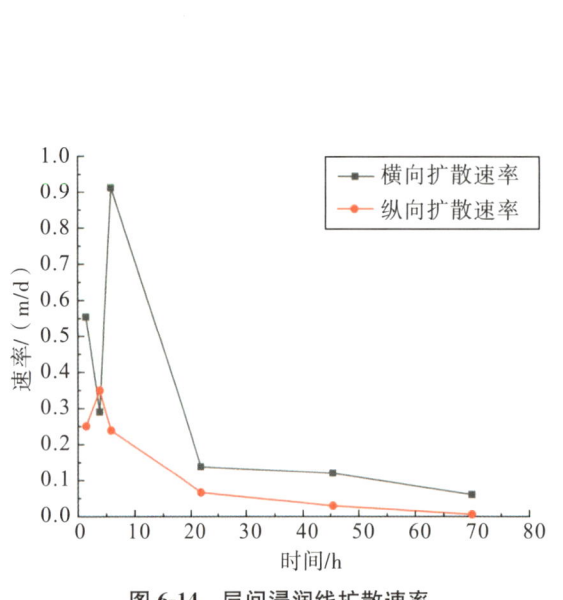

图 6-14　层间浸润线扩散速率

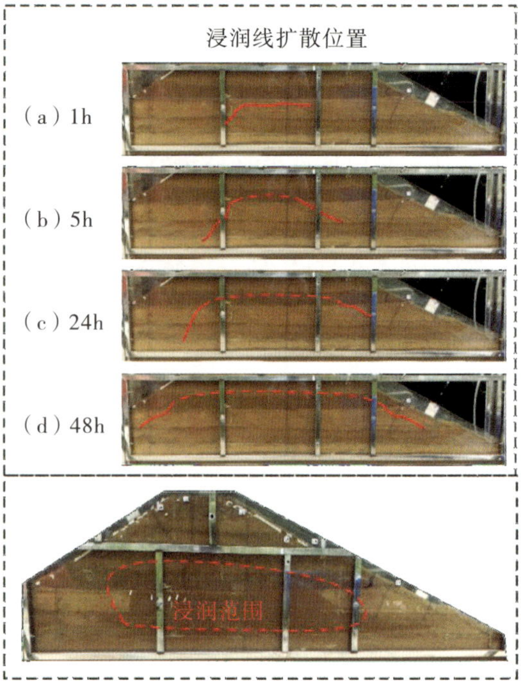

图 6-15　浸润线随时间扩散示意图

(a) 1h
(b) 5h
(c) 24h
(d) 48h

浸润线扩散位置

(3) 含水率分析

模型试验各阶段含水率 TDR 监测数据见图 6-16。填筑体含水率自然阶段存在交替变化的过程,但整体处于不断降低趋势。最初 5d 时间内填筑体整体水分较高,含水率降低最快。左坡 1# 和右坡第一平台 3# 两测点含水率降低最快,含水率降低最大分别达到了 5.18%、4.89%。填筑体中下部 6#、7#、8# 三个测点的变化规律接近,含水率降低最小。右坡第二平台 4# 和填筑体内部 5# 两测点含水率变化规律接近。

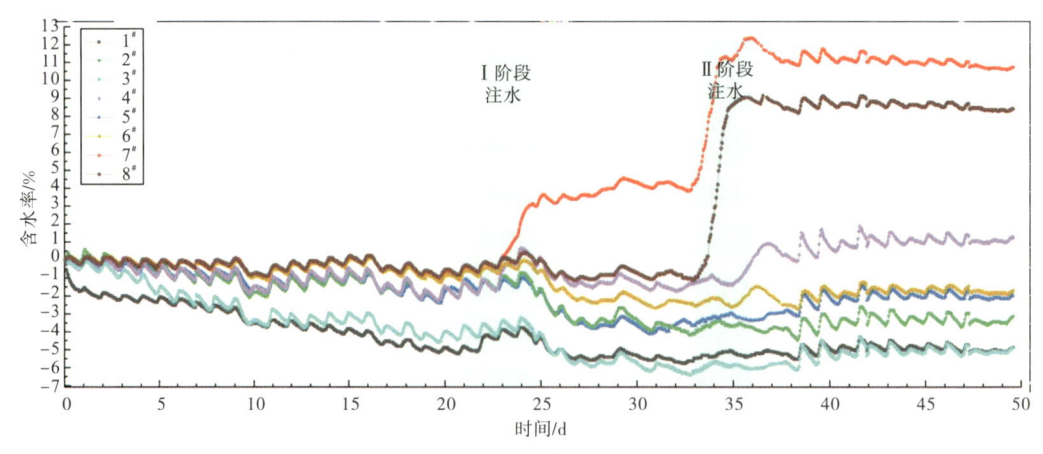

图 6-16　模型试验各阶段含水率 TDR 监测数据

第一次加水时,各测点含水率均有上升,7# 测点上升最多,达到 3.65%。停止加水

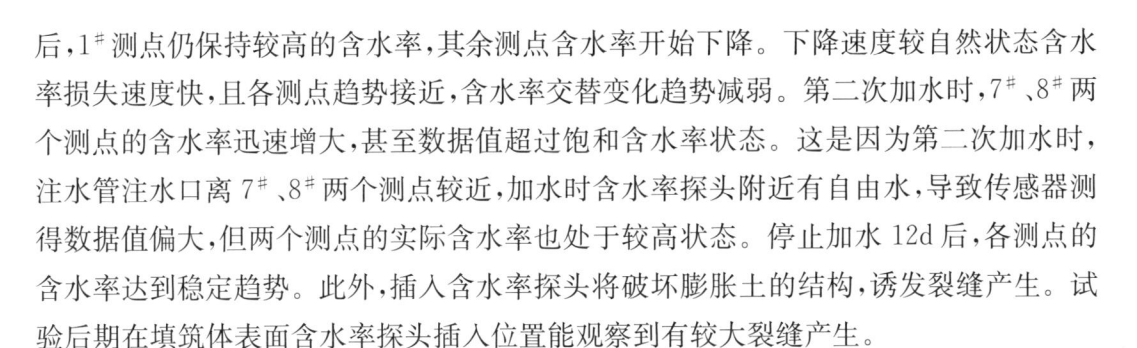

后,1#测点仍保持较高的含水率,其余测点含水率开始下降。下降速度较自然状态含水率损失速度快,且各测点趋势接近,含水率交替变化趋势减弱。第二次加水时,7#、8#两个测点的含水率迅速增大,甚至数据值超过饱和含水率状态。这是因为第二次加水时,注水管注水口离7#、8#两个测点较近,加水时含水率探头附近有自由水,导致传感器测得数据值偏大,但两个测点的实际含水率也处于较高状态。停止加水12d后,各测点的含水率达到稳定趋势。此外,插入含水率探头将破坏膨胀土的结构,诱发裂缝产生。试验后期在填筑体表面含水率探头插入位置能观察到有较大裂缝产生。

填筑体表层膨胀土含水率主要受水分蒸发影响。而填筑体内部水分蒸发量较小,含水率变化主要受浸水后水头位置影响。

由于水分在土体内扩散不均匀,边坡会发生不均匀的隆起。在两次浸水完成后,在左右两侧坡脚均发现鼓起,并且填筑体整体发生了一定抬升。这些不均匀的变形对原生裂缝产生影响,可能是裂缝产生的诱因。

(4)讨论

通过南水北调中线渠首分局填方渠堤裂缝调研、物理力学特性、数值分析、室内模型试验、现场灌浆试验等,总结分析了裂缝成因及发展规律研究等,提出了裂缝危害等级评定准则及裂缝处理与预防工程措施,并形成了填方渠堤裂缝快速处理技术和质量控制方法,具体结论如下:

①受地表降雨使地下水位抬升的影响,膨胀土可能发生不均匀膨胀变形。各层膨胀变形累积,坡面将面临开裂风险,浸水后膨胀土的不均匀膨胀变形是填方渠混凝土坡面开裂的主要原因。

②裂缝存在继承性,旧裂缝在土体内水平反向延伸后,容易在竖直方向继续产生新的裂缝。

③受分层填筑的影响,层间压实贴合弱于层内土体,在强度及渗流方面可能起到准裂隙效果,水平方向成为裂缝发展和水分扩散优势方向。填筑体内部层间浸润线达到稳定前横向扩散速率是竖向浸润速率的2~4倍。

④渠道运行期由于水渠输水导致的附加应力将会引起填筑体和地基层的附加沉降和沉降梯度,最大附加沉降可达3.3cm。

⑤灌浆材料的整体灌入效果和流动性随水固比的提高而提高,超细水泥含量的增加能提高浆材灌入细小裂缝的效率;水固比为1.2的两种灌浆材料修复后试块的整体孔隙率降低幅度可达到99%以上,50%水泥含量的两种灌浆材料可灌入的最小裂隙尺寸可达到0.6mm。

6.2.3.2 膨胀土变形计算

大气降水、蒸发及其他原因造成膨胀土地基中含水率不断变化,而含水率的变化则产生膨胀土地基的变形,膨胀土地基的胀缩变形量将直接影响建筑的安全稳定,因此,准确地计算膨胀土地基的胀缩变形量十分重要。

目前,地基土的膨胀土地基变形量根据《膨胀土地区建筑技术规范》(GB 50112—2013)中的公式计算:

$$s_e = \psi_e \sum_{i=1}^{n} \delta_{epi} \cdot h_i \tag{6-1}$$

式中:s_e——地基土的膨胀变形量,mm;

ψ_e——经验系数,依据地区经验确定,3层及3层以下建筑物,取0.6;

δ_{epi}——第 i 层土平均附加应力作用下的膨胀率;

h_i——第 i 层土的计算厚度,mm;

n——基础底面至计算深度内所划分的土层数。

该公式存在的一个不容忽视的缺陷就是没有体现出地基的胀缩变形是由含水量变化造成的。漆宝瑞提出可用膨胀系数来计算膨胀量克服该缺陷:

$$s_e = \psi_e \sum_{i=1}^{n} \alpha_i \Delta W_i \cdot h_i \tag{6-2}$$

式中:α_i——第 i 层土平均附加应力作用下的膨胀系数;

ΔW_i——第 i 层图中平均含水率变化值。

膨胀系数能准确表征膨胀土膨胀变形的能力,仅与膨胀土性质有关。膨胀系数可用来计算已知含水量变化膨胀土的膨胀变形量。

为验证该公式的适用性,以试验第一次加水后坡顶变形数据为例。每个测点浸润土层范围取10cm,7#测点以下含水率变化按7#点计算,忽略上部土体含水率的变化。地基层饱和含水率理论值为23%,含水率变化为6.8%。由于模型试验范围内附加应力变化不大,各土层膨胀系数均取0.56,计算参数见表6-4。

表6-4 各土层计算参数

参数	层厚/mm	深度/m	膨胀系数	含水率变化/%
6#	100	0.3	0.56	0.53
8#	100	0.4	0.56	0.72
7#	150	0.5	0.56	4.26
地基	150	0.7	0.56	6.80

计算膨胀量 $S_e = 0.6 \times (0.56 \times 0.53\% \times 100 + 0.56 \times 0.72\% \times 100 + 0.56 \times 4.26\% \times 150 + 0.56 \times 6.80\% \times 200) = 5.99$ mm。实际坡面隆起为3.32mm,在安全计算范围内。

6.2.4 填方渠道边坡变形及裂缝演化的数值模拟

6.2.4.1 计算模型建立及网格划分

根据渠道断面的尺度确定计算域的大小,见图 6-17。地面线以上全部为填筑渠道,渠底高程为 4.97m,渠顶高程为 15.19m,渠道宽度为 169.02m。地基深度为 50.00m,渠道两侧地基宽度为 100.00m。

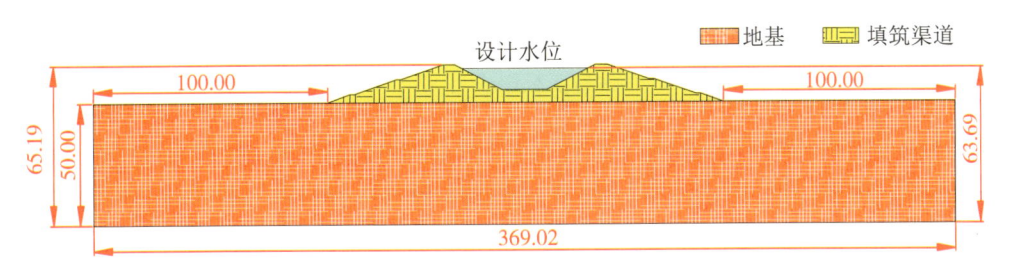

图 6-17 计算模型各部分尺寸(单位:m)

计算模型为二维平面模型,采用四边形单元对整个模型进行网格划分,见图 6-18。渠道及下方浅层地基的网格尺寸最大为 0.5m×0.5m,渠道下方深部地基及两侧地基的网格尺寸最大为 1.0m×2.0m。整个计算模型网格数量为 42849 个。

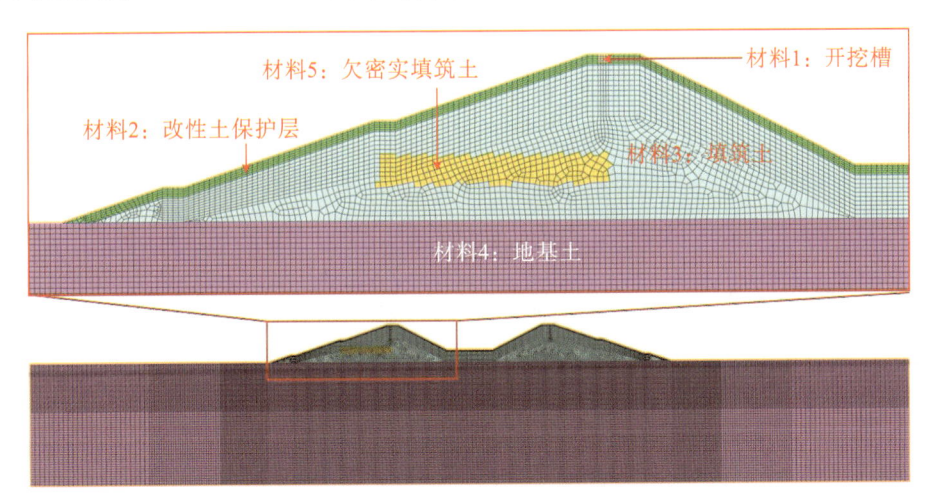

图 6-18 计算模型的材料设置和网格划分

有限元分析平台 FssiCAS 包含 D-P 模型、Burgers 模型,具备开挖/建造过程模拟功能,提供用户自定义边界条件接口,满足本书研究的计算需要。FssiCAS 模型操作界面友好,计算效率高,并且研究团队具有该软件的完全自主知识产权,故采用 FssiCAS 进行计算。

6.2.4.2 沉降预测

渠道建设施工过程中,渠道及地基的沉降经历 4 个阶段:

①渠道建设前的地应力平衡。

②渠道建设后的沉降阶段。

③渠道通水后的沉降阶段。

④渠道长期蠕变的沉降阶段。

在 FssiCAS 中设置 4 个计算步,分别对 4 个阶段的沉降过程进行模拟。

(1)第一阶段:渠道建设前的地应力平衡

这个阶段仅考虑渠道建设之前,地基本身在自身重力作用下发生固结沉降,达到地应力平衡的过程。该阶段中的计算模型不包含渠道,仅包含地基。

1)地基本构模型及参数

采用 D-P 模型描述地基特性,根据设计单位提供的土体基本参数和室内试验结果,可以计算出 D-P 模型参数,见表 6-5。

表 6-5　　　　　　　　　用于描述地基的 D-P 模型参数

杨氏模量/Pa	泊松比	单轴屈服应力/Pa	内摩擦角/°	密度/(kg/m³)	孔隙比
80×10^6	0.33	80×10^3	18	2700	0.5

2)计算结果

地基在自身重力作用下发生固结沉降,达到地应力平衡后的竖向位移分布见图 6-19,地基的竖向沉降约为 0.21m。需要指出的是,这个过程的模拟仅为获取初始地应力,获得的 0.21m 的沉降为渠道建设前地基在长期自重固结过程中形成,渠道建设后的变形不包含这部分沉降,即下一阶段渠道和地基的变形从零开始。

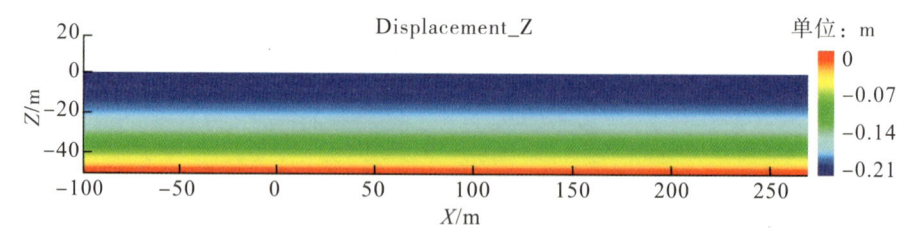

图 6-19　地基本身在自身重力作用下达到地应力平衡时的竖向位移分布

地基在自身重力作用下达到地应力平衡后的竖向应力分布见图 6-20。

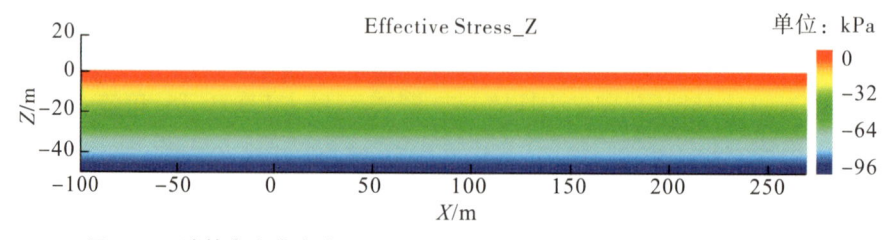

图 6-20　地基本身在自身重力作用下达到地应力平衡时的竖向应力分布

(2)第二阶段:渠道建设后的沉降阶段

在第一阶段完成后,利用 FssiCAS 的建造功能,在地基上方生成渠道模型和网格,并模拟渠道建设后的沉降过程。

1)渠道本构模型及参数

渠道表面 1.0m 厚的改性土保护层和开挖槽采用 Elastic 模型描述,相关参数见表 6-6;填筑土的特性采用 D-P 模型描述,相关参数见表 6-7、表 6-8。

表 6-6　　　　　　用于描述改性土保护层和开挖槽的 Elastic 模型参数

材料	杨氏模量/Pa	泊松比
改性土保护层	2×10^8	0.3
开挖槽	5×10^6	0.3

表 6-7　　　　　　　　用于描述填筑土的 D-P 模型参数

杨氏模量/Pa	泊松比	单轴屈服应力/Pa	内摩擦角/°	密度/(kg/m³)	孔隙比
80×10^6	0.33	60×10^3	17	2650	0.6

表 6-8　　　　　　用于描述欠密实填筑土的 D-P 模型参数

杨氏模量/Pa	泊松比	单轴屈服应力/Pa	内摩擦角/°	密度/(kg/m³)	孔隙比
20×10^6	0.33	20×10^3	17	2650	0.63

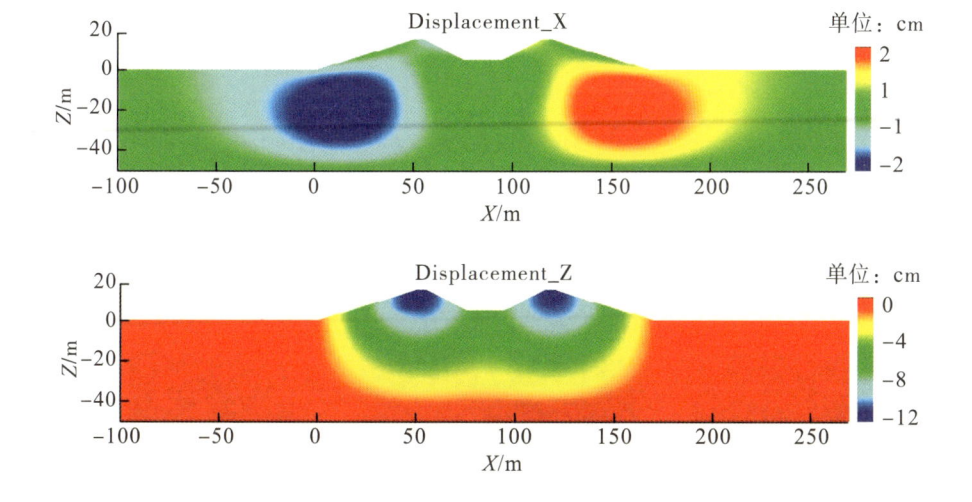

2)计算结果

渠道建设后渠道和地基的位移分布见图 6-21,渠道顶部的沉降约 0.12m。

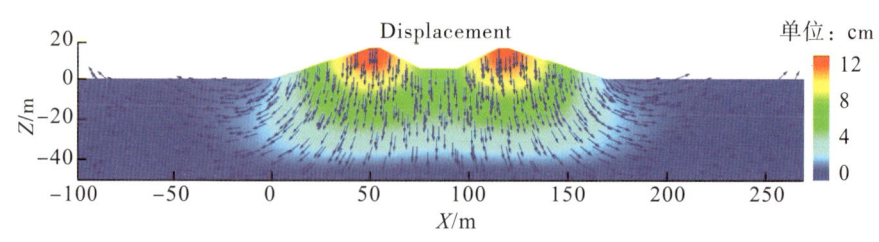

图 6-21　渠道建设后渠道和地基的位移分布

(3) 第 3 阶段：渠道通水后的沉降阶段

在前两个阶段完成的基础上，利用 FssiCAS 的自定义边界条件功能，在渠道内施加静水压力，模拟渠道在通水后的进一步沉降。

1) 静水压力的施加

在渠道内施加自定义边界条件，见图 6-22。根据设计水位(13.69m)编写 Fortran 程序，并编译生成 UserDefinedBoundaryCondition.dll 文件，导入 FssiCAS 软件进行计算。在自行编写的 UserDefinedBoundaryCondition.dll 程序内，对施加自定义边界条件的单元(图 6-22 中箭头指示)外表面节点进行判断，满足"节点高程坐标在设计水位以下"这一判别条件时，根据设计水位和节点高程坐标的相对位置关系，在该节点上施加静水压力。

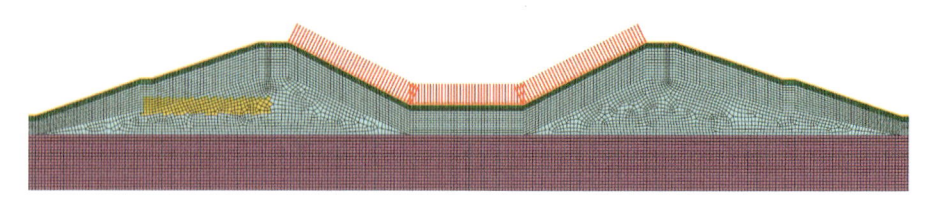

图 6-22　采用自定义边界条件模拟渠道受到的静水压力

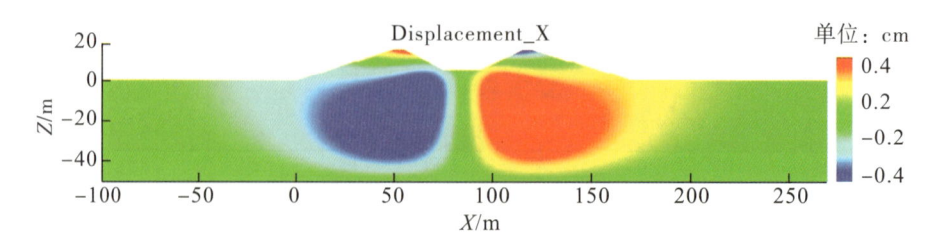

2) 计算结果

通水后渠道和地基进一步沉降(第 3 阶段沉降)完成后的位移分布见图 6-23 至图 6-25 (局部)，在静水压力的作用下，渠道底部发生了 3.3cm 的沉降。该沉降为动态变形，仅由渠道内水压力引起，不包含渠道建设后自重固结引起的变形(不含第 2 阶段变形)。

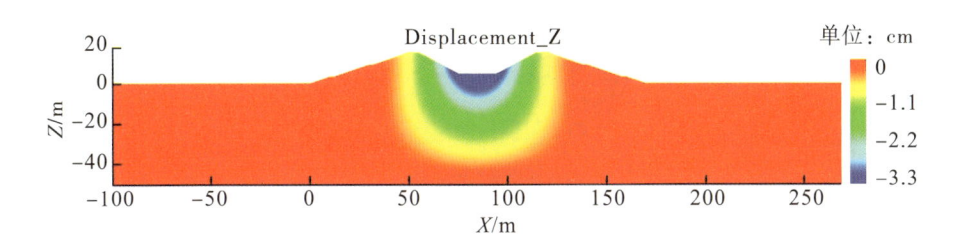

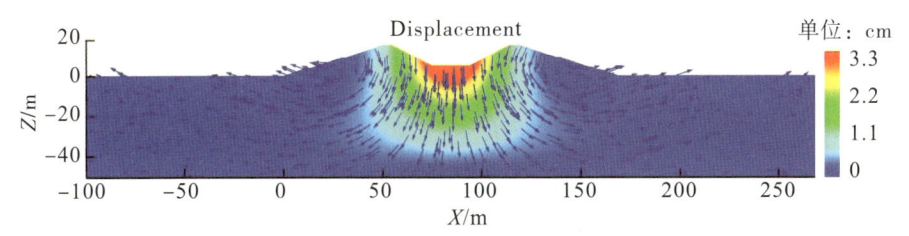

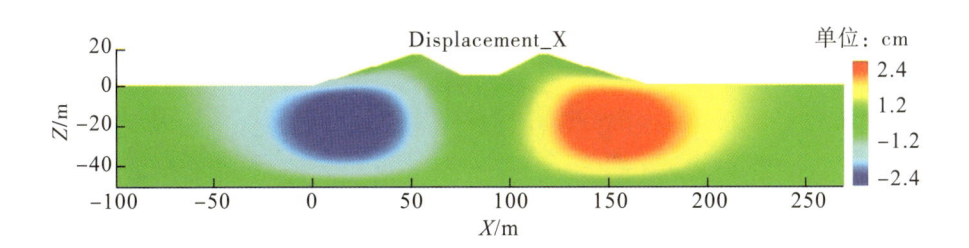

图 6-23 通水后渠道和地基进一步沉降完成后的位移分布(仅含第 3 阶段)

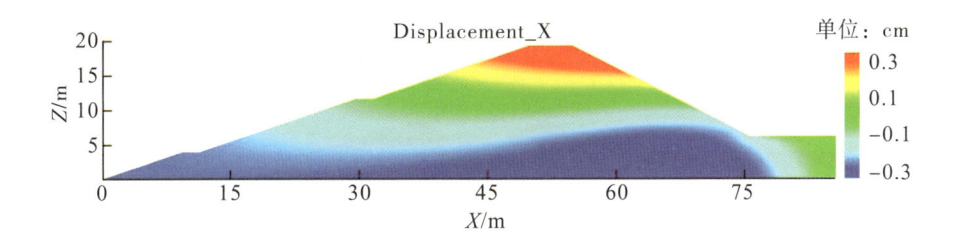

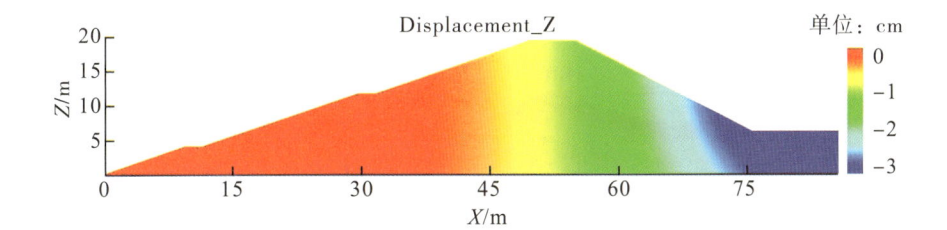

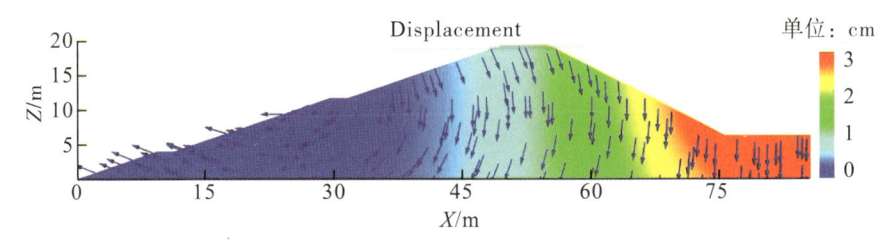

图 6-24 通水后渠道进一步沉降完成后的位移分布(局部)

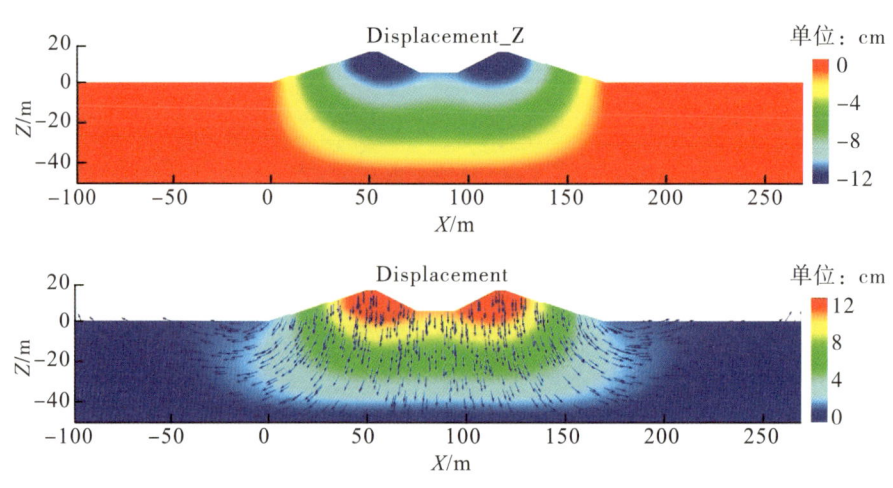

图 6-25 通水后渠道和地基进一步沉降完成后的总位移分布(第 2、3 阶段)

通水后渠道和地基进一步沉降完成后的应力分布见图 6-26 和图 6-27（局部）。通水后渠道和地基进一步沉降完成后的最大、最小主应力分布见图 6-28 和图 6-29（局部）。

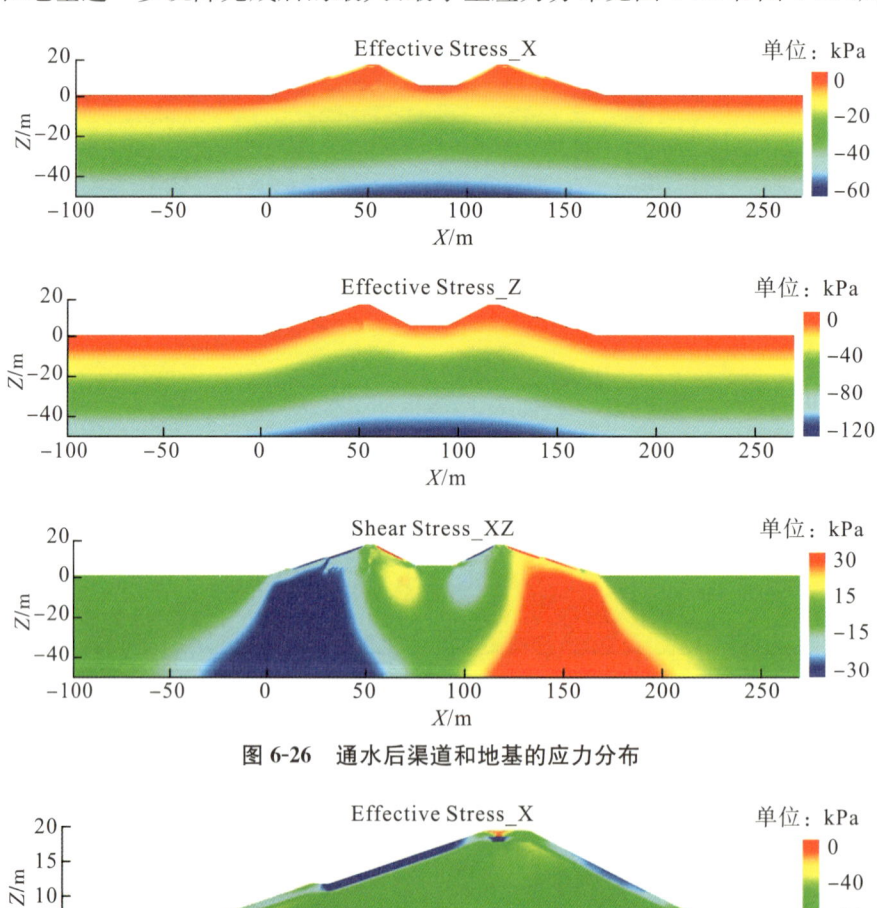

图 6-26 通水后渠道和地基的应力分布

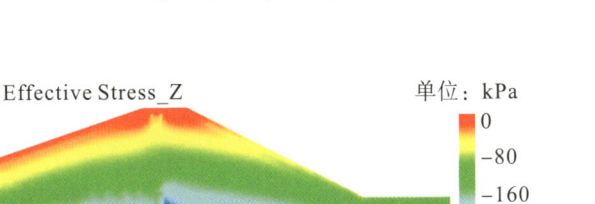

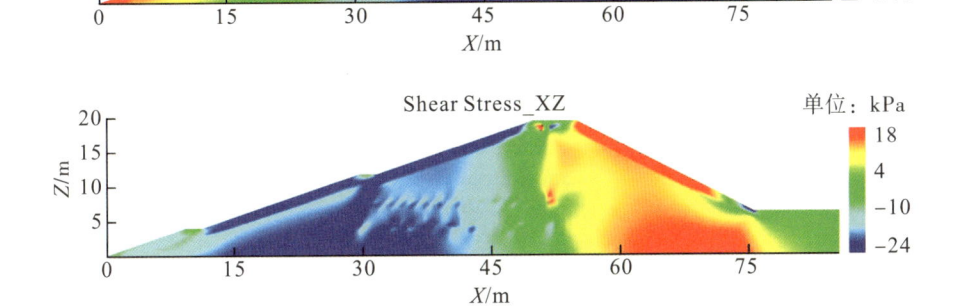

图 6-27 通水后渠道的应力分布(局部)

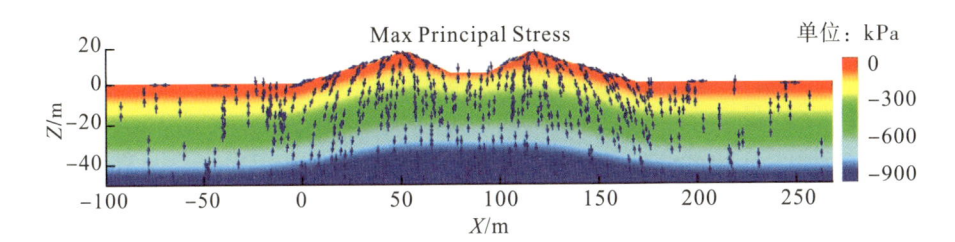

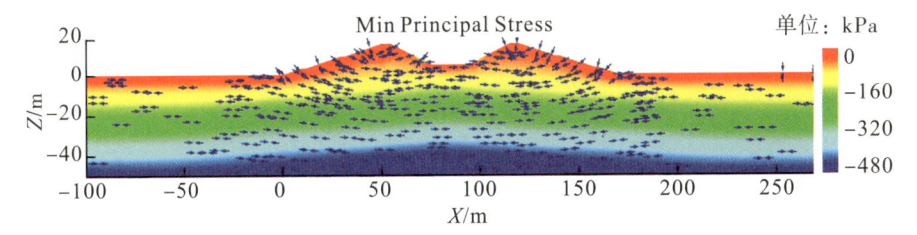

图 6-28 通水后渠道和地基的最大、最小主应力分布

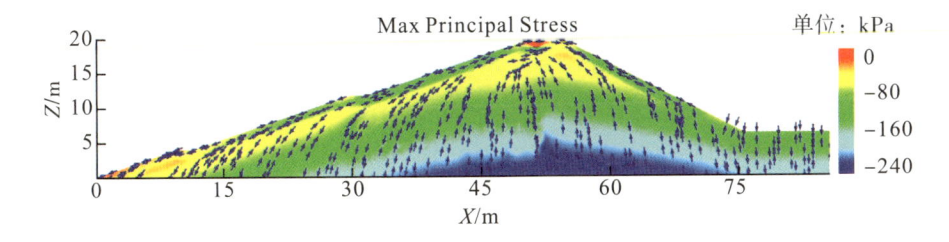

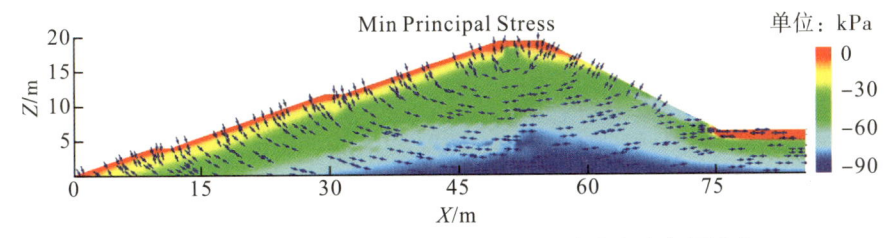

图 6-29 通水后渠道和地基的最大、最小主应力分布(局部)

通水后渠道和地基进一步沉降完成后的应力分布见图6-30(局部)。

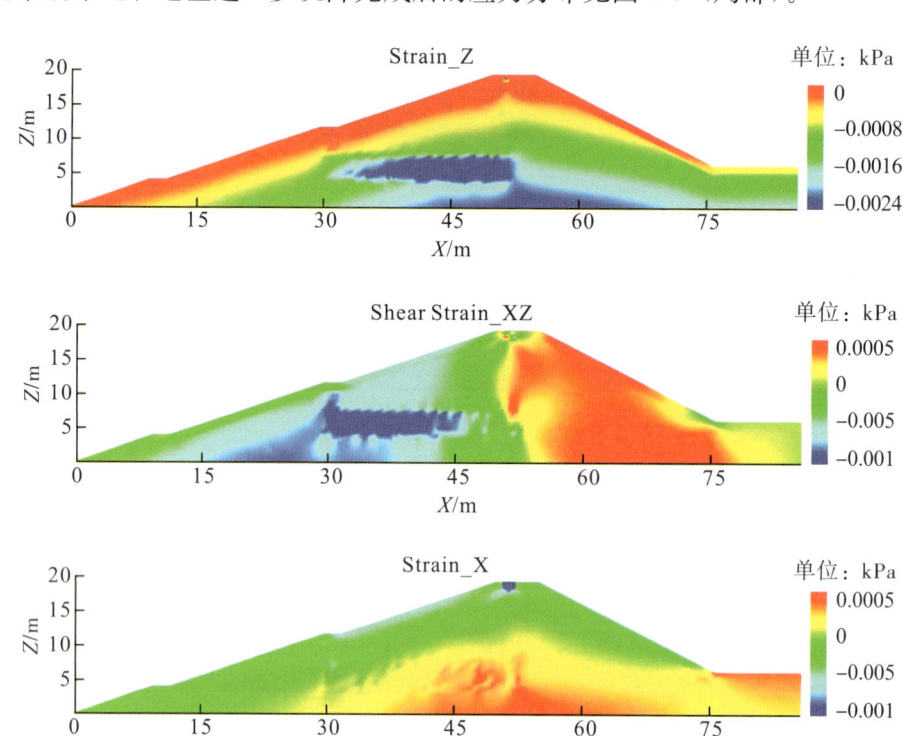

图6-30 通水后渠道的应变分布(局部)

(4)第4阶段:渠道长期蠕变的沉降阶段

该阶段模拟渠道建设完成后的长期蠕变沉降过程。

1)蠕变模型及参数

采用FssiCAS自带的Burgers蠕变模型描述填筑渠道和地基的长期蠕变沉降。Burgers蠕变模型可以表示为:

$$\varepsilon = \frac{q}{E_0} + \frac{q}{E_1}(1-e^{-\frac{E_1}{\eta_1}t}) + \frac{q}{C}t^\beta \tag{6-3}$$

式中:E_0——杨氏模量;

E_1——开尔文体杨氏模量;

e——孔隙比;

η_1——黏性系数;

C——软体单元参数;

β——软体单元参数。

根据地基和渠道的基本参数,可以获得Burgers蠕变模型相关参数,见表6-9。

表 6-9　　　　　　　　　　　　　　Burgers 蠕变模型参数

材料	开尔文体弹性模量 E_1/Pa	黏滞系数 η_1/(GPa·min)	软体单元参数 C/MPa	软体单元参数 β
填筑土	3.15×10^8	1.39×10^{11}	4.99×10^8	0.1474
地基土	1.079×10^9	9.39×10^{10}	1.08×10^9	0.1638

2)计算结果

渠道建设完成后的 10 年内,渠顶监测点的蠕变过程曲线见图 6-31,渠顶监测点处 10 年的蠕变沉降量约为 12.5cm。

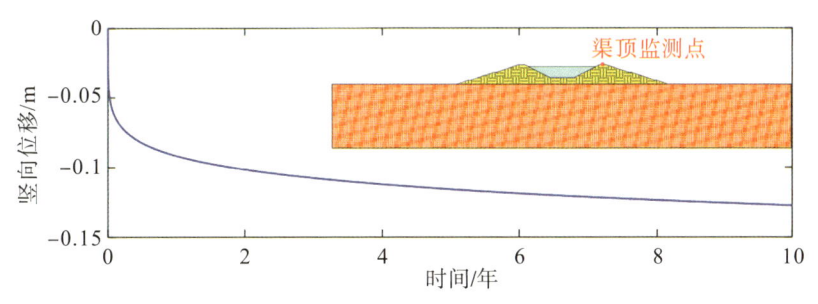

图 6-31　渠顶监测点的蠕变过程曲线

渠道建设完成以后各阶段沉降见表 6-10。

表 6-10　　　　　　　　　　　　渠道建设完成以后各阶段沉降

第 2 阶段	渠道建设后的沉降/cm	12.0
第 3 阶段	渠道通水后的沉降/cm	3.3
第 4 阶段	渠道长期蠕变沉降/cm	12.5

6.2.5　小结

本节综合理论分析、现场监测、室内模型试验和数值模拟等多种研究方法,主要从土体变形视角对填方渠道边坡裂缝的形成发育机制进行了较为系统的研究,得到的主要结论如下:

①持续晴热气象情况下,模型填筑完成后,裂缝从自然开裂达到稳定需要 15d。坡面自然状态水分蒸发将发生沉降变形,变形大约需要 15d 达到稳定。

②受地表降雨使地下水位抬升的影响,膨胀土可能发生不均匀膨胀变形。各层膨胀变形累积,坡面将面临开裂风险。

③裂缝存在有继承性,旧裂缝在土体内水平反向延伸后,容易在竖直方向继续产生新的裂缝。

④受分层填筑的影响,层间压实贴合弱于层内土体,在强度及渗流方面可能起到准裂隙的效果,水平方向成为裂缝发展和水分扩散优势方向。填筑体内部层间浸润线达到稳定前横向扩散速率是竖向浸润速率的2~4倍。

⑤数值模拟结果为渠道边坡开裂规律和机理研究提供了结构性视角,可弥补模型试验难以考虑应力水平相似和材料相似的不足。结果表明,堤顶硅芯管槽开挖和局部填筑不密实均可导致土体应力分布发生变化,局部出现应力集中,应变分布同步发生变化,可能构成堤顶土体开裂的结构性因素。

⑥渠道运行期由于水渠输水导致的附加应力将会引起填筑体和地基层的附加沉降和沉降梯度。最大附加沉降可达3.3cm。

⑦计算预测渠顶监测点处10年的蠕变沉降量约为12.5cm。与实际(运行近8年)监测累计沉降数据吻合。

6.3 填方渠道及边坡裂缝危害等级评定

科学准确地描述和表征土体裂隙是进一步开展相关研究的基础,学者们基于不同的研究目的,从不同的角度给出了不同的评价体系和方法,差异性较大。本节的研究将在梳理已有研究认识的基础上,探索构建适合南水北调渠首渠段填方渠道及边坡裂缝危害等级的评价方法。

6.3.1 土体裂隙的量测及评价

6.3.1.1 裂隙出露部分的量测

裂隙出露部分测量一般用于研究裂隙的平面分布、形态学特征及土体结构破坏的规律等。早期的测量是在肉眼观察的基础上,利用标尺等工具直接量测裂隙的长度和宽度(开度),或是素描记录裂隙形状特点和分布情况等,但这种直接测量的方式无法准确获得较小裂隙的参数,对试验样品也存在一定损坏。目前通用的水平裂隙量测手段是裂隙图像分析法,数字化图像可以实现对裂隙形态完整无损的复制,图像分析软件为裂隙图像中参数的提取提供了高精度保证,该方法一般经过图像矢量化、二值化、去噪、分析四个步骤,可以获得裂隙长度、宽度、倾角等基本指标。南京大学据此自主开发了一种岩土体裂隙网络图像分析系统(CIAS),利用该系统可以直接获取裂隙的形态参数。这些既有方法基本适用于规模较小的场地或室内实验室试样,对于工程尺度的长大裂缝而言,尚存在不适用的问题,实际工程上仍以简单的裂缝长度、走向、开度等便于实施量测的指标表征为主。

6.3.1.2 裂隙竖向延伸部分的量测

裂隙竖向延伸部分的量测对于研究裂隙开展及雨水入渗优先流具有重要意义,受认知水平及监测手段的局限,其研究深度远不及裂隙出露部分,当前尚不能精确地描述土体内部裂隙的开展情况,表征指标亦不完善。针对竖向延伸部分,早期直接以细钢丝插入裂隙中,读取其触底时的伸入长度,即为裂隙深度,这种方式受人为干扰较大,结果并不准确,且无法量测垂直裂隙的宽度、分布等重要参数,通过引入医学、勘测等领域的研究方法,许多学者提出了各自的测量方法,见表 6-11,其中计算机断面成像技术可与三轴仪等联合使用,在目前得到最多运用。

表 6-11 裂隙竖向延伸部分测量方法总结

测量方法	监测数据	原理	数据处理	优缺点
CT 扫描	CT 值	X 射线穿透土体某一截面时,截面上裂隙点、土颗粒对其吸收系数不同,换算后的 CT 值与其密度成正比	CT 值的 ME 值越小,SD 值越大,内部裂隙越多,可计算损伤值表述土体内部结构损伤情况	无损测量,可定量描述;仪器成本高
超声波法	波速	超声纵波通过土体内部裂隙时会产生绕射,声速减小	绘制波速的变化曲线,波速随着裂隙率的增大而逐渐减小	无损测量,操作简单,成本低;受水分、孔隙影响大,不准确
电阻率法	电阻率	电极产生的电流场经过裂隙区域时,电阻率发生变化,裂隙内若充填空气则变大,充填水则变小	绘制电阻率断面图和比值断面图,表征裂隙分布特征;或计算电阻率结构参数,对土结构进行综合评价	无损测量,可连续跟踪测量;受电极布置密度影响,精度不高
流液法	凝固液体几何参数	将低熔点、速凝固、不与土体反应的液体如石蜡浇注到裂隙中,待凝固后除去土,可得完整裂隙模型	直接测量裂隙宽度、深度和体积等,进行裂隙度计算等	直观,准确度较高;操作较困难,试验土样将完全破坏

有些研究提到了扫描电镜法和压汞法,但这两类主要是用于描述土体孔隙特征,对裂隙的研究意义不大;还有不少数学推算法,但可靠性不强,且受特定条件限制,如姚海林根据弹性力学提出了裂隙扩展深度的数学表达式,基本参数之一基质吸力受雨水入渗的影响较大,而另一参数地下水位高度也决定了此公式只能用于实地探测。

综合来看,人类目前对土体裂隙在深度延伸方面的测量方法存在较大局限性,部分高精度方式可以满足室内小型试样的探测,但目前对于现场工程尺度的垂直裂隙测量尚缺乏高效、精准的通用方法。

6.3.1.3 裂隙的评价

通过上面的梳理可以发现,尽管已有较多量测方法,但如何准确而全面地描述裂隙特征仍然是研究中的难点。不论是裂隙表面出露还是竖向延伸的量测,均可以得到大量可以反映裂隙形态特征或分布特征的指标,但得到运用的常常只有裂隙长度、开度(宽度)、条数等,不能充分表现出裂隙的复杂程度,诸多学者在对不同指标进行相关性分析和筛选后提出了裂隙评价指标体系(表 6-12),但研究内容各不相同,差异性较大。尤其是应用于实际工程尺度下的裂缝表征时,方便适用的描述方法仍以纵横分布类型、走向、长度、开度、大致深度等简单参数为主。

表 6-12　　裂隙评价指标体系

使用范围	评价参数	测量及数据处理
分析裂隙网络的形态学特征及发育过程	裂隙面积密度、长度密度、欧拉数密度	统计二值化图像中的黑色像素点,将图像矩阵化统计单位矩阵的边及对角线,统计孤立裂隙数目和裂隙形成孔洞数目,分别根据对应的 Minkowski 函数计算
分析较小裂隙的发育过程	灰度熵	利用远距光学显微镜获取裂隙黑白图像,根据图像的灰度频率分布和灰度级别计算
分析水平裂隙几何特征及发育程度	裂隙度	根据图像提取裂隙长度、裂隙宽度、裂隙间距、裂隙条数、裂隙分割得的土块面积及数目、裂隙面积,利用裂隙度公式计算
分析裂隙对土体强度的影响	节点个数、块区个数、裂隙率、裂隙平均长度	利用图像分析软件直接读取各指标值
分析裂隙对降雨入渗和土体水分保持过程的影响	裂隙体积比、裂隙表面积比和裂隙比内表面积	利用图像分析软件提取表面裂隙图像裂隙长度、宽度和面积,根据裂隙率与含水率、含水率与裂隙深度的关系函数,计算裂隙体积、内表面积

6.3.2 填方渠道边坡裂缝等级评定方案

裂缝危害等级评定是科学决策填方渠道及边坡裂缝应对处理方案的前提和重要依据。通过对已有的相关研究文献进行梳理,我们认为适用于南水北调输水工程膨胀土渠道边坡长大裂缝开裂程度的描述方法应以简单实用的指标为宜,尤其以相对更为成熟、接受度更高且便于实施量测的裂缝表面出露部分的表征指标参数为佳。实际上,裂缝表面出露部分本质上是裂缝整体的一个揭示"剖面",其是裂缝整体的"真子集"且在开裂程度上"同构",在裂缝竖向延伸部分的探测较为困难的情况下,将对裂缝表面出露部分的合理量测作为评价完整裂缝整体开裂程度的一个替代方案,逻辑是合理的、有效的。基于上述认识并结合现场调研情况，初步提出一套现场快速判断的评价框架。

①现场初步判断渠道及边坡裂缝是否为边坡失稳变形诱发，若是，则需要进行边坡加固处置；若否，则判断为非失稳类裂缝。

②对于非失稳类裂缝，记录裂缝表观走向、在边坡上的位置分布，定期监测裂缝三维发育规模，包括表观裂缝长度、表观裂缝最大开度以及最大裂缝深度。

③以表观裂缝长度、表观裂缝最大开度为主要参数，辅以最大裂缝深度，进行裂缝危害等级评定。对于长度大于50m或者最大开度大于2cm的堤顶路面裂缝，建议评定为危害等级"高"；长度为10～50m且最大开度为0.5～2cm的裂缝，建议评定为危害等级"中"；其余裂缝建议评定为危害等级"低"。对于渠堤下游边坡裂缝，长度大于10m或者最大开度大于1cm的裂缝，建议评定为危害等级"高"；长度为1～10m且最大开度为0.5～1cm的裂缝，建议评定为危害等级"中"；其余裂缝建议评定为危害等级"低"。

裂缝的危害等级可以根据缝长、最大缝宽及裂缝成因的重要性按表6-13确定。

需要说明的是，这里提出的是一套适用于渠道边坡裂缝开裂程度评估的初步评价框架，有了这套框架，在膨胀土填方渠段日常运维中，就可以快速及时地对渠道边坡裂缝开裂程度进行观测和判断，为科学决策提供基础数据支持。当然，该套初步框架并非尽善尽美，其中具体的指标和参数可以随着的技术和理念的进步及时调整，相应指标和量测技术方法也可增补完善。

6.4　填方渠堤裂缝处理技术

灌浆是应用最多也是最有效的裂缝处理方法之一。针对不同类型裂缝，查明裂缝的成因及类型，选用合理的灌浆材料，采取针对性措施，并结合现场试验总结出填方渠堤裂缝快速处理技术，见表6-14。

表 6-13 裂缝危害等级分类表

裂缝等级	堤顶路面裂缝			渠堤下游土坡			处理建议
	类型	缝长/m	最大缝宽/cm	类型	缝长/m	最大缝宽/cm	裂缝特征

裂缝等级	堤顶路面裂缝				渠堤下游土坡				处理建议
	类型	缝长/m	最大缝宽/cm	裂缝特征	类型	缝长/m	最大缝宽/cm	裂缝特征	
Ⅰ类（低危害）	非失稳类	<5	<0.5	浅表裂缝、龟纹裂缝	非失稳类	<1	<0.5	浅表层裂缝，邻近格栅混凝土完好	建立裂缝观测台账或灌浆处理
Ⅱ类（中危害）	非失稳类	≥5且<50	≥0.5且<2	缝深至水泥改性土层，细、深缝	非失稳类	≥1且<10	≥0.5且<1	浅表层裂缝，邻近格栅混凝土完好，但裂缝周边伴随少量洞穴	灌浆处理
Ⅲ类（高危害）	失稳类	≥50	≥2	宽、深缝	失稳类	≥10	≥1	深层裂缝，邻近格栅混凝土开裂，裂缝周边伴随洞穴	灌浆处理和边坡加固处置

表 6-14 填方渠堤裂缝快速处理措施

裂缝部位	裂缝等级	裂缝特征	处理材料	浆液配合比	处理方式	灌浆孔布置	施工工艺
堤顶路面	Ⅰ类	浅表裂缝、龟纹裂缝	乳化沥青或冷灌缝胶	—	封闭处理	—	详见 6.4.1 节
堤顶路面	Ⅱ类	缝深至水泥改性土层	水泥、粉煤灰、膨胀土浆液、乳化沥青	水固比为 1.0~1.2，水泥：粉煤灰：膨胀土为 42：28：30	水泥改性土层无压灌浆，路面沥青层采用乳化沥青封闭处理	详见 6.4.2 节"堤顶裂缝无压贴嘴灌浆工序"

续表

裂缝部位	裂缝等级	裂缝特征	处理材料	浆液配合比	处理方式	灌浆孔布置	施工工艺
堤顶路面	Ⅱ类	细、深缝	水泥、粉煤灰、膨胀土浆液、乳化沥青	水固比为1.0~1.2,水泥:粉煤灰:膨胀土为42:28:30	填土层采用水泥、粉煤灰、膨胀土浆液有压灌缝,路面沥青层采用乳化沥青封闭处理	单排骑缝孔,孔距1m,缝长不足1m的可适当加密灌浆孔	详见6.4.2节"堤顶裂缝有压灌浆工序"
堤顶路面	Ⅲ类	宽、深缝	①水泥、膨胀土浆液、乳化沥青或②水泥、粉煤灰、膨胀土浆液、乳化沥青	①"先稀后稠"原则,稀浆液水固比为0.9~1.0,水泥:膨胀土为6:4;②"先稀后稠"原则,稀浆液水固比为0.9~1.0,水泥:粉煤灰:膨胀土为42:28:30	填土层采用①或②浆液有压灌缝,路面沥青层采用乳化沥青封闭处理	单排骑缝孔,孔距1m,缝长不足1m的可适当加密灌浆孔	详见6.4.2节"堤顶裂缝有压灌浆工序"
渠堤下游土坡	Ⅰ类、Ⅱ类	浅表层裂缝、邻近格栅混凝土完好	水泥、粉煤灰、膨胀土浆液	水固比为1.1~1.2,水泥:粉煤灰:膨胀土为42:28:30	采用水泥、粉煤灰、膨胀土浆液有压灌缝	单排骑缝孔,孔距0.3m	详见6.4.2节"渠堤下游土坡裂缝有压灌浆工序"
渠堤下游土坡	Ⅲ类	深层裂缝、邻近格栅混凝土开裂、裂缝周边伴随洞穴	水泥、粉煤灰、膨胀土浆液	"先稀后稠"原则,稀浆液水固比为1.0,水泥:粉煤灰:膨胀土均为42:28:30	采用水泥、粉煤灰、膨胀土浆液有压灌缝	单排骑缝孔,孔距0.3m	详见6.4.2节"渠堤下游土坡裂缝有压灌浆工序"

6.4.1 浅层裂缝处理

裂缝是堤顶路面常见的病害,按其形状基本分为纵向裂缝、横向裂缝和网状裂缝(龟裂)三种。其中纵向裂缝、横向裂缝初期发育裂缝和网状裂缝多为浅层裂缝。这类裂缝主要位于混凝土路面表层,对道路内部结构没有造成影响和危害,对这类裂缝的修补主要是以封闭裂缝为主。

浅层裂缝处理可采用乳化沥青或冷灌缝胶对裂缝进行灌缝捣实封闭处理,处理工艺具体如下:①用吹风除尘机将地面裂缝灰尘杂质清理干净;②燃烧液化气将缝隙加热,直到它呈黏性状态;③将乳化沥青灌入缝隙。

6.4.2 深层裂缝处理

深层裂缝主要指那些具有贯穿性的结构裂缝,这类裂缝已经影响或即将影响到混凝土路面结构层和渠堤下游边坡。结合以上章节研究内容,总结形成深层裂缝快速处理技术,包括堤顶裂缝无压贴嘴灌浆、堤顶裂缝有压灌浆和渠堤下游土坡裂缝有压灌浆,具体内容如下。

6.4.2.1 裂缝灌浆施工工艺流程

(1)堤顶裂缝无压贴嘴灌浆工序

1)裂缝清理及探测裂缝

清理裂缝内的杂物,并用毛刷清扫裂缝及周围的浮土,然后用不小于 0.2MPa 的空压机吹裂缝内深层的杂物,使裂缝内干净、无杂物、无浮尘;探测裂缝深度及范围,确定裂缝等级。

2)准备灌浆材料

对照表 6-14 中堤顶路面 I 类裂缝处理准备灌浆材料。

3)预制灌浆管

灌浆管采用不锈钢管,出浆液的管口用机具压扁至与裂缝宽度相匹配,置于裂缝的灌浆孔中,灌浆管管口尽可能深地投入裂缝底部。

4)制备浆液

根据表 6-14 中堤顶路面 II 类裂缝的浆液配比,将准备好的灌浆材料移至液体搅拌容器中进行搅拌,搅拌后浆液密度为 1.2~1.6t/m³,浆液黏度为 30~40s,完成浆液制备。

5)灌注浆液

灌浆时采用自上而下全孔一次灌浆,浆液液面下降后多次复灌。

6)封闭裂缝

当浆液升至孔口,并且浆液面稳定不变时,孔内基本不进浆,即可终灌封缝。缝口填充乳化沥青,封缝捣实。

(2)堤顶裂缝有压灌浆工序

1)清理并探测裂缝

清理裂缝内的杂物,并用毛刷清扫裂缝及周围的浮土,然后用不小于 0.2MPa 的空压机吹裂缝内深层的杂物,使裂缝内干净、无杂物、无浮尘,初步探测裂缝深度及范围。

2)施工期缝宽监测

缝宽监测采用埋钉法,在裂缝两侧各钉一颗钉子,通过测量两侧钉子之间的距离变化来判断变形滑动。

3)钻孔取芯,分析土体裂缝发育情况

骑缝钻孔取芯,钻至水泥改性土或水泥稳定层下 20~30cm,钻孔直径 50mm,根据芯样表观裂缝宽度及土体含水率,估算土体中裂缝发育深度,确定裂缝等级。

4)灌浆孔布置、注浆栓塞安装

灌浆孔按单排骑缝布置,孔距 0.5~1.0m,钻孔孔径 30~50mm,钻孔深 10cm,孔内安装与孔口直径匹配的注浆栓塞。

5)封堵路面表层裂缝

灌浆前用黄胶泥掺膨润土,添加适当的水搅拌均匀后制成封堵材料沿裂缝轴线封堵两孔之间及两孔外侧各 80cm,封堵宽 10cm,封堵要密实确保不漏浆。

6)制备浆液

根据表 6-14 中堤顶路面Ⅲ类裂缝的浆液配比,将准备好的灌浆材料移至液体搅拌容器中进行搅拌,搅拌后浆液密度为 $1.2\sim1.6t/m^3$,浆液黏度为 30~40s,完成浆液制备。

7)灌注浆液

当浆液升至孔口,灌浆压力达到设定 50kPa 后反复轮灌 3 次以上,孔内基本不进浆,即可终灌封孔。

8)封孔

封孔应在每孔灌完后,待孔周围泥浆不再流动时,将孔内浆液取出,扫孔到底,用直径 2~3cm、含水率适中的黏土球分层回填捣实。

9)灌浆观测

浆液灌注后,为检验灌浆效果,保证渠堤安全,在灌浆期间应进行全过程监测,监测内容包括堤身变形、渗流、裂缝及冒浆现象,灌浆期间,派专人在裂缝附近的堤顶及堤坡巡视,发现冒浆,及时处理,并做好记录。

(3)渠堤下游土坡裂缝有压灌浆工序

1)初判裂缝

综合渠堤下游土坡洞穴、表层宽大裂缝、混凝土格栅裂缝等位置分布,初步判定土坡裂缝位置。

2)清理坡面浮土并探测裂缝

根据初判的裂缝位置,将裂缝表面厚3~10cm范围内的浮土、植被用手铲、毛刷依次处理干净,视情况,用吹风机把掩盖裂缝的表层浮土及杂质吹去,探测边坡裂缝的实际走向。

3)灌浆孔布置

沿着探测出的裂缝走向,间隔20~30cm布设钻孔,钻孔孔径50cm,钻孔一般从坡面向下60cm深,或根据现场实际钻头掘进,难易程度相应调整。

4)准备灌浆材料

对照表6-14中渠堤下游土坡Ⅰ类裂缝准备灌浆材料。

5)制备浆液

根据表6-14中渠堤下游土坡Ⅰ类裂缝的浆液配比,将准备好的灌浆材料移至液体搅拌容器中进行搅拌,搅拌后浆液密度为1.2~$1.6t/m^3$,浆液黏度为30~40s,完成浆液制备。

6)灌注浆液

采用两序灌浆施工,Ⅰ序和Ⅱ序跳孔分布,先灌注Ⅰ序孔,再灌注Ⅱ序孔,Ⅰ序孔和Ⅱ序孔灌注的时间间隔在3h以上;灌浆时采用自上而下全孔一次灌浆,灌浆压力达到设定50kPa后反复轮灌3次以上,孔内基本不进浆,即可终灌封孔。

7)封孔

封孔应在每孔灌完后,待孔周围泥浆不再流动时,将孔内浆液取出,扫孔到底,用直径2~3cm、含水率适中的黏土球分层回填捣实。

8)灌浆监测

浆液灌注后,为检验灌浆效果,保证渠堤安全,在灌浆期间应进行全过程监测,监测内容包括堤身变形、渗流、裂缝及冒浆现象,灌浆期间,派专人在堤顶及堤坡巡视,发现冒浆,及时处理,并做好记录。

6.4.2.2 灌浆施工技术要点

①灌浆机械检查:灌浆机具、器具及管线在灌浆前应进行检查,运行正常时方可使用。接通管路,打开灌浆嘴上阀门,用压缩空气将裂缝通道吹干净。

②材料选择:选择合理、有效的灌浆材料是工程质量保证的首要条件,本书选用满

足材料指标要求的超细水泥、膨胀土和粉煤灰,完全能满足工程封闭渠堤裂缝、终止或减缓裂缝发育的要求。

③裂缝表面必须处理干净,以保证灌浆嘴粘贴牢固及封缝密实。

④待封缝的胶泥具有一定强度后,并经检查确认密封效果良好,方可进行灌浆施工。

⑤浆液配制要有专人负责,以减少人为误差,保证原材料配比准确,浆液搅拌均匀;应控制好灌浆压力和灌浆量,确保裂缝内浆液充填饱满,灌浆结束的标准为浆液外溢或压力骤变,然后在 50kPa 压力条件下稳压 1~3min。

⑥保证足够的灌浆量、灌浆时间,保持稳定的灌浆压力,以实现浆液在膨胀土中扩散、充填、压密;为保证浆液的渗透性和灌浆效果,需做好稳压工作,并且随裂缝不同部位的灌浆情况调整灌浆压力。

⑦灌浆结束后,应检查修复效果和质量,发现缺陷及时补救,确保工程质量。

⑧裂缝灌浆部位应保证不被现场施工用水或雨水的淋湿。

6.4.3 裂缝灌浆处理质量验收

6.4.3.1 灌浆材料指标

选择合理、有效的灌浆材料是工程质量保证的首要条件,本书选用满足材料指标要求的超细水泥、膨胀土和粉煤灰,完全能满足封闭渠堤裂缝、终止或减缓裂缝发育的要求。

(1)水泥

采用 P.O42.5 普通硅酸盐水泥,水泥细度要求通过 80μm 方孔筛的筛余量<5%,具有较高的早期强度和较短的初凝时间,受潮结块的不合格水泥不能使用。

(2)黏土

塑性指数不宜小于 15%,黏粒(粒径小于 0.005mm)含量不低于 25%,粉粒(粒径 0.05~0.005mm)含量在 35%以上,含砂量(粒径 0.05~2mm)不大于 15%,有机物含量不大于 2%。采土前需清除其上部腐殖质根系后取有用层土料并经取样试验,质量能满足设计要求的土料才能使用。

(3)粉煤灰

选用 Ⅰ 级粉煤灰,主要技术指标见表 6-15。粉煤灰是从煤燃烧后的烟气中收集的细灰,主要来源是以煤粉为燃料的火电厂和城市集中供热锅炉。粉煤灰的主要氧化物组成为 SiO_2、Al_2O_3、FeO、Fe_2O_3、CaO、TiO_2 等。

表 6-15　　　　　　　　　　　Ⅰ 级粉煤灰技术指标

检测项目	密度 /(g/cm³)	细度 /%	烧失量 /%	SiO$_2$ /%	Al$_2$O$_3$ /%	Fe$_2$O$_3$ /%	CaO /%	SO$_3$ /%	Cl$^-$ /%
国标	2.1～3.2	5μm 方孔筛≤18	≤5	≤50	≤30	0.8～1.0	≤10	≤3	≤0.02
实测值	2.55	16	2.8	45.1	24.2	0.85	5.6	2.1	0.015

注：范围取值包含上下限。

6.4.3.2　浆液制备方法

本书使用的灌浆材料主要为超细水泥、弱膨胀土和粉煤灰，浆液的配制采用湿法制浆法。浆液一次配制数量可根据每次灌浆施工估算用浆量及凝固时间、进浆速度共同确定，浆液制备步骤如下：

①根据制备浆液的水土比例，将弱膨胀土放在水中浸泡 1h 以上，再充分搅拌形成黏土基浆。

②用 2mm 孔径的筛子过滤沉淀物，除去大颗粒杂质。

③按照不同浆材的配比，依次单独将超细水泥、粉煤灰（如有）缓慢撒进泥浆，同时充分搅拌浆液，确保配制浆液无沉积物。

④用马氏漏斗检测浆液黏度，浆液黏度应控制在 30～40s；用量筒测量浆液比重，浆液比重应控制在 1.2～1.6。

⑤灌浆前，为防止浆液离析，应每隔 5min 充分搅拌一次浆液。

6.4.3.3　灌浆施工方法

(1) 灌浆工序

渠堤路面裂缝灌浆时采用自上而下全孔一次灌浆。

渠堤下游土坡上裂缝灌浆孔须分两个施工次序，按逐渐加密的原则进行灌浆，在灌浆过程中，先对第Ⅰ序孔轮灌，采用"低压少灌多复"的方法，待第Ⅰ序孔灌浆结束后，至少间隔 3h 再进行第Ⅱ序孔施工。

(2) 灌浆方法

渠堤路面的深层裂缝应采取钻孔有压灌的方式。灌浆开始先用 1.3g/cm³ 稀浆，经过 2～4min 后再加大泥浆稠度。若孔口压力下降和注浆管出现负压（压力表读数为 0 以下），再加大浆液稠度，浆液的容重应按技术要求控制。单孔灌浆采用自上而下的方式，复灌次数不少于 3 次。

6.4.3.4　灌浆压力控制

①灌浆压力观测。在注浆管上端安装压力表，压力表精度 0.01MPa，在灌浆过程

中,应随时观测压力变化,并应注意记录瞬时最大压力,对照渠堤位移和裂缝张开宽度,合理控制灌浆压力。

②在灌浆过程中,吃浆量小的灌段采用一次升压法,对于吃浆量大的灌段,若一次升压难以达到设计压力,则按 $0.3P$、$0.6P$、$1.0P$ 三级压力升压,最终达到设计规定压力。同时结合耗浆量情况(特别是观察出现灌浆临界压力值),以及观察地表是否开裂、冒浆、抬动等现象,对灌浆压力进行适当调整。

6.4.3.5 浆液配置和变换原则

浆液的配制采用湿法制浆法,先将黏土投入制浆机中搅拌成黏土基浆,经沉淀过筛后放入储浆桶中备用,灌注时,按不同的黏土基浆浓度加入水泥、水及掺和物,配制成所需浓度的混合浆,校正浆液的比重后进行施灌。

浆液变换应遵循先稀后浓、逐级变换、优浆多灌、浓浆结束、少灌多复的原则,具体变换方法如下:

①当灌浆压力保持不变,注入率持续减少时,或当注入率不变而压力持续升高时,不得改变水灰比。

②当某一比级浆液的注入量较大且时间已达 3min,而灌浆压力和注入率改变不显著时,应改浓一级。

6.4.3.6 待凝时间控制

为了保证灌浆质量和渠堤在施工中的安全,在灌浆施工中应进行以下控制:渠堤下游坡裂缝段灌浆两次复灌待凝时间不少于 3h,如 3h 后扫孔时浆液未呈软塑状,则适当延长待凝时间。

6.4.3.7 灌浆结束标准和封孔要求

(1)灌浆结束标准

①经过分序分次反复轮灌以后,渠堤不再吃浆,并且浆液升至孔口,即可终止灌浆。
②该灌浆孔的灌注浆量或灌浆压力已达到要求。

(2)封孔

封孔应在每孔灌完后,待孔周围泥浆不再流动时,用直径 2~3cm、含水率适中的黏土球分层回填捣实。

6.4.3.8 灌浆观测

(1)目的和要求

①为保证裂缝灌浆质量和渠堤安全,检验灌浆效果,在灌浆期间应进行观测。
②在灌浆过程中,应有专门观测人员负责观测工作,全面控制灌浆质量,及时发现

和解决问题。

(2)渠堤变形观测

①横向水平位移观测。沿渠堤轴线方向每隔 15m 在堤顶下游设一组观测标点,每组至少分别在下游马道处设一个观测标点,标点用混凝土桩。在灌浆期间,每天观测 1～2 次,非灌浆期间,每 5d 观测 1 次。

②竖向位移观测。竖向位移桩应与水平位移桩结合,并同时进行观测,以便进行资料分析。在灌浆前,至少观测 2 次。在灌浆期间,每天观测 1～2 次,非灌浆期间,每 5d 观测 1 次。

(3)灌浆压力观测

在注浆管上端安装压力表,压力表精度为 0.01MPa,在灌浆过程中,应随时观测压力变化,并应注意记录瞬时最大压力,对照渠堤位移和裂缝张开宽度,合理控制灌浆压力。

(4)裂缝和冒浆观测

①裂缝观测内容包括裂缝位置、宽度、长度、走向、深度、错距和裂缝发生历时、开展速度等。正在灌浆的坝段每天观测 1～2 次。如裂缝发展较快,应加强观测。

②冒浆观测。在灌浆期间要有专人经常巡视附近上下游堤坡。如发现冒浆,应及时处理,同时应记录和描述。

6.4.3.9 特殊情况处理

在灌浆过程中,若出现地面裂缝、冒浆、串浆、灌浆中断、注入量大而难以结束等特殊情况,可按下述的方法处理。

(1)裂缝处理

当堤顶路面出现纵向裂缝时,降低压力,控制进浆量,当地表溢出浓浆后停机待凝,等裂缝回弹闭合后再扫孔复灌。当堤顶路面出现横向裂缝时,立即停机检查,当裂缝较浅时,挖开裂缝用黏土回填夯实后继续灌注,当裂缝较深时,采用稠浆灌注裂缝,按先上游,次下游,后中间的顺序进行填缝处理。

(2)冒浆处理

冒浆量小,一般采用减压灌注处理,同时对冒浆点进行封堵,经过 20～30min 后,逐渐提高灌浆压力,恢复灌浆。若冒浆量大,采用降压处理后还继续冒浆,则可越级使用浓浆灌注,灌浆压力逐渐提高时,恢复至原来的浆液浓度继续灌注至达到结束条件。

若用降压和改变浆液浓度的方法处理后,还继续冒浆,则采用间歇灌浆的方式,停一段时间后再灌浆,如此反复,直至地面不再冒浆,达到结束条件为止。

(3)串浆处理

如果被串孔处在停歇时间,则直接对其进行封堵,如果被串孔处在钻进中,则立即停钻起钻,对其进行封堵,灌浆孔正常灌浆直至结束。

(4)灌浆中断处理

灌浆过程中因机械事故而造成灌浆中断时,除及时抢修尽快恢复灌浆外,对中断时间超过 30min 的灌段,采用冲洗钻孔后重新灌浆的方法处理,恢复灌浆时按正常浓度级别逐级变换,直至正常结束。

(5)注入量大而难以结束处理

灌浆段注入量大而难以结束时,采用低压、浓浆、限流限时、间歇、复灌等措施进行处理。

6.4.3.10 灌浆质量检查

①质量检查主要是针对灌浆过程的检查,是为灌浆质量控制而进行的阶段性检查。

②中间质量检查的主要内容包括按要求检查布孔、造孔、工艺操作、浆液性能、综合控制情况、各孔终止灌浆达到的标准、灌浆中出现的问题和处理情况等。

第 7 章　膨胀土渠道边坡变形综合处置典型案例

7.1　淅川段桩号 8+216 至 8+377 右岸变形体处理

7.1.1　渠道边坡变形情况

2017 年 10 月 5 日,根据淅川段 8+216 至 8+377 右岸渠道边坡安全监测成果分析,受近期连续降雨影响,边坡变形明显,且速率明显加快,尤其是 8+287 至 8+333 断面,测斜管测值最大增量为 64.73mm,水平位移测点测值最大增量为 11.76mm。

该部位渠道边坡共有变形监测设施 19 支,其中原有 2 支,新增 17 支;测斜管 9 孔,水平位移观测墩 8 个,北斗监测测点 2 个,见图 7-1。

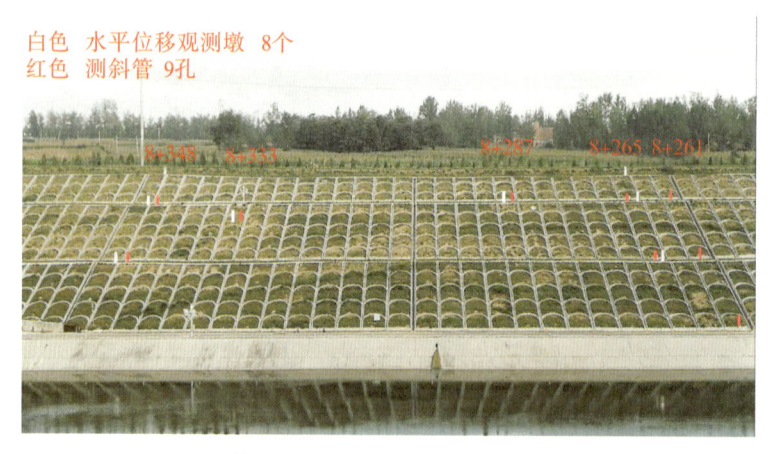

图 7-1　桩号 8+216 至 8+377 监测仪器分布图

该部位原有 2 孔测斜管,埋设于 2014 年 11 月,分别位于桩号 8+287 三级马道(编号 IN01HPT-8+287)和 8+333 三级边坡(编号 IN02HPT-8+333)。

IN01HPT-8+287 测斜管孔深 18.5m,2014—2016 年,孔口以下 15m 段存在趋势性变形。截至 2016 年 12 月 17 日,最大累计位移为 76.08mm;截至 2017 年 10 月 6 日,最大累计位移为 123.73mm,IN01HPT-8+287 位移监测见图 7-2。

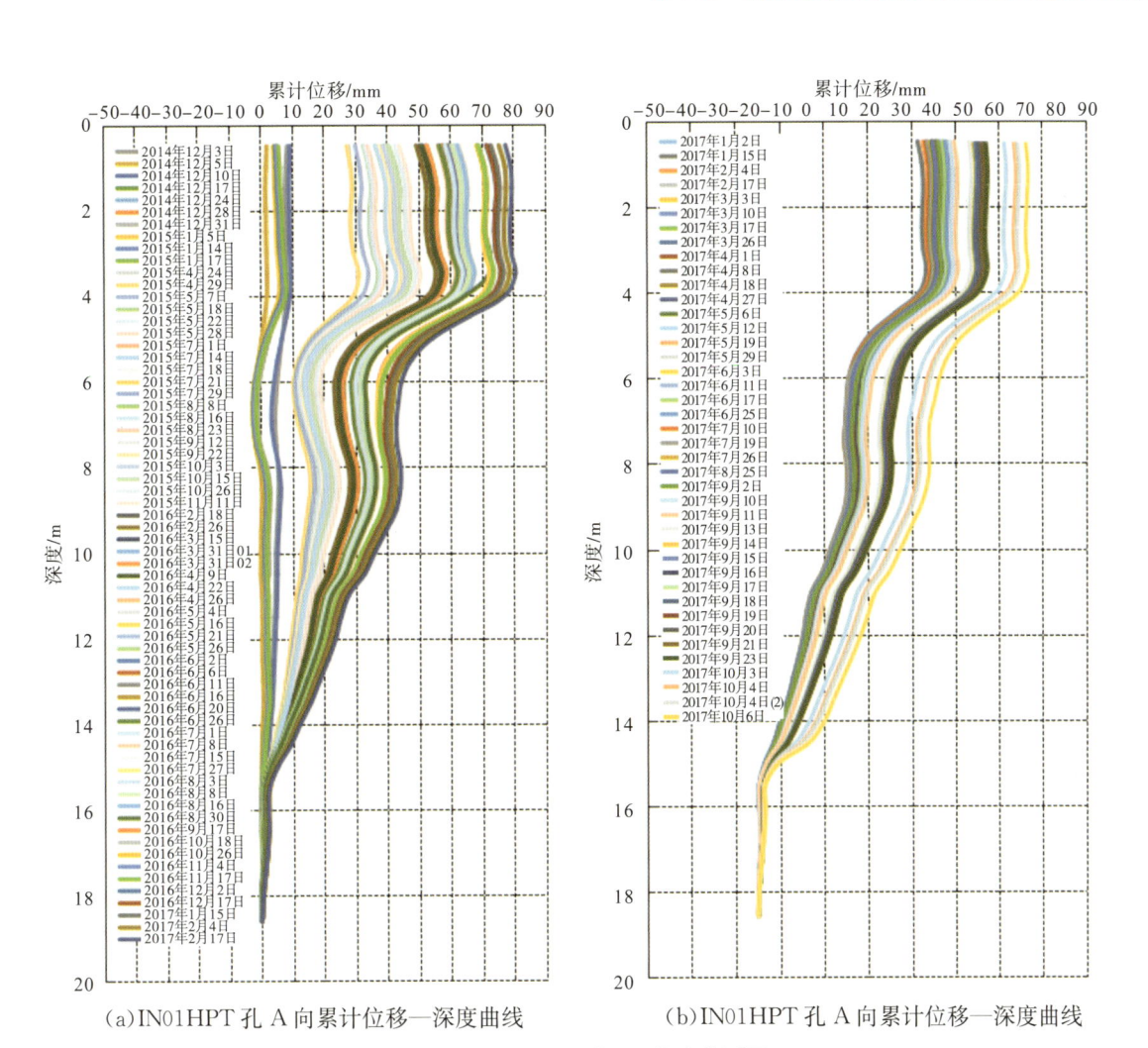

(a) IN01HPT 孔 A 向累计位移—深度曲线　　(b) IN01HPT 孔 A 向累计位移—深度曲线

图 7-2　IN01HPT－8＋287 位移监测图

　　IN02HPT－8＋333 测斜管孔深 18.5m，2014—2016 年孔口以下 12m 段存在趋势性变形。截至 2016 年 12 月 17 日，最大累计位移为 62.27mm；截至 2017 年 10 月 6 日，最大累计位移为 100.27mm，IN02HPT－8＋333 位移监测见图 7-3。

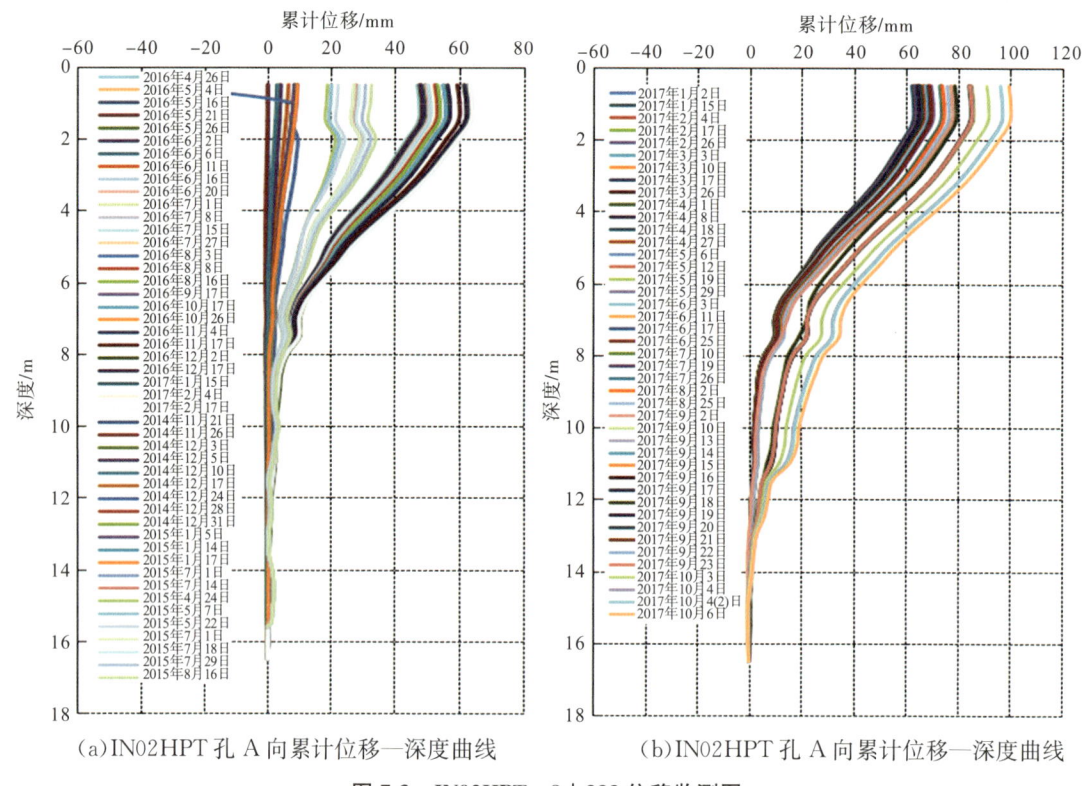

(a) IN02HPT孔A向累计位移—深度曲线　　(b) IN02HPT孔A向累计位移—深度曲线

图 7-3　IN02HPT-8+333 位移监测图

2016 年 9 月,在桩号 8+261 一、二、三级马道各埋设了 1 孔测斜管,IN01-8+261 测斜管孔深 15.5m,孔口以下 1.5m 段变形较大。截至 2018 年 1 月 13 日,最大累计位移为 19.61mm,位于孔口部位;IN02-8+261 测斜管孔深 20.5m,孔口以 10m 段变形较大,截至 2018 年 1 月 13 日,最大累计位移为 55.83mm,位于孔口部位;IN03-8+261 测斜管孔深 20.5m,孔口以下 10m 段变形较大,截至 2017 年 10 月 6 日,最大累计位移为 41.64mm,位于孔口部位,桩号 8+261 一、二、三级边坡位移监测见图 7-4。

2016 年 6 月,在桩号 8+265 和 8+348 二、三级马道各埋设了 1 孔测斜管,IN01-8+265 测斜管孔深 20.5m,孔口以下 11m 段变形较大,截至 2018 年 1 月 13 日,最大累计位移为 43.36mm,位于孔口以下 2.5m 处;IN02-8+265 测斜管孔深 16.5m,孔口以下 15m 段变形较大,截至 2017 年 10 月 6 日,最大累计位移为 31.83mm,位于孔口部位,桩号 8+265 二、三级边坡位移监测见图 7-5。IN01-8+348 测斜管孔深 26m,孔口以下 7m 段变形较大,截至 2018 年 1 月 13 日,最大累计位移为 33.02mm,位于孔口部位;IN02-8+348 测斜管孔深 21m,孔口以下 9m 段变形较大,截至 2017 年 10 月 6 日,最大累计位移为 32.28mm,位于孔口部位,桩号 8+348 二、三级边坡位移监测见图 7-6。

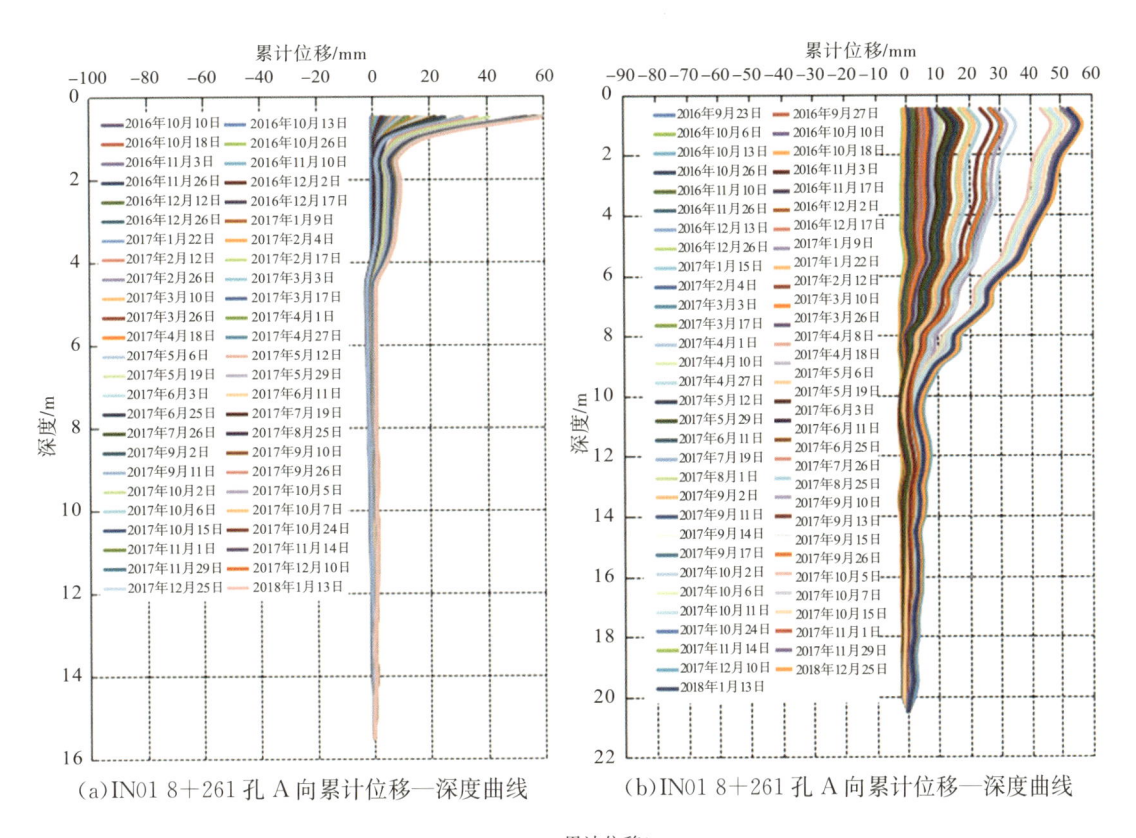

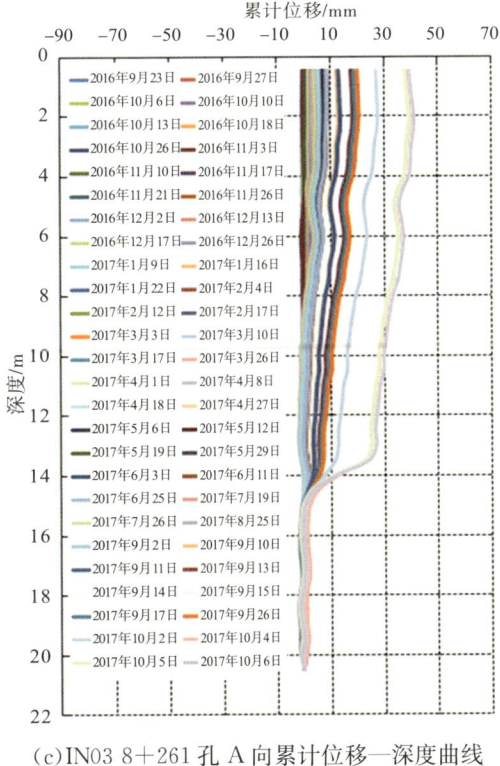

(a) IN01 8+261 孔 A 向累计位移—深度曲线

(b) IN01 8+261 孔 A 向累计位移—深度曲线

(c) IN03 8+261 孔 A 向累计位移—深度曲线

图 7-4 桩号 8+261 一、二、三级边坡位移监测图

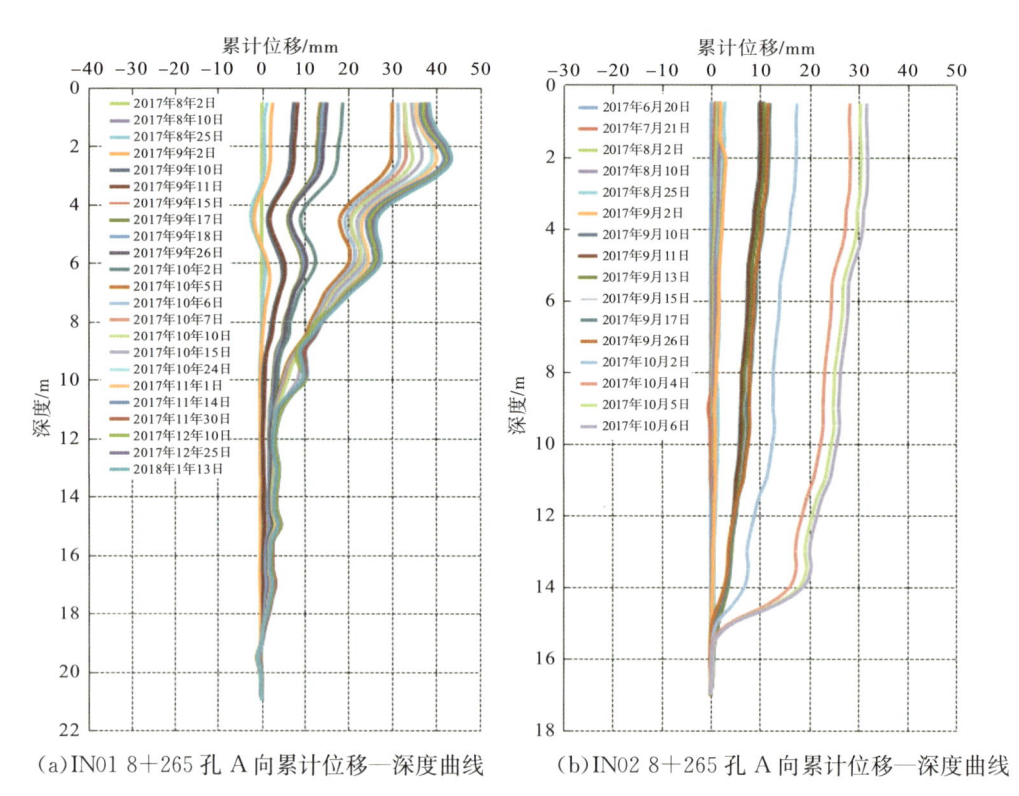

(a) IN01 8+265 孔 A 向累计位移—深度曲线 (b) IN02 8+265 孔 A 向累计位移—深度曲线

图 7-5 桩号 8+265 二、三级边坡位移监测图

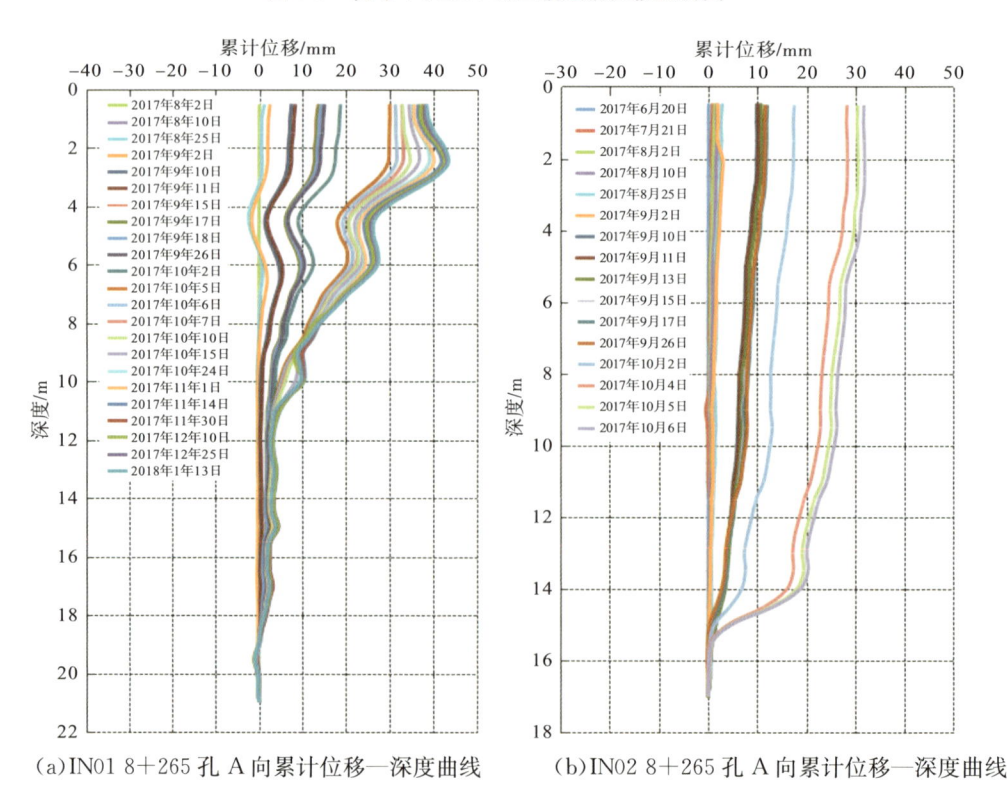

(a) IN01 8+265 孔 A 向累计位移—深度曲线 (b) IN02 8+265 孔 A 向累计位移—深度曲线

图 7-6 桩号 8+348 二、三级边坡位移监测图

7.1.2 渠道设计概况

淅川段桩号 8+216 至 8+377 右岸渠道边坡挖深 24m,渠道底宽 16.5m,过水断面坡比为 1:3.0,一级马道宽度 5.0m,一级马道以上每隔 6m 设置一级马道,马道宽度除四级马道宽 15m 外其余均为 2m,一级马道至四级马道之间各渠道边坡坡比为 1:2.5。渠道全断面换填水泥改性土,其中过水断面换填厚度为 1.2m,一级马道以上渠道边坡换填厚度为 1m。渠道边坡施工过程中,该渠段右岸发生较大规模滑坡变形,变形体平面形态呈扇形,坡顶积水,后缘位于右岸渠顶施工便道,坡肩一带见弧形拉裂缝,前缘位于一级马道附近,呈舌状隆起。滑坡内坡面土体极破碎,裂缝众多,多呈饱水状,地下水沿剪出口渗出,坡脚积水。经参建各方研究后,采用刷方减载换填、排水盲沟导排水和抗滑桩加固的支护方案。

7.1.3 工程地质条件

(1) 地层岩性

渠道边坡由第四系 Q^{dl} 和第四系中更新统(Q_2^{al-pl})粉质黏土组成,从上至下可分为三层。第一层为粉质黏土,褐、褐灰色,硬可塑,发育较多根孔,该层底板高程为 151.5~156.0m,一般厚 5m,最厚处达 13m,底板最低处位于右坡桩号 8+242 及左坡桩号 8+324 处;第二层为粉质黏土,姜黄色,硬塑—硬可塑,含铁锰质结核,偶见姜石。该层底板高程一般 155.0~155.9m,厚 4~5m;第三层为粉质黏土,棕黄色,局部略偏棕红,硬塑,含铁锰质结核及钙质结核,其中高程 145.9~143.0m 钙质结核含量较高,含量约 50%,分布于桩号 8+230 至 8+370,高程 152.448~151.82m 范围内铁锰质富集,分布于桩号 8+287 至 8+320。

(2) 裂隙分布情况

第一层具弱膨胀性,竖直根孔裂隙极发育,微裂隙及小裂隙较发育,大裂隙不发育;第二层具中等膨胀性,微裂隙及小裂隙极发育,大裂隙及长大裂隙不甚发育;第三层具中等膨胀性,微裂隙、小裂隙极发育,大裂隙及长大裂隙较发育,其中高程 151~158m,桩号 8+023 至 8+199 段和高程 145.9~148.0m 段裂隙极发育,纵横交错;另外在右坡桩号 8+267 至 8+242,高程 146.7~150.6 范围内发育一长大裂隙,该段左坡主要裂隙产状为倾向 130°~150°,倾角 30°~43°;右坡主要倾向为 325°~0°,倾角 35°~47°,施工地质编录一条长大裂隙,倾向 124°,倾角 31°,长 5m,位于渠道左坡,高程分布于 155.0~156.0m。

(3) 水文地质条件

初步设计勘察阶段,该渠段地下上层滞水水位为 161.2~163.3m,埋深为 0.7~2.8m。渠道开挖过程中渠道边坡出现地下水渗出现象。

(4)渠道边坡土体物理力学参数

参考钻孔取芯试验结果,各层土体物理力学指标取值见表 7-1,滑动面(软弱夹层)的抗剪强度经反演分析取为 $C=9\mathrm{kPa},\varphi=9°$。

表 7-1　　　　　　　　　　　土体物理力学参数

地层	分带名称	重度/(kN/m³)	抗剪强度 C/kPa	抗剪强度 $\varphi/°$
Q₂	大气影响带	19.5	13	15.0
Q₂	过渡带	19.5	30	18.0
Q₂	非影响带	19.5	36	19.0
水泥改性土		19.0	50	22.5

7.1.4　处理措施

(1)微型桩加固

根据现场的实际情况以及施工条件,在二级渠道边坡新增两排圆形微型桩,桩径 0.3m,桩长 9.6m,桩顶采用 0.3m×0.4m 钢筋混凝土横梁连接成整体,第一排桩距二级边坡坡脚距离为 1.5m,微型桩排间距为 3m,桩间距为 2m,微型桩桩起始桩号为 8+216,终止桩号为 8+377,两排共布置 162 根。

(2)渠道边坡开挖减载与换填

2017 年 10 月 5—6 日对四级渠道边坡及部分三级渠道边坡采用自上而下开挖减载的临时应急处理措施,具体要求为:顶部右岸截流沟内侧边线外预留 1.5m,从坡顶 166.8m 按 1∶3 向下放坡至高程 158.8m,形成宽约 8m 的平台。上下游开口线分别布置在 8+245 和 8+345 位置,按 1∶3 放坡。开挖时以测斜管、测压管、北斗测点、水平垂直观测墩等监测设施为中心,半径为 1m 预留保护土墩,土墩按 1∶2 放坡。开挖减载边坡弃土统一弃至隔离网 30m 以外。针对采取临时应急处理开挖完成后的边坡及平台,采用 800g/m² 复合土工膜+1m 厚的弱膨胀土进行回填处理。在回填时,首先清理坡面表面的浮土,然后进行边坡开蹬开挖,开蹬台阶高度 0.33m,水平距离 1m,基本与开挖边坡 1∶3 保持一致。开蹬后立即铺设复合土工膜,然后进行弱膨胀土换填,换填厚度约 1.0m。根据工程现场情况,弱膨胀土采用开挖料,回填压实度不小于 0.98。回填弱膨胀土后的边坡表面恢复混凝土拱形格构+植草的坡面防护措施。

(3)渠道边坡防渗排水方案

防渗墙成墙工艺设计为水泥搅拌桩成墙,施工过程中,根据水泥搅拌桩防渗墙和高喷桩防渗墙现场试验结果,结合成墙成本选定最终的防渗墙方式。

渠顶右岸截流沟外侧边线外 4.5m，从坡顶地面向下深度为 15m，采用水泥土搅拌桩防渗墙，桩径 0.6m，桩间距 0.45m，有效搭接长度 0.40m，成墙有效厚度不少于 25cm。水泥土搅拌桩防渗墙桩体 28d 龄期的无侧限抗压强度应不小于 0.5MPa，桩体渗透系数不大于 10^{-6}cm/s，破坏比降不小于 150。桩体搭接宽度应满足成墙后的有效厚度为 25cm 的要求，搅拌桩的垂直度偏差不得超过 0.5%。水泥土搅拌桩防渗墙的水泥掺入比应根据现场试验确定，且水泥掺入比不宜小于 12%。

7.1.5 处理效果

渠道边坡减载换填并采用微型桩加固后，按每排微型桩提供的抗滑力为 30kN/m 计算，经计算，完建工况下渠道边坡安全系数为 1.21，见图 7-7，渠道边坡抗滑稳定系数得到显著提高。

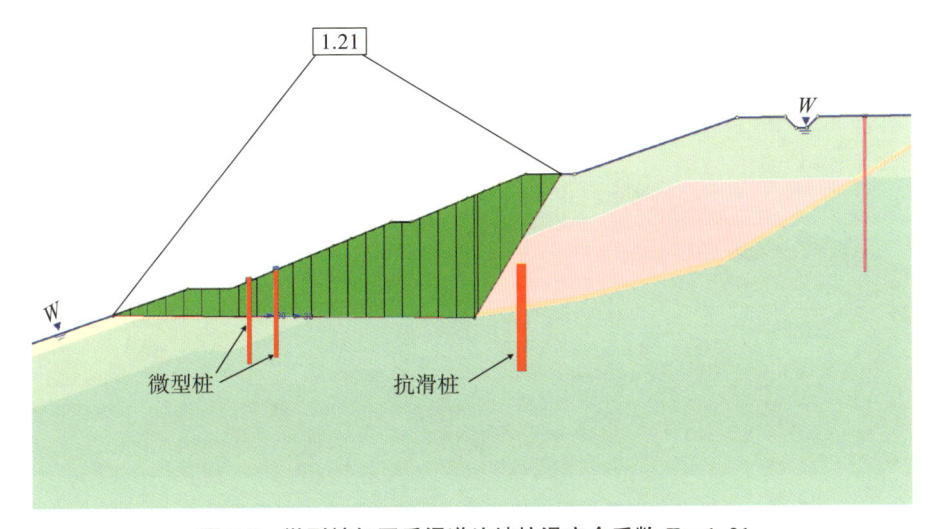

图 7-7 微型桩加固后渠道边坡抗滑安全系数 $F=1.21$

防渗墙渗透系数设计值取 1.0×10^{-7}cm/s，防渗墙生效后渠道边坡渗流等势线见图 7-8，防渗墙能够有效降低渠道边坡土体地下水位。加固后渠道边坡完建工况安全系数 $F=1.52$，见图 7-9，渠道边坡加固后，能够满足规范要求的抗滑稳定性。

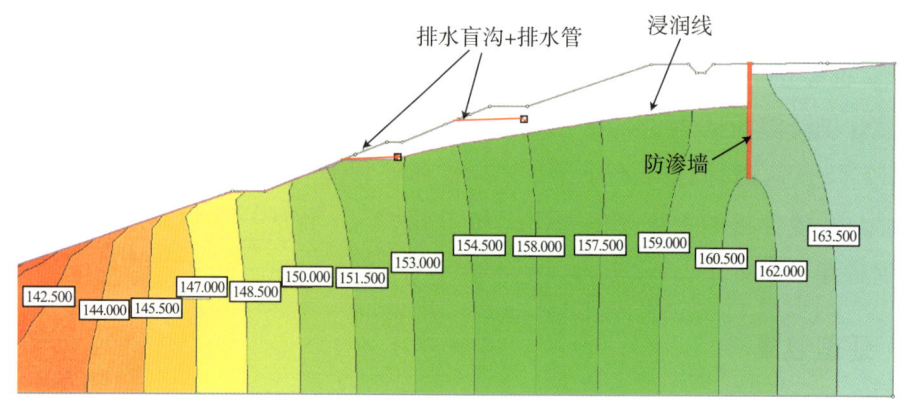

图 7-8　防渗墙生效后渠道边坡渗流等势线

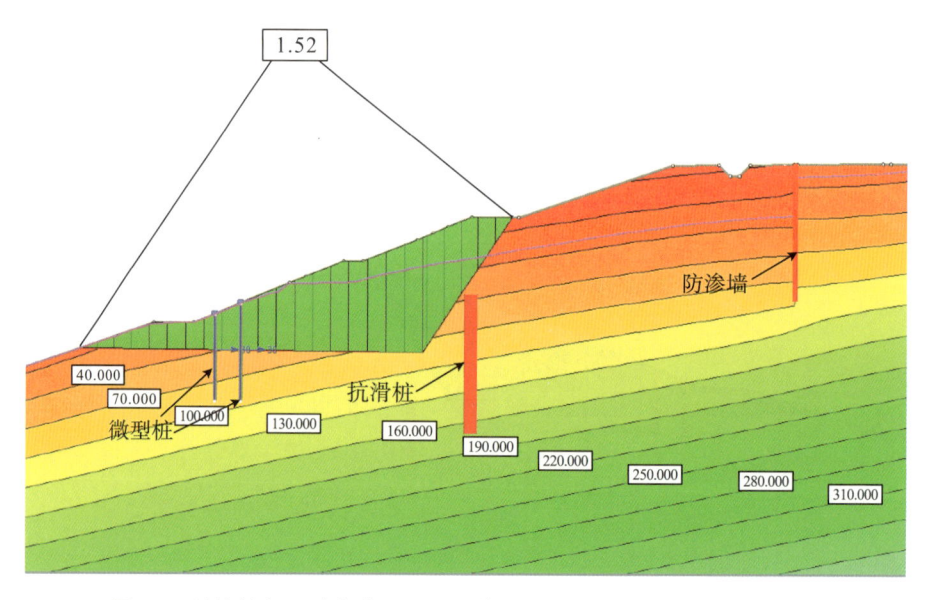

图 7-9　防渗墙加固后完建工况下渠道边坡抗滑稳定安全系数 $F=1.52$

7.2　淅川段桩号 8+740 至 8+860 左岸变形体处理

7.2.1　渠道边坡变形情况

（1）外观变形

1）二级马道排水沟内壁与沟底脱空，沟壁缩窄

2016 年 4 月起，二级马道排水沟内侧沟壁与底板出现脱空现象，并有进一步发展的趋势，排水沟沟壁倾斜、缩窄，最大缩窄宽度近 2.0cm，见图 7-10。

图 7-10　二级马道排水沟缩窄

2)渠道边坡混凝土拱架出现连续性裂缝

2016年10月中旬至11月下旬,四级边坡拱圈裂缝存在较为明显的发展变化,出现裂缝的拱圈数量增多,且裂缝宽度进一步扩展,拱圈裂缝最宽约1.0cm,目测延伸至拱圈基础混凝土内,尚未发现拱圈错台及土体裂缝迹象,见图 7-11。

图 7-11　渠道边坡混凝土拱骨架裂缝

三级渠道边坡自下而上第一道混凝土拱圈有两处中部断裂、翘起,断裂点下部拱圈抬升进一步加剧,目前桩号 8+800 处翘起高度达 11.5cm,2016年11月21日至12月20日,一个月时间内抬升约 4.0cm;2016年11月24日至12月20日,约一个月时间内,三级边坡坡脚镶边裂缝长度和缝宽进一步发展,裂缝开度增加最大处约 0.6cm;三级边坡最下一道拱圈与坡脚混凝土镶边接触部位、拱圈内土体与镶边混凝土上部交接处出现裂缝,镶边向渠内倾斜;自2016年11月21日至今,土体与镶边接触部位裂缝范围进一步延伸,从 8+820 至 8+850 发展到目前 8+800 至 8+850,延伸了约 20m;自2016年11月21日至今,镶边向渠内倾斜态势明显,与土体形成的错台最大处由 4cm 发展至目前的 9cm,增加近 5cm,见图 7-12 至图 7-13。

图 7-12　三级渠道边坡坡脚骨架错台上翘

图 7-13　三级渠道边坡坡脚镶边与土体之间形成裂缝

3）二级马道顶部镶边局部断裂、沉陷

桩号 8+760 至 8+800 渠段左岸,二级马道压顶板下土体下沉,压顶板与土体脱空,敲击压顶板空鼓声明显,此外,2016 年 12 月 23 日 9 时发现,该段范围内二级边坡自上而下第一道拱圈圆弧段顶部土体及桩号 8+800 附近二级马道处镶边下拱圈、排水槽经目测有向渠道内位移的迹象,见图 7-14。

图 7-14　二级马道混凝土镶边断裂、沉陷

4)过水断面多块混凝土衬砌面板出现纵向(顺水流方向)裂缝

2016年7月中旬至8月中旬,约有10块衬砌面板出现纵向裂缝。裂缝宽度为0.5~1mm,见图7-15。

图7-15 衬砌面板连续性纵向裂缝

(2)探坑检查

为查明裂缝的位置和走向,南水北调中线邓州管理处组织在现场开挖了六个探坑,通过探坑对裂缝的分布情况进行了详查。

1)桩号8+840左岸三级边坡坡脚探坑

探坑所在位置的渠道边坡混凝土拱圈下部开裂,坡脚镶边混凝土与拱圈内土体接触部位存在裂缝,探坑长约1.8m(垂直于渠道水流方向),宽约0.7m(平行于渠道水流方向),深约0.7cm(探坑长度方向中部距离坑底)。据开挖揭露情况显示:混凝土拱圈裂缝往下发展至拱圈混凝土基础底部,土体内未见明显裂缝,镶边顶部土体裂缝也未见明显往下延伸迹象;探坑周边土体存在洇湿现象,坑底上部(渠道外侧方向)有渗水,但水量较小,11月20日上午11时观察,坑底有少量明水。开挖后连续观察,坑内基本无积水(图7-16)。

图7-16 开挖后揭露坡面性状(一)

2)桩号 8+800 左岸四级边坡坡脚探坑

探坑挖深约 1.5m,穿过改性土层至原状土内 15~20cm。开挖完成后现场观察结果如下:拱圈表面裂缝延伸至拱梁底后未再向土体内进一步发展,改性土与原状土层界面未见明显滑动迹象;坑底周边土体湿润,坑内少许积水,但未见明流;观察完成后,管理处安排对探坑进行了覆盖塑料薄膜保护,2016 年 10 月 8 日,再次观测,坑内积水增多,深度约 10cm,排干后,管理处对坑内渗水情况进行了后续跟踪观测,发现少量渗水(图 7-17)。

图 7-17 开挖后揭露坡面性状(二)

3)桩号 8+786 左岸四级边坡自下而上第二道拱圈中部处探坑

探坑位于渠道桩号 8+786 左岸四级边坡自下而上第二道拱圈中部附近,该部位混凝土拱圈存在裂缝。沿拱圈排水槽上、下游侧槽壁,各开挖一孔探坑,排水槽上游侧探坑长约 1.2m(平行于渠道水流方向),宽约 0.95m(垂直于渠道水流方向),深约 1.0m(宽度方向中部,拱圈内覆盖层至坑底),排水槽下游侧探坑长约 1.0m(平行于渠道水流方向),宽约 0.5m(垂直于渠道水流方向),深约 0.6m(宽度方向中部,拱圈内覆盖层至坑底)。据开挖揭露情况显示:拱圈裂缝在基础混凝土底部结束,未见向土体内延伸迹象;探坑周边及底部土体含水适中,未见渗水及明水(图 7-18、图 7-19)。

图 7-18 开挖后揭露坡面性状(三)

图 7-19 开挖后揭露坡面性状(四)

4)桩号 8+818 左岸四级边坡中间部位探坑

探坑位于渠道桩号 8+818 左岸四级边坡自下而上第二道拱圈中部,该处拱圈及上下游两个相邻混凝土拱圈,中部开裂。探坑长约 1.5m(平行于渠道水流方向),宽 0.7~1.3m(垂直于渠道水流方向),深 0.4~0.6cm,靠近拱圈处挖深约 0.6m,目的为探测拱圈裂缝往下延伸深度,拱圈上游侧水平向挖深约 0.4m,目的为探测坡面裂缝往下延伸深度。开挖揭露显示:混凝土拱圈裂缝穿过基础延伸至土体,土体裂缝在距离坑底约 10cm 处消失;在开挖过程中,拱圈裂缝上游水平向约 1.5m 范围内土体存在裂缝,据跟踪开挖揭露,土体裂缝在表面以下 20cm 处消失;探坑周边及底部土体略微潮湿,但未见渗水及明水;开挖后经持续观察,坑内基本无积水(图 7-20)。

图 7-20 开挖后揭露坡面性状

5)桩号 8+830 左岸四级平台处探坑

探坑长约 2.0m(垂直于渠道水流方向),宽约 1.0m(平行于渠道水流方向),深度由四级马道高程至施工期土体内所铺设复合土工膜(呈阶梯状,靠近渠道中心一侧约 0.7m,渠道外侧约 1.1m)。开挖揭露显示:横向排水沟混凝土裂缝发展至排水沟沟底,并顺延至土体内约 23cm,土体裂缝走向朝渠道外侧,土体裂缝末端距复合土工膜约 34cm,该深度范围内未见土体裂缝进一步发展;开挖完成初期及后续观测均未见坑内明显积水(图 7-21)。

图 7-21　开挖后揭露坡面性状

6)桩号 8+790 左岸四级平台开口线外侧探坑

探坑位于渠道桩号 8+790 左岸四级平台开口线外侧约 14m 处,该部位横向排水沟存在裂缝。沿排水沟左、右侧沟壁位置,各开挖一孔探坑,两个探坑长约 1.3m(垂直于渠道水流方向),宽约 0.6m(平行于渠道水流方向),深约 0.7m。开挖揭露显示:排水沟裂缝在基础底部结束,排水沟底部土体未见明显裂缝迹象;探坑周边及底部土体潮湿,但未见渗水及明水。此后连续观察,坑内基本无积水(图 7-22)。

图 7-22　开挖后揭露坡面性状

6 处探坑位于渠道边坡位置和开挖揭露的情况见图 7-23。6 处探坑开挖揭露显示,拱骨架裂缝大多未延伸至土体内,但桩号 8+800 四级边坡坡脚探坑有渗水,8+840 三级渠道边坡坡脚有渗水,且渗水与降水正相关,即渠道边坡局部大气降水已透过水泥改性土换填层对膨胀土产生影响,可能导致膨胀土反复胀缩,使其强度降低或微小裂隙贯通。

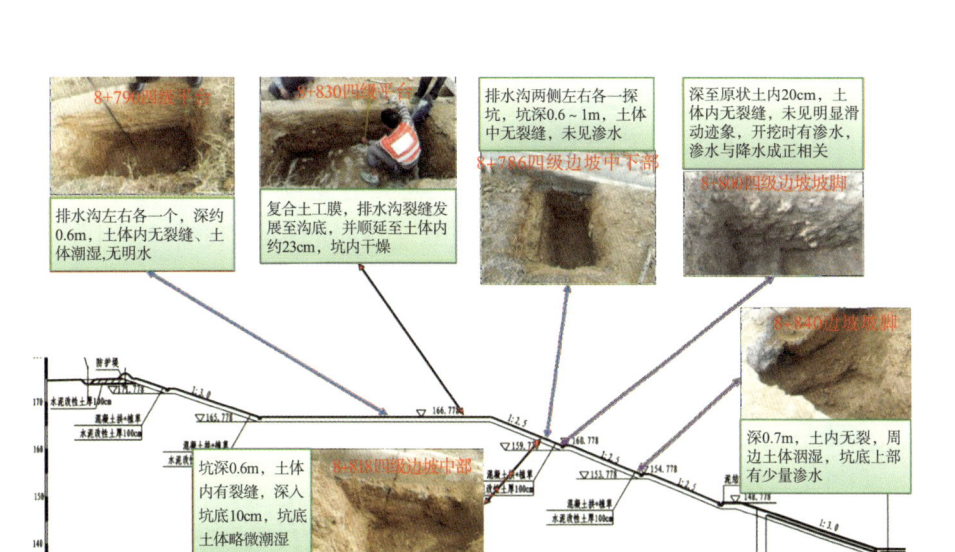

图 7-23　6 处探坑位于渠道边坡位置和开挖揭露的情况

(3) 渠道边坡变形监测

该段渠道边坡发现问题后,增设了测斜管,水平、竖向观测墩,渗压计以及伞形锚钢筋计等检测设施,监测设施布置平面图见图 7-24。

图 7-24　监测设施布置平面图

1) 一级渠道边坡测斜管监测数据

在桩号 8+834 左岸一级马道处埋设一测斜管,监测一级渠道边坡变形情况。测斜管埋设深度 24m,埋设时间为 2016 年 12 月 10 日,并于 12 月 12 日测定基准值,至 2017 年 4 月 26 日,测得 5 个月垂直水流方向累计位移曲线(图 7-25)。测斜管向渠道内侧最大位移为 5mm,发生于管口处,变形量较小;另外,从监测过程来看,变形不具有规律性,具体表现为变形时而增大,时而减小,如 2017 年 4 月 20 日测得最大变形 5mm,2017 年 4 月 26 日测得最大变形 4mm。从监测资料来看,该桩号过水断面渠道边坡目前处于稳定状态。

2）二级渠道边坡测斜管监测数据

分别在桩号 8+834 和 8+839 左岸二级马道处各布设 1 根测斜管，监测二级渠道边坡的变形情况。桩号 8+834 测斜管深 24m，埋设时间为 2016 年 12 月 10 日，并于 12 月 12 日测定基准值，至 2017 年 4 月 26 日，测得 5 个月垂直水流方向累计位移曲线（图 7-26）。

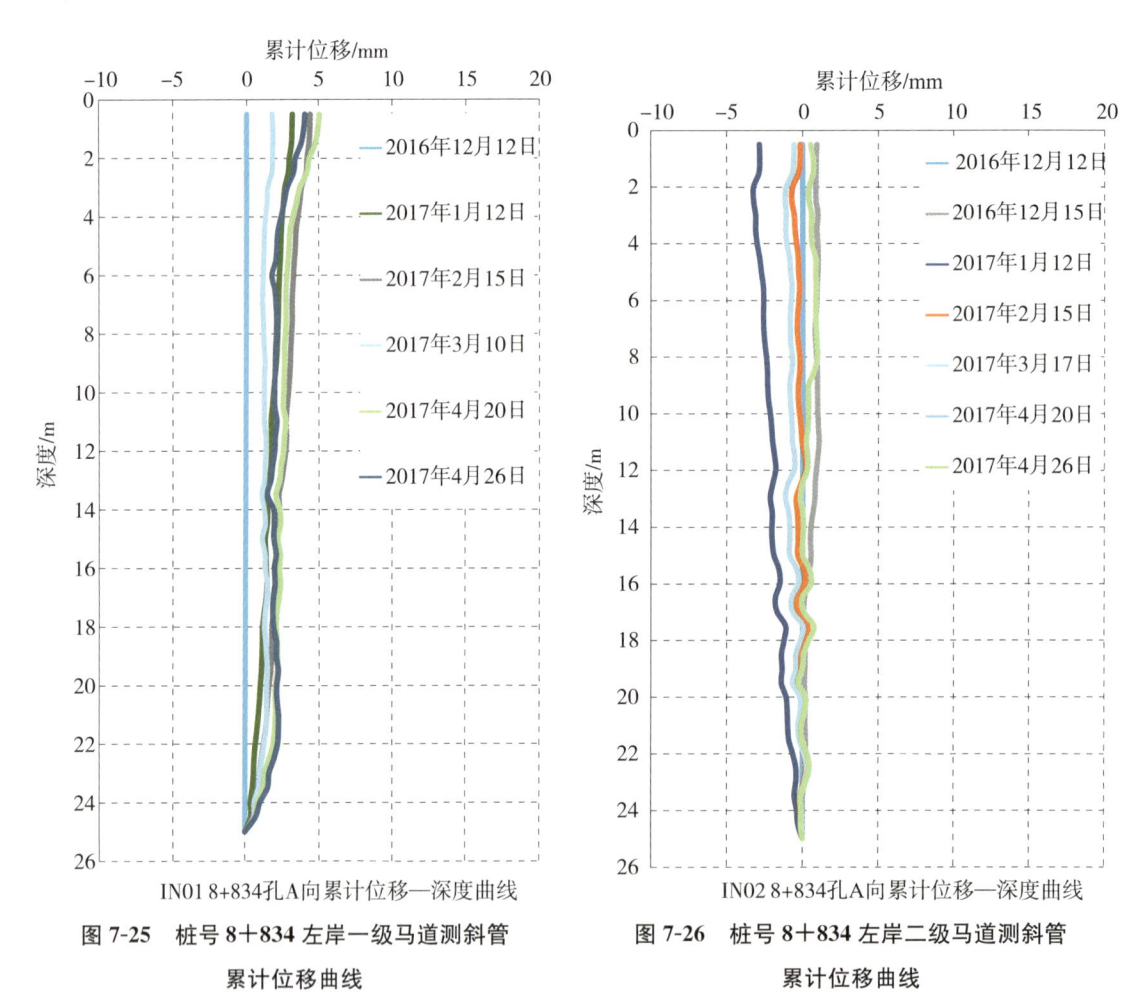

图 7-25　桩号 8+834 左岸一级马道测斜管累计位移曲线

图 7-26　桩号 8+834 左岸二级马道测斜管累计位移曲线

桩号 8+839 测斜管深 14m，埋设时间为 2016 年 7 月 12 日，并于 10 月 6 日重新测定基准值，至 2017 年 4 月 26 日，测得 7 个月垂直水流方向累计位移曲线（图 7-27）。

IN01 8+839孔A向累计位移—深度曲线

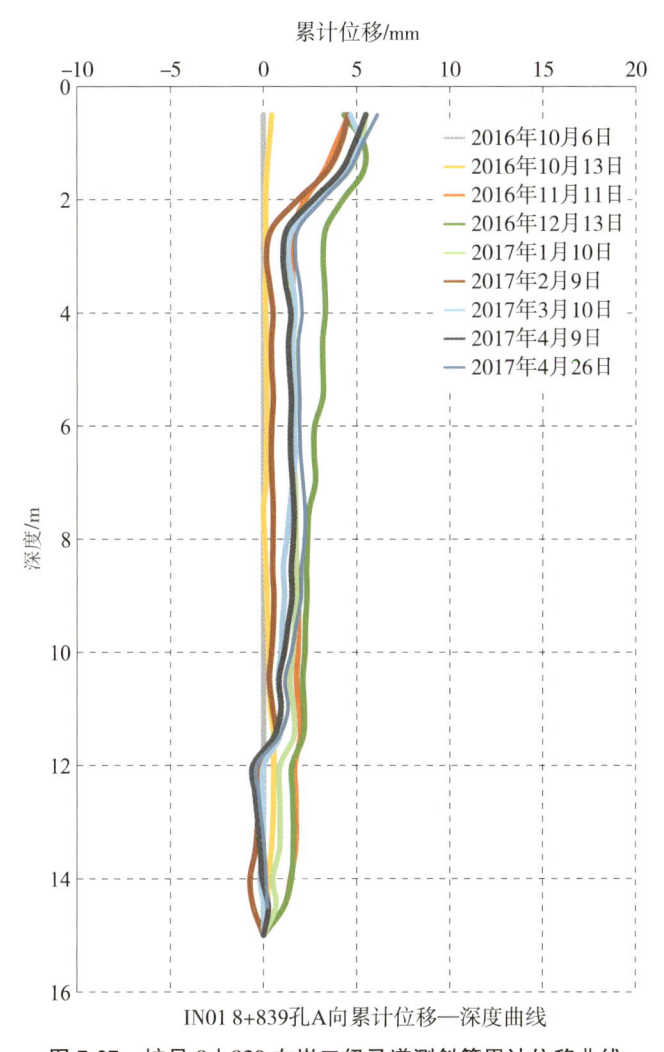

图 7-27　桩号 8+839 左岸二级马道测斜管累计位移曲线

根据桩号 8+834 和 8+839 两处测斜管的监测资料,可初步判断,截至目前,上述两桩号处二级渠道边坡处于稳定状态。

3)三级渠道边坡测斜管监测数据

分别在桩号 8+770、8+805 和 8+835 三级渠道边坡各布设 1 根测斜管,以监测三级渠道边坡的变形情况。3 根测斜管的埋深均为 24m,埋设时间均为 2017 年 1 月,并均在 1 月 13 日重新测定基准值,至 2017 年 4 月 26 日,测得 3 根测斜管 4 个月垂直水流方向累计位移曲线(图 7-28)。

根据图 7-28 所示,3 根测斜管均在距离孔口以下 6m 处有明显错动。该错动位置对应于二级马道水泥改性土换填底面。从位移的发展趋势来看,随着时间的增加,位移增大,未出现收敛趋势。

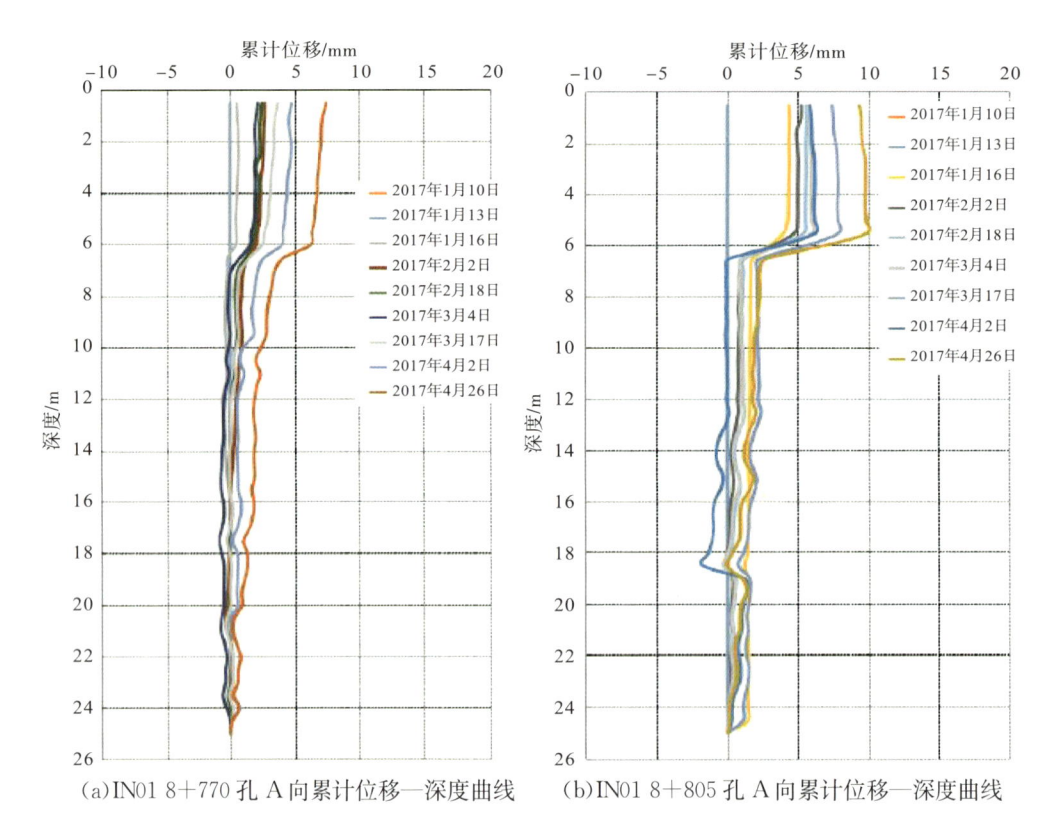

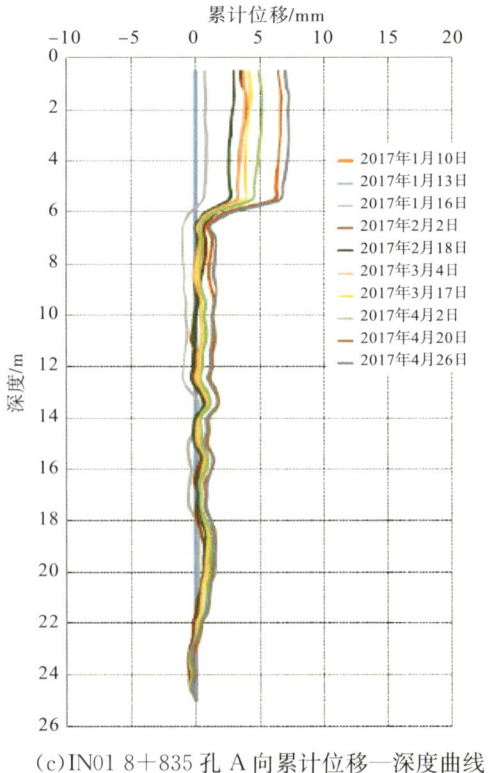

(a) IN01 8+770 孔 A 向累计位移—深度曲线

(b) IN01 8+805 孔 A 向累计位移—深度曲线

(c) IN01 8+835 孔 A 向累计位移—深度曲线

图 7-28 三级渠道边坡测斜管累计位移曲线

根据施工资料，2017年1月13日，该渠段增设的伞形锚施工完成，锚固力为设计值50%，即为50kN。根据伞形锚边坡加固机理，若渠道边坡变形继续增大，变形的土体则会张拉锚杆，致使锚固力继续增大。

图7-29展示了布置在锚杆上的钢筋应力计随时间的变化情况，可以看出，锚杆应力随着时间的增加逐渐增大。即实施完伞形锚后，渠道边坡仍在变形，但同时也反映了伞形锚在阻止渠道边坡变形。这与图7-28三个断面测斜管的监测资料也相符，即伞形锚实施后，前期渠道边坡变形速率快，后期随着锚固力的增大，渠道边坡变形速率也在趋缓。

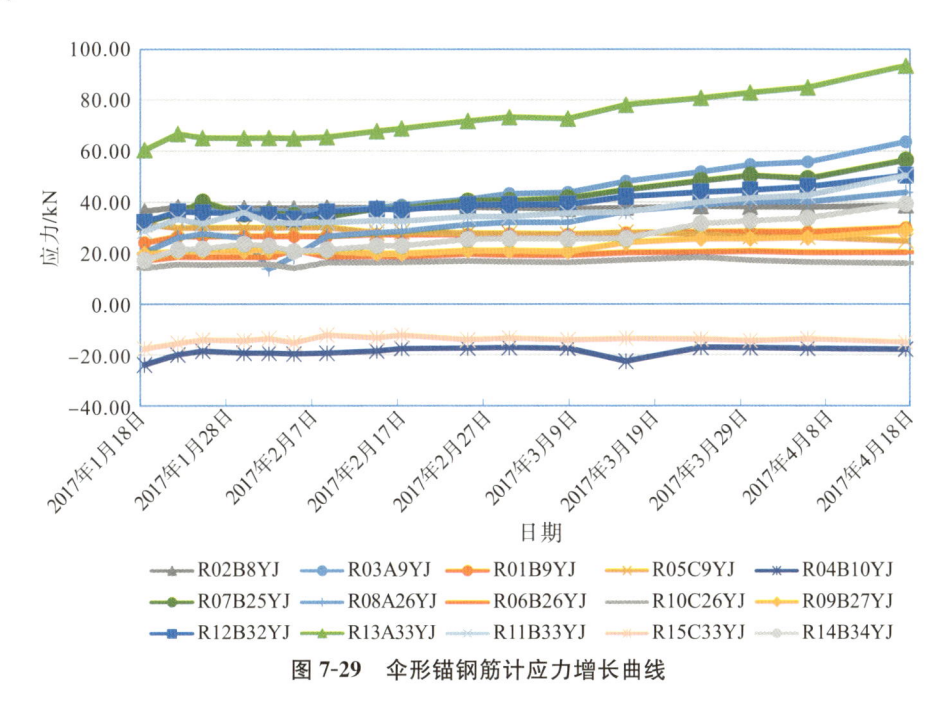

图7-29 伞形锚钢筋计应力增长曲线

但是，从测斜管监测数据来看，伞形锚实施后，虽然变形速率有所减缓，但未出现收敛迹象，随着时间的增加，变形仍在增大。

从测斜管监测资料来看，该渠段一、二级渠道边坡目前处于稳定状态。三级渠道边坡在154m高程（二级马道水泥改性土换填层底面）附近存在一滑动面，该高程以上三级渠道边坡和四级渠道边坡底部存在变形。这与二级马道纵向排水沟变形、四级渠道边坡底部拱骨架开裂等外观现象相吻合。

4）渠道边坡变形成因分析

根据现场查勘结果和探坑资料可知，桩号8+740至8+860左岸三级渠道边坡坡脚普遍出现骨架开裂翘起、排水沟持续缩窄、镶边变形、土体开裂挤出等现象，四级渠道边坡中下部普遍出现骨架开裂、土体出现裂缝等现象，局部探坑还出现渗水现象。同时现场测斜管和水平位移监测资料也显示三级渠道边坡存在变形。监测数据和现场查勘结果相互印证，即可初步判定三级渠道边坡已发生变形。

结合地质、施工等情况，初步分析桩号8+740至8+860渠段左岸渠道边坡变形体产生的原因为渠道边坡采用水泥改性土换填后，未完全隔绝膨胀土与大气的水汽交换，施工完成后现场又经历多次降雨，雨水入渗导致渠道边坡原状土的含水量升高，膨胀土胀缩，抗剪强度降低；膨胀土反复胀缩，导致土体中的短小裂隙逐步贯通，进一步使膨胀土抗剪强度降低，从而使渠道边坡产生蠕动变形。结合目前现场的实际情况，变形体的深度初步分析在2~8m。

7.2.2 渠道设计概况

淅川段桩号8+740至8+860左岸渠道边坡挖深为34~39m，渠道底宽为13.5m，过水断面坡比为1：3.0，一级马道宽5m，一级马道以上每隔6m设置一级马道，马道宽度除四级马道宽50m外，其余均为2m，一级马道至四级马道之间各渠道边坡坡比为1：2.5，四级马道以上渠道边坡坡比为1：3。渠道全断面换填水泥改性土，其中过水断面换填厚度为1.5m，一级马道以上渠道边坡换填厚度为1m，在施工过程中，结合施工进度和投资控制等实际情况，对四级马道的水泥改性土换填进行了优化，优化设计如下：

①除宽马道横向两端5m范围内用1m厚水泥改性土换填以外，其余部位均用原土回填、压实。

②换填土下面铺设防渗土工膜，宽马道远离渠底端设置纵向排水盲沟，每隔50m设置横向排水盲沟，横向排水盲沟靠近渠底一端设置直径为11cm的PVC管，将排水盲沟中的渗水排入下级渠道边坡中的排水沟中；纵向和横向排水盲沟中铺填粒径不大于2cm的碎石，碎石用土工布包裹；在设有排水盲沟处，防渗土工膜沿盲沟内壁铺设。

7.2.3 工程地质条件

(1) 地层岩性

渠道边坡由第四系中更新统（Q_2^{al-pl}）粉质黏土、黏土以及钙质结核粉质黏土组成。可分为三层，第一层为粉质黏土，呈褐黄、棕黄色，土体颜色之间无统一界限，硬塑，含铁锰质结核以及钙质结核，钙质结核含量为5%~15%，局部团块状富集。该层底板高程135.0~152.0m，厚一般超过20m；第二层为黏土，灰黄、浅褐黄色，硬塑—硬可塑，含铁锰质斑块，偶见姜石；第三层为钙质结核粉质黏土，整体呈黄褐色，钙质结核含量为50%~60%，粒径一般为1~4cm，细粒土为粉质黏土，硬塑。该层底板高程为142.0~138.2m，厚一般为4.0~6.5m。另外桩号8+790至8+860、高程150.0~152.0m发育的钙质结核粉质黏土呈透镜体式分布。

(2)裂隙分布情况

第一层具弱—中等膨胀性,顶部竖直根孔裂隙较发育,微裂隙、小裂隙及大裂隙较发育,长大裂隙较发育。该层左坡裂隙倾向多倾 NE,右坡裂隙倾向多倾 NW;第二层具中等膨胀性,微裂隙及小裂隙较发育,大裂隙及长大裂隙不甚发育;第三层具中等膨胀性,裂隙不发育。

(3)水文地质条件

初步设计勘察阶段,该渠段地下上层滞水水位在 171.1m 左右,埋深为 4.8m,施工阶段渠道开挖未见地下水出渗。

7.2.4 处理措施

(1)伞形锚加固

张拉自锁伞形锚为新型锚固技术,可应用于边坡滑坡、垮塌等应急抢险工程,能及时提供加固边坡所需锚固力。张拉自锁伞形锚由可收紧和张开的伞形锚头、自由连接段和张拉固定端三个部分组成。

经渠道边坡稳定复核,该段渠道左岸三级渠道边坡设置 6 排伞形锚,设计锚固力为 120kN,锁定锚固力不小于 100kN,锚固方向与坡面方向垂直。第 1 排伞形锚距坡脚 1m,锚固长度为 15m;第 2 排伞形锚距坡脚 3.8m,锚固长度为 15m;第 3 排伞形锚距坡脚 6.6m,锚固长度为 15m;第 4 排伞形锚距坡脚 9.4m,锚固长度为 20m;第 5 排伞形锚距坡脚 12.2m,锚固长度为 20m;第 6 排伞形锚距坡脚 15m,锚固长度为 20m,呈矩形布置,起始桩号为 8+740,终止桩号为 8+862.4,沿渠道延伸方向间距为 3.4m,共计 222 根。

(2)渠道边坡裂缝处理

根据渠道边坡变形监测和探坑检查成果,该处渠道边坡在坡面已出现多处裂缝,在后期运行过程中,渠道边坡极有可能因降水入渗进一步变形,或引起深层稳定问题。因此综合上述考虑,为保证渠道正常运行,土体内裂缝按图 7-30 所示开挖成槽,然后采用黏土或水泥改性土回填。回填土压实度为 0.98。若采用水泥改性土回填,上部应覆盖 10cm 厚耕植土。

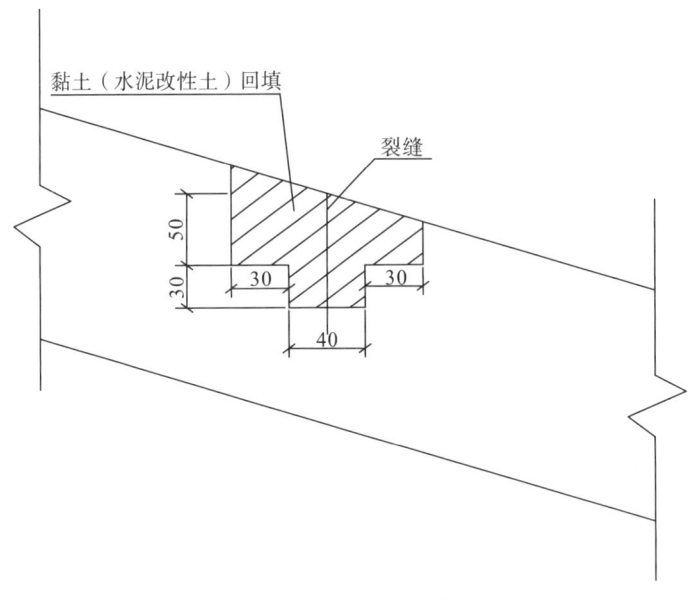

图 7-30 裂缝处理示意图

(3)渠道边坡排水盲沟

根据探坑检查结果,渠道边坡地下水位较高,为排出坡体上层滞水,降低地下水位,增大渠道边坡抗滑稳定性,在二级渠道边坡坡脚增设排水盲沟,排水盲沟由集水井和 $\varphi110$ PVC 排水管组成。集水井底水平方向宽度 1.5m(沿坡面宽度 1.62m),沿渠道轴线方向长度 2m,井底回填厚度 0.6m 的反滤料,井底布置两根直径 110mm 的 PVC 排水管,PVC 排水管出口搁置在坡脚镶边上,且超出镶边 5cm。PVC 排水管伸入反滤料部分采用花管,开孔率不小于 0.3;花管段外包 150g/m² 长丝无纺土工布。集水井沿渠道轴线方向布置间距为 10.2m,具体布置见图 7-31 和 7-32。

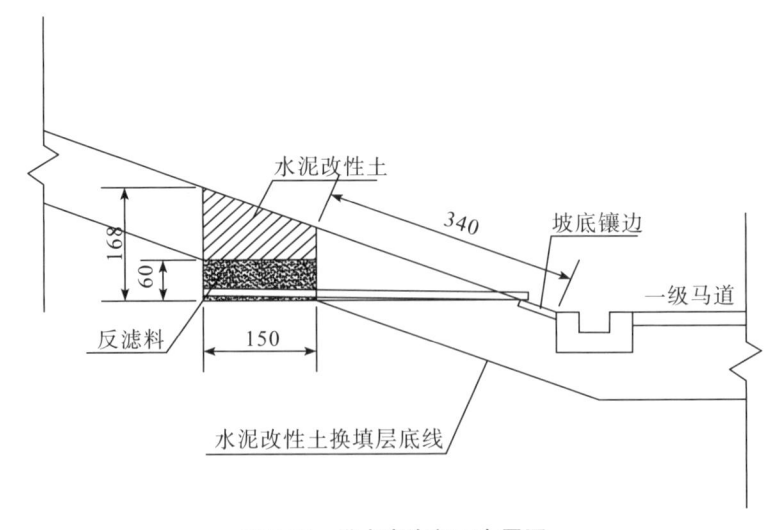

图 7-31 排水盲沟断面布置图

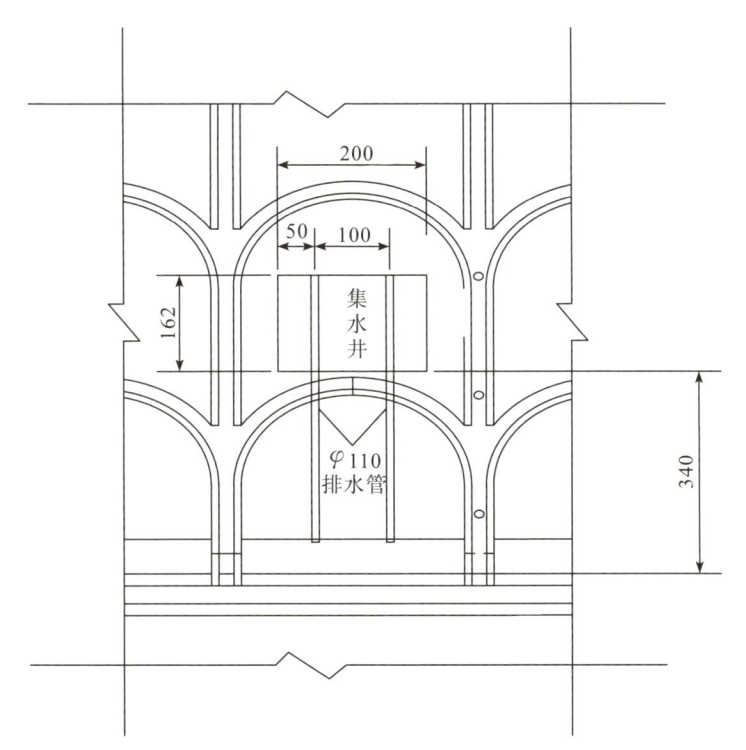

图 7-32　排水盲沟平面布置图

7.2.5　处理效果

根据渠道边坡稳定计算,伞形锚共布置 6 排,垂直水流方向间距 2m,顺水流方向间距 3.4m,与已实施的伞形锚间隔布置。新增设伞形锚设计锚固力为 120kN,锁定锚固力不小于 100kN,伞形锚加固后渠道边坡正常运行工况安全系数 $F=1.891$(图 7-33)。设置伞形锚后,渠道边坡抗滑稳定系数得到显著提高,满足设计要求。

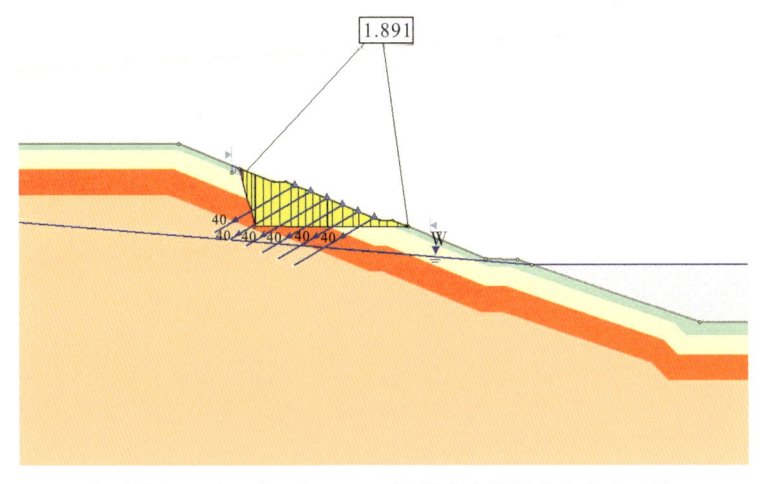

图 7-33　伞形锚加固后正常运行工况下渠道边坡抗滑稳定安全系数 $F=1.891$

7.3 淅川段桩号 11+700 至 11+800 右岸变形体处理

7.3.1 渠道边坡变形及渗水情况

(1)外观变形及渗水

根据现场查勘情况以及渠首分局陶岔管理处日常巡查结果,目前现场渠道边坡主要存在以下现象:

1)二级边坡坡脚拱圈隆起开裂

2015 年 10 月至 2016 年 12 月,管理处在现场巡查发现二级边坡坡脚混凝土拱圈存在细小裂缝,2017 年 3 月,抗滑桩测斜管 IN06KHZ 变化趋势仍不收敛,同时二级边坡坡脚混凝土拱圈裂缝有增大趋势。2017 年 4—8 月,南水北调中线工程开始逐步加强膨胀土渠段安全监测,并增设了部分监测设施,现场巡查发现二级边坡坡脚混凝土拱圈裂缝进一步增大(图 7-34),拱圈裂缝形态主要为挤压隆起开裂。

图 7-34 二级边坡坡脚拱圈隆起开裂

2)三、四级边坡中部混凝土拱架出现裂缝

自 2015 年起,右岸渠道边坡三级边坡和四级边坡拱骨架出现多处裂缝,且裂缝宽度随时间进一步扩展,最大宽度超过 1cm,该范围内裂缝的主要形态为拉裂缝(图 7-35、图 7-36)。

图 7-35　三级边坡中部拱骨架裂缝 　　　　　图 7-36　四级边坡中部拱骨架裂缝

该渠段右岸二至四级边坡拱骨架裂缝分布示意图见图 7-37，拱骨架发生裂缝的桩号范围为 11+650 至 11+800，位于二至四级渠道边坡坡面，其中低高程拱骨架裂缝（二级边坡坡脚）形态以挤压隆起为主，高高程拱骨架裂缝以拉裂变形缝（三、四级边坡中部）为主。

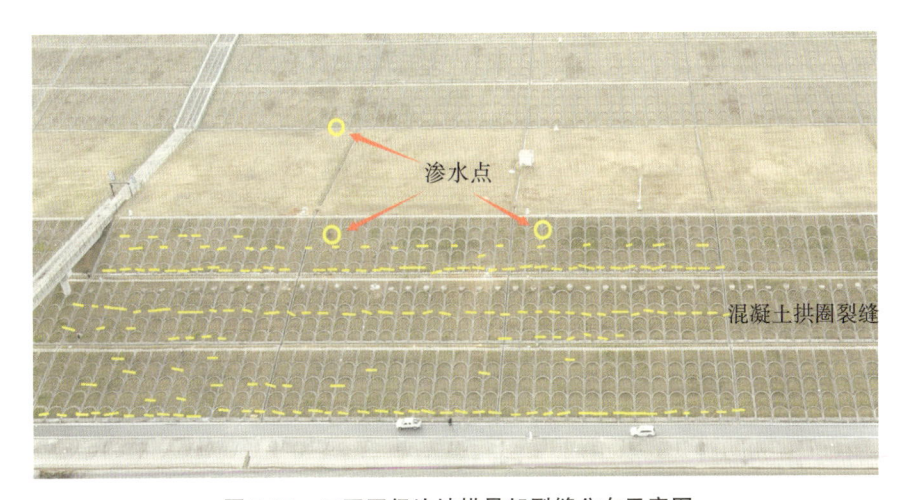

图 7-37　二至四级边坡拱骨架裂缝分布示意图

3）渠道边坡坡面渗水情况

根据现场巡查情况，该段渠道边坡右岸三、四级边坡及四级马道大平台排水沟均有不同程度的渗水，渗水量不大，表明渠道边坡地下水位较高，渗水点分布见图 7-38 至图 7-40。

图 7-38　渠道边坡渗水点总体分布

图 7-39　四级边坡渗水点

图 7-40　四级马道平台排水沟渗水点

(2)渠道边坡变形监测

深挖方渠段 11+700 至 11+800 右岸边坡的监测布置见图 7-41。其中测斜管 IN06KHZ 布设于 11+762 断面右岸三级马道附近的抗滑桩内部,深度 14.6m;测斜管 IN01-11762 位于右岸二级边坡坡脚处(右岸一级马道路边),深度 18m;测斜管 IN01-11715 位于 11+715 断面右岸二级马道上,深度 15.5m。另外在 11+700、11+800 断面的一、四级马道各布设一个水平位移测点,各级马道分别布设一个垂直位移测点,用于观测边坡表面的变形情况。

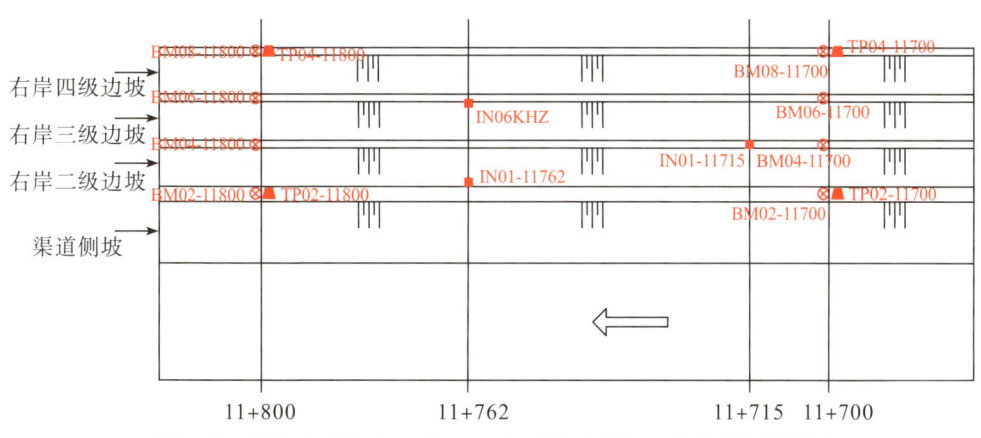

图 7-41　深挖方渠段 11＋700 至 11＋800 右岸边坡的监测布置简图

测斜管监测结果：

11＋762 断面右岸三级边坡抗滑桩内测斜管 IN06KHZ 的变形较大，主要体现为向渠道中心线（A＋）方向的倾倒变形，孔口处的变形较大，深度越深、变形越小。该测斜管于 2020 年 7 月底改造为自动测斜装置，改造前、后的累计位移深度曲线及孔口处的累计位移过程线见图 7-42 至图 7-43。

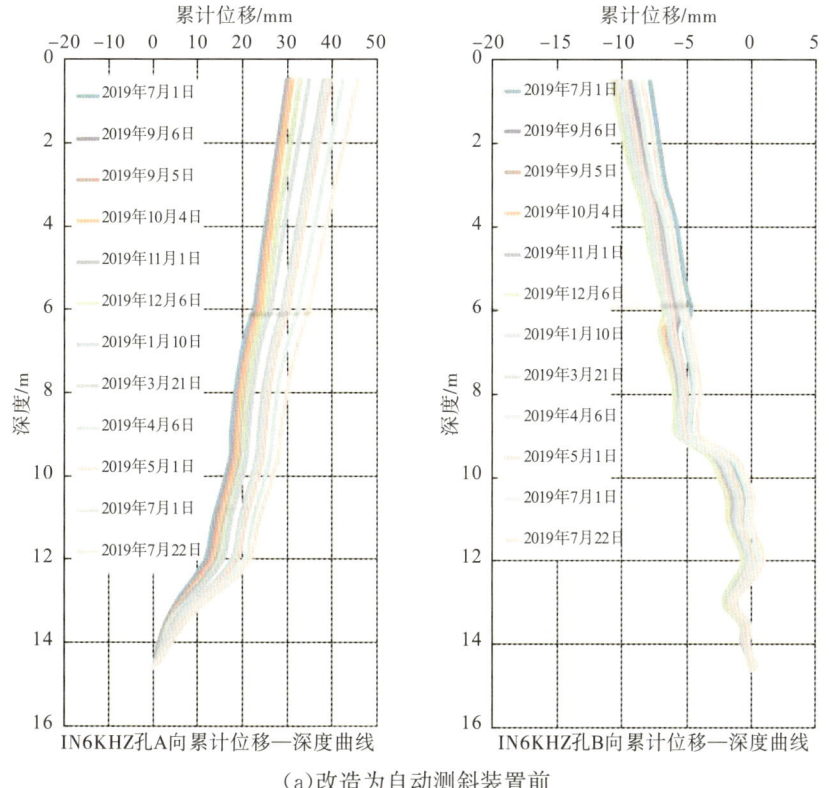

(a) 改造为自动测斜装置前

(b)改造为自动测斜装置后

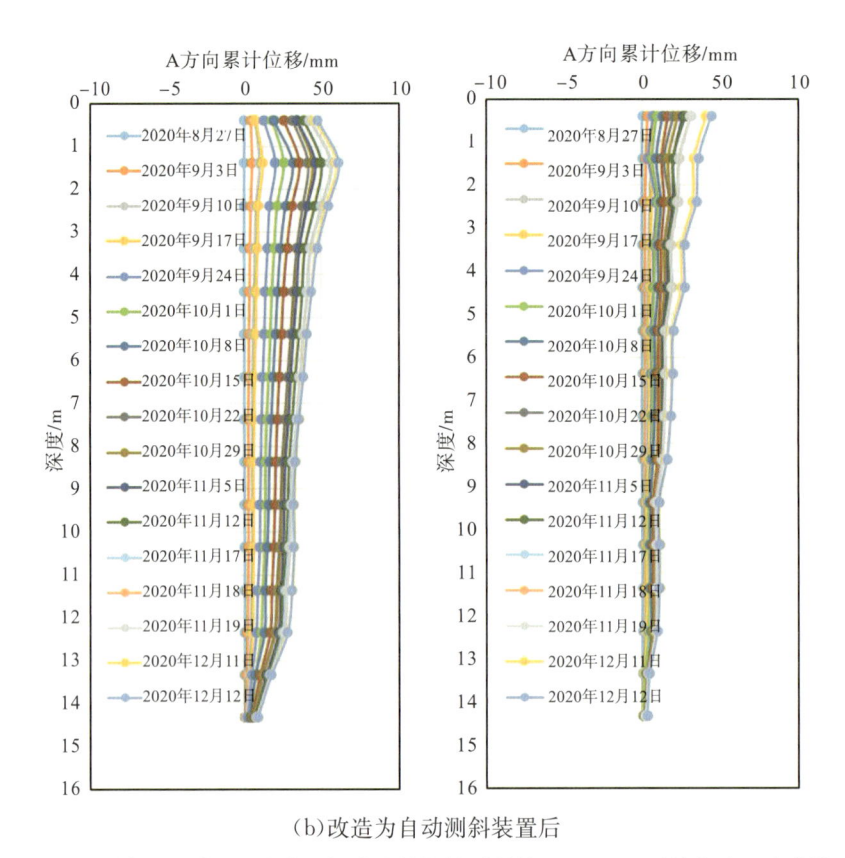

图 7-42　桩号 11+762 右岸三级边坡抗滑桩测斜管 IN06KHZ 累计位移深度曲线

图 7-43　测斜管 IN06KHZ 孔口处累计位移过程线

截至 2020 年 12 月 12 日，A、B 方向的孔口累计位移分别为 62.29mm（自动化改造前 57.54mm，改造后 4.75mm）、−28.61mm（自动化改造前 −33.03mm，改造后 4.42mm），A 方向变形仍呈缓慢增加趋势；自 2020 年 9 月初以来，月平均速率为 1.31mm/月。

右岸二级边坡坡脚测斜管 IN01-11762 的 A 方向孔口以下 2m 深度范围内的变形较大，该测斜管也于 2020 年 7 月底改造成了自动测斜装置，截至 2020 年 12 月 12 日，A 方向的孔口累计位移为 99.64mm（自动化改造前 87.75mm，改造后 11.89mm），近两个月的月平均速率为 2.01mm/月;B 方向的累计位移较小,仅为 5.36mm(挖方渠道一级马道测点水平位移参考值:30mm,渠道中心线方向为正),改造前、后的累计位移深度曲线见图 7-44 至图 7-45。

(a)改造为自动测斜装置前

(b)改造为自动测斜装置后

图 7-44　桩号 11+762 右岸二级边坡测斜管 IN01-11762 累计位移深度曲线

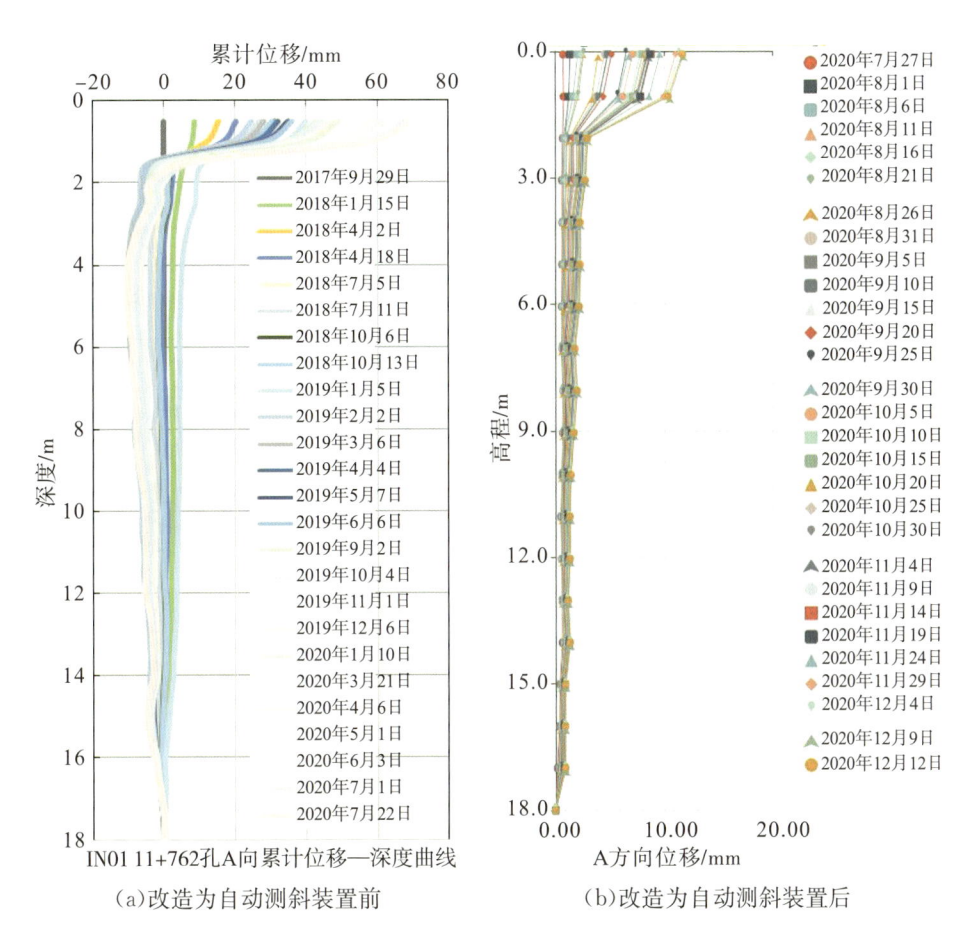

图 7-45　测斜管 IN01-11762 孔口最大累计位移过程线

为了进一步观察 11+762 断面右岸边坡附近区域的变形情况，管理处于 2018 年 4 月在 11+715 断面右岸二级马道增设了测斜管 IN01-11715，也于 2020 年 7 月底改造成自动测斜装置。累计位移深度曲线及孔口累计位移过程线见图 7-46 至图 7-47。

监测成果表明，该测斜管孔口以下约 10m 深度处存在剪切变形，截至 2020 年 12 月 12 日，A、B 方向孔口累计位移分别为 30.34mm（自动化改造前 22.16mm，改造后 8.18mm）、−11.30mm（自动化改造前 −13.61mm，改造后 2.31mm），近两个月的月平均速率分别为 1.49mm/月、−0.39mm/月；目前 A 方向变形仍呈缓慢增加趋势，B 方向自 2020 年 9 月以来变化不明显。

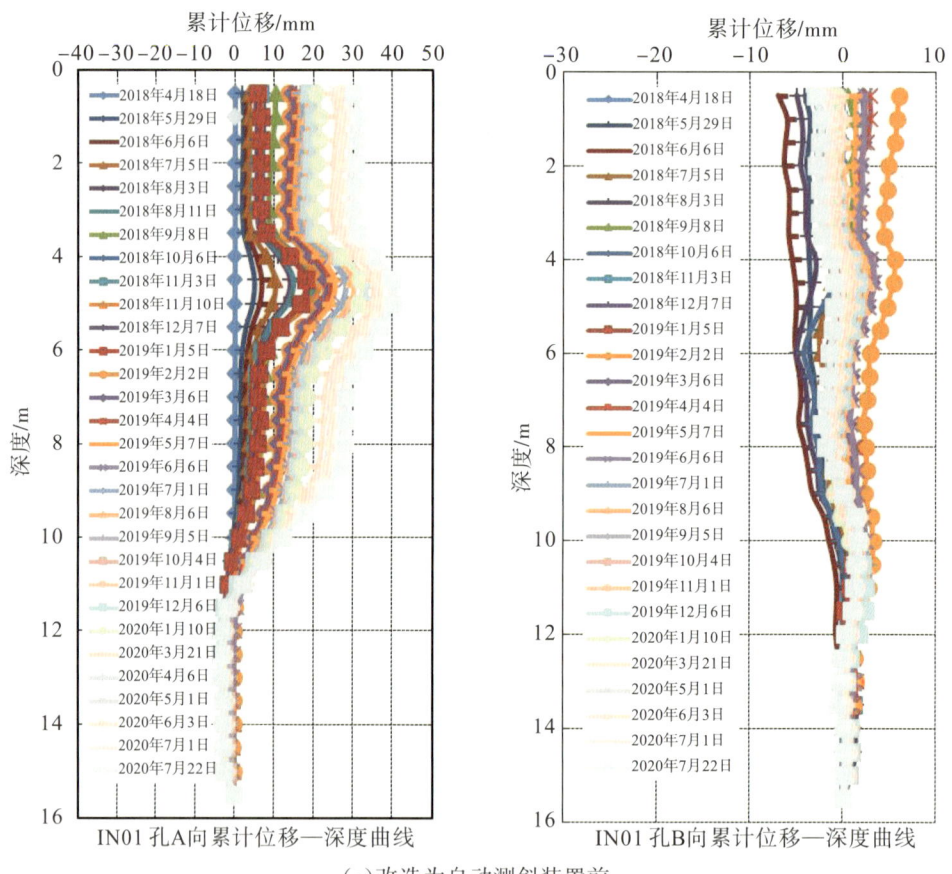

(a) 改造为自动测斜装置前

(b)改造为自动测斜装置后

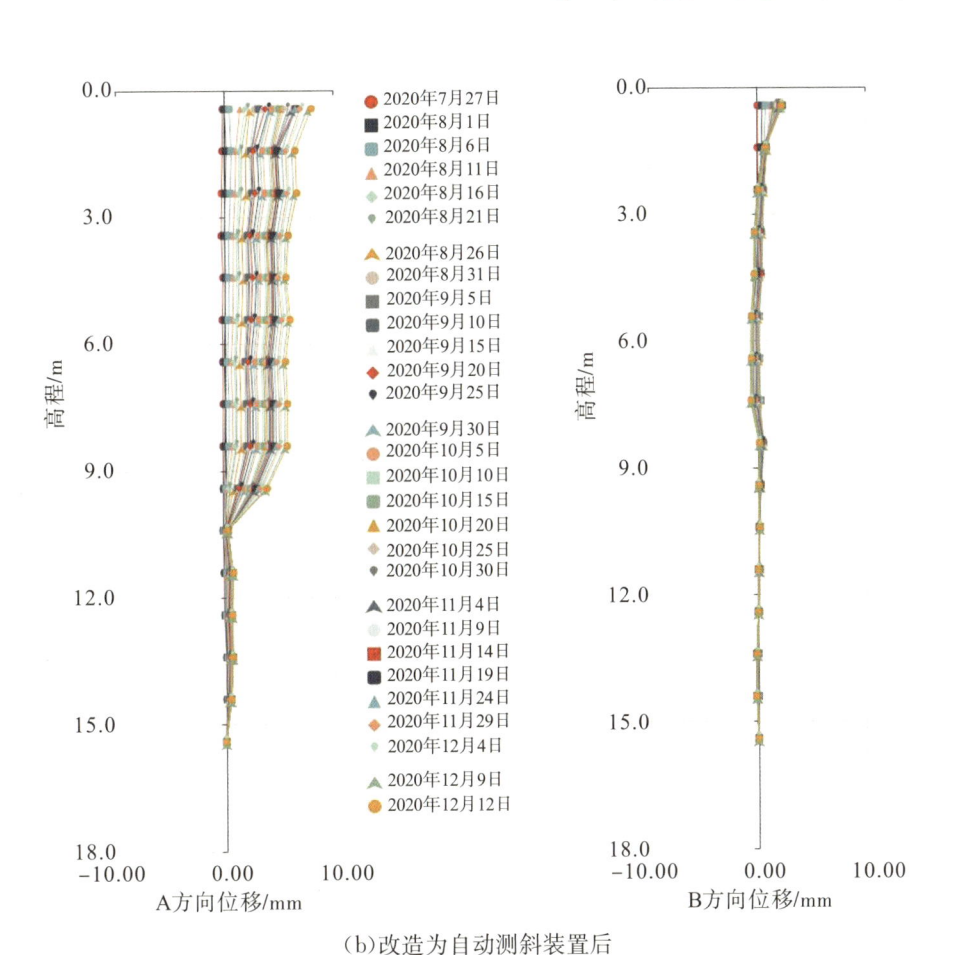

图 7-46 桩号 11+715 右岸二级马道测斜管 IN01-11715 累计位移深度曲线

图 7-47 测斜管 IN01-11715 孔口累计位移过程线

(3)渠道边坡渗压监测

监测得到桩号 11+700 断面右岸六级马道、右岸三级马道测压管 BV16QD、

BV17QD 的水位测值过程曲线(图 7-48)。

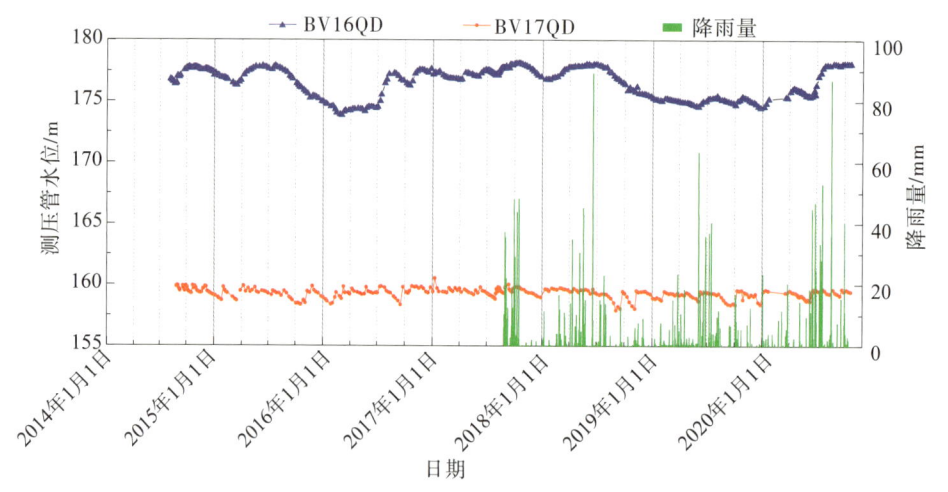

图 7-48　桩号 11＋700 断面测压管水位及降雨量对比情况

右岸六级马道测压管 BV16QD 自安装之日起,测值即处于较高的状态,截至 2020 年 11 月 21 日,测压管水位为 177.87m,仅低于孔口高程(178.60m)0.73m;右岸三级马道测压管 BV17QD 水位为 159.48m,低于孔口高程(160.60m)1.12m,表明该边坡的地下水位较高。将测压管水位与同时段降雨量进行对比可知,在连续降雨及暴雨时段,测压管 BV16QD 的水位变化与降雨量有一定的相关性,而测压管 BV17QD 的水位则受降雨的影响不大。

另一方面,11＋800 断面四级马道水平位移与对应时段的降雨量也具有一定的相关性,在降雨量较多的时段,水平位移有所增大,在降雨量较少的时段,水平位移也随之有所下降(图 7-49),初步判断,这是由边坡表层膨胀土在汛期吸水膨胀所致。

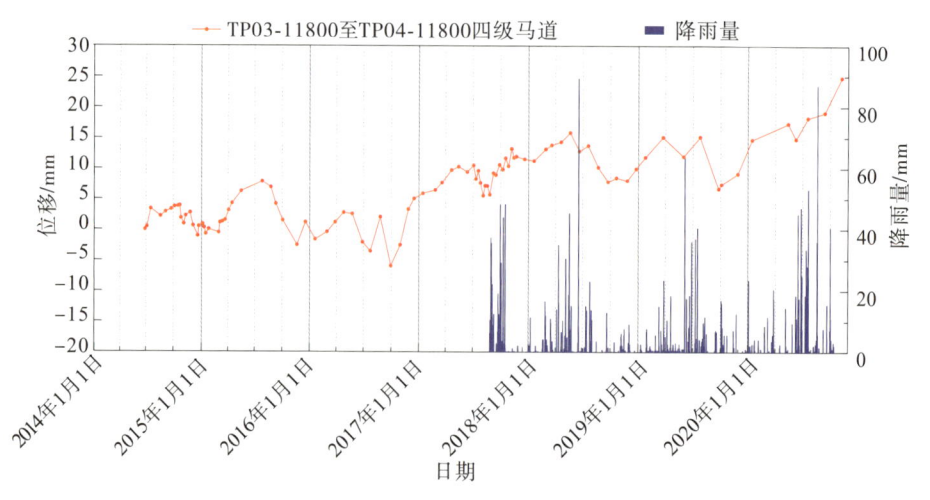

图 7-49　桩号 11＋800 断面四级马道水平位移及降雨量对比情况

现场检查发现,该断面附近区域二级边坡坡脚土体存在拱起现象(2017年上半年起即存在该现象),土体的拱起位置与IN01-11762的孔口保护装置较近;边坡表面土体较为湿润,四级马道框格局部位置及排水沟内可见明显的水流。

(4)变形体成因分析

结合地质、施工及变形监测等情况,初步分析桩号11+700至11+800渠段右岸渠道边坡变形体产生的原因为该渠段属深挖方段,Q_2、Q_1土体裂隙发育,不乏缓倾角长大裂隙,土体具有中等膨胀性,局部具有中—强膨胀性,其中三级边坡高程152.5~156.7m处还分布一层厚2.4~5.5m的裂隙密集带,渠道边坡稳定性差;渠道边坡地下水位较高,坡表采用水泥改性土换填后,未完全隔绝膨胀土与大气的水汽交换,在降雨较为频繁时段,雨水入渗导致渠道边坡原状土的含水量升高,膨胀土胀缩,抗剪强度降低;膨胀土反复胀缩,土体中的裂隙与陡倾角长大裂隙逐步贯通,由此产生变形。结合目前现场实际情况和观测结果,渠道边坡变形体前缘位于二级边坡坡脚,滑坡体后缘及滑坡范围不明显,可能是滑坡体仍在发展中。

7.3.2 渠道设计概况

淅川段桩号11+700至11+800右岸渠道边坡挖深约42m,渠道底宽为13.5m,过水断面坡比为1:3.0,一级马道宽5m,一级马道以上每隔6m设置一级马道,马道宽度除四级马道宽50m外其余均为2m,一级马道至四级马道之间各渠道边坡坡比为1:2.5,四级马道以上渠道边坡坡比为1:3。渠道全断面换填水泥改性土,其中过水断面换填厚度为1.5m,一级马道以上渠道边坡换填厚度为1m。坡面采用浆砌石拱,拱内植草的方式护坡,各级马道上均设置有纵向排水沟,坡面上设置有横向排水沟。在建设阶段,根据膨胀土加固原则,结合现场地质编录资料,经过计算分析,在过水断面设置方桩+坡面梁框架支护体系,其中方桩宽×高为1.2m×2.0m,桩长13.6m,桩间距4m,坡面梁和渠底横梁宽×高为0.8m×0.7m;对于一级马道以上渠道边坡,分别在三级边坡坡脚和靠近坡顶处设置抗滑桩,其中三级边坡坡脚抗滑桩桩号范围为11+726.1至11+834.1,桩径1.3m,桩长12m,桩间距4m,三级边坡靠近坡顶处抗滑桩桩号范围为10+001.1至11+893.1,桩径1.3m,桩长10m,桩间距4m。

7.3.3 工程地质条件

(1)地层岩性

桩号11+700至11+800段右岸渠道边坡由第四系中更新统(Q_2^{al-pl})和第四系下更新统(Q_1^{pl})粉质黏土、钙质结核粉质黏土组成。分层描述如下:

1)第四系中更新统(Q_2^{al-pl}):

第1层:粉质黏土,褐、黄褐色,含少量铁锰质结核,零星见钙质结核,硬可塑,厚约8.0m,分布于高程176m以上右侧渠道边坡。

第2层:黏土,棕黄、黄红色,零星见钙质结核,硬可塑,厚2.5～10m,底界高程164m左右,左坡薄、右坡厚,透镜体状分布于桩号11+600至11+800段。

第3层:粉质黏土,棕黄杂灰绿色,杂灰绿色条纹,含铁锰质结核,局部富集,零星见钙质结核,硬塑,厚4～6m,底界高程158～160m。

第4层:粉质黏土,棕黄色灰绿色互杂,含钙质结核,局部含量达20%,硬塑,厚2.4～5.5m,底界高程152.5～156.7m。为裂隙密集带。

第5层:粉质黏土,褐黄、棕黄色,零星见钙质结核,硬塑,厚4.5m左右,底界高程约151m。

第6层:钙质结核粉质黏土,灰黄、灰白色,钙质结核含量约60%,厚度分布不均,一般2.0～5.8m,底界高程146.5～149.0m。

第7层:粉质黏土,棕黄杂灰绿色,坚硬,厚4m左右,底界高程141～152m。

2)第四系下更新统(Q_1^{pl}):

第8层:粉质黏土,棕红色,含钙质结核,结构紧密,硬塑,厚度大于10m,底界高程131m以下,其中桩号11+600至11+800高程141～145m钙质结核富集成层,厚度不均(1～3m)。

(2)裂隙发育情况

桩号11+740至11+800段右岸渠道边坡裂隙分布分层说明如下:

第1层:弱—中等膨胀。竖直根孔裂隙发育,微裂隙及小裂隙较发育;大裂隙较发育,主要有3组:第1组倾向355°～17°,倾角15°～25°,第2组倾向270°～310°,倾角18°～30°,第3组倾向49°～69°,倾角20°～33°,分布高程176～180m;长大裂隙不发育。

第2层:中等膨胀。微裂隙及小裂隙较发育;大裂隙较发育,主要有3组:第1组倾向350°～25°,倾角16°～23°,第2组倾向158°～200°,倾角10°～20°,第3组倾向75°～108°,倾角9°～26°,分布高程164～170m;长大裂隙主要有2组:第1组倾向355°,倾角65°～72°,长40～70m,分布高程169～175m,第2组倾向160°,倾角15°,长约40m,分布高程175m左右。

第3层:中等膨胀。微裂隙、小裂隙极发育;大裂隙发育及长大裂隙发育。主要有4组:第1组倾向243°～280°,倾角16°～23°,第2组倾向65°,倾角20°左右,第3组倾向96°～126°,倾角57°～70°,第4组330°～16°,倾角7°～10°。长大裂隙发育于第1组和第4组,分布高程158～164m。

第4层:中—强膨胀。裂隙极发育,纵横交错,呈网状结构,为裂隙密集带,分布高程

153~160m。

第5层：中等膨胀。微裂隙及小裂隙发育；大裂隙发育主要有5组：第1组倾向306°~340°，倾角45°~55°，第2组倾向30°~38°，倾角50°左右，第3组倾向10°，倾角23°，第4组倾向160°，倾角40°，第5组倾向102°~135，倾角26°~58°，分布高程151~155m；长大裂隙不甚发育。

第6层：膨胀性不均一，中等膨胀为主。裂隙较发育，见有4组大裂隙，第1组倾向100°~122°，倾角64°~72°，第2组倾向210°，倾角4°，第3组倾向350°，倾角35°，第4组倾向275°，倾角64°。长大裂隙发育于第1组和第3组，分布高程147.0~149.3m。

第7层：中等膨胀。微裂隙及小裂隙极发育；见3组大裂隙，第1组倾向70°~102°，倾角34°~54°，第2组倾向25°，倾角26°，第3组倾向153°，倾角47°。长大裂隙不甚发育。

第8层：中等膨胀。微裂隙、小裂隙极发育。大及长大裂隙不甚发育。

(3)水文地质条件

初步设计勘察阶段，该渠段地下上层滞水水位174~178m，埋深3~7m。渠道开挖中未见地下水出渗。

7.3.4 处理措施

(1)渠道边坡减载换填

根据监测结果，渠道边坡变形主要集中在桩号11+650至11+800段二、三级渠道边坡。为了降低该段渠道边坡荷载，减缓渠道边坡变形趋势，结合现场地形条件，对桩号11+650至11+800段四级渠道边坡采用自上而下开挖减载处理措施，具体要求为从距离四级边坡坡顶12.3m处的四级马道大平台按1:3向下放坡至三级马道高程160.68m处，开挖后三级马道形成6m宽平台，上下游两侧开口线分别布置在11+650和11+800位置，按1:3放坡。开挖时以测斜管、测压管、北斗测点、水平垂直观测墩等监测设施为中心，以半径1m预留保护土墩，土墩按1:2.5放坡。开挖减载边坡弃土统一临时弃至防护围栏30m以外。卸载完成后的边坡，先回填30cm厚砂砾石或中粗砂，并铺设复合土工膜($576g/m^2$)，土工膜与四级马道宽平台土工膜搭接宽度为2m。为充分利用开挖料，在铺设土工膜后的坡面回填装有开挖料的土工袋，土工袋厚度100cm，其中表层20cm为装填种植土和草籽的土工袋，换填断面见图7-50。根据工程现场情况，土工袋回填压实度不小于0.85。

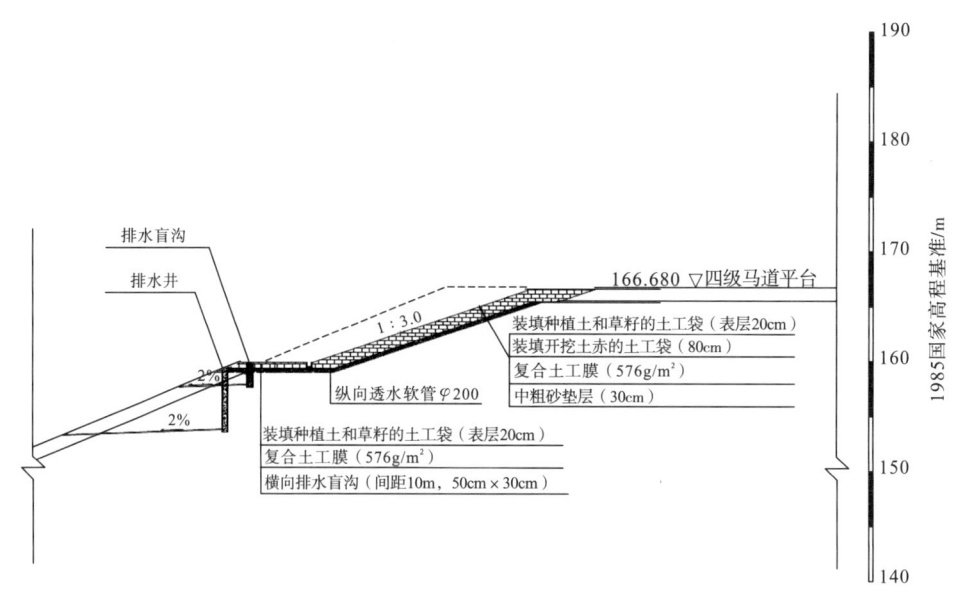

图 7-50 四级边坡土工袋换填剖面图

(2) 渠道边坡减载换填

根据反演分析的成果、现场的实际情况以及施工条件,在二级渠道边坡设置两排圆形预制微型桩,桩径0.3m,桩长9.6m,桩顶采用0.3m×0.4m钢筋混凝土横梁连接成整体,第一排桩距坡脚距离为3.0m,微型桩排间距为6m,桩间距为2m,微型桩起始桩号为11+650,终止桩号为11+800;三级渠道边坡一排微型桩,桩径0.3m,桩长10.0m,桩顶采用0.3m×0.4m钢筋混凝土横梁连接成整体,微型桩距坡脚距离为6.0m,桩间距为2m,微型桩起始桩号为11+650,终止桩号为11+800,两级渠道边坡共布置微型桩228根,微型桩加固见图7-51,每排微型桩提供的抗滑力不低于30kN/m。

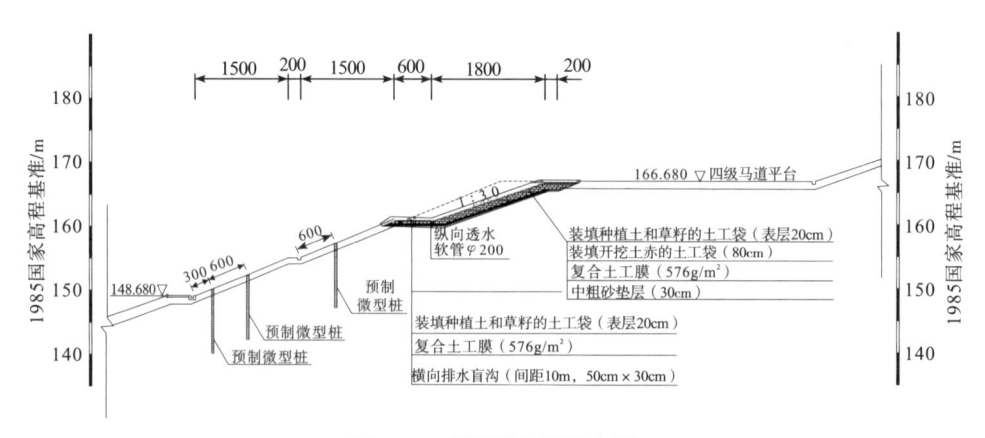

图 7-51 微型桩加固示意图

(3) 渠道边坡排水设计

为了将降雨入渗的地下水和上层滞水尽快排出坡体,在一级马道排水沟以下,二、三级马道平台设置排水盲沟,排水盲沟由级配碎石料充填,盲沟内设置透水软管,透水软管通过三通接头每隔 3.4m 与 φ76mmPVC 排水管相连接,PVC 排水管出口搁置在拱骨架坡面排水沟。盲沟底部宽度 0.5m,深度 2m,顶部宽度高度 0.5m,排水盲沟断面布置见图 7-52。盲沟开挖前,先在盲沟靠近坡脚处进行钢管桩支护,钢管桩直径 90mm,深度 4.0m,间距初步设置为 1.0m,钢管内充填防水砂浆,根据渠道边坡变形情况,盲沟开挖过程中钢管桩可加密至 0.5m。盲沟采用土料回填时不易压实,本书采用素混凝土回填。

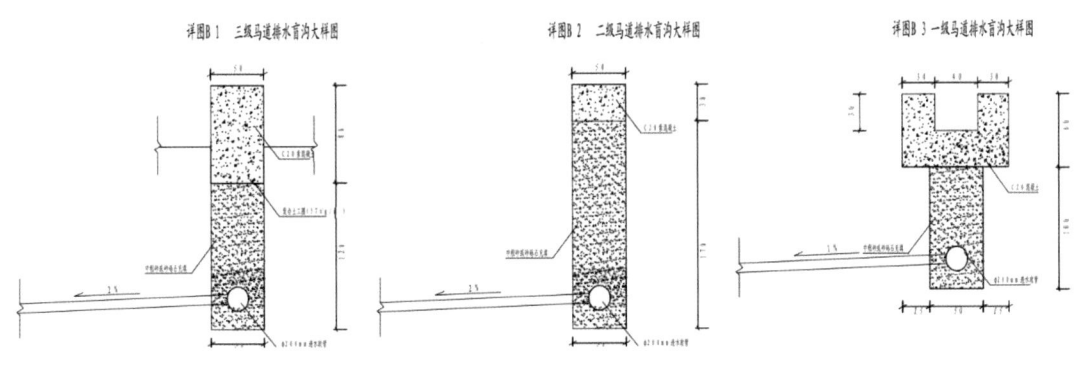

图 7-52 排水盲沟断面布置图

为了进一步降低渠道边坡地下水位,提高渠道边坡稳定性,在二、三级边坡坡顶处靠近马道位置设置排水井。排水井间距 4m,直径 50cm,深入坡体约 5m,井内设置直径为 30cm 的 PVC 排水花管(开孔率 30%),同时在井内填充满足反滤要求的级配碎石料。排水井底部通过 PVC 排水管将汇集的地下水排出坡体,为了防止雨水入渗至排水井,本次设计采用素混凝土将排水井封口,排水井布置见图 7-53。

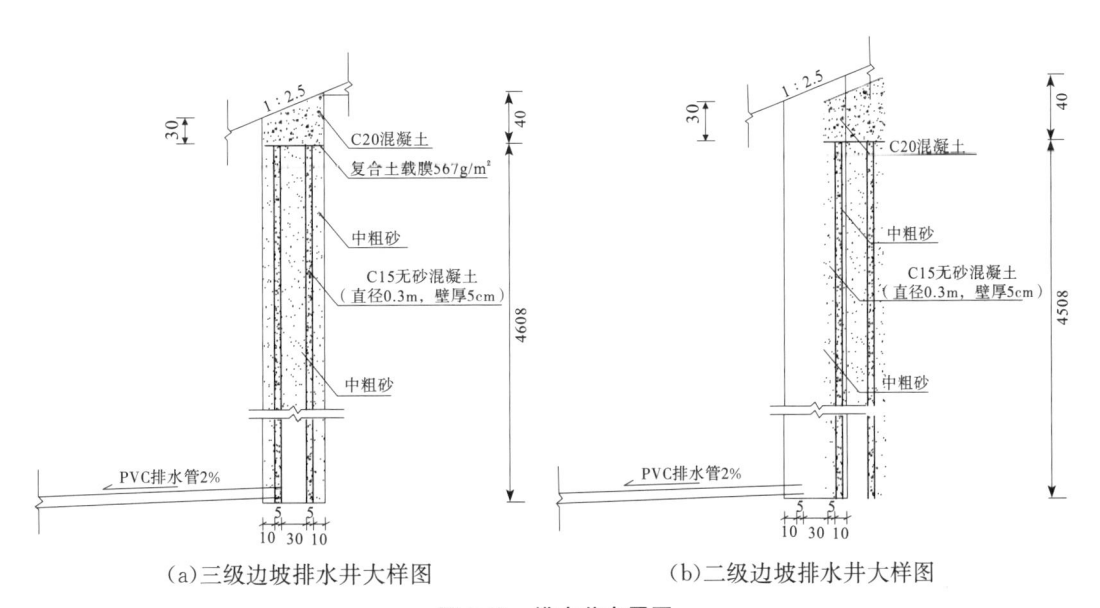

(a)三级边坡排水井大样图   (b)二级边坡排水井大样图

图 7-53 排水井布置图

7.3.5 处理效果

根据设计方案,对四级边坡按 1∶3 向下开挖减载,放坡至三级马道高程形成 6m 宽平台,并回填 100cm 土工袋后,经计算,完建工况下渠道边坡安全系数为 1.532,满足设计要求(图 7-54)。

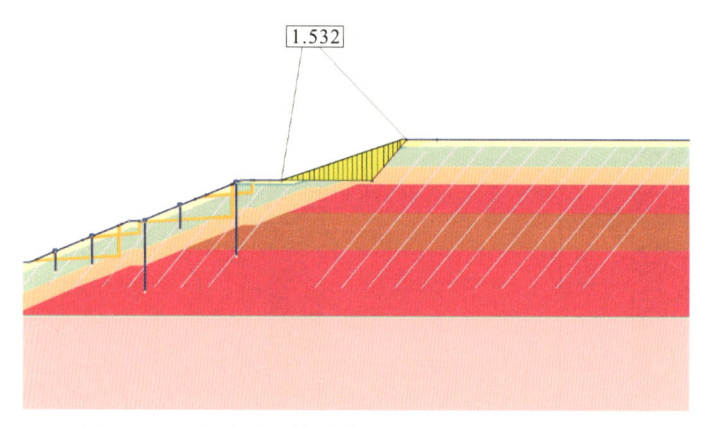

图 7-54 四级边坡开挖减载后抗滑稳定系数 $F=1.532$

该段二级渠道边坡设置两排圆形预制微型桩,桩径 0.3m,桩长 9.6m,三级渠道边坡设置一排微型桩,桩径 0.3m,桩长 10.0m,按每排微型桩提供的抗滑力不低于 30kN/m 计算,完建工况下渠道边坡安全系数为 1.416,见图 7-55、图 7-56,满足设计要求。

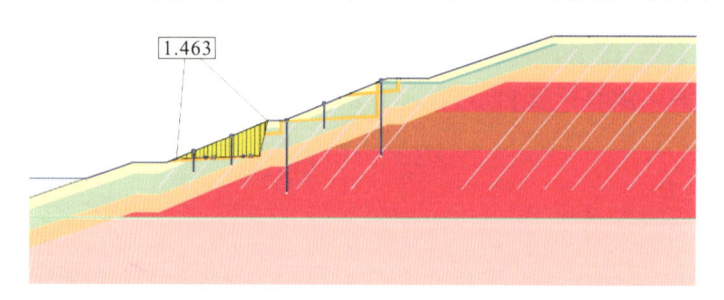

图 7-55 微型桩加固后二级渠道边坡抗滑安全系数 $F=1.463$

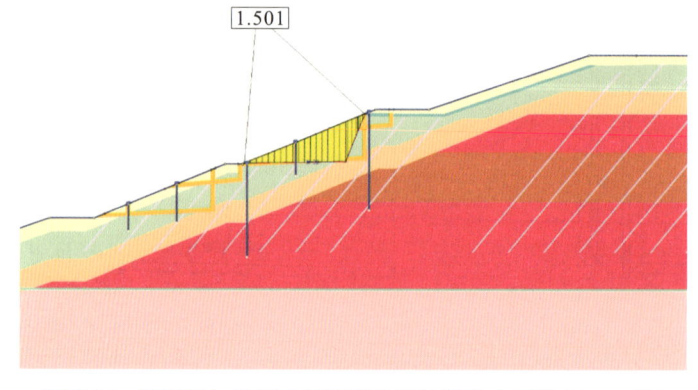

图 7-56 微型桩加固后三级渠道边坡抗滑安全系数 $F=1.501$

二级和三级渠道边坡设置排水盲沟和排水井后,排水盲沟和排水井渗透系数设计值取为 5.0×10^{-2} cm/s,设置排水设施后渠道边坡地下水压力水头线见图 7-57,排水盲沟和排水井可有效降低渠道边坡表层土体地下水位。加固后二级渠道边坡正常运用工况安全系数 $F=1.678$,三级渠道边坡正常运用工况安全系数 $F=1.519$,见图 7-58、图 7-59,渠道边坡采用微型桩和排水盲沟加固后,能够满足规范要求的抗滑稳定性。

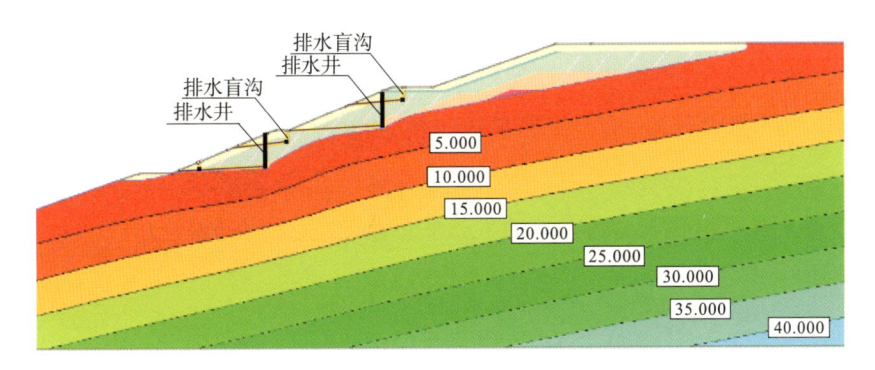

图 7-57 排水设施生效后渠道边坡渗流等势线

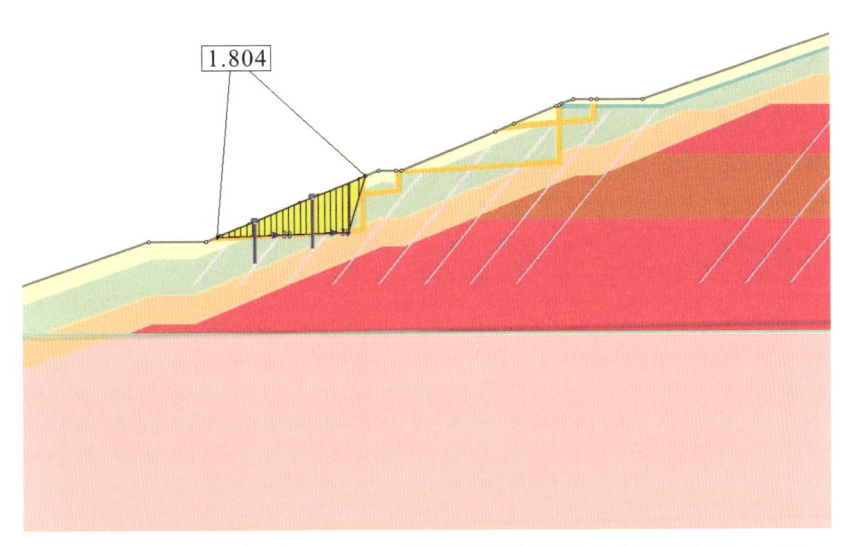

图 7-58 加固后正常运行工况下二级渠道边坡抗滑稳定安全系数 $F=1.804$

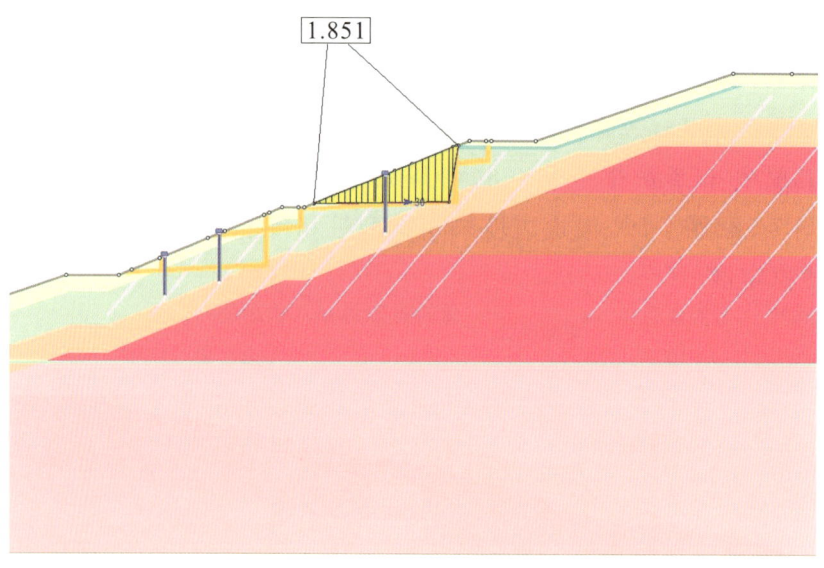

图 7-59 加固后正常运行工况下三级渠道边坡抗滑稳定安全系数 $F=1.851$

7.4 淅川段桩号 9+070 至 9+575 左岸变形体处理

7.4.1 渠道边坡变形及渗水情况

(1)外观变形

根据现场查勘情况以及陶岔管理处日常巡查结果,目前现场渠道边坡主要存在二级边坡坡脚混凝土拱圈出现裂缝、个别部位断裂和翘起、排水管长期出水等现象,见图 7-60。

图 7-60 二级边坡坡脚拱圈隆起开裂、渗水

(2)渠道边坡变形及地下水位总体情况

深挖方渠段 9+070 至 9+575 左岸边坡的变形监测设施布置见图 7-61,深挖方渠段 9+070 至 9+575 左岸边坡测斜管布置统计见表 7-2 至表 7-4,其中测斜管布置于各级马道和三级边坡中部,孔深 15.0~28.5m。

图 7-61　深挖方渠段 9+070 至 9+575 左岸边坡变形监测设置布置简图

深挖方渠段 9+070 至 9+575 左岸边坡的渗压监测设施布置见图 7-62,该段共布置测压管 12 支,渗压计 10 支,其中测压管布置于马道和边坡中部,孔深 10~27m。

图 7-62　深挖方渠段 9+070 至 9+575 左岸边坡渗压监测设施布置简图

表 7-2 深挖方渠段 9+070 至 9+575 左岸边坡测斜管布置统计表

序号	测斜管编号	桩号	埋设时间	变形深度	孔深/m	位置	目前最大变形量/mm	备注
1	IN02-9070	9+070	2017年6月	孔口以下8m	25.0	一级马道	33.31	
2	IN01-9070		2017年6月	孔口以下15m	25.0	二级马道	25.40	
3	IN01-9120	9+120	2016年9月	孔口以下6m	15.0	一级马道	29.68	未收敛
4	IN02-9120		2016年9月	孔口以下12m	20.0	二级马道	23.58	未收敛
5	IN03-9120		2017年4月	无明显剪切变形	24.5	三级边坡	16.44	
6	IN04-9120		2017年4月	无明显剪切变形	28.5	四级马道	8.84	
7	IN01-9180	9+180	2017年4月	孔口以下6m	15.5	一级马道	39.89	未收敛
8	IN02-9180		2016年9月	孔口以下9m	20.0	二级马道	32.28	未收敛
9	IN03-9180		2017年4月	孔口以下16m	24.5	三级边坡	24.09	
10	IN04-9180		2017年4月	无明显剪切变形	28.5	四级马道	2.27	
11	IN05-9300	9+300	2017年4月	孔口以下11m	25.0	一级马道	47.01	未收敛
12	IN06-9300		2017年4月	孔口以下12m	25.0	二级边坡	42.54	未收敛
13	IN03-9300		2017年4月	孔口以下18m	24.5	三级边坡	32.85	未收敛
14	IN04-9300		2017年4月	无明显剪切变形	28.5	四级马道	19.31	
15	IN01-9363	9+363	2017年4月	孔口以下9m	15.5	一级马道	45.57	未收敛
16	IN02-9363		2017年4月	孔口以下10m	24.5	三级马道	41.39	未收敛
17	IN03-9363		2017年4月	无明显剪切变形	28.5	四级马道	3.75	
18	IN01-9470	9+470	2017年4月	孔口以下10m	24.5	四级边坡	37.11	
19	IN02-9470		2017年4月	无明显剪切变形	28.5	四级马道	11.10	
20	IN01-9575	9+575	2017年6月	孔口以下5m	25.5	一级马道	21.18	
21	IN02-9575		2017年6月	孔口以下11m	25.5	二级马道	26.54	
22	IN03-9575		2017年6月	孔口以下9m	21.5	三级马道	26.40	

表 7-3　深挖方渠段 9+070 至 9+575 左岸边坡测压管布置统计表

桩号	测压管编号	位置	管口高程/m	孔深/m	测压管水位/m	水面与孔口距离/m	水面与改性土结合面距离/m
9+070 至 9+575	BV27QD	9+120 左岸三级边坡	158.316	19	150.901	7.415	6.415
	BV28QD	9+120 左岸四级马道	167.374	27	162.302	5.072	4.072
	BV29QD	9+180 左岸一级马道	150.049	10	148.345	1.704	0.704
	BV30QD	9+180 左岸三级边坡	158.333	19	152.506	5.827	4.827
	BV31QD	9+180 左岸四级马道	167.322	157.544	9.778	8.778	7.489
	BV32QD	9+300 左岸三级边坡	158.104	19	149.615	8.489	7.489
	BV33QD	9+300 左岸四级马道	167.782	161.1	6.682	5.682	
	BV36QD	9+363 左岸一级马道	149.759	10	147.558	2.201	1.201
	BV37QD	9+363 左岸三级边坡	158.154	19	140.165	17.989	16.989
	BV38QD	9+363 左岸四级马道	167.476	27	151.789	15.687	14.687
	BV39QD	9+470 左岸三级边坡	158.007	19	无水		
	BV48QD	9+475 左岸三级马道	160.951	24	139.264	21.687	20.687

表 7-4　深挖方渠段 9+070 至 9+575 左岸边坡渗压计布置统计表

桩号	编号	位置（测斜管底）	安装高程/m	测斜管深/m	测斜管孔口高程/m	渗压水位/m	水位距地表距离/m	水位与改性土结合面距离/m
9+070 至 9+575	P33PZT	9+070 左岸二级马道	129.963	25.0	155.302	152.38	2.922	1.922
	P34PZT	9+070 左岸一级马道	124.412	25.0	149.802	145.93	3.872	2.872
	P35PZT	9+300 左岸一级马道	124.392	25.0	149.802	133.39	16.412	15.412
	P36PZT	9+300 左岸二级马道	129.921	25.0	155.302	133.289	22.013	21.013
	P37PZT	9+475 左岸一级马道	124.895	25.0	149.802	134.163	15.639	14.639
	P38PZT	9+475 左岸二级马道	129.388	26.0	155.302	142.04	13.262	12.262
	P39PZT	9+475 左岸三级马道	139.372	22.0	161.238	156.219	5.019	4.019
	P40PZT	9+575 左岸一级马道	123.724	25.5	149.802	135.111	14.691	13.691
	P41PZT	9+575 左岸二级马道	129.254	25.5	155.302	132.998	22.304	21.304
	P42PZT	9+575 左岸三级马道	139.423	21.5	161.238	140.19	21.048	20.048

(3)渠道边坡位移监测情况

1)9+070断面测斜管监测结果

9+070断面一级、二级马道左岸测斜管IN02-9070、IN01-9070的变形显著,主要体现为向渠道中心线(A+)方向的倾倒变形,其中IN02-9070变形范围为孔口以下8m内,最大变形量31.73mm;IN01-9070变形范围为孔口以下15m内,最大变形量25.4mm。该测斜管于2020年7月底改造为自动测斜装置,测斜管累计位移深度曲线及孔口处的累计位移过程线见图7-63至图7-65。

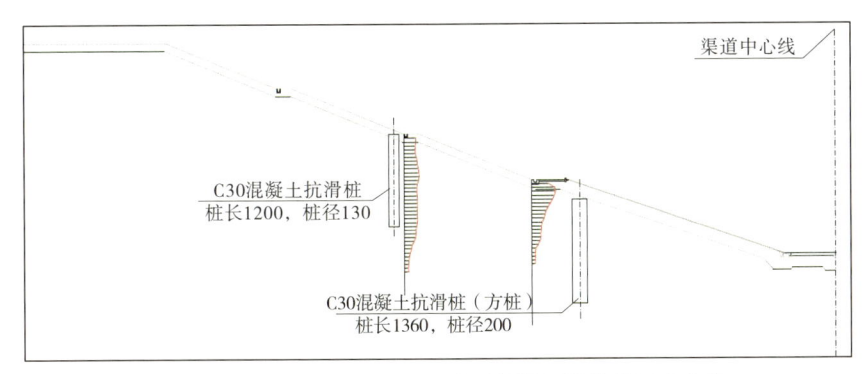

图7-63 桩号9+070左岸边坡测斜管累计位移深度曲线

图7-64 一级马道测斜管IN02-9070孔口处累计位移过程线

图7-65 二级马道测斜管IN01-9070孔口处累计位移过程线

2)9+300断面测斜管监测结果

9+300断面一级、二级、四级马道和三级边坡左岸测斜管IN05-9300、IN06-9300、IN03-9300和IN04-9300变形显著,主要体现为向渠道中心线(A+)方向的倾倒变形,其中IN05-9300变形范围为孔口以下11m内,最大变形量47.01mm;IN06-9300变形范围为孔口以下12m内,最大变形量42.54mm;IN03-9300变形范围为孔口以下18m内,最大变形量32.85mm。测斜管累计位移深度曲线及孔口处的累计位移过程线见图7-66至图7-68。

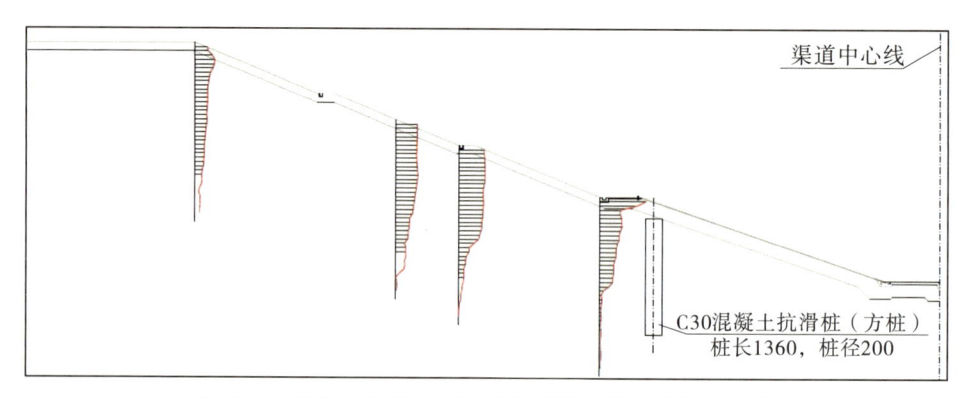

图7-66 桩号9+300左岸边坡测斜管累计位移深度曲线

图7-67 一级马道测斜管IN05-9300孔口处累计位移过程线

图7-68 四级马道测斜管IN04-9300孔口处累计位移过程线

3)9+575断面测斜管监测结果

9+575断面左岸边坡共布置了3孔测斜管,分别位于一级、二级和三级马道,A方向(垂直渠道中心线)累计位移量较大,且内部水平位移分布规律基本一致,体现为孔口处的累计位移量最大,深度越深累计位移量越小。其中左岸一级马道测斜管IN01-9575在A方向孔口以下4m范围内累计位移量较大,4m以下深度范围内基本无变形;左岸二级马道测斜管IN02-9575、左岸三级马道测斜管IN03-9575分别在孔口以下13、15m范围内的累计位移量较大。截至2021年8月10日,A方向孔口累计位移量分别为26.26、32.33、30.18mm,较7月17日分别增加了0.97、0.84、0.45mm,3孔测斜管的变形均有逐渐增大的趋势。该测斜管累计位移深度曲线及孔口处的累计位移过程线见图7-69至图7-72。

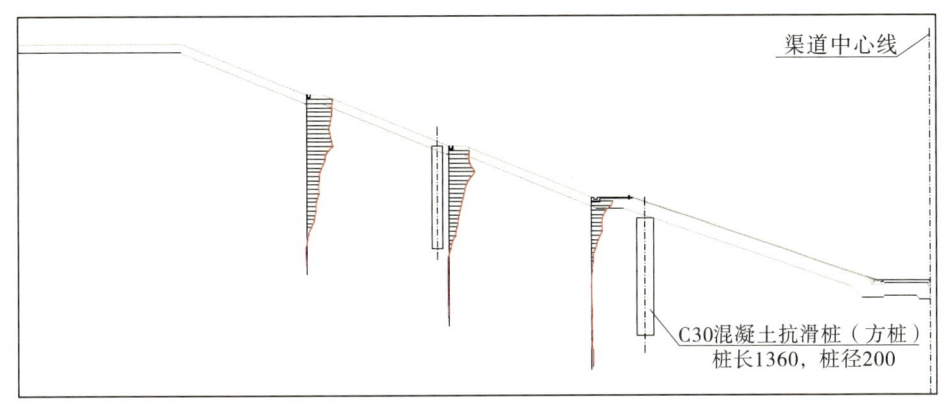

图7-69 桩号9+575左岸边坡测斜管累计位移深度曲线

图7-70 9+575断面左岸一级马道测斜管孔口水平位移过程线

图 7-71　9＋575 断面左岸二级马道测斜管孔口水平位移过程线

图 7-72　9＋575 断面左岸三级马道测斜管孔口水平位移过程线

4）变形体范围及成因分析

根据渠道边坡测斜管监测情况，9＋070 至 9＋575 左岸渠道边坡变形为一至四级马道范围内边坡，变形特征为垂直于水流方向指向渠道过水断面的变形，渠道边坡变形情况见表 7-5。

表 7-5　　渠道边坡变形情况统计表（观测数据截至 2021 年 6 月）

序号	桩号	位置	变形深度	截至目前最大变形量/mm	备注
9＋070 至 9＋575 左岸	9＋070	一级马道	孔口至以下 8m	33.31	
		二级马道	孔口至以下 15m	25.40	
	9＋120	一级马道	孔口至以下 6m	29.68	未收敛
		二级马道	孔口至以下 12m	23.58	未收敛
		三级边坡	无明显剪切变形	16.44	
		四级马道	无明显剪切变形	8.84	

续表

序号	桩号	位置	变形深度	截至目前最大变形量/mm	备注
9+070至9+575左岸	9+180	一级马道	孔口至以下6m	39.89	
		二级马道	孔口至以下9m	32.28	未收敛
		三级边坡	孔口至以下16m	24.09	未收敛
		四级马道	无明显剪切变形	2.27	
	9+300	一级马道	孔口至以下11m	47.01	未收敛
		二级马道	孔口至以下12m	42.54	未收敛
		三级边坡	孔口至以下18m	32.85	未收敛
		四级马道	无明显剪切变形	19.31	
	9+363	一级马道	孔口至以下9m	45.57	未收敛
		三级边坡	孔口至以下10m	41.39	未收敛
		四级马道	无明显剪切变形	3.75	
	9+470	三级边坡	孔口至以下10m	37.11	
		四级马道	无明显剪切变形	11.10	
	9+575	一级马道	孔口至以下5m	21.18	
		二级马道	孔口至以下11m	26.54	
		三级马道	孔口至以下9m	26.40	

测斜管监测的变形深度范围为以上桩号一级马道以下5~11m、二级马道以下9~15m、三级马道以下9~18m，而四级马道未见明显变形突变，其中一级马道处过水断面方桩桩顶高程以上变形较大，桩顶以下变形较小，表明变形体处于过水断面方桩+坡面梁框架支护体系上部或顶部位置，推测渠道边坡变形体潜在滑动面（图7-73）。

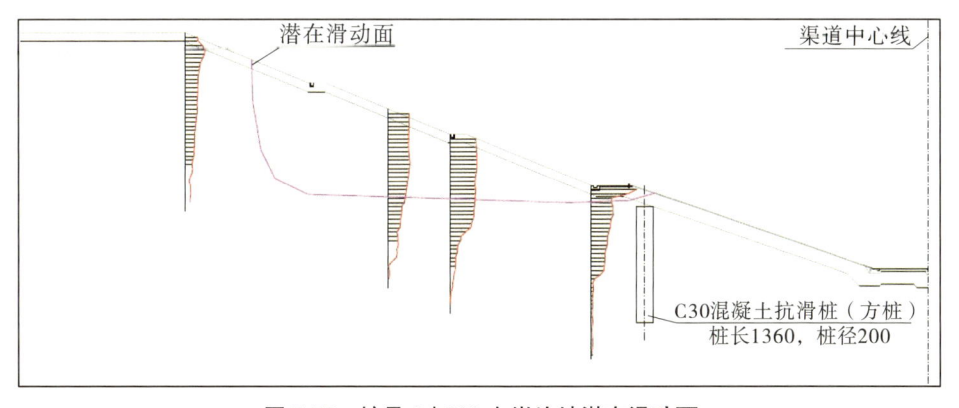

图7-73　桩号9+300左岸边坡潜在滑动面

初步推测变形体为深层滑动变形,潜在滑动面为一至四级马道范围内边坡,其中滑动面前缘位于一级马道以下 0～2m 的深度,过水断面方桩桩顶高程以上,滑动面后缘位于三至四级边坡,变形体底滑面处于渠道边坡裂隙发育带或节理裂隙密集带,从位移监测数据上表现为测斜管变形出现突变的位置,侧滑面为与底滑面相交的陡倾角裂隙。

该段渠道边坡为中膨胀土深挖方渠段,渠道边坡上部主要为 Q_2 粉质黏土,渠道边坡下部及渠底则由 Q_1 粉质黏土、钙质结核粉质黏土组成。Q_2、Q_1 粉质黏土裂隙发育,具中等膨胀性。据测压管/渗压计观测,变形渠段渠道边坡地下水埋深总体较高,且与降雨情况存在一定的关联性。

结合监测、地质和施工情况,初步分析渠道边坡变形原因为该渠段为中膨胀土渠道边坡段,渠道边坡土体黏粒含量高,黏土矿物中又以亲水性强的蒙脱石含量为主,且夹较多灰绿色、灰白色黏土条带,灰绿色、灰白色黏土对水的作用非常敏感,部分渠段存在节理裂隙密集带,抗剪强度较低。虽然渠道边坡采用水泥改性土换填保护,但未能完全隔绝膨胀土与大气的水汽交换,季节性的气候变化导致渠道边坡土体产生强烈的往复湿胀干缩效应,尤其在雨季降水量较大的时段,雨水入渗导致渠道边坡原状土的含水量升高,膨胀土胀缩,抗剪强度降低;在多年往复湿胀干缩效应作用下,膨胀土反复胀缩,导致土体中的短小裂隙逐步贯通,裂隙逐年增多、规模逐年增大,进一步使膨胀土抗剪强度降低,渠道边坡从而产生蠕动变形。

7.4.2 渠道设计概况

淅川段桩号 9+070 至 9+575 左岸渠道边坡挖深 39～45m,渠道底宽 13.5m,过水断面坡比为 1:3.0,一级马道宽度 5m,一级马道以上每隔 6m 设置一级马道,马道宽度除四级马宽 50m 外其余均为 2m,一级马道至四级马道之间各渠道边坡坡比为 1:2.5,四级马道以上渠道边坡坡比为 1:3。渠道全断面换填水泥改性土,其中过水断面换填厚度为 1.5m,一级马道以上渠道边坡换填厚度为 1m。坡面采用浆砌石拱,拱内植草的方式护坡,各级马道上均设置有纵向排水沟,坡面上设置有横向排水沟。根据膨胀土加固原则,结合现场地质编录资料,经过计算分析,在过水断面设置方桩+坡面梁框架支护体系,其中方桩宽×高为 1.2m×2m,桩长 13.6m,桩间距 4.0～4.5m,坡面梁和渠底横梁宽×高为 0.8m×0.7m;对于一级马道以上渠道边坡,其中 9+077 至 9+157 左岸二级马道(三级边坡坡脚)设置抗滑桩,桩径 1.3m,桩长 12m,桩间距 4m。

7.4.3 工程地质条件

(1)地层岩性

渠道边坡由第四系中更新统(Q_2^{al-pl})粉质黏土、黏土以及钙质结核粉质黏土组成。

分层描述如下：

第四系中更新统（Q_2^{al-pl}）：

第1层：粉质黏土，呈褐黄、棕黄色，土体颜色之间无统一界限，硬塑，含铁锰质结核以及钙质结核，钙质结核含量为5%~15%，局部团块状富集。该层底板高程135.0~152.0m，厚一般超过20m。

第2层：黏土，灰黄、浅褐黄色，硬塑—硬可塑，含铁锰质斑块，偶见姜石。该层呈透镜体式分布，分布于桩号9+070至9+150、高程159.0~164.0m以及桩号9+070至9+150、高程152.0~135.0m，黏土层最厚处位于桩号9+065。

第3层：钙质结核粉质黏土，整体呈黄褐色，钙质结核含量为50%~60%，粒径一般为1~4cm，细粒土为粉质黏土，硬塑。该层底板高程为142.0~138.2m。厚一般为4.0~6.5m。

（2）裂隙发育情况

分层说明如下：

第1层：弱—中等膨胀。顶部竖直根孔裂隙较发育，微裂隙、小裂隙及大裂隙较发育；长大裂隙较发育。该层裂隙倾向多倾NE。

第2层：中等膨胀，微裂隙及小裂隙较发育，大裂隙及长大裂隙不甚发育。

第3层：中等膨胀，裂隙不发育。

（3）水文地质条件

初步设计勘察阶段，该渠段地下上层滞水水位171.2m左右，埋深4.6m，施工阶段渠道开挖未见地下水出渗。

7.4.4　处理措施

（1）渠道边坡排水方案设计

为了将入渗的雨水和上层滞水尽快排出坡体，在二、三级马道平台以及二级边坡坡脚设置排水盲沟，排水盲沟由中粗砂+级配碎石料充填，盲沟内设置透水软管，透水软管通过三通接头每隔3.4m与φ76mmPVC排水管相连接，PVC排水管出口置于拱骨架坡面排水沟。二、三级马道平台盲沟底部宽度0.5m，深度2.0m，顶部宽度0.8m，高度0.3m，二、三级马道排水盲沟断面见图7-74。盲沟开挖前，先在盲沟靠近坡脚处进行钢管桩支护，钢管桩直径90mm，深度4m，间距初步设置为1m，钢管内充填防水砂浆，根据渠道边坡变形情况，盲沟开挖过程中钢管桩可加密至0.5m。盲沟顶部采用土料回填时不易压实，本书采用C15混凝土回填。

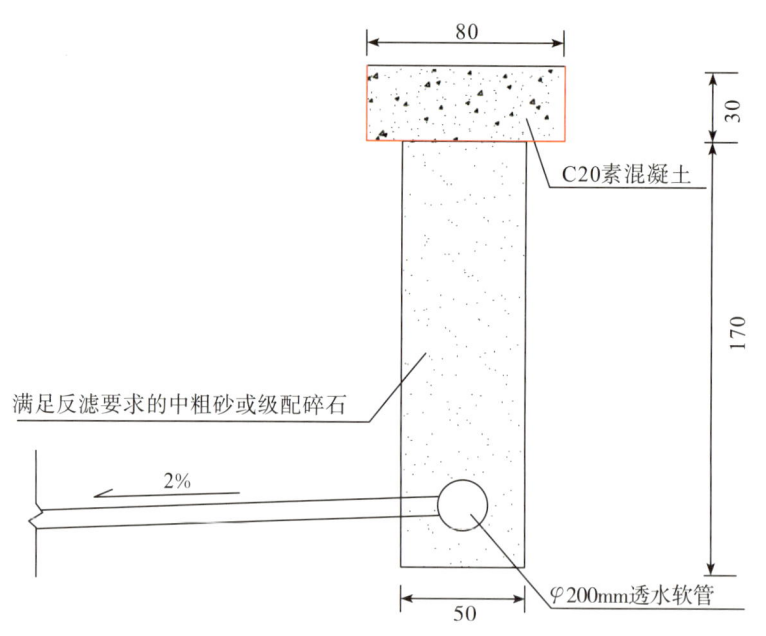

图 7-74 二、三级马道排水盲沟断面图

二级边坡坡脚排水盲沟底部宽度0.5m,深度1.4m,其中顶部宽1.0m,深0.4m,见图7-75。排水盲沟由中粗砂充填,盲沟内设置透水软管,透水软管通过三通接头每隔3.4m与φ76mmPVC排水管相连接,PVC排水管出口置于一级马道排水沟。盲沟开挖前,先在盲沟靠近坡脚处进行钢管桩支护,钢管桩直径90mm,深度3m,间距初步设置为1m,钢管内充填防水砂浆,根据渠道边坡变形情况,盲沟开挖过程中钢管桩可加密至0.5m。盲沟顶部采用C15混凝土回填。

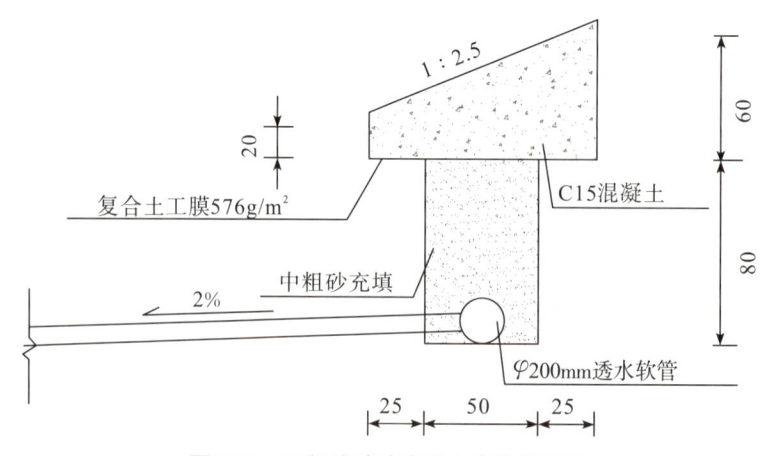

图 7-75 二级边坡坡脚排水盲沟断面图

为了进一步降低渠道边坡地下水位,提高渠道边坡稳定性,在二、三级边坡坡顶靠近马道位置设置排水井。排水井间距4m,直径60cm,深入坡体约5m,井内设置直径为

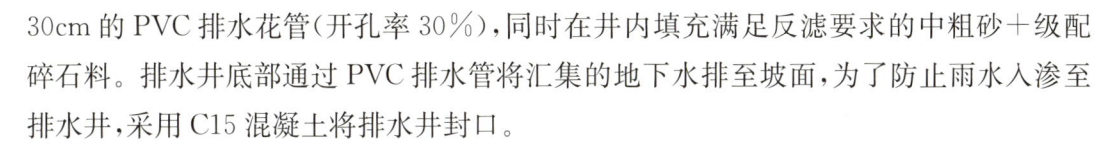

30cm 的 PVC 排水花管(开孔率 30%),同时在井内填充满足反滤要求的中粗砂＋级配碎石料。排水井底部通过 PVC 排水管将汇集的地下水排至坡面,为了防止雨水入渗至排水井,采用 C15 混凝土将排水井封口。

(2)抗滑桩处理方案设计

根据反演分析的成果、现场的实际情况以及施工条件,在一级马道以上,二级边坡中上部,距离三级边坡坡脚水平距离 6m 处设置一排抗滑桩,桩径 1.2m,桩长 15m,桩间距为 3.4m。抗滑桩混凝土标号 C35,主筋采用 28 根 φ28mm HRB400 钢筋,箍筋采用直径 12mm HPB235 螺旋箍筋,间距 15cm。施工时在二级马道增设临时施工平台,将二级马道加宽至 5m,临时施工平台填筑坡比为 1:1.5,抗滑桩施工完成后清除施工平台,边坡恢复原状,二级边坡抗滑桩布置见图 7-76。

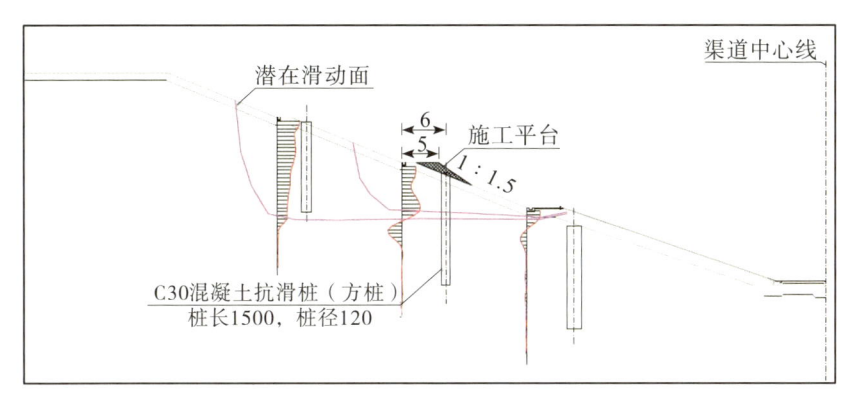

图 7-76 二级边坡抗滑桩布置示意图

(3)渠道边坡挖方减载与换填设计

采用抗滑桩加固后各渠道边坡典型断面抗滑稳定系数还不能满足设计要求,需进一步采取加固措施。

考虑到渠道边坡变形体潜在滑动面后缘位于四级边坡中下部,为了降低该段渠道边坡荷载,结合现场地形条件,对变形体四级渠道边坡采用自上而下开挖减载处理措施,具体要求为从距离四级边坡坡顶 11.11m 处的四级马道宽平台按 1:3 向下放坡至三级马道高程,开挖后三级马道形成 6m 宽马道平台,上下游两侧开口线分别按 1:3 放坡,开挖时测斜管、测压管等监测设施应予以保护和修复,而北斗测点、水平和垂直观测墩等监测设施可以预先移除,渠道边坡减载回填后予以修复。卸载完成后的边坡,先回填 30cm 厚砂砾石或中粗砂,并铺设复合土工膜(576g/m²),土工膜与四级马道宽平台土工膜搭接宽度为 2m。为充分利用开挖料,在铺设土工膜后的坡面回填装有开挖料的土工袋,土工袋厚度 100cm,其中表层 20cm 为装填种植土和草籽的土工袋,换填断面见图 7-77。根据工程现场情况,土工袋回填压实度不小于 0.85。

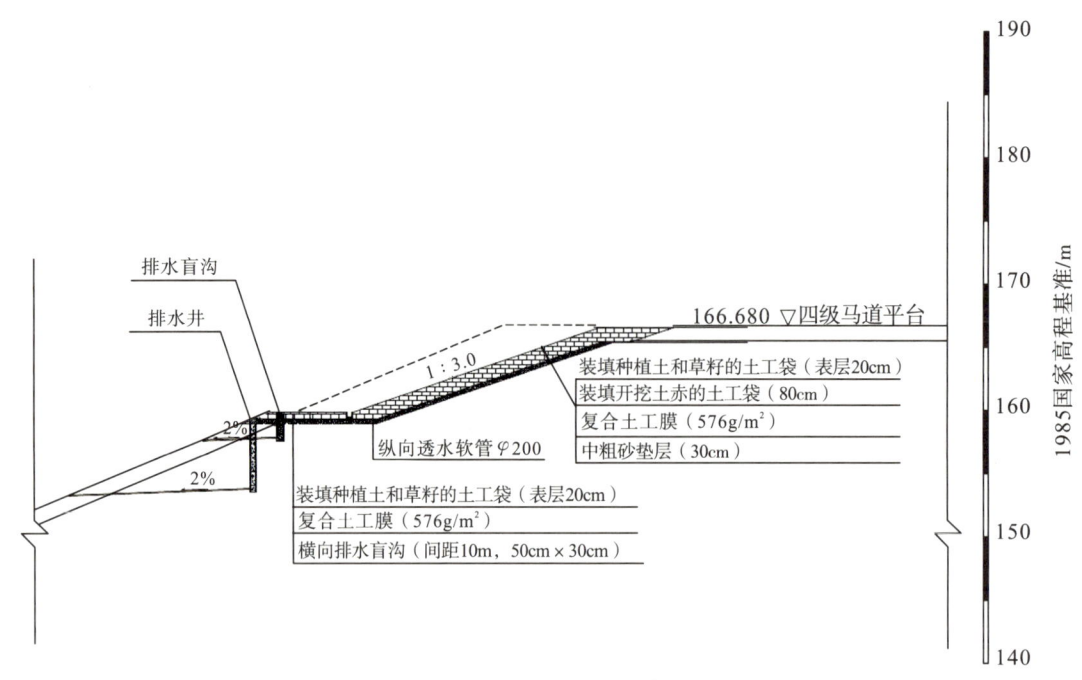

图 7-77 四级边坡土工袋换填示意图

7.4.5 处理效果

排水盲沟和排水井渗透系数设计值为 5.0×10^{-2} cm/s。设置排水设施后渠道边坡地下水压力水头线见图 7-78，二级、三级马道设置排水井和排水盲沟以后，渠道边坡地下水位基本下降至坡面以下 5~6m，渗流溢出点在一级马道附近，因此排水盲沟和排水井可有效降低渠道边坡表层土体地下水位。9+070 至 9+575 左岸典型断面设置排水措施后渠道边坡抗滑稳定安全系数 $F=1.028$，见图 7-79。采用排水盲沟+排水井加固后，渠道边坡地下水位显著降低，抗滑稳定性系数提高，反映了排水措施的有效性。

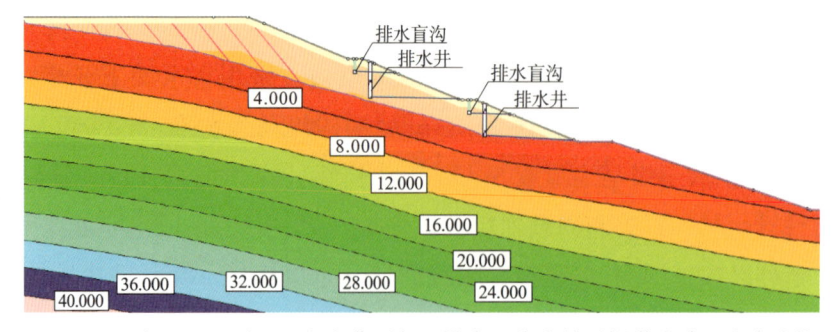

图 7-78 9+070 至 9+575 左岸典型断面排水设施生效后渠道边坡压力水头线

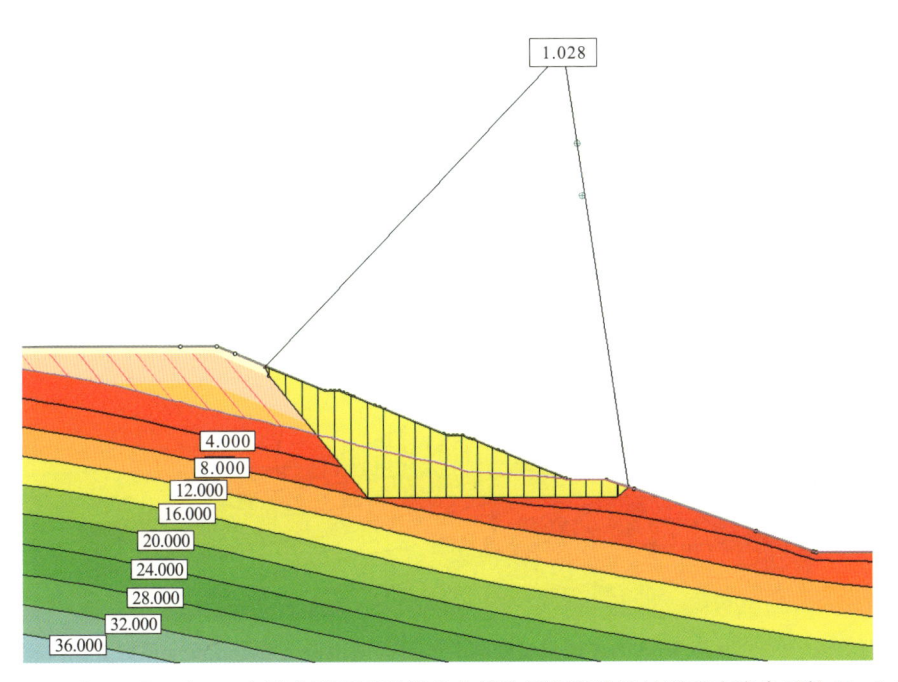

图 7-79 9+070 至 9+575 左岸典型断面设置排水措施后渠道边坡抗滑稳定安全系数 $F=1.028$

经计算,二级边坡坡顶采用抗滑桩加固后,9+070 至 9+575 左岸典型断面渠道边坡抗滑稳定安全系数 $F=1.249$,见图 7-80。二级边坡采用抗滑桩加固后,渠道边坡抗滑稳定系数进一步提高,可基本保持稳定。

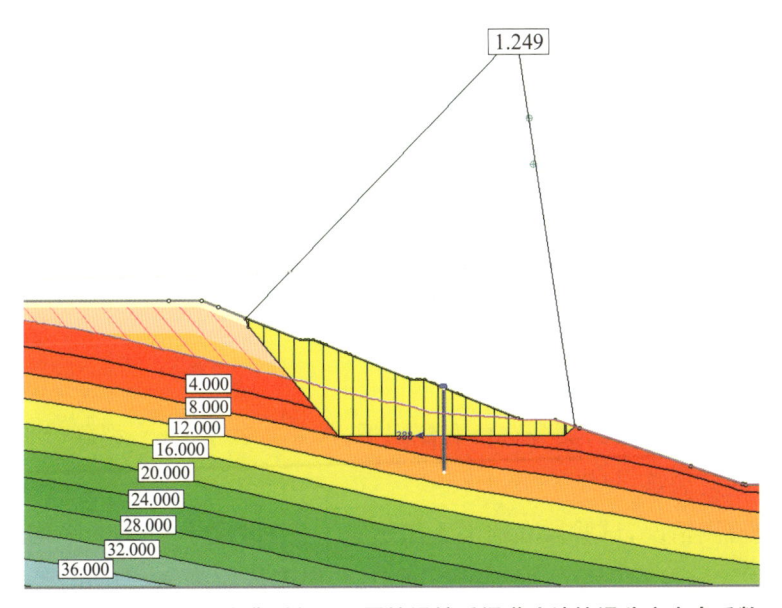

图 7-80 9+070 至 9+575 左岸典型断面设置抗滑桩后渠道边坡抗滑稳定安全系数 $F=1.249$

四级边坡开挖卸载后,9+070 至 9+575 左岸典型断面渠道边坡抗滑稳定安全系数 $F=1.350$,见图 7-81,渠道边坡采用排水措施+抗滑桩+四级边坡卸载加固后抗滑稳定系数均大于 1.3,满足设计要求。

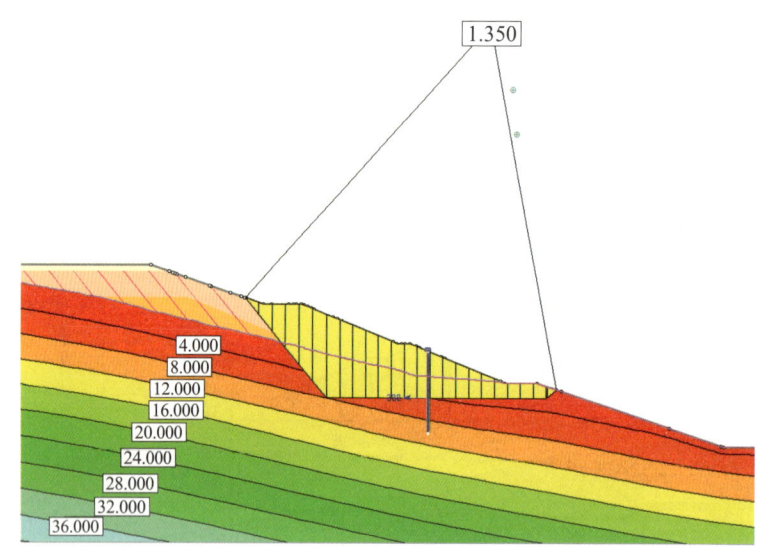

图 7-81　9+070 至 9+575 左岸典型断面卸载后渠道边坡抗滑稳定安全系数 $F=1.350$

7.5　桩号 K37+650、K49+536 渠堤裂缝处理

7.5.1　渠堤裂缝分布情况

膨胀土同时具有显著的吸水膨胀和失水收缩两种变形特性,由于工程性质复杂多变,膨胀土对土木、水利、交通领域的各类浅表层工程有特殊的危害作用。膨胀土胀缩性指脱吸湿对膨胀土体积变形的影响,裂隙性由脱湿收缩造成,二者是膨胀土工程病害的主因,亦是膨胀土研究的主要方面,相关成果非常丰富。然而,干湿循环过程中,胀缩性与裂隙性同时发生且相互影响,将二者统一起来考察十分有必要。基于南阳地区复杂的气候和渠道水位升降变化,膨胀土体积、含水率变化幅度较大,胀缩现象明显,使渠顶路面产生横向及纵向裂缝。

(1)渠顶横向裂缝

该裂缝位于扁担张南跨渠公路桥右侧附近(桩号 K49+536),裂缝分布在引道中部,是贯穿路面的横向裂缝,见图 7-82。

根据探坑检测情况,试验段在路面表层缝宽 1~3cm,缝长约 4m,平均缝深约 70cm。沥青路面、水泥稳定层在深度方向上被裂缝贯穿,厚度依次为 10、50cm,其中裂缝在水泥稳定层下的弱膨胀土深 5~20cm。

(2)渠顶纵向裂缝

冀寨东跨渠公路桥附近(桩号 K37+650)分布两条典型纵向裂缝,一条为堤顶路面靠上游侧裂缝,缝宽 0.2～1.0cm,缝长约 20m;另一条为堤顶路面靠下游侧裂缝,大致位于硅芯管上方,缝宽 0.2～1.2cm,缝长约 10m。在上述两条典型裂缝中各选取一段开展现场灌浆试验。渠堤路面纵缝(桩号 K37+650 附近)见图 7-83。

图 7-82　引道中部贯穿性横缝(桩号 K49+536 附近)　　图 7-83　渠堤路面纵缝(桩号 K37+650 附近)

(3)渠道边坡裂缝

在扁担张南跨渠公路桥附近(桩号 K49+536),渠道边坡下游面存在多处沿渠堤轴线向裂缝,多为下游渠道边坡滑坡体的拉裂缝,其中一条渠道边坡裂缝见图 7-84。试验段渠道边坡裂缝附近的混凝土拱圈格栅有多处开裂,并发生 2～5cm 错位,同时部分混凝土拱圈格栅与底部填土存在 3～10cm 的脱空层。清理开裂拱圈邻近坡面浮土,发现多数土体表面裂缝宽 1～2cm,缝长 0.5～1.0m,并在周边伴随直径 2～5cm、深约 20cm以上的洞穴。

图 7-84　引道下游渠道边坡裂缝(桩号 K49+536 附近)

7.5.2 渠道设计概况

桩号37+650渠段为全填方渠道,填高11.5m。堤顶宽度为5m,左岸外坡共二级渠道边坡。从上到下一级渠道边坡高度为6m,二级渠道边坡为5.0m。每级渠道边坡外坡坡脚设置马道,宽度为2m,每级马道设置纵向排水沟,纵向排水沟与渠道水流方向平行,设置在各级马道上靠近坡脚的一侧,并与横向排水沟相沟通。渠堤堤身采用"金包银"的填筑方式,渠堤外包1m厚的5%水泥改性土,里面采用弱膨胀土进行填筑,外坡坡面采用浆砌块石拱+植草护坡,浆砌块石拱以联拱形式布置,骨架表面设排水槽,拱圈内植草,坡脚设置浆砌石+贴坡排水。堤身内坡比为1:2,外坡坡比为1:2.5,渠道防渗体系为10cm衬砌面板下面铺设复合土工膜(576g/m²),渠堤在填筑前清基50cm。

桩号49+536渠段为全填方渠道,填高10.9m。堤顶宽度为5m,左岸外坡共二级渠道边坡。从上到下一级渠道边坡高度为6m,二级渠道边坡为4.4m。每级渠道边坡外坡坡脚设置马道,宽度为2m,每级马道设置纵向排水沟,纵向排水沟与渠道水流方向平行,设置在各级马道上靠近坡脚的一侧,并与横向排水沟相沟通。渠堤堤身采用"金包银"的填筑方式,渠堤外包1m厚的5%水泥改性土,里面采用弱膨胀土进行填筑,外坡坡面采用浆砌块石拱+植草护坡,浆砌块石拱以联拱形式布置,骨架表面设排水槽,拱圈内植草,坡脚设置浆砌石+贴坡排水。堤身内坡比为1:2,外坡坡比为1:2,渠道防渗体系为10cm衬砌面板下面铺设复合土工膜(576g/m²),渠堤在填筑前清基50cm。

7.5.3 工程地质条件

桩号37+650断面地面高程135.7m,渠底板高程为137.6m左右,渠道填高11.5m,为以黏性土地基为主的填方地基亚类(Ⅳ$_{1-1}$)1段。地基土体主要为Q_3^{al-1}粉质黏土、粉质壤土,厚3.5~9.0m,黄褐、灰黄色,呈可塑状—坚硬状,裂隙较发育,含少量铁锰质结核及钙质结核。下部为中细砂。

桩号49+536渠底板高程在136.98m左右,渠段地面高程135.7m,场地平坦,位于严陵河左岸,地基土由Q_3粉质黏土、粉质壤土组成。Q_3粉质黏土具弱膨胀性,中等压缩性。粉质壤土不具膨胀性,中等压缩性,承载力均较高,可满足上部荷载要求,工程地质条件较好。

7.5.4 渠堤裂缝处理设计

(1)裂缝灌浆材料选择

根据室内试验成果,灌浆材料选用水泥—膨胀土浆液和水泥—粉煤灰—膨胀土浆液,膨胀土、超细硅酸盐水泥、Ⅰ级粉煤灰技术指标要求见表7-6至表7-8。

表 7-6　　　　　　　　　　　膨胀土的物理性质指标

G_s	$\rho_{dmax}/(g/cm^3)$	$\omega_{opt}/\%$	$W_L/\%$	$W_P/\%$	I_P
2.73	1.79	16.2	39.4	22.8	16.6

表 7-7　　　　　　　　　　　超细硅酸盐水泥技术指标

项目	细度/mm D90	细度/mm D50	初凝时间/min	终凝时间/min	烧失量/%	质量分数/% SO$_3$	质量分数/% MgCl$_2$	质量分数/% Cl$^-$	3d抗压强度/MPa	28d抗压强度/MPa
国标	≤10.0	≤5.0	≥30	≤600	≤3.5	≤3.5	≤5.0	≤0.06	≥23.0	≥52.5
实测值	≤9.7	≤3.9	112	181	2.9	2.3	3.1	0.03	51.2	73.5

表 7-8　　　　　　　　　　　Ⅰ级粉煤灰技术指标

检测项目	密度/(g/cm^3)	细度/%	烧失量/%	SiO$_2$/%	Al$_2$O$_3$/%	Fe$_2$O$_3$/%	CaO/%	SO$_3$/%	Cl$^-$/%
国标	2.1~3.2	5μm方孔筛≤18	≤5	≤50	≤30	0.8~1.0	≤10	≤3	≤0.02
实测值	2.55	16	2.8	45.1	24.2	0.85	5.6	2.1	0.015

注：范围取值包含上下限。

(2) 灌浆方案设计

根据室内试验成果，灌浆材料主要选用水泥—膨胀土浆液和水泥—粉煤灰—膨胀土浆液两种，灌浆采用充填灌浆法，灌浆方式考虑无压灌浆和有压灌浆两种。针对不同特征裂缝，分别设计了 A、B 两组渠堤堤顶路面裂缝灌浆对比试验和 C、D 两组渠堤下游坡面裂缝灌浆对比试验，以获得填方渠堤裂缝最优处理工程措施。试验方案设计见表 7-9 至表 7-11。

表 7-9　　　　　　　渠堤堤顶路面横向裂缝灌浆试验方案设计(A 组)

试验组	灌浆材料	配合比	灌浆方式	灌浆孔布置	备注
A1	水泥—膨胀土浆液	水固比为1.2、膨胀土掺量为60%	无压灌浆	单排骑缝孔	不封堵裂缝,贴嘴灌浆
A2	水泥—粉煤灰—膨胀土浆液		无压灌浆	单排骑缝孔	不封堵裂缝,贴嘴灌浆
A3			有压灌浆	单排骑缝孔,孔距1.0m	封堵裂缝,灌浆管灌浆
A4			有压灌浆	单排骑缝孔,孔距1.2m	封堵裂缝,灌浆管灌浆

表 7-10　　　　　　　　渠堤堤顶路面纵向裂缝灌浆试验方案设计(B 组)

试验组	裂缝类型	灌浆材料	配合比	灌浆方式	灌浆孔布置	备注
B1	细小裂缝	水泥—粉煤灰—膨胀土浆液	水固比为1.2,粉煤灰含量为20%	有压灌浆	单排骑缝孔,孔距1m	封堵裂缝,灌浆管灌浆
B2	细小裂缝	水泥—粉煤灰—膨胀土浆液	水固比为1.1,粉煤灰含量为20%	有压灌浆	单排骑缝孔,孔距1m	封堵裂缝,灌浆管灌浆
B3	细小裂缝	水泥—粉煤灰—膨胀土浆液	水固比为1.0,粉煤灰含量为20%	有压灌浆	单排骑缝孔,孔距1m	封堵裂缝,灌浆管灌浆
B4	宽大裂缝	水泥—粉煤灰—膨胀土浆液	先稀后稠灌浆,先水固比为1.2,后水固比为1.1,水泥掺量60%,粉煤灰含量为20%	有压灌浆	单排骑缝孔,孔距1m	封堵裂缝,灌浆管灌浆
B5	宽大裂缝	水泥—粉煤灰—膨胀土浆液	先稀后稠灌浆,先水固比为1.2,后水固比为1.0,水泥掺量60%,粉煤灰含量为20%	有压灌浆	单排骑缝孔,孔距1m	封堵裂缝,灌浆管灌浆
B6	宽大裂缝	水泥—粉煤灰—膨胀土浆液	先稀后稠灌浆,先水固比为1.2,后水固比为0.9,水泥掺量60%,粉煤灰含量为20%	有压灌浆	两排斜孔,梅花型,排距0.5m,孔距1m	封堵裂缝,灌浆管灌浆

注:细小裂缝:堤顶或坡面缝宽不大于5mm且深度不大于1m且长度不大于5m;宽大裂缝:堤顶或坡面缝宽大于5mm或深度大于1m或长度大于5m。

表 7-11　　　　　　　　渠堤下游坡面裂缝灌浆试验方案设计(C、D 组)

试验组	灌浆材料	配合比	灌浆方式	灌浆孔布置	备注
C1	水泥—膨胀土浆液	水固比为1.2,膨胀土掺量为60%	无压灌浆	单排骑缝孔,孔距0.3m	不封堵裂缝,灌浆管灌浆
C2	水泥—膨胀土浆液	水固比为1.2,膨胀土掺量为60%	有压灌浆	单排骑缝孔,孔距0.3m	封堵裂缝,灌浆管灌浆
C3	水泥—膨胀土浆液	水固比为1.2,膨胀土掺量为60%	有压灌浆	两排斜孔,梅花形,排距0.3m,孔距0.3m	封堵裂缝,灌浆管灌浆
D1	水泥—粉煤灰—膨胀土浆液	水固比为1.0,粉煤灰含量为20%	有压灌浆	单排骑缝孔,孔距0.3m	封堵裂缝,灌浆管灌浆
D2	水泥—粉煤灰—膨胀土浆液	水固比为0.9,粉煤灰含量为20%	有压灌浆	单排骑缝孔,孔距0.3m	封堵裂缝,灌浆管灌浆
D3	水泥—粉煤灰—膨胀土浆液	水固比为1.0,粉煤灰含量为20%	有压灌浆	单排骑缝孔,孔距0.4m	封堵裂缝,灌浆管灌浆

7.5.5 渠堤裂缝处理效果

灌浆完成并养护浆液 3～7d 后，通过钻孔取芯、开挖探坑等方式重点分析裂隙填充程度、浆液扩散半径、渗透性分析、强度分析等，进而综合评定灌浆效果。

（1）裂隙填充程度

整理试验段裂缝不同试验方案灌浆后检测土样的干湿密度和孔隙率，分析裂缝灌浆对土体空隙的填充效果，芯样检测结果见表 7-12 和表 7-13。

表 7-12　　A 组不同试验方案灌浆后土体芯样的干密度及孔隙率

试验组	土样编号	取样深度/m	湿密度 r/(g/cm³)	干密度 ρ_d/(g/cm³)	孔隙率/%
A0	A0-1	0.5～0.7	1.857	1.445	44.4
	A0-2	0.7～0.9	1.864	1.450	44.2
A1	A1-1	0.5～0.7	1.899	1.474	43.3
	A1-2	0.7～0.9	1.911	1.479	43.1
A2	A2-1	0.5～0.7	1.872	1.490	42.7
	A2-2	0.7～0.9	1.881	1.491	42.7
A3	A3-1	0.5～0.7	2.006	1.551	40.3
	A3-2	0.7～0.9	2.040	1.555	40.2

注：A0 为 A1、A2、A3 试验组灌浆前土样。范围取值包含上下限。

表 7-13　　C、D 组不同试验方案灌浆后土体芯样的干湿密度及孔隙率

试验组	土样编号	取样深度/m	湿密度 r/(g/cm³)	干密度 ρ_d/(g/cm³)	孔隙率/%
C0	C0-1	0.1～0.3	1.801	1.423	45.3
	C0-2	0.3～0.5	1.807	1.428	45.1
C1	C1-1	0.1～0.3	1.801	1.423	45.3
	C1-2	0.3～0.5	1.861	1.472	43.4
C2	C2-1	0.1～0.3	2.000	1.555	40.2
	C2-2	0.3～0.5	1.972	1.558	40.1
C3	C3-1	0.1～0.3	1.995	1.551	40.3
	C3-2	0.3～0.5	1.970	1.556	40.2
D0	D0′-1	0.1～0.3	1.834	1.435	44.8
	D0′-2	0.3～0.5	1.841	1.441	44.6
D1	D1-1	0.1～0.3	1.889	1.512	41.8
	D1-2	0.3～0.5	1.881	1.466	43.6

续表

试验组	土样编号	取样深度/m	湿密度 r/(g/cm³)	干密度 ρ_d/(g/cm³)	孔隙率/%
D2	D2-1	0.1～0.3	1.860	1.447	44.3
	D2-2	0.3～0.5	1.872	1.456	44.0

注：C0 为 C1、C2、C3 试验组灌浆前土样，D0 为 D1、D2 试验组灌浆前土样。范围取值包含上下限。

1）灌浆材料对灌浆裂隙填充效果影响

A1、A2 试验组均为无压灌浆，其中 A1 组为超细水泥—弱膨胀土两种材料混合浆液，A2 组为超细水泥—弱膨胀土—粉煤灰三种材料混合浆液。A1 试验组灌浆后 0.5～0.7m 深土样孔隙率为 43.3%，0.7～0.9m 深土样孔隙率为 43.1%，相比灌浆前 A0 组土样，孔隙率分别减小了 1.1%、1.1%；A2 试验组灌浆后 0.5～0.7m 深土样孔隙率为 42.7%，0.7～0.9m 深土样孔隙率为 42.7%，相比灌浆前 A0 组土样，分别减小了 1.7%、1.5%。由以上分析得出：超细水泥—弱膨胀土—粉煤灰三种材料混合浆液对裂隙的填充效果要好于超细水泥—弱膨胀土两种材料的混合浆液。

2）灌浆压力对裂隙填充效果影响

A 组试验方案中，相比 A0，A1 和 A2 采用无压灌浆后，边坡土体的孔隙率从 45.3% 分别降至 43.4%、42.7%；A3 采用有压灌浆边坡土体的孔隙率从 45.3% 降至 40.2%，裂隙填充效果优于无压灌浆。

C 组试验方案中，C1 采用无压灌浆后，对比 C0 边坡土体的孔隙率从 45.3% 降至 43.4%，变化微小，裂隙填充效果较差；C2 和 C3 均为有压灌浆，相较于 C0，灌浆后孔隙率分别降至约 40.1%、40.2%，裂隙填充效果优于 C1。

3）钻孔布置对裂隙填充效果影响

C 组试验方案中，C2 和 C3 均为有压灌浆，其中 C2 钻孔孔位采用单排竖孔、骑缝布置；C3 钻孔孔位采用两排孔斜孔、梅花形布置，钻孔孔距都为 0.3m。灌浆后，C2 和 C3 在相同取样深度土样的孔隙率相差约 0.1%，裂隙填充效果基本相同。

4）浆液黏稠度对裂隙填充效果影响

B 组试验方案中，针对堤顶路面细小裂缝，采用水泥—粉煤灰—膨胀土三种灌浆材料，分别配置水固比为 1.2、1.1、1.0 的 B1、B2、B3 试验浆液，经现场用马氏漏斗黏度计测量得到三种浆液的黏度依次为 28s、35s、41s。B1、B2、B3 试验段灌浆后 0.3～0.5m 深土样的孔隙率依次为 41.0%、42.3%、43.4%，相较该试验段灌浆前土样孔隙率分别降低了 3.2%、1.9%、0.8%；B1、B2、B3 试验段灌浆后 0.5～0.7m 深土样的孔隙率依次为 40.9%、42.0%、44.1%，相较该试验段灌浆前土样孔隙率分别降低了 3.2%、2.1%、0.0%。由此可见，针对堤顶路面细小裂缝，黏度达到 41s 的水泥—粉煤灰—膨胀土混合浆液对裂隙基本无填充效果。

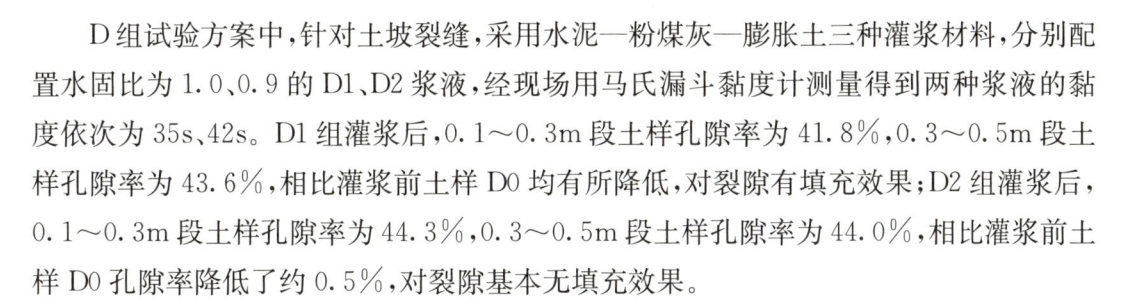

D组试验方案中,针对土坡裂缝,采用水泥—粉煤灰—膨胀土三种灌浆材料,分别配置水固比为1.0、0.9的D1、D2浆液,经现场用马氏漏斗黏度计测量得到两种浆液的黏度依次为35s、42s。D1组灌浆后,0.1~0.3m段土样孔隙率为41.8%,0.3~0.5m段土样孔隙率为43.6%,相比灌浆前土样D0均有所降低,对裂隙有填充效果;D2组灌浆后,0.1~0.3m段土样孔隙率为44.3%,0.3~0.5m段土样孔隙率为44.0%,相比灌浆前土样D0孔隙率降低了约0.5%,对裂隙基本无填充效果。

(2)浆液扩散半径

为确定浆液的扩散半径,灌浆后在相邻灌浆孔中间位置进行取样检测,试验段浆液在土体中的分布形态及含量统计见表7-14。A组试验段中,A3和A4试验段分别采用1.0m和1.2m孔距,对比分析灌浆后取样结果发现:A3土样中取出了长约0.35m的含浆芯样,浆液在土样中呈条带状分布(图7-85);A4土样中取出了长约0.10m的含浆芯样,浆液在土样中呈粒状分布。由此可以看出,针对堤顶路面裂缝,按照试验方案的钻孔布置间距,以50kPa压力,灌注的浆液可以填充裂缝范围内土体大部分孔隙,其浆液扩散半径平均为0.5m左右。

表7-14　　　　　试验段浆液在土体中的分布形态及含量统计

孔号	含浆孔段深度/m	泥浆段长度/m	浆液在土样中分布形态	水泥浆约占含量/%
A3	0.50~0.85	0.35	呈条带状分布	15
A4	0.50~0.60	0.10	呈粒状分布	5
C1	0.10~0.50	0.40	呈条带状分布	20
C3	0.10~0.20	0.10	呈粒状分布	5

注:范围取值包含上下限。

D组试验段中,D1和D2试验段分别采用0.3m和0.4m孔距,对比分析灌浆后取样结果。其中,D1土样中取出了长约0.40m的含浆芯样,浆液在土样中呈条带状分布,见表7-14;D2土样中取出了长约0.10m的含浆芯样,浆液在土样中呈粒状分布。由此可以看出,针对堤防下游土坡上的裂缝,按照试验方案的钻孔布置间距,以50kPa压力,灌注的浆液可以填充裂缝范围内土体大部分孔隙,其浆液扩散半径平均为0.3m左右,见图7-85。

(a) A3 含浆段土样 　　　　　　　　(b) D1 含浆段土样

(c) A4 含浆段土样 　　　　　　　　(d) D2 含浆段土样

图 7-85　浆液在土样中分布形态图

(3) 渗透性分析

通过渗透仪检测了取样土芯渗透性等物理力学参数，见表 7-15。

表 7-15　　　　　　堤顶路面裂缝灌浆后土芯的物理力学参数

试验组	抗剪强度 固结快剪 C/kPa	$\varphi/°$	渗透系数/(cm/s)
A0	31.4	15.2	6.32×10^{-6}
A1	34.1	16.2	3.27×10^{-6}
A2	33.7	15.3	2.07×10^{-6}
A3	35	16.9	2.17×10^{-6}

续表

试验组	抗剪强度 固结快剪 C/kPa	抗剪强度 固结快剪 $\varphi/°$	渗透系数/(cm/s)
A4	32.3	15.3	5.78×10^{-6}
B0	30.3	14.5	1.63×10^{-6}
B1	31.1	15.8	5.70×10^{-6}
B2	32.4	16.1	6.51×10^{-6}
B3	34.7	16.7	9.92×10^{-6}
C0	28.8	14.7	3.16×10^{-6}
C1	31.5	15.1	2.44×10^{-5}
C2	36.8	15.3	1.59×10^{-5}
C3	36.5	15.2	1.63×10^{-5}
D0	28.3	14.4	5.51×10^{-5}
D1	32.9	14.5	3.69×10^{-5}
D2	30.2	14.4	4.77×10^{-5}
D3	29.5	14.4	5.29×10^{-5}

A组试验中,灌浆后土体的渗透性较灌浆前均有所减小,但其渗透系数随灌浆方案变化而不同。与A1相比,A2的渗透系数降低为A1的63.0%,表明水泥—粉煤灰—膨胀土浆液改善土体渗透性的作用更优;与A0相比,A2、A3的渗透系数分别降为A0的32.7%、34.3%,表明有压灌浆相比常压灌浆更有利于改善土体防渗效果;与A0相比,A4的渗透系数降为A0的91.5%,表明位于堤顶路面的裂缝灌浆孔布置超过1.2m间距时,土体灌浆后的防渗效果不明显。

B组试验中,B1、B2、B3对比分析了灌浆材料水固比变化对灌浆后土体渗透性的影响。B1、B2、B3实验组水固比分别采用1.2、1.1和1.0,相比灌浆前土体渗透系数由1.63×10^{-5}cm/s降低为5.70×10^{-6}cm/s、6.51×10^{-6}cm/s、9.92×10^{-6}cm/s,相应降低为灌浆前渗透系数的35%、40%、60%。

C组试验中,C3的渗透系数与C2相比相差微小,表明采用单排竖孔或双排梅花形布置斜孔进行有压灌浆时,对改善土体渗透性效果接近。

D组试验中,与D0相比,D3渗透系数降为D0的96.0%,表明位于渠堤下游土坡上的裂缝灌浆孔布置超过0.3m间距时,土体灌浆后的防渗效果不明显,见图7-86。

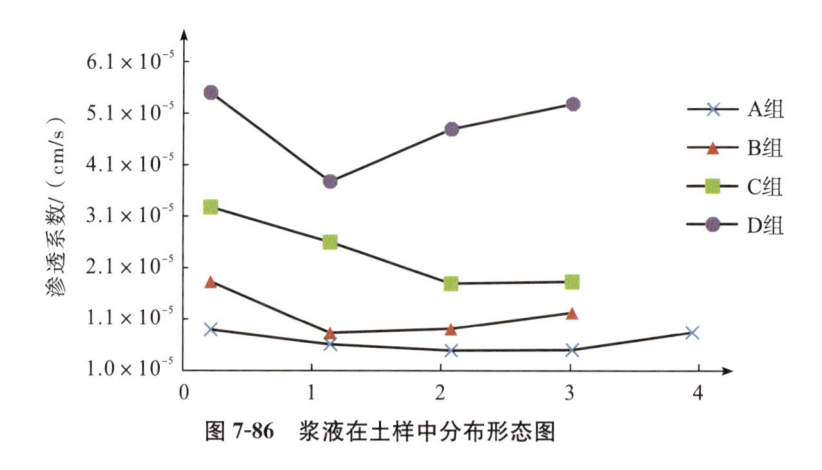

图 7-86　浆液在土样中分布形态图

(4)强度分析

通过四连剪切仪检测了取土芯样抗剪强度,见表 7-15。

C 组试验中,与 A0 相比,A2、A3、A4 试验段灌浆后土样的黏聚力、内摩擦角均有所增大;与 A1 相比,A2 试验段灌浆后土样的黏聚力、内摩擦角稍小,表明水泥—弱膨胀土浆液灌浆后的土体强度要高于水泥—弱膨胀土—粉煤灰浆液。

B 组试验中,B1、B2、B3 试验段灌浆后土体的抗剪强度随着灌浆浆液水固比的减小而增大,表明两者呈反比关系。

主要参考文献

[1] 凌时光,张锐,兰天.膨胀土强度特性的研究进展与探究[J].长沙理工大学学报(自然科学版),2023,20(06):1-16.

[2] 李春意,贾彭真,赵海良,等.南水北调中线渠首深挖方膨胀土渠段边坡形变时空演化规律分析[J].河南理工大学学报(自然科学版),2023,42(06):76-85.

[3] 佟浩.平缓型膨胀土边坡在干湿循环条件下的稳定性研究[J].陕西水利,2023(10):124-126.

[4] 周学友,田振宇,宁昕扬,等.南水北调中线工程弱膨胀土填方渠堤裂缝灌浆技术研究[J].水利水电快报,2023,44(09):51-56.

[5] 吕文华.膨胀土边坡稳定性影响因素的表征参数及其敏感性研究[J].科技风,2023(25):96-98.

[6] 牛庚,孙德安,陈盼,等.南阳重塑非饱和膨胀土的变形和含水率变化特性[J].岩土工程学报,2024,46(02):426-435.

[7] 陈建军,杜勇立,申权,等.考虑膨胀力影响的膨胀土边坡稳定性分析[J].公路工程,2023,48(03):124-131.

[8] 刘曙,王桂尧.坡度变化对膨胀土边坡的裂隙演变影响研究[J].河南科技,2023,42(11):71-77.

[9] 马鹏杰,芮瑞,曹先振,等.微型桩加固长大缓倾裂隙土边坡模型试验[J].岩土力学,2023,44(06):1695-1707.

[10] 李琪焕.膨胀土边坡生态防护固土机理及稳定性研究[D].长沙:中南大学,2023.

[11] 相林杰,贾红岩,熊健.膨胀土边坡稳定性分析与设计技术研究[J].山西建筑,2023,49(01):84-87.

[12] 时圣民.膨胀土渠道边坡变形特征研究[J].水利科技与经济,2022,28(11):56-59.

[13] 胡江,李星,马福恒.深挖方膨胀土渠道边坡运行期变形成因分析[J].长江科

学院院报,2023,40(11):160-167.

[14] 王淼,陈涛,翁运新.膨胀土边坡稳定性理论计算方法对比研究[J].高速铁路技术,2022,13(05):36-41+68.

[15] 龚壁卫.膨胀土裂隙、强度及其与边坡稳定的关系[J].长江科学院院报,2022,39(10):1-7.

[16] 蔡云波,何国伟.全挖方膨胀土渠段渠道边坡变形分析研究[J].东北水利水电,2022,40(09):31-34.

[17] 胡江,杨宏伟,李星,等.高地下水位深挖方膨胀土渠道边坡运行期变形特征及其影响因素[J].水利水电科技进展,2022,42(05):94-101.

[18] 李雯.膨胀土干湿交替下热参数和土壤水分特征曲线研究[D].咸阳:西北农林科技大学,2022.

[19] 张波.膨胀土边坡浅层失稳的非饱和土力学机理及浅层稳定性计算[D].南宁:广西大学,2022.

[20] 黄泽斌,孟繁贺,陈云生,等.典型膨胀土滑坡变形机制分析与综合治理设计[J].西部交通科技,2022(06):74-77.

[21] 韩立炜,姬伟斌.降雨对膨胀土孔隙结构的影响研究[J].人民黄河,2023,45(05):143-147+162.

[22] 贾彭真.南水北调中线渠首深挖方段边坡形变时空演化规律研究[D].焦作:河南理工大学,2022.

[23] 陈冬宇.膨胀土边坡垮塌综合治理[J].中国高新科技,2022(10):118-120.

[24] 刘观仕,赵守道,牟智,等.结构性对膨胀土收缩特性影响的试验研究[J].岩土力学,2022,43(07):1772-1780.

[25] 孙子晨.南水北调中线渠首段渠道边坡膨胀土裂隙发育规律及影响因素研究[D].北京:中国矿业大学,2022.

[26] 黎凤莲.降雨条件下水泥改性膨胀土边坡稳定性数值分析研究[J].西部交通科技,2022(04):70-72+98.

[27] 朱帅润.非饱和土降雨入渗数值方法研究及其边坡稳定性分析[D].成都:成都理工大学,2022.

[28] 张震,林宇亮,何红忠,等.膨胀土边坡的失稳特征与稳定性分析[J].中南大学学报(自然科学版),2022,53(01):104-113.

[29] 郭从洁,时伟,杨忠年,等.冻融作用下初始含水率对膨胀土边坡稳定性的影响研究[J].西安建筑科技大学学报(自然科学版),2021,53(01):69-79.

[30] 赵思奕,石振明,鲍燕妮,等.考虑吸湿膨胀及软化的膨胀土边坡稳定性分析

[J].工程地质学报,2021,29(03):777-785.

[31] 晏仁,翁运新,晏园,等.裂隙对膨胀土边坡稳定性的影响[J].高速铁路技术,2020,11(05):1-7.

[32] 白玉祥,韦秉旭,郑威,等.考虑裂隙和膨胀力的膨胀土边坡稳定性分析[J].交通科技与经济,2020,22(05):49-56.

[33] 田刚,雷胜友,袁文治,等.裂隙膨胀土边坡的湿热耦合特性及稳定性研究[J].河南科学,2020,38(09):1425-1432.

[34] 谢向荣,郑光俊.南水北调中线渠道工程关键技术研究[J].水利水电快报,2020,41(02):32-39.

[35] 邵玉恩.南水北调中线干线磁县段膨胀土施工及滑坡技术处理[J].河北水利,2020(03):32-33.

[36] 马慧敏,何向东,张帅,等.南水北调中线膨胀土(岩)渠段问题及成因分析[J].人民黄河,2020,42(02):128-131.

[37] 解林,陈雪兵.南水北调中线工程高填方渠段裂缝处理应用技术浅析[C]//中国水利学会.中国水利学会2019学术年会论文集第四分册.南水北调中线干线工程建设管理局渠首分局,2019:3.

[38] 张文峰.南水北调中线工程膨胀土渠段边坡变形研究[J].人民黄河,2019,41(07):131-135.

[39] 李小磊,吴云刚,覃振华.不同膨胀潜势等级的膨胀土特性试验研究[J].中国水运(下半月),2019,19(12):239-240+243.

[40] 蔡耀军,李亮.南水北调中线膨胀土工程特性与边坡滑动破坏机制[C]//中国地质学会.2018年全国工程地质学术年会论文集.长江勘测规划设计研究有限责任公司,水利部长江勘测技术研究所,水利部山洪地质灾害防治工程技术研究中心,2018.

[41] 戴福初,董文萍,黄志全,等.南水北调中线段原状膨胀土抗剪强度试验研究[J].工程科学与技术,2018,50(06):123-131.

[42] 刘祖强,郑敏,熊涛.南水北调中线工程渠道边坡膨胀土含水率监测及分析[J].长江科学院院报,2018,35(07):74-78.

[43] 周代涛,梁润成.南水北调中线膨胀土边坡变形破坏类型及处理[J].住宅与房地产,2017(27):238-239.

[44] 李聚兴,韩胜杰.南水北调中线总干渠邯邢段膨胀土渠道滑坡原因分析及处理措施[J].河北水利,2017(02):10.

[45] 李颖,陈诚,解林.南水北调中线膨胀土试验段深挖方渠道边坡柔性支护技术[J].工程抗震与加固改造,2016,38(04):144-148.

[46] 杨松,姚慧敏.南水北调中线工程总干渠邯邢段渠道特殊地基处理技术[J].河北水利,2016(05):23.

[47] 贾静,马少波,岳丽丽,等.南水北调中线鲁山南2段渠道膨胀土处理设计[J].水利水电工程设计,2016,35(02):14-16.

[48] 张艳锋,王媛.膨胀土裂隙性对渠道边坡稳定性影响研究[J].中国水运(下半月),2016,16(10):326-328.

[49] 张家发,崔皓东,吴庆华,等.南水北调中线一期工程膨胀土渠道边坡渗流系统分类及其控制措施[J].长江科学院院报,2016,33(05):139-144+154.

[50] 李乐.简述南水北调中线膨胀土(岩)工程问题的研究和处理[J].科技与企业,2016(07):119-120.

[51] 刘鸣,程永辉,童军.南水北调中线工程膨胀土边坡处理效果及评价[J].长江科学院院报,2016,33(03):104-110.

[52] 王磊,王东祥,刘巍,等.南水北调中线工程膨胀土渠道保护层厚度研究[J].人民长江,2015,46(17):67-69+78.

[53] 谢建波,刘海峰,曹道宁,等.南水北调中线叶县段总干渠工程地质问题的处理方法[J].资源环境与工程,2015,29(05):654-657.

[54] 程展林,龚壁卫,胡波.膨胀土的强度及其测试方法[C]//中国土木工程学会土力学及岩土工程分会.中国土木工程学会第十二届全国土力学及岩土工程学术大会论文摘要集.长江科学院水利部岩土力学与工程重点实验室,2015.

[55] 姬永立,王宇.浅谈水泥改性土法在南水北调中线膨胀土渠段处理中的应用[J].治淮,2015(07):27-29.

[56] 程展林,龚壁卫,胡波.膨胀土的强度及其测试方法[J].岩土工程学报,2015,37(S1):11-15.

[57] 强鲁斌,徐萍.水泥改性土作业面存在的问题及工程处理措施[J].长江科学院院报,2015,32(05):100-104.

[58] 张玉浩,彭光辉,闫蕊,等.南阳邓州段高速公路非饱和膨胀土边坡稳定性分析[J].公路,2015,60(04):72-75.

[59] 钮新强,蔡耀军,谢向荣,等.南水北调中线膨胀土边坡变形破坏类型及处理[J].人民长江,2015,46(03):1-4+26.

[60] 韩宝友.基于ABAQUS研究抗滑桩对膨胀土边坡稳定性的影响[J].科技风,2015(05):132-133.

[61] 赵二平,李建林.南水北调中线膨胀岩膨胀特性试验研究[J].水资源与水工程学报,2015,26(01):171-174+178.

[62] 王小波,蔡耀军,李亮,等.南水北调中线膨胀土开挖边坡破坏特点与机制[J].人民长江,2015,46(01):26-29.

[63] 王芳,曹培,严丽雪.南水北调中线膨胀土变形特性的试验研究[J].水利学报,2014,45(S2):142-146.

[64] 张维国,董珍妮.水泥改性土换填施工技术在南水北调中线工程中的应用[J].河南水利与南水北调,2014(19):51-52.

[65] 张锐,郑健龙,颜天佑,等.南水北调中线工程浅层滑坡综合防治研究[J].水利水电技术,2014,45(10):70-74.

[66] 陈善雄,戴张俊,陆定杰,等.考虑裂隙分布及强度的膨胀土边坡稳定性分析[J].水利学报,2014,45(12):1442-1449.

[67] 龚壁卫,程展林,胡波,等.膨胀土裂隙的工程特性研究[J].岩土力学,2014,35(07):1825-1830+1836.

[68] 杨利红,李林可.南水北调中线总干渠工程膨胀土渠段渠基排水处理[J].水科学与工程技术,2014(03):73-75.

[69] 李申亭.南水北调中线膨胀岩(土)渠段抗滑桩施工[J].人民长江,2014,45(10):27-29.

[70] 刘钊.南水北调中线膨胀土渠道渗流稳定分析[D].哈尔滨:黑龙江大学,2014.

[71] 颜天佑,蔡耀军,熊润林,等.膨胀土挖方渠道预支护多排微型抗滑桩设计[J].人民长江,2014,45(07):41-43+65.

[72] 王磊,冷星火,黄炜,等.膨胀土裂隙对渠道边坡稳定的影响分析[J].人民长江,2014,45(06):7-11.

[73] 张国强,宋斌,周述达,等.膨胀土滑坡成因及其边坡稳定分析方法探讨[J].人民长江,2014,45(06):20-23.

[74] 吴德绪,倪晖.南水北调中线工程设计与重大技术问题研究[J].人民长江,2014,45(06):1-3+11.

[75] 阳云华.南阳盆地弱、中、强膨胀土特征对比分析[J].人民长江,2014,45(06):60-62.

[76] 耿军民,张良平,张召松,等.膨胀土渗水层对渠道边坡稳定的影响分析[J].人民长江,2014,45(06):78-81.

[77] 刘莹莹.南水北调中线工程段弱膨胀土的强度特性宏细观试验研究[D].郑州:华北水利水电大学,2013.

[78] 戴张俊,陈善雄,罗红明,等.南水北调中线膨胀土/岩微观特征及其性质研究

[J].岩土工程学报,2013,35(05):948-954.

[79] 胡波,龚壁卫,程展林.南阳膨胀土裂隙面强度试验研究[J].岩土力学,2012,33(10):2942-2946.

[80] 赵峰.浅议南水北调中线工程渠道膨胀土处理与研究[J].河南水利与南水北调,2012,(17):50-51.

[81] 赵亮.膨胀土的裂隙特性及其对边坡稳定的影响研究[D].武汉:长江科学院,2012.

[82] 毕鹏.膨胀土边坡稳定性分析与加固研究[J].交通世界(建养.机械),2012(05):121-123.

[83] 李龙.膨胀土边坡稳定性分析[J].交通标准化,2012(07):65-67.

[84] 刘述丽,陈瑾.含水率和密度对南水北调中线工程膨胀土强度影响的试验研究[J].中国新技术新产品,2011(23):103.

[85] 陈东亮,秦建甫.南水北调中线一期工程总干渠郑州1段膨胀土力学参数分析[J].资源环境与工程,2011,25(05):507-509.

[86] 龚壁卫,程展林,郭熙灵,等.南水北调中线膨胀土工程问题研究与进展[J].长江科学院院报,2011,28(10):134-140.

[87] 程展林,李青云,郭熙灵,等.膨胀土边坡稳定性研究[J].长江科学院院报,2011,28(10):102-111.

[88] 赵长伟,马睿,李红炉.南水北调中线膨胀土试验段滑坡分析与防治[J].人民黄河,2011,33(09):120-121+124.

[89] 顾宏,蔡叔武.南水北调中线工程河北段膨胀土固结试验研究[J].水科学与工程技术,2011(04):79-81.

[90] 胡波,龚壁卫,程展林,等.膨胀土裂隙面强度的直剪试验研究[J].西北地震学报,2011,33(S1):246-248.

[91] 劳道邦,魏会敏.南水北调中线总干渠膨胀土处理措施的分析与探讨[J].南水北调与水利科技,2011,9(03):167-169.

[92] 艾东凤.南水北调中线换填弱膨胀水泥改性土碾压工艺试验研究[J].河南水利与南水北调,2011(10):1-3.

[93] 刘静德,李青云,龚壁卫.南水北调中线膨胀岩膨胀特性研究[J].岩土工程学报,2011,33(05):826-830.

[94] 吴云刚.南水北调中线工程膨胀土膨胀本构模型试验研究[D].北京:中国地质大学,2011.

[95] 殷宗泽,徐彬.反映裂隙影响的膨胀土边坡稳定性分析[J].岩土工程学报,

2011,33(03):454-459.

[96] 王星运,陈善雄,梅涛,等.膨胀土边坡稳定性参数影响分析[J].工程勘察,2010(S1):509-515.

[97] 温世亿.膨胀土渠道边坡若干关键技术问题研究[D].武汉:武汉大学,2010.

[98] 冷星火,陈尚法,程德虎.南水北调中线一期工程膨胀土渠道边坡稳定分析[J].人民长江,2010,41(16):59-61.

[99] 陈尚法,温世亿,冷星火,等.南水北调中线一期工程膨胀土渠道边坡处理措施[J].人民长江,2010,41(16):65-68.

[100] 刘华强,殷宗泽.膨胀土边坡稳定分析方法研究[J].岩土力学,2010,31(05):1545-1549+1554.

[101] 韦杰,曹雪山,袁俊平.降雨/蒸发对膨胀土边坡稳定性影响研究[J].工程勘察,2010,38(04):8-13.

[102] 李青云,程展林,马黔,等.膨胀土(岩)渠道破坏机理和处理技术研究[J].南水北调与水利科技,2009,7(06):13-19.

[103] 李青云,程展林,龚壁卫,等.南水北调中线膨胀土(岩)地段渠道破坏机理和处理技术研究[J].长江科学院院报,2009,26(11):1-9.

[104] 刘军,龚壁卫,徐丽珊,等.膨胀岩土的快速防护材料研究[J].长江科学院院报,2009,26(11):72-74+80.

[105] 程永辉,李青云,龚壁卫,等.膨胀土渠道边坡处理效果的离心模型试验研究[J].长江科学院院报,2009,26(11):42-46+51.

[106] 刘斯宏,汪易森.岩土新技术在南水北调工程中的应用研究[J].水利水电技术,2009,40(08):61-66.

[107] 蔡耀军,赵旻,阳云华,等.南水北调中线膨胀土结构特性及其工程意义[C]//中国地质学会工程地质专业委员会,中国岩石力学与工程学会,中国建筑学会工程勘察分会,中国土木工程学会土力学及岩土工程分会.第三届全国岩土与工程学术大会论文集.长江勘测规划设计研究院,长江岩土工程总公司,2009.

[108] 闫宇,杨计申.南水北调中线膨胀土渠道工程特性研究[J].水利规划与设计,2008(02):43-47.

[109] 何晓民,黄斌,徐言勇.陶岔—沙河南渠段膨胀土试验成果统计分析[J].人民长江,2008(01):59-62.

[110] 杨国录,叶建民,陈士强,等.南水北调中线工程膨胀土改性施工技术[J].节水灌溉,2008(01):54-57+60.

[111] 蔡耀军,赵旻,阳云华,等.南水北调中线陶岔渠首膨胀土滑坡形成机理研

究[C]//中国岩石力学与工程学会工程实例专业委员会.中国岩石力学与工程实例第一届学术会议论文集.长江水利委员会长江勘测规划设计研究院,2007.

[112] 阳云华,赵旻,关沛强,等.膨胀土抗剪强度的尺寸效应研究[J].人民长江,2007(09):18-19+22.

[113] 李锋,朱瑛洁,赵旻,等.南水北调中线工程陶岔膨胀土滑坡稳定性研究[J].人民长江,2007(09):48-51.

[114] 陈生水,郑澄锋,王国利.膨胀土边坡长期强度变形特性和稳定性研究[J].岩土工程学报,2007(06):795-799.

[115] 阳云华,赵旻,马贵生,等.膨胀土渠道边坡处理技术[J].资源环境与工程,2007(02):130-134.

[116] 徐千军,陆杨.膨胀土边坡长期稳定性的一种研究途径[J].岩土力学,2004(S2):108-112.

[117] 袁俊平,殷宗泽.考虑裂隙非饱和膨胀土边坡入渗模型与数值模拟[J].岩土力学,2004(10):1581-1586.

[118] 李青云,濮家骝,包承纲.非饱和膨胀土边坡稳定分析方法[C]//中国力学学会结构工程专业委员会,西南交通大学,中国力学学会《工程力学》编委会,清华大学土木工程系.第九届全国结构工程学术会议论文集第Ⅲ卷.清华大学,长江科学院,2000.